TEXTBOOK SERIES FOR THE CULTIVATION OF GRADUATE INNOVATIVE TALENTS

研究生创新人才培养系列教材

非线性信息处理技术

NONLINEAR INFORMATION PROCESSING TECHNIQUES

金宁德　高忠科　编著

内 容 提 要

本书系统地反映了有关基于混沌及分形理论的非线性信息处理技术。本书在吸收国外著名大学同类课程先进教学体系的基础上,结合作者多年的研究生及本科生高年级课程教学与实践体会,以非线性系统观测数据处理方法为主线,构建了内容新颖且理论联系实际的非线性信息处理技术教材体系。

全书共分 9 章,前 4 章主要介绍了传统的混沌及分形时间序列分析方法,第 5 章介绍了相空间吸引子形态特征提取方法,第 6 章从多尺度角度介绍了非线性系统微观及宏观结构特征提取方法,第 7 章介绍了复杂性测度分析方法,第 8 章介绍了非线性时间序列复杂网络分析方法,第 9 章介绍了混沌吸引子不稳定周期轨道探寻方法。

本书为研究生及本科高年级学生进入非线性信息处理技术领域、了解相关前沿知识提供帮助,书中各章配有大量的应用实例,以启发学生在各自不同研究领域中找到切入点。本书对从事非线性科学研究的工作者也有一定的参考价值。

图书在版编目(CIP)数据

非线性信息处理技术 / 金宁德,高忠科编著. — 天津 : 天津大学出版社, 2017.1（2020.1重印）
研究生创新人才培养系列教材
ISBN 978-7-5618-5765-6

Ⅰ.①非… Ⅱ.①金…②高… Ⅲ.①非线性－信息处理－研究生－教材 Ⅳ.①TP391

中国版本图书馆 CIP 数据核字(2017)第 013844 号

出版发行 天津大学出版社
地　　址 天津市卫津路 92 号天津大学内(邮编:300072)
电　　话 发行部:022-27403647　邮政部:022-27402742
网　　址 publish. tju. edu. cn
印　　刷 廊坊市海涛印刷有限公司
经　　销 全国各地新华书店
开　　本 185mm × 260mm
印　　张 24
字　　数 618 千
版　　次 2017 年 1 月第 1 版
印　　次 2020 年 1 月第 2 次
定　　价 78.00 元

前言

非线性现象广泛地存在于物理学、化学、生命科学、地球科学等领域,随着科学技术日新月异的发展,对非线性系统的研究也越来越深入。其中,非线性系统正演分析方法已有众多中英文书籍与资料可供参考和借鉴,而关于非线性观测数据反演分析方法的书籍与资料却相对较少,从中寻找一本内容新颖且理论联系实际的研究生教材尤为困难。迄今,如何从实验观测数据角度对非线性系统进行数学定量描述,并提取系统有用信息仍是具有挑战性的前沿课题。

多年前,作者面向天津大学电气与自动化工程学院研究生开设了"非线性信息处理技术"课程,本书是此课程教学讲义的汇编。本书着力从实验观测数据角度讨论非线性系统的重要特征,如自相似性、长程相关性、复杂性、递归性、不确定性、非稳定性、非均衡性、非对称性、涌现性、聚集性等,以期学生对正在发展的非线性信息处理技术有所了解,并为之今后研究非线性科学打下基础。

本书力求主线清晰,循序渐进,内容涉及非线性系统实验观测数据的单尺度分析方法、多尺度分析方法、复杂网络分析方法、吸引子不稳定周期轨道探寻方法。本书的编写思路:首先,描述各种非线性分析方法的数学原理;其次,通过经典非线性系统仿真分析验证算法的可行性;最后,通过大量应用实例加深对非线性分析方法的认识与体会。考虑到不同层次学生的课题研究需求,本书理论深度适中,书中每章结尾都标注文献出处;为方便学生课后深入学习与研究,每章都配有适量思考题。

本教材内容安排如下。第 1 章介绍了混沌与分形的基本知识,为后面各章学习打下基础。第 2 章及第 3 章介绍了传统的分形及混沌时间序列分析方法,在算法描述的基础上,突出了算法评价与应用举例。第 4 章介绍了非线性时间序列递归图分析方法,通过实际应用举例,阐述了递归图分析方法的直观适用性。第 5 章介绍了混沌吸引子形态特征分析方法,着重讨论了吸引子形态特征提取方法,强调统计分析方法与吸引子形态特征提取方法相结合。第 6 章从多尺度角度介绍了非线性系统微观(小尺度)及宏观(大尺度)结构特征提取方法,该方法是对单尺度分析方法的重要拓展,属非线性分析方法前沿领域的内容,对非平稳、非线性信号分析具有较高的实际指导意义。第 7 章介绍了几种重要的复杂性测度概念,讨论了与时间和符号序列有关的复杂性测度分析方法。第8章介绍了非线性时间序列复杂网络分析方法。复杂网络作为一个全新而又有效的工具,不仅可以挖掘包含在非线性时间序列中的重要信息特征,而且可用于研究理论模型所不能精确描述的非线性动力学系统。第9章介绍了吸引子不稳定周期轨道探寻。不稳定周期轨道是构成吸引子结构的"骨架",从实验观测数据中提取不稳定周期轨道运动特性,有助于理解和掌握非线性系统内在混沌动力学特性。

本书第1章至第7章由金宁德编写,第8章及第9章由高忠科编写。在本书编写过程中得到了天津大学课题组成员的大力帮助,书中的诸多应用实例取自作者指导的历届硕博研究生的辛勤研究成果,在此向他们表示衷心感谢。

感谢国家自然科学基金委资助项目(Nos. 60374041、50674070、50974095、41174109、11572220、51527805、61104148、61473203、41504104)、国家高技术研究发展计划项目(No. 2007AA06Z231)、"十二五"国家科技重大专项(No. 2011ZX05020-006)的大力支持,正是在上述研究项目的资助下,课题组开展了有关多相流传感技术与流体流动的研究,同时促进了多相流非线性物理学的发展。此外,特别感谢天津大学"研究生创新人才培养"项目(No. YCX12033)的资助,使本书得以在天津大学出版社出版。

由于非线性科学发展非常迅速,本书仅是非线性分析方法的阶段性总结。限于作者水平,书中难免存在不足和疏漏之处,敬请读者不吝赐教。

作者
2017年1月

目　录

第 1 章　混沌与分形简介

1.1　混沌发展简史

在科学界,混沌现象指的是一种确定的不可预测的运动状态。与随机过程相似,混沌发展趋势也是不可预测的,但不同之处在于,混沌运动在动力学上是确定的。法国伟大的数学家、物理学家庞加莱(Poincare,又译彭加勒,本书统一为庞加莱)是最早研究混沌的人。在此之前,牛顿提出的万有引力定律能很好地解决地球绕太阳公转的两体问题,但却无法解释三个互相吸引的天体之间的问题(即三体问题)。庞加莱把动力学系统和拓扑学有机结合,经过长期探索,指出三体运动中可能存在混沌特性,并于 1903 年在《科学与方法》一书中提出庞加莱猜想[1]。他指出三体问题的解在一定范围内是随机的。这个猜想实际上表达的是保守系统中的混沌特性,这使得庞加莱成为研究混沌特性的第一人。

20 世纪 60 年代,著名数学家柯尔莫哥洛夫、阿诺德和莫泽提出并证明了柯尔莫哥洛夫 - 阿诺德 - 莫泽定理(以下简称 KAM 定理)。定理内容可以粗略叙述为:对于 N 个自由度的哈密顿系统,若哈密顿函数可以表示为

$$H = H_0 + V \tag{1-1}$$

式中,H_0 表示一个可积系统的哈密顿量,V 表示一个小扰动,则在足够阶数的可微及非退化条件下,H 的绝大多数解仍停留在一个 N 维环面(即 KAM 环面)上,此环面与可积系统的 H_0 环面同胚[2]。KAM 定理表明,在小扰动下,近可积系统的绝大多数解仍限制在 KAM 环面上,该定理为揭示哈密顿系统中 KAM 环面的破坏以及混沌运动奠定了基础。通俗地说,该定理证明了经典力学的相空间(又称状态空间)轨迹既非完全规则也非完全不规则,它十分依赖于起始条件的选择。KAM 定理的思想为保守系统如何出现混沌提供了信息,具有重大意义,因此被国际混沌学界公认为这一新学科的第一个开端,是混沌理论两大核心内容之一。

混沌理论的另一大核心内容是"蝴蝶效应",它是由美国气象学家、物理学家洛伦兹(Lorenz)提出的。在对气象的研究中,洛伦兹提炼出一组三维常微分方程来描述天气演变情况,并在用计算机模拟天气情况时,既观察到了这个确定性系统的规则行为,又观察到同一系统在某些条件下出现的非周期的不规则行为。这反映了天气演变情况对初值的敏感性,洛伦兹用形象的"蝴蝶效应"一词来概括这个现象。经过深入研究,洛伦兹在 1963 年发表了论文《确定性非周期流》[3],该论文后来成为研究耗散系统混沌现象的经典之作。洛伦兹的研究揭示了混沌运动的许多特性,包括确定性非周期性、初值敏感性、长期不可预测性等,同时他还发现了第一个奇怪吸引子,即洛伦兹吸引子。洛伦兹通过气象学研究正式叩开了混沌理论的大门,因而他被称为"混沌学之父"。

1971 年,法国数学家、物理学家吕埃勒(D. Ruelle)与荷兰学者塔肯斯(F. Takens)联名发表了著名论文《论湍流的本质》[4],在学术界首次用混沌来描述湍流形成机理,证明了朗道(Lev D. Landau)关于湍流发生机制的权威理论不正确。他们通过严格的数学分析,发现动力系统存在一套特别复杂的吸引子,并描述了吸引子的几何特征,证明了与这类吸引子有关的运动即为混沌,发现了第一条通向混沌的道路,并把这类新型吸引子命名为混沌吸引子。

1975 年,美籍华人李天岩和他的导师美国数学家约克在美国《数学月刊》上联名发表《周期 3 蕴含混沌》论文[5],证明了著名的李 - 约克(Li-Yorke)定理。该定理描述了混沌的数学特性,为以后的一系列研究指明了方向。他们还率先引入"混沌"一词,为这一新兴研究领域确立了一个中心概念,为各学科研究混沌现象树立了统一的旗帜[6]。

1977 年,第一次国际混沌大会在意大利召开,标志着混沌科学的正式产生。其后,美国物理学家费根鲍姆(Feigenbaum)对混沌普适性的研究与曼德布罗特(Mandelbrot)对分形的研究等,进一步丰富了混沌科学的内容。迄今,混沌研究已发展成为一个具有明确的研究对象和基本课题、独特的概念体系和方法论框架的学科,并逐渐渗透到计算机、生命科学、经济学等各个领域中,取得了辉煌的成就[7]。

进入 20 世纪 80 年代,Takens 和帕卡德(Packard)等创立了重构动力学轨道相空间延迟法,随后格拉斯伯格(Grassberger)和普罗卡恰(Procaccia)首次运用相空间重构法从实验数据时间序列算出吸引子分形维数。90 年代后,混沌理论逐渐应用于各个学科非线性科学发展的前沿领域。

1.2 几种典型的混沌系统

长期以来,人们认识和描述运动时,总是将运动分为确定性运动和随机性运动两种类型。在牛顿创立经典力学后的很长一段时间内,自然科学家都认为,确定性系统在确定的激励下产生的响应也是确定的。混沌的出现彻底推翻了这一认知,并在学术界掀起了研究混沌的浪潮。研究者发现,连续的动力系统与分立的动力系统中都会出现混沌。

1.2.1 洛伦兹混沌系统

洛伦兹在《确定性非周期流》一文中指出:在三阶非线性自治系统中可能出现非周期的无规则行为。他对天气预报系统进行简化,得到大气在温度梯度下的自然对流系统,即著名的洛伦兹系统,其表达式为

$$\begin{cases}\dot{x}=\delta(y-x)\\ \dot{y}=\gamma x-y-xz\\ \dot{z}=-bz+xy\end{cases} \tag{1-2}$$

式中,x 表示对流运动强度,y 表示上升与下降气流之间的温差,z 表示温度梯度,δ 为普朗特数,γ 为瑞利数,b 是几何因子。此系统有三个不动点:(0,0,0)及($\pm\sqrt{b(\gamma-1)}$,$\pm\sqrt{b(\gamma-1)}$,$\gamma-1$)。对于不动点(0,0,0),由

$$\begin{bmatrix}-\sigma-\lambda & \sigma & 0\\ \gamma & -1-\lambda & 0\\ 0 & 0 & -b-\lambda\end{bmatrix}=0 \tag{1-3}$$

可得 $\lambda_1=-b,\lambda_{2,3}=[-(1+\sigma)\pm\sqrt{(1+\sigma)^2+4\sigma(1-\gamma)}]/2$。同样，对于另外两个不动点，由

$$\begin{bmatrix} -\sigma-\lambda & \sigma & 0 \\ 1 & -1-\lambda & \mp\sqrt{b(\gamma-1)} \\ \pm\sqrt{b(\gamma-1)} & \pm\sqrt{b(\gamma-1)} & -b-\lambda \end{bmatrix}=0 \tag{1-4}$$

可得 $\lambda^3+(1+\sigma+b)\lambda^2+b(\sigma+\gamma)\lambda+2\sigma b(\gamma-1)=0$。令 $\lambda=y-(1+\sigma+b)/3$，可将式子化为 $y^3+py+q=0$ 的形式。根据三个 λ 值和判别式 $\Delta=(q/2)^2+(p/3)^3$ 可知，$\gamma<1$ 时，原点是唯一吸引子；$\gamma=1$ 时，发生分岔；$\gamma>1$ 时，原点失稳，变成具有一维不稳定流形的鞍点。当 $\gamma\in[1,\sigma(\sigma+b+3)/(\sigma-b-1)]$ 时，另两个不动点（非凡不动点）为吸引子。在 $\gamma=\gamma_h=\sigma(\sigma+b+3)/(\sigma-b-1)$ 处发生霍普夫（Hopf）分岔。当 $\gamma>\gamma_h$ 时，非凡不动点变成具有两维不稳定流型的鞍点，因此三个不动点都失稳，系统进入混沌状态[8]。

用 MATLAB 对系统进行仿真，取参数 $\delta=10$，$b=8/3$，初值点取为（5，5，5）。当 $\gamma=28$ 时，系统处于混沌状态，出现洛伦兹提出的吸引子[9]。系统解集在相空间的内轨线如图 1-1 所示。

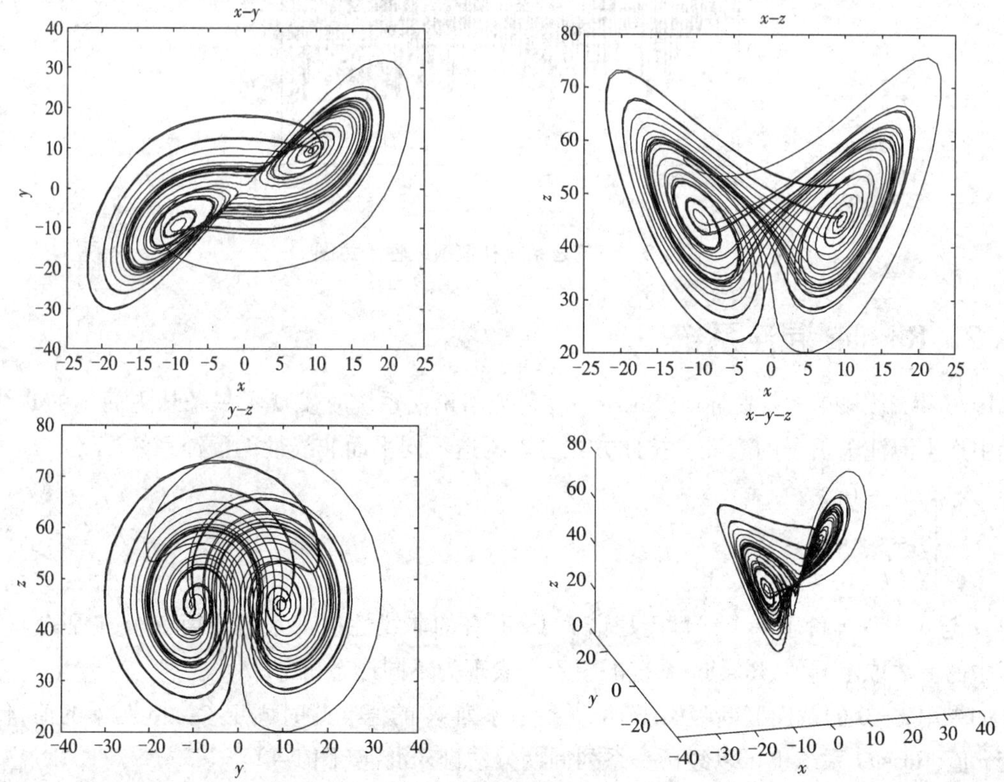

图 1-1　洛伦兹系统相空间内轨线及投影

洛伦兹还提出了“蝴蝶效应”这个形象的说明，下面改变系统的 x,y,z 的初值，验证该效应。由图 1-2 可以看出：y,z 的初值不变，仅 x 发生一点微小的变化，从 1 变化为 1.000 01，系统经一段时间发展后，与原来的状态截然不同，这充分说明了混沌现象对初值敏感的特性。

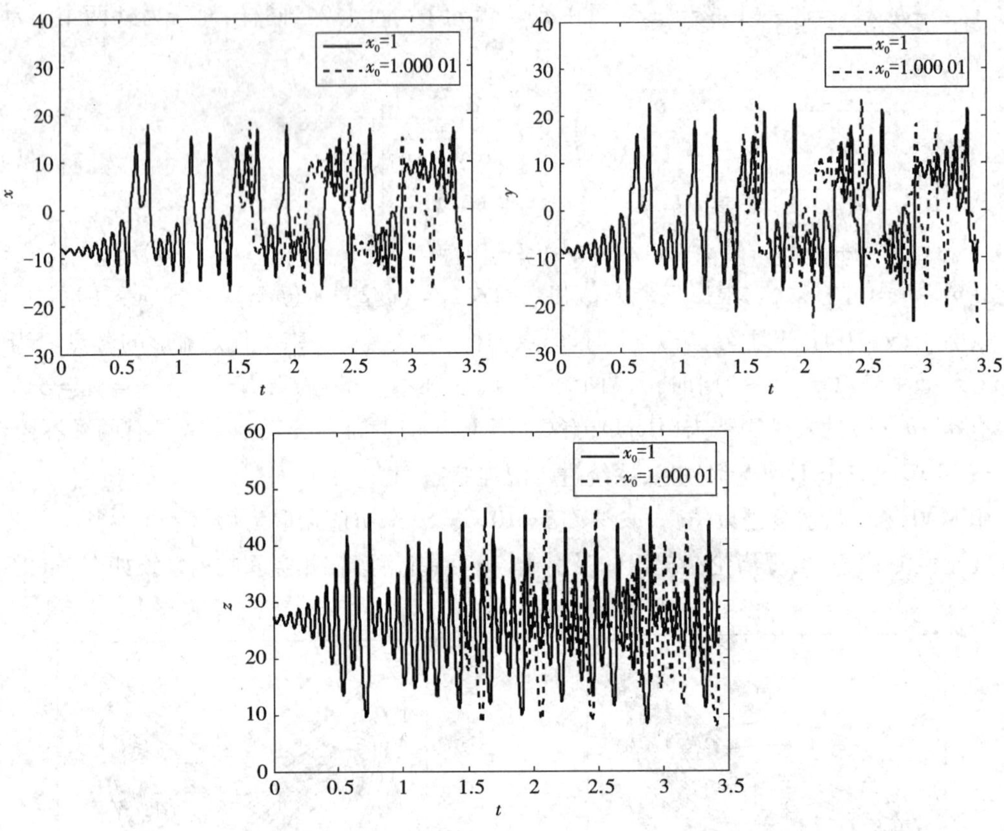

图 1-2 洛伦兹系统初值敏感性示意图

1.2.2 Rössler 混沌系统

1976 年,德国科学家罗斯勒(Rössler)在研究洛伦兹系统时发现了一条从更简单的非线性方程中产生混沌吸引子的途径。按此方式可以构造不同平面非线性的混沌系统[10]:

$$\begin{cases}\dot{x} = -(y+z)\\ \dot{y} = x + ay\\ \dot{z} = b + xz - cz\end{cases} \tag{1-5}$$

其中,x 与 y 方程等价于一个线性阻尼谐振子,所有的非线性项都来自于第三个方程的 xz 项。方程中的参数取不同值,Rössler 系统的吸引子表现为不同形态(图 1-3)。

如果用 $x=0$ 的截面截断吸引子,可得到一系列 y_n 的值。此时固定参数 a 与 b 的值,仅仅改变 c 值,Rössler 系统也可以经历一系列周期分岔进入混沌(图 1-4)。

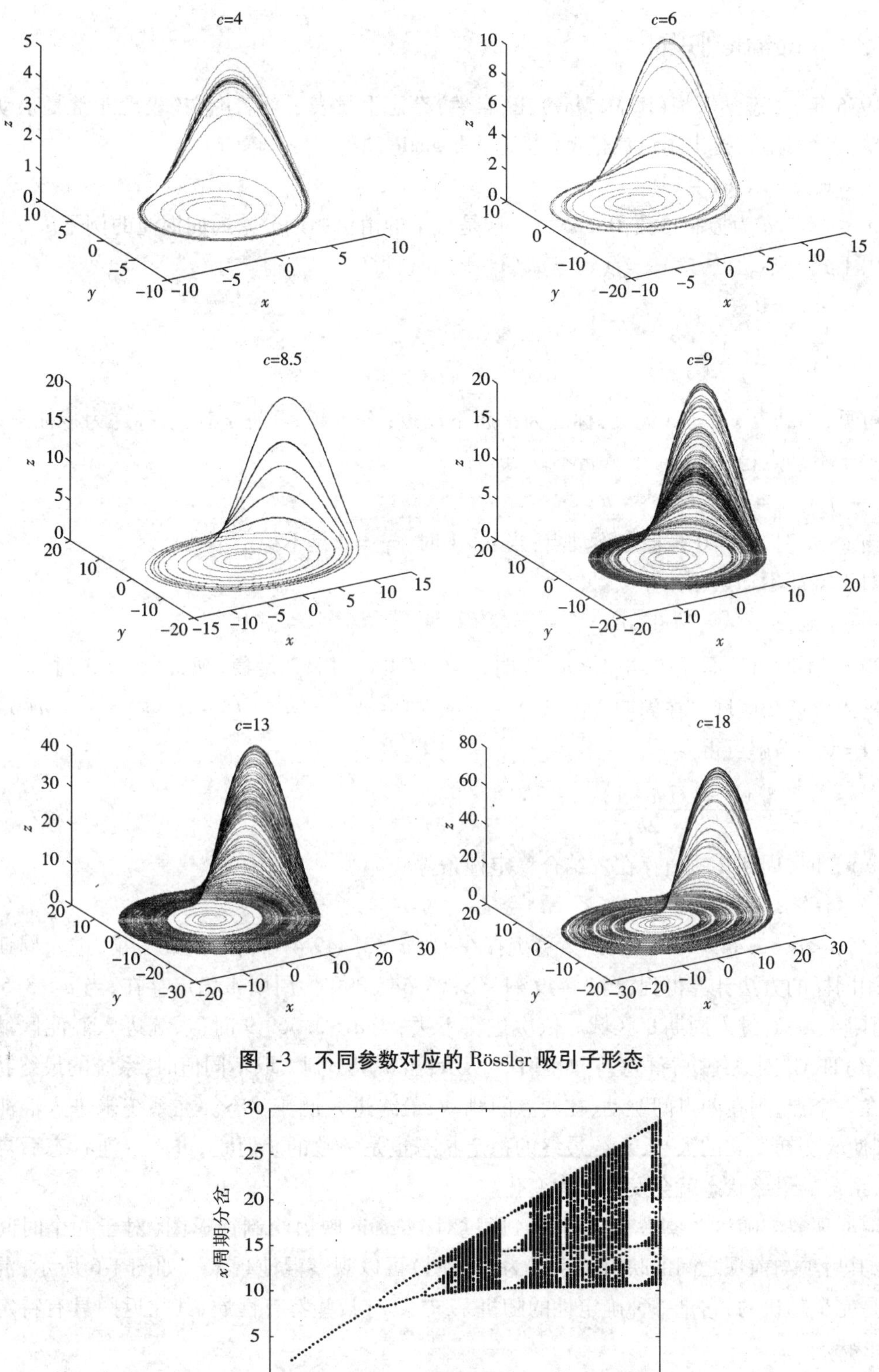

图 1-3　不同参数对应的 Rössler 吸引子形态

图 1-4　Rössler 系统的分岔图

1.2.3 Logistic 映射

1976 年,生态学家梅(R. M. May)在《自然》杂志上发表了著名论文《表现非常复杂动力学的简单数学模型》,提出了虫口模型,也就是 Logistic 映射[11]:

$$x_{n+1}=ax_n(1-x_n) \tag{1-6}$$

其中,$0\leqslant x\leqslant 1$,a 为控制参数,$0<a\leqslant 4$。这是最早的由倍周期分岔通向混沌的例子。

由上式的不动点方程 $y=f(x)=ax(1-x)=x$,得

$$\begin{cases} x_1^*=0 \\ x_2^*=\dfrac{a-1}{a} \end{cases} \tag{1-7}$$

由此可见,不动点 x_1^* 与 a 无关,称之为平庸不动点;不动点 x_2^* 与 a 有关,称之为特征不动点。

关于不动点稳定性,对于平庸不动点,有

$$f_x|_{x=0}=a-2ax|_{x=0}=a \tag{1-8}$$

当 $a<1$ 时,$x_1^*=0$ 是稳定不动点;当 $a>1$ 时,$x_1^*=0$ 是不稳定不动点。

对于特征不动点,有

$$f_x|_{x=\frac{a-1}{a}}=a-2ax|_{x=\frac{a-1}{a}}=2-a \tag{1-9}$$

当 $a<1$ 时,x_2^* 不存在;当 $1<a<3$ 时,$-1<f_x|_{x_2^*}<1$,x_2^* 是稳定的;当 $a>3$ 时,x_2^* 失稳,系统进入周期 2 区域。在周期 2 区域有 $x_2=ax_1(1-x_1)$,$x_1=ax_2(1-x_2)$ 或 $a^2x^2-a(a+1)x+a+1=0$。求解可得

$$x_{1,2}^*=\frac{1+a\pm\sqrt{(a+1)(a-3)}}{2a} \tag{1-10}$$

显然 $a>3$ 时,周期 2 轨道存在。结合稳定性条件

$$|f'(x_1)f'(x_2)|<1 \tag{1-11}$$

易知,当 $3<a<3.449\ 41$ 时,周期 2 稳定存在;当 $a>3.449\ 41$ 时,周期 2 失稳,进入周期 4 区域。用同样的方法计算得到,当 $3.449\ 41<a<3.544\ 09$ 时,周期 4 稳定存在;当 $a>3.544\ 09$ 时,周期 4 失稳,进入周期 8 区域。依次进行下去,当 $a>3.569\ 9$ 时,系统进入混沌区域。下面用 MATLAB 对系统进行仿真。如图 1-5 所示,当 a 从小到大取不同值时,系统的最终状态由稳定在一个点,到在两点间跳动、在四点间跳动,最终进入混沌状态。在系统未进入混沌状态时,即使改变初值 a 的大小,系统最终的稳定状态也是一致的。但是,进入混沌状态后再改变初值,系统的最终状态就会发生巨大变化。

混沌现象与随机现象是有区别的。通过对 Logistic 映射绘制往返图(对于一个时间序列 $\{x_n\}$,其后项与前项之间的映射关系即为往返图)可以观察混沌现象。如图 1-6 所示,混沌系统不是完全随机的,它是一种确定性的随机系统,具有某些特有性质,其往返图具有特定的模式及形状。

图 1-7 为分岔图。分岔图说明系统是周期分岔进入混沌系统的。随着 a 逐渐增大,$x(n)$ 从最初开始收敛于一点,接着在两个、四个点之间跳动,最后在 N 个点之间跳动。当 a 较小时,系统的行为是收敛确定的。随着 a 增大,$x(n)$ 开始出现倍周期分岔,当 $a>3.6$ 时,系统进

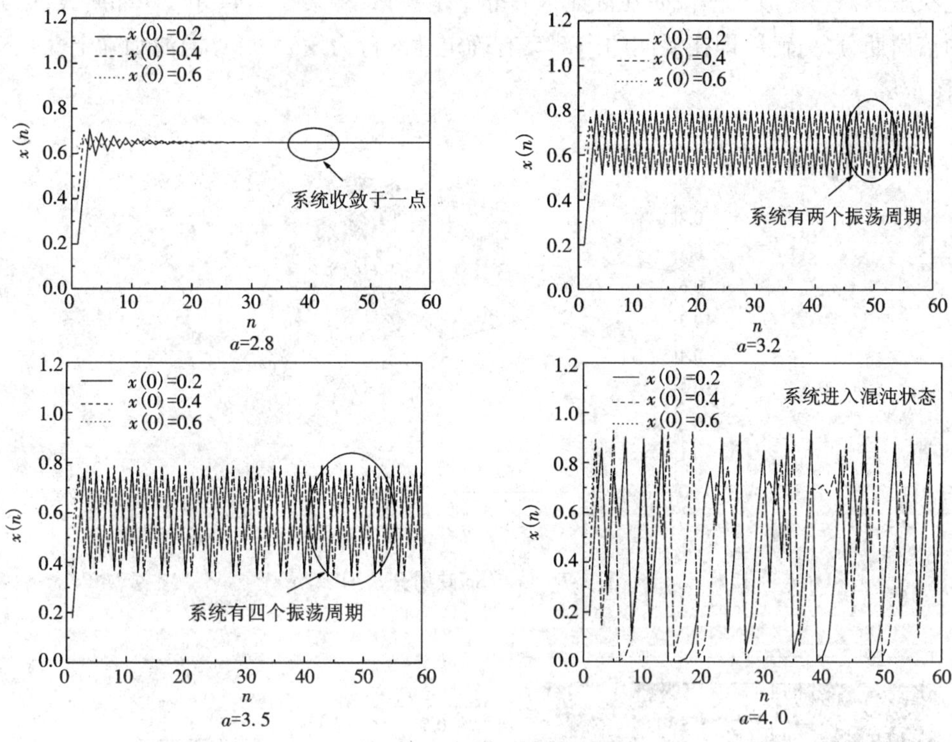

图 1-5　不同 a 值时的 Logistic 映射图

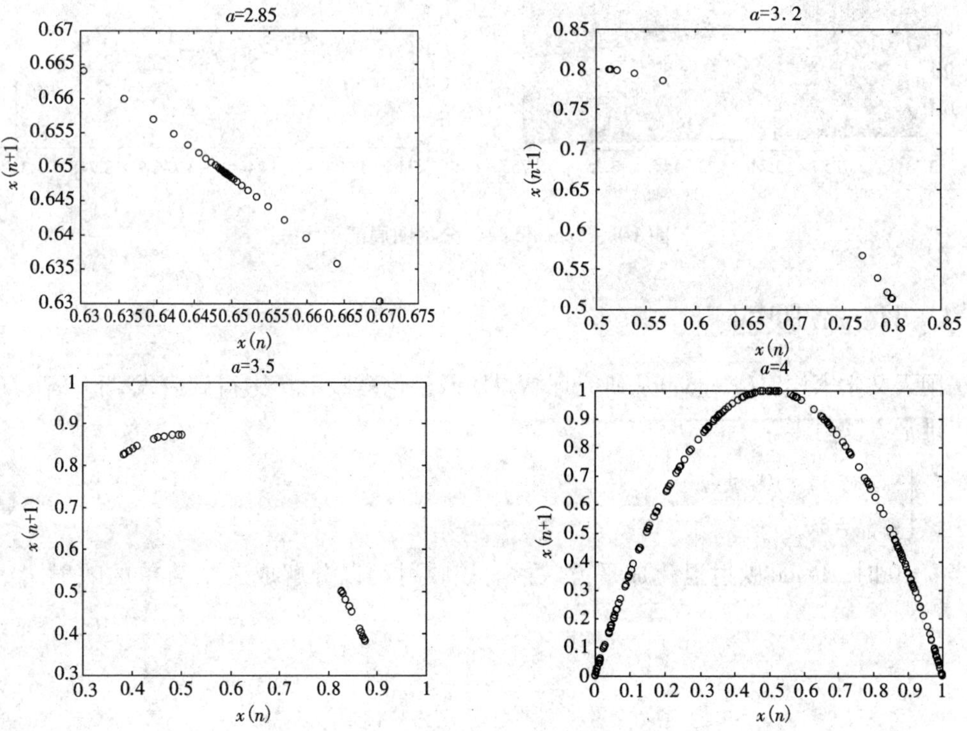

图 1-6　不同 a 值时的 Logistic 往返图

入混沌状态。而局部放大图说明在混沌区并非杂乱无章,将某些周期窗口局部放大,可见形态相似的倍周期分岔特性,即在混沌的内部又有确定性的行为发生,可见混沌和确定性是交替出现的(图 1-8)。

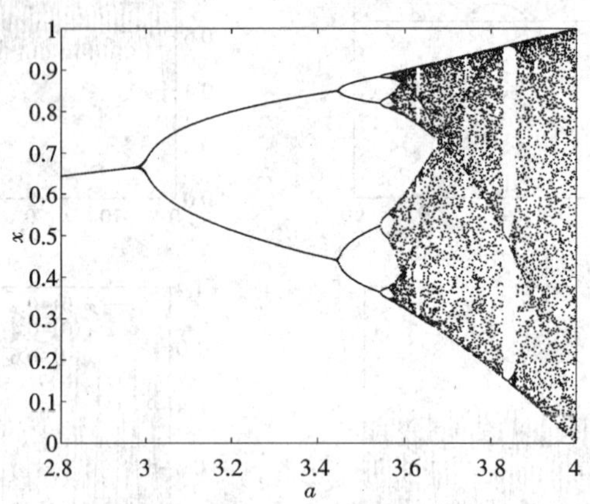

图 1-7 Logistic 映射分岔图

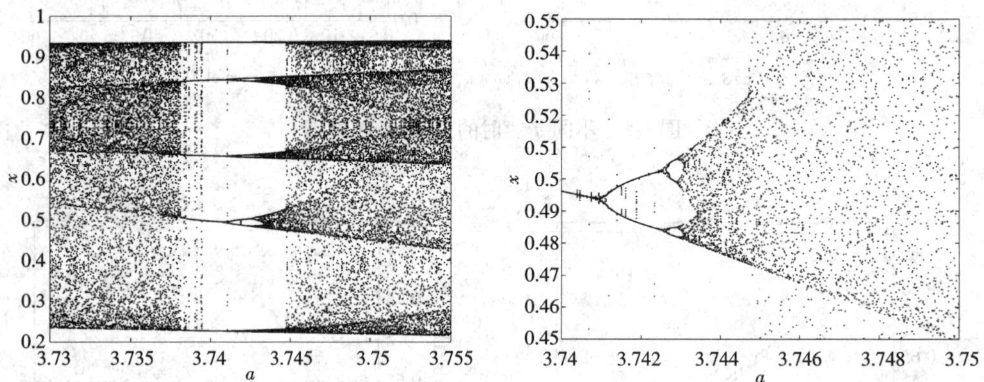

图 1-8 Logistic 映射分岔图局部放大

1.2.4 Hénon 映射

法国天文学家埃农(Hénon)从研究球状星团及洛伦兹吸引子中得到启发,于 1976 年提出简单二维平方映射[12]:

$$\begin{cases} x_{n+1} = y_n - ax_n^2 + 1 \\ y_{n+1} = bx_n \end{cases} \tag{1-12}$$

当 $b=0$ 时,Hénon 映射退化成平方映射。该映射可以分解成三个简单的映射 T_1,T_2 和 T_3:

$$\begin{cases} T_1\begin{bmatrix} x \\ y \end{bmatrix} = \begin{bmatrix} x \\ 1 - ax^2 + y \end{bmatrix} \\ T_2\begin{bmatrix} x \\ y \end{bmatrix} = \begin{bmatrix} bx \\ y \end{bmatrix} \\ T_3\begin{bmatrix} x \\ y \end{bmatrix} = \begin{bmatrix} y \\ x \end{bmatrix} \end{cases} \tag{1-13}$$

其中,T_1 是弯曲映射,T_2 是 x 方向收缩映射,T_3 是旋转 90°映射。可令 $x_{n+1} = x_n, y_{n+1} = y_n$ 得到 Hénon的不动点。经计算发现,当 $a > -(1-b)^2/4$ 时,有两个不动点:

$$\begin{cases} x_{0,1} = \frac{1}{2a}\{-(1-b) \pm [(1-b)^2 + 4a]^{1/2}\} \\ y_{0,1} = bx_{0,1} \end{cases} \tag{1-14}$$

当 $a \in [-(1-b)^2/4, 3(1-b)^2/4]$ 时,x_0 渐进稳定而 x_1 总是不稳定的。当 $a > a_1 = 3(1-b)^2/4$ 时,x_0 也失稳,系统进入周期 2 区域。当 a 增大至超过 a_1 时,点吸引子 x_0 经倍周期到混沌变化,当 $a = a_2 = 1.06$ 时,出现混沌。当 $1.06 < a < 1.55$ 时,可以看到 Hénon 吸引子,放大吸引子的局部,发现仍然有相似结构,这一点与 Logistic 映射非常相似(图 1-9)。

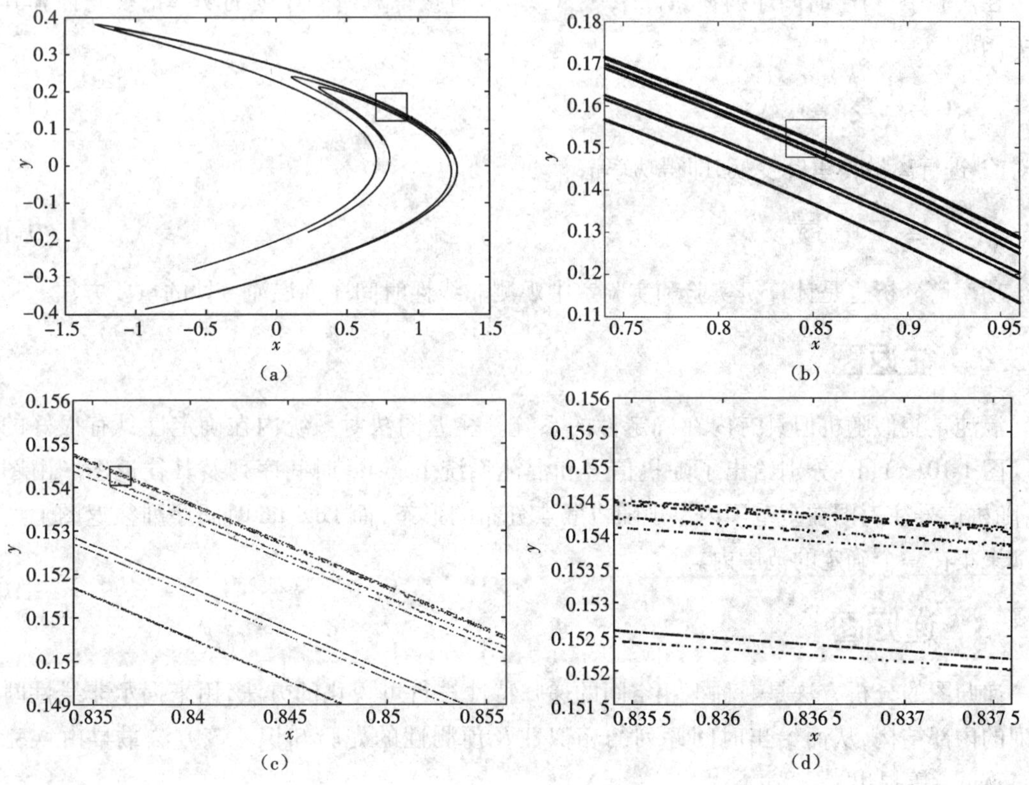

图 1-9 Hénon 映射的自相似结构

(a)10^4 迭代 (b)10^5 迭代 (c)10^6 迭代 (d)5×10^6 迭代

1.3 定性观测混沌方法

1.3.1 功率谱法[13]

频率 f 与相应的功率 $P(f)$ 之间的指数关系,在某些物理现象的频率中是适用的。例如,设 β 为功率谱指数, $\beta=0$ 对应白噪声, $\beta=2$ 对应褐色噪声, $0.5<\beta<1.5$ 对应 $1/f$ 噪声,这是功率谱与振动数的倒数成正比的摆动的总称。其数学表达式为

$$P(f)=|\hat{x}(f)|^2 \propto f^{-\beta} \tag{1-15}$$

则有

$$P(\lambda f)=\lambda^{-\beta}P(f) \tag{1-16}$$

功率谱的幂函数形式表明,物理系统的观测序列在频率 f 空间中跨越很宽的尺度,但却有自相似的结构。时间序列的图像看上去是不规则的,但其功率谱却可能呈现出规则性。若功率谱中有单峰(或几个峰),则对应周期(或拟周期)序列;若功率谱中无明显的峰值或峰连成一片,则对应湍流或混沌序列。

在实验中,对于时间序列 $x_1,x_2,x_3,\cdots,x_n$,可以直接计算时间序列的功率谱。先计算其自相关函数

$$C_j=\frac{1}{N}\sum_{i=1}^{N} x_i x_{i+j} \tag{1-17}$$

再对 C_j 进行离散傅里叶变换,即得功率谱

$$P_k=\sum_{j=1}^{N} C_j \mathrm{e}^{\frac{\mathrm{i}2\pi kj}{N}} \tag{1-18}$$

功率谱分析也是计算机实验和实验室中观测非线性时间序列混沌特性的重要方法。

1.3.2 往返图

混沌是貌似随机但具有内在确定性的系统。往返图法对系统内在确定性具有很好的体现。图 1-10(a)(b)分别给出了随机信号和混沌系统 Logistic 时间序列及其往返图。由图可知,随机信号往返图在全范围内呈现随机散点分布的形态,而 Logistic 时间序列往返图上所有点都聚集在一个确定的范围内。

1.3.3 递归图

递归图的分析方法是一种把相空间的递归特性进行可视化的方法,用来揭示非线性时间序列的内部结构,从而给出时间序列的相似性及预测性的先验知识。该方法最早由埃克曼(Eckmann)等提出[14]。

设某一原始时间序列为 $\{x_1,x_2,x_3,\cdots,x_n\}$,根据 Takens 嵌入定理,设定嵌入维数值 m 及延迟时间 τ,经过相空间重构,得到时间序列为

$$\boldsymbol{X}_i=\{x_i,x_{i+\tau},\cdots,x_{i+(m-1)\tau}\} \quad (i=1,2,\cdots,N) \tag{1-19}$$

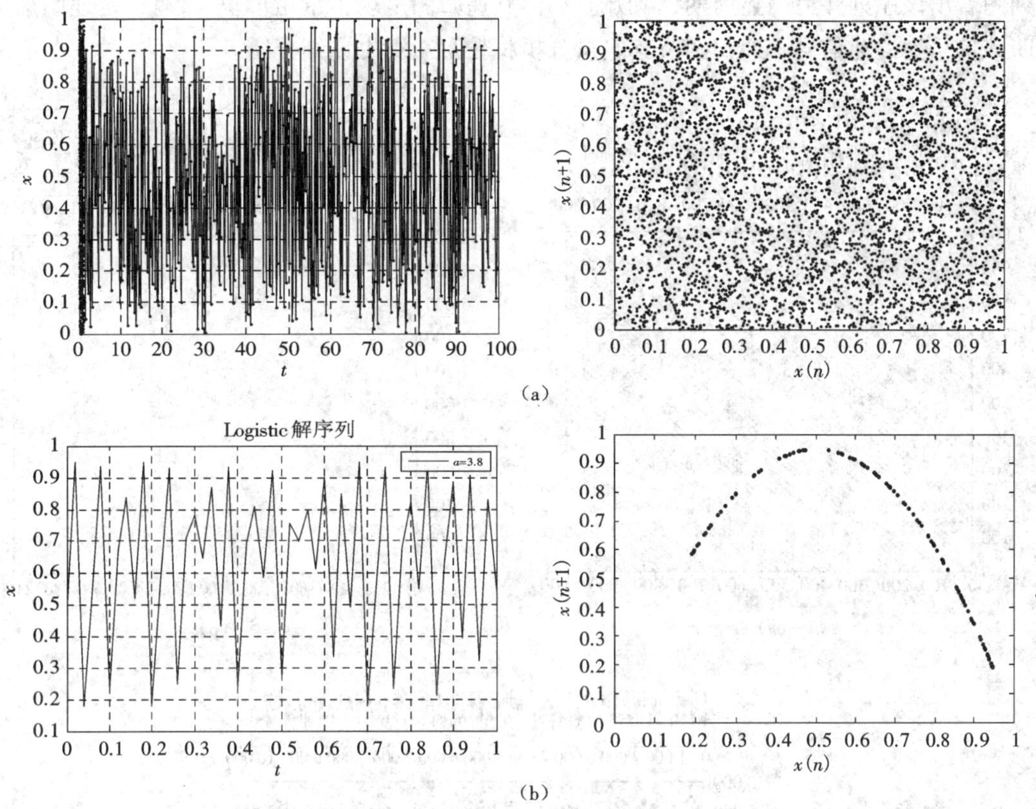

图 1-10　不同时间序列及其往返图

(a)随机信号时间序列及其往返图　(b)Logistic 时间序列及其往返图

式中 $N=n-(m-1)\tau$，在新时间序列中，定义欧式范数为任意两元素之间的距离：

$$d_{ij}=\| \boldsymbol{X}_i-\boldsymbol{X}_j \| \tag{1-20}$$

阈值选择为 $\varepsilon=\alpha\cdot\mathrm{std}(x_i)$，其中 $\mathrm{std}(x_i)$ 为相空间重构之后的时间序列标准差，α 为经验系数，建立递归矩阵 $\boldsymbol{R}_{ij}=\mathrm{Heaviside}(\varepsilon-d_{ij})$，海维赛(Heaviside)函数的表达式如下所示：

$$\mathrm{H}(x)=\begin{cases}0 & (x<0)\\ 1 & (x>0)\end{cases} \tag{1-21}$$

根据阈值 ε 定义一个以 $\boldsymbol{X}_i$ 为球心、以 ε 为半径的球。如果 $\boldsymbol{X}_j$ 落入此球中，即认为此状态与 $\boldsymbol{X}_i$ 是相似的。可设 $R_{ij}=1$，而后在以横纵轴为时间序列点、坐标点个数为 $N\times N$ 个的坐标平面中对应位置(i,j)处描点，从而得出相空间重构之后的时间序列的递归图。

图 1-11(a)(b)(c)分别给出了周期信号、随机信号和混沌信号的时间序列信号及递归图。该组递归图嵌入维数 $m=3$，延迟时间 $\tau=1$，阈值选择为 $\varepsilon=0.3\cdot\mathrm{std}(x_i)$。图 1-11(a)为三角函数 $y=\sin(2\pi\cdot 5t)$ 的时间序列及递归图，上方为三角函数时间序列图，下方为三角函数递归图。三角函数为典型的周期函数，其递归图带有主对角线方向的趋势，表现为周期的递归结构。图 1-11(b)为一组随机信号，随机信号递归图表现为大量随机散点结构，且无明显块状纹理。图 1-11(c)为选取适当参数，使洛伦兹序列进入混沌状态的 x 时间序列及递归图，从时间

序列图看出该序列并无明显周期,貌似随机,但其递归图呈现少量矩形块,具有一定递归结构,说明该信号为混沌信号。递归图及其定量分析将在第4章中详细介绍。

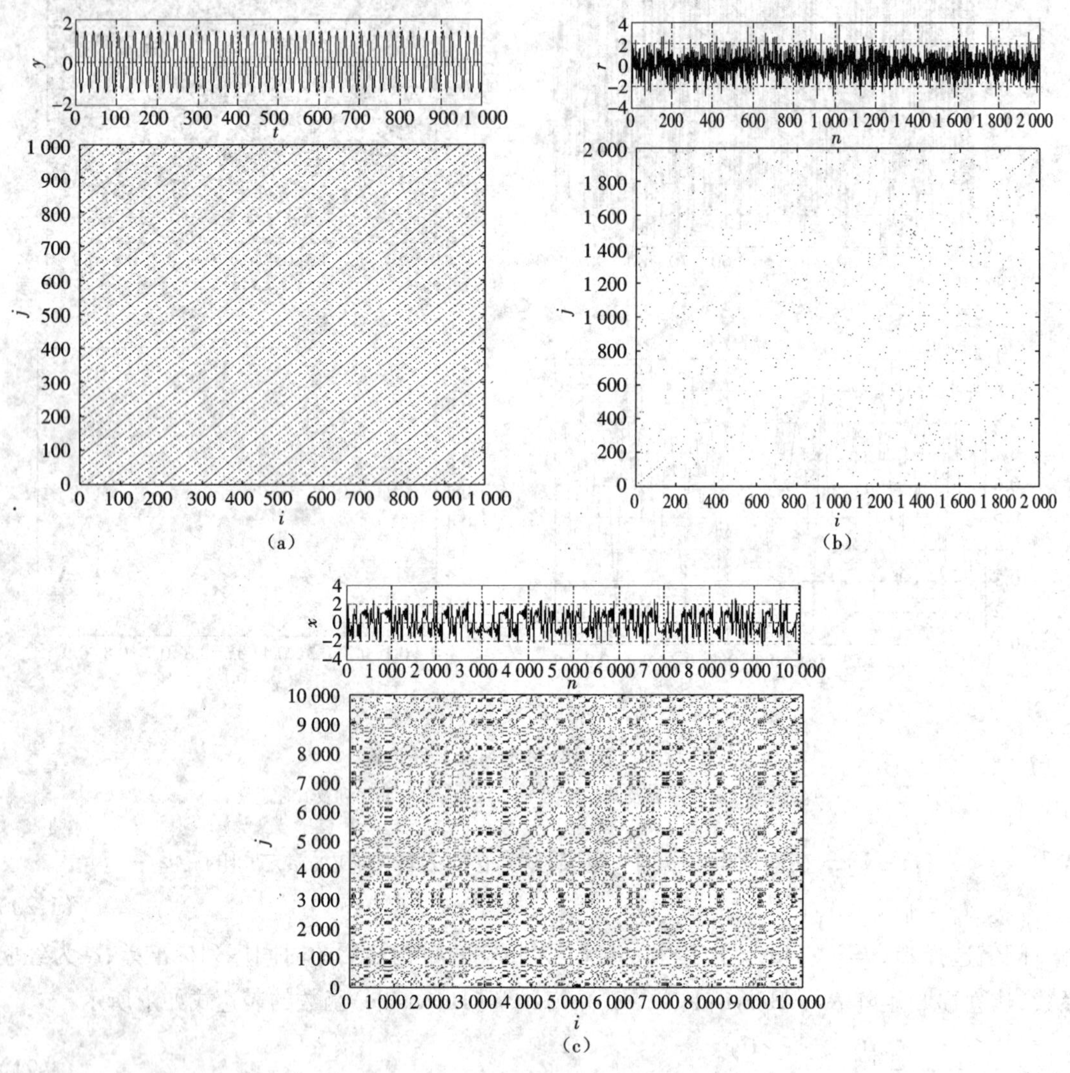

图1-11 不同类型时间序列的递归图特征

(a)周期信号 (b)随机信号 (c)混沌信号

1.3.4 混沌吸引子

混沌的产生是系统整体稳定性和局部不稳定性共同作用的结果,局部的不稳定性使它具有对初值的敏感性,而整体的稳定性则使它在相空间表现出一定的分形结构(这种结构被称为混沌吸引子)。正是这种精细的吸引子结构,帮助我们达到分辨噪声与混沌的目的。

混沌吸引子是在三维或者三维以上的相空间中具有分数维数的一种吸引子。如图1-12所示为洛伦兹序列吸引子,它是将三维空间图像经过多次拉伸及折叠后形成的。通常混沌吸引子具有分形结构,因此称之为奇异吸引子。实际上混沌吸引子是一种动力学概念,奇异吸引子是一种几何概念，混沌吸引子与分形结构没有必然的联系。研究表明，混沌吸引子往往具有非整数维数，因而往往是奇异吸引子。

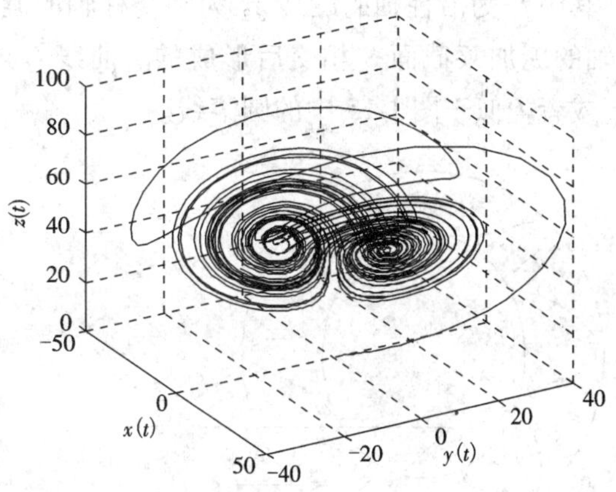

图1-12 洛伦兹序列吸引子

奇异吸引子还没有被广泛接受和认可的正式定义，但其具有以下性质[15]。①吸引子是相空间中的一个有界区域，来自所谓吸引盆的所有足够靠近的轨道长时间地、渐进地被吸引到这个有界区域内。吸引子本身不可分解，即在时间进程中轨道将达到吸引子上每个点。一个孤立的包含许多不动点的集合不是单一的吸引子。②初值敏感性是使吸引子变得奇异的性质，尽管体积收缩，但在各方面的长度不必收缩，且初始时任意靠近的许多点在足够长时间后在吸引子上宏观地分离开。

1.3.5 庞加莱截面

在相空间中适当选取一截面，该截面要有利于观察系统的运动特性和变化，如不能与轨线相切，更不能包含轨线，此截面称为庞加莱截面，相空间的连续轨迹与庞加莱截面的交点称为截点。设记录得到的庞加莱点为 $B_0, B_1, \cdots, B_n$。这样，就在庞加莱截面上让系统连续运动，降为低维的离散点之间的映射

$$B_{n+1} = T(B_n) \tag{1-22}$$

式中 T 称为庞加莱映射[16]。

通过观察庞加莱截面上截点的情况可以判断是否产生混沌。当庞加莱截面上有且仅有一个不动点或少数离散点时，运动是周期的；当庞加莱截面上有一条封闭曲线时，运动是准周期的；当庞加莱截面上有一些成片的具有分形结构的密集点时，运动便是混沌的[13]。相空间中不同的初值可能对应不同的运动形态。只要运动是有界的，轨线将多次穿过庞加莱截面[7]。

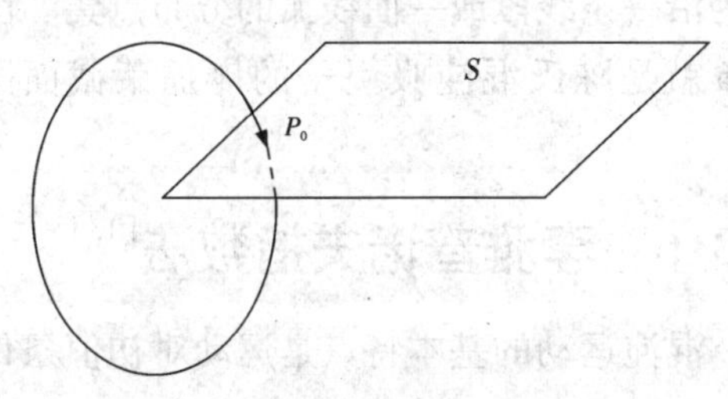

图1-13 极限环的庞加莱截面[7]

(1)周期吸引子。若相空间中只有一条周期轨道，则在庞加莱截面上只有一个点 P_0 穿过(图1-13)，显然庞加莱截面化为一个点 P_0，它就是 $P_0 = T(P_0)$ 的不动点，于是可把周期运动化为映射 T 的不动点来研究。若是在环面上的周期运动，表明在相空间中对应几条周期轨道，则在庞加莱截面上有相应的几个点穿过，这些点是映射

$$P_0 = T(P_0) = T^2(P_0) = \cdots \tag{1-23}$$

的不动点。其周期解的稳定性仍可通过夫洛开(Floquet)单位圆来研究。

(2)拟周期吸引子。如图1-14所示的在二维环面上的运动，由两个频率 f_1 和 f_2 叠加而

成,其中 f_1 为沿柱轴的旋转,f_2 为围绕柱轴的旋转。图中所示的闭合曲线 C 是由轨迹与横截柱轴的庞加莱截面 S 相交后形成的。曲线 C 或者是简单的由无自相交的点组成的圆、椭圆等,或者类似于图 1-15 中的圆滚线。

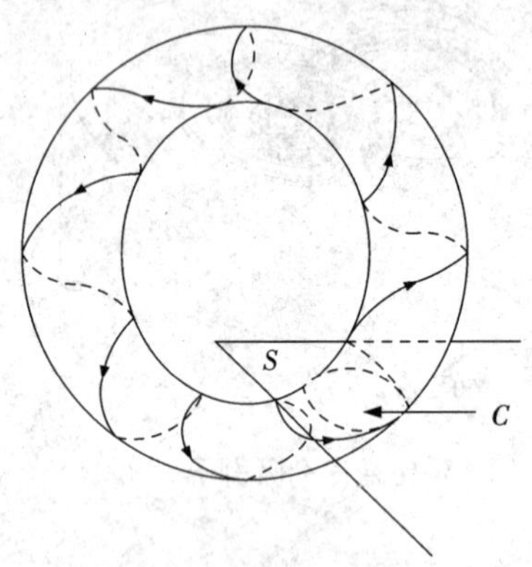

图 1-14 二维环面及其庞加莱截面

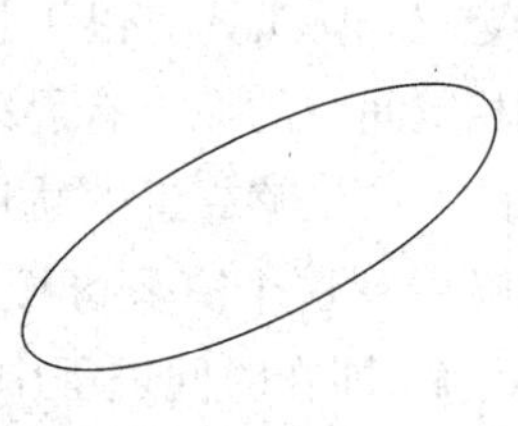

图 1-15 拟周期运动的庞加莱截面的形

当 f_1/f_2 是无理数时,由于运动轨道绕满整个环面,无始无终,永不封闭,即轨道永不重复已走的路,所以曲线 C 是连续的。当 f_1/f_2 为有理数时,由于运动是绕在环面上的封闭曲线,于是在庞加莱截面上只出现有限个点,所以庞加莱截面是沿 C 的有限点集。特别是当 $f_1/f_2 = n_1/n_2$(n_1 和 n_2 均为整数)时,由于动力系统中存在两种振动模式之间的非线性耦合,于是就出现了频率锁相。但当这两个周期运动之间无耦合,且 n_1 和 n_2 为互不相约的整数时,则其周期变为 $T = n_1/f_1 = n_2/f_2$,可见运动仍然是周期的,这时庞加莱截面上仅有 n 个离散点,且庞加莱截面是一维的。

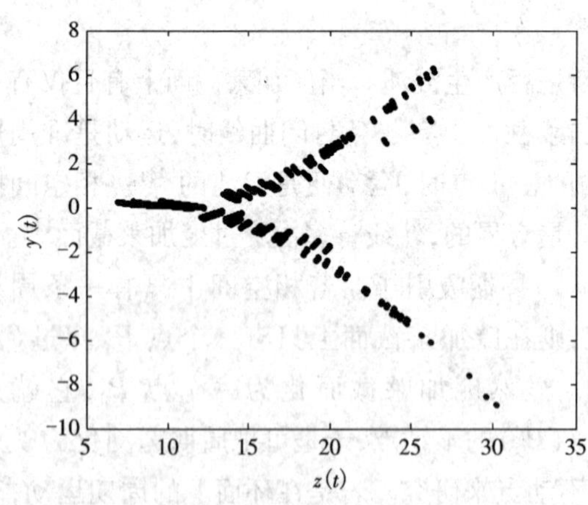

图 1-16 陈氏混沌吸引子的庞加莱截面

(3)非周期的混沌吸引子。与周期和拟周期吸引子不同,它的运动轨道常常在三维或三维以上的空间中表现出极其复杂的图像,以至于从外面根本看不出来其内部结构。然而,通过庞加莱变换,可以使其庞加莱截面成为沿一条线段或一曲线弧的分布点集。图 1-16 就是陈氏混沌吸引子的庞加莱截面图像。

1.3.6 李雅普诺夫指数法[13]

混沌运动的基本特点是运动对初值条件极为敏感。两个很靠近的初值所产生的轨道,随时间推移以指数方式分离,李雅普诺夫(Lyapunov)指数就是定量描述这一现象的量。

在一维动力系统 $x_{n+1} = F(x_n)$ 中,初始两点迭代后是互相分离还是靠拢,关键取决于导数绝对值 $\left|\frac{\mathrm{d}F}{\mathrm{d}x}\right|$ 的大小。若 $\left|\frac{\mathrm{d}F}{\mathrm{d}x}\right| > 1$,则迭代使两点分开;若 $\left|\frac{\mathrm{d}F}{\mathrm{d}x}\right| < 1$,则迭代使两点靠拢。但是

在不断迭代的过程中，$\left|\frac{\mathrm{d}F}{\mathrm{d}x}\right|$的值不断变化，使得相邻的点时而分离时而靠拢。为了从整体上看相邻两点状态分离的情况，必须对时间（或迭代次数）取平均，设平均每次迭代所引起的指数分离中的指数为 λ，于是原来相距为 ε 的两点经过 n 次迭代后相距为

$$\varepsilon \mathrm{e}^{n\lambda(x_0)} = |F^n(x_0+\varepsilon) - F^n(x_0)| \tag{1-24}$$

取极限 $\varepsilon \to 0, n \to \infty$，则式(1-24)变为

$$\begin{aligned} \lambda(x_0) &= \lim_{n\to\infty} \lim_{\varepsilon\to 0} \frac{1}{n} \ln \left| \frac{F^n(x_0+\varepsilon) - F^n(x_0)}{\varepsilon} \right| \\ &= \lim_{n\to\infty} \frac{1}{n} \ln \left| \frac{\mathrm{d}F^n(x)}{\mathrm{d}x} \right|_{x=x_0} \end{aligned} \tag{1-25}$$

式(1-25)通过变形计算可简化为

$$\lambda = \lim_{n\to\infty} \frac{1}{n} \sum_{i=0}^{n-1} \ln \left| \frac{\mathrm{d}F^n(x)}{\mathrm{d}x} \right|_{x=x_0} \tag{1-26}$$

式中的 λ 与初始值的选取没有关系，称之为原动力系统的李雅普诺夫指数，它表示系统在多次迭代中平均每次迭代所引起的指数分离中的指数。

李雅普诺夫指数作为沿轨道长期平均的结果，是一种整体特征，其值总是实数，可正可负，也可等于零。在李雅普诺夫指数 $\lambda<0$ 的方向，相体积收缩，运动稳定，且对初始条件不敏感；在 $\lambda>0$ 的方向轨道迅速分离，长时间演化对初始条件敏感，运动呈混沌状态；$\lambda=0$ 对应于稳定边界，属于一种临界情况。若系统最大李雅普诺夫指数 $\lambda>0$，则该系统一定是混沌的。所以，时间序列的最大李雅普诺夫指数是否大于零可作为该序列是否混沌的一个依据。奇异吸引子是不稳定（$\lambda>0$）和耗散（$\lambda<0$）两种因素竞争的结果。

1.4　通向混沌的主要途径

人们已经从实验和理论两方面研究了非线性系统中控制参数改变时吸引子变化的途径。对各种可能的分岔现象进行研究后，可归纳出以下三种通向混沌的主要途径[8,17-18]。

1.4.1　倍周期分岔道路

倍周期分岔亦称为费根鲍姆途径，即对于系统运动变化的周期行为，通过周期不断加倍的倍周期分岔形式，使其逐步丧失周期性行为从而进入混沌的运动状态。生态学中的虫口模型（Logistic 映射）可以作为通过倍周期分岔进入混沌的典型模型，也是倍周期分岔途径的最早实例。费根鲍姆指出[19]：一个系统一旦发生倍周期分岔，必将导致混沌。Logistic 映射确定性方程为 $x_{n+1}=ax_n(1-x_n)$，设 $x_0=0.5$，当 $a<1$ 时，分别令 $a=0.25, 0.5, 0.75$，则 x_n 的取值变化如图 1-17 所示。由图可知，x_n 均随着 n 的增大逐渐收敛到一点 0。

设 $x_0=0.5$，当 $1<a<3$ 时，分别令 $a=1.45, 2.1, 2.8$，则 x_n 取值变化如图 1-18 所示。由图可知，当 a 取不同值时，x_n 随 n 的增大分别逐渐收敛到某一点。

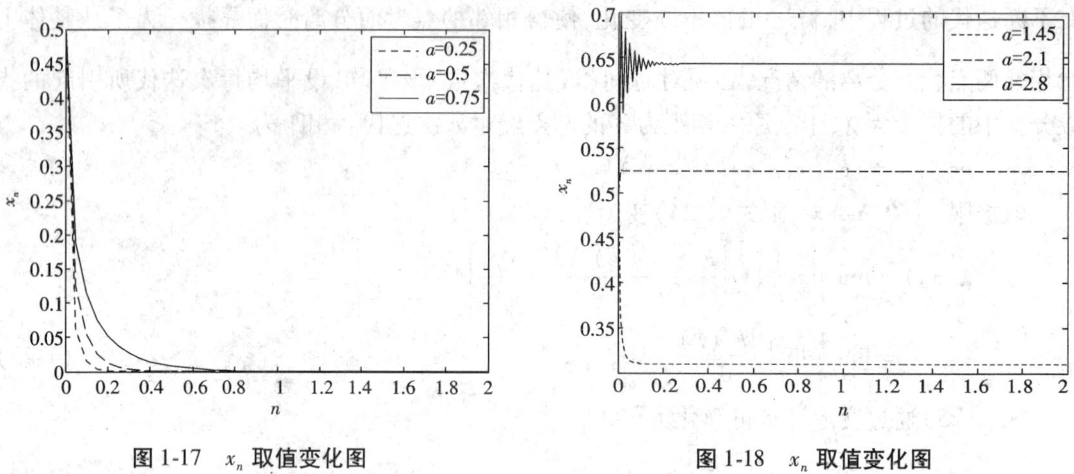

图 1-17 x_n 取值变化图

图 1-18 x_n 取值变化图

设初值 $x_0=0.5$，当 $a>3$ 时，令 $a=3.14,3.45,3.8$，则 x_n 取值变化如图 1-19 所示。由图可知，当 $a=3.14$ 时，x_n 随 n 的增大在两个固定点间跳变；当 $a=3.45$ 时，x_n 随 n 的增大在四个固定点间跳变；当 $a=3.8$ 时，系统进入混沌状态。

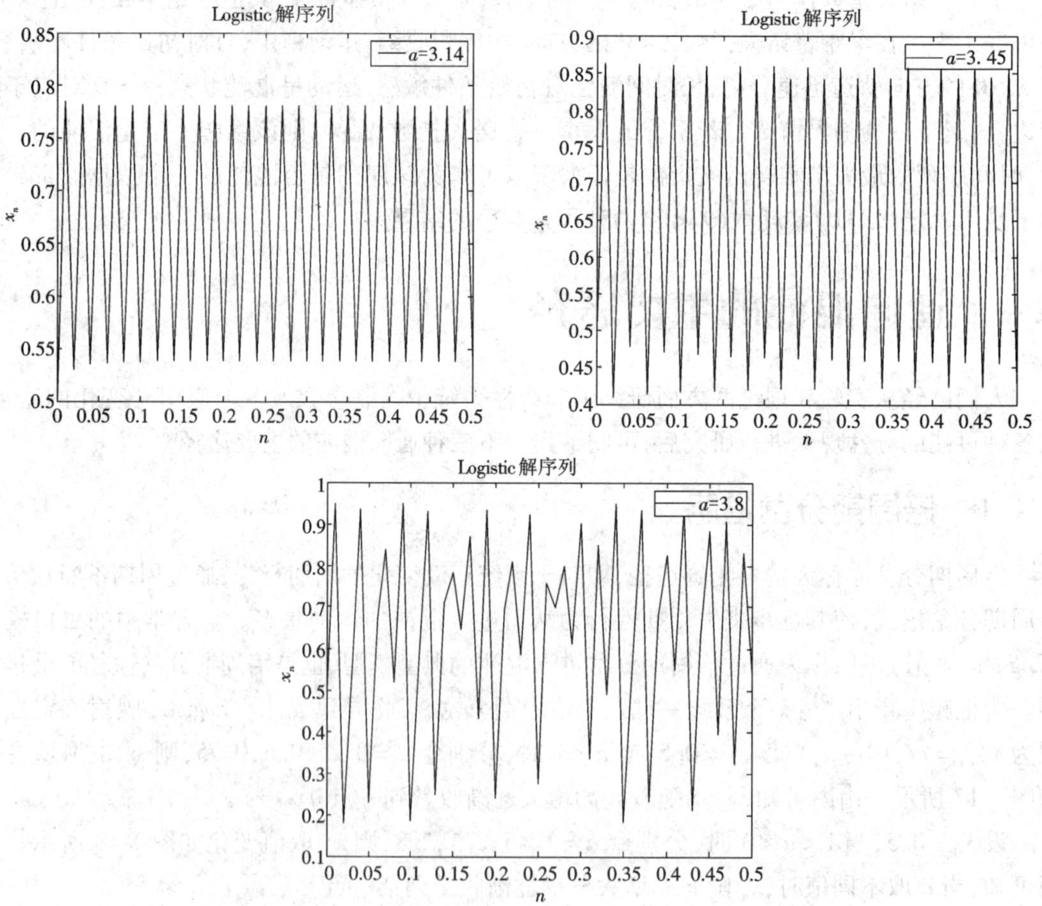

图 1-19 x_n 取值变化图

由此可见，当 Logistic 确定性方程参数在不同取值范围时，系统不断迭代后的值具有不同的稳定点，随参数不断增大，系统逐步进入混沌区。如图 1-20 所示为 Logistic 映射分岔过程。

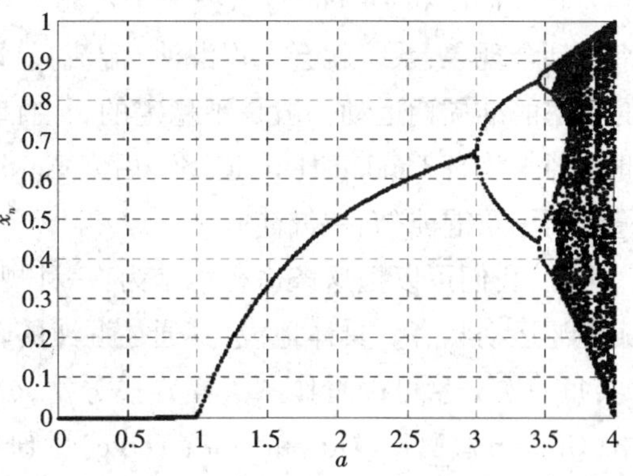

图 1-20　Logistic 映射分岔过程

1.4.2　阵发性混沌道路

阵发是非平衡、非线性系统进入混沌状态的第二条途径，亦称 Pomeau-Manneville 途径。这里的阵发即指阵发性这一概念，原指湍流理论中在流场层流背景下湍流随机爆发的现象，表现为层流、湍流相遇而使相应的空间随机地交替。在混沌理论中主要是借助于阵发性概念来表示时间域中系统不规则行为和规则行为的随机交替现象。具体来说，阵发性混沌是指系统在非平衡、非线性条件下，当某些参数的变化达到某一临界阈值时，系统的时间行为忽而周期，忽而混沌，在两者之间振荡的现象。随着有关参数的继续变化，整个系统会由阵发性混沌发展为混沌。

Pomeau 和 Manneville 应用夫洛开理论将阵发性混沌分为三种形式。在周期轨道对应的不动点处，系统的庞加莱映射的线性化系数矩阵称为夫洛开矩阵。矩阵特征值 λ 的模穿过复平面上的单位圆表示周期轨道具有线性不稳定性，即发生了阵发性转变。穿过单位圆的三种方式为 $\lambda=1,-1,e^{i\theta}$，表示了不稳定的三种类型，因而阵发性的三种不同形式分别为：Ⅰ型（$\lambda=1$），这一途径的间歇性与逆切分岔现象有关；Ⅱ型（$\lambda=e^{i\theta}$），该途径的间歇性与霍普夫分岔现象有关；Ⅲ型（$\lambda=-1$），这种途径的间歇性与滞后分岔现象有关。

阵发混沌最早见于洛伦兹模型，然而较详细的研究均是在一些非线性映射上做的。阵发混沌与倍周期分岔所产生的混沌是孪生现象。凡是能观察到倍周期分岔的系统，原则上均可以发现阵发混沌现象。

1.4.3　Ruelle-Takens 道路

Ruelle-Takens 道路亦称霍普夫分岔途径，也是一条通向混沌的道路。Ruelle 和 Takens 于 1971 年发表了论文《论湍流的本质》，提出了与 Landau 和 Hopf 关于湍流的假设完全不同的观点，即 Ruelle-Takens 道路。1978 年，纽豪斯（Newhouse）又对 Rueller-Takens 道路做了进一步改进。当系统内有不同频率的振荡互相耦合时，系统就会产生一系列新的耦合频率的运动。按照 Landau 和 Hopf 关于湍流发生机制的假设，湍流的发生是经过无穷次准周期分岔的结果。准周期分岔可以用环面分岔来描述，将不动点、极限环分别看作 0 环面、1 环面，分别用 T_0，T_1 表示，则上述通往混沌（相当于湍流）的转变可以表示为 $T_0\to T_1\to\cdots\to T_n\to\cdots\to$混沌，并且每一次分岔可以看作一次霍普夫分岔，分岔出一个新的不可公约的频率。基于这一假设，混沌（湍流）可视为无穷多个频率耦合的振荡现象。

这个假设最终仅停留在对湍流图像性的解释上，无法解决流体在何时出现湍流行为的问题。为此 Ruelle 和 Takens 等人发表了对湍流现象的新的看法，认为根本不需要出现无穷多个频率的耦合现象，系统就会出现混沌（湍流）。Ruelle 和 Takens 提出 4 环面上具有 4 个不可公约的频率的准周期运动一般是不稳定的，经扰动而转变为奇异吸引子（T_4→混沌）的途径，并以此途径来代替 Landau-Hopf 道路。后来 Newhouse 进一步把结果改为：3 环面上准周期运动不稳定而导致混沌（T_3→混沌）。

为此，我们可以把这条途径总结为：一种规则的运动状态最多经过 3 次霍普夫分岔就能转变成混沌运动状态。具体地说，其通往混沌的转变可以表示为不动点→极限环→二维环面→混沌，每一次分岔可以看作一次霍普夫分岔，分岔出一个新的不可公约的频率。1985 年格里博格（Grebogi）、奥特（Ott）和约克（Yorke）曾研究了 N 环面上准周期运动向混沌的转变，并得出了确定的结果。需要指出的是，尽管这条通向混沌的道路提出较早，但与倍周期分岔道路和阵发混沌道路相比，关于其规律性的研究成果较少，近年来已引起了人们的关注。例如，关于突变点附近的临界行为的研究还不够充分，目前尚不清楚这里是否也存在着普适的临界指数。

总之，除上述三种通向混沌的道路之外，还有诸如准周期过程、剪切流转捩等许多产生混沌的方式，科学家甚至得出“条条道路通混沌”的结论。

1.4.4 哈密顿系统的 KAM 环面通向混沌的道路

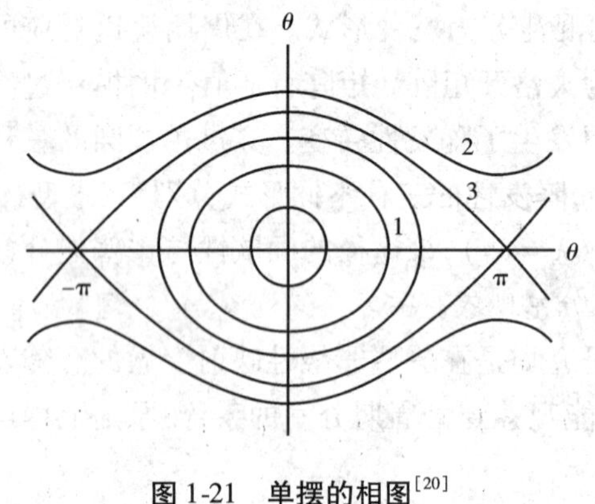

图 1-21 单摆的相图[20]

对于近哈密顿系统，有一个著名的 KAM 理论。近哈密顿系统的轨线分布在一些环面（称为 KAM 环面）上，它们一个套在另一个的外面，而两个环面间充满着混沌区。它在法向平面上的截线都为 KAM 曲线。可积哈密顿系统如单摆的相图是中心（椭圆点）与鞍点双曲点交替出现，如图 1-21 所示。相空间中各部分的运动互不相混。在小扰动的情况下（接近于哈密顿系统），只在鞍点附近发生一些变化，鞍点连线破断并在鞍点附近产生剧烈振荡，从而引起混沌运动，响应的区域称为混沌层，即近可积的哈密顿系统中会出现混沌运动。

1.5 分形现象

在自然界中，大至崎岖的山岳地带、纵横交错的江河流域、蜿蜒曲折的海岸线、满天的繁星、奇怪形状的积云，小至飘逸的尘粉、作无规运动的分子与原子，其形状和现象十分复杂，无法用传统的欧氏几何学做出合理的解释。为此，著名数学家曼德布罗特在其著作《大自然的分形几何学》[21]中描述了自然界的许多不规则和支离破碎的形状，并深入研究了其中一类被称作“分形”的形状，提出并发展了“分形”这一新的数学分支。分形现象广泛存在于自然科学和社会科学的众多领域，分形几何的应用对自然科学和社会科学的发展产生了深远的影响，正因为如此，人们说“分形是大自然的几何学”“分形处处可见”（图 1-22）。

图 1-22　自然界中的分形现象

1.5.1　分形的定义

分形(fractal)一词源于拉丁文 fractus,本意是分裂的、碎化的,是曼德布罗特在 1975 年提出的,用来描述自然界中用传统欧几里得几何学不能描述的复杂、无规则几何对象。之后,曼德布罗特提出了豪斯道夫维数(Hausdorff Dimension,D_H),从数学上对分形进行了严格定义:如果一个集合在欧氏空间的豪斯道夫维数严格大于其拓扑维数,则该集合为分形集[21]。1985 年,他补充了分形的定义,认为分形是由一些与其整体以某种方式相似的部分所组成的形体,并认为分形是非线性变换下的不变性。目前,仍然没有关于分形的完整而精确的定义。

与传统的几何物体相比,被称为分形的结构一般都具有两个重要的特性。一是自相似性。在数学上,自相似性是指系统的部分与整体精确地或近似地相同。自相似性分为精确自相似性和近似自相似性两种,前者是严格、精确地相似,如谢尔宾斯基(Sierpinski)三角形、科赫(Koch)曲线等结构规则的分形图形;后者是在一定尺度范围内具有相似性,如某些分形树的图形。二是标度不变性。当用不同的观测标度测量这些具有自相似性的物体时,发现其许多性质保持不变,即这些物体具备标度不变性。标度不变性是自相似性的精确形式,也就是说无论放大多少倍,总存在更小的部分与整体相似。总结前人对分形的描述和定义,分形一般具有以下特征[22]:

(1)分形具有无限精细的结构,没有一个固定的特征尺度;

(2)从统计或近似意义上来说,分形的结构是自相似的,它的局部结构与整体具有某种自相似性;

(3)分形维数通常严格大于其拓扑维数;

(4)可以用非常简单的方法定义,并由递归与迭代产生。

上述分形的主要特征中，(1)(2)两项说明分形在结构上的内在规律性。自相似性是分形的灵魂，它使得分形的任何一个片段都包含了整个分形的信息。(3)项说明分形的复杂性，(4)项说明分形的生成机制。

1.5.2 规则分形

规则分形又称决定论的(deterministic)分形，它是按一定规则构造出的具有严格自相似性的分形，常见的规则分形有康托尔集、科赫曲线、谢尔宾斯基集等。

1. 康托尔集

康托尔(Cantor)于1883年提出一种一维空间中的分形结构：将单位长度的线段分为三等份，去掉中间段，对留下的线段继续三等分并去掉中间段，重复上述过程，最终留下的所有线段就称为康托尔集(图1-23)。显然，康托尔集具有无穷层次的自相似结构。

2. 科赫曲线

将一直线段三等分，在中间段处构造等边三角形后去掉中间段形成折线，再对此折线的每一段采用同样的做法，如此重复下去，最终得到的折线称为科赫曲线(图1-24)。科赫曲线具有自相似性。

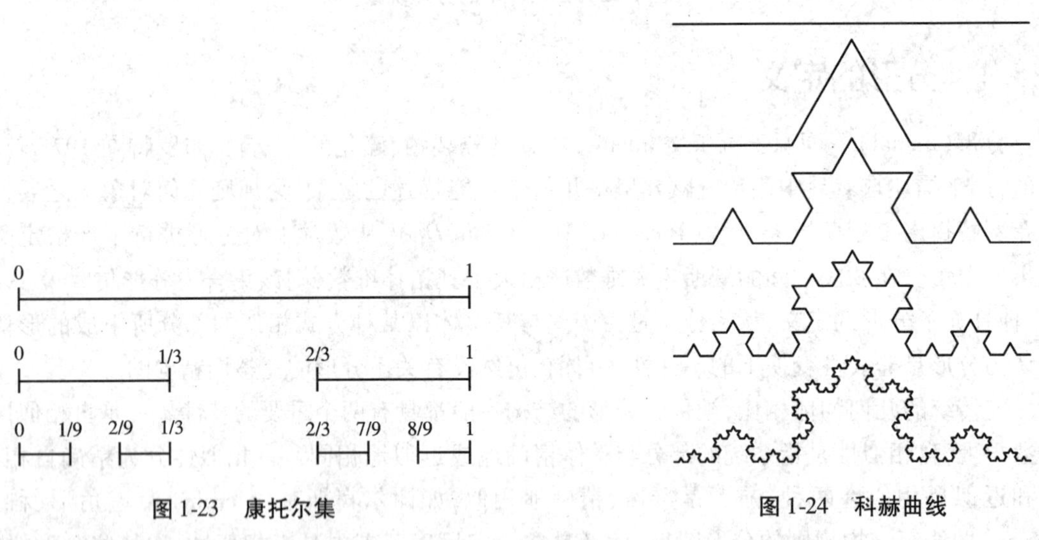

图1-23 康托尔集

图1-24 科赫曲线

3. 谢尔宾斯基三角形

初始形状为等边三角形，将其分割为四个相同的三角形，挖去中间部分，对剩下的三角形分别重复上述过程，如此下去，最终得到的图案具有自相似性，被称为谢尔宾斯基三角形(图1-25)。

4. 谢尔宾斯基地毯

初始形状为正方形，将其等分为九个小正方形，挖去中间一个，对剩余每个正方形分别重复这一过程，如此下去，最终得到的图案具有自相似性，被称为谢尔宾斯基地毯(图1-26)。

图 1-25　谢尔宾斯基三角形

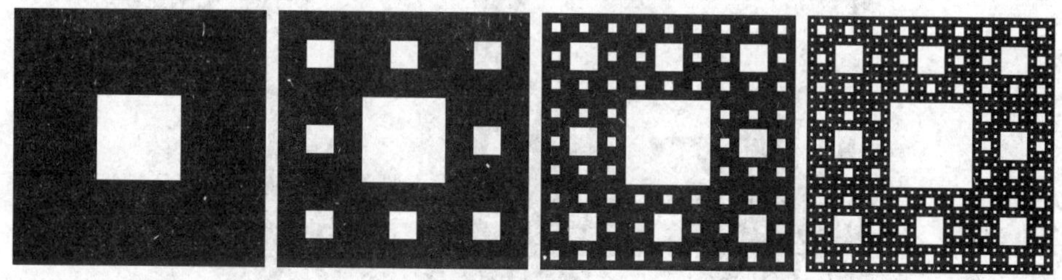

图 1-26　谢尔宾斯基地毯

1.5.3　无规分形

生长过程和物理问题中所产生的分形,往往受到多种因素的影响,不具有严格的自相似性,只是在统计意义上是自相似的。这种不规则的自相似性称为统计自相似性或无规自相似性,具有无规自相似性的分形称为无规分形(random fractal)。下面介绍几种常见的无规分形现象。

1. 电沉积现象

电解时,电解液中的金属离子向阴极沉积,如果阴极取适当形状,如针尖形,附着在阴极上的金属将从一处向四周不断增大,随着时间的增长,凝聚的金属将具有一定长度的分形形式(图 1-27)[23]。锌、铜电沉积分形研究出现得较早,由这两种金属电沉积分形出发,人们得出了一些结论。最近几年,人们又开始注意到银、金、镍、铁等金属的分形增长形式。

图 1-27　不同温度下的金属电沉积现象

分形电解实验的构成最初是基于二维随机扩散理论。以锌的制备为例,在电解液中,硫酸锌分解为锌离子和硫酸根离子,它们以随机方式漂移。加入电场后,锌离子可在阴极上沉积。在一维随机扩散中,溶质分子受到作布朗运动的溶剂分子的撞击,那么在这个二维表面上,假定锌离子以充分随机的方式进行运动，也遵从布朗路径，则有可能在外加电场作用下，与沉积物的外端相遇形成薄的树枝形式（图 1-28）。

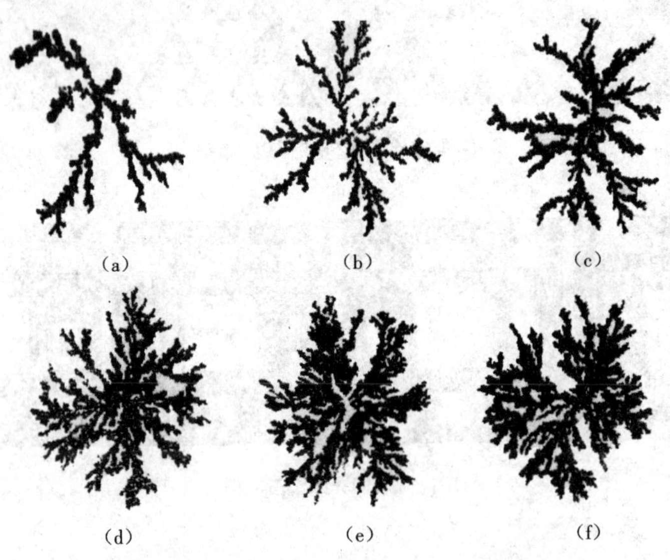

图 1-28 不同外加电压下金属锌电沉积生长图像

(a)外加电压 2 V (b)外加电压 5 V (c)外加电压 8 V
(d)外加电压 13 V (e)外加电压 17 V (f)外加电压 20 V

20 世纪 80 年代以后，人们在金属盐溶液中加入另一种与之不相溶的材料（如 n-醋酸丁基）制成界面，把阴极端面固定在界面附近，在一定电压下，金属可沿界面进行二维空间生长，其结构是分形“树枝”状。最近几年，上述结构被专门设计的一种极薄的“三明治”（sandwich）结构（生长空间夹在间隔约 0.1 mm 的两层玻璃之间）取代。利用这种结构，人们进行了不同条件下锌、铜、银生长规律和形态的定量研究，并通过专门的仪器设备，直观地观察了分形结构的生长过程及溶液中的离子流动现象。

枝晶生长是电沉积过程中存在的一个较为重要的问题，借助于分形几何的知识可以对枝晶的形貌与特征进行描述，使用分形维数还可以对枝晶进行定量描述和表征，据此可以建立与枝晶生长密切相关的数学模型。

2. 黏性指进现象

如图 1-29 所示，黏性指进是指将低黏性流体在压力下注入高黏性流体中，由于两种流体非常大的黏性差别和交界面上的表面张力，最初形成的晶核由于不稳定而不断向外伸长，使高黏性流体呈树枝状扩散出来，形成手指状图形。例如水注入油中、空气注入甘油中等[24]。

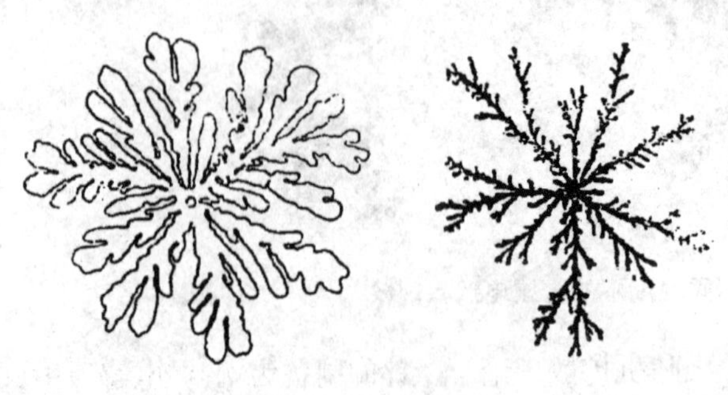

图 1-29 黏性指进现象

油田注水是石油开采中的一项

重要措施。如果注水出现黏性指进，则开采效果将大受影响。因此，改变工艺参数，避免黏性指进的出现，对开采效果有很重要的意义。此外，黏性指进也是流体动力学和多空介质物理学中很重要的问题[25]。

3. 雪花现象

雪花是自然界中一种复杂的形态，通常有一个冻结核，周围都是过冷水汽。雪花周围水汽结冻所释放的潜热由水汽和冰核的交界面扩散而输送出去。由于交界面要输送大量潜热，交界面积就需足够大，从而交界面向外呈树枝状突出，形成分形结构（图 1-30）。

图 1-30　显微镜下的典型雪花形状

4. 生物中的分形现象

如图 1-31 所示，生物体内各种生物器官的结构和形态以及高分子聚合物和生物大分子如核酸、蛋白质的链状结构，都具有自相似性。其他如血管、神经细胞的树突、肺部的支气管、心脏中希氏束和浦肯野纤维组成的导电系统、肠壁的绒毛组织、肝脏里的胆管、植物的叶脉、蕨类植物和树木的分支形态和根系等，都具有相似的分形结构[26-28]。

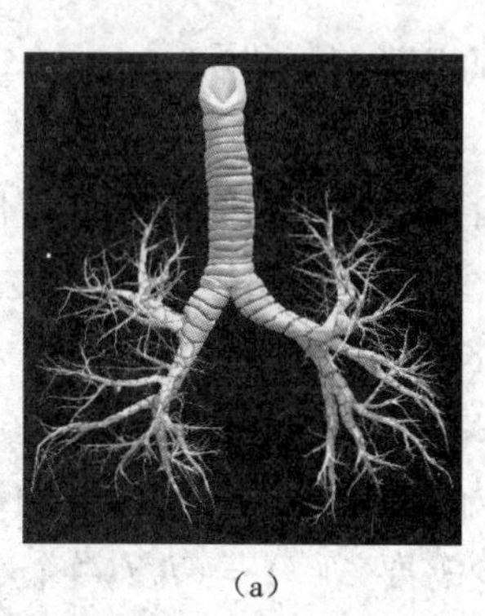
(a)

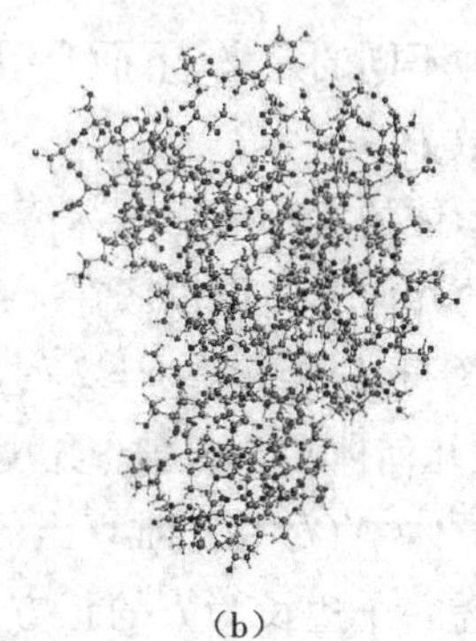
(b)

图 1-31　生物中的分形现象

(a) 支气管　(b) 糖化酶分子结构

1.6　分形维数

具有分形特性的对象，由于其内部不存在特征长度，所以人们无法通过长度这种参数来刻画分形的特征,于是科学家们引入了分形维数的概念。维数是几何学和空间理论的基本概念,例如一维的直线、二维的平面、三维的普通空间都是人们所熟知的。但是自然界中存在的雪花、河流、海岸线这类有着复杂自然构型的分形现象,很难用传统的数学来说明,至多作定性描述,而分形理论能对它们进行定量分析。将维数概念推广到此类问题中,则得到分形维数的概念,这是一个刻画分形集的复杂性的特征量。下面先介绍经典维数和拓扑维数的定义,然后介绍分形维数的定义。

1. 经典维数

确定物体或几何图形中任意一点的位置所需要的独立坐标数目,就是该物体或几何图形的经典维数,又称为欧氏维数,记为 d_E。如:在直角坐标系中,一个点的位置在欧氏空间中要用三个独立坐标来表示,即用三个实数 x,y,z 代表空间中的一个点,即 $d_E=3$;在平面上需要用两个实数 x,y 表示一个点,即 $d_E=2$;在直线上,只需要一个实数 x 就够了,即 $d_E=1$。经典维数是独立的坐标数,坐标数必定是正整数,所以经典维数必须是正整数。

2. 拓扑维数

几何图形在一对一的双方连续变换下不变的性质即为拓扑性质,满足拓扑性质不变的变换为拓扑变换,其对应维数为拓扑维数,记为 d_T。画在橡皮膜上的图形,当橡皮膜受到如拉伸、压缩、扭曲之类的形变但不破裂或折叠时,图形的拓扑性质保持不变,如图形上曲线的封闭性、两曲线的相交等性质均保持不变,这就是拓扑性质的不变性。从拓扑学的观点看,变换前后的图形是拓扑等价的,并具有相同的拓扑维数。

在平直的欧氏空间中,点是零维的,线是一维的,面是二维的,体是三维的。点、线、面、体这样的几何形体在连续拉伸、压缩、扭曲等形变下,其对应的拓扑性质是不变的,其对应的拓扑维数也是不变的。显然 d_T 也必然是正整数。

3. 分形维数

分形维数有多种不同的定义,下面介绍其中的几类分形维数。

1)豪斯道夫维数 D_H

测量一个几何形体的大小所得的数值 N 与拓扑维数和测量的标度 l(长度单位)有密切关系,例如,假定考察的几何形体可以嵌在 n 维的欧几里得空间里,取许多边长为 l 的 n 维小方盒($n=1$ 时,为长度等于 l 的线段;$n=2$ 时,为边长等于 l 的正方形;$n=3$ 时,为边长等于 l 的立方体;等等),把该几何体完全覆盖(或填充)起来,令 $N(l)$ 代表所需小方盒的最低数目。对于通常熟悉的规则形体,$N(l)$ 是不难算出的。例如,覆盖一根长度为 L 的线段至少需要 $N(l)=L/l$ 个小方盒,覆盖一个边长为 L 的正方形至少需要 $N(l)=(L/l)^2$ 个小方盒,覆盖一个边长为 L 的立方体至少需要 $N(l)=(L/l)^3$ 个小方盒。因此,归纳上述测量结果可知,对于一个形体,如果测量其容积的长度单位为 l,则测量结果为

$$N(l)=\left(\frac{L}{l}\right)^d \tag{1-27}$$

式中,d 是该几何体的维数。将上式两边取对数得

$$d=\ln N(l)/(\ln L-\ln l) \tag{1-28}$$

当测量的长度单位 l 足够小,以至于 $-\ln l \gg \ln L$ 时,即得

$$d = -\lim_{l \to 0} \frac{\ln N(l)}{\ln l} \tag{1-29}$$

即当 l 足够小时，上式与 L 无关。也就是说，上式对任何大小和形状的几何体都成立。当然，对于通常的几何形体（如有限个点、线、曲面、立体物体），d 是整数。

1919 年德国数学家豪斯道夫把上式推广到维数 d 不取整数时的一般情况，得到豪斯道夫维数，记为 D_H，即

$$D_H = -\lim_{l \to 0} \frac{\ln N(l)}{\ln l} \tag{1-30}$$

豪斯道夫维数定量地描述了一个规则或不规则点集的几何尺度，同时其整数部分反映出图形的空间规模。对动力系统而言，豪斯道夫维数能大体上表示独立变量的数目。

2）相似维数 D_S

如果一个分形集 S 可以划分为 N 个同等大小的子集，每一个子集为原集合放大 δ 倍，则分形集 S 的相似维数 D_S 定义为

$$D_S = \lim_{\delta \to 0} \frac{\ln N(S,\delta)}{\ln \frac{1}{\delta}} \tag{1-31}$$

式中，δ 为放大倍数，$N(S,\delta)$ 为放大倍数为 δ 时的测度。此式已经摆脱维数是整数的限制，它适合具有自相似性质的分形集合，故称为自相似维数。由于相似维数应用的基础是分形的自相似性，所以相似维数主要用于具有自相似性质的规则图形，对于自然界广泛存在的随机图形的分形，需采用其他的维数定义。

3）盒计数维数 D_0

设 A 是 $\mathbf{R}^n$ 空间中的任意非空有界子集，对每一个 $\varepsilon > 0$，$N(A,\varepsilon)$ 表示用来覆盖 A 的半径为 ε 的最小闭球数，如果极限 $\lim\limits_{\varepsilon \to 0} \dfrac{\ln N(A,\varepsilon)}{\ln \frac{1}{\varepsilon}}$ 存在，则定义

$$D_0 = \lim_{\varepsilon \to 0} \frac{\ln N(A,\varepsilon)}{\ln \frac{1}{\varepsilon}} \tag{1-32}$$

为 A 的盒计数维数。盒计数维数 D_0 是关于集合的几何性质（如几何体中的点或物质分布的疏密程度）的特征量。在实际计算中，我们可以构造一些边长为 ε 的正方形、直径为 ε 的圆、直径为 ε 的不规则形状或 n 维空间中小区域的范围作为盒子，计算不同 ε 值的“盒子”与 A 相交的个数 $N(A,\varepsilon)$，再以 $-\ln \varepsilon$ 为横坐标，$\ln N(A,\varepsilon)$ 为纵坐标描点，根据这些点拟合得到直线的斜率，即可估计出图形 A 的盒计数维数。对于严格自相似的分形，相似维数与盒计数维数是一致的。

如图 1-32 所示，对三分康托尔集，当 $l_1 = \frac{1}{3}$ 时，$N(l) = 2$；$l_2 = \left(\frac{1}{3}\right)^2$ 时，$N(l) = 2^2$；…；$l_n = \left(\frac{1}{3}\right)^n$ 时，$N(l) = 2^n$，即在第 n 次分割后每一线段长为 l_n，每分割一次每段线段长变为原来的 $\frac{1}{3}$，而线段数目加倍。由此可求康托尔集的盒计数维数为

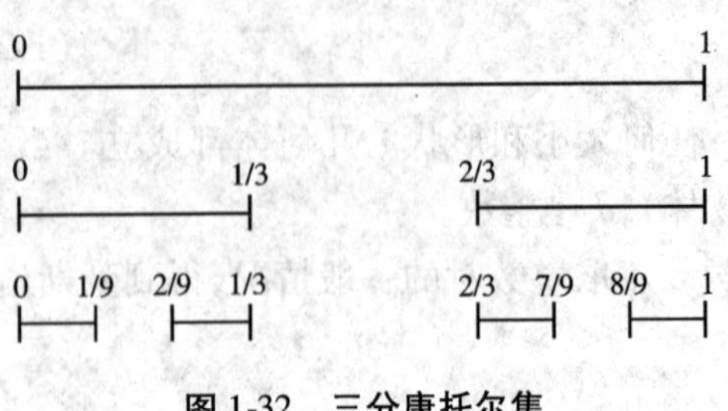

图 1-32 三分康托尔集

$$D_0=\lim_{\varepsilon\to 0}\frac{\ln N(A,\varepsilon)}{\ln\dfrac{1}{\varepsilon}}=\lim_{\varepsilon\to 0}\frac{\ln 2}{\ln 3}=0.631 \tag{1-33}$$

从直观上判断,康托尔集最后是由无数个处处稀疏的点组成,所以它的维数比 0(对应于一个或有限个点)大,但这些点处处稀疏未能充满一条直线,故其维数比 1 小,0.631 正好处在 0 和 1 之间。

4)信息维数 D_1

信息是对一个事件惊奇性的测度。香农(Shanon)对信息的定义为

$$I_i=-\sum_i p_i\lg p_i \tag{1-34}$$

式中,p_i 是该事件可能结果的概率。在盒计数维数中,只有当分形维数小于二维或在二维附近,且相空间维数也不高时,它才是可行的。当维数增高时,计算量迅速上升,以致很难得到收敛的结果。另外,由于一个小盒子中可能包含分形的一个点或多个点,但是它们在 $N(A,\varepsilon)$ 中却都处在相同的位置,这使得盒计数维数不能完全反映分形内部的不均匀性。信息维数是对盒计数维数的改进,提高了描述分形的细致程度。

计算信息维数时,首先数清每个盒子中的点数,算出第 i 个盒子出现在 $N(A,\varepsilon)$ 中的概率

$$p_i(\varepsilon)=-\frac{N_i(A,\varepsilon)}{N(\varepsilon)} \tag{1-35}$$

然后利用信息的定义式求得用尺寸为 ε 的盒子进行测度所得到的信息量

$$I=-\sum_{i=1}^{N(A,\varepsilon)} p_i\ln p_i \tag{1-36}$$

用 I 代替 $N_i(A,\varepsilon)$ 来定义信息维数 D_1:

$$D_1=\lim_{\varepsilon\to 0}\frac{\ln\sum_i p_i\ln(1/p_i)}{-\ln\varepsilon} \tag{1-37}$$

若点落入每个盒子的概率相同,即 $p_i=\dfrac{1}{N(\varepsilon)}$,由于求和记号下面的每一项都与编号 i 无关,则有 $I=\ln N(\varepsilon)$,此时信息维数退化为分形维数。

5)关联维数 D_2

非线性系统的相空间可能维数很高,甚至无穷,有时不能确定维数是多少,而吸引子的维数一般都低于相空间的维数。对一个时间间隔一定的单变量时间序列($x_1,x_2,x_3,\cdots$),构造一批 n 维的矢量,得到一个嵌入空间,即重构相空间,只要嵌入维数足够高,就可以在拓扑等价的意义下恢复原有的动力学特性。Grassberger 和 Procaccia 在 1983 年提出了从时间序列计算吸引子的关联维数的 G-P 算法[29]。对于 n 维重构混沌动力系统,奇异吸引子由点

$$\boldsymbol{X}(t)=\{x(t),x(t+\tau),x(t+2\tau),\cdots,x[t+(n-1)\tau]\} \tag{1-38}$$

构成,其中 τ 为时间延迟。然后定义两点之间的距离 $r_{ij}=\|\boldsymbol{X}_i-\boldsymbol{X}_j\|$,此距离可自由定义,如

以两个矢量的最大分量差作为距离。再规定凡是距离小于给定正数 r 的点称为有关联的点，设重构相空间中有 N 个点，计算其中的关联点的个数，它在一切可能的 N^2 种配对中所占的比例称为关联积分：

$$C(r) = \frac{1}{N^2}\sum_{i=1}^{N}\sum_{j=1}^{N} \mathrm{H}(r - \|\boldsymbol{X}_i - \boldsymbol{X}_j\|) \tag{1-39}$$

其中 H 为 Heaviside 函数，即

$$\mathrm{H}(x) = \begin{cases} 0 & (x<0) \\ 1 & (x>0) \end{cases} \tag{1-40}$$

当 $r \to 0$ 时，关联积分 $C(r)$ 与 r 存在幂律关系：

$$\lim_{r\to 0} C(r) \propto r^{D_2} \tag{1-41}$$

其中，D_2 即为关联维数。D_2 的定义式为

$$D_2 = \lim_{r\to 0} \frac{\ln C(r)}{\ln r} \tag{1-42}$$

在实际数值计算中，通常给定具体的 r 值大小。如果 r 值取得太小，已经低于环境噪声和测量误差造成的矢量差别，则实验中一切偶然噪声与系统中的有用信号相比，就会突出地表现出来。而如果 r 值取得太大，信号中的有用信号会被淹没在 r 之中。因此，在双对数关系 $\ln C(r) \sim \ln r$ 中，只有考察其间的最佳拟合直线，才能得到准确反映系统特性的关联维数 D_2。

6）广义维数 D_q

下面由盒计数法引出对广义维数的定义。用尺度为 ε 的盒子对集合 A 进行覆盖，所需的盒子总数为 $N(A,\varepsilon)$，对盒子进行编号，设第 i 个盒子出现在 $N(A,\varepsilon)$ 中的概率为

$$p_i(\varepsilon) = -\frac{N_i(A,\varepsilon)}{N(\varepsilon)} \tag{1-43}$$

即点落在第 i 个盒子中的概率为 $p_i(\varepsilon)$。对给定参数 q，可计算其广义信息熵 $K_q(\varepsilon)$，表达式为

$$K_q(\varepsilon) = \frac{\ln \sum_{i=1}^{N} [p_i(\varepsilon)]^q}{1-q} \tag{1-44}$$

以广义信息熵作测度，即得广义分形维数定义式：

$$D_q = \lim_{q\to 0} \frac{\ln K_q(\varepsilon)}{\ln \varepsilon} \tag{1-45}$$

具有不同标度指数的子集可以通过 q 的改变进行区分，如当 $q=0$ 时，有

$$D_0 = \lim_{\varepsilon\to 0} \frac{\ln N(A,\varepsilon)}{-\ln \varepsilon} \tag{1-46}$$

即为盒计数维数。

当 $q=1$ 时，有

$$D_1 = \lim_{\varepsilon\to 0} \frac{\ln \sum_i p_i \ln(1/p_i)}{-\ln \varepsilon} \tag{1-47}$$

即为信息维数。

当 $q=2$ 时,有

$$D_2=\lim_{\varepsilon\to 0}\frac{\ln\sum_i p_i^2}{-\ln\varepsilon} \tag{1-48}$$

即为关联维数。因为关联维数中

$$C(r)=\frac{1}{N^2}\sum_{i=1}^{N}\sum_{j=1}^{N}\mathrm{H}(r-\|\boldsymbol{X}_i-\boldsymbol{X}_j\|)=p_i^2 \tag{1-49}$$

由此说明广义分形维数 D_q 结合了多种分形维数的定义式。当 q 从 $-\infty$ 到 $+\infty$ 取值时,得到维数谱 D_q,且不难证明对任意两个值 q_1 和 q_2,若 $q_1\leqslant q_2$,有 $D_{q_1}\geqslant D_{q_2}$。特别地

$$D_2\leqslant D_1\leqslant D_0\leqslant\cdots \tag{1-50}$$

1.7 无规分形生长模型

分形生长理论是分形理论研究中最活跃的部分,是聚集生长过程的理论基础,具有重要的现实意义与应用价值。为更好地理解客观世界存在的分形结构是如何形成的,人们提出了许多无规分形生长模型,按原理大致分为三类,即扩散置限凝聚模型(DLA)、弹射凝聚模型(BA)和反应控制凝聚模型(RLA)。这三类模型中的每一种又分成两部分,单体(monomer)凝聚和集团(cluster)凝聚。DLA 模型中,单体凝聚称为 Witten-Sander 模型,集团凝聚称为 DLCA(Diffusion Limited Cluster Aggregation)模型。BA 模型中,单体凝聚称为 Vold 模型,集团凝聚称为 Sutherland 模型。RLA 模型中,单体凝聚称为 Eden 模型,而集团凝聚称为 RLCA(Reaction Limited Cluster Aggregation)模型(图 1-33)。

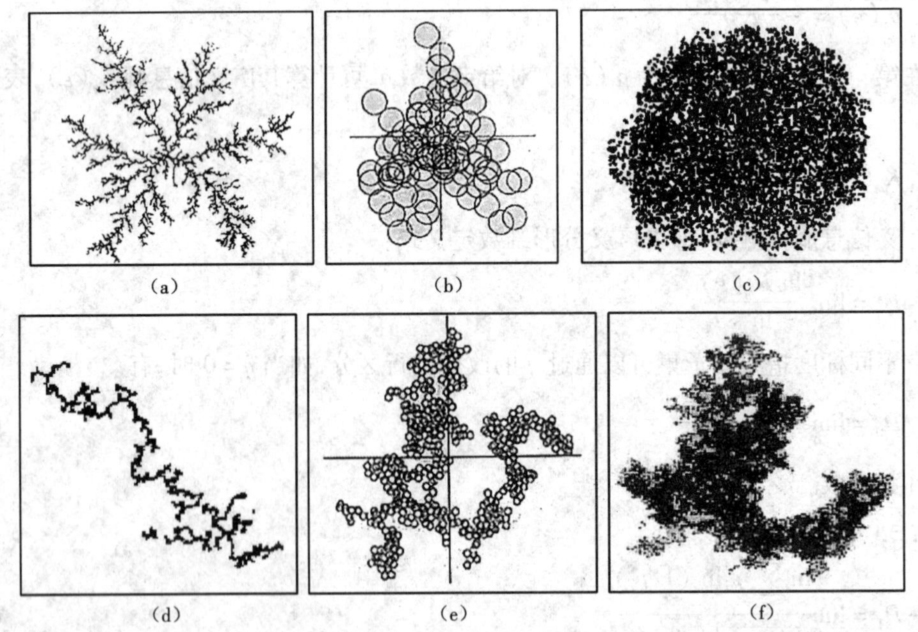

图 1-33 无规分形生长模型示意图

(a) Witten-Sander (b) Vold (c) Eden (d) DLCA (e) Sutherland (f) RLCA

1.7.1　扩散置限凝聚模型

1981 年,美国埃克森公司的威腾(Witten)和桑德(Sander)提出了扩散置限聚集模型,用以模拟空气中煤灰烟尘和液体中的金属粉末的无规凝聚分形生长[30],这是由简单算法生成复杂、无序形态的最引人注目的模型之一,自从它诞生之日起就受到了极大的关注,至今仍在分形形态形成研究领域中占据着极其重要的地位。

其单体模型生长规则如下:选一个点阵,在二维平面的中心处生成一个初始粒子作为生长点,这个粒子即种子。在远离这个种子的任意位置生成另一个粒子,这个粒子以近于布朗运动的方式随机行走。若这个粒子走至种子相邻位置,则两个粒子黏附在一起,形成一个二粒子集团。如果第二个粒子走到边界,则将其移走并另外产生一个粒子。引入第三个粒子,依旧以布朗运动的方式随机行走,当走到二粒子集团的相邻位置时,二粒子集团将其吸附形成三粒子集团。如此下去,最后点阵中央便形成了由大量粒子组成的凝聚集团。随机行走的布朗粒子的附着使得该附着处附近的场强远大于集团的侧部,这就是所谓的屏蔽效应。后来的布朗粒子向点阵中央突出部分凝聚的概率远大于向集团侧部凝聚,从而突出部分越来越突出。由于布朗粒子运动的随机性,它与突出部分结合的具体位置仍带有随机性,于是形成的凝聚体便是树状结构的无规分形。

Witten 等研究的烟尘扩散属于自然界中广泛存在的无规则扩散现象,可用 Fick 定律来描述。若考虑稳态扩散,Fick 定律退化为拉普拉斯(Laplace)方程形式:

$$\nabla^2\varphi(r,t)=0 \tag{1-51}$$

式中,$\varphi(r,t)$为粒子浓度。在 DLA 模型中,$\varphi(r,t)$表示经时间 t 后,运动粒子到达 r 处的概率。根据生长规则,某时刻在 r 处发现粒子的概率等于上一时刻在 r 处距离为 a 的 n 个临近网格点发现运动粒子概率的平均值,即

$$\varphi(r,t+1)=\frac{1}{n}\sum_{i=1}^{n}\varphi_i(r+a,t) \tag{1-52}$$

对所有临近网格点求和,计算同一位置相邻时刻发现运动粒子的概率差值,得

$$\varphi(r,t+1)-\varphi(r,t)=\frac{1}{n}\sum_{i=1}^{n}\left[\varphi_i(r+a,t)-\varphi_i(r+a,t-1)\right] \tag{1-53}$$

DLA 生长规则规定运动粒子逐个产生,相当于稳态扩散过程,即

$$\frac{1}{n}\sum_{i=1}^{n}\left[\varphi_i(r+a,t)-\varphi_i(r+a,t-1)\right]=0 \tag{1-54}$$

可见,DLA 生长模型相当于一定边界条件或初始条件下拉普拉斯方程的动态离散解。在凝聚现象中,凝聚粒子在拉普拉斯浓度场中作扩散运动,生长集团的界面具有复杂的形状和不稳定的性质,生长过程是一个远离平衡的动力学过程,但集团的结构却非常稳定且具有确定的分形维数。自然界中许多生长过程的行为在一定条件下都可以满足上述的拉普拉斯方程条件,从而可用 DLA 模型来解释。

由于 DLA 模型展现了许多自然现象的本质,且其模型十分简单,仅仅通过运动学和动力学模型就产生了具有标度不变性和自相似性的典型分形特征的结构,该模型自提出后迅速成

为远离平衡形态的生成典范,引起了不同领域(如细胞生物学、材料学、环境科学等)学者的广泛关注。为了解决其他实际问题,研究者们对传统的 DLA 模型进行了更深入的研究和改进 。

Meakin[31]认为在聚集过程中,最初不应该只有一个粒子作种子,而应是许多粒子同时作无规行走,当两个微粒相遇时形成集团,集团也进行随机运动,以至于与其他集团相遇形成新的集团,这就是所谓的集团 - 集团聚集(Cluster-Cluster Aggregation,CCA)。此模型即扩散限制集团凝聚(DLCA)模型。

在传统 DLA 模型中,种子所处的生长条件被假设为各向同性(即均匀),从而导致整个分形结构在空间的分布各向同性。但在实际生长过程中,这一条件未必成立。此外,粒子的吸附能力也未必各向同性。这些各向异性使分形的生长不可能是对称的,由此学者们提出了各向异性 DLA 凝聚。这种各向异性生长对于说明某些细长植物或动物组织和器官之类的分形结构的形成过程十分重要。

此外,以色列巴伊兰(Bar-Ilan)大学的凯斯勒(Kessler)[32]、英国剑桥大学的鲍尔(Ball)和布雷迪(Brady)[33]、白俄罗斯 Belarusian 州立大学的古林(Gurin)和波罗史可夫(Poroshkov)[34]等众多学者对 DLA 模型进行了深入研究和改进。目前,DLA 模型改进的主要方法是对模拟规则中的下列参数进行调整[35]:①网格与集团粒子总数;②运动粒子可黏附距离;③运动粒子在凝聚集团各方向的黏附概率;④运动粒子的运动步长;⑤种子粒子及运动粒子的数目及性质。

1.7.2 弹射凝聚模型

沃尔德(Vold)在 1963 年研究胶体悬浮絮状物的形成机制时提出了弹射凝聚(Ballistic Aggregation)模型,简称 BA 模型[36-37]。当单体的平均自由程比生长中的凝聚体的尺度大时,单体以直线轨迹向凝聚体运动,产生弹射凝聚,即 Vold 模型。这是与 DLA 模型的随机行走方式不同的行走模式,也正是因为行走模式的区别,在 Vold 模型中,单体粒子比 DLA 模型中的粒子有更大的概率进入一个凝聚体的内部,最终形成的凝聚体的结构比 DLA 模型的更加致密,其分形维数也大得多。BA 模型中,按单体凝聚形成的凝聚体(Vold 模型)在三维欧氏空间中的分形维数 $D=3$,也就是说,其分形维数与其拓扑维数或者说欧氏空间维数相同,这是该生长模型的重要性质之一。Vold 模型可以用来解释一些重要的技术过程,如胶体凝聚、气相凝聚以及在一个温度较低的基体表面上的气相沉积。

BA 模型的集团模型称为萨瑟兰(Sutherland)模型[38],其适用于低密度的多个 BA 集团的凝聚。Sutherland 模型与 DCLA 模型相比,不同之处在于前者的分形维数较大,相同之处是它们的结构都比较疏松、开放,分形维数都比各自对应的单体凝聚模型的分形维数小得多。

另外,BA 模型中还包括一种随机雨(Random Rain)模型,其原理是将粒子想象成雨滴,按随机的直线运动方式“落”到正在生长的凝聚体上。开始时将种子放在一个大圆的圆心处,候选粒子从圆周上随机位置出发,沿着随机的“弦”向内部运动,即按“弦”的轨迹弹射,当这些“雨滴”接触到正在生长的凝聚体时,就附着在它上面。该模型有一个重要的特点是要考虑逸出,即已黏附的粒子会随机地脱离,按轨迹弹射发生再次黏附或消失。该随机雨模型所生成的分形结构也有树杈状结构和中心,但其分岔比 DLA 模型少得多,其原因是,在形成凝聚体的过程中,“雨点”附着在分支上的概率比附着在中心区的概率高得多。

实验研究中能近似地用弹射凝聚模型描述的过程很多,如聚乙炔在扩散燃烧室中燃烧,得到高温的小线度的炭黑粒子(粒径为20~30 nm)。雾状二氧化硅的气相生长是弹射凝聚的又一个例子[39]。四氯化硅在氢气和氧气气氛中燃烧产生雾状硅石的过程可用两个模型来予以解释,开始阶段的生长方式属于单体弹射凝聚,而燃烧的后一阶段则为扩散置限凝聚。在其他一些体系中也观察到了类似的转变,从小尺度的均匀致密体转变为大尺度的分岔的凝聚体,如在胶体溶液中二氧化硅的凝聚。二氧化硅聚合物、氧化铝聚合物等通常都伴随着生长机理的改变,即从单体凝聚转变为集团凝聚[40-41]。

1.7.3 反应控制凝聚模型

反应控制凝聚(Reaction Limited Aggregation,RLA)模型又称为化学控制凝聚模型,可以用二氧化硅在水溶液中的聚合来说明反应控制生长模型的基本特征。在反应控制生长的动力学过程中,存在一个势垒,只有克服此势垒,才能进行生长。

反应控制单体生长过程用Eden模型来描述,该模型最初是用来研究生物细胞群体的。在三维欧氏空间中,它的分形维数为3。Eden模型可以简单地叙述为:开始选择某一个位置放置一个点或细胞,在最初的Eden模型(人们经常称此模型为B模型)中,在生长簇的边界上等概率选择一个被占据点,之后随机选择邻近凝聚体周围边界的许多未被占用的格点之一,占领该格点,使它成为凝聚体的一部分,多次重复形成生长簇。这个模型的简化版本称为Eden模型A,是物理学家应用最广泛的模型之一。在这个模型中,与凝聚体最邻近的每一个格,如果边界上的一个格点与凝聚体相连接的键数大于1,它就有较多的机会被占据。Eden模型的第三个简单变形是模型C。此模型中,根据与凝聚体的最邻近点的个数成比例的概率而随机选择未被占据的边界点,凝聚体所有的表面点(它们都有最邻近的尚未被占据的格点)在下一步都有相同的概率去占据与它们邻近的格点。一般来说,Eden C模型比另外两种显示出更快的收敛性。由Eden模型得到的分形图形是空集(体内允许有少量的孔洞),其表面是粗糙的,且随着凝聚体的长大越来越粗糙,得到$D_S=2$。在一定范围内,粗糙的范围与簇内的粒子数间存在幂函数关系[39]。

对模型来说,活动区域的宽度是活动区域的表面的宽度,对一个生长着的Eden簇来说,表面宽度$\varepsilon_\perp$随着簇尺度的增大而增大,因此有

$$\varepsilon_\perp \sim s^{\bar{v}} \tag{1-55}$$

式中,s是被占据点的数目,$\bar{v}=0.18\pm0.03$。表面宽度$\varepsilon_\perp$的生长速度比活动区域的平均半径$\langle r_s\rangle$或回转半径R_g慢得多,其中

$$R_g \sim \langle r_s\rangle \sim s^{1/2} \tag{1-56}$$

反应控制集团凝聚(RLCA)模型[42]与扩散置限集团凝聚(DLCA)模型很相似,不同的是RLCA中两集团以更小的结合概率凝聚。结合时,两集团粒子之间的接触是随机的,粒子按一定的概率p结合,当p接近1时,RLCA即是DLCA;当$p\to0$时,RLCA是纯粹的反应控制集团凝聚。对RLCA模型进行计算机模拟时,一般从含有大量粒子的系统开始,随机选择一对粒子,按接触程序令其接触,如果所选的这对粒子属于同一集团,则去掉这种选择,重新再选一

对;如果这对粒子属于两个不同的集团,令其接触后,使两集团中所有的粒子运动以保证两集团中所有粒子都能在随机选择中彼此接触;若两集团互相覆盖,则另选新粒子配对。只有当所选择的是两个不覆盖的集团中的粒子对时,才按接触程序令它们作不可逆的结合。

在反应控制生长中,反应化学起着十分重要的作用,它将确定何时由单体-集团生长过渡到集团-集团生长(即集团凝聚生长)。例如在二氧化硅聚合时,改变化学生长条件就可以使该体系从单体-集团生长区进入集团-集团生长区,并且形成一个枝状的聚合物。

1.7.4 其他模型

1. 电介质击穿模型

尼迈尔等人提出了一个与 DLA 模型十分相似的电介质击穿模型(Dielectric Breakdown Model,DBM),用来说明电介质被闪电击穿的现象[43]。设两电极的电势分别取恒定值,当电极附近电场超过某值时,电介质中的少数载流子便在电极处凝聚并形成与电极等电势的导电部分。其导电成分的存在进一步增强了其周围的电场而导致新的载流子的出现和凝聚,于是电极附近便形成了导电集团。这种导电成分的聚集和附近电场的增强两种相互促进的作用使导电成分的聚集呈雪崩式的发展势态,从而出现了闪电形式的分形结构。DLA 模型和 DBM 模型有一个共同点,两者均满足拉普拉斯方程。

2. 逾渗模型

金属粒子和绝缘粉末混合时会出现一种导电现象,称为逾渗(percolation)现象[44-45]。当金属粒子的体积分数低于某一阈值(约 30%)时,系统不导电;当金属粒子的体积分数高于此阈值时,系统开始导电,且导电率随金属粒子的体积分数增加而急剧上升。

通常假设金属粒子分布在网格(正方形或三角形)的交点(称为座)上,设某个点拥有金属粒子的概率为 p,没有的概率为 $1-p$。只有当相邻格点上都拥有金属粒子时,这两点之间才是导通的,这样被金属粒子占有的格点可能是孤立的,也可能组成两个、三个、四个……相互连通的集团,s 个相连格点拥有金属粒子的集团称为 s 集团。s 集团的数目与网格的大小和拥有金属粒子的概率 p 都有关系。当 p 很小时,拥有金属粒子的格点基本上都是孤立的;当 p 接近于 1 时,大片格点被金属粒子占据,从网格的一端可直接延伸到另一端而形成导体,这时整个网格是导通的。因此存在一个临界概率 p_c(称为逾渗阈值),只有 $p>p_c$ 时才形成导体。从绝缘体到导体的转变称为相变,这种逾渗现象称为座逾渗。拥有金属粒子的座可以组成一个集团,所谓集团就是座与座之间互相连接而没有间断。当 $p>p_c$ 时,点阵上就会出现一个无穷大集团,即逾渗集团。对于二维方形点阵,已有计算表明

$$p_c = 0.592\,746 \tag{1-57}$$

逾渗概率是表征逾渗相变的一个很重要的物理量,其定义为:当拥有概率为 p 时,点阵上任一座属于无穷大集团的概率为逾渗概率,记为 $p_\infty(p)$:

$$p_\infty(p) = \lim_{N\to\infty} p_N(p) \tag{1-58}$$

式中,$p_N(p)$ 是点阵中任一座属于 N 座集团的概率,即出现 N 座集团的概率。显然,当 $0<p<p_c$ 时,逾渗概率为零;当 $p>p_c$ 时,逾渗概率会随 p 的增加而迅速增加。例如,对于一维链上的

逾渗问题,一个 N 座集团的概率为

$$p_N(p)=p^N(1-p)^2 \tag{1-59}$$

逾渗模型一方面具有分形的自相似结构,另一方面又是由无序材料形成的一个近似理论模型,故一直备受关注。

1.8 思考题

1. 考察本章所列出的几种典型非线性动力学系统(一维 Logistic 映射、二维 Hénon 映射、洛伦兹系统、Rössler 系统)通向混沌的途径。要求:

(1)进行数值求解,求解变量非线性时间序列曲线,并绘制出二维及三维解集,总结吸引子特征;

(2)考察初值敏感性,即观察改变初值后的解轨线敏感变化情况;

(3)考察二维往返图,观察混沌系统吸引子形态。

2. 对 Rössler 系统,取 $a=0.1$,$b=0.1$ 及 $c=4,6,8.5,8.7,9,12.8,13,18$。要求:

(1)观察解轨线从周期变化到混沌、混沌变化到周期的过程;

(2)总结变量 x 与参数 c 的分岔变化规律。

3. Duffing 方程 $\ddot{x}+0.3\dot{x}-x+x^3=F\cos 1.2t$,计算绘出 F 取不同值(依次为 0.20,0.27,0.28,0.286 7,0.32,0.365,0.40,0.645,0.85)时的 x-t 曲线及$(x,\dot{x})$相平面上轨线,分析进入混沌状态时的轨线特征。

4. 试推证广义维数的如下极限关系:$\lim\limits_{q\to 1} D_q=D_1$,$\lim\limits_{q\to 0} D_q=D_0$。

5. 对一维 Logistic 映射,设 $D_t=x_{t+1}=4x_t(1-x_t)$,令 $V_t=D_t-M_{\text{est}}$,其中均值 $M_{\text{est}}=\left(\frac{1}{N}\right)\sum\limits_{t=1}^{N}D_t$,根据线性相关系数$\left[R(k)=\sum\limits_{t=1}^{N-k}(V_{t+k}\cdot V_t)/\sum\limits_{t=1}^{N-k}(V_t\cdot V_t)\right]$计算求出 $R(k)$ 和 k 之间的变化关系;然后,再作出 V_{t+1} 与 V_t 之间的往返图。说明线性相关法与往返图法在分析混沌时间序列时所得结论的差别。

第 1 章参考文献

[1] 彭加勒. 科学的价值[M]. 李醒民,译. 北京:光明日报出版社,1988:386-394.

[2] 郝柏林. 从抛物线谈起——混沌动力学引论[M]. 上海:上海科技教育出版社,1993.

[3] LORENZ E N. Deterministic nonperiodic flow[J]. J. Atmos. Sci., 1963, 20(2):130-141.

[4] RUELLE D, TAKENS F. On the nature of turbulence[J]. Comm. Math. Phys., 1971, 20(3): 167-192.

[5] LI T Y, YORKE J A. Period Three implies chaos[J]. Am. Math. Monthly, 1975, 82(10): 985-992.

[6] 吴祥兴,陈忠,等. 混沌学导论[M]. 上海:上海科学技术文献出版社,2001.

[7] 黄润生. 混沌及其应用[M]. 武汉:武汉大学出版社,2000.

[8] 刘宗华.混沌动力学基础及其应用[M].北京:高等教育出版社,2006.

[9] LAM L. Introduction to nonlinear physics[M]. New York: Springer-Verlag, 1997.

[10] RÖSSLER O E. An equation for continuous chaos[J]. Physics Letters A, 1976, 57(5): 397-398.

[11] MAY R M. Simple mathematical models with very complicated dynamics[J]. Nature, 1976, 261(5560):459-467.

[12] HÉNON M. A two-dimensional mapping with a strange attractor[J]. Comm. Math. Phys., 1976, 50(1): 69-77.

[13] 吕金虎,陆君安,陈士华. 混沌时间序列分析及其应用[M]. 武汉:武汉大学出版社, 2003.

[14] ECKMANN J P, KAMPHORST S O, RUELLE D. Recurrence plots of dynamical systems [J]. Europhysics Letters, 1987, 4(9): 973-977.

[15] H. G. 舒斯特. 混沌学引论[M]. 朱铉雄,林圭年,译.成都:四川教育出版社,2010.

[16] 陈予恕,唐云. 非线性动力学中的现代分析方法[M]. 2 版. 北京:科学出版社,2000.

[17] ECKMANN J P. Roads to turbulence in dissipative dynamics system[J]. Rev. Mod. Phys., 1981, 53(4):643-649.

[18] 王兴元.复杂非线性系统中的混沌[M]. 北京:电子工业出版社,2003.

[19] FEIGENBAUM M J. Quantitative universality for a class of nonlinear transformations[J]. J. Stat. Phys., 1978, 19(1): 25-52.

[20] 崔甲武,陈岚.描述运动的新视角——相图[J].南阳师范学院学报,2002,1(2):47-49.

[21] MANDELBROT B B. 大自然的分形几何学[M].陈守吉,凌复华,译. 上海:上海远东出版社,1998.

[22] FALCONER K J. 分形几何:数学基础及其应用[M].曾文曲,刘世曜,戴连贵,等,译.沈阳:东北大学出版社,1991.

[23] FEDER J. Fractals[M]. New York: Plenum Press, 1988.

[24] BENSIMON D, KADANOFF L P, LIANG S, et al. Viscous flows in two dimensions[J]. Rev. Mod. Phys., 1986, 58(4): 977.

[25] 李小刚,杨兆中,陈锐. 分形生长 DLA 模型在黏性指进模拟中的应用探讨[J]. 钻采工艺, 2006,29(3): 76-78.

[26] HELL-SHAW H S. The flow of water[J]. Nature, 1898, 58(1489): 34-36.

[27] GOLDBERGER A L,AMARAL L A N, HAUSDORFF J M, et al. Fractal dynamics in physiology: Alterations with disease and aging[J]. Proceedings of the National Academy of Sciences of the United States of America, 2002, 99(Suppl. 1):2466-2472.

[28] 李明华,应大君. 生物医学中的分形研究[J]. 自然杂志,1992, 15(8): 592-596.

[29] GRASSBERGER P, PROCACCIA I. Characterization of strange attractors[J]. Phys. Rev. Lett., 1983, 50(5): 346-349.

[30] WITTEN T A, SANDER L M. Diffusion-limited aggregation, a kinetic critical phenomenon

[J]. Phys. Rev. Lett., 1981, 47(19): 1400-1403.

[31] MEAKIN P. Cluster-particle aggregation with fractal (Levy flight) particle trajectories[J]. Phys. Rev. B, 1984, 29(6): 3722-3725.

[32] KESSLER D A. Transparent diffusion-limited aggregation in one dimension[J]. Philosophical Magazine B, 1998, 77(5): 1313-1321.

[33] BALL R C, BRADY R M. Large scale lattice effect in diffusion-limited aggregation[J]. J. Phys. A: Math. Gen., 1985, 18(13): 809-813.

[34] GURIN V S, POROSHKOV V P. Drift-assisted diffusion-limited aggregation in two and three dimensions[J]. Nonlinear Phenomena in Complex Systems, 1998, 1(1): 76-79.

[35] 李小刚,杨兆中,陈锐,等. 分形生长 DLA 模型与黏性指进模拟研究[J]. 石油天然气学报, 2005, 27(5): 797-798.

[36] VOLD M J. Computer simulation of floc formation in a colloidal suspension[J]. Colloid Sci., 1963,18(7): 684-695.

[37] MITCHELL P. Monte Carlo simulation of soot aggregation with simultaneous surface growth [D]. Berkeley:University of California, 2001.

[38] MEAKIN P. The Vold-Sutherland and Eden models of cluster formation[J]. Journal of Colloid and Interface Science, 1983, 96(2): 415-424.

[39] VICSEK TAMÁS. Fractal growth phenomena[M]. Singapore: World Scientific, 1989.

[40] SCHAEFER D W, MARTIN J E, WILTZIUS P, et al. Fractal geometry of colloidal aggregates[J]. Phys. Rev. Lett., 1984, 52(26): 2371-2374.

[41] SCHAEFER D W, KEEFER K D. Structure of random porous materials: Silica aerogel[J]. Phys. Rev. Lett., 1986, 56(20): 2199-2202.

[42] LIN M Y, LINDSAY H M, WEITZ D A, et al. Universal reaction-limited colloid aggregation[J]. Phys. Rev. A, 1990, 41(4): 2005-2020.

[43] NIEMEYER L, PIETRONERO L, WIESMANN H J. Fractal dimension of dielectric breakdown[J]. Phys. Rev. Lett., 1984, 52(12): 1033-1036.

[44] 林鸿溢,李映雪. 分形论[M]. 北京: 北京理工大学出版社,1992.

[45] 王俊峰. 逾渗模型的蒙特卡罗研究[D]. 合肥:中国科学技术大学,2013.

第 2 章　分形时间序列分析

分形的实质是无标度性,它是度量分形集合综合复杂度、不平整度和卷积度的尺度,它揭示了非线性系统中有序与无序的统一、确定性与随机性的统一。平滑系数(H)与分形维数(D)是分形理论的两个指标,两者之间有确定的关系,其中平滑系数用于描述时间序列的长程相关性。当 $H=1/2$ 时,表示该波动过程的过去增量与未来增量之间统计独立;当 $H>1/2$ 时,波动过程具有持久(正相关)性,即过去的增加(或减少)意味着未来的增加(或减少),且 H 越大(D 越小),表明分形布朗运动的长程相关性越好,信号曲线就越光滑,相应的信息反映得越清楚;而当 $H<1/2$ 时,波动过程具有反持久(负相关)性,即过去的增加(或减少)意味着未来的减少(或增加)。此外,多重分形考虑了物理量在几何支集的空间奇异性分布,采用广义维数和多重分形奇异谱描述分形集合。分形时间序列分析已广泛应用于 DNA 序列分析、天气预测、人体生理特征及多相流动力学特性分析以及地质学、管理与经济学等学科中。

2.1　分形布朗运动(fBm)

布朗运动是植物学家布朗(Robert Brown)于 1827 年首次发现的。布朗在显微镜下观察到,悬浮在液体中的微小粒子($r\approx10^{-4}$ cm,如花粉和藤黄等)作不规则运动。图 2-1 是每隔一定时间间隔记录下花粉粒子的位置后连线而成的图形。如果把记录时间间隔减小,则原来两相邻点之间的连线(直线)就会变成许多更短的无规折线。由此可见,布朗运动是一种具有自相似的无规分形。这也表明布朗运动粒子踪迹是处处连续但不可微的。现已清楚,布朗粒子的无规则运动是由于它受到比它小几个数量级的液体分子无规则碰撞的结果。

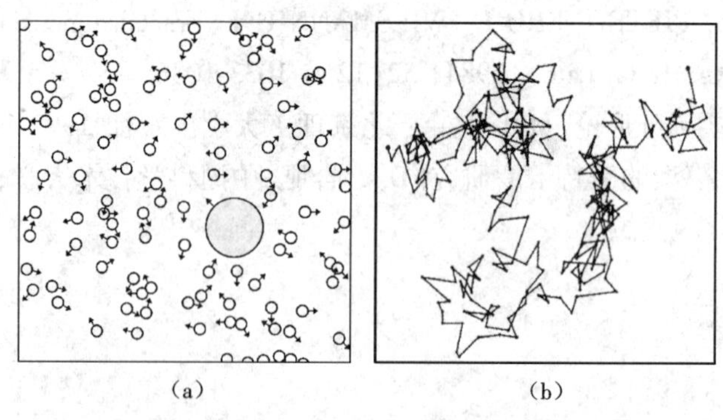

图 2-1　悬浮在水中的花粉的无规则运动(布朗运动)

(a)单个花粉粒子与液体中随机运动分子在各个方向上的碰撞情形　(b)水中花粉粒子的运动踪迹

分形布朗运动[1]是分析时间序列非常有用的数学模型之一,它扩展了布朗运动的概念,并在数学及物理研究中起到了重要作用。分形布朗运动是理解异常扩散及随机行走的基础。

图2-2展示了分形布朗运动的一个实例,图中$B_H(t)$表示随时间变化的单变量函数曲线,可以视它为某物理变量的波动信号。如图2-2所示,不同踪迹分形布朗运动的标度可由平滑系数H来表征($0<H<1$)。当H接近0时,踪迹曲线最粗糙,而当H接近1时踪迹曲线相对平滑。H指数表示踪迹曲线$B_H(t)$的增量变化情形。

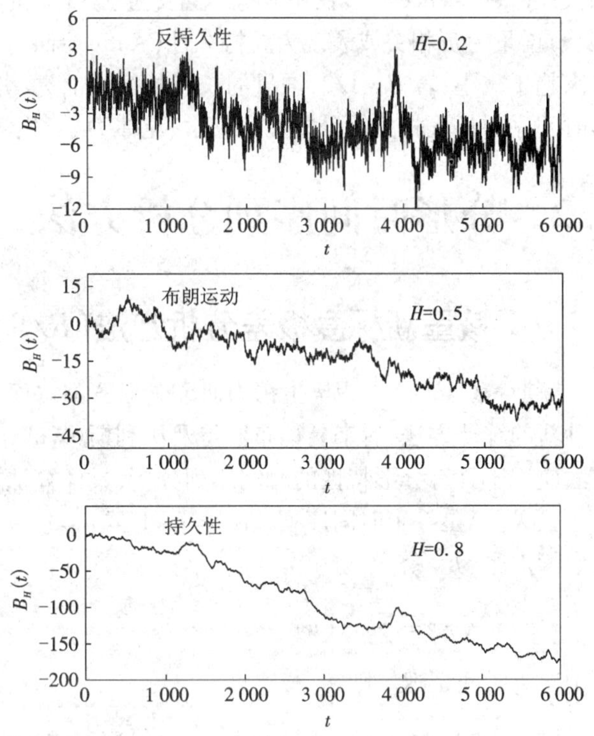

图2-2　不同标度指数的分形布朗运动踪迹曲线

令踪迹曲线$B_H(t)$的增量变化为

$$\Delta B_H = B_H(t_2) - B_H(t_1) \tag{2-1}$$

时间间隔为

$$\Delta t = t_2 - t_1 \tag{2-2}$$

由标度律知

$$\Delta B_H \sim (\Delta t)^H \tag{2-3}$$

当$H=1/2$时,对应于布朗运动情形;而当$H\neq 1/2$时,对应于分形布朗运动情形。布朗运动与分形布朗运动之间的差异可由曲线踪迹增量概率分布表达[2]。

对布朗运动:

$$p[B(t+s)-B(t)] = \frac{1}{\sqrt{4\pi Ds}}\exp\left\{-\frac{[B(t+s)-B(t)]}{4Ds}\right\} \tag{2-4}$$

对分形布朗运动:

$$p[B_H(t+s)-B_H(t)] = \frac{1}{\sqrt{4\pi D_H s}}\exp\left\{-\frac{[B_H(t+s)-B_H(t)]}{4D_H s}\right\} \tag{2-5}$$

上述方程中,D为布朗运动的扩散率,D_H为分形布朗运动的异常扩散率,两者之间存在如下关系式[2]:

$$D_H = Ds^{2H-1} \tag{2-6}$$

布朗运动增量方差为

$$\mathrm{Var}[B(t+s)-B(t)] = 2Ds \propto s \tag{2-7}$$

分形布朗运动增量方差为

$$\mathrm{Var}[B_H(t+s)-B_H(t)] = 2D_H s = 2Ds^{2H-1}s = 2Ds^{2H} \propto s^{2H} \tag{2-8}$$

总之,布朗运动的增量$B(t+s)-B(t)$属于高斯分布,且其增量方差正比于时间延迟s;而分形布朗运动的增量$B_H(t+s)-B_H(t)$虽然也属于高斯分布,但其增量方差正比于s^{2H};显然,当$H=1/2$时,分形布朗运动退化为布朗运动情形。

分形布朗运动$B_H(t)$具有长程相关性。对任何三个时间t_1,t及t_2($t_1<t<t_2$),在统计意义上,其增量$B_H(t)-B_H(t_1)$与$B_H(t_2)-B_H(t)$有关。若$H>1/2$,$B_H(t)$增量为正相关或表现为

持久性(Persistence),即在平均意义上,过去增加的趋势在未来趋于继续增加;若 $H<1/2$,$B_H(t)$增量为负相关或表现为反持久性(Antipersistence),即在平均意义上,过去增加的趋势在未来趋于减小;若 $H=1/2$,增量的长程相关性消失,分形布朗运动亦退化到布朗运动情形。分形时间序列长程相关性分析在生理学、流体力学、化学工程等领域中具有非常广泛的应用。

2.2 分形时间序列分析方法

2.2.1 域重新标度极差分析方法(R/S 法)

赫斯特(Hurst)[3]用毕生精力研究了尼罗河水库水流量与贮存能力关系的问题,他提出了一种新的统计方法,后来曼德布罗特及沃利斯(Wallis)[4]将 Hurst 提出的域重新标度极差分析方法应用于具有分形特性的时间序列分析,具体算法如下。

设 $X(u)$ 是一个时间序列,在 $u=t+1$ 至 $u=t+\tau$ 范围内均匀变化,$X(u)$ 也就是离散时间分形噪声序列。令

$$X^*(\tau)=\sum_{u=1}^{\tau}X(u) \tag{2-9}$$

其中 τ 为时间延迟。则

$$\frac{1}{\tau}[X^*(t+\tau)-X^*(t)]=\frac{1}{\tau}\sum_{u=1}^{\tau}X(t+u)\equiv\langle X(t)\rangle_\tau \tag{2-10}$$

它代表了时间从 $(t+1)$ 到 $(t+\tau)$ 范围内信号幅度的平均值。令 $B(t,u)$ 为时间从 $(t+1)$(相当于 $y=1$)到时间 $(t+u)$(相当于 $y=u$)范围内,$X(t+y)$ 与均值 $\langle X(t)\rangle_\tau$ 的偏差累加和(其中 y 为临时数学变量),故有

$$B(t,u)=\sum_{y=1}^{u}[X(t+y)-\langle X(t)\rangle_\tau] \tag{2-11}$$

在延迟时间 τ 内,对样本序列 $X(t)$ 定义新的极差量 $R(t,\tau)$:

$$R(t,\tau)=\max_{0<u<\tau}B(t,u)-\min_{0<u<\tau}B(t,u) \tag{2-12}$$

由方差的定义,样本序列 $X(t)$ 在时间延迟 τ 内的方差为

$$\begin{aligned}S^2(t,\tau)&=\frac{1}{\tau}\sum_{u=1}^{\tau}[X(t+u)-\langle X(t)\rangle_\tau]^2\\&=\frac{1}{\tau}\sum_{u=1}^{\tau}\left\{X(t+u)-\frac{1}{\tau}[X^*(t+\tau)-X^*(t)]\right\}^2\end{aligned} \tag{2-13}$$

定义 $\frac{R(t,\tau)}{S(t,\tau)}$ 为变尺度范围。Hurst[3]提出 $\frac{R(t,\tau)}{S(t,\tau)}$ 是一个随机函数,它与时间延迟 τ 有如下关系:

$$\frac{R(t,\tau)}{S(t,\tau)}\propto\tau^H \tag{2-14}$$

具有分形布朗运动的时间序列局部分形维数 d_1 与 Hurst 指数 H 有如下关系[2]:

$$d_1=2-H\quad(0<H<1) \tag{2-15}$$

因此,从 R/S 分析法求得 H 后,就可以确定时间序列的局部分形维数 d_1。

2.2.2　消除趋势波动法(DFA 法)

DFA 法[5]可以有效消除数据中带有的各种未知趋势,其计算过程为:给一分形时间序列 $X_i(i=1,2,\cdots,N)$,其均值为 $\bar{X}$,用下面的公式计算其偏差累加序列 $y(k)(k=1,2,\cdots,N)$:

$$y(k)=\sum_{i=1}^{k}(X_i-\bar{X}) \tag{2-16}$$

如图 2-3 所示,将序列 $y(k)$ 等分为长度为 n 的 N/n 个区间,用线性最小二乘法拟合出每个区间的拟合函数 $y_n(k)$,然后计算累加序列 $y(k)$ 的波动均方根 $F(n)$:

$$F(n)=\sqrt{\frac{1}{N}\sum_{k=1}^{N}[y(k)-y_n(k)]^2} \tag{2-17}$$

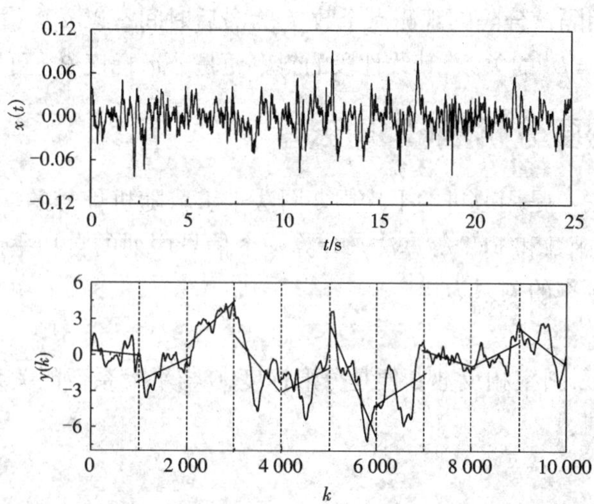

图 2-3　偏差累积序列 $y(k)$

(每个分割区间的拟合直线代表该区间的趋势估计)

通过变化 n 值,就可以得到 n 与 $F(n)$ 之间的关系:

$$F(n)\propto n^{\alpha} \tag{2-18}$$

如图 2-4 所示,在双对数坐标下斜率便是分形标度 α,又称为自相关系数,用来指示信号内在长程幂律相关特性。其与平滑系数有以下关系:对于分形高斯序列 $H=\alpha$,对于分形布朗运动 $H=\alpha-1$。而 DFA 算法可以通过单一标度指数 α 来定量地刻画时间序列 X_i 的内在性质。

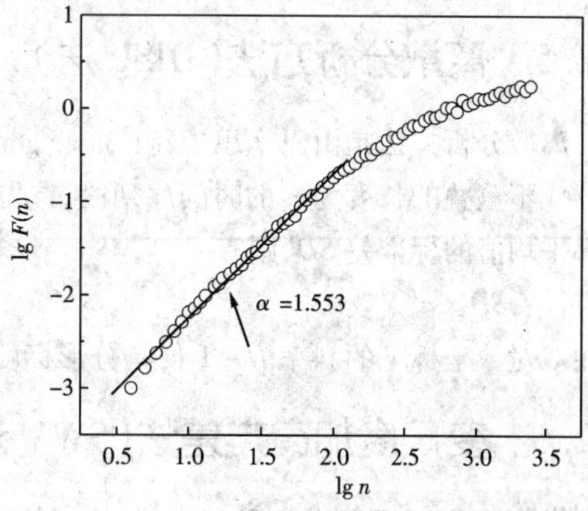

图 2-4　lg $F(n)$ 与 lg n 的双对数坐标关系

当 $\alpha=0.5$ 时,信号之间没有相关特性,类似白噪声;当 $\alpha<0.5$ 时,信号呈负相关特性,即时间序列中大值与小值交替出现,其中 α 越

小，其负相关特性越强；$\alpha > 0.5$ 时，信号表现为长程幂律正相关特性，即序列中较大值之后紧跟着另一个大值出现，反之亦然；当 $\alpha = 1$ 时，时间序列表现为 $1/f$ 噪声特性；当 $\alpha > 1$ 时，时间序列仍然表现为正相关特性，但是，此时时间序列已经失去了幂律特性。

2.2.3 半方差方法（SV 法）

本方法是仿地统计学方法[6]，该方法一般以半方差图作为描述时间变异性的工具。设在不同时刻 $t_1, t_2, \cdots, t_n$ 时某物理参数的观测值为 $Z(t_1), Z(t_2), \cdots, Z(t_n)$，半方差［$\gamma(h)$］可反映出物理变量的时间依赖关系，由下式计算：

$$\gamma(h) = \frac{1}{2N(h)} \sum_{i=1}^{N(h)} [Z(x_i + h) - Z(x_i)]^2 \tag{2-19}$$

其中，$N(h)$ 为由时间间隔 h 分隔的观测点个数，h 为滞后时间。以 h 为横坐标，$\gamma(h)$ 为纵坐标作图，曲线遵从 $2\gamma(h) = h^\beta$ 的关系，其线性段的斜率便是分形标度 β。可以证明，$\beta = 4 - 2D$。

2.2.4 功率谱密度分析法（PSD 法）

功率谱密度分析法[1]是用改进的平均周期图法来求取随机信号的功率谱密度估计值，采用信号重叠分段、加窗函数和 FFT 等算法来计算一个信号序列的自功率谱密度估计值。其自功率谱密度估计值与频率的关系为

$$S(f) \propto 1/f^{\beta} \tag{2-20}$$

其在双对数坐标下，斜率相反数 β 便是分形标度，β 与平滑系数的关系如下。

对于分形高斯序列：

$$H = \frac{\beta + 1}{2} \tag{2-21}$$

对于分形布朗运动：

$$H = \frac{\beta - 1}{2} \tag{2-22}$$

2.2.5 离散分析方法（DISP 法）

离散分析方法是由巴辛思韦特（Bassingthwaighte）[7]提出的。对于给定时间序列 $x(t)$，将其分成不重叠的长度为 n 的时间序列段，首先计算出每个时间序列段的平均值，然后计算这些局部平均值的标准差 SD，则有

$$SD \propto n^{H-1} \tag{2-23}$$

其在双对数坐标下的斜率 $H - 1$ 便是分形标度，令 $\alpha = H - 1$。

2.2.6 变尺度加窗方差法（SWV 法）

类似于 DFA 区间分割思想，对于给定长度为 N 的时间序列 $x(t)$，变尺度加窗方差法[8]将其分成不重叠的长度为 n 的 N/n 个时间序列段，计算每个时间序列段的标准偏差（SD）：

$$SD=\sqrt{\frac{\sum_{t=1}^{n}[x(t)-\bar{x}]^2}{n-1}} \tag{2-24}$$

然后计算对应每个长度为 n 的 N/n 个时间序列段的 SD 的平均值 $\overline{SD}$，且 $\overline{SD}\propto n^H$，其在双对数坐标下的斜率 H 便是分形标度，令 $\alpha=H$。

2.3　分形标度算法评价

本节对各种分形标度算法的抗噪性进行考察，以达到对不同分形标度算法进行综合评价的目的。

2.3.1　无噪声分形标度算法评价

本节选取了三个典型函数产生标准分形时间序列：威尔斯特拉斯函数（Weierestrass Function）、分形高斯噪声（Fractional Gauss Noise，fGn）和分形布朗运动（Fractional Brownian Motion，fBm）。1875 年，德国数学家威尔斯特拉斯（Weierestrass）构造了一个处处连续但处处不可微的函数，称为威尔斯特拉斯函数，它是最早产生分形序列的函数。分形高斯噪声是典型的平稳信号时间序列，序列标准差不随时间的推移而发生变化。分形布朗运动是典型的非平稳信号，序列标准差随着时间的推移而呈增加趋势。下面讨论三个典型分形时间序列生成过程。

1. 威尔斯特拉斯函数

威尔斯特拉斯函数定义如下：

$$W(t)=\sum_{n=-\infty}^{n=+\infty}\frac{[1-\cos(b^n t)]}{b^{(2-D)n}} \tag{2-25}$$

假设威尔斯特拉斯函数中各参数值分别为 $b=2$，$D=1.1,1.2,\cdots,1.9$，计算时间步长 $\Delta t=0.1$ s，n 参照 $W(t)$ 精度 0.001 取值。在以上参数条件下，用 $W(t)$ 函数生成长度为 10 000 个数据点的九组分形时间序列（图 2-5）。可以看出，威尔斯特拉斯分形时间序列曲线具有局部与整体自相似的特点，且随分形维数 D 的增大，时间序列波动性亦增大。

2. 分形高斯噪声

应用 Davies 和 Harte 提出的算法产生分形高斯噪声序列[9]，即产生长度为 N 的时间序列，其中，N 要求取 2 的幂。首先，计算分形高斯噪声序列的自变量函数 $\gamma(\tau)$，它与平滑系数 H 存在如下关系：

$$\gamma(\tau)=\frac{\sigma^2}{2}(|\tau+1|^{2H}-2|\tau|^{2H}+|\tau-1|^{2H})\quad(\tau=0,\pm1,\pm2,\cdots) \tag{2-26}$$

然后，利用傅里叶变换计算能量谱 $S_j(S_j\geqslant 0)$：

$$S_j=\sum_{\tau=0}^{M/2}\gamma(\tau)\mathrm{e}^{-\mathrm{i}2\pi j(\tau/M)}+\sum_{\tau=M/2+1}^{M-1}\gamma(M-\tau)\mathrm{e}^{-\mathrm{i}2\pi j(\tau/M)}\quad(i^2=-1) \tag{2-27}$$

最后，得出长度为 N 的分形高斯噪声时间序列 $x(t)$：

$$x(t)=\frac{1}{\sqrt{M}}\sum_{k=0}^{M-1}V_k\mathrm{e}^{-\mathrm{i}2\pi k[(t-1)/M]}\quad(t=1,2,\cdots,N) \tag{2-28}$$

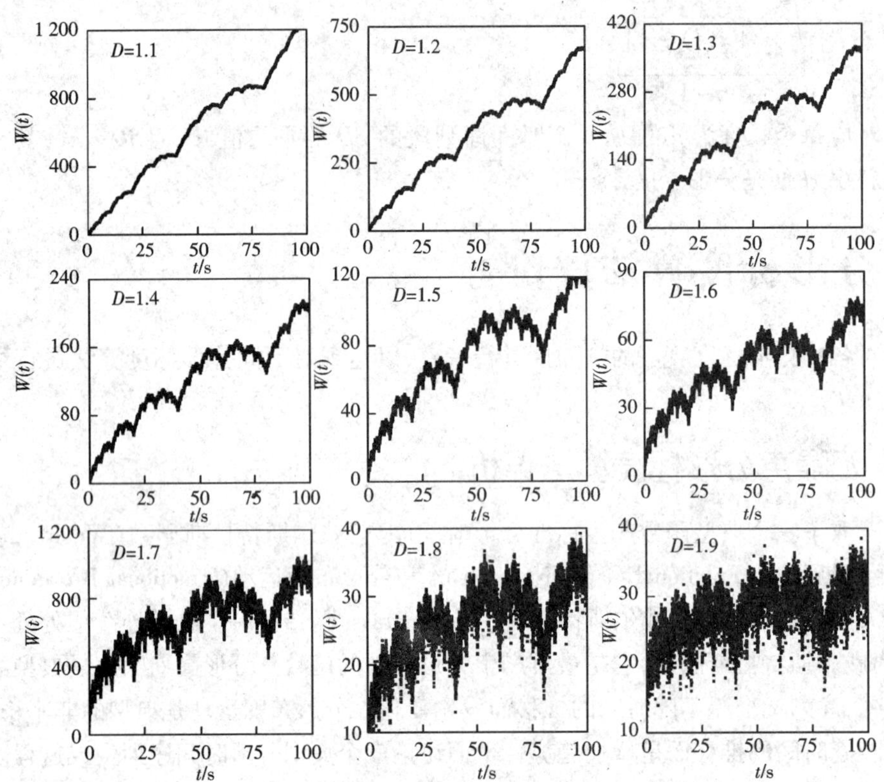

图 2-5 不同分形维数下的威尔斯特拉斯函数时间序列

其中,

$$V_0 = \sqrt{S_0}\, W_0 \tag{2-29}$$

$$V_k = \sqrt{\frac{1}{2} S_k}\,(W_{2k-1} + \mathrm{i}W_{2k}) \quad (1 \leqslant k \leqslant M/2) \tag{2-30}$$

$$V_{M/2} = \sqrt{S_{M/2}}\, W_{M-1} \tag{2-31}$$

$$V_k = V_{M-k^*} \quad (M/2 < k \leqslant M-1) \tag{2-32}$$

式中,V_k 与 V_{M-k^*} 互为复共轭,W_k 是服从独立同分布的高斯随机序列(均值为 0,标准差为 1)。

图 2-6 为不同平滑系数 H 下的长度为 2^{13} 的九组分形高斯噪声值随时间变化图。由图可以看出,分形高斯噪声波动曲线具有局部与整体自相似的分形特点,且随平滑系数 H 的增大,时间序列波动性减小。

3. 分形布朗运动

分形布朗运动是典型的随机性分形,其方程 $f(x)$ 是一个实值随机方程:

$$p\left[\frac{f(x+\Delta x) - f(x)}{\| \Delta x \|^{H}} < t\right] = y(t) \tag{2-33}$$

其中,x 是 E 维欧氏空间 $\mathbf{R}^E$ 中的一点;$y(t)$ 为随机变量 t 的分布函数,该随机变量服从标准正态分布 $N(0,\sigma^2)$;$\| \Delta x \|$ 为采样间隔;H 为 Hurst 指数,如果 $H < 1/2$,那么分形布朗运动的增量是负相关的,$H = 1/2$ 对应于经典布朗运动的情况,如果 $H > 1/2$,则分形布朗运动的增量是

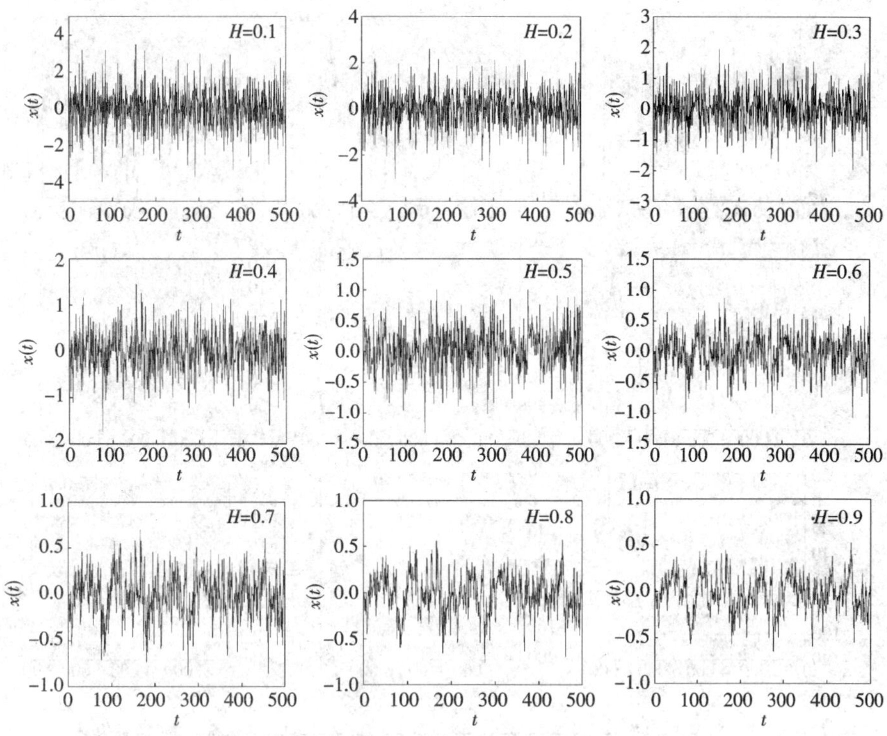

图 2-6　不同平滑系数下的分形高斯噪声时间序列

正相关的。

分形布朗运动与分形高斯噪声存在确定性转化关系，设分形高斯噪声时间序列为 $x(t)$，分形布朗运动时间序列为 $y(t)$，则由分形高斯噪声时间序列得到分形布朗运动时间序列的公式如下：

$$y(t) = \sum_{t=1}^{t} x(t) \tag{2-34}$$

而由分形布朗运动时间序列得到分形高斯噪声时间序列的计算公式如下：

$$x(1) = y(1) \tag{2-35}$$

$$x(t) = y(t+1) - y(t) \tag{2-36}$$

图 2-7 为不同平滑系数 H 下的长度为 2^{13} 的九组分形布朗运动值随时间变化图。由图可以看出，分形布朗运动波动曲线具有局部与整体自相似的分形特点，且随平滑系数 H 的增大，时间序列波动性减小。

图 2-8 为六种分形标度算法的标度随威尔斯特拉斯函数维数 D 变化的曲线图，由图可以看出，离散分析方法（DISP 法）、消除趋势波动法（DFA 法）、半方差方法（SV 法）、变尺度加窗方差法（SWV 法）的分形标度与威尔斯特拉斯函数维数有较好的线性关系；功率谱密度分析法（PSD 法）分形标度与威尔斯特拉斯函数维数的线性关系稍差；而域重新标度极差分析方法（R/S 法）分形标度与威尔斯特拉斯函数维数并非线性关系。

图 2-9 为六种分形标度算法的标度随 fBm 平滑系数 H 变化的曲线图，由图可以看出，消除

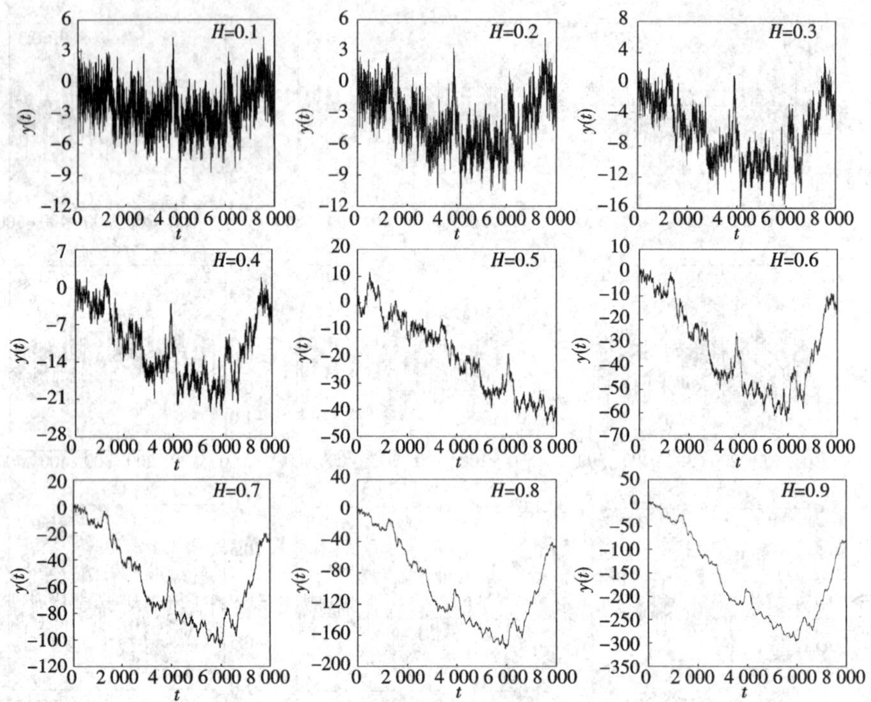

图 2-7 不同平滑系数下的分形布朗运动时间序列

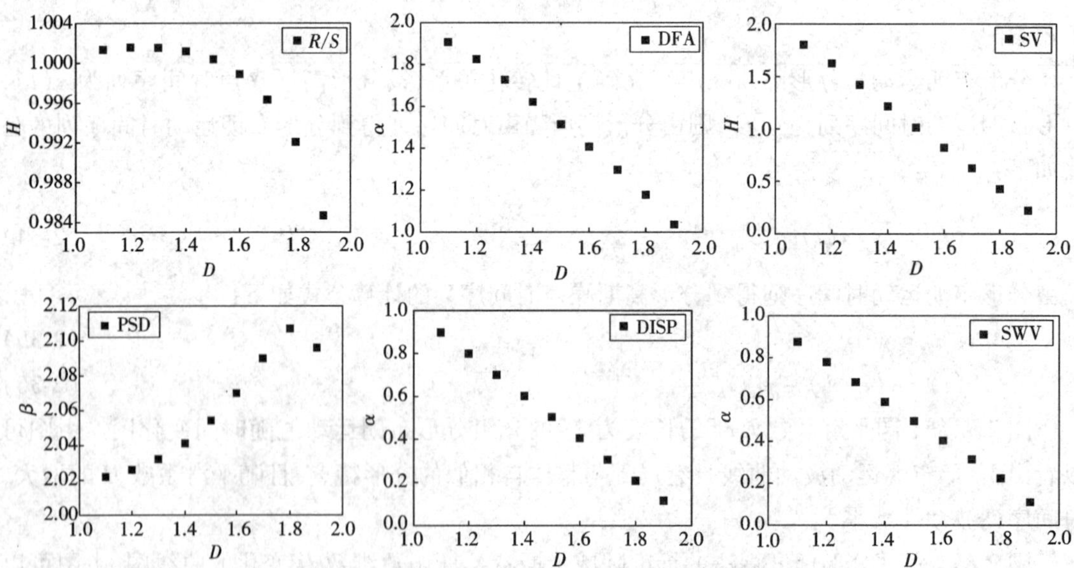

图 2-8 无噪声分形标度与威尔斯特拉斯函数维数关系

趋势波动法(DFA 法)、功率谱密度分析法(PSD 法)、半方差方法(SV 法)、变尺度加窗方差法(SWV 法)的分形标度与 fBm 平滑系数有较好的线性关系;而域重新标度极差分析方法(*R/S* 法)、离散分析方法(DISP 法)与 fBm 平滑数表现为非线性关系,且单点有大偏离。

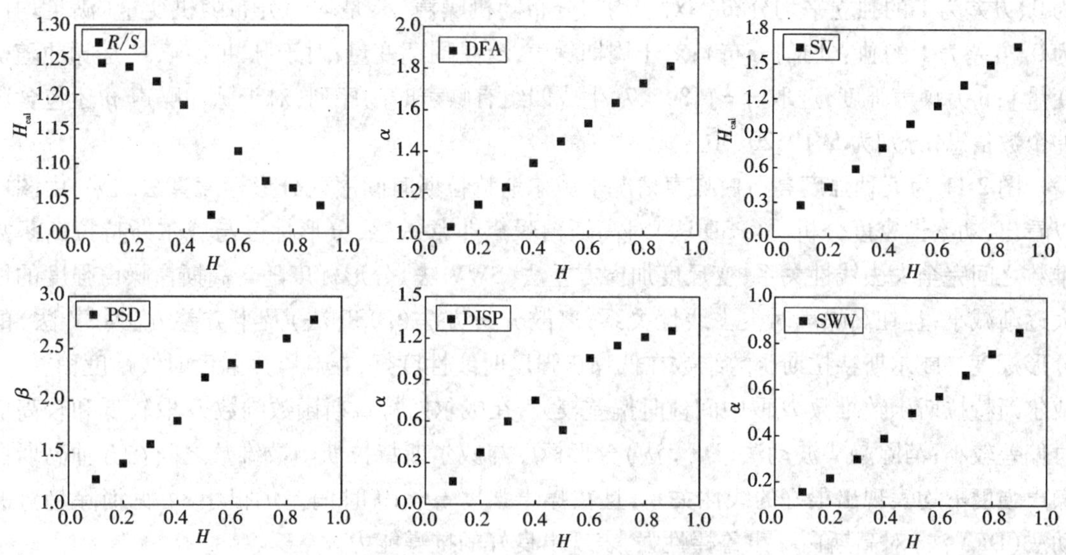

图 2-9　无噪声分形标度与 fBm 平滑系数关系

图 2-10 为三种分形标度算法的标度随 fGn 平滑系数 H 变化的曲线图，由图可以看出，消除趋势波动法（DFA 法）、功率谱密度分析法（PSD 法）、域重新标度极差分析方法（*R/S* 法）的分形标度与 fGn 平滑系数有较好的线性关系。而离散分析方法（DISP 法）、半方差方法（SV 法）、变尺度加窗方差法（SWV 法）不适用于分形高斯噪声序列。

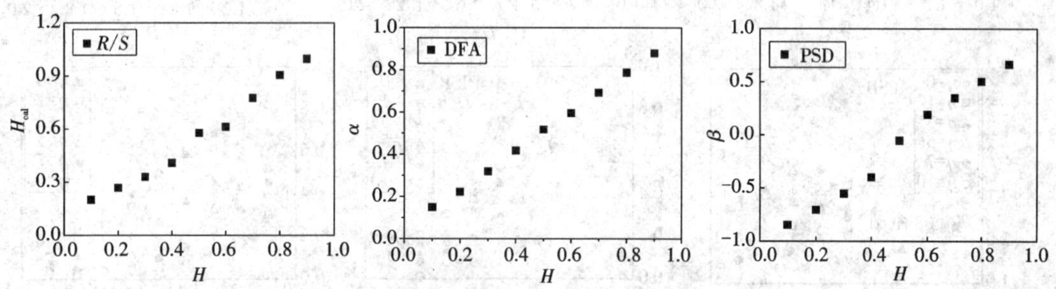

图 2-10　无噪声分形标度与 fGn 平滑系数关系

2.3.2　有噪声分形标度算法评价

工程数据采集过程中往往带有不同类型的噪声，甚至各种噪声的混合。为了考察各种分形标度算法对噪声的抵抗能力，在原始时间序列中分别加入工程中常出现的四种不同类型噪声：高斯白噪声、均匀分布随机噪声、周期噪声和脉冲噪声。

在原始时间序列中加入噪声的方式如下：

$$L_i = x_i + \eta\sigma\varepsilon_i \tag{2-37}$$

式中：L_i 为叠加噪声后的时间序列；x_i 为无噪声时由三种典型分形函数产生的 x 变量时间序列；σ 为原始时间序列标准差；ε_i 是噪声序列［对于高斯白噪声，ε_i 是高斯随机变量（满足均值为0、方差为1的独立平均分布)；对于均匀分布随机噪声，ε_i 是均匀分布随机变量(满足均值为0、方差为1的独立均匀分布)；对于周期噪声，ε_i 是周期变量；对于脉冲噪声，ε_i 是脉冲随机变量]；η 为噪声强度，选取 $\eta=1,3,5,7$，生成四组有噪声时间序列，对于脉冲噪声 η 还包含脉冲个数信息，分别为5,10,20,30。

图2-11为五种强度高斯白噪声情况下威尔斯特拉斯时间序列分形标度算法结果，由图可以看出，功率谱密度分析法(PSD法)对高斯白噪声非常敏感，分形标度与威尔斯特拉斯函数维数之间完全失去线性关系；变尺度加窗方差法(SWV法)分形标度随着高斯白噪声强度的增大逐渐减小，且在高噪声时失去线性关系；离散分析方法(DISP法)及半方差方法(SV法)的分形标度与威尔斯特拉斯函数维数在低噪声强度时线性度好，在高噪声强度时线性度稍差，在威尔斯特拉斯函数维数 D 取中间值时偏差较大，在威尔斯特拉斯函数维数 D 取较低和较高值时偏差较小；消除趋势波动法(DFA法)分形标度与威尔斯特拉斯函数维数之间在五种高斯白噪声强度下均表现出很好的线性关系，且在噪声强度 $\eta=10$ 时偏差仍很小，可见消除趋势波动法(DFA法)对高斯白噪声鲁棒性强，表现出良好的抗噪能力。

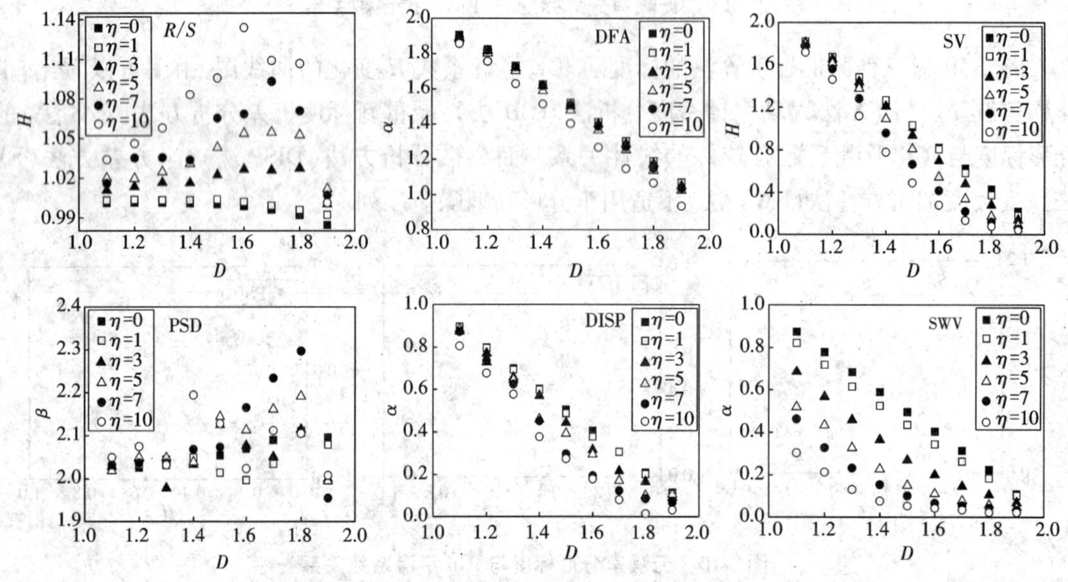

图2-11 加噪情况下高斯白噪声分形标度与威尔斯特拉斯函数维数关系

图2-12为四种强度均匀分布随机噪声情况下威尔斯特拉斯时间序列分形标度算法结果，由图可以看出，功率谱密度分析法(PSD法)对均匀分布随机噪声非常敏感，分形标度与威尔斯特拉斯函数维数之间完全失去线性关系；变尺度加窗方差法(SWV法)分形标度随着均匀分布随机噪声强度的增大逐渐减小，且在高噪声时失去线性关系；消除趋势波动法(DFA法)、离散分析方法(DISP法)及半方差方法(SV法)分形标度与威尔斯特拉斯函数维数在四种均匀分布随机噪声强度下均表现出很好的线性关系，可见消除趋势波动法(DFA法)、离散分析方法(DISP法)及半方差方法(SV法)对均匀分布随机噪声鲁棒性强，表现出良好的抗噪能力。

图2-13为四种强度周期噪声情况下威尔斯特拉斯时间序列分形标度算法结果，由图可以

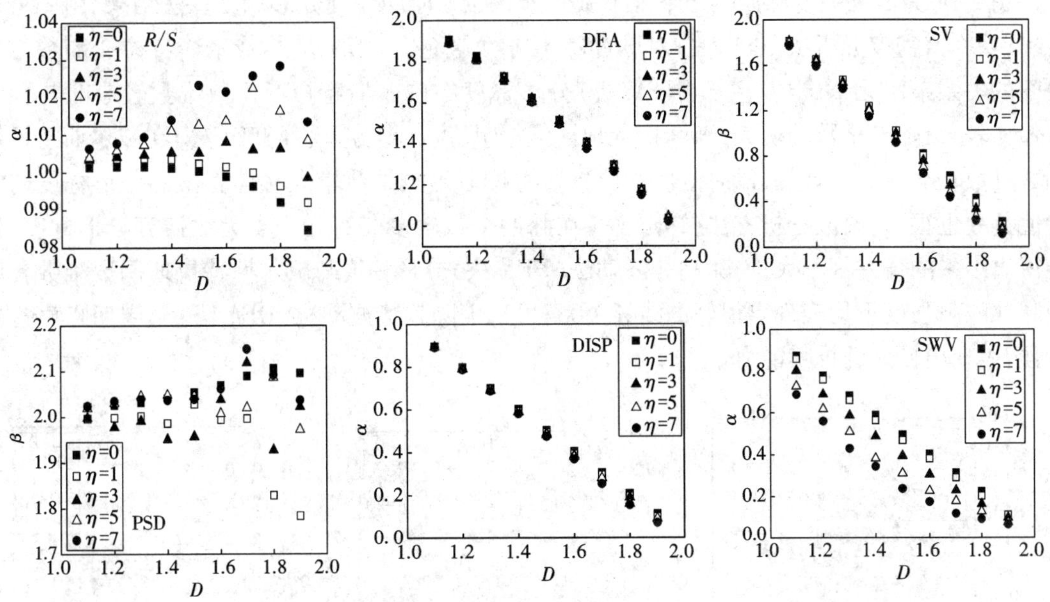

图 2-12　加噪情况下均匀分布随机噪声分形标度与威尔斯特拉斯维数关系

看出，功率谱密度分析法（PSD 法）对周期噪声很敏感，分形标度与威尔斯特拉斯函数维数之间随着噪声强度的增加上下波动；变尺度加窗方差法（SWV 法）分形标度随着周期噪声强度的增大逐渐减小，且在高噪声时失去线性关系；离散分析方法（DISP 法）及半方差方法（SV 法）分形标度在威尔斯特拉斯函数维数较大时与预计值偏离较大；消除趋势波动法（DFA 法）分形标度与威尔斯特拉斯函数维数在四种周期噪声强度下均表现出很好的线性关系，可见消除趋势波动法（DFA 法）对周期噪声鲁棒性强，表现出良好的抗噪能力。

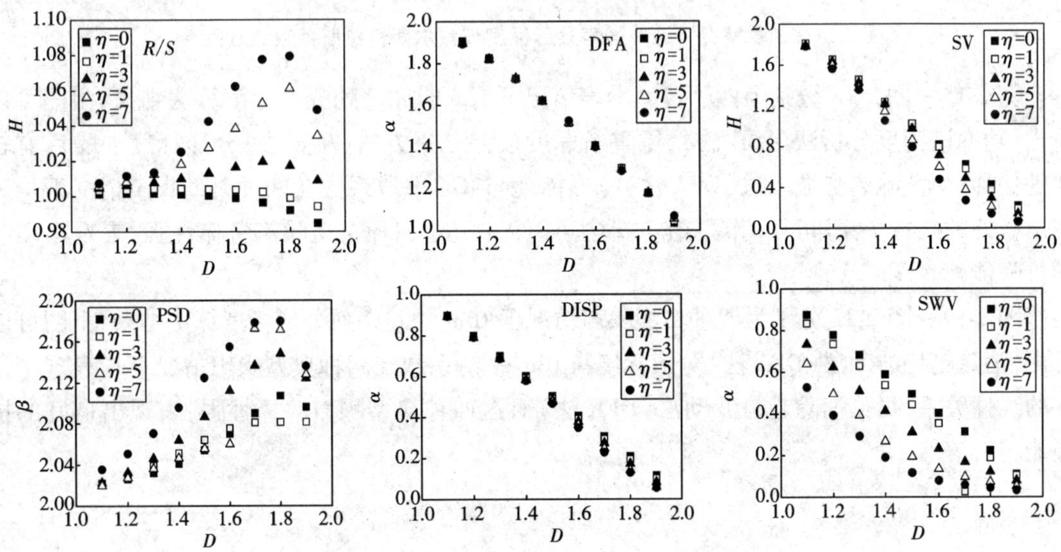

图 2-13　加噪情况下周期噪声分形标度与威尔斯特拉斯维数关系

图 2-14 为四种强度脉冲噪声情况下威尔斯特拉斯时间序列分形标度算法结果，由图可以看出，功率谱密度分析法(PSD 法)对脉冲噪声异常敏感，分形标度与威尔斯特拉斯函数维数之间的关系杂乱无章；半方差方法(SV 法)分形标度在威尔斯特拉斯函数维数较小时与预计值偏离较大，随着维数的增大，渐渐接近预计值；变尺度加窗方差法(SWV 法)在威尔斯特拉斯函数维数较小时无法计算分形标度，在威尔斯特拉斯函数维数较大时计算出的分形标度与预计值偏差也很大；离散分析方法(DISP 法)在脉冲个数较多时有几个点无法计算分形标度，但能得出结果的偏差都不大；消除趋势波动法(DFA 法)分形标度与威尔斯特拉斯函数维数在四种脉冲噪声强度下均表现出很好的线性关系，可见消除趋势波动法(DFA 法)对周期噪声鲁棒性强，表现出良好的抗噪能力。

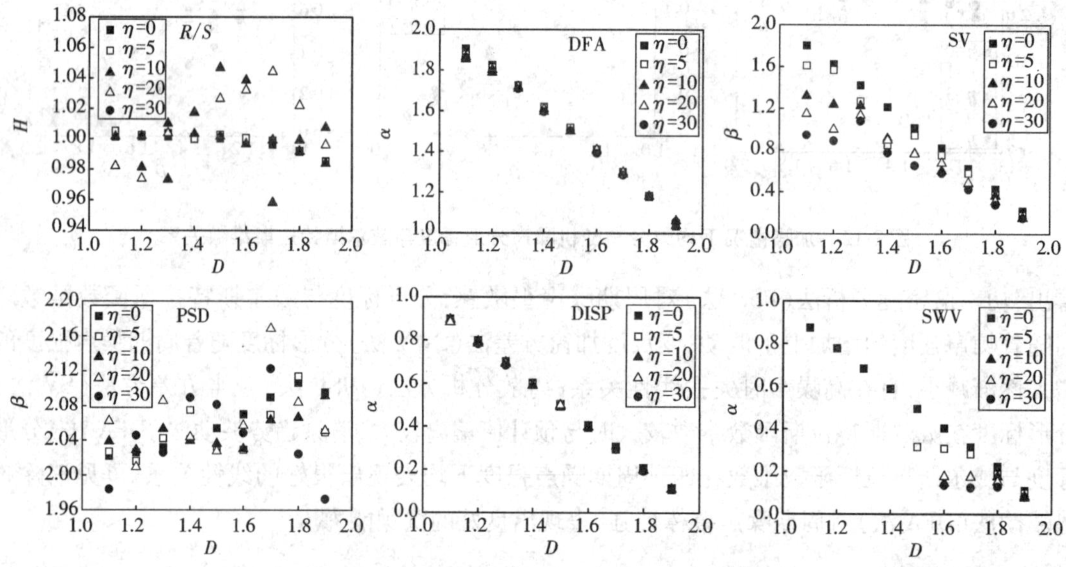

图 2-14 加噪情况下脉冲噪声分形标度与威尔斯特拉斯函数维数关系

图 2-15 ~ 图 2-18 分别为四种典型噪声情况下 fGn 时间序列分形标度算法结果，由图可以看出，功率谱密度分析法(PSD 法)、域重新标度极差分析方法(*R/S* 法)分形标度加噪后有较小的偏移；而消除趋势波动法(DFA 法)分形标度与 fGn 平滑系数在四种典型噪声情况下均表现出很好的线性关系，可见消除趋势波动法(DFA 法)对四种典型噪声鲁棒性强，表现出良好的抗噪能力。

图 2-19 ~ 图 2-22 分别为四种典型噪声情况下 fBm 时间序列分形标度算法结果，由图可以看出，消除趋势波动法(DFA 法)分形标度与 fBm 平滑系数在四种典型噪声情况下均表现出很好的线性关系，可见消除趋势波动法(DFA 法)对这四种典型噪声鲁棒性强，表现出良好的抗噪能力。

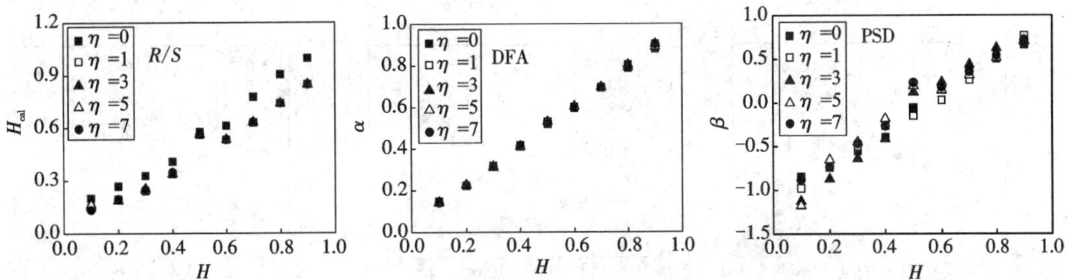

图 2-15　加噪情况下高斯噪声分形标度与 fGn 平滑系数关系

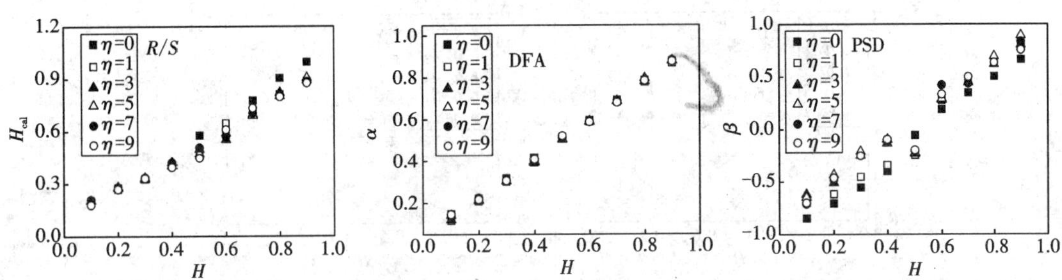

图 2-16　加噪情况下随机噪声分形标度与 fGn 平滑系数关系

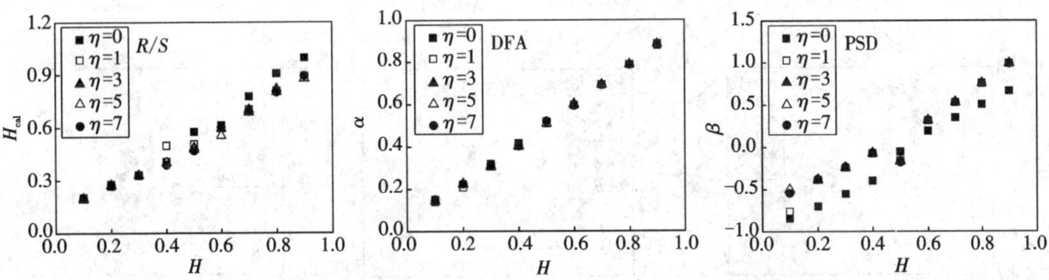

图 2-17　加噪情况下周期噪声分形标度与 fGn 平滑系数关系

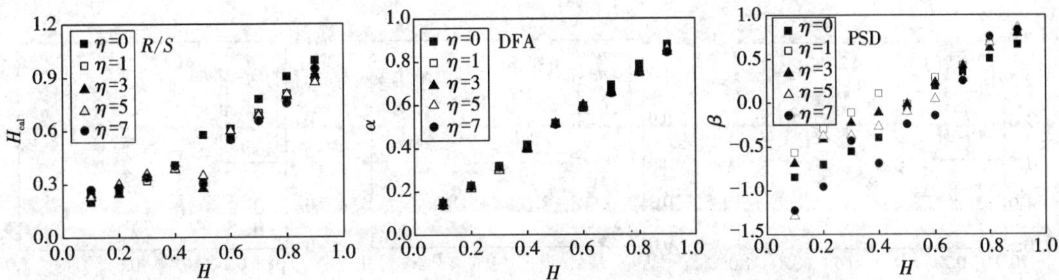

图 2-18　加噪情况下脉冲噪声分形标度与 fGn 平滑系数关系

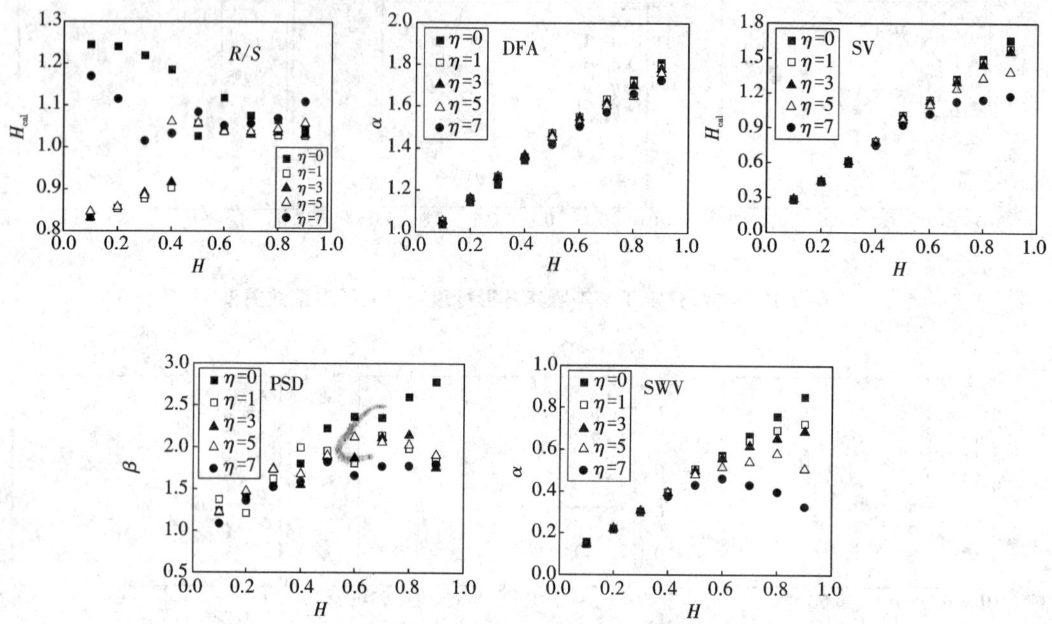

图 2-19 加噪情况下高斯噪声分形标度与 fBm 平滑系数关系

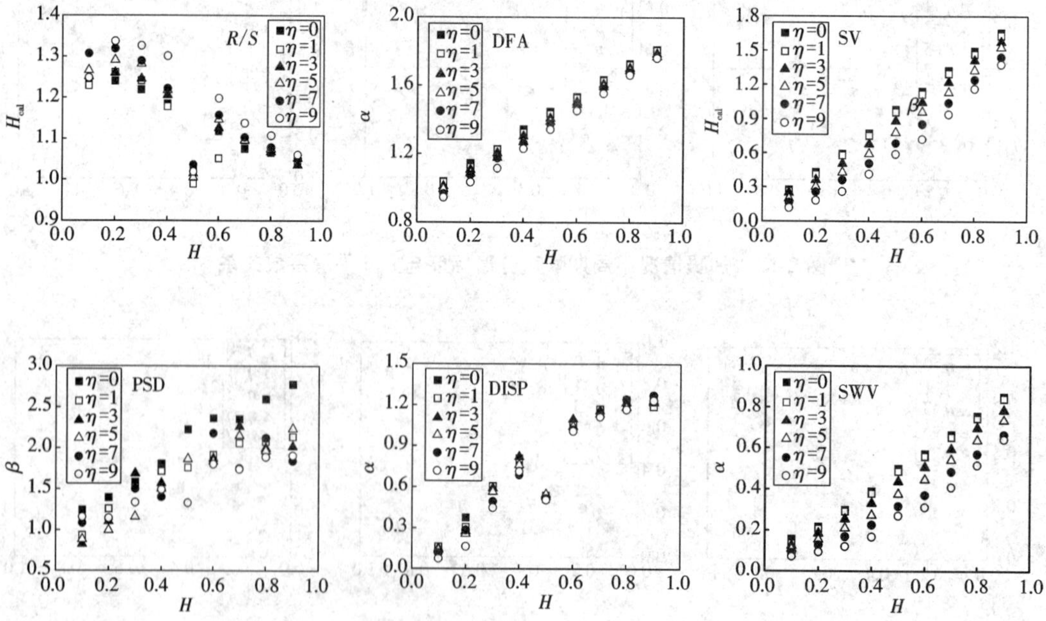

图 2-20 加噪情况下随机噪声分形标度与 fBm 平滑系数关系

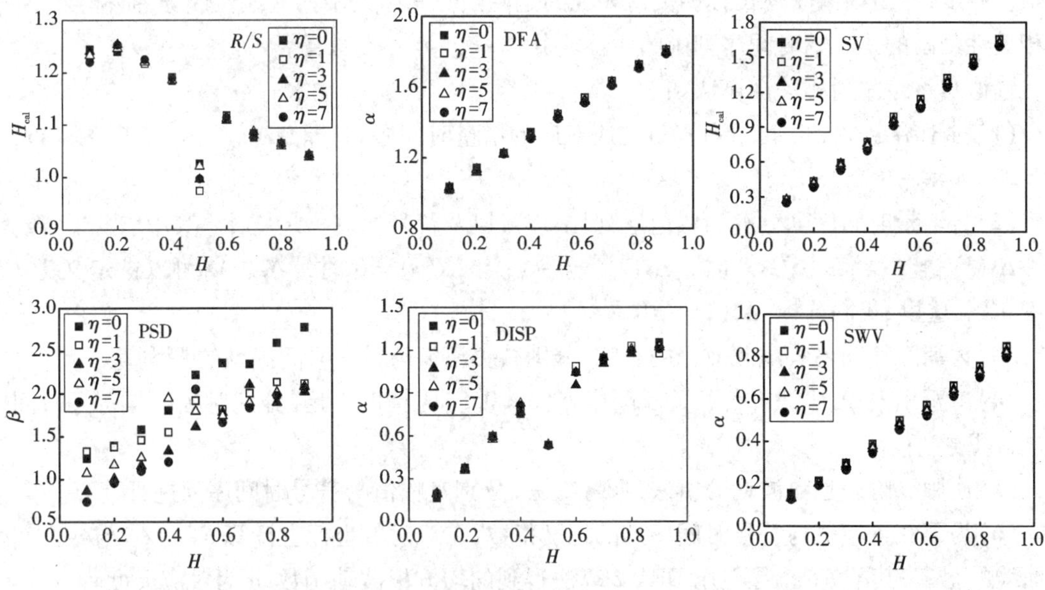

图 2-21　加噪情况下周期噪声分形标度与 fBm 平滑系数关系

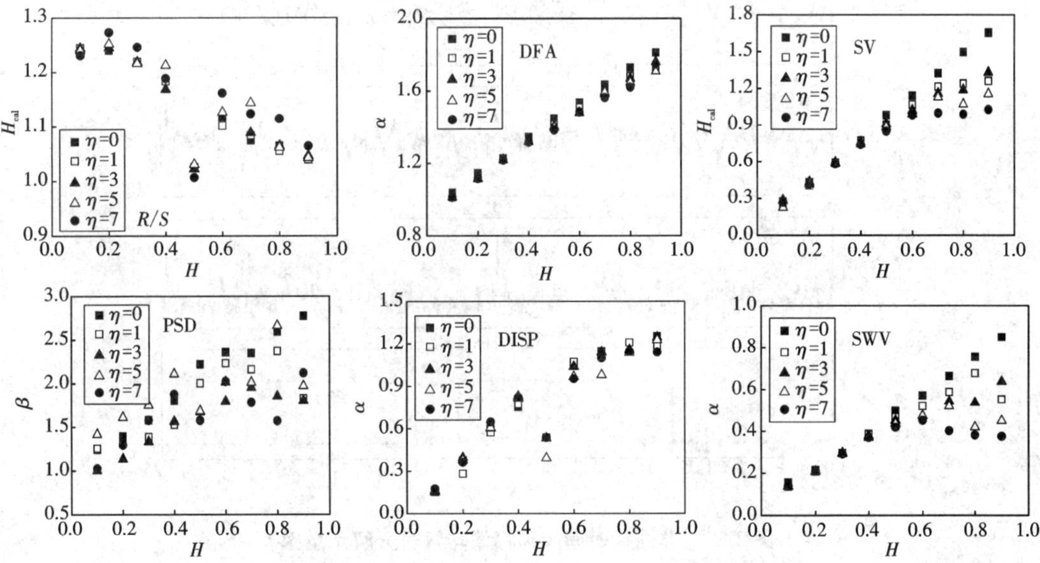

图 2-22　加噪情况下脉冲噪声分形标度与 fBm 平滑系数关系

2.4　幅值与符号相关性

消除趋势波动分析法（DFA 法），能在短程及长程时间尺度上识别和表征非稳态时间序列幂律特性。在 DFA 方法的基础上，阿什克纳齐（Ashkenazy）等[10]在分析人体心率信号长程相关性时提出了幅值与符号分解法，发现分解的幅值与符号序列可具有完全不同的标度特性及复杂性测度，指出幅值序列长程相关性表征的是原始时间序列中的非线性成分，而符号序列长程相关性刻画的是原始时间序列中的线性成分。

幅值与符号序列相关性算法如下。

(1)对于给定原始时间序列 $s(i)$ 生成对应的增量时间序列，即 $\Delta s(i) \equiv s(i+1) - s(i)$，如图 2-23 所示。

(2)将增量时间序列分解为幅值序列 $|\Delta s(i)|$ 以及符号序列 $[\Delta s(i)]$。其中，当 $\Delta s(i) > 0$ 时，$[\Delta s(i)] = 1$；当 $\Delta s(i) < 0$ 时，$[\Delta s(i)] = -1$；当 $\Delta s(i) = 0$ 时，$[\Delta s(i)]$ 可以被定义为 1，0 或者 -1。这里，我们选择 $[\Delta s(i)] = 0$。

(3)为消除波动趋势虚假成分的影响，分别减去幅值与符号时间序列的平均值。

(4)由于用 DFA 法评价负相关时间序列($\alpha < 0.5$)时精度不足，分别对幅值与符号时间序列进行积分。

(5)使用二阶去趋势波动分析法(DFA-2 法)分别对幅值与符号时间序列进行计算。

(6)为了获得幅值与符号时间序列的标度指数，在双对数坐标上计算 $F(n)/n$ 与 n 之间变化曲线的斜率，其中 $F(n)$ 是使用 DFA-2 算法得到的均方根波动函数，n 为对应尺度。

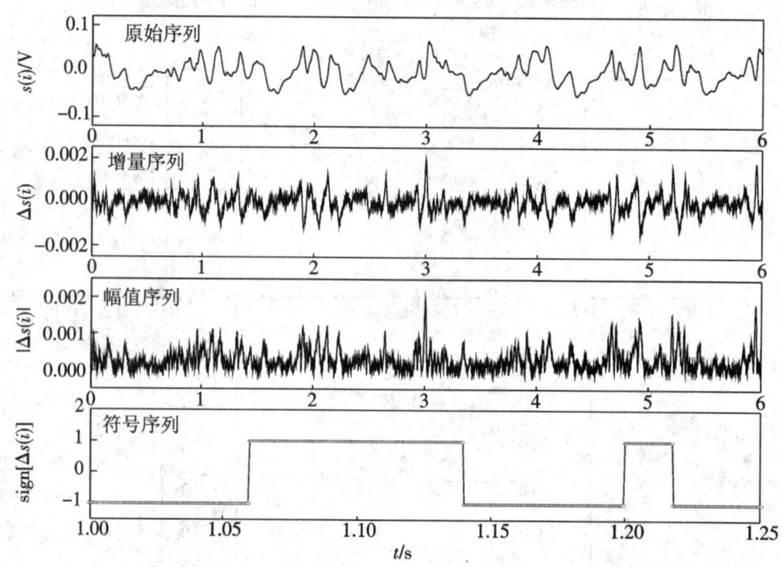

图 2-23　非线性时间序列幅值与符号分解示意图

相似幂律特性的原始波动趋势可以在幅值与符号时间序列上表现出差异较大的相关特性，例如，负相关特性信号在幅值上可以表现出较强的正相关特性。进一步，幅值序列中的正相关幂律特性同时也表现出原始时间序列的长程非线性特征；而其符号序列，则表征原始时间序列中的线性特征。同时，幅值与符号分解法适用于分析短程非平稳信号的非线性特征。

2.5　多重分形奇异谱

20 世纪 80 年代初，哈尔西(Halsey)等[11]系统地提出了多重分形概念，用广义维数和多重分形奇异谱来描述分形集合，考虑了物理量在几何支集的空间奇异性分布，该多重分形概念在许多学科取得了广泛应用。分形理论的一个基本方面是用分形维数定量刻画点集的标度特性。然而，只用一个分形维数往往不能刻画物理量在空间的奇异分布，而需要用多重分形理论中的广义维数(generalized dimension)和奇异谱(singularity spectrum)描述。

设研究对象分为 N 个互不相交的小区域，每个小区域的尺度表示为 $\varepsilon_i(i=1,2,\cdots,N)$。分形体在相应小区域的归一化概率测度定义为 p_i，不同区域的概率测度可用不同的局部标度指数 α_i 表示：

$$p_i \sim \varepsilon_i^{\alpha_i} \quad (i=1,2,\cdots,N) \tag{2-38}$$

当尺度 ε_i 足够小时，即 $\varepsilon=\varepsilon_i\rightarrow 0$ 时，则式(2-38)可表示为

$$\alpha = \lim_{\varepsilon\rightarrow 0}\frac{\ln p_i}{\ln \varepsilon_i} \tag{2-39}$$

式中 α 又称为奇异指数(singularity index)。在多重分形中，不同区域上的测度都有一个 α 与之相对应。对于给定的 ε，当 α 变化到 $\alpha+\Delta\alpha$ 时，引入 $\rho(\alpha)$ 使其概率测度变化量为

$$\mathrm{d}p=\rho(\alpha)\mathrm{d}\alpha\cdot\varepsilon^{-f(\alpha)} \tag{2-40}$$

式中 $\rho(\alpha)$ 为奇异指数 α 的密度，$f(\alpha)$ 又称为奇异谱或多重分形谱，是奇异指数 α 标识的分形子集维数[$N_\alpha \sim \varepsilon^{-f(\alpha)}$]。

又知 q 阶信息熵 M_q 可表示为

$$M_q(\varepsilon)=\sum_{i=1}^{N}p_i^q=\int p_i^q\mathrm{d}p=\int(\varepsilon^\alpha)^q\rho(\alpha)\varepsilon^{-f(\alpha)}\mathrm{d}\alpha=\int\rho(\alpha)\varepsilon^{[\alpha q-f(\alpha)]}\mathrm{d}\alpha \tag{2-41}$$

上式又可以变为

$$M_q(\varepsilon)=\int\rho(\alpha)\mathrm{d}\alpha\cdot\exp\{[f(\alpha)-\alpha q]\cdot\ln(1/\varepsilon)\} \tag{2-42}$$

$\varepsilon\rightarrow 0$ 时，$\ln(1/\varepsilon)\rightarrow\infty$，若使上式有意义，则$[f(\alpha)-\alpha q]$应为最大值，即

$$\begin{cases}\dfrac{\mathrm{d}}{\mathrm{d}\alpha}[f(\alpha)-\alpha q]|_{\alpha=\alpha(q)}=0\\[2ex]\dfrac{\mathrm{d}^2}{\mathrm{d}\alpha^2}[f(\alpha)-\alpha q]|_{\alpha=\alpha(q)}<0\end{cases} \tag{2-43}$$

即

$$\begin{cases}q=f'(\alpha)\\f''(\alpha)<0\end{cases} \tag{2-44}$$

$$M_q(\varepsilon)=\int\rho(\alpha)\mathrm{d}\alpha\cdot\exp\{[f(\alpha)-\alpha q]\cdot\ln(1/\varepsilon)\}\approx\exp\{[f(\alpha)-\alpha q]\cdot\ln(1/\varepsilon)\} \tag{2-45}$$

又知广义维数为

$$D_q=\frac{1}{1-q}\lim_{\varepsilon\rightarrow 0}\frac{\ln M_q(\varepsilon)}{\ln(1/\varepsilon)} \tag{2-46}$$

结合式(2-45)及式(2-46)，得

$$D_q=\frac{1}{q-1}[q\alpha(q)-f(\alpha)] \tag{2-47}$$

又由式(2-44)[$q=f'(\alpha)$]得

$$\begin{aligned}\frac{\mathrm{d}}{\mathrm{d}q}[q\alpha(q)-f(\alpha)]&=\alpha(q)+q\alpha'(q)-f'(\alpha)\alpha'(q)\\&=\alpha(q)+\alpha'(q)[q-f'(\alpha)]\\&=\alpha(q)\end{aligned}\tag{2-48}$$

结合式(2-47)有

$$\alpha(q)=\frac{\mathrm{d}}{\mathrm{d}q}[(q-1)D_q]\tag{2-49}$$

引入质量指数 $\tau(q)$:

$$\tau(q)=(q-1)D_q\tag{2-50}$$

则有

$$\frac{\mathrm{d}}{\mathrm{d}q}\tau(q)=\frac{\mathrm{d}}{\mathrm{d}q}[(q-1)D_q]=\alpha(q)\quad[\text{即 }\tau'(q)=\alpha(q)]\tag{2-51}$$

即有

$$f(\alpha,q)=q\alpha(q)-\tau(q)\tag{2-52}$$

即勒让德(Legendre)变换为

$$\begin{cases}\tau'(q)=\alpha(q)\\f(\alpha,q)=q\alpha(q)-\tau(q)\end{cases}\tag{2-53}$$

至此,求 $f(\alpha,q)$ 的问题原则上就解决了。随 q 不同,$f(\alpha,q)$ 就构成了一个多标度分形奇异谱(图 2-24)。

一般 $f(\alpha,q)$ 具有如下性质:

(1)$f(\alpha)$ 是 α 的凸函数;

(2)$\frac{\mathrm{d}f(\alpha)}{\mathrm{d}\alpha}=0$ 时,$f(\alpha)$ 具有最大值,$f_{\max}=D_0$,即为 $q=0$ 时,在 $\alpha=\alpha_0$ 处取得的 $f(\alpha_0)=D_0$,该极大值是分形测度的分形维数;

(3)$\alpha=\alpha(q)=\alpha(1)$ 处的 $f(\alpha)$ 为信息维数($D_q=D_1$)。

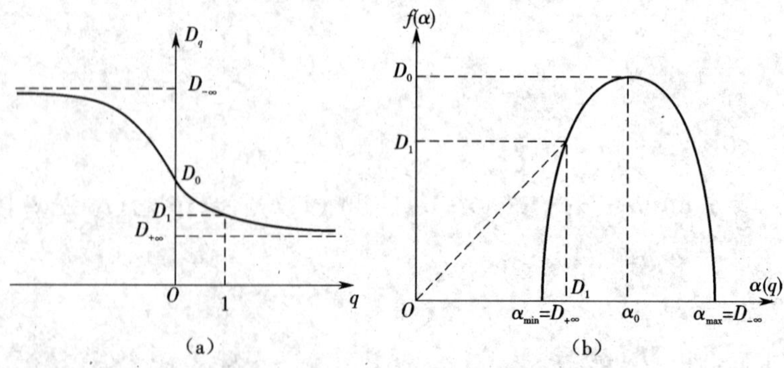

图 2-24 D_q 与 q 及 $f(\alpha)$ 与 α 关系示意图

(a)广义维数 D_q 是阶数 q 的函数($-\infty<q<\infty$) (b)多重分形奇异谱 $f(\alpha)$ 与奇异指数 α 有关

注:①$f(\alpha)$ 最大值[$f(\alpha_0)$]对应于 D_0;②$f(D_1)=D_1$,且原点与该点($D_1,f(D_1)$)的连线与该曲线相切

2.6　多重分形消除趋势波动分析法(MF-DFA法)

在DFA法基础上,坎特哈德特(Kantelhardt)等[12]进一步提出了非稳定有限序列的多重分形消除趋势波动分析法(MF-DFA法)。MF-DFA实际是DFA思想的广义化,具有更强的功能,不仅可以检测时间序列长程相关性,确定其标度不变性,即分形结构特征,还能判定时间序列是否具有多重分形属性,并确定多分形特征(奇异谱)。MF-DFA具体算法如下。

对长度为N的序列$\{x_k\}$,其中k为序号,$k=1,2,\cdots,N$。

(1)在原序列基础上建立一个新的序列

$$Y(i)=\sum_{k=1}^{i}\{x_k-\bar{x}\}\quad(i=1,2,\cdots,N)\tag{2-54}$$

式中$\bar{x}$为原序列$\{x_k\}$的平均值。

(2)将新序列$Y(i)$按尺度r划分为$N_r=\text{int}\,(N/r)$个不相交的等长子区间。因为序列长度N不一定能被r整除,为了保证序列信息不丢失,再从序列的末端开始反向划分一次,这样一共得到$2N_r$个等长的子区间。

(3)对于每个区间$s(s=1,2,\cdots,2N_r)$的数据进行多项式回归拟合,能够得到局部趋势函数$y_v(i)$,其可以是任意次多项式,本书使用二次多项式拟合。消除各子区间内趋势,并计算其方差均值:

$$F^2(v,r)=\frac{1}{r}\sum_{i=1}^{r}\{Y[(v-1)r+i]-y_v(i)\}^2\quad(i=1,2,\cdots,N_r)\tag{2-55}$$

$$F^2(v,r)=\frac{1}{r}\sum_{i=1}^{r}\{Y[N-(v-N_r)r+i]-y_v(i)\}^2\quad(i=N_r,\cdots,2N_r)\tag{2-56}$$

(4)确定全序列的q阶波动函数:

$$F_q(r)=\frac{1}{2N_r}\left\{\sum_{v=1}^{2N_r}[F^2(v,r)]^{\frac{q}{2}}\right\}^{\frac{1}{q}}\tag{2-57}$$

其中q可以取非零的任意实数。当$q=0$时,按下式计算:

$$F_0(r)=\exp\left[\frac{1}{4N_r}\sum_{v=1}^{2N_r}\ln F^2(v,r)\right]\tag{2-58}$$

当$q=2$时,式(2-57)就是DFA法公式。

(5)对于每一个q值,通过双对数坐标图分析$F_q(r)$与r的关系,可以确定波动函数的标度指数$h(q)$,即$F_q(r)$与r之间存在幂律关系:

$$F_q(r)\sim r^{h(q)}\tag{2-59}$$

当$q=2$时,对于平稳时间序列,$h(2)$就是Hurst指数H,因此$h(q)$被称为广义Hurst指数。对于非平稳时间序列,$h(2)$可能不等于H,但也能体现序列的相关特性。当广义Hurst指数$h(q)$的数值大小与阶数q无关时,则序列$\{x_k\}$是一个单分形过程;当$h(q)$的数值大小随阶数q变化时,则序列$\{x_k\}$是一个多重分形过程。

(6)在得到$h(q)$之后,可以根据如下关系得到质量指数$\tau(q)$:

$$\tau(q)=qh(q)-D_{\mathrm{f}} \tag{2-60}$$

其中 D_{f} 是支撑集的分形维数。

(7)根据 Legendre 变换,可以得到奇异性强度 α 和多重分形谱 $f(\alpha)$ 的表达式:

$$\begin{cases}\alpha(q)=\tau'(q)\\ f(\alpha)=q\alpha(q)-\tau(q)\end{cases} \tag{2-61}$$

多重分形谱 $f(\alpha)$ 通常为一光滑的单峰函数,极大值 $f_{\max}$ 为支撑集的分形维数 D_{f}。

2.7 小波变换模极大值(WTMM)法多重分形分析

小波变换模极大值(Wavelet Transform Modulus Maxima, WTMM)法步骤如下[13]:首先,从式(2-54)的连续小波变换中获得 t_0 时刻小波系数:

$$W_a(t_0)\equiv a^{-1}\sum_{t=1}^{N}x(t)\psi[(t-t_0)/a] \tag{2-62}$$

其中,$x(t)$ 为被分析的时间序列,ψ 为小波变换的母小波,a 是小波变换尺度,N 是数据长度。对确定小波变换尺度 a,对每个确定时间点的小波系数模值进行选择。接下来确定配分函数:

$$Z_q(a)\equiv\sum_i |W_a(t)|^q \tag{2-63}$$

其中 $|W_a(t)|$ 是确定尺度 a 下时间序列的模极大值。然后,求每个变换尺度 a 下的配分函数:

$$Z_q(a)\sim a^{\tau(q)} \tag{2-64}$$

其中,$\tau(q)$ 是尺度指数,它由系统本身内部机制确定。

单分形信号,显示线性的尺度指数 $\tau(q)$,即 $\tau(q)=qH-1$,H 为全局 Hurst 指数;多重分形信号,尺度指数 $\tau(q)$ 为非线性,即 $\tau(q)=qh(q)-D(h)$,其中 $h(q)\equiv\mathrm{d}\tau(q)/\mathrm{d}q$(非常数),$D(h)$ 是分形维数,与 $\tau(q)$ 相关,通过 Legendre 变换 $D(h)=qh-\tau(q)$ 可求得。

2.8 应用举例(Ⅰ)——多相流分形动力学

2.8.1 气液两相流分形标度指示特性

气液两相流流动属于非线性耗散动力学系统,它呈现出一类混沌行为。非线性动力学理论为研究两相流自组织模式演化机制提供了一种新的学术视角与认识。进入 20 世纪 90 年代,采用非线性分析方法研究两相流系统的文献日趋增多,两相流工程可测传感器瞬态波动信号中蕴含丰富的流型演化动力学信息,在此基础上,结合复杂系统非线性动力学分析方法,对揭示两相流流型生成与演化机制具有重要研究价值。

气液两相混合物在管内流动时,表现为有不同的相分界面的几何图形,这种两相界面分布呈不同几何图形或不同结构形式,称之为两相流流型。在工程实践中,两相流研究主要是为了获取在给定流动工况下的各相流量或传热和压降特性,而流型研究则是其基础性工作。

由于相界面的形状和分布在时间和空间上随机可变,而相间又存在不可忽略的相对速度,以至于流经管道的分相流量比和分相所占管截面比并不相等，从而导致两相流流型的复杂多样。流型的复杂多变给多相流参数准确测量带来了极大困难，使得流型描述、表征、识别等相关研究成为多相流研究领域的一个重要方向。

在气液两相流流动过程中，由于气液两相局部界面不断发生形变，因此，两相介质的分布状态也不断变化。另外，流型与管线及管截面形状、管道角度、管道加热状况、重力场、介质表面张力等因素密切相关。总体而言，流型种类相当复杂。Hewitt[14]对垂直上升气液两相流流型划分结果如下。

（1）泡状流（Bubble Flow）：不同大小的小气泡随机离散分布于自下而上流动的液体中。气体为离散相，液体为连续相，气泡尺寸随着气相速度的增加而逐渐增大，其流动结构如图 2-25（a）所示。

（2）段塞流（Slug Flow）：随着气相速度的增大，气泡浓度随之增大，小气泡聚并为直径接近于管内径的塞状或弹状气泡，其前端部分呈现抛物线形状。塞状气泡之间存在由小气泡组成的液团，在气泡快速上升过程中，液体在气泡与管壁的间隙中流动，其流动结构如图 2-25（b）所示。

（3）混状流（Churn Flow）：当气相速度进一步增大时，段塞流中气泡的浓度和速度也随之增加，气泡开始产生破裂、碰撞、聚合和变形，其与液体混合成为一种不稳定、上下翻滚的湍动混合物，其流动结构如图 2-25（c）所示。

（4）环状流（Annular Flow）：气相在管道中央流动（通常夹带着一些液滴一起流动），而液相沿着管道内壁形成了一层液体薄膜，此时气液两相均为连续相，其流动结构如图 2-25（d）所示。

（5）液丝环状流（Wispy-Annular Flow）：在环状流基础上，随着液相流量的进一步增加，管壁的液膜随之加厚且出现小气泡，中心的液滴浓度随之增大，并在管道中心出现不规则的长纤维状液滴，其流动结构如图 2-25（e）所示。

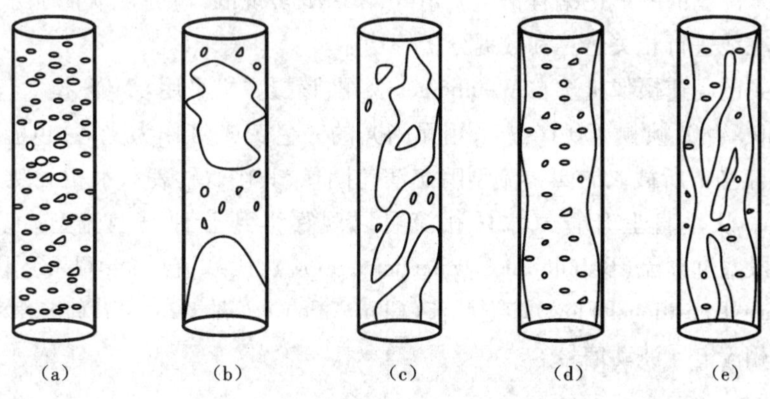

图 2-25　垂直上升管气液两相流流型[15]

（a）泡状流　（b）段塞流　（c）混状流　（d）环状流　（e）液丝环状流

垂直上升管中气液两相流动态实验是在天津大学检测技术与自动化装置国家重点学科多相流实验室进行的（图 2-26）。实验管径为 125 mm，测试段采用纵向多极阵列八电极电导式传感器测量系统[15],如图 2-26 所示,其中包括一对相关速度电极(传感器 A 及传感器 B),一对相含率电极(传感器 C)和一对激励电极(传感器 E_1,E_2)。

实验介质为空气及自来水,实验方案是先在管道中通入固定的水相流量,然后在管道中逐渐增加气相流量,每完成一次气水两相流配比后,通过目测的方法观察气液两相流流型。本次实验水流量 Q_w 范围为 0.1 ~ 100 m^3/h,气流量 Q_g 范围为 0.5 ~ 100 m^3/h。数据采样频率为 400 Hz,每组流动工况采集 20 400 个数据点,实验共采集了 80 种气水两相流流动工况的电导传感器波动信号。

图 2-26 气液两相流实验装置及测试段电导传感器阵列

电导传感器测量系统由阵列式传感器、激励信号发生电路、信号调理模块、数据采集设备、测量数据分析软件几部分组成。测量系统采用 20 kHz 恒压或恒流正弦波进行激励。采用恒压激励时,激励电压为有效值 1.4 V。信号调理模块主要由差动放大、相敏解调和低通滤波三个模块构成。数据采集设备选用的是美国国家仪器公司的产品 PXI 4472 数据采集卡,该数据采集卡是基于 PXI 总线技术的,一共有八个通道,且具有同步采集的功能。数据处理部分是通过与数据采集卡配套的图形化编程语言 LabVIEW 7.1 实现的,可完成实时显示波形变化、实时存储数据并在线进行相关运算和数据分析等功能。

实验中用到的高速摄像机选自 Weinberger 公司,该摄像机采用 CMOS 技术,实验中设置摄像机分辨率 640 ×480,帧频 200 f/s。采用无闪光的三色荧光灯作为光源,色温 6 500 K。图 2-27 为在每种流型下所截取的四幅流型瞬态演化图像,其中,U_{sw} 表示水相表观速度,U_{sg} 表示气相表观速度。从垂直上升管气水两相流可以观察得到五种典型流型:泡状流(Bubble Flow)、泡状 - 段塞过渡流(Bubble-Slug Transitional Flow)、段塞流(Slug Flow)、段塞 - 混状过渡流(Slug-Churn Transitional Flow)和混状流(Churn Flow)。图 2-28 为五种典型流型的垂直上升管中气液两相流电导波动信号。

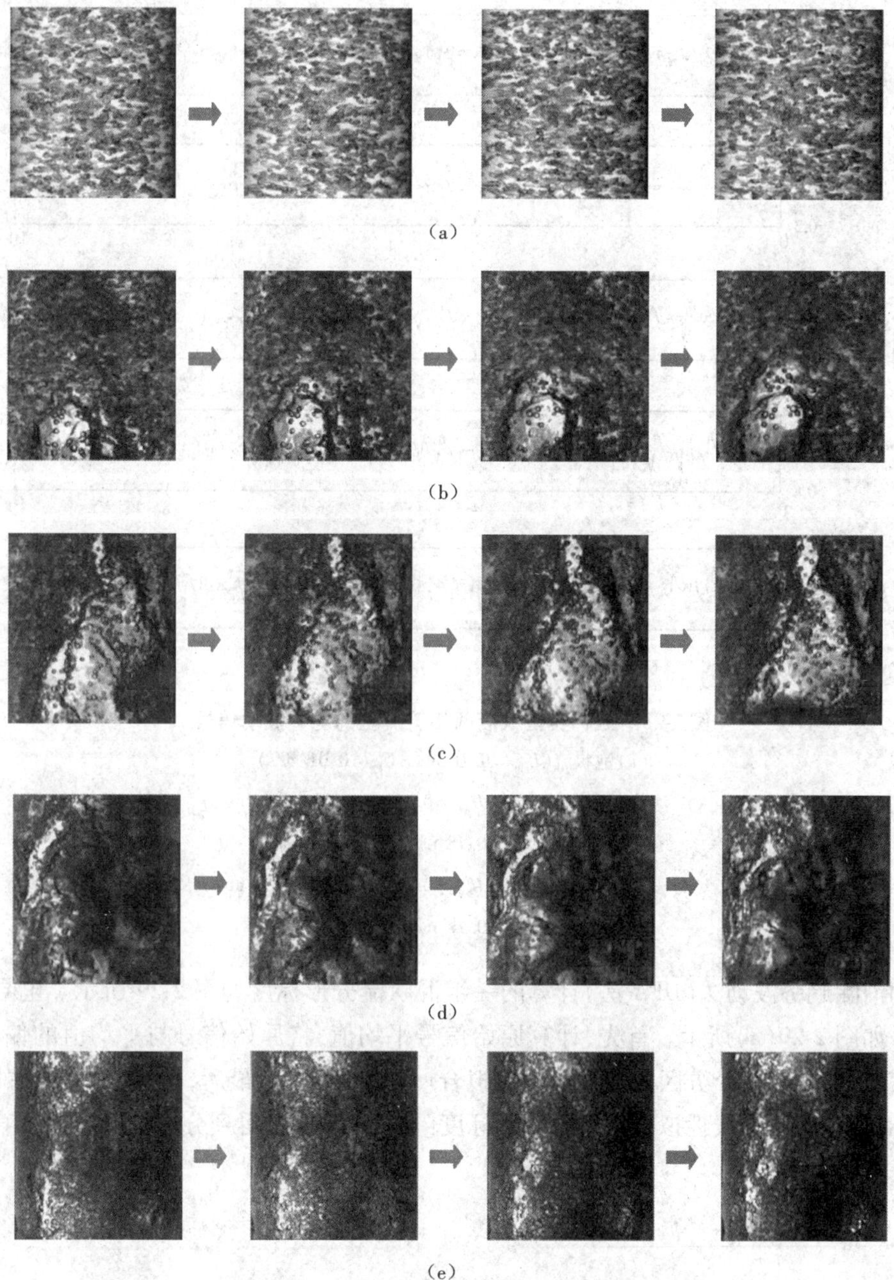

图 2-27　典型的气液两相流流型瞬态演化图像

(a)泡状流($U_{sw}=0.091$ m/s, $U_{sg}=0.005$ m/s)

(b)泡状 - 段塞过渡流 ($U_{sw}=0.091$ m/s, $U_{sg}=0.018$ m/s)

(c)段塞流 ($U_{sw}=0.091$ m/s, $U_{sg}=0.315$ m/s)

(d)段塞 - 混状过渡流 ($U_{sw}=0.091$ m/s, $U_{sg}=0.566$ m/s)

(e)混状流 ($U_{sw}=0.091$m/s, $U_{sg}=1.517$ m/s)

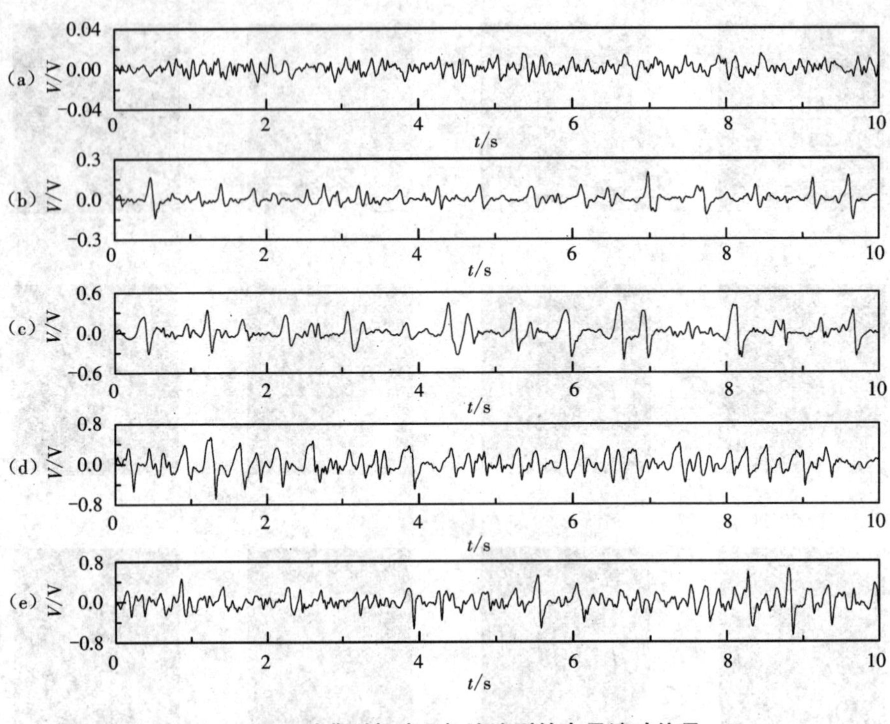

图 2-28 五种典型气液两相流流型的电导波动信号

(a)泡状流($U_{sw}=0.18$ m/s,$U_{sg}=0.01$ m/s)

(b)泡状－段塞过渡流($U_{sw}=0.18$ m/s,$U_{sg}=0.04$ m/s)

(c)段塞流($U_{sw}=0.18$ m/s,$U_{sg}=0.12$ m/s)

(d)段塞－混状过渡流($U_{sw}=0.18$ m/s,$U_{sg}=0.35$ m/s)

(e)混状流($U_{sw}=0.18$ m/s,$U_{sg}=0.61$ m/s)

采用消除趋势波动法(DFA 法)计算的一组混状流分形标度如图 2-29 所示。电导传感器测量信号如图 2-29(a)所示。首先,计算原始信号平均值,将原始信号与平均值的偏差累加,再对此信号分区,对每个分区内信号作线性拟合[图 2-29(b)];最后,计算累加序列的波动均方根,双对数坐标下作线性拟合便得到分形标度[图 2-29(c)],得到分形标度为拟合直线斜率 1.71。

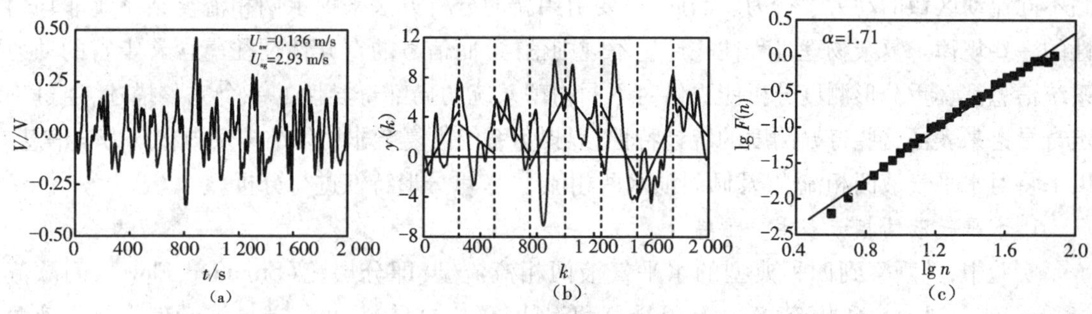

图2-29　采用DFA法处理分形标度实例(混状流)

(a)电导传感器测量信号　(b)对分区内偏差累积曲线作线性拟合　(c)双对数坐标线性拟合

图2-30为水相表观速度在0.045 3～0.226 m/s,气相表观速度在0.004 3～3.43 m/s范围内分形标度随气相表观速度变化关系图,由图可以看出:在气相表观速度较低时,泡状流的分形标度在1.6～1.7之间,而随着气相表观速度增加,流型变为泡状流到段塞流的过渡流型,分形标度升高到1.8左右,段塞流分形标度在1.8～1.9之间。随着气相表观速度的继续增加,混状流分形标度随气相表观速度增加呈降低趋势,但整体分形标度仍比泡状流要高。

从整体上看,泡状流分形标度最低且随气相表观速度增加呈现波动趋势,表明泡状流呈现随机复杂的动力学行为;段塞流分形标度最高,表明段塞流气塞和液塞拟周期性地交替变化反而使气液两相流流动特性简单,具有较强的长程相关性;随着气相表观速度的继续增加,混状流分形标度呈现渐降趋势,但分形标度高于泡状流,表明混状流流动特性相对复杂,但仍有长程相关性。研究结果表明:基于电导波动信号的分形标度能较好地反映气液两相流流型演化特征,是指示气液两相流流型动力学特性的较好的指示器。

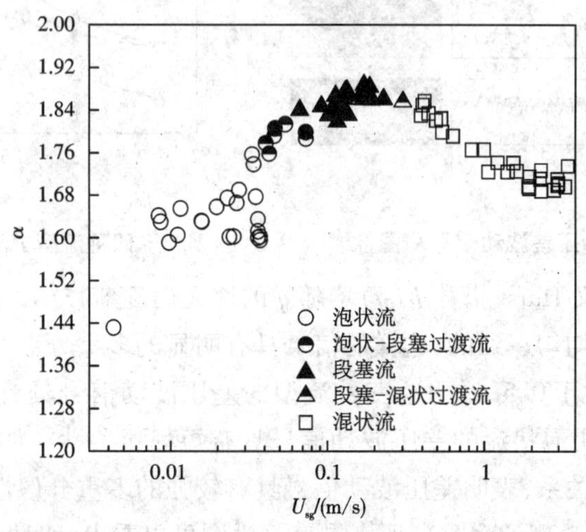

图2-30　分形标度随气相表观速度变化关系[16]

2.8.2　气液及油水两相流多重分形特性

研究表明,采用单一分形标度对复杂两相流流体流动进行解释会受到限制,不足以全面刻画不同流动区域的动力学行为。因此,需要引用新的分析方法来揭示两相流复杂系统非均匀性的一些规律。复杂物理过程往往产生不规则信号,而信号的奇异性往往蕴含着丰富的动力系统信息。多重分形测度分析能提供对不同物理系统的局部奇异性的一个完整描述,通过确定奇异谱来表征这些奇异测度的统计特性,以揭示系统内复杂非均匀结构及内在动力学信息。以下将对水平气液两相流[17]及倾斜油水两相流[18]多重分形特性进行分析。

1. 水平气液两相流多重分形特性

实验中,共观察到四种典型的水平气液两相流流型,即分层流(Stratified Flow)、间歇流(Intermittent Flow)、环状流(Annular Flow)和泡状流(Bubble Flow)。差压波动信号是气液两相流中气泡运动、流动结构、气液两相的相互作用等多种因素的综合动态反映。对应的压差波动信号和高速摄像系统拍摄的图像如图 2-31 所示。采样频率为 256 Hz,取压间距为管内径(26 mm)的 10 倍,即 260 mm。实验参数范围:液相表观流速 U_{sl}为 0 ~ 4.5 m/s,气相表观流速 U_{sg}为 0 ~ 25 m/s。差压信号序列长度取为 4 096。

如图 2-32 所示,在消除趋势波动分析中,当 $q=2$ 时,利用 $k=2$ 次多项式消除序列中的趋势成分求取波动函数 $F_2(s)$。可以看出,四种流型的波动函数 $F_2(s)$ 具有明显的区别,环状流和间歇流的斜率较大,而泡状流的斜率最小。

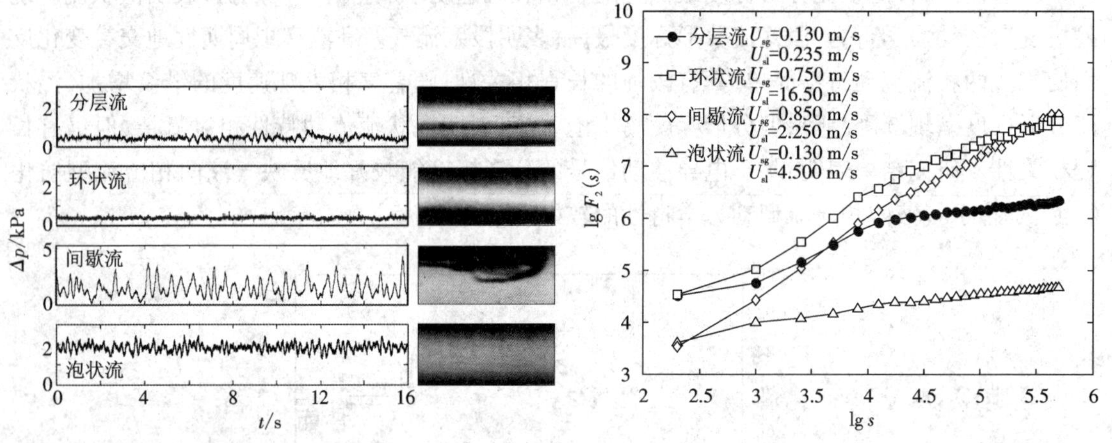

图 2-31 四种典型流型的压差波动信号和图像[19]　　图 2-32 四种流型 $F_2(s)$ 与 s 的双对数关系[17]

如图 2-33 所示,广义 Hurst 指数 $h(q)$ 均随 q 的增大而逐渐减小,并且不为常数,说明差压波动信号局部结构是非均匀一致的,这样的信号具有明显的多重分形特征。环状流、间歇流和部分分层流的 $h(q)$ 均大于 0.5,说明这三种流型的差压波动信号具有长程相关性;而泡状流的 $h(q)$ 均小于 0.5,说明泡状流的差压波动信号具有短程相关性。如图 2-34 所示,$\tau(q)$ 与 q 之间存在明显的非线性关系,表明差压波动信号具有较强的多重分形性质。

图 2-35 给出了四种流型的多重分形奇异谱。由图可以看出,四种流型的多重分形奇异谱最大值对应的 α_0 随折算气速的增大而逐渐右移,而奇异谱的宽度 $\Delta\alpha=\alpha_{max}-\alpha_{min}$ 在同一流型下却变化不大。

泡状流多重分形奇异谱的 α_0 在 0.2 ~ 0.5 之间,在四种流型中最小,说明其压差波动信号的奇异性最强,正则性最弱(曲线光滑性最弱),信号在局部变化最激烈,主要是因为泡状流中

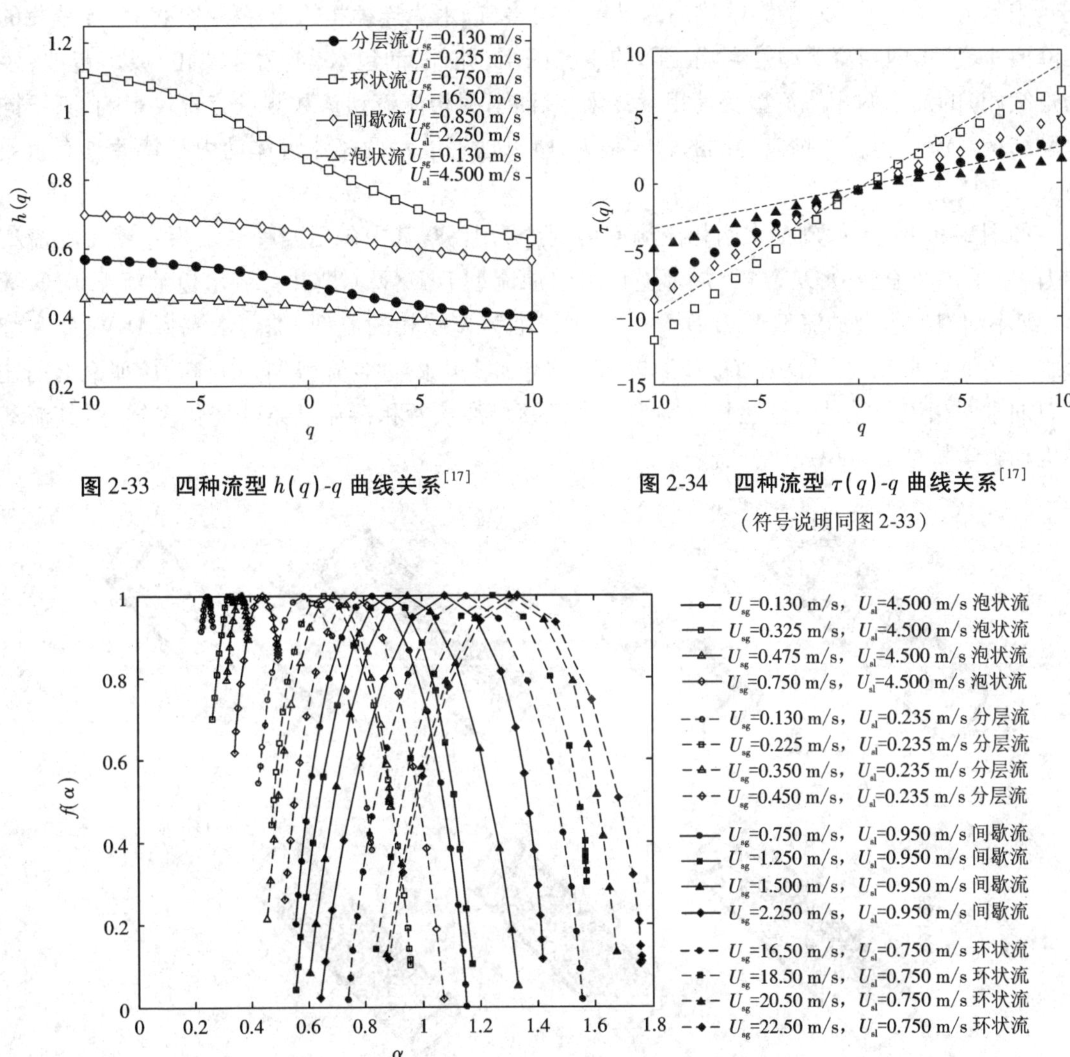

图 2-33　四种流型 $h(q)$-q 曲线关系[17]

图 2-34　四种流型 $\tau(q)$-q 曲线关系[17]

（符号说明同图 2-33）

图 2-35　四种流型的多重分形奇异谱[17]

的分散气泡作复杂随机运动所致。

环状流多重分形奇异谱的 α_0 在 1.10 ~ 1.40 之间，在四种流型中最大，说明差压波动信号的奇异性最弱，正则性最强，信号在局部最光滑。主要是因为环状流中管中心区为含小液滴的连续气相，管壁连续液膜的波动是产生差压波动的主要原因，并具有一定的拟周期性。

分层流多重分形奇异谱的 α_0 在 0.55 ~ 0.8 之间，而间歇流的 α_0 在 0.8 ~ 1.1 之间，说明这两种流型差压波动信号的奇异性和正则性介于泡状流和环状流之间。随着折算气速的增大，分层流形成了波状分层流，气液分界面波动越来越激烈，使得其差压波动信号的奇异性逐渐增强，正则性逐渐减弱。当流型发展到间歇流（塞状流和弹状流）后，气塞（气弹）与液塞（液弹）有规律的交替变化使得气液两相流压差波动越来越激烈，并且分布变得越来越不均匀。

2. 倾斜油水两相流多重分形特性

随着油田开采的深入，油井采出液含水率不断上升，油水两相流流动特性对油田生产的影响越来越大,这是因为水的黏度比油的黏度小得多,以水为连续相的压降就比以油为连续相的压降要小,油水两相流流型是影响压降的重要因素;此外,油包水(油为连续相)或水包油(水为连续相)的油水两相流流型及其相态转化,对油水两相流流动参数测量有直接影响,其不同流动结构对流量传感器响应特性的影响很大,所以理解油水两相流流体动力学特性具有重要意义。

如图 2-36 所示,倾斜油水两相流流型可划分为七种,其中包括四种以水为连续相的流型(拟段塞水包油流型 D O/W PS、局部逆流水包油流型 D O/W CT、并行流水包油流型 D O/W CC、细小油泡的水包油流型 VFD O/W)、两种以油为连续相的流型(油包水流型 D W/O 和细小水滴的油包水流型 VFD W/O)和油包水及水包油共存的过渡流型 TF。目前,从理论上描述倾斜油水两相流的流动特性还相当困难。由于倾斜油水两相流流动条件变化多样,对其流动结构动力学特性的认识还十分有限。

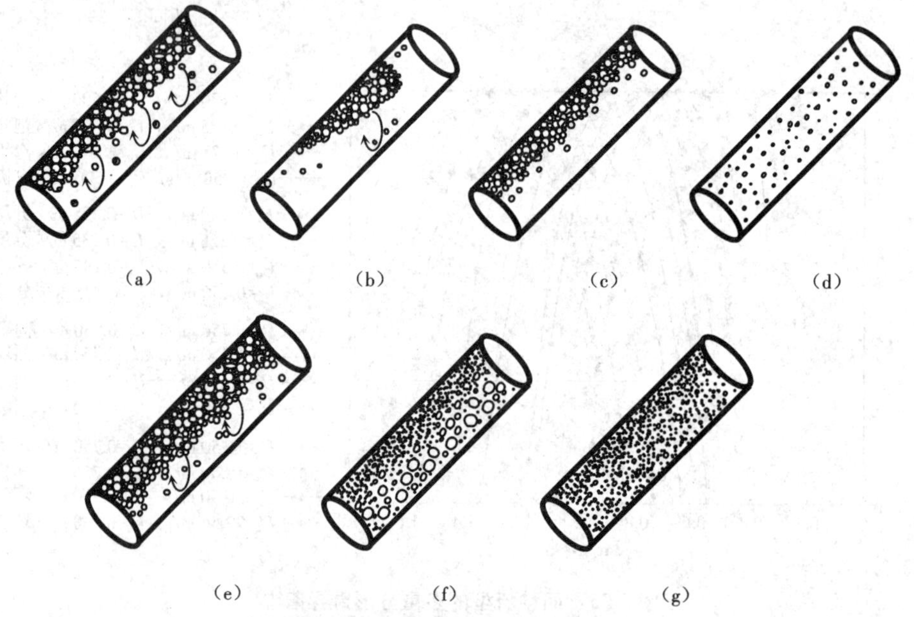

图 2-36 倾斜油水两相流流型分类[20](管内径 $D=50.8$ mm)

(a)D O/W CT (b)D O/W PS (c)D O/W CC (d)VFD O/W (e)TF (f)D W/O (g)VFD W/O

倾斜油水两相流动态实验是在天津大学多相流实验室进行的。实验管道为内径 125 mm 的有机玻璃管。实验测试段安装有纵向多极阵列电导传感器[15],数据采样频率为 400 Hz。数据采集部分选用的是美国国家仪器公司的产品 PXI 4472 和 6115 数据采集卡,数据处理部分是通过与数据采集卡配套的图形化编程语言 LabVIEW 7.1 实现的。

由于管道内径比较大,实验仅产生三种以水为连续相的倾斜油水两相流流型:拟段塞水包油流型 D O/W PS、局部逆流水包油流型 D O/W CT 和油包水及水包油共存的过渡流型 TF。图 2-37 为试验管道倾斜 45°时三种典型流型电导传感器波动信号。

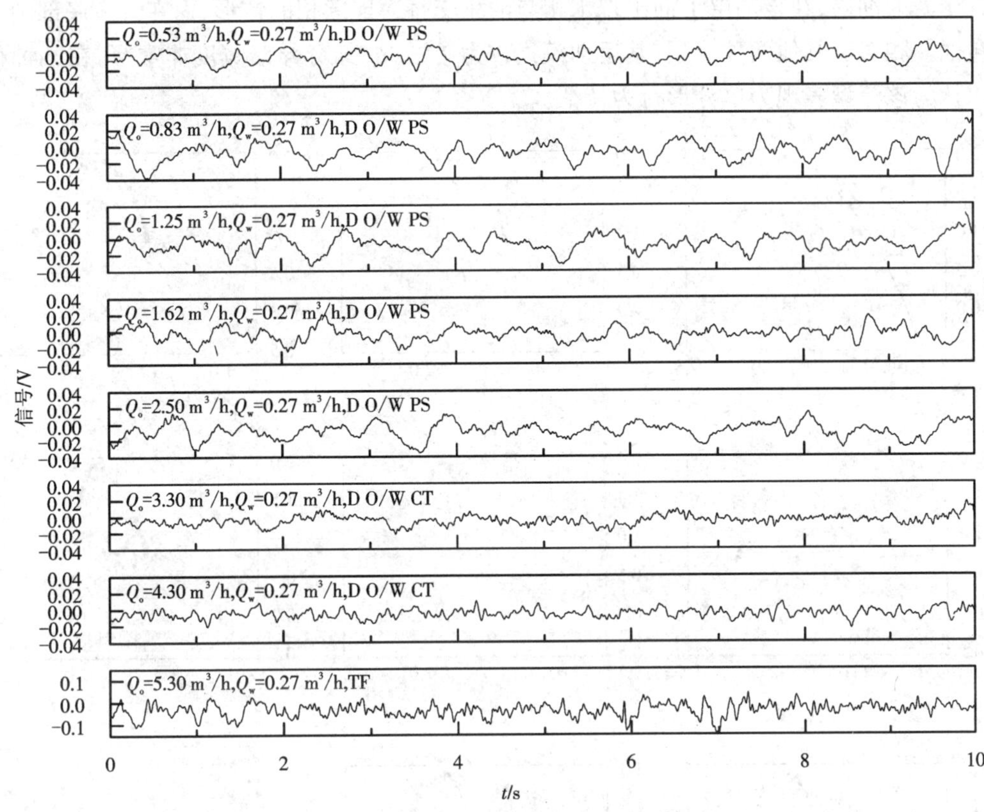

图 2-37　倾斜 45°时三种倾斜油水两相流流型电导传感器波动信号[18]

图 2-38 ~ 图 2-41 分别表示水相流量(Q_w)固定(分别设定为 0.21,0.42,0.83,1.64 m³/h)时,逐渐增加油相流量(Q_o)对应的不同流型的多重分形谱 $f(\alpha)$ 演化过程。从中可以看出,在固定水相流量 Q_w 时,随着油相流量 Q_o 的增加,D O/W PS 流型的奇异谱宽度逐渐变小,说明油相流量增大时,该流型内在流动规律趋于规则。在 D O/W PS 流型中,当油相流量较低时,上层油泡群浓度较小,两个相邻油泡群的间隔较长,油泡群运动的时间间歇特性更加随机,对应下层水相的局部逆流亦是如此。当油相流量增加时,油泡聚集成群的长度增加,两个相邻油泡群之间的间隔变小,上层油泡群与下层局部逆流水相都将趋于连续,故对应多重分形谱宽度 $\Delta\alpha$ 值随着油相流量增加而逐渐减小,即其多重分形测度的概率分布趋于均匀,表明 D O/W PS 流型中的间歇油泡群趋于连续。

类似地,在 D O/W CT 流型中,固定水相流量 Q_w,逐渐增加油相流量 Q_o 时,其 $\Delta\alpha$ 值也变小,即其奇异谱宽度变窄。油相流量增加,油泡群之间的间隔性将逐渐减弱,最终在管道顶部形成连续的油泡;水相在管道底部的局部逆流仍然存在,并且水相逆流使得离管道顶部较远的油滴也在作局部逆流运动。随着油相流量进一步增加,D O/W CT 流型底部水相的局部逆流之间的间隔进一步减小,同时远离管道顶部的油滴的局部逆流也较为连续,故其 $\Delta\alpha$ 值进一步降低。但相对于 D O/W PS 流型,D O/W CT 流型的运动模态较简单,故其 $\Delta\alpha$ 基本低于 D O/W PS流型的 $\Delta\alpha$ 值。

而对于 TF 流型,其 $\Delta\alpha$ 值在三种倾斜油水逆流流型中最低。这是因为该流型在管道顶部形成一个薄的油层,在该油层下面出现水相与油相交替为连续相的情形,而在管道底部则为连续水包油。相对于其他两种流型,其运动模式较为单一,故其奇异谱宽度非常窄,在某种程度上可以认为该流型表现为单分形行为特征。

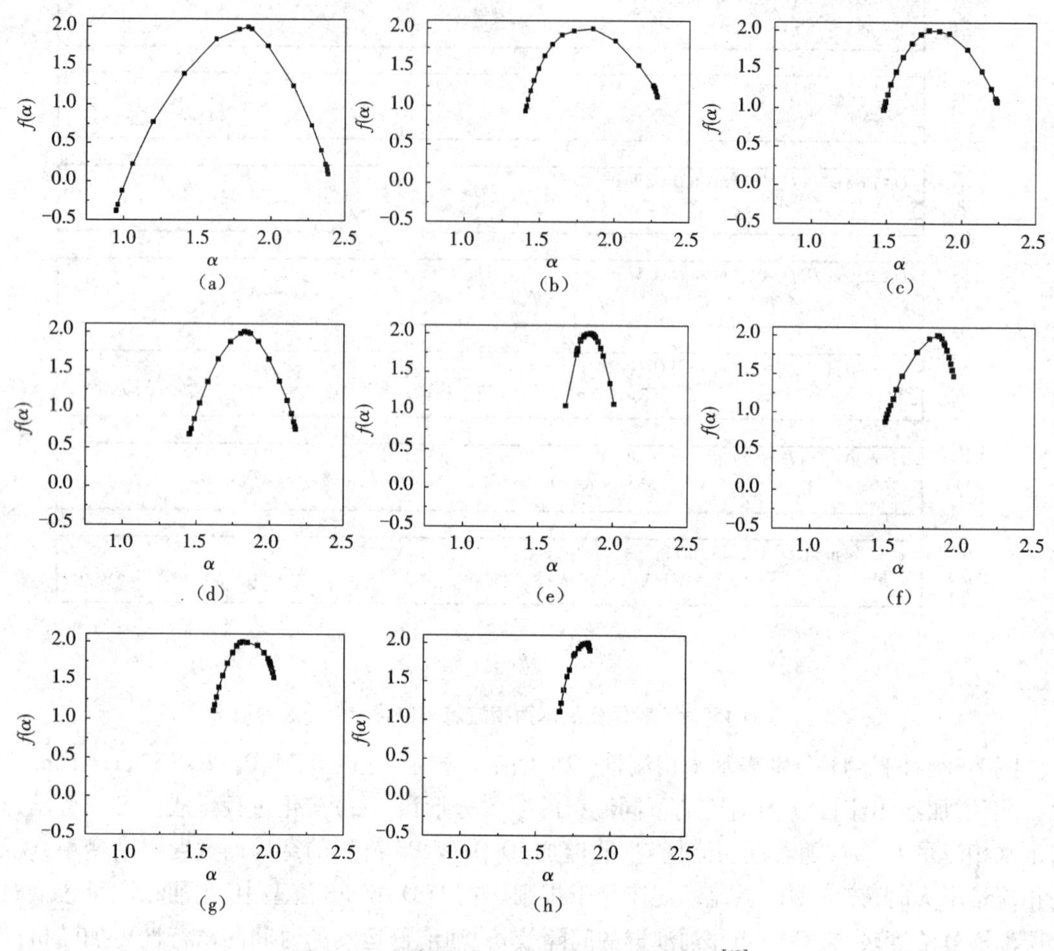

图 2-38 倾斜油水两相流逆流多重分形谱[18]

(倾斜 45°, $Q_w = 0.21\ m^3/h$)

(a) $Q_o = 0.53\ m^3/h$ D O/W PS (b) $Q_o = 0.83\ m^3/h$ D O/W PS

(c) $Q_o = 1.25\ m^3/h$ D O/W PS (d) $Q_o = 1.62\ m^3/h$ D O/W PS

(e) $Q_o = 2.53\ m^3/h$ D O/W PS (f) $Q_o = 3.30\ m^3/h$ D O/W CT

(g) $Q_o = 4.30\ m^3/h$ D O/W CT (h) $Q_o = 5.50\ m^3/h$ TF

从图 2-38 ~ 图 2-41 中可以看出,三种流型的多重分形谱均为一单峰平滑曲线,且其最大值为 2,即为所研究对象支撑集的分形维数,且 $f(\alpha)$ 的最大值均在 $\alpha = 1.85$ 附近出现。如图 2-38(a) 所示,当 $\alpha < 1.0$ 时,$f(\alpha)$ 出现了负值,类似的情况也出现在图 2-39(a)、图 2-40(a)、图 2-41(a) 中。$f(\alpha)$ 可以看作 α 对应的分形集维数,负维数[$f(\alpha) < 0$]的情况也在一些研究过程中发现过,比如扩散置限凝聚(Diffusion Limited Aggregation, DLA)和湍流流体能量耗散。负维数描述的是出现概率极低的事件,观测到相同奇异性强度 α 值的子集需要的

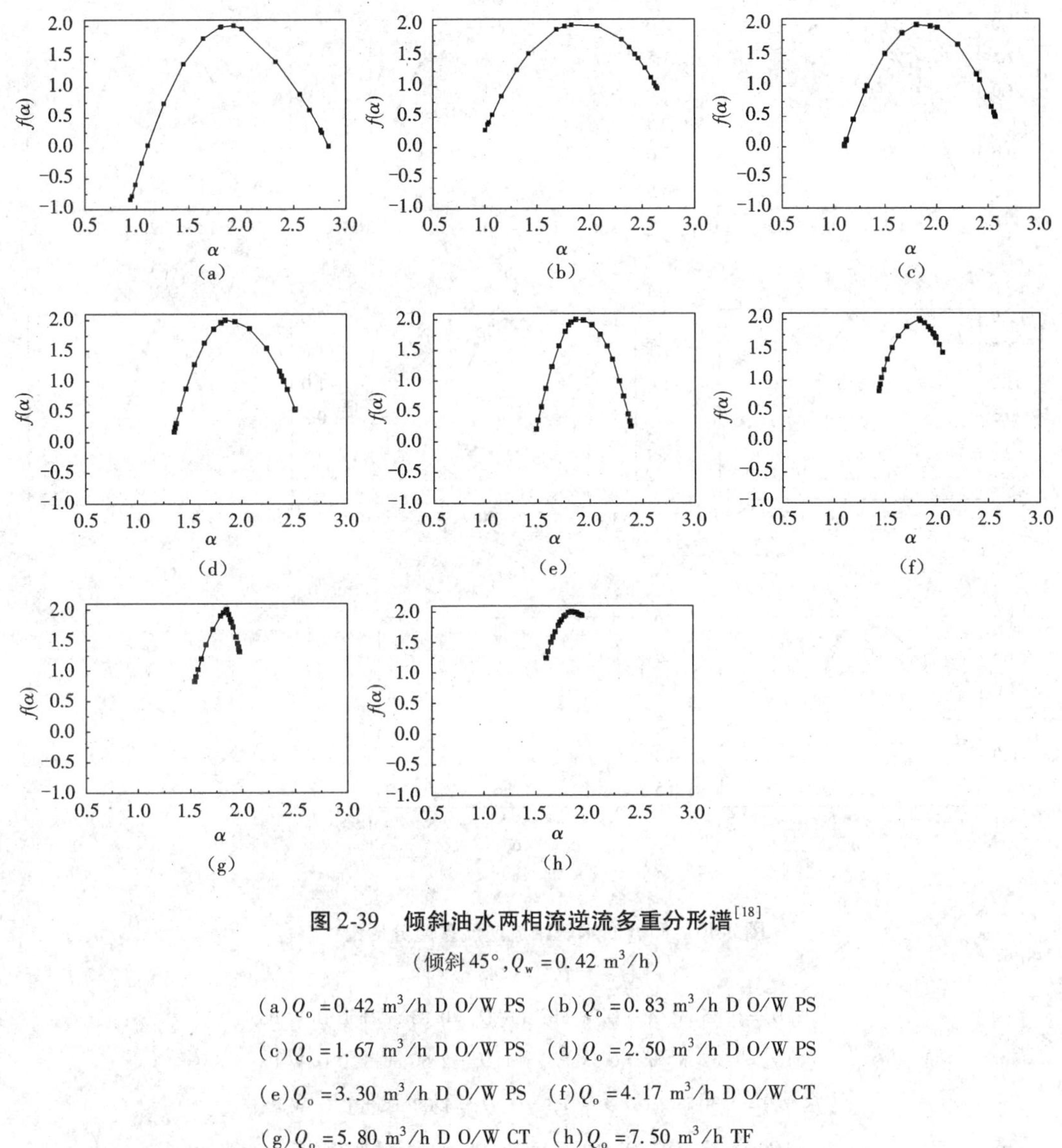

图 2-39　倾斜油水两相流逆流多重分形谱[18]

（倾斜 45°，$Q_w = 0.42\ m^3/h$）

(a) $Q_o = 0.42\ m^3/h$ D O/W PS　(b) $Q_o = 0.83\ m^3/h$ D O/W PS

(c) $Q_o = 1.67\ m^3/h$ D O/W PS　(d) $Q_o = 2.50\ m^3/h$ D O/W PS

(e) $Q_o = 3.30\ m^3/h$ D O/W PS　(f) $Q_o = 4.17\ m^3/h$ D O/W CT

(g) $Q_o = 5.80\ m^3/h$ D O/W CT　(h) $Q_o = 7.50\ m^3/h$ TF

样品量是指数增长的。

值得指出的是，三种不同流型（D O/W PS，D O/W CT 与 TF）对应三种不同的多重分形谱模态，其中 D O/W PS 流型对应近似对称的谱线模态，D O/W CT 流型对应右勾状的谱线模态，而对于 TF 流型，其谱线的奇异谱宽度非常窄，在某种程度上可以认为该流型并不存在多重分形性质。

在多重分形分析中，多重分形谱有几个基本特征量。最小值 α_{min} 对应的是测度奇异性最小区域集合的奇异性强度；最大值 α_{max} 对应的是测度奇异性最大区域集合的奇异性强度。$f(\alpha_{min})$ 对应的是由奇异性强度 $\alpha = \alpha_{min}$ 表征的区域集合的分形维数；$f(\alpha_{max})$ 对应的是由奇异性强度 $\alpha = \alpha_{max}$ 所表征的区域集合的分形维数。多重分形谱 $f(\alpha)$ 的特征可以由下面两个量来表征：多重分形谱宽度 $\Delta\alpha = \alpha_{max} - \alpha_{min}$ 和奇异性强度的两个极端情况所确定的分形集的分形维

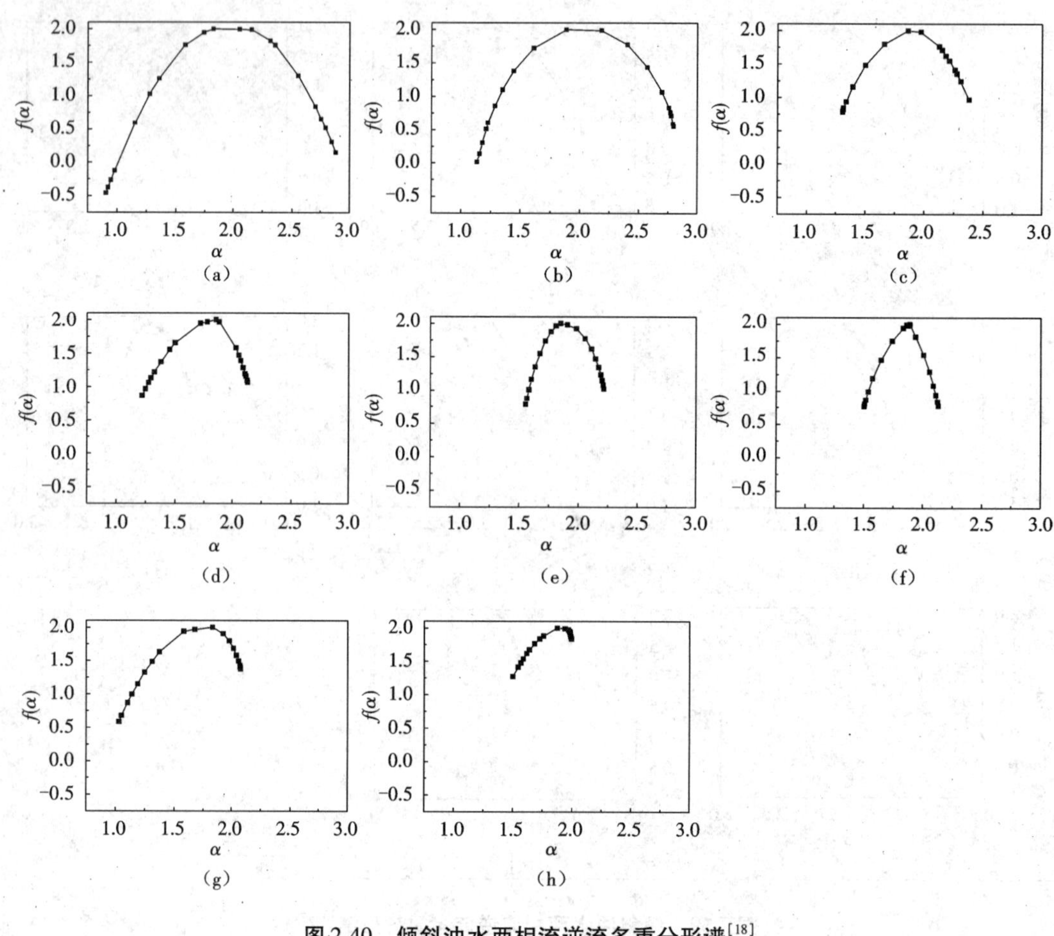

图 2-40 倾斜油水两相流逆流多重分形谱[18]

(倾斜 45°, $Q_w = 0.83\ m^3/h$)

(a) $Q_o = 0.45\ m^3/h$ D O/W PS (b) $Q_o = 0.83\ m^3/h$ D O/W PS

(c) $Q_o = 1.67\ m^3/h$ D O/W PS (d) $Q_o = 2.50\ m^3/h$ D O/W PS

(e) $Q_o = 3.30\ m^3/h$ D O/W PS (f) $Q_o = 4.00\ m^3/h$ D O/W PS

(g) $Q_o = 5.83\ m^3/h$ D O/W CT (h) $Q_o = 7.50\ m^3/h$ TF

数差 $\Delta f = f(\alpha_{max}) - f(\alpha_{min})$。下面分别讨论 $\Delta\alpha$ 和 Δf 跟油相流量的关系。

在多重分形的框架中，α_{min} 代表着最大的概率测度，$p_{max} \sim \varepsilon^{\alpha_{min}}$（尺度 $\varepsilon \to 0$）；α_{max} 代表着最小的概率测度 $p_{min} \sim \varepsilon^{\alpha_{max}}$（尺度 $\varepsilon \to 0$）。奇异谱宽度 $\Delta\alpha$ 可以用来描述概率测度的范围：

$$p_{max}/p_{min} \sim \varepsilon^{-\Delta\alpha} \tag{2-65}$$

如图 2-42 所示，$\Delta\alpha$ 值越大的工况点对应测度的概率分布就越不均匀，说明倾斜油水两相流逆流流型的模式多而复杂。

在多重分形分析中，Δf 也是一个非常重要的特征量。$f(\alpha_{max})$ 值表示概率测度最小的分形集合的分形维数：

$$N_{p_{min}} = N_{\alpha_{max}} \sim \varepsilon^{-f(\alpha_{max})} \tag{2-66}$$

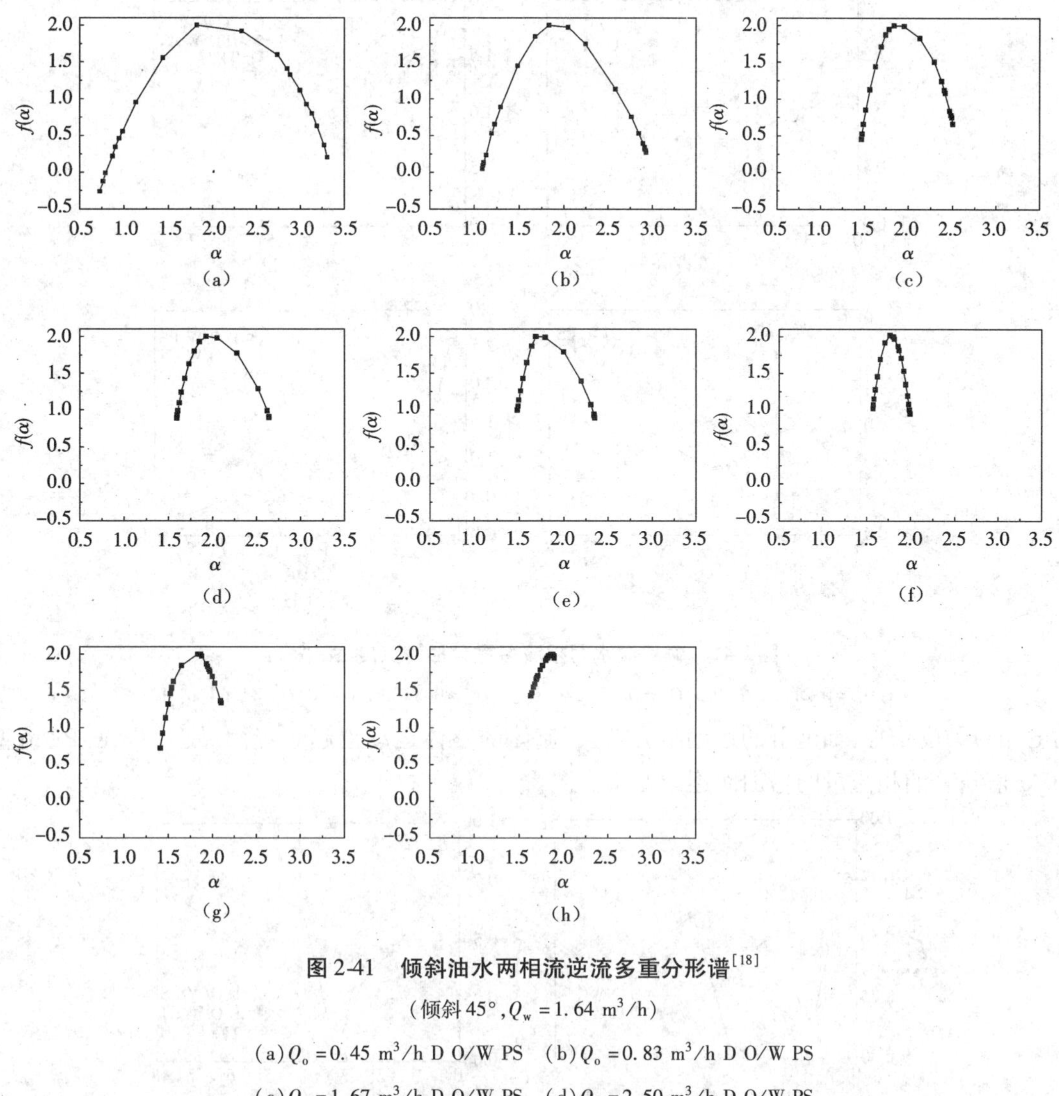

图 2-41　倾斜油水两相流逆流多重分形谱[18]

(倾斜 45°, $Q_w = 1.64\ m^3/h$)

(a) $Q_o = 0.45\ m^3/h$ D O/W PS　(b) $Q_o = 0.83\ m^3/h$ D O/W PS

(c) $Q_o = 1.67\ m^3/h$ D O/W PS　(d) $Q_o = 2.50\ m^3/h$ D O/W PS

(e) $Q_o = 3.30\ m^3/h$ D O/W PS　(f) $Q_o = 4.00\ m^3/h$ D O/W PS

(g) $Q_o = 5.83\ m^3/h$ D O/W CT　(h) $Q_o = 8.30\ m^3/h$ TF

而 $f(\alpha_{\min})$ 值表示概率测度最大的分形集合的分形维数:

$$N_{p_{\max}} = N_{\alpha_{\min}} \sim \varepsilon^{-f(\alpha_{\min})} \tag{2-67}$$

因此 Δf 值可以用来描述概率测度分布最集中和最稀疏的范围的比例:

$$N_{p_{\max}} / N_{p_{\min}} \sim \varepsilon^{\Delta f} \tag{2-68}$$

可以看出,$\Delta f < 0$ 意味着概率测度分布集中的区域比分布稀疏的区域大,$\Delta f > 0$ 意味着相反的情况。

如图 2-43 所示,在固定 Q_w 时,随着 Q_o 的增加,D O/W PS 流型的多重分形维数差逐渐变小,概率测度分布集中的区域更多。这是因为油相流量增大时,油泡群的间歇性减弱,使得其运动趋于规律;另一方面,由于油相的黏度远高于水相的黏度,而油相流量的增大也使得管道

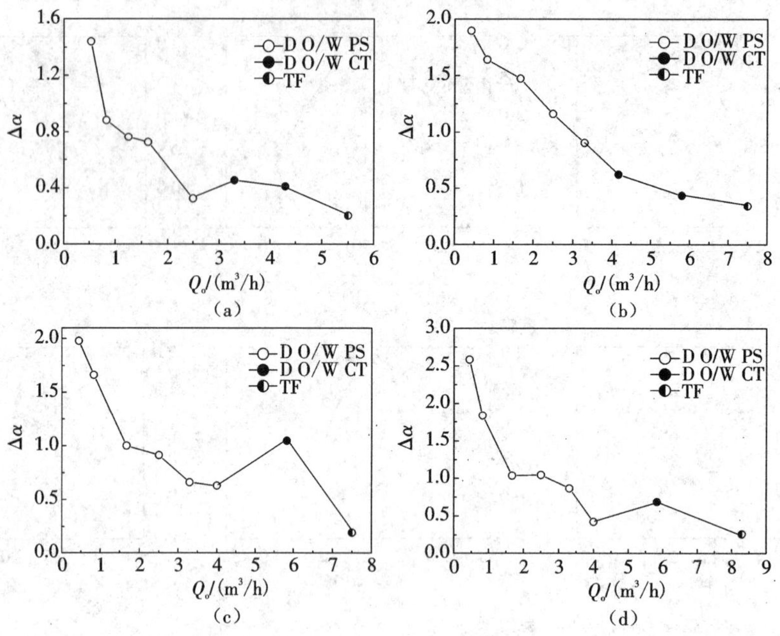

图 2-42 倾斜油水两相流多重分形谱宽度 $\Delta\alpha$[18]

(a) $Q_w = 0.21\ m^3/h$ (b) $Q_w = 0.42\ m^3/h$ (c) $Q_w = 0.83\ m^3/h$ (d) $Q_w = 1.64\ m^3/h$

内的相对黏度增加,油泡群的运动阻力增大,流体的整体运动也趋于规律,故 D O/W PS 流型的 Δf 值随着油相流量的增加而逐渐变小。

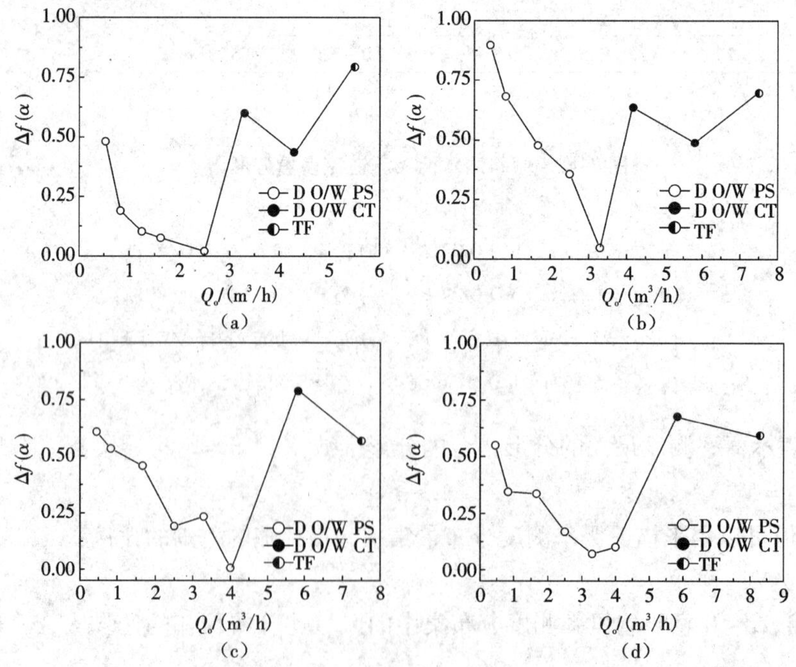

图 2-43 倾斜油水两相流多重分形维数差 Δf[18]

(a) $Q_w = 0.21\ m^3/h$ (b) $Q_w = 0.42\ m^3/h$ (c) $Q_w = 0.83\ m^3/h$ (d) $Q_w = 1.64\ m^3/h$

需要指出的是,在图 2-43(d)中,当油相流量在 3.3 ~ 4.3 m^3/h 时,$\Delta f > 0$,表明 D O/W PS

流型的多重分形维数右侧略长,即该流动工况下概率测度分布集中的区域比分布稀疏的区域大。该现象发生在水相流量较大时两种流型的交界处,且其|Δf|值依然很低,表明其整体的流动机理并没有发生较大转变,只是在水相流量与油相流量较大时,管道内的局部逆流较之前有所变化。

对于 D O/W CT 流型,固定 Q_w,增加 Q_o,其 Δf 值也变小,即其概率测度分布集中的区域也随着油相流量增加而趋于集中,主要原因在于油相的黏度远高于水相的黏度,而油相流量的增大也使得管道内相对黏度增加,管道内运动阻力增大,从而使流体整体运动也趋于规律。

而对于 TF 流型,伴随着管道内油相流量的进一步增加,其相对黏度也进一步增大,而且管道内油相与水相的流动有很好的连续性,故概率测度分布也很集中,即其 Δf 值较大。另一方面,由于其谱线是单边形状,对应的 Δf 本应最大,但是由于其奇异谱宽度特别窄,导致曲线发育不充分,故其 Δf 虽然很高,但不全是最高的。

在多重分形分析中,在固定水相流量的情况下,$\Delta\alpha$ 及 Δf 均能对油相流量增加时流型的演化过程进行较好的描述。但是对于不同水相流量,单一的特征量无法对全部工况进行统一的分析,故针对不同工况多重分形谱线的形状,令比率 $R = \Delta\alpha/\Delta f$,用以表征对应多重分形谱的模态。

图 2-44 显示了倾斜 45°上升油水两相流各种流动条件下的 $\Delta\alpha/\Delta f$ 分布情况,从中可以看出,不同流型的比率有着明显的差别:D O/W PS 流型的比率在 2. 11 ~ 105. 2 之间,D O/W CT 流型的比率基本上在 0. 75 ~ 1. 12 之间,而 TF 流型的比率则在 0. 26 ~ 0. 51 之间。不同流型的比率分布区间正对应着各自特有的模态:PS 流型的多重分形谱呈现类似对称的形状,故其比率较高,全在 2 以上;D O/W CT 流型的多重分形谱呈右勾状,则其比率次之;TF 流型几乎呈单边状,则比率最低,基本都在 0. 5 以下。从图 2-44 中可以看出,倾斜油水逆流流型的三种不同流型的比率有明显区别,可以利用比率对流型进行有效识别。

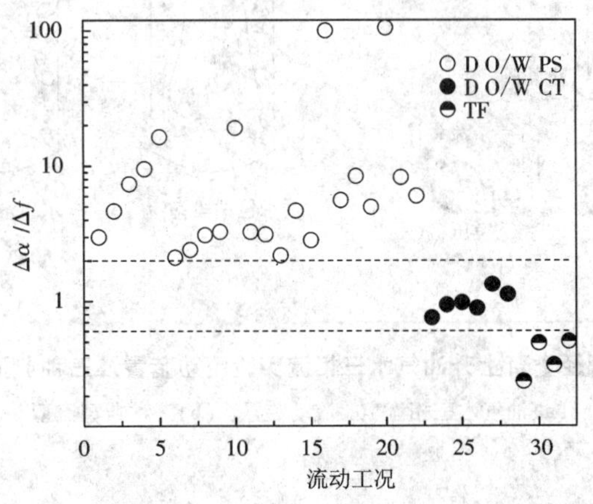

图 2-44　利用 $\Delta\alpha/\Delta f$ 分布辨识流型[18]

2. 8. 3　油气水三相流流型幅值与符号相关特性

本节采用环形阵列电导传感器对垂直上升管中以水为连续相的油气水三相流流型进行了

研究。基于电导传感器波动信号,采用幅值与符号分解法得到信号幅值和符号序列,通过消除趋势分析法提取与油气水三相流长程相关性有关的标度指数。结果发现,对不同尺度幅值及符号序列分形标度进行联合分析能够较好地辨识油气水三相流流型,其标度指数不仅在低尺度上能够反映油滴与气泡的运动,而且在高尺度上表征了气塞与液塞长程波动特性。研究表明,多尺度幅值与符号分析方法不仅可以较好地区分油气水三相流流型,而且能够有效揭示流体的动力学特性。

针对垂直上升小管径(内径 20 mm),开展了以水为连续相的油气水三相流流动环实验。实验主要涉及水包油段塞流、水包油泡状流和水包油混状流三种流型。图 2-45 给出了油气水三相流实验流动装置及三种典型流型示意图。在管道测试段采集到的环形阵列电导环传感器波动信号如图 2-46 所示,其中固定油水混合液含油率(f_o)及气相表观流速(U_{sg}),改变油水混合液流速(U_{mix})。图 2-47 给出了固定气相流速及油水混合液流速时,改变油水混合液含油率时的电导传感器波动信号。图 2-48 给出了固定油水混合液流速及含油率,改变气相表观流速时的电导传感器波动信号。

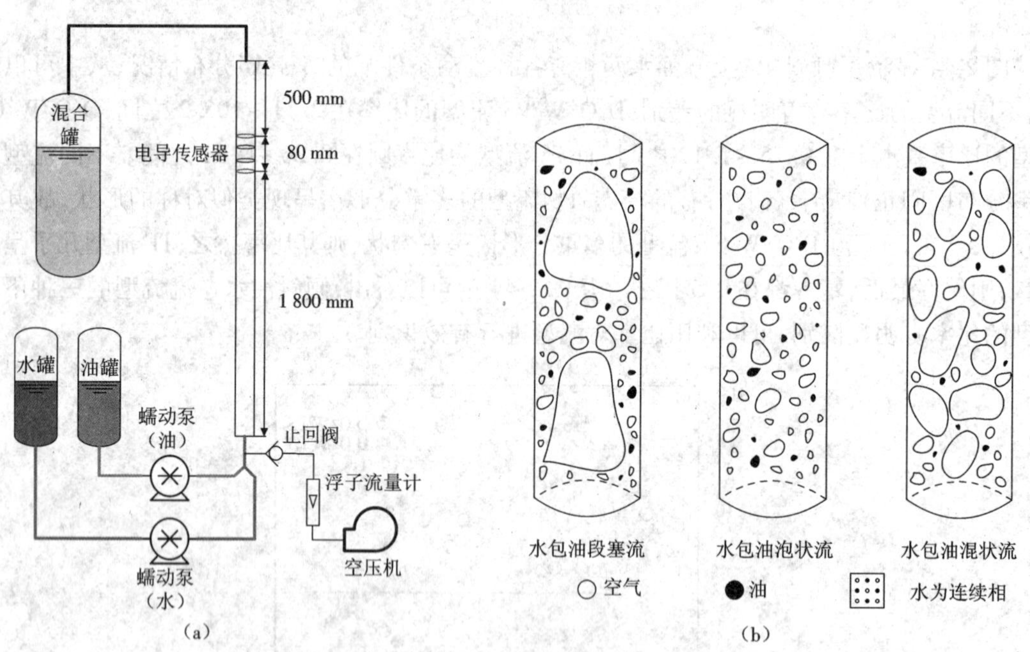

图 2-45 小管径垂直上升油气水三相流实验流动装置及三种典型流型示意图

(a)油气水三相流实验流动装置 (b)三种典型流型

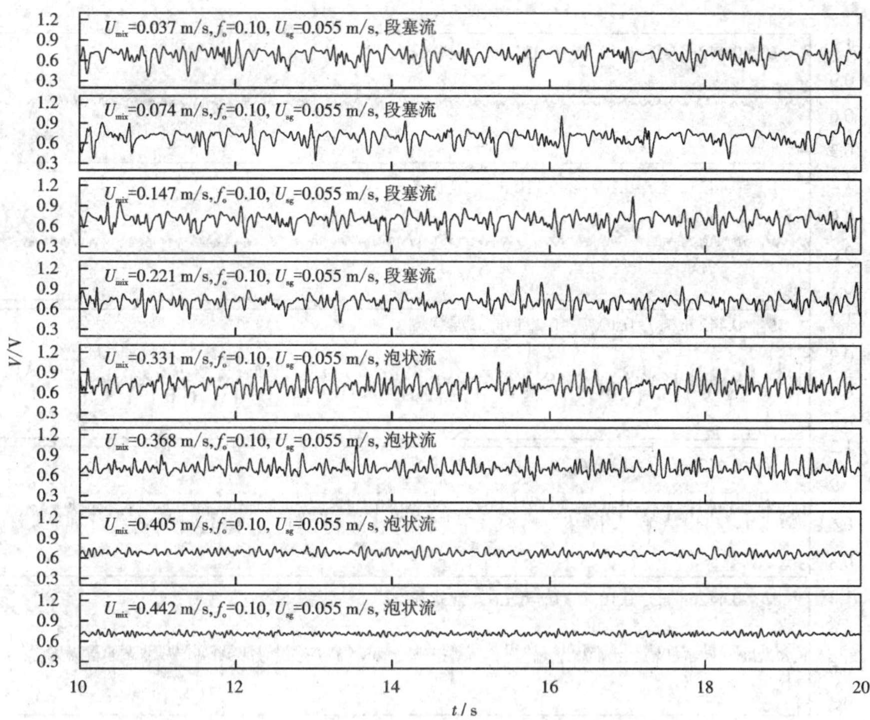

图2-46　典型流型的油气水三相流电导传感器波动信号[21]

(固定油水混合液的含油率及气相表观流速,改变油水混合液流速)

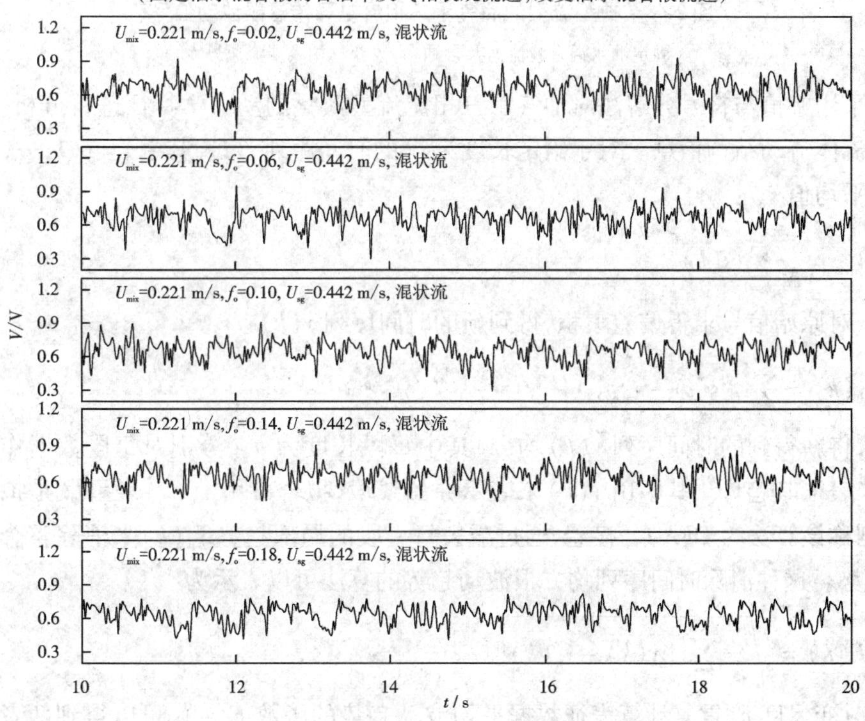

图2-47　典型流型的油气水三相流电导传感器波动信号

(固定气相表观流速及油水混合液流速,改变油水混合液含油率)[21]

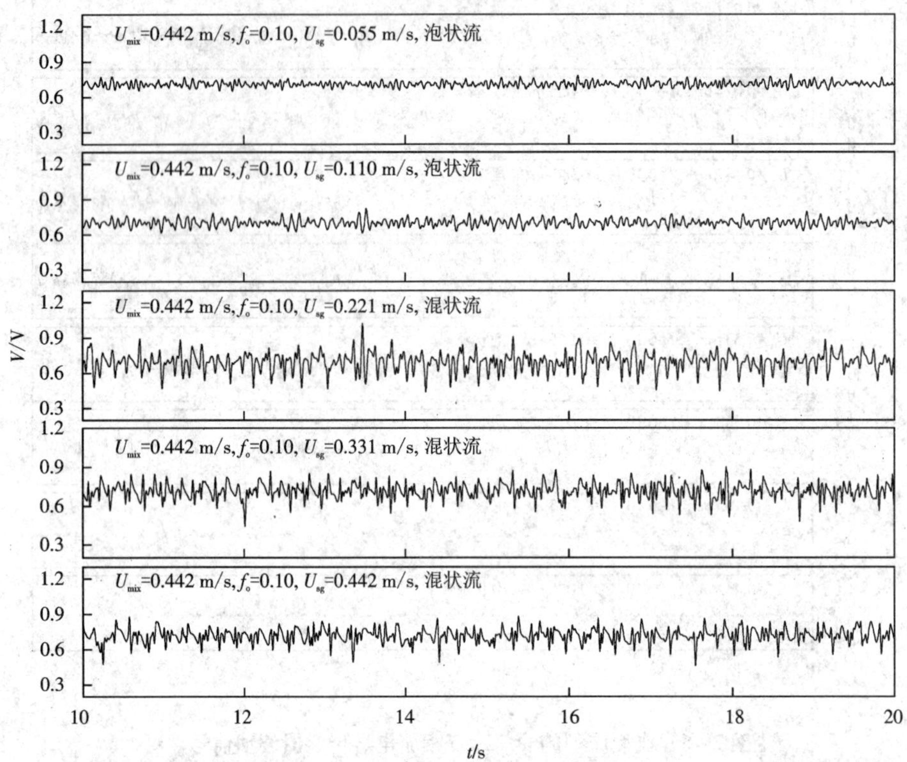

图 2-48　典型流型的油气水三相流电导传感器波动信号

（固定油水混合液流速及含油率，改变气相表观流速）[21]

我们采用幅值与符号分解法对油气水三相流流型演化的动力学特征进行分析，在不同尺度上挖掘流体流动结构信息。对于给定长度为 N 的时间序列 $s(i)$，其中 $i=1,2,\cdots,N$，计算出该序列的平均值 s_{ave}：

$$s_{\text{ave}}=\frac{1}{N}\sum_{k=1}^{N}s(k) \tag{2-69}$$

首先，对原始信号求得偏差累积，得到新的时间序列 $y(k)$：

$$y(k)=\sum_{i=1}^{k}\left[s(i)-s_{\text{ave}}\right] \tag{2-70}$$

然后，将新得到的时间序列 $y(k)$ 均分，其中每段长度为 n。分别对每段数据作最小二乘法拟合，来表征其趋势。其中用 $y(k)$ 来表示原始线段，拟合段用 $y_n(k)$ 表示，l 是拟合多项式的次数，则称该算法为 DFA-l。接着，通过减去每一段的局部趋势 $y_n(k)$ 来消除整个积分序列 $y(k)$ 的趋势。这种消除时间序列均方根波动趋势的算法可以表示为

$$F(n)=\sqrt{\frac{1}{N}\sum_{k=1}^{N}\left[y(k)-y_n(k)\right]^2} \tag{2-71}$$

不断改变尺度 n，重复计算表征数据平均波动趋势的函数 $F(n)$，可以得到两者之间的关系式。如果 $F(n)$ 与 n 的关系表现为相关幂律特性，那么数据可以被表征为

$$F(n)\propto n^{\alpha} \tag{2-72}$$

式中，在双对数坐标下斜率便是分形标度 α，又叫作自相关系数，用来指示信号的内在长程幂律相关特性。其与平滑系数的关系可以描述为：对于分形高斯序列，$H=\alpha$；对于分形布朗运动，$H=\alpha-1$。而 DFA 算法可以通过单一标度指数 α 来定量刻画时间序列 $s(i)$ 的内在性质。

当 $\alpha=0.5$ 时，信号之间没有相关特性，类似白噪声；当 $\alpha<0.5$ 时，信号呈负相关特性，即时间序列中大值与小值交替出现，其中 α 越小，其负相关特性越强；当 $\alpha>0.5$ 时，信号表现为长程幂律正相关特性，即序列中较大值之后紧跟着另一个大值出现，反之亦然；当 $\alpha=1$ 时，时间序列表现为 $1/f$ 噪声特性；当 $\alpha>1$ 时，时间序列仍然表现为正相关特性，但是，此时时间序列已经失去了幂律特性。

幅值与符号序列相关特性分析具体步骤如下。

(1) 对于给定的原始时间序列 $s(i)$ 生成对应的增量时间序列，即 $\Delta s(i)\equiv s(i+1)-s(i)$。

(2) 将增量时间序列分解为幅值序列 $|\Delta s(i)|$ 以及符号序列 $[\Delta s(i)]$。其中，当 $\Delta s(i)>0$ 时，$[\Delta s(i)]=1$；当 $\Delta s(i)<0$ 时，$[\Delta s(i)]=-1$；当 $\Delta s(i)=0$ 时，$[\Delta s(i)]$ 可以被定义为 1，0 或者 -1。这里，我们选择 $[\Delta s(i)]=0$。

(3) 为消除波动趋势虚假成分影响，分别减去幅值与符号时间序列的平均值。

(4) 由于 DFA 方法对于评价负相关时间序列($\alpha<0.5$)精度不足，应分别对幅值与符号时间序列进行积分。

(5) 使用二阶去趋势波动分析法(DFA-2)分别对幅值与符号时间序列进行计算。

(6) 为了获得幅值与符号时间序列的标度指数，在双对数坐标上计算 $F(n)/n$ 与 n 变化曲线的斜率，其中，$F(n)$ 是使用 DFA-2 算法得到的均方根波动函数，n 为对应尺度。

相似幂律特性的原始波动趋势可以在幅值与符号时间序列上表现出差异较大的相关特性，例如，负相关特性信号在幅值上可以表现出较强的正相关特性。进一步地，幅值序列的正相关幂律特性同时也表现出原始时间序列的长程非线性特征；而其符号序列则表征原始时间序列的线性特征。幅值与符号分解法适用于分析短程非平稳信号的非线性特征。按照上述算法，图 2-49 给出了三种典型流型电导传感器波动信号幅值与符号序列分解示意图。

使用幅值与符号分解 DFA 法对油气水三相流流型电导波动信号的长程非线性特征进行分析和讨论。如图 2-50 为三种典型流型的幅值和符号序列的分形标度特性，由图 2-50(a)可知，计算得到的不同流型幅值增量序列均呈现出较强的正相关特性($\alpha>0.5$)，但是不同流型之间的正相关性强度不同；由图 2-50(b)可知，油气水三相流流型的符号增量序列在中低尺度上表现出很强的正相关性，且不同流型间的区别基本可以忽略，而在高尺度上不同流型的符号增量序列表现出一定差异的相关特性。

图 2-51 显示了不同流动工况下幅值标度指数(α_{mag})与高尺度符号标度(α_{sign}^2)指数的联合分布状况。从图 2-51 可以看出，不同流型的幅值序列标度(α_{mag})不同，根据先前研究结论可知，这些不同幅值序列标度反映了原始时间序列的非线性动力学特性差异。段塞流幅值序列 α_{mag} 值最高(0.81～0.97)，集中在 B 区域内，这种流型主要在油气水混合流体流速较低的情况下发生，此时气塞与液塞有规律地交替变化，呈现拟周期特性，其长程正相关特性非常明显，故而其幅值序列正相关性在所有流型中最强，流型非线性成分明显；泡状流落在 A 区域，其幅值

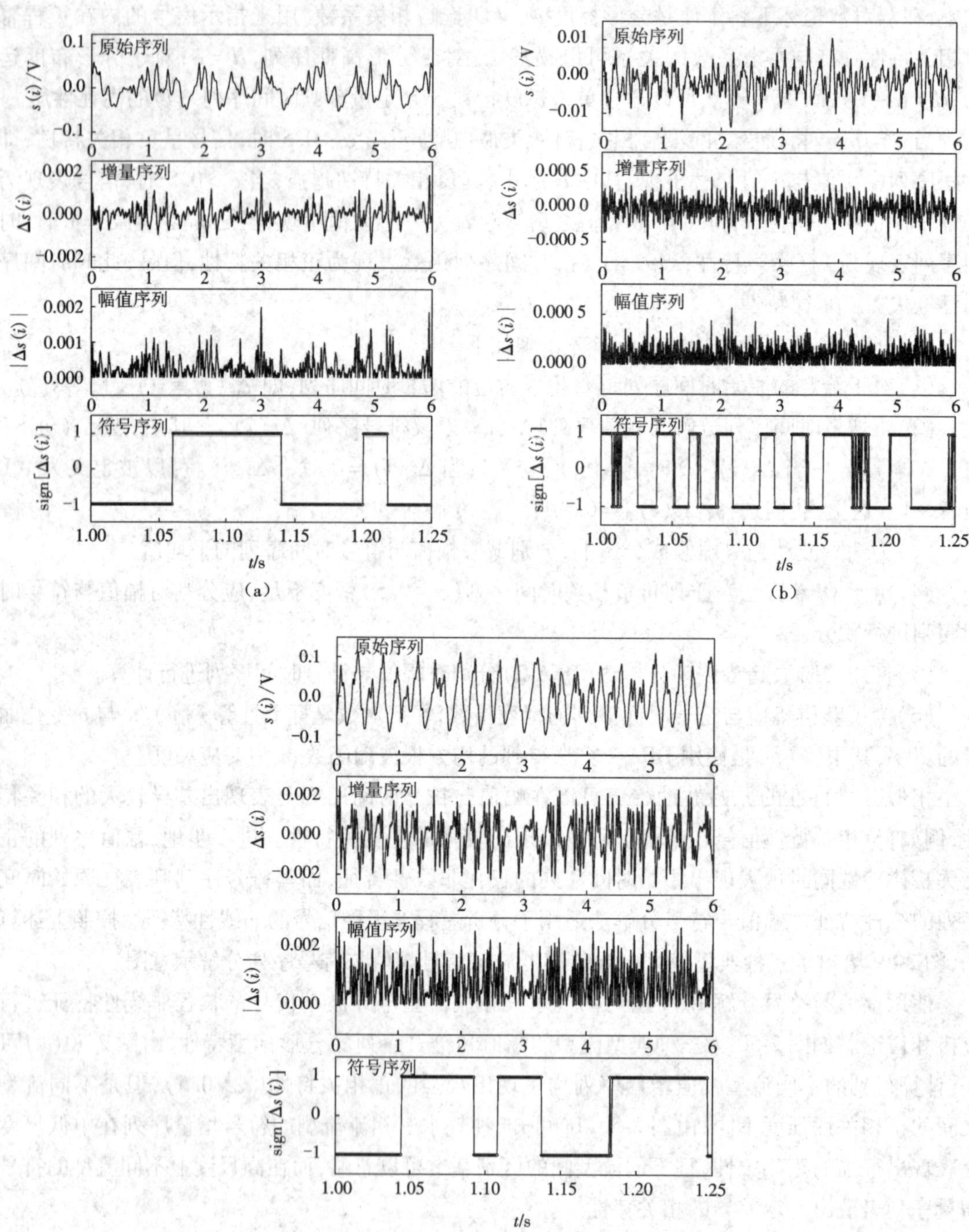

图 2-49　三种典型流型电导传感器波动信号幅值与符号序列分解示意图[21]

(a)段塞流($U_{mix}=0.037$ m/s,$f_o=0.10$,$U_{sg}=0.055$ m/s)

(b)泡状流($U_{mix}=0.442$ m/s,$f_o=0.10$,$U_{sg}=0.055$ m/s)

(c)混状流($U_{mix}=0.442$ m/s,$f_o=0.10$,$U_{sg}=0.331$ m/s)

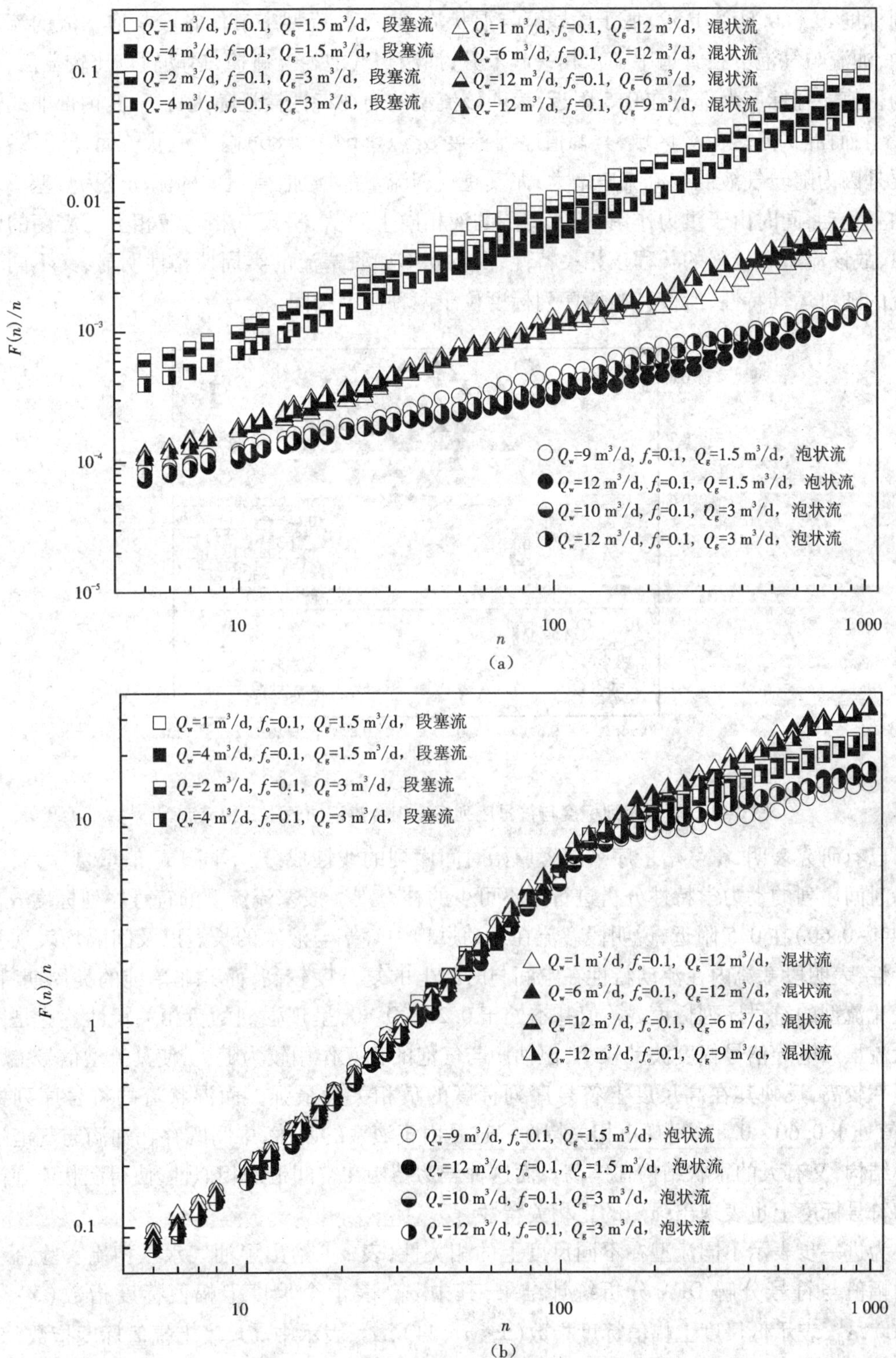

图 2-50　油气水三相流三种典型流型幅值和符号序列的分形标度特性[21]

(a)幅值序列　(b)符号序列

序列标度 α_{mag}(0.50~0.59)低于段塞流与混状流,为三种流型中最低者。在泡状流的流动过程中,油滴与气泡群在管道中随水相一起上升,油滴与气泡相互碰撞,运动轨迹比较分散,该流型的幅值序列标度大部分在0.5附近,表明该流型的内在特性接近随机特征,其内部非线性成分最弱;而混状流落在C区域,其幅值序列标度 α_{mag}(0.64~0.86)高于泡状流而低于段塞流。主要是因为随着气液混合流流速增大,尤其是气相流量的增加,管道内的流动变为气塞驱动液相向上运动,同时由于重力作用,气塞周围的液相向下脱落,呈现气相与液相上下震荡的流动现象,故该流型有较强的长程正相关特性,由于其不如段塞流的类周期特性明显,又不同于泡状流的随机运动特性,所以其幅值序列标度位于两种流型中间。

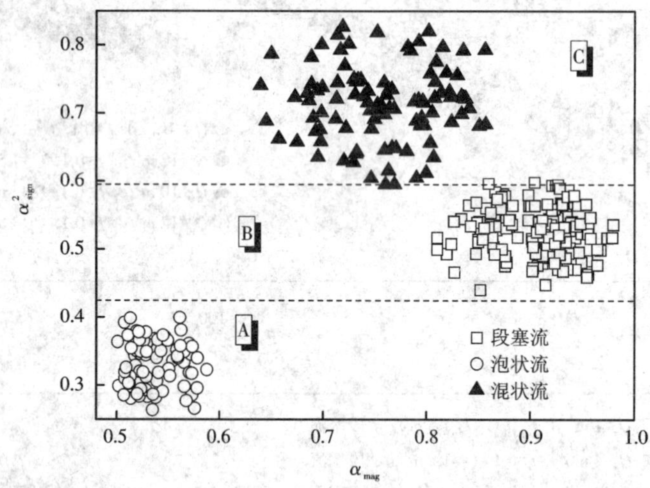

图2-51　幅值序列标度与符号序列标度组合辨识油气水三相流流型[21]

已有研究表明,符号增量序列蕴含原始时间序列的线性成分,不同于幅值增量序列,能对原始时间序列的动力学特性分析进行必不可少的补充[9]。段塞流流型的符号序列标度 α_{sign}^2 值(0.44~0.60)在0.5附近,说明段塞流在运动过程中气塞与液塞的长短以及间隔均表现为随机特性,表明段塞流内在流动特性在空间与时间上的复杂度较高,而并非单纯的类周期特性。泡状流流型的符号序列标度 α_{sign}^2 值基本处于0.26~0.40,呈现强烈的负相关特性。这是因为泡状流虽然电导信号幅度波动较小,但油滴与气泡的相互作用较为随机,使其流型信号上下波动频率较高,反映其在高尺度上符号序列标度的负相关性最强。而混状流的符号序列标度 α_{sign}^2 值处于0.60~0.83,呈现正相关特性。这是由于液塞的脱落,中间既存在油滴与气泡这种微小结构,又有大的塞状结构在震荡。而这种震荡结构在空间上的相似性,使得混状流在高尺度的符号标度上也表现出强烈的正相关特性。

为进一步表示不同流型在不同尺度上的相关性,表2-1给出了油气水三相流实验流动工况的幅值与符号分解DFA分析统计结果,其中 α_{mag} 表示全尺度上幅值标度指数($5 < n < 1\,000$),α_{mag}^1 表示低尺度上幅值标度指数($5 < n < 44$),α_{mag}^2 表示中高尺度上幅值标度指数($50 < n < 1\,000$);α_{sign}^1 表示中低尺度上符号标度指数($5 < n < 141$),α_{sign}^2 表示高尺度上符号标度指数($148 < n < 1\,000$)。每一个标度指数均表示为"平均值±标准差"的形式。

表 2-1　垂直上升油气水三相流幅值与符号分解 DFA 分析统计结果

流型	α_{mag}	α_{mag}^1	α_{mag}^2	α_{sign}^1	α_{sign}^2
段塞流	0.906 ±0.038	0.821 ±0.048	1.016 ±0.041	1.453 ±0.010	0.525 ±0.034
泡状流	0.538 ±0.023	0.511 ±0.020	0.580 ±0.034	1.431 ±0.031	0.333 ±0.033
混状流	0.759 ±0.051	0.742 ±0.046	0.753 ±0.054	1.449 ±0.026	0.714 ±0.055

段塞流由于运动过程中呈现气塞与液塞的相互交替，所以该流型的电导波动信号表现出一定的拟周期特性，故而该流型的复杂度较低。但是高尺度时，该流型的幅值标度指数在 1 附近，意味着此时包含随机成分，高尺度上的符号标度也可从另一角度予以佐证。这表明段塞流的流体运动时，气塞与液塞的长度及时间间隔均表现出很强的不确定性，所以该流型的运动特性只能说具有拟周期特征，而并非严格意义上的周期特征。

对于泡状流，在低尺度上幅值标度值几乎等于 0.5，而高尺度上其值较大。这是因为泡状流在流动过程中，油滴与气泡运动较为分散和随机，由于它们直径很小，故而在低尺度上对油滴和气泡的刻画更清晰；而尺度大时，主要表征流型的宏观运动特性，此时描述过程中包含了大量油滴与气泡的运动，具有一定的统计规律，故而长程正相关特性较为明显。

混状流的幅值标度值在低尺度上和中高尺度上差异不大，均在 0.75 左右。这是因为混状流由于重力作用，液塞破碎成小液块向下脱落，这部分运动特性在低尺度上被细致刻画；而在宏观上，气塞与液塞的震荡过程则被在中高尺度上反映出来。这些共同组成了混状流的整体运动，而且通过比较 α_{mag}^1 与 α_{mag}^2 值可知，混状流微观运动与宏观运动特性相近似。

对于三种流型的符号标度值，在中低尺度上三种流型的值差别不大，表明三者电导信号的微观波动趋势类似。特别值得指出的是，三种流型在高尺度上符号标度特性差异很大，其中段塞流的符号标度系数接近 0.5，表示气塞与液塞运动中空间与时间上的不确定性，接近随机特性；泡状流的符号标度系数小于 0.5，呈现长程负相关特性，表示宏观上流体波动频繁；混状流的符号标度系数大于 0.5，呈现长程正相关特性，表示混合流体的宏观结构依然存在。

综上，可知幅值与符号分解 DFA 法在低尺度上的标度指数主要反映油滴与气泡的运动，在高尺度上则反映气塞与液塞的长程波动特性。

2.9　应用举例（Ⅱ）——人体心跳分形动力学

现代临床诊断技术越来越依赖于对复杂人体生理信号（心电、脑电、血压、脉搏信号等）的记录与分析，这种记录与分析方法在生物医学工程中具有重要应用价值。复杂人体生理信号本质上具有非线性、非平稳及非平衡特性，传统的线性分析方法（均值、标准差、直方图、功率谱等）难以揭示隐藏在生理信号中的重要临床信息。近年来，消除趋势波动法、多重分形法及小波分析法在生理信号临床诊断与应用中已取得了重要进展。

图 2-52 为人体心脏跳动 2 000 次的间隔时间记录。直观上这些时间序列波动呈现无规则的状态。在常规医学研究中，通常将这些波动信号视为“噪声”，并不期望从这些非平衡波动

数据中获取有意义的信息。但是,采用非线性分析方法以后,人们可以提取隐藏在生理信号背后的系统标度结构[图 2-52(a)],发现时间序列病态扰动背后的模式变化[图 2-52(b)],有助于进一步理解系统瞬时结构变化起因,阐明心率控制机制基本特征,并在临床监测中具有实用价值。

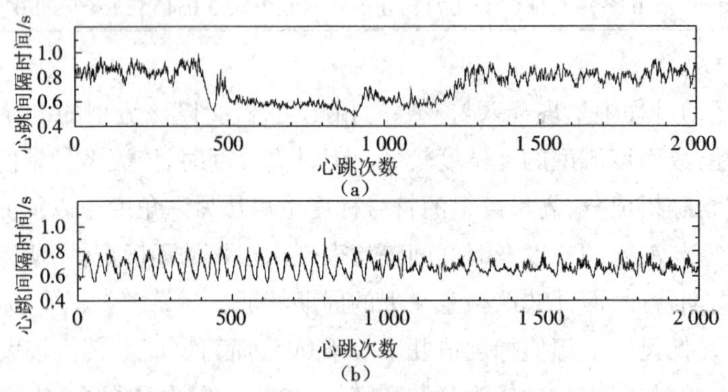

图 2-52 心脏跳动 2 000 次的间隔时间序列记录[22](正常窦性心律)

(a)健康正常信号 (b)阻塞性睡眠呼吸暂停信号

传统时间序列分析侧重研究测量信号的瞬时分布状态。图 2-53 给出了两组心脏跳动间隔时间波动信号,其中一组是健康正常(Normal)信号,另一组是充血性心力衰竭(Congestive Heart Failure,CHF)信号。虽然通过直接观察可以分辨出两组信号的波形差异,但是,这两组信号具有相同的均值及标准差,因此,尚需其他分析方法进一步辨识这两组信号。

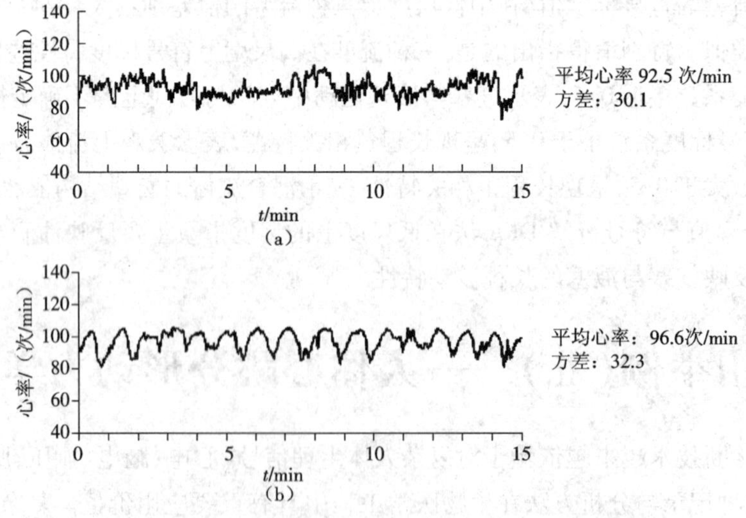

图 2-53 具有相同均值及标准差的心率时间序列信号[22]

(a)健康正常信号 (b)充血性心力衰竭信号

功率谱法广泛用于测度信号的相关性,主要考察信号的相对频率成分。在功率谱计算时通常假定信号是平稳信号,故应用于非平稳信号时往往会得出误导性结论。为了说明这点,我们来考察两组构造的信号(图 2-54):一组是全部序列中均含有两个不同频率的平稳信号[图

2-54(a)]，另一组是全部序列中前半段及后半段各自含有不同频率的非平稳信号[图2-54(b)]。尽管两组信号时域特征具有显著差异，但除了高频部分有些差异外，这两组信号具有几乎相同的功率谱分布特征，这说明用传统功率谱分析方法辨识平稳及非平稳信号非常困难。

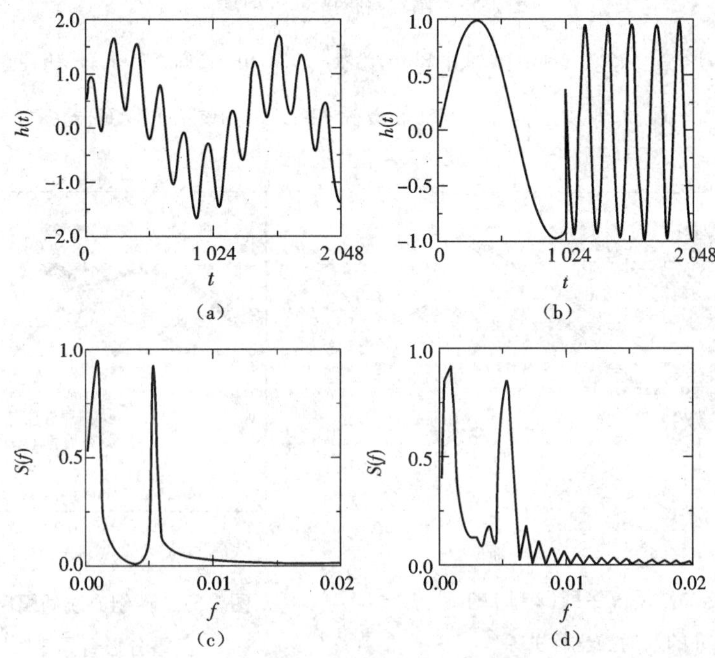

图2-54　两组平稳及非平稳信号的功率谱分布[22]

(a)平稳信号(由频率为 $1/200\pi$ 及 $1/60\pi$ 的正弦信号叠加而成)

(b)非平稳信号(前半段是频率为 $1/200\pi$ 的正弦信号，而后半段是频率为 $1/60\pi$ 的正弦信号)

(c)平稳信号的功率谱　(d)非平稳信号的功率谱

接下来，我们采用消除趋势波动法分析心跳间隔时间序列的长程相关性动力学特性(图2-55、图2-56)。由图可以看出，健康信号幂律标度指数 $\alpha=1$(即 $1/f$ 噪声)，而病态信号的标度指数 $\alpha=1.3$(接近于布朗噪声)。通过 DFA 分析，可以看出健康信号与病态信号之间在长程标度行为上的显著差异。图2-57为由小波变换模极大值法[13]计算出的两组心跳间隔序列的多重分形奇异谱。从中可以看出，健康信号表现为典型的多重分形特征，而病态信号(充血性心力衰竭)却表现为很窄范围的标度区间，明显地失去了多重分形复杂性特征。这些发现为人体心跳控制机制调节提供了可能的新视角。

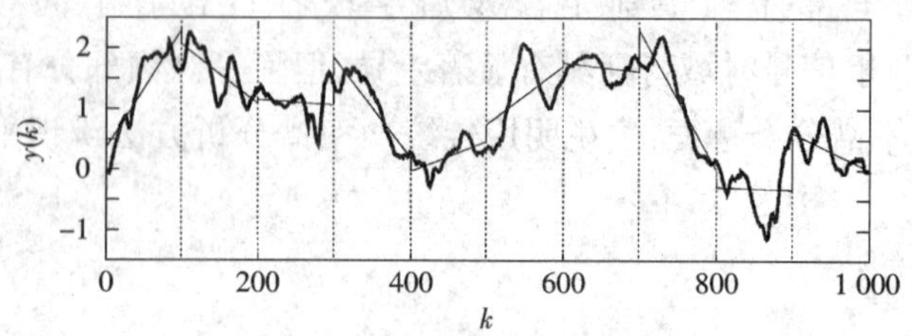

图 2-55 偏差累积序列 $y(k)$ [22]

注：$y(k)=\sum_{i=1}^{k}[RR(i)-RR_{ave}]$，式中 RR($i$)为图 2-52(a)中心跳间隔序列。分割区间大小 $n=100$，每个分割区间的实线段是由最小二乘法估计的该区间序列的“趋势”

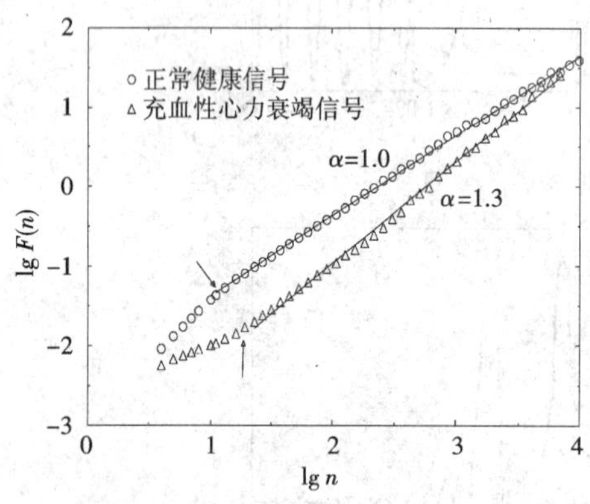

图 2-56 两组心跳间隔序列(24 h)的 lg $F(n)$ 与 lg n 的双对数坐标关系 [22]

注：图中箭头指示的是标度转折点，意指短程及长程相关性机制的明显变化

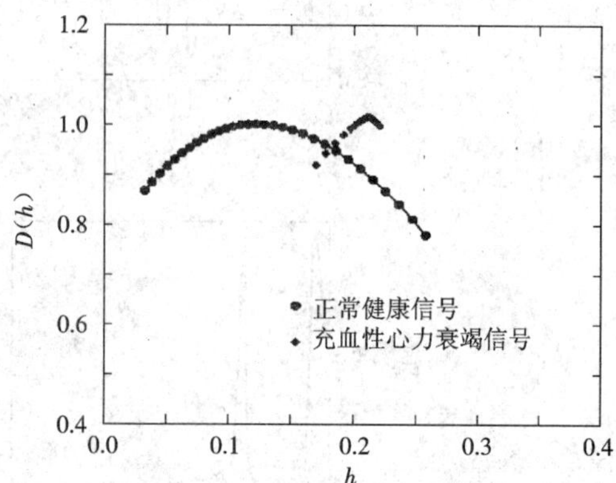

图 2-57 两组心跳间隔序列的多重分形奇异谱 [22]

2.10 思考题

1. 下图为两种人造的海岸线(或边界线)，求它们的分形维数。

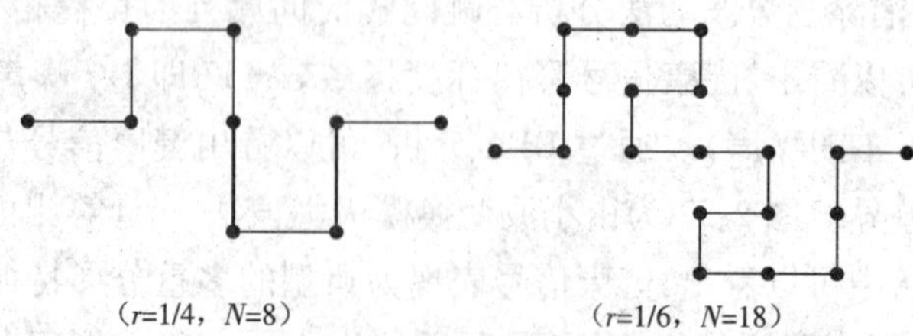

2. 已知分形函数如下：

$$w(t)=\sum_{n=-\infty}^{+\infty}\left[\frac{1-\cos(b^{n}t)}{b^{(2-D)n}}\right]$$

式中，D 为分形维数，b 为常数。取 $b=2$ 及 $D=1.1,1.2,1.3,1.4,1.5,1.6,1.7,1.8$ 和 1.9，分

别产生不同维数时的差分时间序列(后项减去前项构成的时间序列)。要求:

(1)根据如上产生的差分时间序列,由 R/S 分析法计算不同维数的 Hurst 标度估计值,并与所设定的分形维数进行相关比较,评价 R/S 分析法提取标度的效果。

(2)在如上式差分时间序列基础上叠加噪声,即产生如下所示的含有噪声的差分时间序列:$L_i = x_i(t) + \eta\sigma\varepsilon_i$,式中 σ 为原始时间序列标准差,ε_i 为高斯随机变量(满足均值为 0 及方差为 1 的独立分布),η 为噪声强度,可分别取 $\eta = 1, 3, 5, 7$。在上述条件下,重新考察 R/S 分析法计算的不同维数的 Hurst 标度估计值,并进行讨论。

(3)试解释导致差分时间序列与原时间序列的 R/S 分析法结果差别的原因。

3. 考虑两个分形时间序列 $x_1(t)$ 及 $x_2(t)$,它们之间存在标度律:$x_2(t) = r^{-H}x_1(t)$,试证明两个分形时间序列对应的功率谱之间存在标度律:$S_2(f) = r^{-(2H+1)}S_1(f/r)$。

4. 根据波谱关系求分形维数,若分形时间序列存在如下波谱关系:$S(f) \sim f^{-\beta}$,试推证如下关系:$\beta = 5 - 2D$,其中,D 为分形维数。

第2章参考文献

[1] MANDELBROT B B, VAN NESS J W. Fractional Brownian Motions, fractional noises and applications[J]. SIAM Review,1968, 10 (4): 422-437.

[2] FEDER J. Fractals[M]. New York: Plenum, 1988: 149-192.

[3] HURST E H. Methods of using long-term storage in reservoirs[J]. Proceedings of the Institute of Civil Engineers, 1956, 5(5), Part Ⅰ: 519-591.

[4] MANDELBROT B B, WALLIS J R. Some long-run properties of geophysical records[J]. Water Resources Research, 1969, 5(2): 321-340.

[5] PENG C K, BULDYREV S V, HAVLIN S, et al. Mosaic organization of DNA nucleotides [J]. Phys. Rev. E, 1994,49(2):1685-1689.

[6] WEBSTER R. Quantitative spatial analysis of soil in the field[J]. Advance of Soil Science, 1985, 3(596): 1-70.

[7] BASSINGTHWAIGHTE J B. Physiological heterogeneity: Fractals link determinism and randomness in structure and function[J]. News in Physiological Sciences, 1988, 3(1): 5-10.

[8] CANNON M J, PERCIVAL D B, CACCIA D C, et al. Evaluating scaled window variance methods for estimating the Hurst coefficient of time series[J]. Physica A, 1997, 241(3): 606-626.

[9] DAVIES J J, HARTE D S. Test for Hurst effect[J]. Biometrika, 1987,74(1):95-101.

[10] ASHKENAZY Y, IVANOV P C, HAVLIN S, et al. Magnitude and sign correlations in heartbeat fluctuations[J]. Phys. Rev. Lett., 2001, 86(9):1900-1903.

[11] HALSEY T C, JENSEN M H, KADANOFF L P, et al. Fractal measures and their singularities: The characterization of strange sets[J]. Phys. Rev. A, 1986, 33(2): 1141-1151.

[12] KANTELHARDT J W, KOSCIELNY-BUNDE E, REGO H A, et al. Detecting long-range correlations with Detrended Fluctuation Analysis[J]. Physica A, 2001, 295(3/4): 441-454.

[13] MUZY J F, BACRY E, ARNEODO A. Multifractal formalism for fractal signals: The structure function approach versus the wavelet transform modulus maxima method[J]. Phys. Rev. E, 1993, 47(2): 875-884.

[14] HEWITT G F. Measurement of two-phase flow parameters[M]. London: Academic Press, 1978.

[15] JIN N D, XIN Z, WANG J, et al. Design and geometry optimization of a conductivity probe with a vertical multiple electrode array for measuring volume fraction and axial velocity of two-phase flow[J]. Measurement Science and Technology, 2008, 19(4): 045403.

[16] ZHAI L S, JIN N D, GAO Z K, et al. Gas-liquid two phase flow pattern evolution characteristics based on Detrended Fluctuation Analysis[J]. Journal of Metrology Society of India, 2011, 26(3): 255-265.

[17] 孙斌,许明飞,周云龙. 气液两相流波动信号多重分形去趋势波动分析[J]. 工程热物理学报,2011,3(5):795-798.

[18] ZHU LEI, JIN NINGDE, GAO ZHONGKE, et al. Multifractal analysis of inclined oil-water countercurrent flow[J]. Petroleum Science, 2014, 11(1):111-121.

[19] 孙斌,周云龙. 水平管内空气-水两相流流型的混沌特征[J]. 哈尔滨工业大学学报, 2006,38(11):1963-1967.

[20] FLORES J G, CHEN X T, SARICA C, et al. Characterization of oil-water flow patterns in vertical and deviated wells[C]. San Antonio, Texas:SPE Annual Technical Conf. and Exhibition, 1997:38810.

[21] ZHAO AN, JIN NINGDE, REN YINGYU, et al. Multi-scale long-range magnitude and sign correlations in vertical upward oil-gas-water three-phase flow[J]. Zeitschrift für Naturforschung A (Journal of Physical Science), 2016, 71(1)a: 33-43.

[22] STANLEY H E, AMARAL L A N, GOLDBERGER A L, et al. Statistical physics and physiology: Monofractal and multifractal approaches[J]. Physica A, 1999, 270(1/2): 309-324.

第3章　相空间重构

一个动力系统的结构，往往须从实验观测数据中来探寻，而实验观测数据往往是不连续的。为了利用这些离散数据分析动力系统，且保持其原有连续动力系统的基本性质，常采用延迟嵌入(Time-Delay Embedding)的方法[1]。经证明，在一定条件下，采用延迟嵌入方法重构系统可以保持原动力系统基本性质不变。

嵌入思想最早是由惠特尼(Whitney)[2]提出的，他指出一个从 d 维的可微流形 M 到欧几里得实空间 $\mathbf{R}^{2d+1}$ 的可微映射，在 M 上微分同胚。也就是说，若一个动力系统 S 是可微的，那么就存在 S 的一个嵌入将与其吸引子保持同样的拓扑结构。Whitney 的结论对时间序列分析没什么作用，因为对离散的时间序列不能得到一个可微的映射。Takens[3]将 Whitney 的嵌入思想进一步推广，指出对于一般的动力系统，从 d 维的可微流形 M 到欧几里得实空间 $\mathbf{R}^{2d+1}$ 的延迟映射，在 M 上微分同胚。Takens 的嵌入定理表明，若一个动力系统的吸引子就是流形 M，则存在一个延迟映射保持吸引子的拓扑结构。萨奥尔(Sauer)等[4]又将 Takens 的嵌入定理推广到动力系统的吸引子，只要是平滑的分形即可。平滑的分形在每点都保持连续，但在任何点都不可微。Sauer 等指出从盒计数维数为 d 的一个光滑流形 M 到欧几里得实空间 $\mathbf{R}^{2d+1}$ 的任何延迟映射，几乎在 M 上微分同胚。Sauer 等的结论对于时间序列分析非常重要，因为嵌入空间所需的嵌入维数下界可以从数据中直接估计出来，且只要嵌入维数大于这个下界，任何时间序列延迟映射都以概率 1 保持吸引子的拓扑结构。有个例外情况是，当选择的时间延迟正好是一个周期系统的周期整数倍时，嵌入不再保持系统原有的拓扑结构。

本章首先介绍了相空间重构中嵌入参数(时间延迟及嵌入维数)常用算法；然后，描述了几种常用的混沌不变量算法(相关维数、Kolmogorov 熵、近似熵、李雅普诺夫指数)；最后，列举了若干混沌时间序列分析应用实例。

3.1　嵌入相空间

3.1.1　相空间重构思想

Takens[3]提出了一种十分方便有效的从单变量时间序列构造相空间的方法，即相空间重构法。其方法如下：适当选取时间延迟量 τ，以 $\boldsymbol{X}(t)=\{x(t),x(t+\tau),x(t+2\tau),\cdots,x[t+(m-1)\tau]\}$ 为坐标，构造一个 m 维相空间。这样重构的相空间中轨线分布或结构(称之为吸引子)便可以反映系统的运动特征。当重构相空间中的轨线最后趋于一点(即吸引子是一个点)时，表明系统处于稳定状态；如果轨线最终构成一闭曲线(即吸引子是一闭曲线)，表明系统在作周期运动；如果轨线最后杂乱无章地密集在一有限的区域内，表明系统在作随机运动；如果轨线分布具有某些特殊的结构(即所谓奇怪吸引子),表明系统的运动很可能是混沌运动。

在相空间重构中,时间延迟 τ 和嵌入维数 m 的选取十分重要,同时也十分困难。关于时间延迟 τ 和嵌入维数 m 的选取,现在主要有以下两种观点。

一种观点认为两者是互不相关的,即 τ 和 m 的选取是独立进行的,如 Takens 认为 τ 和 m 在理论上是相互独立的。文献[5]总结了现有的时间延迟选取方法基于的三个准则。①序列相关法:让 $\boldsymbol{X}(t)$ 内元素之间的相关性减弱,同时 $\boldsymbol{X}(t)$ 包含的原动力学系统信息不丢失。如自相关法、互信息量法、高阶相关法等。②相空间扩展法:重构相空间轨迹应从相空间的主对角线(τ 很小时)尽可能地扩展但又不出现折叠,如填充因子法、摆动量法、平均位移法、SVF 法等。③自相关法:包括复自相关法和去偏复自相关法,这是介于上述两个准则之间的方法,其计算复杂度不大,对数据长度依赖性不强,具有很强的抗噪能力。

另一种观点认为两者是相关的,即 τ 和 m 的选取是互相依赖的。如时间窗口法、C-C 算法可同时计算出时间延迟和时间窗口。本章将介绍几种常用的求取时间延迟 τ 的方法。

在嵌入维数 m 的选取方面,当系统的状态变量 n 较大的,其在低维(2 维或 3 维)欧几里得空间中的轨线必然相交,从而不能明确表示系统的动态规律。因此,认为只有维数 m 足够大时,才能把轨线分布结构(吸引子)充分展开,即去掉其中交点之类等引起的不确定性,这样才能确定地表达系统的运动规律,由此计算出来的物理量(李雅普诺夫指数、分形维数、熵等)才能准确地表征系统运动的特征量。对于许多实际系统的时间序列,使吸引子充分展开并能明确地表达系统运动特征所需的最小维数往往大于 3,甚至大于 4 或 5,嵌入维数 m 应当是多少才恰当,本章的嵌入定理就回答了这个问题。

3.1.2 嵌入概念

设集合 X 是一个维数为 d 的流形,如一个系统的吸引子;Y 是一个维数为 m 的欧几里得空间 $\mathbf{R}^m$,如由观测量 $y(t)$ 所重构的相空间。两集合中的元素分别用矢量 $\boldsymbol{x}$ 和 $\boldsymbol{y}$ 表示。如果把流形 X 放在(浸入)Y 中($X \subset Y$)且 $X \to Y$ 是微分同胚,则称把此 d 维流形嵌入到 $\mathbf{R}^m$ 空间 Y 中。

由以上关于嵌入的定义可知,把系统的吸引子 X 嵌入到 Y 空间[如 Y 是用观测量 $y(t)$ 重构的相空间],也就是要求此吸引子是完全展开的,即在 $\mathbf{R}^m$ 中吸引子没有交点,从而能明确表示系统的运动规律。

要做到把一个流形嵌入到 $\mathbf{R}^m$ 中,对空间的维数 m 应有要求。例如,设流形为一维的闭曲线 C,现在把它分别放在二维($C \subset \mathbf{R}^2$)和三维($C \subset \mathbf{R}^3$)空间中,如图 3-1 所示。很明显,在一般情形下,在 $\mathbf{R}^3$ 中闭曲线不相交[图 3-1(a)],在 $\mathbf{R}^2$ 中闭曲线存在着一般相交[图 3-1(b)],因此一维流形一般只能嵌入到 $\mathbf{R}^3$ 中而不能嵌入到 $\mathbf{R}^2$ 中。

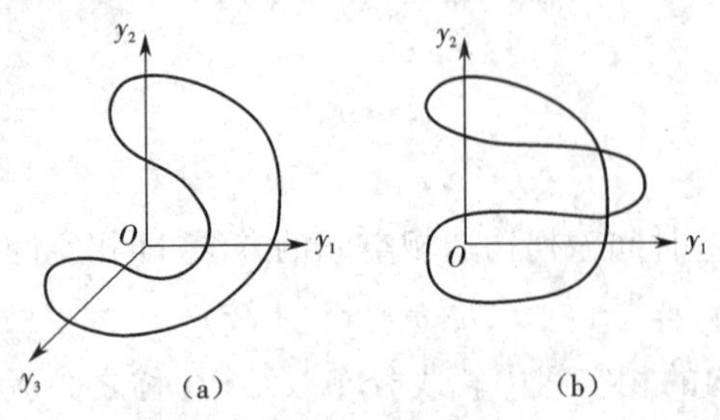

图 3-1 把一闭曲线分别浸入 $\mathbf{R}^2$ 和 $\mathbf{R}^3$ 空间中

(a)$\mathbf{R}^3$ 空间 (b)$\mathbf{R}^2$ 空间

通常我们称能嵌入一个流形的空间的最小

维数为嵌入维(数),用 d_e 表示。因此一般重构相空间维数 m 应取嵌入维 d_e。究竟嵌入维 d_e 为多大,$\mathbf{R}^{d_e}$才能把一个 d 维流形嵌入其中呢?也就是说重构相空间 $\mathbf{R}^m$ 的维数 m 至少多大才能使流形(吸引子)完全展开而不会有交点?下面的嵌入定理给出此问题的部分答案。

3.1.3　嵌入定理

嵌入定理:一个 d 维流形可以嵌入到空间 $\mathbf{R}^{d_e}$中,则

$$d_e \geqslant 2d \tag{3-1}$$

或

$$d_e = 2d + 1 \tag{3-2}$$

Takens[3] 指出:通过嵌入变换所得到的状态轨道保留原空间状态轨道的最主要特征;嵌入变换是一个光滑的一对一映射,它不改变轨道上点的次序,保留了原来的方向;若原空间轨道闭合,则嵌入空间轨道仍闭合;嵌入变换保留了原空间固定点的稳定特性。由于篇幅所限,我们不在此证明此拓扑学中的定理。

对上面所给出的嵌入定理,有以下几点需要说明。

(1)此定理说的是一个维数为 d 的流形(如吸引子)能否完全展开(无交点)地嵌入到一个欧几里得空间 $\mathbf{R}^m$ 中的问题。对应于时间序列分析,嵌入定理要求重构相空间的维数 m 满足 $m \geqslant d_e \geqslant 2d$,这样由时间序列所得吸引子(流形)才能明确地刻画系统运动的特征。

(2)重构相空间时,$m > d_e \geqslant 2d$ 可不可以?回答自然是肯定的。但问题在于,当 $m > d_e$ 时,不仅大大增加不必要的分析计算量,而且多余的维数 $m - d_e$ 全充斥着噪声,这对分析系统的动力性质并无帮助。因此,在重构相空间时,一般都只取 $m = d_e$。

(3)嵌入定理给出了嵌入的充分条件,但这不是必要条件。因为定理所讨论的只是一般情形,不排斥有一些特殊情形。给定一个 d 维流形(吸引子)时,嵌入定理只是给出了嵌入维 d_e 的上界,还不能给出其准确值,为了获取准确值,还得用其他方法,其中一个比较适用的方法就是第 3.4 节中给出的错误最近邻点(False Nearest Neighbors,FNN)法。

3.2　延迟时间算法

3.2.1　自相关法(Ⅰ)

与功率谱密切相关的自相关函数在分析系统运动性质上是一个十分有用的函数。自相关函数(离散卷积)$C(\tau)$的定义为

$$C(\tau) = \lim_{T\to\infty}\frac{1}{T}\int_0^T x(t)x(t+\tau)\mathrm{d}t \tag{3-3}$$

或

$$C(\tau) = \lim_{T\to\infty}\frac{1}{T}\int_{-T/2}^{T/2} x(t)x(t+\tau)\mathrm{d}t \tag{3-4}$$

式中,τ 是时间的移动量或延迟量。

通常用 $C(\tau)$ 由 $C(0)$ 降至第一极小处、$C(\tau)$ 第一次取零处或 $C(\tau)$ 降至第一次取零附近的 $C(0)/\mathrm{e}$ 处的 τ 值 τ_0 作为该时间序列前后相关性或系统规律性(确定性)程度度量,称为关联时间。τ_0 越大,系统运动的前后相关性(系统运动规律性)越强;反之,τ_0 越小,系统运动的前后相关性越弱,甚至($\tau_0 \to 0$ 时)就是噪声。

为了尽量减小计算机的舍入误差对最终结果的影响,对时间序列 $x(t)$ $(t=1,2,\cdots,N)$ 首先进行去偏处理:

$$\tilde{x}(t)=x(t)-\langle x\rangle \quad (t=1,2,\cdots,N) \tag{3-5}$$

式中,$\langle x\rangle$ 为时间序列 $x(t)$ 的平均值。用 $\tilde{x}(t)$ 进行 $C(\tau)$ 值的计算,这一处理并不会改变序列 $x(t)$ 的内在关联性质。

对于洛伦兹混沌系统:

$$\begin{cases}\dot{x}=-a(x-y)\\ \dot{y}=-xz+cx-y\\ \dot{z}=xy-bz\end{cases} \tag{3-6}$$

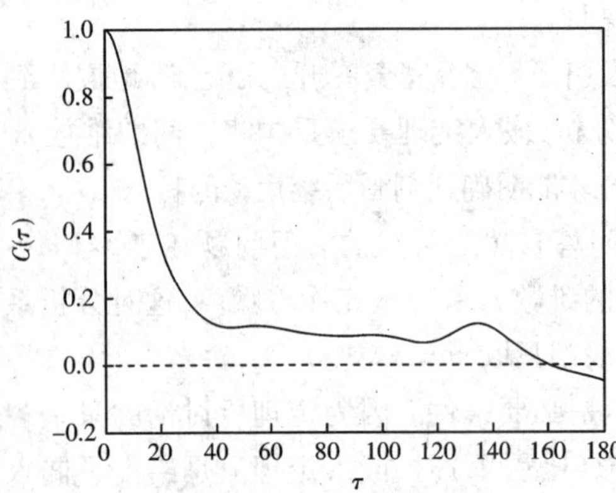

图 3-2 洛伦兹系统采用自相关法的 $C(\tau)$-τ 曲线

采用四阶龙格－库塔(Runge-Kutta)数值计算方法,时间步长 τ_s 取 0.01,取系统参数 $a=16$, $b=4.0$, $c=45.92$,初始值设为(2,2,20),获取长度 10 000 时间序列,取其后长度 $N=5\ 000$ 的时间序列用于自相关法分析,得到 $C(\tau)$-τ 曲线如图 3-2 所示。由图可知,当 $\tau=45$ 时,上述的洛伦兹系统 $C(\tau)$ 第一次达到极小值;当 $\tau=20$ 时,$C(\tau)$ 降至第一次取零附近的 $C(0)/\mathrm{e}$ 处。自相关法计算方法简单,在许多情形下,当重构相空间效果对时间延迟 τ 值大小极不敏感时,不失为一种求取时间延迟的简便方法。但是,从非线性角度来看,表示时间序列前后相关性的自相关函数仍属线性分析方法,自相关法选取 τ 值缺乏一定的合理性。

3.2.2 自相关法(Ⅱ)

设样本集 $x_i=x(t_0+i\Gamma)$,则 x_i 的自相关函数定义为

$$C(\tau)=\frac{\sum_{k=0}^{N_0}\{x[t_0+(k+1)\Gamma]-x_{\mathrm{av}}\}\cdot[x(t_0+k\Gamma)-x_{\mathrm{av}}]}{\sum_{k=0}^{N_0}[x(t_0+k\Gamma)-x_{\mathrm{av}}]^2} \tag{3-7}$$

其中 $x_{\mathrm{av}}=\frac{1}{N}\sum_{k=0}^{N_0}x(t_0+k\Gamma)$。定义补相关函数 $r(\Gamma)=\sqrt{1-C^2(\Gamma)}$。由于 $r(\Gamma)$ 和 $C(\Gamma)$ 是从时间序列相反的两个方面反映 $x(t)$ 与 $x(t+\Gamma)$ 之间的相关性,所以,$r(\Gamma)=C(\Gamma)$ 时,恰好对应于 $x(t)$ 与 $x(t+\Gamma)$ 之间既不冗余,也不无关。因此,取 $C(\Gamma)=0.707$ 时所对应的 Γ 值为最

佳广义窗长。求出 Γ 后,便可由 $\Gamma = \frac{m+1}{3}\tau$ 式求出最佳延迟时间。该式证明如下。

对于时间序列 $\{x(t_i)\}$,应该存在一个合适的延迟 Γ,使得 $x(t_i)$ 与 $x(t_i+\Gamma)$ 所构成的相空间轨迹既不压缩也不折叠。相空间矢量 $\boldsymbol{X}(t)$ 共有 m 个坐标分量,因此不应将 Γ 确定在矢量 $\boldsymbol{X}(t)$ 的相邻 2 个坐标之间(即 Γ 不应等于 τ),而应该考虑整体上的时间延迟效果。如果能够从一个给定的时间序列中确定出这样一个合适的时间延迟 Γ,那么对于嵌入维数为 m 的相空间矢量 $\boldsymbol{X}(t)$,可以计算出重构相空间中任意两个坐标延迟时间与 Γ 的差值之和:

$$J = \sum_{k=1}^{m-1} \mathrm{C}_{m-k}^{1}(k\tau - \Gamma) \tag{3-8}$$

所以,当 $J=0$ 时所选择的 τ 可以使重构相空间中任意两坐标延迟时间的平均值为适当的延迟 Γ,即

$$\sum_{k=1}^{m-1}(m-k)k\tau = \sum_{k=1}^{m-1}(m-k)k\Gamma \tag{3-9}$$

这样就可以求出 Γ 与 τ 之间应该满足的关系:

$$\Gamma = \frac{m+1}{3}\tau \tag{3-10}$$

这里,Γ 为广义嵌入窗长,对于一个给定的时间序列,Γ 是一个定值,这样在确定了嵌入维数 m 和 Γ 之后,就可以利用上式确定任意两个坐标之间的时间延迟 τ 了。

图 3-3 是 Γ 在 30,60,90,105,150 ms 时重构的 x 时间序列洛伦兹吸引子轨迹图,从中可以看出,选取 $\Gamma=105$ ms 是合理的,其重构吸引子轨迹图恰好不压缩也不折叠,而 $\Gamma=150$ ms 的轨迹图则开始出现了明显的折叠现象,$\Gamma<105$ ms 的轨迹图则出现了压缩现象。由此可知,通过引入补关联函数概念,利用改进的自相关函数方法,可以得到合适的广义嵌入窗长 Γ,此时 Γ 恰好对应相空间轨迹既不折叠也不压缩。图 3-3(f)为求解洛伦兹方程后实际得到的 x 与 y 随时间变化的二维解集(吸引子),从中可以看出,其解集(吸引子)压缩与折叠程度与 $\Gamma=105$ ms 时的一维轨迹图相类似。

一般来说,若时间延迟选择太大,其坐标分量之间相关性差,吸引子在空间上折叠游荡,很难看出其特定结构;若时间延迟选择太小,其坐标分量之间相互关联,甚至相互等价,导致吸引子在空间上压缩,不易散开。故只有选择恰当的时间延迟,才能使重构相空间吸引子保留原系统的动力学特性。

3.2.3 互信息法

互信息法[6]是估计重构相空间时间延迟的一种有效方法,它在相空间重构中有广泛的应用。设 X 组信号由 $x_1,x_2\cdots,x_N$ 组成($x_i\in X, i=1,2,\cdots,N$),X 组出现 x_i 的概率为 $p(x_i)$;设 Y 组信号由 $y_1,y_2,\cdots,y_N$ 组成($y_i\in Y, i=1,2,\cdots,N$),Y 组出现 y_i 的概率为 $p(y_i)$。

定义 X 组及 Y 组的信息熵(即无条件熵)分别为

$$\begin{cases} H(X) = -\sum\limits_{x_i\in X} p(x_i)\lg p(x_i) \\ H(Y) = -\sum\limits_{y_i\in Y} p(y_i)\lg p(y_i) \end{cases} \tag{3-11}$$

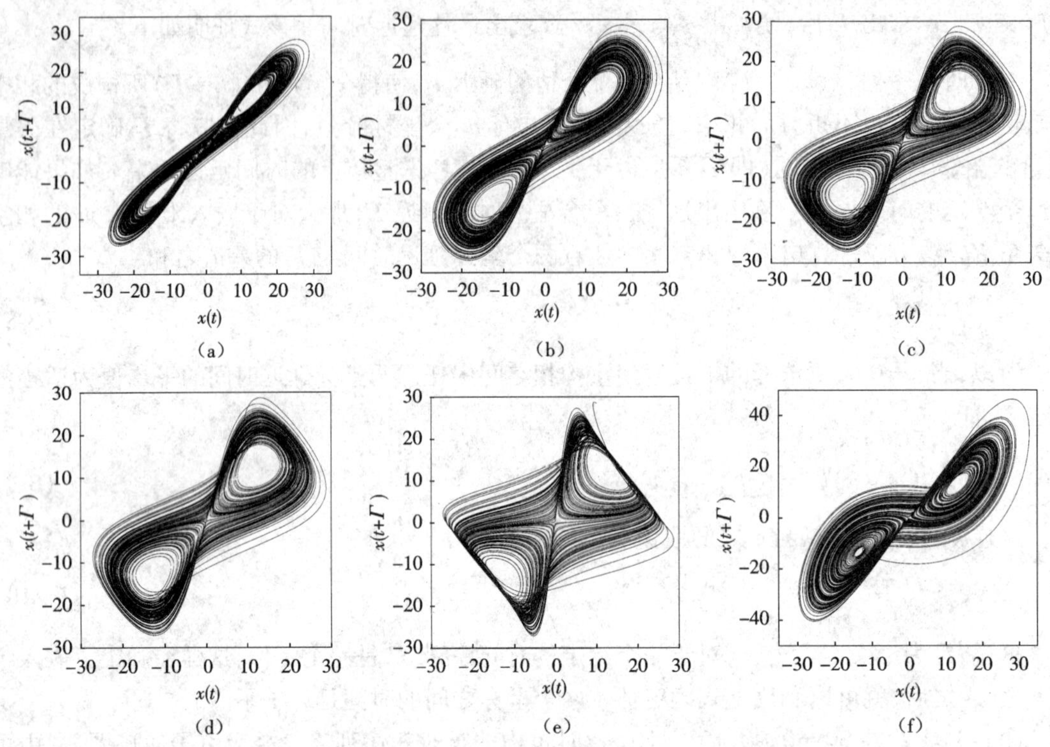

图 3-3 洛伦兹方程产生的 x 时间序列不同延迟时的分量之间的相关关系

(a) $\Gamma=30$ ms (b) $\Gamma=60$ ms (c) $\Gamma=90$ ms

(d) $\Gamma=105$ ms (e) $\Gamma=150$ ms (f)求解洛伦兹方程后实际得到的二维解集

注:洛伦兹方程 $\dot{x}=a(y-x)$, $\dot{y}=x(b-z)-y$, $\dot{z}=xy-cz$, 取 $a=16$, $b=45.92$, $c=4$;采样时间为 $\Delta t=1$ ms,选取初始值为 $(x_0,y_0,z_0)=(10,1,0)$。选择 x 时间序列值为实验数据,从第 2 000 个点开始采样,广义嵌入窗长 $\Gamma=k\Delta t$, k 为时间序列的间隔倍数。当自相关函数为 0.707 时,$k=105$,故 $\Gamma=105$ ms。

而变量 X 和 Y 的联合熵定义为

$$H(X,Y)=-\sum_{x_i\in X}\sum_{y_i\in Y}p(x_i,y_i)\lg p(x_i,y_i) \tag{3-12}$$

式中,$p(x_i,y_i)$为同时出现 x_i 及 y_i 的联合概率。此外,当已知 Y 时,测度 X 的不确定度就是条件熵:

$$H(X|Y)=H(X,Y)-H(Y) \tag{3-13}$$

定义无条件熵与条件熵之差为互信息,即

$$I(X,Y)=H(X)-H(X,Y)=H(X)+H(Y)-H(X,Y) \tag{3-14}$$

当 X 与 Y 相互独立时,$I=0$,表明无法从 Y 中获取任何有关 X 的信息,即 Y 所提供的是与 X 没有任何关系的信息;当 X 与 Y 有一一对应关系时,$I=1$,说明 Y 不能提供任何关于 X 的新信息;当 X 与 Y 既非相互独立又非一一对应时,从 Y 中可以获取关于 X 的部分信息,却不是全部信息。

互信息的意义在于:当 Y 已知时,X 的不确定度减少,这个减少量就是当 Y 已知后所获得的关于 X 的信息,即 Y 关于 X 互信息。互信息作为一个总体关联量类似于线性相关系数,但互信息对其他关系也非常敏感。

设混沌时间序列 $s_1, s_2, \cdots, s_k, \cdots$ 的时间延迟为 τ，嵌入维数为 m，重构相空间为

$$X(t) = [x_0(t), x_1(t), x_2(t), \cdots, x_{m-1}(t)] \tag{3-15}$$

式中，$x_n(t) = s(t + nT)$。系统对变量 x 的平均信息量称为系统的熵（不确定度），其表达式为

$$H(S) = -\sum_i p_i(x_i) \lg p_i(x_i) \tag{3-16}$$

记 $(s,q) = [x(t), x(t+T)]$，考虑一个总的耦合系统 (S,Q)，假定已知 $s = s_i$，则 q 的不确定性为

$$\begin{aligned} H(Q|s_i) &= -\sum_j p_{q|s}(q_j|s_i) \lg [p_{q|s}(q_j|s_i)] \\ &= -\sum_j \left[\frac{p_{sq}(s_i,q_j)}{p_s(s_i)}\right] \times \lg \left[\frac{p_{sq}(s_i,q_j)}{p_s(s_i)}\right] \end{aligned} \tag{3-17}$$

式中，$p_{q|s}(q_j|s_i)$ 是条件概率。设在时刻 t 时 x 已知，则在 $t+T$ 时刻的 x 平均不确定性为

$$\begin{aligned} H(Q|S) &= \sum_i p_s(s_i) H(Q|s_i) \\ &= -\sum_{i,j} p_{sq}(s_i,q_j) \lg \left[\frac{p_{sq}(s_i,q_j)}{p_s(s_i)}\right] \\ &= H(S,Q) - H(S) \end{aligned} \tag{3-18}$$

其中

$$H(S,Q) = -\sum_{i,j} p_{sq}(s_i,q_j) \lg p_{sq}(s_i,q_j) \tag{3-19}$$

式中，$H(S,Q)$ 是孤立的 q 的不确定度，$H(Q|S)$ 是已知 s 时 q 的不确定度。所以，s 的已知减少了 q 的不确定度，即互信息为

$$I(Q,S) = H(Q) - H(Q|S) = H(Q) + H(S) - H(S,Q) \tag{3-20}$$

互信息不是变量 s 或 q 的函数，而是联合概率分布 p_{sq} 的函数，它是分布 p_{sq} 的总体度量。若 Q 是 S 的延迟相，则延迟相的图形给了 p_{sq} 分布的一个趋势。计算互信息的难点是从直方图中估计分布 p_{sq}。通常采用下列方法：设在 s 与 q 所在平面上点 (s,q) 处的一个大小为 $\Delta s \Delta q$ 的盒子，那么有

$$p_{sq} = \frac{N_{sq}}{N_{\text{total}}} \Delta s \Delta q \tag{3-21}$$

式中，N_{sq} 及 N_{total} 分别是盒子中点的数目和总点数。对于一般情况，互信息为

$$I_n(X_1, X_2, \cdots, X_n) = \sum_j [H(X_j) - H(X_1, X_2, \cdots, X_n)] \tag{3-22}$$

针对式(3-6)的洛伦兹系统生成的时间序列（$N = 5\ 000$），利用互信息法计算时间延迟，得到 $I(\tau)$-τ 曲线，如图 3-4 所示。当 $\tau = 10$ s 时，$I(\tau)$ 达到第一次局部极小值，即由互信息方法获得的时间延迟为 10 s。

对于无限长没有噪声的数据序列，延迟时间 τ 的选取，原则上没有限制。然而，大量的数值实验表明，相空间的特征量依赖于 τ 的选择。选择合适的 τ，自然要求线性独立，即选取自相关函数的第一个零点。但是，自相关函数仅仅度量了两个变量的线性依赖性，而互信息函数却度量了两个变量的总体依赖性。自相关函数法（对应第一个零点时）的互信息量较大，由于

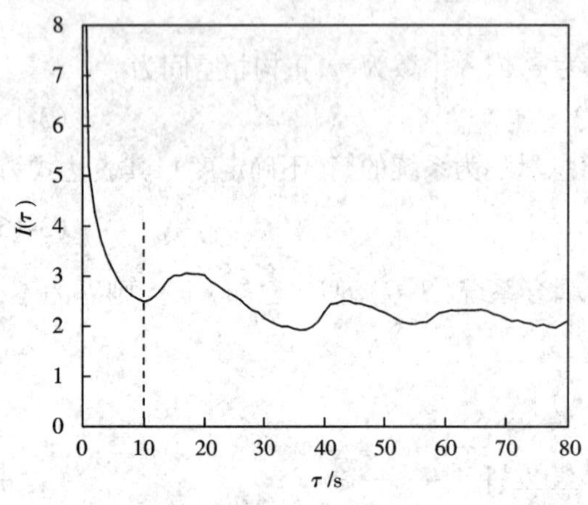

图 3-4 洛伦兹系统使用互信息法的 $I(\tau)$-τ 曲线

吸引子相互延伸和折叠,使得轨道在实验中不能区分,从而无法对吸引子的动力学特征进行定量研究。而互信息法(对应第一个极小值时)的互信息量较小,吸引子折叠的开端能够比较清楚地区分,因而能够通过重构相空间来定量和定性分析吸引子的动力学特征。所以,互信息法在时间延迟 τ 选取上要优于自相关函数法。图 3-5 为利用自相关函数法及互信息法计算得到的时间延迟比较结果,可以看出,两种算法计算的时间延迟结果差别较大,其对应的吸引子结构亦相差甚远。

图中非线性时间序列源自别洛索夫-扎鲍廷斯基(Belousov-Zhabotinskii)反应方程。左侧纵坐标代表互信息,其互信息第一极小值对应的时间延迟 $\tau=108.2$ s;右侧纵坐标代表自相关函数,自相关函数为零时对应的时间延迟 $\tau=24.6$ s。图中也给出了基于两种时间延迟算法对应得到的相差甚远的吸引子结构。

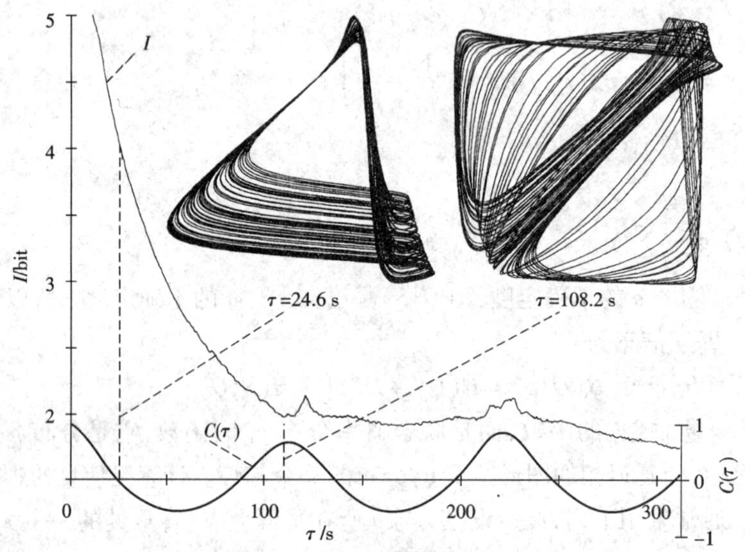

图 3-5 利用自相关函数法及互信息法计算得到的时间延迟比较结果[6]

3.2.4 C-C 算法

1. 整体相关性和 BDS 统计值

Grassberger 和 Procaccia 定义的相关维数广泛地用于描述许多领域的奇怪吸引子。嵌入时间序列的整体相关性表达式为

$$C(m,N,r,t)=\frac{2}{M(M-1)}\sum_{1\leqslant i<j\leqslant M}\mathrm{H}(r-\|\boldsymbol{X}_i-\boldsymbol{X}_j\|)\quad(r>0)\tag{3-23}$$

式中 N 是数据组长度，t 是延迟系数，$M=N-(m-1)t$，是 m 维空间的嵌入点数，$\|\cdots\|$ 表示上界－范数，$C(m,N,r,t)$ 表示点 $\boldsymbol{X}_i(i=1,2,\cdots,M)$ 中点对的上界－范数不比 r 大的概率。另外，$a<0$ 时，$H(a)=0$；$a\geqslant 0$ 时，$H(a)=1$。

如果 $C(m,N,r,t)$ 对每个 r 当 $N\to\infty$ 时极限存在，则所有空间矢量的距离不超过 r 的概率表示为

$$C(m,r,t)=\lim_{N\to\infty}C(m,N,r,t) \tag{3-24}$$

而相关维数定义为

$$D_2(m,t)=\lim_{r\to 0}\left[\frac{\lg C(m,r,t)}{\lg r}\right] \tag{3-25}$$

但是由于 N 对实际数据组是有限的，且我们不能让 r 趋近到 0，因此，在 $\lg C(m,N,r,t)$ 对 $\lg r$ 的关系曲线中找一个对 $D_2(m,t)$ 呈线性的区域。

布罗克(Brock)等[7-8]以整体相关性为基础研究 BDS 统计量，即一组给定数据独立且同分布(Independent Identically Distributed, IID)。测试对混沌系统和非线性随机系统特别有用。对于完全性，我们简短地复述一下 BDS 统计量。设 F 为相空间中变量 $\boldsymbol{X}$ 的不变分配，则定义空间的整体相关性如下：

$$C(m,r)=\iint \mathrm{H}(r-\|\boldsymbol{X}-\boldsymbol{Y}\|)\mathrm{d}F(x)\mathrm{d}F(y)\quad(r>0) \tag{3-26}$$

如果 $\boldsymbol{X}$ 是独立且同分布，使 $\mathrm{H}(r-\|\boldsymbol{X}-\boldsymbol{Y}\|)=\prod_{k=1}^{m}\mathrm{H}(r-\|\boldsymbol{X}_k-\boldsymbol{Y}_k\|)$，则 $C(m,r)=C^m(1,r)$，这里

$$C(1,r)=\int[F(x+r)-F(x-r)]\mathrm{d}F(x)\equiv C \tag{3-27}$$

登克尔(Denker)和凯勒(Keller)[9]指出 $C(m,N,r)$ 是一个 U-统计量的估计值。应用 U-统计学理论到一个完全一般的过程，Brock 等证明了当 $N\to\infty$ 时，$\sqrt{N}[C(m,N,r)-C^m(1,r)]$ 接近一个正态分布，且其中值为零，极差为

$$\sigma^2(m,r)=4\left[K^m-C^{2m}+2\sum_{i=1}^{m-1}(K^{m-i}C^{2i}-C^{2m})\right] \tag{3-28}$$

这里

$$K\equiv\int[F(x+r)-F(x-r)]^2\mathrm{d}F(x) \tag{3-29}$$

(假设 $K>C^2$)。因此，BDS 统计量定义为

$$\mathrm{BDS}(m,N,r)=\frac{\sqrt{N}}{\sigma(m,r)}[C(m,N,r)-C^m(1,r)] \tag{3-30}$$

当 $N\to\infty$ 时，该函数趋于一个标准的正态分布。然而，由于分配值 F 通常是未知的，我们不能从上述定义中获得 C 和 K 以及极差 $\sigma^2(m,r)$，相反地，整体相关性 $C(1,r)$ 和极差 $\sigma^2(m,r)$ 可以从采样数据中估算出来，因此 $C(1,r)$ 用 $C(1,N,r,t)$ 估算，而 $\sigma^2(m,r)$ 估算为

$$\begin{aligned}\hat{\sigma}^2=4\{&m(m-1)\hat{C}^{2(m-1)}(\hat{K}-\hat{C}^2)+\hat{K}^m-\hat{C}^{2m}+\\&2\sum_{i=1}^{m-1}[\hat{C}^{2i}(\hat{K}^{m-i}-\hat{C}^{2(m-i)})-m\hat{C}^{2(m-i)}(\hat{K}-\hat{C}^2)]\}\end{aligned} \tag{3-31}$$

式中，$\hat{C}=C(m,N,r,t)$，且有

$$\hat{K}=\frac{6}{M(M-1)(M-2)}\sum_{1\leqslant i<j<k\leqslant M}\mathrm{H}(r-\|\boldsymbol{X}_i-\boldsymbol{Y}_j\|)\mathrm{H}(r-\|\boldsymbol{X}_j-\boldsymbol{Y}_k\|) \tag{3-32}$$

其中，$M=N-(m-1)t$。在独立同分布假设下，如果 $\hat{K}>\hat{C}^2$ 且 $m>1$，则

$$\mathrm{BDS}(m,N,r)=\frac{\sqrt{N}}{\hat{\sigma}}[C(m,N,r,t)-C^m(1,N,r,t)] \tag{3-33}$$

而且当 $N\to\infty$ 时上式趋于一个标准正态分布。

BDS 统计量起源于整体相关性的统计量，而且它衡量了相关维数计算的统计学意义。虽然 BDS 统计量不能用来区别一个非线性的确定系统和一个非线性随机系统，但它是区别混沌的时间序列和非线性随机时间序列的一个有力工具。

2. C-C 算法[10]

为了研究非线性依赖和消除伪临时相关性，首先细分时间序列$\{x_i\}(i=1,2,\cdots,N)$为 t 个子串时间序列，其中 t 是延迟系数，然后利用上述时间系列计算 $S(m,N,r,t)$，过程如下。

若 $t=1$，有单个时间序列$\{x_1,x_2,\cdots,x_N\}$，且

$$S(m,N,r,1)=C(m,N,r,1)-C^m(1,N,r,1) \tag{3-34}$$

若 $t=2$，有两个时间序列$\{x_1,x_3,\cdots,x_{N-1}\}$和$\{x_2,x_4,\cdots,x_N\}$，每个长度为 $N/2$，且对这两个序列的 $S(m,N,r,1)$值取平均：

$$S(m,N,r,2)=\frac{1}{2}\{[C_1(m,N/2,r,2)-C_1^m(1,N/2,r,2)]+[C_2(m,N/2,r,2)-C_2^m(1,N/2,r,2)]\} \tag{3-35}$$

对于一般的 t，则为

$$S(m,N,r,t)=\frac{1}{t}\sum_{s=1}^{t}[C_s(m,N/t,r,t)-C_s^m(1,N/t,r,t)] \tag{3-36}$$

最后，当 $N\to\infty$ 时，可写出

$$S(m,r,t)=\frac{1}{t}\sum_{s=2}^{t}[C_s(m,r,t)-C_s^m(1,r,t)]\quad(m=2,3,\cdots) \tag{3-37}$$

对于固定的 m 和 t，如果数据是独立同分布且 $N\to\infty$，$S(m,r,t)$对于所有的 r 将会统一等于0。然而，实际的数据总是有限的，而且数据可能是连续相关的，大体上将会有 $S(m,r,t)\neq 0$。因此，局部最佳时间可能是 $S(m,r,t)$的零穿越点，或者当 r 变化时 $S(m,r,t)$的最小点，而这表示这些点几乎是统一分配的。因此，选择一些代表性的 r_j 并定义

$$\Delta S(m,t)=\max\{S(m,r_j,t)\}-\min\{S(m,r_j,t)\} \tag{3-38}$$

表明了 $S(m,r,t)$对 r 的变化衡量。局部最佳时间 t 是 $S(m,r,t)$的零穿越点和 $\Delta S(m,t)$的最小点。对所有的 m 和 r，$S(m,r,t)$的零穿越点几乎是相同的，而对所有 m，$\Delta S(m,t)$的最小点几乎相同（然而，时间不是局部最佳）。延迟时间 τ_d 将会与第一次局部最佳时间相符合。

多次数值实验表明，m 应该在 2 和 5 之间且 r 应该在 $\sigma/2$ 和 2σ 之间（σ 是时间序列的标准差）。在 $\sigma/2\leqslant r\leqslant 2\sigma$ 范围内，选择四个有代表性的量：$r_1=0.5\sigma$，$r_2=\sigma$，$r_3=1.5\sigma$ 和 $r_4=2.0\sigma$。然后，定义如下两个平均值：

$$\overline{S}(t)=\frac{1}{16}\sum_{m=2}^{5}\sum_{j=1}^{4}S(m,r_j,t) \tag{3-39}$$

$$\Delta\overline{S}(t)=\frac{1}{4}\sum_{m=2}^{5}\Delta S(m,t) \tag{3-40}$$

寻找 $S(t)$ 的第一次过零点或者 $\Delta S(t)$ 的第一个局部最小点作为数据不相关的第一局部最佳时间，这就给出了延迟时间 $\tau_d=t\tau_s$。当 $S(t)$ 和 $\Delta S(t)$ 均接近 0 时是时间延迟 t 的最佳时间。如果将重要性平均分配给这两个等式，则可以简单地寻找下式的最小值：

$$S_{cor}(t)=\Delta\overline{S}(t)+|\overline{S}(t)| \tag{3-41}$$

则这个最佳时间就给出了延迟时间窗口 $\tau_w=t\tau_s$。同样，对上面洛伦兹系统所产生的长度为 5 000 的时间序列，使用 C-C 算法程序得到 $\Delta S(\tau)$-τ 曲线，如图 3-6 所示。

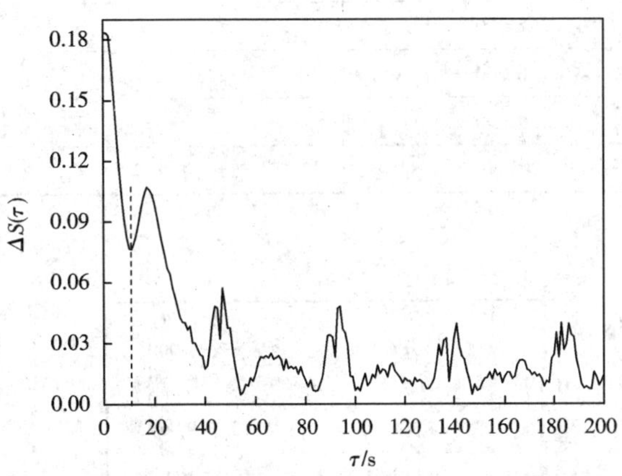

图 3-6　洛伦兹系统使用 C-C 算法的 $\Delta S(\tau)$-τ 曲线

由计算结果可知，当 $\tau=10$ s 时，$\Delta S(\tau)$ 达到第一次局部最小值，因此由 C-C 算法获得的时间延迟为 10 s。可见，C-C 算法的计算结果与互信息方法一致。C-C 算法可操作性较强，对小数据组可靠，是选取时间序列延迟的各种方法中实用性较强的一种算法。

3.3　延迟时间算法评价

3.3.1　无噪声延迟时间算法评价

基于以下洛伦兹方程提取 x 时间序列数据：

$$\begin{cases}\dot{x}=-a(x-y)\\ \dot{y}=-xz+bx-y\\ \dot{z}=xy-cz\end{cases} \tag{3-42}$$

式中，方程中的参数值分别为 $a=16$，$b=4$，$c=45.92$，计算时间步长 $\Delta t=0.01$ s，初始值为 $(x_0,y_0,z_0)=(10,1,0)$。在以上的方程参数和初始值条件下，用标准四阶龙格－库塔方法对 x 生成了长度分别为 1 000，2 000，5 000，6 000，9 000，10 000 的时间序列。延迟时间表示为 $\tau=k\Delta t$，其中 k 为延迟参数，以下均以延迟参数 k 代表对延迟时间的考察。

表 3-1 为延迟参数 k 的计算结果。从表 3-1 可以看出，基于互信息法、自相关法（Ⅱ）及 C-C 算法计算的延迟参数 k 随时间序列长度的变化情况，延迟参数 k 结果差别不大，最佳延迟参数 k 均在 10 左右变化。图 3-7 为各种算法计算的函数值随延迟参数 k 的变化曲线。从中可以看出，序列长度大于 2 000 时，自相关法（Ⅱ）及 C-C 算法趋于稳定。

表 3-1 无噪声时延迟参数计算结果

序列长度 N	k(互信息法)	k[自相关法(Ⅱ)]	k(C-C 算法)
1 000	8	12	9
2 000	10	12	9
5 000	10	10	10
6 000	10	10	11
9 000	10	10	11
10 000	10	11	11

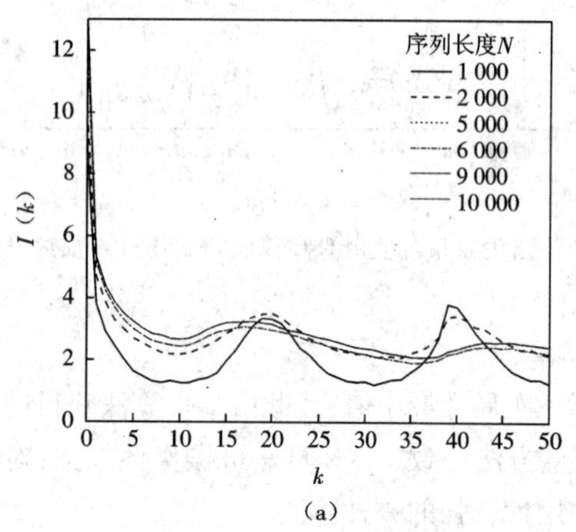

(a)

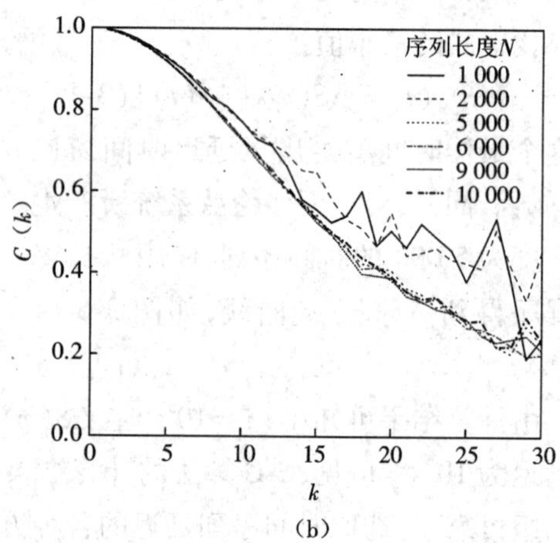

(b)

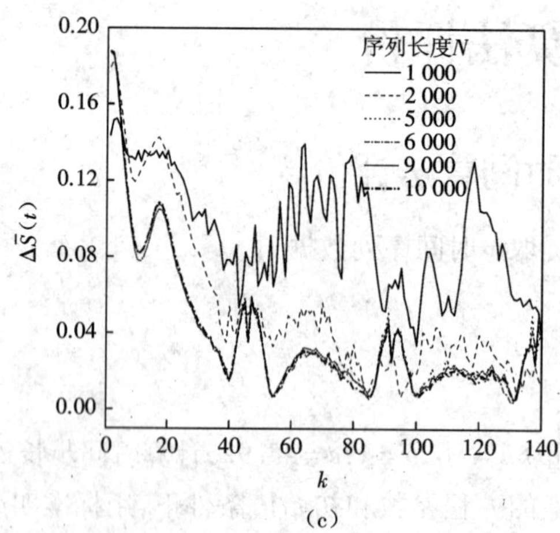

(c)

图 3-7 无噪声时计算的函数值随延迟参数变化曲线

(a)互信息法 (b)自相关法(Ⅱ) (c)C-C 算法

3.3.2 有噪声延迟时间算法评价

为考察延迟时间算法的抗噪能力,在原始洛伦兹序列中加入高斯噪声,即

$$L_i = x_i + \eta\sigma\varepsilon_i \tag{3-43}$$

式中，L_i 为叠加噪声后的时间序列，x_i 为无噪声时由洛伦兹方程产生的 x 变量时间序列，σ 是序列标准偏差，ε_i 是高斯随机变量（满足均值为 0、方差为 1 的独立平均分布），η 为噪声强度。三种噪声强度的时间序列延迟参数算法比较结果如表 3-2、表 3-3 及表 3-4 所示。可以看出：互信息法在各种噪声强度下计算的第一极小值变化较大，且序列长度变化对延迟参数计算影响较大；虽然在各种噪声强度下自相关法（Ⅱ）计算的延迟参数比较稳定，但由于该方法属于线性相关算法，所计算的延迟参数均随噪声强度增大而降低；C-C 算法在 $\eta \leqslant 0.3$ 时计算的延迟参数均比较稳定（容噪能力为 30%），表现出良好的抗噪能力。

表 3-2　噪声对延迟参数计算的影响（$\eta = 0.1$）

序列长度 N	k（互信息法）	k［自相关法（Ⅱ）］	k（C-C 算法）
1 000	7	11	11
2 000	9	10	10
5 000	10	10	11
6 000	9	10	11
9 000	10	10	11
10 000	9	10	11

表 3-3　噪声对延迟参数计算的影响（$\eta = 0.3$）

序列长度 N	k（互信息法）	k［自相关法（Ⅱ）］	k（C-C 算法）
1 000	4	9	15
2 000	6	10	28
5 000	14	9	13
6 000	7	9	13
9 000	9	9	13
10 000	12	9	14

表 3-4　噪声对延迟参数计算的影响（$\eta = 0.5$）

序列长度 N	k（互信息法）	k［自相关法（Ⅱ）］	k（C-C 算法）
1 000	3	5	16
2 000	4	6	22
5 000	12	6	22
6 000	9	6	25
9 000	7	6	27
10 000	13	6	21

3.4 嵌入维数算法

嵌入维数算法的基本思想：当重构相空间维数 m 小于嵌入维 d_e 时，吸引子不仅出现交点，而且本来（完全打开时）不相邻的某些点由于投影到比较小的 m 维空间中可能变成相邻的点。这种原本不相邻仅由于投影到低维空间而变得相邻的点称为错误近邻点。反过来，当 $m \geqslant d_e$ 时，吸引子被完全打开，即不存在交点，上述那些错误近邻点也将由于空间维数增大而去投影变为不相邻。即重构相空间维数由 $m < d_e$ 变为 $m \geqslant d_e$ 时，系统吸引子近邻点数突然变少。因此只要计算距离小于某一值 R 的最近邻点数随 m 的变大而变化（变小）情况，当 m 达到某一值时，最近邻点数发生突变，由随 m 增大而变小改为不变，就能确定这时的 m 就是嵌入维 d_e。

如何判断近邻点的对错以确定错误近邻点所占的百分比呢？设实际测量的时间间隔（步长）为 τ_s，第 k 点的时间为 $t = k\tau_s$，则连续的时间序列 $x(t)$ 便由离散序列 $x(k)$ 表示。重构相空间矢量表示为

$$\boldsymbol{y}(k) = \{x(k), x(k+n), \cdots, x[k+(m-1)n]\} \tag{3-44}$$

式中，$n = \tau/\tau_s$，τ 是实际的延迟量。设 $y^{NN}(k)$ 是 $y(k)$ 的一个最近邻点：

$$\boldsymbol{y}(k) = \{x^{NN}(k), x^{NN}(k+n), \cdots, x^{NN}[k+(m-1)n]\} \tag{3-45}$$

这两点之间的距离为 $R_m(k)$，则

$$\begin{aligned} R_m^2(k) &= \| \boldsymbol{y}(k) - \boldsymbol{y}^{NN}(k) \|^2 \\ &= \sum_{i=1}^{m} \{x[k+(i-1)n] - x^{NN}[k+(i-1)n]\}^2 \end{aligned} \tag{3-46}$$

当 m 增加 1 而变成 $m+1$ 时

$$\begin{aligned} R_{m+1}^2(k) &= \sum_{i=1}^{m+1} \{x[k+(i-1)n] - x^{NN}[k+(i-1)n]\}^2 \\ &= R_m^2(k) + [x(k+mn) - x^{NN}(k+mn)]^2 \end{aligned} \tag{3-47}$$

可见，m 增加 1 而引起的两近邻点间距离的变化是

$$[R_{m+1}^2(k) - R_m^2(k)]^{1/2} = |x(k+mn) - x^{NN}(k+mn)| \tag{3-48}$$

如果两近邻点距离不随维数 m 的增加而变化，即 $R_{m+1}^2(k) = R_m^2(k)$，则近邻点是真实的而不是错误的；反之，如果维数 m 增加 1，两近邻点的距离变大了，即 $R_{m+1}^2(k) > R_m^2(k)$，则此近邻点便不是真实的而是错误的。如何判断 m 增加 1 使近邻点距离确实变大了呢？令

$$f_m(k) = \left[\frac{R_{m+1}^2(k) - R_m^2(k)}{R_m^2(k)}\right]^{1/2} = \frac{|x(k+mn) - x^{NN}(k+mn)|}{R_m(k)} \tag{3-49}$$

式中 $f_m(k)$ 表示 m 增加 1 引起的近邻点距离的相对变化。$f_m(k)$ 的大小受数据点多少（采样长度）的影响很大。不存在关于用 $f_m(k)$ 判断近邻点是否错误的绝对标准。但实际经验表明，只要数据点不是太少（大体上能遍及整个吸引子）时，可以用下面的判据：若

$$f_m(k) = \frac{|x(k+mn) - x^{NN}(k+mn)|}{R_m(k)} \geqslant 15\% \tag{3-50}$$

即可以认为近邻点是错误的。许多实际情形也证实，m 较大，数据点较多地分布在吸引子的周

边部分。这时,可近似地取 $R_m^2(k)$ 等于吸引子的平均直径 R_a:

$$\begin{cases} R_a = \dfrac{1}{N}\sum_{k=1}^{N} |x(k) - \langle x\rangle| \\ \langle x\rangle = \dfrac{1}{N}\sum_{k=1}^{N} x(k) \end{cases} \tag{3-51}$$

于是存在错误近邻点的判据:若

$$f_m'(k) = \frac{|x(k+mn) - x^{NN}(k+mn)|}{R_a(k)} \geqslant 10\% \tag{3-52}$$

即可以认为近邻点就是错误的。由上述判据确定了近邻点是错误的还是真实的以后,便可算出错误近邻点所占百分比随 m 增加而变化(变小)的情况。当 m 等于某一值时降至 0,以后维持等于 0 不变。此转折点的 m 值就是嵌入维 d_e。这种确定嵌入维 d_e 的方法便是错误最近邻点法(FNN 法)[11]。

对洛伦兹系统,如前述的时间序列(N = 5 000)的 FNN 算法结果如图 3-8 所示。FNN 算法中时间延迟 n 取互信息法或 C-C 法所得延迟(τ),即 n = 10。由 FNN 算法程序结果可知,当 m = 3 时 FNN 百分比为 0,并在以后维持等于 0 不变。也就是说此洛伦兹系统吸引子刚好可以无交点地嵌入到三维欧几里得空间。

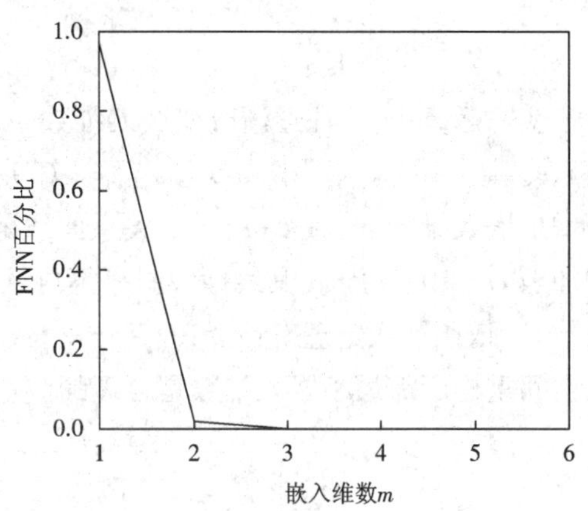

图 3-8　洛伦兹系统采用 FNN 算法时 FNN 百分比与嵌入维数 m 的关系曲线

3.5　混沌不变量

3.5.1　关联维数

要重构相空间,首先须找到相空间的维数。维数是空间和物体的重要几何参量,吸引子的维数说明了刻画该吸引子所必需的信息量,描述了该动力系统的复杂程度或系统的自由度。一个非线性系统处于混沌状态,其相空间的运动轨迹是十分复杂的,对初始条件极为敏感,具有非整数维的特性,这种吸引子称为奇异吸引子。常用分维数有豪斯道夫维、自相似维、Kolmogorov 容量维、信息维和关联维数等。由于关联维数仅凭借系统的观测数据序列就可以得到关于吸引子的维数信息,因此使用较普遍。

Grassberger 与 Procaccia[12] 最早提出一种关联维数 D 的算法(GP 算法)。具体方法:取一个阈值 r,检查一下在嵌入相空间的 N 个矢量点中,有多少矢量点对之间的距离小于 r,计算出点对距离小于 r 的点对占所有点对的比例,即关联积分函数:

$$C(r)=\frac{2}{N(N-1)}\sum_{i=1}^{N}\sum_{\substack{j=1\\ i\neq j}}^{N}\mathrm{H}(r-\|\boldsymbol{X}_i-\boldsymbol{X}_j\|) \tag{3-53}$$

其中 H 为 Heaviside 函数，$\|\boldsymbol{X}_i-\boldsymbol{X}_j\|$ 为 $\boldsymbol{X}_i$ 与 $\boldsymbol{X}_j$ 的欧氏距离。

$$\mathrm{H}(x)=\begin{cases}0 & (x<0)\\ 1 & (x>0)\end{cases} \tag{3-54}$$

如果阈值 r 取得太大，则任何一对矢量都要关联；如果 r 取得太小，已经低于环境噪声和测量误差造成的矢量差别，则计算得到的就不是关联维 D 而是嵌入维 m 了；只有 r 取得合适，从原始数据中才有可能客观地反映类似"$C(r)\propto r^D$"的标度性质。定义关联维数为

$$D=\lim_{r\to 0}\frac{\lg C(r)}{\lg r} \tag{3-55}$$

实际运算中，往往逐渐改变嵌入维数 m，看能否得到不变的 D，即在双对数坐标系下 $C(r)$ 与 r 关系曲线的斜率。图 3-9 给出了计算关联维数的实例，对时间序列进行相空间重构后，逐渐增加嵌入维数 m，其 $C(r)$ 与 r 关系曲线的线性段斜率随嵌入维数增加而增加，当嵌入维数增加至 $m=10$ 以上时，其线性段斜率不再继续增加，经计算此时关联维数 $D=4.25$（饱和关联维数）。依照嵌入定理有：$m\geqslant 2D+1=2\times 4.25+1=9.5$，表明嵌入维数 $m=10$ 为该时间序列相空间重构所需最小嵌入维数是合理的。

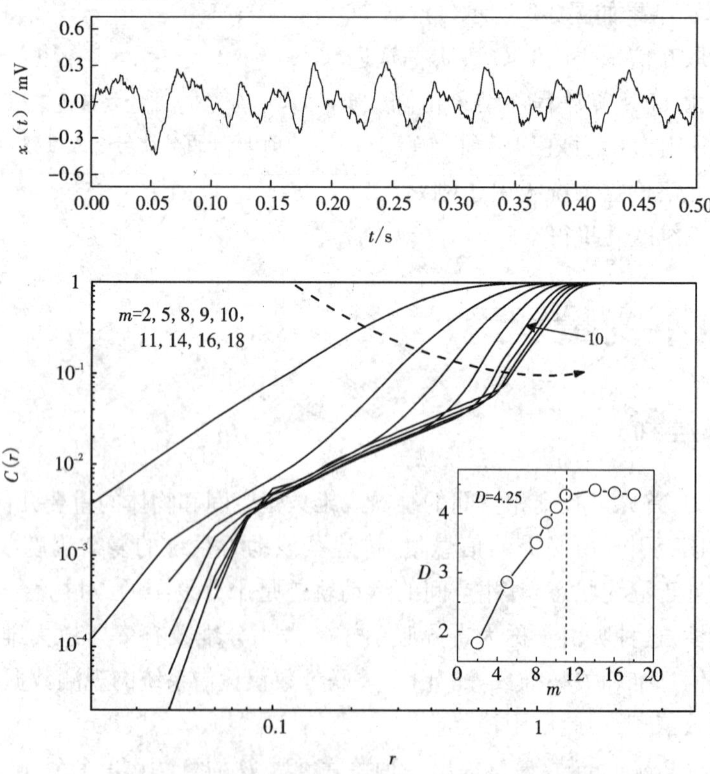

图 3-9 在双对数坐标系下关联积分函数 $C(r)$ 与 r 之间的关系曲线

关于嵌入维数 m，Takens 等先后从理论上证明了当 $m\geqslant 2D+1$ 时可获得一个吸引子的嵌

入,其中 D 是吸引子的维数。如果 m 选得太小,则吸引子可能折叠以致在某些地方自相交。这样一来,在相交区域的一个小邻域内可能包含来自吸引子不同部分的点;如果 m 选得太大,理论上是可以的,但是 m 太大时,GP 算法计算量会变得巨大(随着 m 成指数增长),而且由于实测数据通常含有噪声,过大的 m 将大大增加噪声和舍入误差的影响。在实际问题中,样本点数 N 有限,矢量点之间的距离 r 也是有限的,因此计算时选择合适的嵌入维数 m、延迟时间 τ 及距离 r,对于正确计算关联维数 D 都是非常重要的。

下面将说明由式(3-55)确定的关联维数 D 与第 1 章分形维数描述中的 D_2 维是等价的[13]。D_2 维定义如下:

$$D_2 = \lim_{r \to 0} \frac{\lg \sum_{i=1}^{N} p_i^2}{\lg r} \tag{3-56}$$

设 n_i 是处在尺寸为 r 的第 i 个小体积元的点数,由于"点对"(x_i, x_i)按式(3-53)是不考虑的,且(x_i, x_j)和(x_j, x_i)是作为不同的"点对"看待的,那么这 n_i 个点就形成$(n_i^2 - n_i)$个"点对"。故按式(3-53)有

$$\begin{aligned} C(r) &= \lim_{N \to \infty} \frac{1}{N^2} \sum_{i=1}^{N} (n_i^2 - n_i) = \sum_{i=1}^{N} \left(\lim_{N \to \infty} \frac{n_i^2}{N^2} - \lim_{N \to \infty} \frac{n_i}{N^2} \right) \\ &= \sum_{i=1}^{N} \left(p_i^2 - \lim_{N \to \infty} \frac{n_i}{N^2} \right) = \sum_{i=1}^{N} p_i^2 \end{aligned} \tag{3-57}$$

式(3-57)说明,式(3-55)和式(3-56)右边的式子都是相同的,亦即两式是等价的。

还应该指出,用时间序列计算关联维数 D 需要足够的点数 N,一般有如下估计式:

$$D < 2 \frac{\lg N}{\lg \left(\frac{1}{r} \right)} \tag{3-58}$$

如果 $r = 0.1$,则 $D < 2\lg N$,例如 $N = 10^3$,则计算得到的最大关联维数为 6。

3.5.2　Kolmogorov 熵

1. Kolmogorov 熵的定义

以一个具有 F 个自由度的动力学系统为例,假定这个 F 维的相空间可以由大小为 r^F 的多维盒子序列填满,又假定该相空间存在一个吸引子(域)并且轨迹 $\boldsymbol{X}(t)$ 处在吸引子(域)内;同时,系统的状态是在时间间隔 τ 下测量的(图 3-10)。令 $p(i_1, i_2, \cdots, i_d)$ 为轨迹点 $\boldsymbol{X}(t=\tau)$ 处于第 i_1 个盒子,并且轨迹点 $\boldsymbol{X}(t=2\tau)$ 处于第 i_2 个盒子,……,轨迹点 $\boldsymbol{X}(t=d\tau)$ 处于第 i_d 个盒子的联合概率。那么,Kolmogorov 熵可写成如下形式[13]:

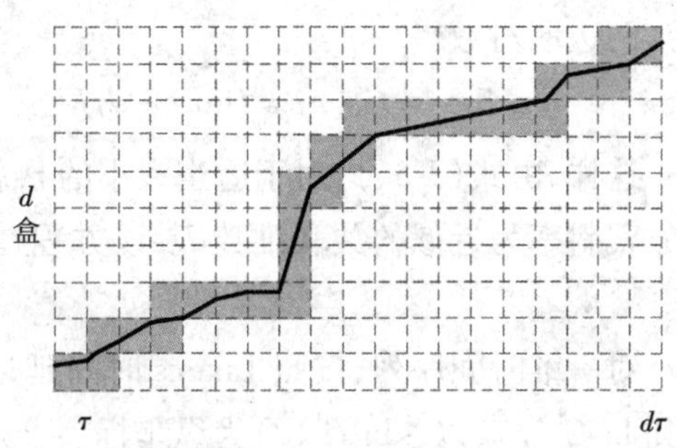

图 3-10　F 维相空间轨线在 $d\tau$ 时间内穿过 d 个盒子的示意图

$$K = -\lim_{\tau\to 0}\lim_{r\to 0}\lim_{d\to\infty}\frac{1}{d\tau}\sum_{i_1,i_2,\cdots,i_d}[p(i_1,i_2,\cdots,i_d)\times\ln p(i_1,i_2,\cdots,i_d)] \tag{3-59}$$

理论上，$K=0$ 的系统是确定性系统，$K=\infty$ 的系统是随机系统，$K=a$（a 为常数，且 $a\neq 0$）的系统是确定性混沌系统。在与 Kolmogorov 熵定义同样的系统假设下，广义熵定义如下[14]：

$$K_q = -\lim_{\tau\to 0}\lim_{r\to 0}\lim_{d\to\infty}\frac{1}{q-1}\frac{1}{d\tau}\ln\sum_{i_1,i_2,\cdots,i_d}p^q(i_1,i_2,\cdots,i_d) \tag{3-60}$$

可以推出

$$\lim_{q\to 1^+}K_q = K \tag{3-61}$$

即 $q=1$ 时的广义熵就是 Kolmogorov 熵。因此，计算出 $q=1$ 时的广义熵，就是得到 Kolmogorov 熵。

2. 利用广义熵计算 Kolmogorov 熵

在广义熵和广义维的定义中，关联积分函数不仅仅是两个点之间“距离”足够近的点对数量占总点对数量的简单比例，还被赋予了新的含义，即落入空间中任意一点周围足够小半径的多维球空间内的点数量占总的点数量的比例之和，我们称之为广义关联积分函数：

$$C^q(r) = \left\{\frac{1}{N}\sum_{i=1}^{N}\left[\frac{1}{N}\sum_{j=1}^{N}\mathrm{H}(r-\|\boldsymbol{X}_i-\boldsymbol{X}_j\|)\right]^{q-1}\right\}^{\frac{1}{q-1}} \tag{3-62}$$

当 $q=1$ 时，可以得到

$$\ln[C^1(r)] = \frac{1}{N}\sum_{i=1}^{N}\ln\left[\frac{1}{N}\sum_{j=1}^{N}\mathrm{H}(r-\|\boldsymbol{X}_i-\boldsymbol{X}_j\|)\right] \tag{3-63}$$

当 $q\neq 1$ 时，可以得到

$$\ln[C^q(r)] = \ln\left\{\frac{1}{N}\sum_{i=1}^{N}\left[\frac{1}{N}\sum_{j=1}^{N}\mathrm{H}(r-\|\boldsymbol{X}_i-\boldsymbol{X}_j\|)\right]^{q-1}\right\}^{\frac{1}{q-1}} \tag{3-64}$$

同时，由理论推导可知联合概率和广义关联积分有如下关系[14]：

$$\frac{1}{q-1}\sum_{i_1,\cdots,i_d}p^q(i_1,i_2,\cdots,i_d) = C^q(r) \tag{3-65}$$

基于这一关系以及广义熵所具有的物理意义，一般认为

$$C^q(r)\xrightarrow[d\to\infty,r\to 0]{}r^D\exp(-d\tau K_q) \tag{3-66}$$

两边取对数得

$$\lim_{d\to\infty}\lim_{r\to 0}\ln C^q(r) = D\ln r - d\tau K_q \tag{3-67}$$

这样，由式(3-66)，对于适当大小的 r，就可以在双对数坐标系下得到一系列的直线方程。该方程斜率为近似的关联维数 D，该方程在纵轴的截距为 $-d\tau K_q$，由此可进一步求得广义熵 K_q。

对一维时间序列，按照 Takens 时间延迟法重构相空间，在重构相空间中由式(3-63)计算得到 $\ln C^1(r)$，以 $-\ln C^1(r)$ 为纵坐标、$-\ln r$ 为横坐标作出曲线图，拟合出曲线的线性段斜率即为广义关联维数，其截距 $B=d\tau K$，据此可求得 Kolmogorov 熵，即 $K=B/d\tau$。

在实际计算处理中，最关键的是找出饱和的嵌入维数 D。常采用的原则是：在线性拟合过程中，认为在纵轴上截距最大时对应的嵌入维数为饱和的嵌入维数，此时求出的就是混沌时间

序列的 Kolmogorov 熵。

3. 利用广义熵计算 K_2 熵

式(3-60)中 $q=2$ 时为2阶 Renyi 熵，即 K_2熵，其表达式为

$$K_2 = -\lim_{\tau\to 0}\lim_{r\to 0}\lim_{m\to\infty}\frac{1}{m\tau}\text{lb}\sum_{i_1,i_2,\cdots,i_m}p^2(i_1,i_2,\cdots,i_m) \tag{3-68}$$

Grassberger 和 Procaccia 已证明[13]：

$$K_2 = -\lim_{\tau\to 0}\lim_{r\to 0}\lim_{m\to\infty}\frac{1}{m\tau}\text{lb}\,C_m(r) \tag{3-69}$$

结合前面关联维数和关联积分函数的关系，可得到

$$\lim_{r\to 0}\lim_{m\to\infty}C_m(r)=r^D 2^{-K_2 m\tau} \tag{3-70}$$

整理得

$$\lim_{r\to 0}\lim_{m\to\infty}\text{lb}\,C_m(r)=D\text{lb}\,r-K_2 m\tau \tag{3-71}$$

将 m 变为 $m+n$，两式相减得

$$K_{2,m}(r)=\lim_{r\to 0}\lim_{m\to\infty}\frac{1}{n\tau}\text{lb}\,\frac{C_m(r)}{C_{m+n}(r)} \tag{3-72}$$

这就是根据关联积分函数计算 K_2熵的公式。在实际计算时，通过改变嵌入维数 m 获得 $K_{2,m}(r)$熵的变化，直至计算的熵值基本不随嵌入维数 m 变化，即为最终所求的 K_2熵。图3-11为按 Mackey-Glass 延迟微分方程生成时间序列计算的 $C_m(r)$与 r 之间的关系。图3-12为按上述时间序列计算的 $C_m(r)$与 r 之间的关系。从图中可以看出，当 $m\to\infty$ 时，外推值 $K_2=0.008\pm 0.001$。

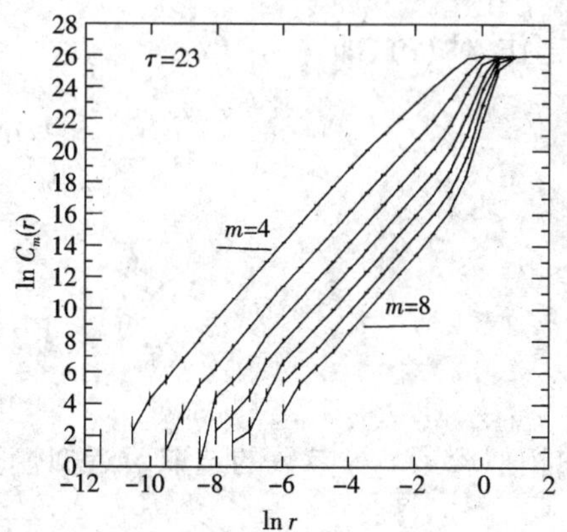

图3-11　按 Mackey-Glass 延迟微分方程生成时间序列计算的 $C_m(r)$与 r 之间的关系[13]

注：时间延迟取 $\tau=23$，嵌入维数依次取 $m=4,8,12,\cdots,28$

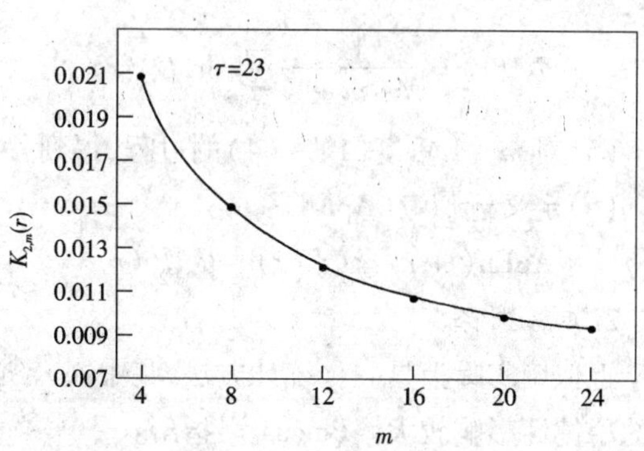

图3-12　按 Mackey-Glass 延迟微分方程生成时间序列计算的 $K_{2,m}(r)$与 m 之间的关系[13]

注：时间延迟取 $\tau=23$，嵌入维数依次取 $m=4,8,12,\cdots,24$

3.5.3 近似熵

平卡斯(Pincus)[15]从衡量序列复杂性的角度出发,提出了一个引人注目的近似熵参数($ApEn$),并成功应用于心律变异(HRV)信号的非线性分析中。发现近似熵和分形维数都可以把不同的对象区分开,两种方法表现出较好的一致性。

近似熵($ApEn$)表征了高维空间中相矢量的聚集程度。它用一个非负数来表示一个时间序列的复杂性,越复杂的时间序列对应的近似熵越大。近似熵的主要思想:并不企图完全重构吸引子,而是用一种有效的统计方式(边缘概率的分布)来区分各种过程。它从多维角度计算序列的复杂性,包含了时间模式的信息。

1. 近似熵算法

对于 N 个点的时间序列 $\{u(i)\}$,其近似熵可通过如下步骤得到(其中,m 是预先选定的模式维数,r 是预先选定的相似容限)。

(1)将序列 $\{u(i)\}$ 按顺序组成 m 维矢量 $\boldsymbol{X}(i)$,即

$$\boldsymbol{X}(i)=[u(i),u(i+1),\cdots,u(i+m-1)] \quad (i=1,2,\cdots,N-m+1) \tag{3-73}$$

(2)对每一个 i 值计算矢量 $\boldsymbol{X}(i)$ 与其余矢量 $\boldsymbol{X}(j)$ 之间的距离:

$$d[\boldsymbol{X}(i),\boldsymbol{X}(j)]=\max_{k=0,1,\cdots,m-1}|u(i+k)-u(j+k)| \quad (k=0,1,\cdots,m-1) \tag{3-74}$$

(3)给定阈值 $r(r>0)$,对每一个 i 值统计 $d[\boldsymbol{X}(i),\boldsymbol{X}(j)]<r$ 的数目及此数目与总矢量个数 $N-m+1$ 的比值,记作 $C_i^m(r)$,即

$$C_i^m(r)=\{d[\boldsymbol{X}(i),\boldsymbol{X}(j)]<r\text{ 数目}\}/(N-m+1) \tag{3-75}$$

式中 $C_i^m(r)$ 反映了序列中 m 维模式在相似容限 r 意义下的相互近似概率。

(4)先将 $C_i^m(r)$ 取对数,再求其对所有 i 的平均值,记作 $\Phi^m(r)$,即

$$\Phi^m(r)=\frac{1}{N-m+1}\sum_{i=1}^{N-m+1}\ln C_i^m(r) \tag{3-76}$$

(5)对 $m+1$ 重复(1)~(4)的过程,得到 $\Phi^{m+1}(r)$。

(6)定义近似熵(ApEn):

$$\mathrm{ApEn}(m,r)=\Phi^m(r)-\Phi^{m+1}(r) \tag{3-77}$$

2. 参数选择

近似熵实际上是一种统计方法,其中嵌入维数 m 和相似容限 r 等参数的选取对近似熵算法的稳健性影响较大。Pincus[15]指出:

(1)如果嵌入维数为 m,则信号的长度至少应为10^m,最好是30^m,否则估计出的条件概率不精确。

(2)相似容限 r 不能太大,也不能太小。对于大多数过程,近似熵随 r 的减小而增大,当容限 $r\to 0$ 时,$ApEn\to\infty$;若 r 太大,则会丢失细节信息。通常取 $m=2$,$r=0.1\sim0.2\mathrm{std}(u)$(std 表示时间序列的标准差),这时候得到的近似熵具有较为合理的统计特性。

上述是 Pincus 在研究生理信号时得出的结论,对于不同的研究对象,可根据实际情况作适当的修正。

3. 近似熵的特点

近似熵主要有以下三个特点。

(1)用较短的序列数据就能得到比较稳健的估计值,所需数据点数是 100 ~ 5 000 点,一般是 1 000 点左右。

(2)有较好的抗噪和抗干扰能力,特别是对偶尔产生的瞬态强干扰有较好的承受能力。

(3)不论信号是随机的或确定性的都可以使用,因此也可以用于由随机成分和确定性成分组成的混合信号;当两者混合比例不同时,其近似熵值也不同,随机成分的增加表现为近似熵的增大。

近似熵并不是严格意义上的熵,因此它并不是专属于非线性动力学的参数。从本质上看,近似熵相当于一种条件概率,具有较严格的理论推导。

对于 $m=2$,实际上是在比较相邻两点数据连成的线段在相似容限 r 的意义下是否相似,记为事件 A;m 增加 1($m=3$)时,是在比较连续三点数据连成的折线在相似容限 r 的意义下是否相似,记为事件 B,实际上只要对在 $m=2$ 时相似的线段再检查新引入的一点是否落在相似容限 r 中。因此,三点折线在相似容限 r 的意义下相似的概率可以表示为条件概率 $p(B|A)$,且有 $p(B|A)=C_i^{m+1}(r)/C_i^m(r)$。则近似熵相当于此条件概率取对数后,对 i 的均值,即

$$\mathrm{ApEn}(m,r)=-\frac{1}{N-m}\sum_{i=1}^{N-m}\ln p_i(B|A) \tag{3-78}$$

证明如下:

$$\begin{aligned}\mathrm{ApEn}(m,r)&=-\left[\Phi^{m+1}(r)-\Phi^m(r)\right]\\&=-\left[\frac{1}{N-m}\sum_{i=1}^{N-m}\ln C_i^{m+1}(r)-\frac{1}{N-m+1}\sum_{i=1}^{N-m+1}\ln C_i^m(r)\right]\end{aligned}$$

当 $N\to\infty$ 时,$N-m\approx N-m+1$,上式可近似为

$$\mathrm{ApEn}\approx-\left[\frac{1}{N-m}\sum_{i=1}^{N-m}\ln\frac{C_i^{m+1}(r)}{C_i^m(r)}\right]=-\frac{1}{N-m}\sum_{i=1}^{N-m}\ln p_i(B|A) \tag{3-79}$$

近似熵计算实际上是为了确定一个时间序列在模式上自相似的程度有多大,衡量维数变化时序列中产生新模式概率的大小。它从多维的角度计算时间序列的复杂性,反映了新模式发生率随维数而变化的情况,因而反映了数据在结构上的复杂性。

ApEn 愈大,说明产生新模式的机会愈大,因此该数据序列愈复杂。即在 m 维相空间,距离小于阈值 r 的这些矢量中,当相空间增加到 $m+1$ 维时,新增加的第 $m+1$ 个分量间的距离是否仍在阈值 r 的范围内,如果不在此范围的数目较多,则 ApEn 值较大,表示维数由 m 增至 $m+1$ 时产生新模式的可能性较大,即信号波形较复杂。

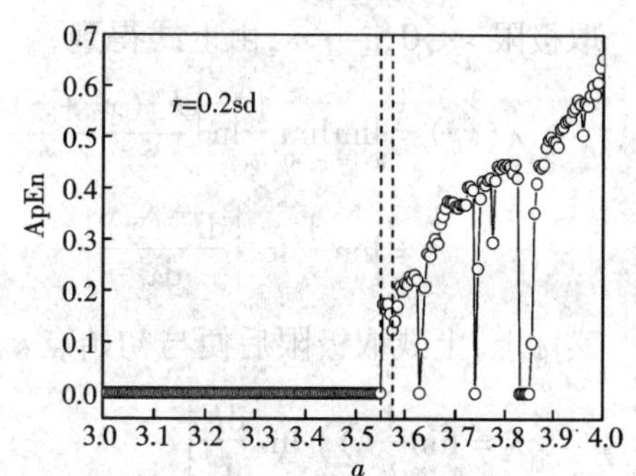

图 3-13 Logistic 映射的近似熵

$[x_{n+1}=ax_n(1-x_n)]$

4. Logistic 映射的近似熵

图 3-13 是 Logistic 映射的近似熵,取相似容限 $r=0.2\mathrm{sd}$。在 $3\leqslant a\leqslant 3.55$ 的区域,$\mathrm{ApEn}=0$;当 $a=$

3.555 时，ApEn 突然增高，在极限值 $a_\infty=3.57$ 前就呈现了较高值，与映射的动力学特性不符。在 $a\in[3.59,4]$ 的区域，曲线呈上升趋势，只在窗口处为 0 值。

3.5.4 李雅普诺夫指数

1. 李雅普诺夫指数定义

状态或轨道的稳定性涉及在时间演化过程（或不断迭代过程）中，两相邻轨道（迭代过程中两相邻点）是相互靠近还是远离。另一个突出的问题是，混沌运动对初始状态的敏感依赖性（"蝴蝶效应"）使相邻轨道（或相邻点）随着时间演化（或多次迭代）必然相互分离。我们采用李雅普诺夫指数来定量表征这种轨道（或迭代过程中的定点）的稳定与否。

对一维离散映射

$$x_{n+1}=F(x_n) \tag{3-80}$$

在每次迭代过程中，初始两点是相互分离还是靠拢由下式决定：

$$\left|\frac{\mathrm{d}F}{\mathrm{d}x}\right|>1 \quad （映射使两点分开） \tag{3-81}$$

$$\left|\frac{\mathrm{d}F}{\mathrm{d}x}\right|<1 \quad （映射使两点靠拢） \tag{3-82}$$

但是，在不断的迭代过程中，$|F'|$ 值不断变化。为了表示从整体看两相邻初始状态分离的情况，须对时间（或迭代次数）取平均。为此，设平均每次迭代所引起的指数分离中的指数为 λ，则

$$\begin{aligned} x_0\overset{\varepsilon}{\leftrightarrow}x_0+\varepsilon &\Rightarrow F(x_0)\overset{\varepsilon\mathrm{e}^{\lambda}}{\leftrightarrow}F(x_0+\varepsilon)\\ &\Rightarrow F^2(x_0)\overset{\varepsilon\mathrm{e}^{2\lambda}}{\leftrightarrow}F^2(x_0+\varepsilon)\\ &\cdots\cdots\\ &\Rightarrow F^n(x_0)\overset{\varepsilon\mathrm{e}^{n\lambda}}{\leftrightarrow}F^n(x_0+\varepsilon) \end{aligned} \tag{3-83}$$

由此可见，原来相距一小量 ε 的两点经过 n 次迭代后距离变为

$$\varepsilon\mathrm{e}^{n\lambda(x_0)}=F^n(x_0+\varepsilon)-F^n(x_0) \tag{3-84}$$

取极限 $\varepsilon\to0,n\to\infty$，由上式得到

$$\begin{aligned} \lambda(x_0)&=\lim_{n\to\infty}\lim_{\varepsilon\to0}\frac{1}{n}\ln\left|\frac{F^n(x_0+\varepsilon)-F^n(x_0)}{\varepsilon}\right|\\ &=\lim_{n\to\infty}\frac{1}{n}\ln\left|\frac{\mathrm{d}F^n(x)}{\mathrm{d}x}\right|_{x=x_0} \end{aligned} \tag{3-85}$$

实际上，上式取极限后便与初始点 x_0 无关，于是考虑到

$$\lambda=\lim_{n\to\infty}\frac{1}{n}\sum_{i=0}^{n}\ln\left|\frac{\mathrm{d}F}{\mathrm{d}x}\right|_{x=x_i} \tag{3-86}$$

式中，λ 称为李雅普诺夫指数，它表示大量次数迭代中，平均每次迭代所引起的指数分离中的指数。当 $\lambda<0$ 时，相邻点终归要靠拢合并成一点，这对应于定点（不动点）或周期运动；反之，

当 $\lambda>0$ 时,相邻点要分开,这对应于混沌运动。

对于微分动力系统,其运动方程为

$$\dot{x}_i=f_i(x_j)\quad(i,j=1,2,\cdots,n)\tag{3-87}$$

在局域范围内相邻两点间的距离 $\|\delta x\|$ 既可能增大,也可能减小。但是这种局域结果不能说明沿轨道长时间演化的整体结果如何。为此,仍须仿照上面多次迭代平均的方法求长时间演化过程中单位时间内 $\|\delta x\|$ 的平均变化。对于 $n=1$ 的情况,设相邻两点距离为 ε,有

$$\varepsilon(t)=\varepsilon(0)\mathrm{e}^{\lambda t}\tag{3-88}$$

此时的李雅普诺夫指数 λ 定义为

$$\lambda=\lim_{t\to\infty}\lim_{\varepsilon(0)\to0}\frac{1}{t}\ln\left|\frac{\varepsilon(t)}{\varepsilon(0)}\right|\tag{3-89}$$

由此可知:$\lambda<0$,轨道收缩(稳定);$\lambda>0$,轨道分离(不稳定)。

在 n 维相空间中,相邻两点间距离(位移)$\delta x=\varepsilon$ 是 n 维矢量。随着时间演化,其各方向伸长和压缩情况不一样。因此,此时的系统应有 n 个李雅普诺夫指数,其中第 i 个李雅普诺夫指数应为

$$\lambda_i=\lim_{t\to\infty}\lim_{\varepsilon(0)\to0}\frac{1}{t}\ln\left|\frac{\varepsilon_i(t)}{\varepsilon(0)}\right|\tag{3-90}$$

为了分析问题方便,通常将 n 个李雅普诺夫指数按下述方式排序:

$$\lambda_1\geqslant\lambda_2\geqslant\lambda_3\geqslant\cdots\geqslant\lambda_n\tag{3-91}$$

决定系统性质的诸多李雅普诺夫指数中,最重要的是其中最大的李雅普诺夫指数 λ_1。λ_1 是否为正值即可决定系统的运动是不是混沌。计算李雅普诺夫指数的方法较多,有 Wolf 算法、小数据量算法、Jacobian 算法等。下面将介绍从单变量时间序列提取最大李雅普诺夫指数的若干算法。

2. 计算李雅普诺夫指数方法(Ⅰ)——Wolf 算法

从单变量的时间序列提取李雅普诺夫指数的方法仍然是基于时间序列的相空间重建。Wolf 等[16]提出直接基于相轨线、相平面、相体积等演化来估计李雅普诺夫指数的方法(统称为 Wolf 方法),它在混沌研究和基于李雅普诺夫指数的混沌时间序列预测中应用十分广泛。

设混沌时间序列为 $x_1,x_2,\cdots,x_k,\cdots$,嵌入维数为 m,时间延迟为 τ,则重建相空间为

$$\boldsymbol{Y}(t_i)=\{x(t_i),x(t_i+\tau),\cdots,x(t_i+(m-1)\tau)\}\quad(i=1,2,\cdots,N)\tag{3-92}$$

如图 3-14(a)所示,取初始点 $\boldsymbol{Y}(t_0)$,设与 $\boldsymbol{Y}(t_0)$ 最近邻点的距离为 L_0,追踪这两点的时间演化,直到 t_1 时刻,其间距超过某规定值 $\varepsilon>0$,$L_0'=|\boldsymbol{Y}(t_1)-\boldsymbol{Y}(t_0)|>\varepsilon$,保留 $\boldsymbol{Y}(t_1)$,并且与之夹角尽可能地小,继续上述过程,直至 $\boldsymbol{Y}(t)$ 到达时间序列的终点 N,这时追踪演化过程总的迭代次数为 M,则最大李雅普诺夫指数为

$$\lambda_1=\frac{1}{t_M-t_0}\sum_{t=0}^{M}\ln\left(\frac{L_i'}{L_i}\right)\tag{3-93}$$

如图 3-14(b)所示,如果要计算次大的李雅普诺夫指数,则要追踪由一个点以及邻近两个

点构成的三角形,若这个三角形变得太倾斜或其面积变得太大,重新取一个两边与原三角形两条边夹角最小的三角形,继续追踪,直到终点,则对次大的李雅普诺夫指数 λ_2,有

$$\lambda_1+\lambda_2=\frac{1}{t_M-t_0}\sum_{t=0}^{M}\ln\frac{A_i'}{A_i} \tag{3-94}$$

式中,A_i 为三角形的面积,据此可以得到 λ_2。同理可求得 λ_3,λ_4 等。原则上一直可以求到最后的 λ,但由于实际数据的长度 N 有限制以及噪声的影响等,只能较为可靠地估计最大李雅普诺夫指数。

计算最大李雅普诺夫指数的 Wolf 程序,一般适于嵌入维数 $m>1$ 的重构相空间吸引子的时间序列。选择取代点时,是以 scalmn $<L(t_1)<$ scalmx 以及 θ 角度变化要小两条原则来设计程序的,其中 scalmn 为噪声尺度,scalmx 为吸引子区域尺度。然而,对于嵌入维数为 1 的重构相空间吸引子,不存在角度变化概念,选择取代点的原则应当是 $L(t_1)$ 为最小。用 Wolf 程序计算李雅普诺夫指数运算速度很慢,而且计算结果对 scalmn、scalmx 等参数的选取很敏感。

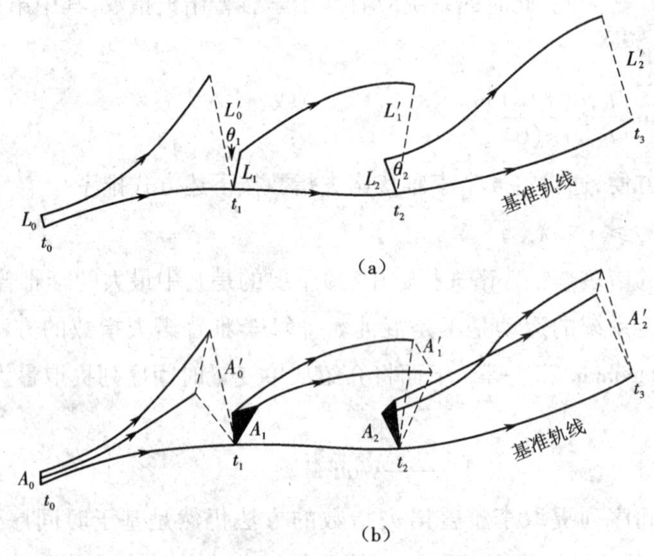

图 3-14 用 Wolf 方法计算李雅普诺夫指数示意图[16]

(a)通过长度元素增长计算最大李雅普诺夫指数 (b)通过面积元素增长计算两个最大李雅普诺夫指数之和

3. 计算李雅普诺夫指数方法(Ⅱ)——小数据量法

目前常用的计算最大李雅普诺夫指数的方法是 Wolf 轨线法[16],但是轨线法有明显的缺陷,首先,按轨线法找不到满足条件的新邻域轨道时,研究者必须使用较差的轨道,由此导致后来计算出现误差;其次,轨线法嵌入参数影响较为明显,这是因为嵌入参数影响了重构相空间中的吸引子形态。为此,本节介绍另一种计算李雅普诺夫指数的方法,即小数据量算法[17]。该算法特点在于:易于实现,对嵌入维数、数据量大小、时间延迟及噪声等变化具有较强的鲁棒性。小数据量算法步骤如下。

(1)对时间序列 $\{x(t_i):i=1,2,\cdots,n\}$ 进行 FFT 变换,计算出时间延迟 τ 和平均周期 T。

(2)计算出关联维数 d,再由 $m \geqslant 2d+1$ 确定嵌入维数 m。

(3)根据时间延迟 τ 和嵌入维数 m 重构相空间 $\{\boldsymbol{X}_j: j=1,2,\cdots,M\}$。

(4)找相空间中每个点 $\boldsymbol{X}_j$ 的最近邻点 $\boldsymbol{X}_{\hat{j}}$,并限制短暂分离,即

$$d_j(0)=\min\|\boldsymbol{X}_j-\boldsymbol{X}_{\hat{j}}\| \quad (|j-\hat{j}|>T) \tag{3-95}$$

式中,$d_j(0)$ 为第 j 点与其最邻近点构成的初始距离。

(5)对相空间中每个点 $\boldsymbol{X}_j$,计算出该邻点对的第 i 个离散时间步后的距离 $d_j(i)$:

$$d_j(i)=\|\boldsymbol{X}_{j+i}-\boldsymbol{X}_{\hat{j}+i}\| \quad [i=1,2,\cdots,\min(M-j,M-\hat{j})] \tag{3-96}$$

(6)假设第 j 个邻近点对之间距离有如下近似关系:

$$d_j(i)\approx d_j(0)\mathrm{e}^{\lambda_1(i\Delta t)} \tag{3-97}$$

式中,$d_j(0)$ 为初始分离,Δt 为观测序列的采样间隔或步长,i 为相点沿时间轨道滑动步长序数,λ_1 为最大李雅普诺夫指数。对上式两边取自然对数,得

$$\ln d_j(i)\approx \ln d_j(0)+\lambda_1(i\Delta t) \tag{3-98}$$

考虑到局部计算的影响,其最后经验公式为

$$\langle \ln d_j(i)\rangle \approx \langle \ln d_j(0)\rangle+\lambda_1(i\Delta t) \tag{3-99}$$

式中,$\langle\cdot\rangle$ 表示按相空间的点数求平均。

(7)求得 $\langle \ln d_j(i)\rangle$-$i\Delta t$ 曲线的直线段斜率,即为最大李雅普诺夫指数 λ_1。$\langle \ln d_j(i)\rangle = \frac{1}{p}\sum_{i=1}^{p}\ln d_j(i)$,其中 p 是非零 $d_j(i)$ 数目。

图 3-15 ~ 图 3-18 分别考察了嵌入维数、时间序列长度、时间延迟及噪声强度对几种混沌动力学系统计算最大李雅普诺夫指数的影响(均提取 x 变量的时间序列作为考察对象)。表 3-5 给出了几种混沌动力学系统方程参数及最大李雅普诺夫指数理论期望值。可以看出:①除了 $m=1$ 以外,嵌入维数选取对计算最大李雅普诺夫指数影响不是很大,适当地选取嵌入维数就能得到相对稳定和准确的计算结果(图 3-15);②如图 3-16 所示,除了 Rössler 吸引子外,这种算法对时间序列长度不太敏感,对 Logistic 映射及 Hénon 吸引子仅需 $N=500$ 数据点长度就可以获得较为稳定及准确的计算结果,对洛伦兹吸引子仅需 $N=2\ 000$ 数据点长度,体现了小数据量计算最大李雅普诺夫指数的优势;③如图 3-17 所示,该算法对时间延迟估计值精度要求不是很高,这是非常难得的,如前所述,受噪声等因素影响,估计时间延迟一般是比较困难的;④如图 3-18 所示,分别考察了加噪(白噪声)后对计算结果的影响,图中每一条实线对应的信噪比分别为 $SNR=1,10,100,1\ 000,10\ 000$。当 $SNR>1\ 000$ 时,信号表现为低噪声;$SNR<10$ 时,信号表现为高噪声。对于 Logistic 映射及 Hénon 吸引子,加入高噪声($SNR<10$)后,噪声对计算结果(实线斜率)影响不大;对于洛伦兹吸引子,加入中低噪声($SNR>100$)后,噪声对计算结果亦影响不大;对于 Rössler 吸引子,加入任何强度级别噪声均对计算结果有影响,这可能与 Rössler 吸引子独特的运动特性有关。

表 3-5 几种混沌动力学系统理论计算的最大李雅普诺夫指数理论期望值

系统	方程	参数	时间步长/s	期望值 λ_1
Logistic	$x_{i+1}=\mu x_i(1-x_i)$	$\mu=4.0$	1	0.693 *
Hénon	$x_{i+1}=1-ax_i^2+y_i$ $y_{i+1}=bx_i$	$a=1.4$ $b=0.3$	1	0.418 * *
洛伦兹	$\dot{x}=a(y-x)$ $\dot{y}=x(c-z)-y$ $\dot{z}=xy-bz$	$a=16.0$ $c=45.92$ $b=4.0$	0.01	1.50 * *
Rössler	$\dot{x}=-y-z$ $\dot{y}=x+ay$ $\dot{z}=b+z(x-c)$	$a=0.15$ $b=0.20$ $c=10.0$	0.01	0.090 * *

* 表示由以下文献提供算法而得 λ_1：ECKMANN J P, RUELLE D. Ergodic theory of chaos and strange attractors[J]. Rev. Mod. Phys., 1985, 57(3):617-656. * * 表示由以下文献提供算法而得 λ_1：WOLF A, SWIFT J B, SWINNEY H L, et al. Determining Lyapunov exponents from a time series[J]. Physica D, 1985, 16(3): 285-317.

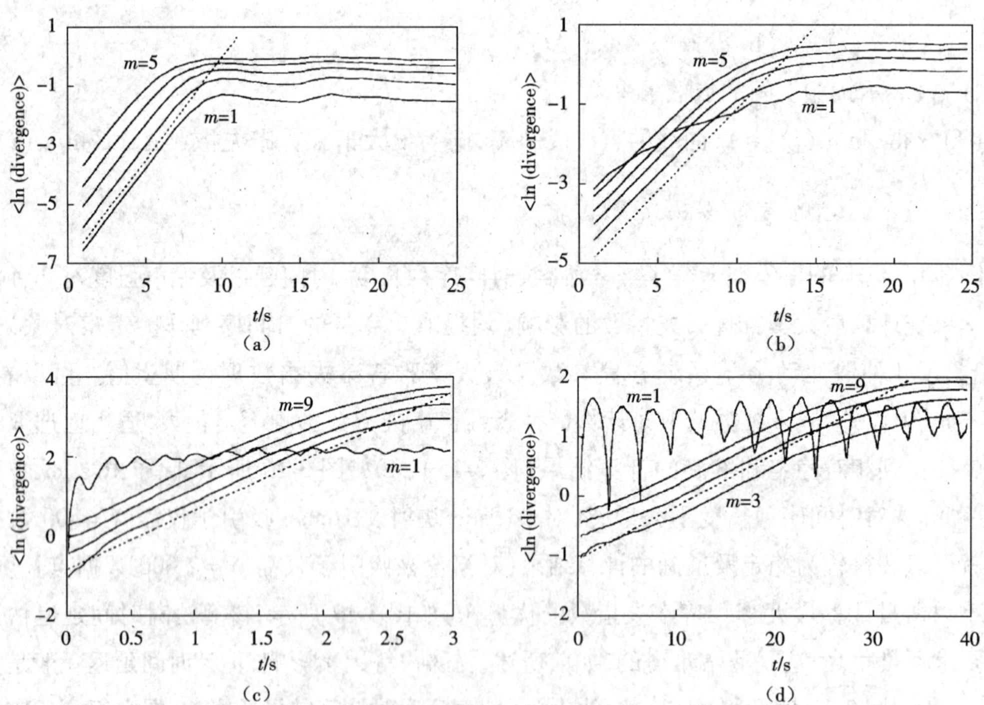

图 3-15 嵌入维数对计算最大李雅普诺夫指数的影响

(a) Logistic 映射 (b) Hénon 吸引子 (c) 洛伦兹吸引子 (d) Rössler 吸引子

(实线为计算结果，斜率虚线为由表 3-5 给出的期望结果)

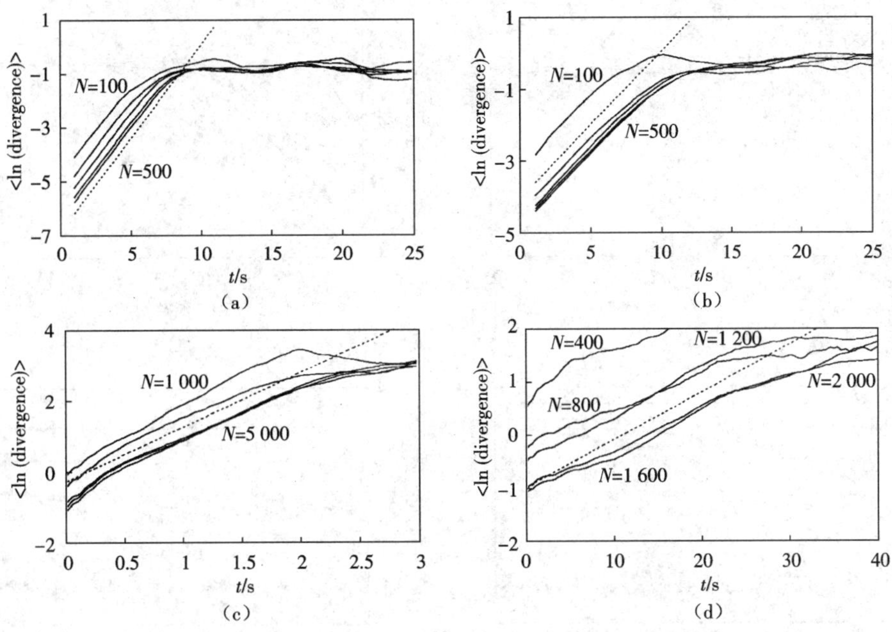

图 3-16　时间序列长度对计算最大李雅普诺夫指数的影响

(a) Logistic 映射　(b) Hénon 吸引子　(c) 洛伦兹吸引子　(d) Rössler 吸引子

(实线为计算结果,斜率虚线为由表 3-5 给出的期望结果)

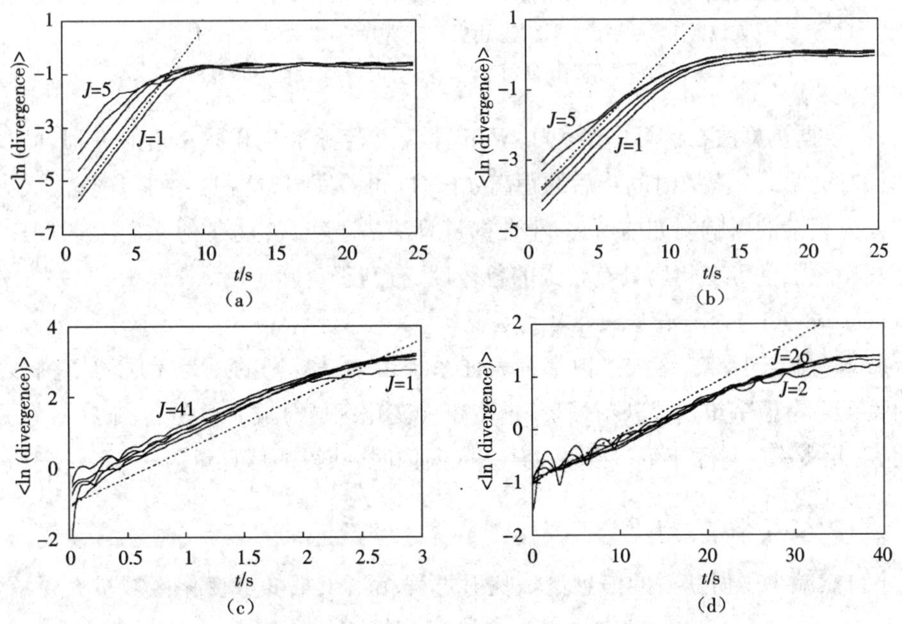

图 3-17　时间延迟对计算最大李雅普诺夫指数的影响

(a) Logistic 映射　(b) Hénon 吸引子　(c) 洛伦兹吸引子　(d) Rössler 吸引子

(实线为计算结果,斜率虚线为由表 3-5 给出的期望结果)

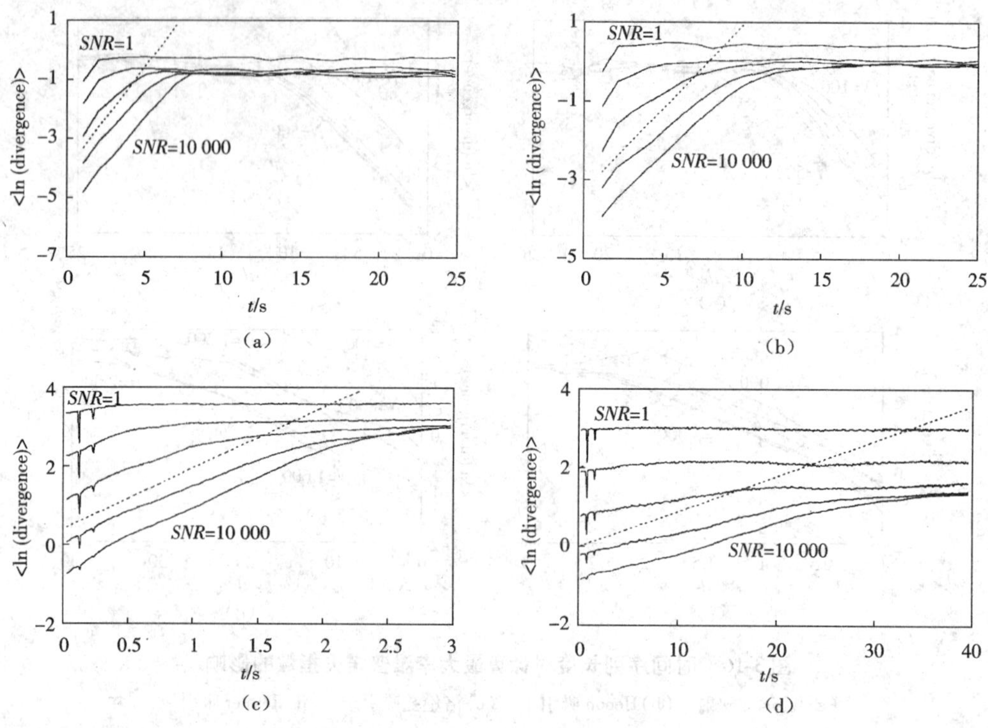

图 3-18 噪声强度对计算最大李雅普诺夫指数的影响

(a) Logistic 映射 (b) Hénon 吸引子 (c) 洛伦兹吸引子 (d) Rössler 吸引子

(实线为计算结果,斜率虚线为由表 3-5 给出的期望结果。图中每一条实线对应的信噪比分别为 $SNR = 1, 10, 100, 1\,000, 10\,000$)

综上,小数据量算法在计算中避免了 Wolf 算法进行标准化和找夹角的过程,而仅需计算出每个邻点对的第 i 个离散时间步后的距离 $d_j(i)$ 即可。所以,这种小数据量算法大大减小了计算量和人为因素的影响。如前所述,小数据量算法易于实现,且对嵌入维数、时间序列长度、时间延迟及噪声强度等变化均具有较强的鲁棒性,有利于实际应用。

4. Kolmogorov 熵与李雅普诺夫指数的关系

Kolmogorov 熵与李雅普诺夫指数都可表征系统运动是规则的还是无序的,它们之间应存在一定的关系。考虑一维迭代映射情形,把变量 x 变化区域分成 n 等份,且 x 在各等分区间内的概率相等,此概率应等于 $1/n$。当 x 在某一区间内时,获得的信息量为

$$I = -\sum \frac{1}{n}\lg\frac{1}{n} = \lg n \tag{3-100}$$

n 减小自然减少了所获得的信息量。映射过程相当于把变量变化区域扩大了 $F'(x)$ 倍,把原来的区间大小 $1/n$ 也扩大 $F'(x)$ 倍,变为$\frac{1}{n}F'(x)$,如图 3-19 所示。因此,经过一次迭代,信息量减小为

$$\Delta I = \sum_{i=1}^{n/F'} \frac{F'(x)}{n}\lg\frac{F'(x)}{n} + \lg n = \lg |F'(x)| \tag{3-101}$$

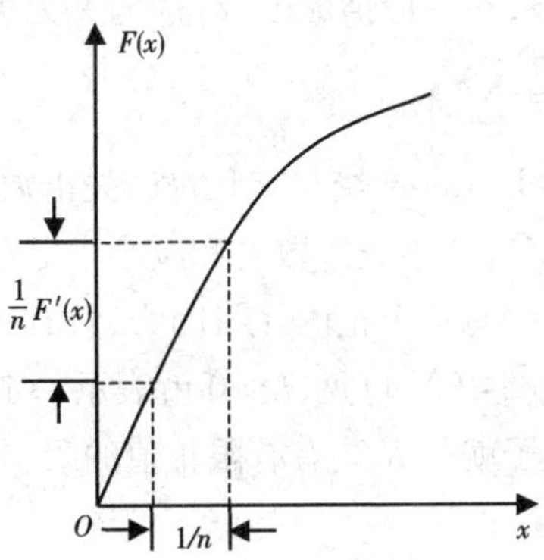

图 3-19　一维迭代映射一次迭代后信息量减小情况[18]

上式对多次迭代自然也适用,由此便得到多次迭代过程中平均每次迭代的信息量损失为

$$\overline{\Delta I} = -\lim_{N\to\infty}\frac{1}{N}\sum_{i=0}^{N-1}\lg|F'(x_i)| \tag{3-102}$$

根据前面的讨论,$\overline{\Delta I}$也就是 Kolmogorov 熵。将上式与式(3-86)比较,可以看出两式是一致的,因此,李雅普诺夫指数就是迭代过程中信息量的损失,也就是相当于系统的 Kolmogorov 熵:

$$\lambda = \overline{\Delta I} = K \tag{3-103}$$

对于多维运动,信息量的损失是运动过程中相体积扩张的结果。但由于不同方向的李雅普诺夫指数 λ_i 不同,各方向的扩张程度不同。如在某一时刻一个半径为 ε 的小球经较长时间后将演化为 d 维椭球,椭球各轴长为

$$\varepsilon_i(t) \sim \varepsilon e^{\lambda_i t} \tag{3-104}$$

图 3-20 所示是二维情形。令 λ_i^+ 和 λ_i^- 分别表示大于零和小于零的李雅普诺夫指数,则 λ_i^+ 的方向椭圆半轴大于 ε,而 λ_i^- 的方向椭圆半轴小于 ε。因此,只有在 λ_i^+ 的方向相体积才扩大并使信息量减小,在 λ_i^- 方向则对信息量损失无贡献。

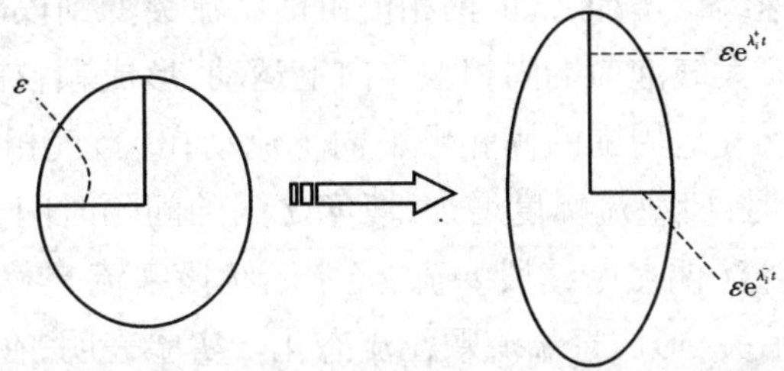

图 3-20　二维圆面经 t 时间演化后变为二维椭圆面

多维情形下,作为信息量损失速率的 Kolmogorov 熵应取如下的形式:

$$K = \int \rho(x)\sum \lambda_i^+ \mathrm{d}x \tag{3-105}$$

式中 $\rho(x)$ 是相空间中吸引子的态密度,$\sum \lambda_i^+$ 是对所有大于零的李雅普诺夫指数求和。由

于 λ_i 都是长时间求平均的结果,在一般情形下,λ_i 应与 x 无关,故有

$$K = \sum \lambda_i^+ \int \rho(x)\,\mathrm{d}x = \sum \lambda_i^+ \tag{3-106}$$

上式表示了多维运动下 Kolmogorov 熵与李雅普诺夫指数之间的关系。

对于一个吸引子,其所有李雅普诺夫指数之和应小于零(表示总的是收缩吸引趋势)。但是,作为混沌的奇异吸引子,至少有一个正的 λ_i^+,因为,只有正的 λ_i^+ 才能使轨道不稳而发散,从而使吸引子变得奇异。由式(3-103)可见,$K>0$ 就表示一定存在大于零的李雅普诺夫指数。因此,可以得到结论:奇异吸引子就是 K 具有有限正值的吸引子。

3.6 混沌时间序列分析应用举例

3.6.1 气固流化床中的混沌现象

流化床反应器是一种广泛应用于化工和热能领域的反应器,在流化床建模、设计、开发和运行中需要获取流化床内流体的动力学信息,这对提高流化床性能和传热、传质效率至关重要。众所周知,气固流化床压力脉动信号蕴含着丰富的气固两相流系统动态行为信息,因此从流化床压力脉动信号中提取两相流系统非线性特征量,有助于从新的角度认识流态化不同阶段发生转变的动力学机理。

美国橡树岭国家实验室的道(Daw)等[19]在国际上较早地开展了气固流化床中压力脉动信号分析工作,从实验测量角度观测到了气固流化床内产生混沌现象的全过程。实验中,压力传感器采样速率为200点/s,采样数据长度为 6×10^4 点,采样时间为300 s。流化床内固相颗粒直径大于800 μm。图3-21为测量得到的气固流化床中发生的六种流态压力脉动时间序列及傅里叶功率谱。

可以看出:①当气相表观流速 U 远小于最小流化速度 U_{mf} 时,床内颗粒处于振动状态,床内压力波动很小,甚至肉眼不易观察出来,随着气相表观流速增加,气泡穿过较窄的固相颗粒区域;②随着气相表观流速继续增加,气固两相流由泡状流突变到段塞流,其上升的大气泡几乎占据床截面,不断推动着大气泡前端固相颗粒向上运动,形成颗粒的段塞运动,这种流动直至流化床顶端为止,同时大气泡周围的固相颗粒向下流动;③当气相表观流速 U 超过稳定段塞流所需的最大流速 U_{mss} 时,段塞流幅度增加,段塞之间的间隔时间变得不规则,气固两相流亦进入了间歇性断续段塞流(偶然断续段塞流、经常断续段塞流交替)过程;④随着气相表观流速进一步增加,段塞流消失,形成近湍流颗粒流态化。实验表明,在气固两相流流态化过程中,明显存在着从周期运动到段塞流低维混沌行为的间歇性转化过程。自20世纪中后期,基于非线性时间序列分析的多相流流动特性研究文献日趋增多,为从多相流系统观测数据理解与解释多相流流型及其转化机制提供了一种新的途径。

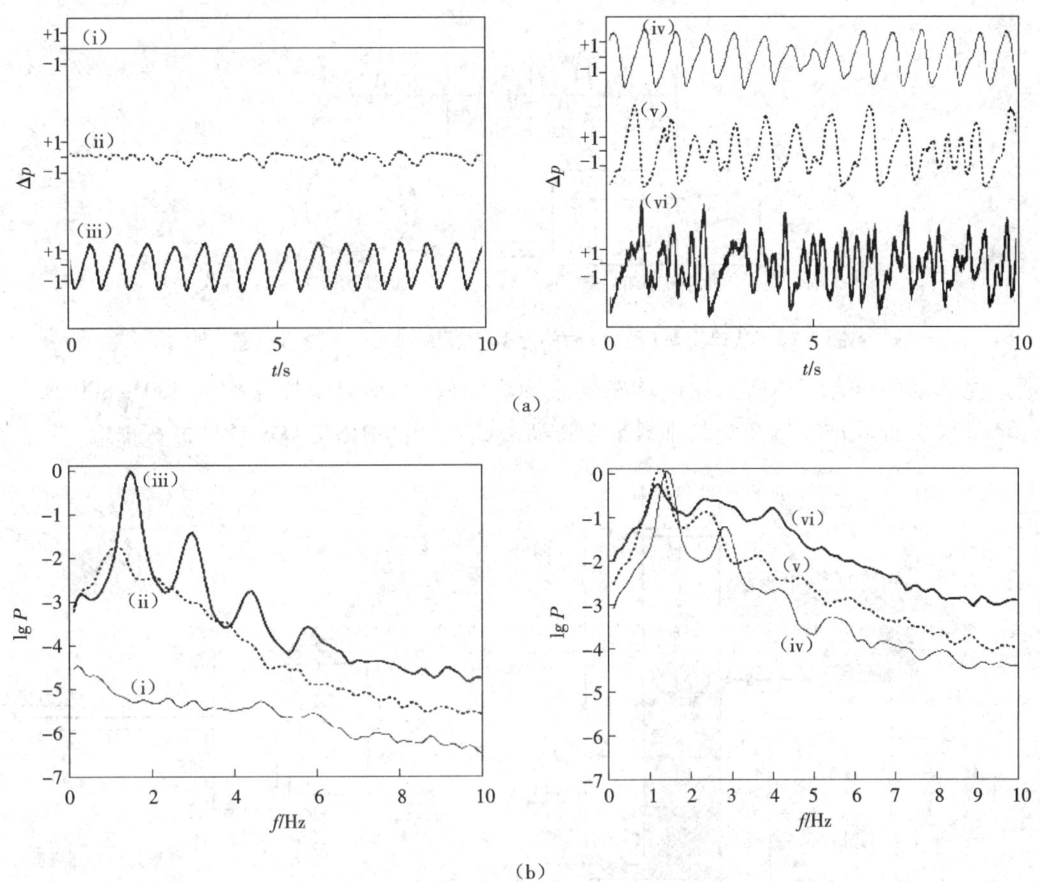

图 3-21　气固流化床中六种流态压力脉动时间序列及傅里叶功率谱图[19]

(a)压力脉动时间序列　(b)傅里叶功率谱

(i)—颗粒振动($U \ll U_{mf}$);(ii)—泡状流($U < U_{mf}$);(iii)—稳定段塞流极限($U = U_{mf}$);(iv)—偶然断续段塞流($U > U_{mf}$);(v)—经常断续段塞流($U \gg U_{mf}$);(vi)—近湍流流态化

3.6.2　气液两相流多孔鼓泡过程的混沌分析

气液两相鼓泡塔反应器具有广泛的工业应用背景,例如化工及材料加工过程中的鼓泡操作,塑料泡沫、复合材料及聚合物脱除挥发组分等过程;生物化工及食品轻工中的发酵、动植物细胞培养等过程;冶金工业中将气体喷入液态金属的过程等。了解气泡的动力学行为对理解工业生产过程特性、优化工艺具有重要意义。由于鼓泡过程与气孔直径、气室体积、气体流量、液体特性以及反应器直径等诸多因素密切相关,故鼓泡过程属于典型的非线性动力学系统。

荷兰代尔夫特理工大学研究组基于压力脉动信号分析了气液两相流多孔鼓泡过程的混沌特性[20]。图 3-22 为从单变量(压力)时间序列进行相空间重构计算 Kolmogorov 熵的示意图,其中,m 维相空间轨线分离速率可用 Kolmogorov 熵进行量化,它表示了系统的不可预测性。

如图 3-23 所示,气液两相流压力脉动信号是分别在内径为 0.1 m 及 0.19 m 的有机玻璃鼓泡塔内测量获取的。压力信号采用压电式传感器测量,压力测量精度为 1 Pa。鼓泡塔内压

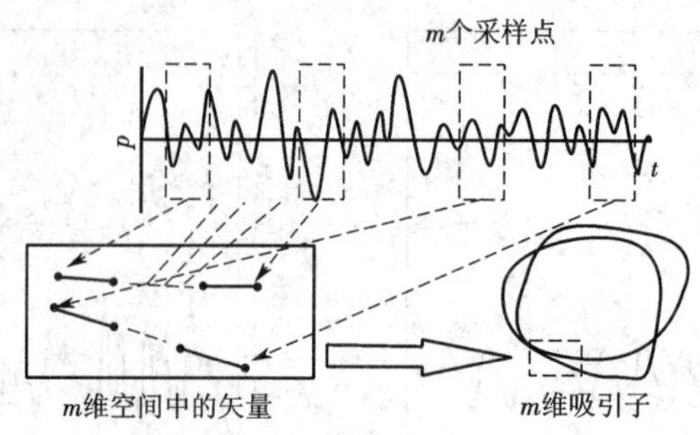

图 3-22 从单变量(压力)时间序列计算 Kolmogorov 熵示意图[20]

力通过充满水的压力管传递到压电传感器表面。实验中,信号采样频率为 200 ~ 800 Hz。非线性特征量 Kolmogorov 熵及关联维数采用该研究组编制的 RRCHAOS 软件进行提取。

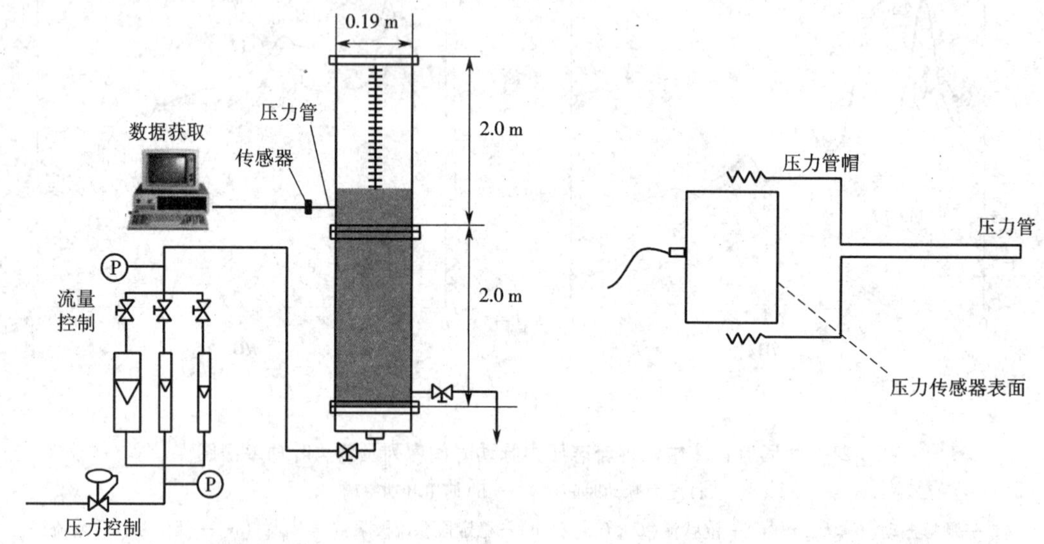

图 3-23 内径为 0.19 m 的气液两相流多孔鼓泡塔实验装置[20]

图 3-24 为处理得到的气液两相流 Kolmogorov 熵及关联维数随气相表观流速变化的情况(鼓泡塔内径为 0.1 m)。在低气相表观流速时,小气泡在鼓泡塔内呈直线运动,且每个小气泡运动速度相近;当气相表观流速增大到某一值时,出现泡群或大气泡的无规则涡旋运动,这种更多流动结构的流体运动,解释了 Kolmogorov 熵及关联维数随气相表观流速突然降低的原因;随气相表观流速进一步增加,出现了更多的大气泡,再次破坏了原有的流动结构,导致计算的 Kolmogorov 熵及关联维数随气相表观流速增加而增加。值得说明的是,鼓泡塔内径为 0.19 m 时(图 3-25),计算的 Kolmogorov 熵及关联维数随气相表观流速突然降低时所对应的气相表观流速与图 3-24 所示相吻合,表明 Kolmogorov 熵及关联维数非线性特征量是反映鼓泡过程内在动力学特性的重要指数,为理解鼓泡塔内气液两相流流型转化的非线性机制提供了新的解释。

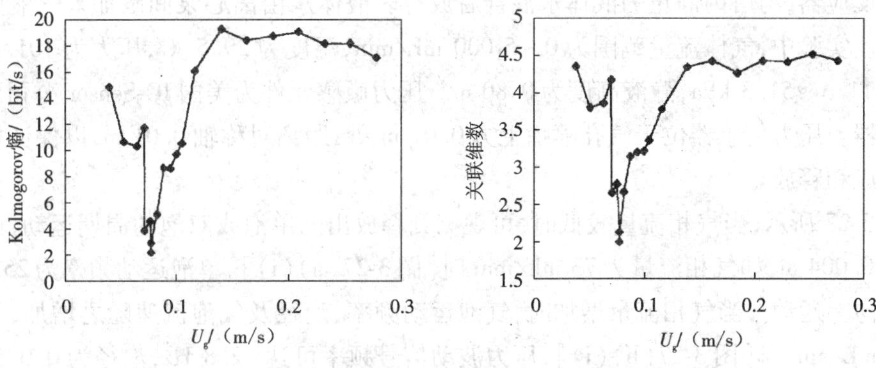

图3-24　Kolmogorov 熵及关联维数随气相表观流速变化[20]

（内径0.1 m,压力传感器距分布器0.43 m）

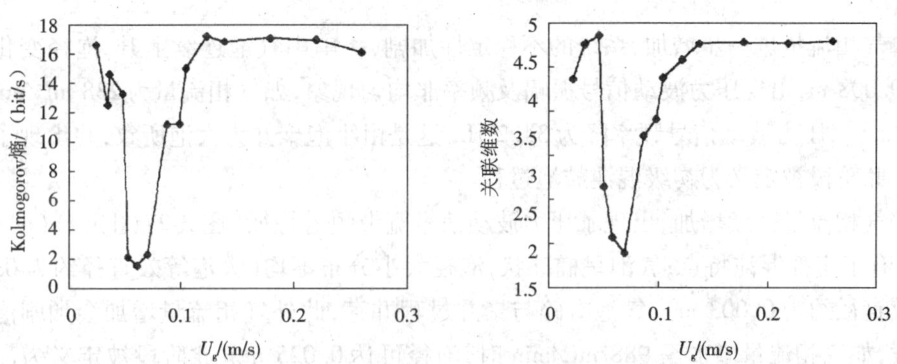

图3-25　Kolmogorov 熵及关联维数随气相表观流速变化[20]

（内径0.19 m,压力传感器距分布器1.03 m）

3.6.3　气液两相流单孔鼓泡过程的混沌分析

天津大学化工学院研究组基于压力脉动信号研究了单孔鼓泡过程的动力学行为,揭示了单孔鼓泡过程由规则运动过渡到无规则混沌运动的机理[21]。图3-26为气液两相流单孔鼓泡塔实验装置。实验所用物系为H_2O/N_2体系。鼓泡塔反应器直径为0.07 m,主体高1.0 m,单孔喷嘴直径为0.001 m。来自气瓶的氮气经过减压阀、缓冲罐、干燥器后,经气体转子流量计及SY-9322型高低压气体质量流量控制器,流经单孔喷嘴,进

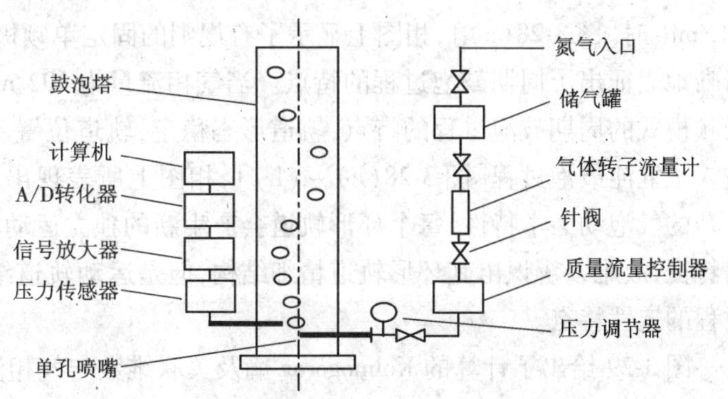

图3-26　气液两相流单孔鼓泡塔实验装置[21]

入鼓泡塔反应器,与塔内静止的液体水混合后放空。液体水由离心泵间歇加入气液两相鼓泡塔反应器。实验中,气体流量范围为0~5 000 mL/min,温度为29.5 ℃,压力为101.3 kPa,进气压力为11.3~51.3 kPa,静液高度为0.80 m。压力敏感元件为美国IC-Sensor公司的高精度差压传感器。压力传感器位于气孔喷嘴上方0.01 m处,距离对称轴0.01 m,以保证探针不影响气泡形成和释放。

如图3-27所示,当气相流量较低时,可观测到释放出的单泡或双泡的周期运动,肉眼观察泡径约为0.004 m,如气相流量为73 mL/min时[图3-27(a)(i)],单泡运动频率为25.8 Hz,气泡呈球形向上运动。当气相流量增加时,气泡运动频率、泡径及气泡流速随之增加,如气相流量为192 mL/min时[图3-27(b)(j)],压力波动信号频率可达42.8 Hz,泡径为0.005~0.006 m。此外,压力波动信号出现漂移现象,这是由气泡与气泡之间相互作用及反应器内液流循环所导致,尽管流动过程出现一些不稳定现象,但是压力信号幅度仍保持稳定,气泡大小也保持不变。

随着气相流量进一步增加,系统的不稳定性加剧,一串串气泡连续上升,泡径变化范围为0.006~0.008 m,出现压力波动信号振幅及频率非均匀现象,如气相流量为238 mL/min时[图3-27(c)(k)],压力波动信号频率降为34.2 Hz,这是由小泡聚并为大泡所致,并出现了多峰频谱现象。此阶段被定义为初级混沌鼓泡过程。

随着气相流量持续增加,出现了压力波动信号宽带频谱特征[图3-27(d)(l)(e)(m)(f)(n)],具有了定性混沌特点;气泡呈椭球状,泡径大小分布不均(大泡等效直径约为0.008 m,小泡等效直径约为0.003 m),气泡击碎与聚并过程并存,此外气相流量增加会加剧泡径大小不均程度,如气相流量增加至988 mL/min时,泡径可达0.025 m。此阶段被定义为高级混沌鼓泡过程。

随着气相流量进一步增加[图3-27(g)(o)(h)(p)],气液两相流系统由高级混沌鼓泡过程转化为喷射过程,频繁出现气泡击碎与聚并现象,气泡作无规则运动,大泡(气塞)尺寸接近反应器直径,压力波动信号仍呈宽带频谱特征。喷射过程中系统处于高度混沌运动状态。

图3-28给出了不同气相流量时压力波动信号对应的两维吸引子相图。当气相流量为73 mL/min时[图3-28(a)],相图上显示了有规则的固定单频极限环,其运动轨道位置基本固定,清晰地表征出了周期鼓泡过程的特点。当气相流量为192 mL/min时[图3-28(b)],表征出了低频模式的周期鼓泡过程的特点,轨道形态稳定,轨道位置不固定。当气相流量继续增加时,进入了混沌鼓泡过程[图3-28(c)~(h)],相图上所表现出的非常精细的吸引子结构表征了复杂的气泡动力学特性,每个环形轨道会产生新的独立运动频率,此外由于混沌状态呈宽带频谱特征,故难以辨识出其环形轨道精细结构,但是运动轨道结构丰富而有序,体现了混沌鼓泡过程的定性特点。

图3-29给出了计算的Kolmogorov熵及关联维数与气相流量之间的关系。可以看出,两个非线性特征量(Kolmogorov熵及关联维数)随气相流量变化的趋势基本上是相同的,尤其是,进入高级混沌鼓泡过程后,这两个非线性特征量均发生突变,清晰地表征了混沌鼓泡过程所具有的复杂性程度;此外,喷射过程显示了两个不同的非线性特征量,指示了该喷射过程的多尺度运动行为,这从图3-30所示的计算关联积分函数时选择不同 r 得到不同斜率可以看出。

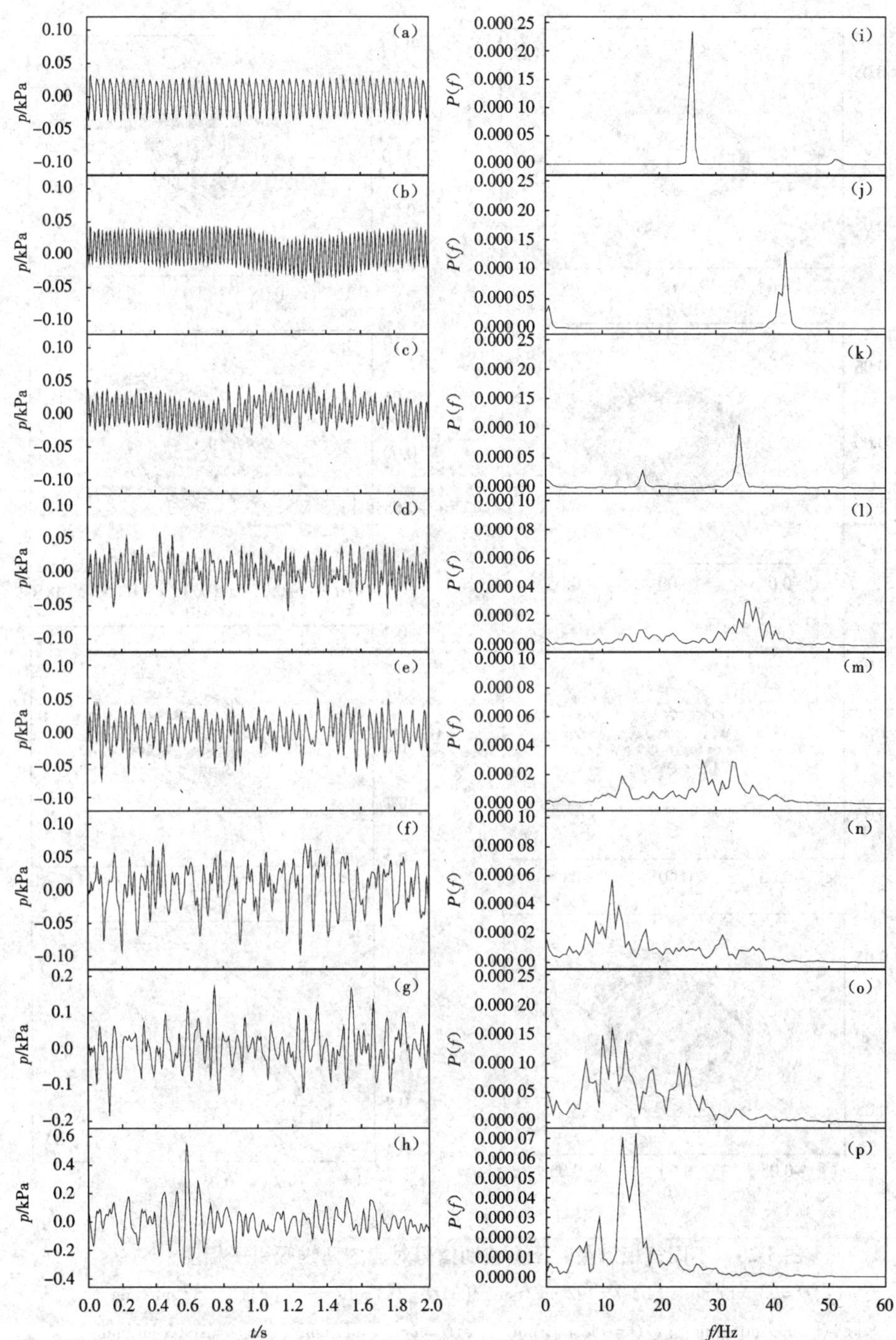

图 3-27　不同气相流量时压力波动信号及其功率谱[21]

(a)(i)$Q=73$ mL/min　(b)(j)$Q=192$ mL/min　(c)(k)$Q=238$ mL/min　(d)(l)$Q=357$ mL/min
(e)(m)$Q=605$ mL/min　(f)(n)$Q=988$ mL/min　(g)(o)$Q=2\ 465$ mL/min　(h)(p)$Q=3\ 963$ mL/min

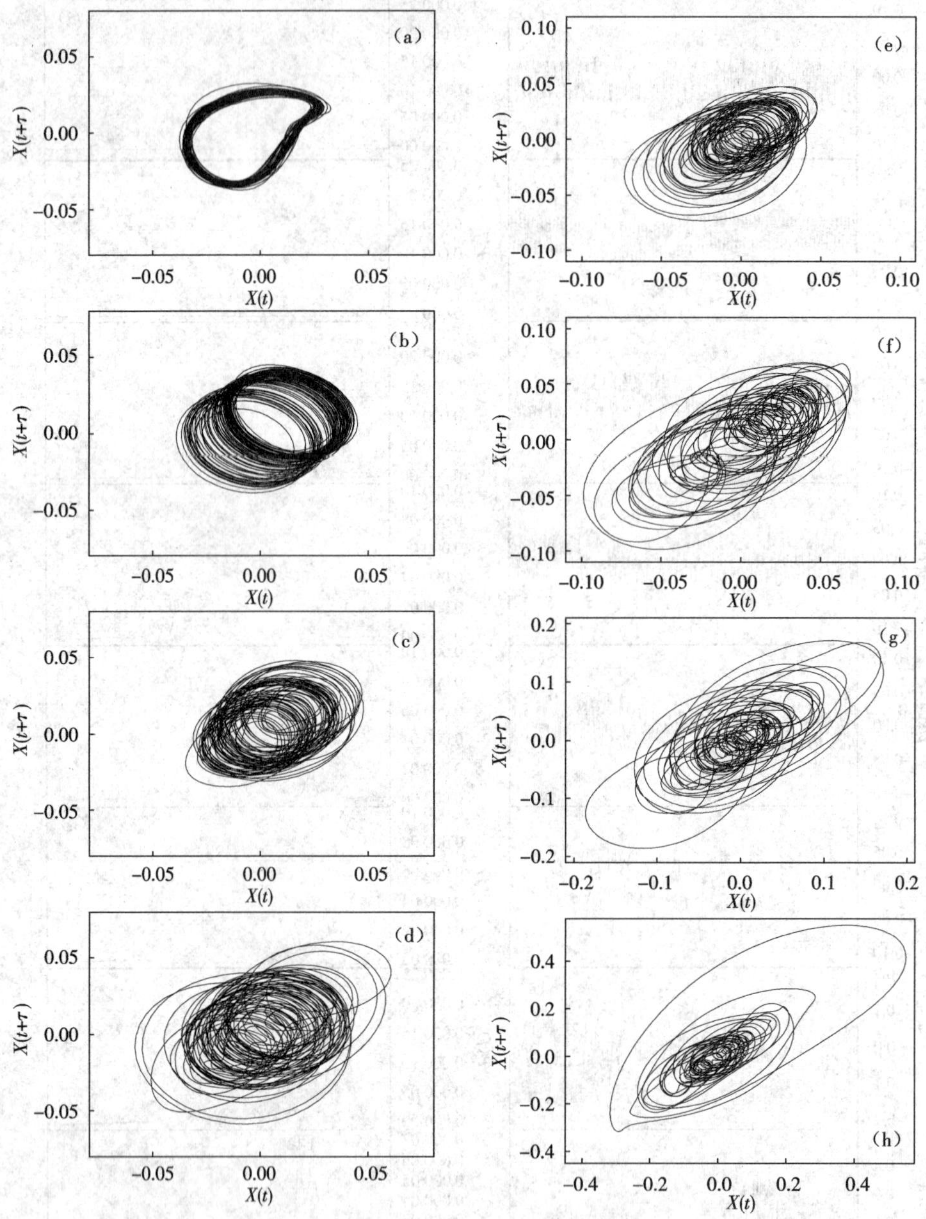

图 3-28 不同气相流量时压力波动信号对应的两维吸引子相图[21]

(a) $Q=73$ mL/min (b) $Q=192$ mL/min (c) $Q=238$ mL/min (d) $Q=357$ mL/min
(e) $Q=605$ mL/min (f) $Q=988$ mL/min (g) $Q=2\ 465$ mL/min (h) $Q=3\ 963$ mL/min

图 3-29 喷射过程中较低的 Kolmogorov 熵及关联维数反映了气塞运动过程,而较好地反映了小气泡运动过程。综上,Kolmogorov 熵及关联维数定量表征了气液两相流混沌鼓泡过程的动力学复杂性,证实了单孔鼓泡过程是由周期鼓泡经拟周期鼓泡通向混沌的。

图 3-31 给出了计算的压力波动信号标准差随气相流量变化关系曲线。可以看出,随着流型从周期运动通向混沌运动(气相流量 $Q<1\ 000$ mL/min)的过程中,其标准差变化非常缓慢,

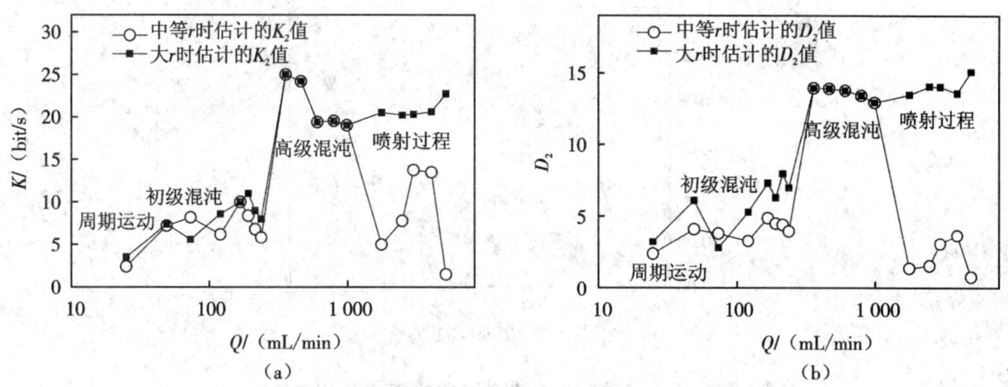

图 3-29　计算的 Kolmogorov 熵及关联维数与气相流量之间的关系曲线[21]

(a) Kolmogorov 熵与气相流量之间的关系曲线　(b) 关联维数与气相流量之间的关系曲线

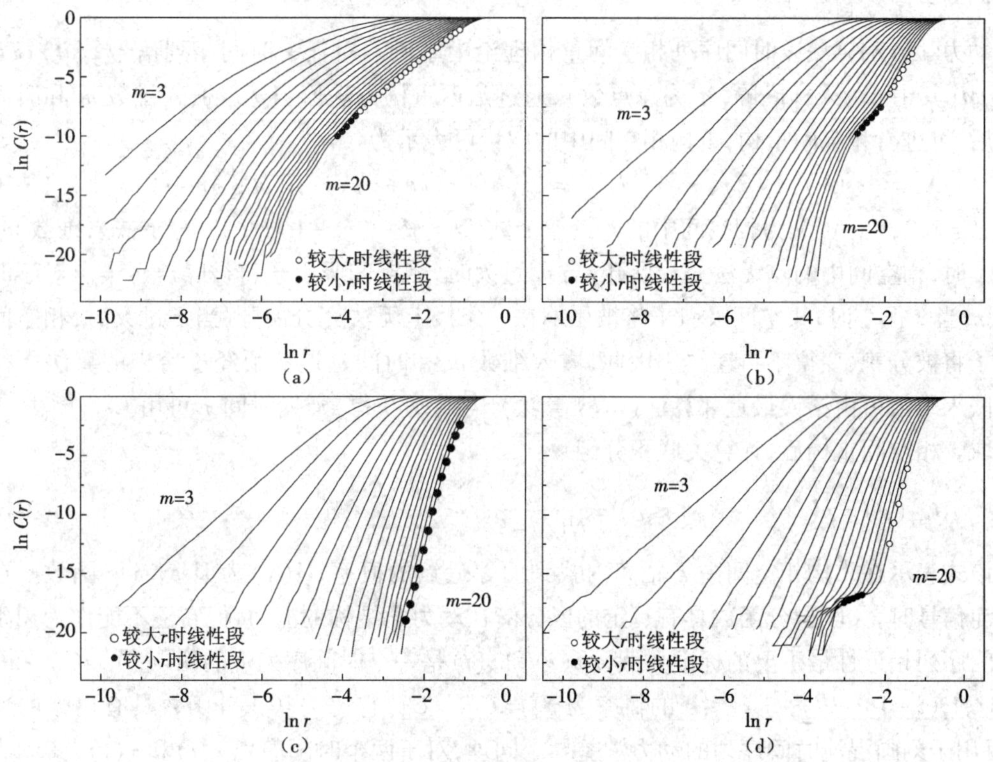

图 3-30　在双对数坐标系下典型的 $C(r)$ 与 r 之间的关系曲线[21]

(a) $Q=73$ mL/min　(b) $Q=192$ mL/min　(c) $Q=357$ mL/min　(d) $Q=2\ 465$ mL/min

表明时域统计指标无法真实反映鼓泡过程动力学特征的复杂变化过程。

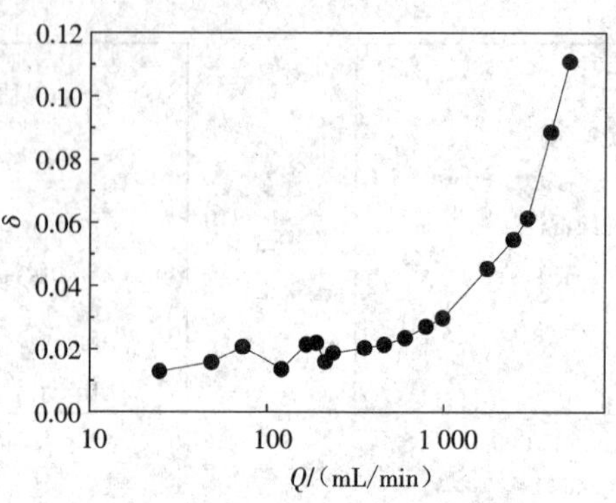

图 3-31 压力波动信号标准差随气相流量变化曲线[21]

3.6.4 倾斜油水两相流动力学差异指示

1. 动力学分割算法

动力学分割算法以时间序列相空间重构理论为基础。对任一时间序列信号 $z(it)$,$i=1,2,\cdots,M$(其中 t 为采样间隔,M 为总点数),通过延迟重构方法恰当选取嵌入维数 m 和时间延迟 τ 后,可进行相空间重构,重构相空间中的向量可表示为

$$\boldsymbol{X}_k=\{x_k(1),x_k(2),\cdots,x_k(m)\}=\{z(kt),z(kt+\tau),\cdots,z[kt+(m-1)\tau]\} \tag{3-107}$$

其中,$k=1,2,\cdots,N$[N 为相空间中的向量点个数,$N=M-(m-1)\tau/t$]。对于嵌入维数 m,当 m 很小时,相空间中的点无法充分展开;当 m 过大时,相空间吸引子将被噪声污染。对于时间延迟 τ,当 τ 很小时,相空间吸引子将被压缩在一条线上无法充分展开;当 τ 过大时,相空间中吸引子将被分割,变得不再连续。因此,嵌入维数 m 和时间延迟 τ 须经过恰当的算法严格选取。嵌入维数可由错误最近邻算法(FNN 算法)[11]精确获得,延迟时间 τ 可由 C-C 算法[10]计算获取。相空间重构后,计算关联积分函数:

$$C_{xx}(\varepsilon)=p(\|\boldsymbol{X}_i-\boldsymbol{X}_j\|\leqslant\varepsilon)=\frac{2}{N(N-1)}\times\sum_{i=1}^{N-1}\sum_{j=i+1}^{N}\mathrm{H}(\varepsilon-\|\boldsymbol{X}_i-\boldsymbol{X}_j\|) \tag{3-108}$$

该式表示在重构相空间中 ε 距离内找到两邻近点的概率,$\mathrm{H}(x)$ 为 Heaviside 函数。在描述混沌信号时,关联积分函数具有一定的区分潜在动力学结构的能力,但它还不能作为识别混沌时间序列相近性最重要的标准。假设 $z(i)$ 和 $z(j)$ 是一个时间序列上的两点,当 $|z(i)-z(j)|\leqslant\varepsilon$ 时,$|z(i+1)-z(j+1)|\leqslant\varepsilon$ 的概率为 $S_m=C_{zz}^{m+1}/C_{zz}^{m}$,它比关联积分函数具有更强的预见性,可用于刻画混沌时间序列的动力学差异。同理,对于两个时间序列 $x(t)$ 和 $y(t)$,其动力学差异 D_{xy} 可定义为[23-24]

$$D_{xy}=\lim_{\varepsilon\to 0}\left|\ln\frac{C_{xx}(\varepsilon)}{C_{yy}(\varepsilon)}\right| \tag{3-109}$$

当 D_{xy} 统计意义上足够小时,时间序列 $x(t)$ 和 $y(t)$ 具有相近的动力学结构;反之,不具有相近的动力学特征。基于动力学分割算法思想[25-28],非线性时间序列动力学分割算法步骤如下。

对于给定的长度为 N 的实验测量信号 $x(t)$,将其等分为若干个长度为 n 的窗口$\{w_k\}$,分别将 $w_1,w_2,w_3,\cdots,w_k$ 作为参考窗口;时间序列 $x(t)$ 中 n 至 $N-n$ 段位于参考点 i 左、右侧的

长度为 n 的窗口分别记为 L_i 和 R_i，用式(3-108)和(3-109)分别计算左窗口 L_i 和参考窗口 w_1，$w_2, w_3, \cdots, w_k$ 的 $D_{Lw}(1), D_{Lw}(2), D_{Lw}(3), \cdots, D_{Lw}(k)$，进一步获得其均值 $D_L(i) = \frac{1}{k}\sum_{s=1}^{k} D_{Lw}(s)$；相应地，对右窗口 R_i 进行类似操作获得 $D_R(i)$。参考点 i 左右窗口 L_i 和 R_i 的动力学差异测度可定义为

$$M(i) = \lambda \left| \frac{D_L(i) - D_R(i)}{S_D(i)} \right| \tag{3-110}$$

式中，λ 称为缩放因子，取值范围为 3 ~ 6；$S_D(i)$ 定义为

$$S_D(i) = \frac{1}{n}[S_L(i)^2 + S_R(i)^2]^{\frac{1}{2}} \tag{3-111}$$

式中，$S_L(i)$ 和 $S_R(i)$ 分别为左、右窗口 L_i 和 R_i 的标准偏差。动力学差异测度可有效区分不同类型时间序列的动力学特性。将对应于参考点 i 左、右窗口 L_i 和 R_i 的相空间动力学轨道记为 O_L 和 O_R，当 $M(i)$ 很小时，O_L 可用于预测 O_R（即 O_L 中包含有 O_R 的信息）；相反，如果 $M(i)$ 很大，O_L 不可用于预测 O_R。因此，动力学差异测度越大，对应于参考点左、右两个信号片段的相空间轨道的动力学差异也越大。对于一个长度为 N 的时间序列，可以通过上述操作获得长度为 $N-2n$ 的动力学差异测度序列，该序列可用于揭示蕴含在原始时间序列中的相空间轨道动力学特性。

2. 倾斜油水两相流动力学差异指示

天津大学自动化学院课题组采用相空间动力学分割算法对倾斜油水两相流电导传感器波动信号进行了分析[22]。图 3-32 为固定水相流速为 0.009 6 m/s，逐渐改变油相流速时对应的倾斜油水两相流电导传感器波动信号（有关倾斜油水两相流动态实验详见第 2.8.2 节中的描述）。图中的 U_{sw} 和 U_{so} 分别表示水相表观流速和油相表观流速。

图 3-33 ~ 图 3-36 为不同流动工况下局部动力学差异测度分布。从中可以看出，对应于拟段塞水包油（D O/W PS）流型、局部逆流水包油（D O/W CT）流型和过渡（TF）流型，其局部动力学差异序列均具有异质特性，但各个流型异质性程度存在明显差异，其中过渡流型异质性程度最强，而拟段塞水包油流型异质性程度最弱。这表明过渡流型动力学行为最为复杂，而拟段塞水包油流型动力学行为相对简单。为进一步理解不同流型的动力学特性，我们从局部动力学差异序列 $M(i)\,(i=1,2,\cdots,N)$ 中提取其标准偏差 M_S 指标：

$$M_S = \left\{ \frac{\sum_{i=1}^{N} [M(i) - \bar{M}]}{N-1} \right\}^{\frac{1}{2}} \tag{3-112}$$

式中，$\bar{M}$ 为标准偏差 $M(i)$ 的均值（$i=1,2,\cdots,N$）。

为考察 M_S 在倾斜油水两相流流型转化过程中的演化分布，针对不同流动工况实验信号计算了多组 M_S，如图 3-37 所示。从中可以看出，不同流型的 M_S 分布在不同区间内，D O/W PS 流型的 M_S 较小，随着油相表观速度的增加，M_S 在系统由 D O/W PS 流型转化为 D O/W CT 流型的过程中逐渐增大，随着油相表观速度的进一步增大，M_S 在系统由 D O/W CT 流型转化为油水过渡（TF）流型的过程中进一步增大。此外，随着水相流速由 0.009 6 m/s 逐步增大到

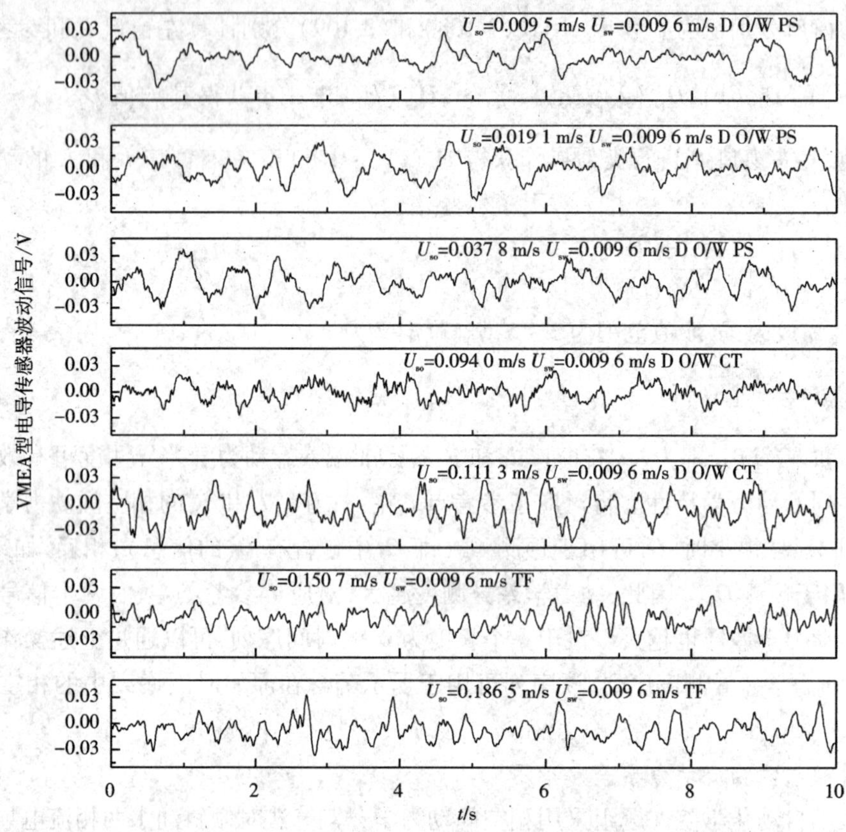

图 3-32 不同流型的油水两相流电导传感器波动信号[22]（倾斜 45°）

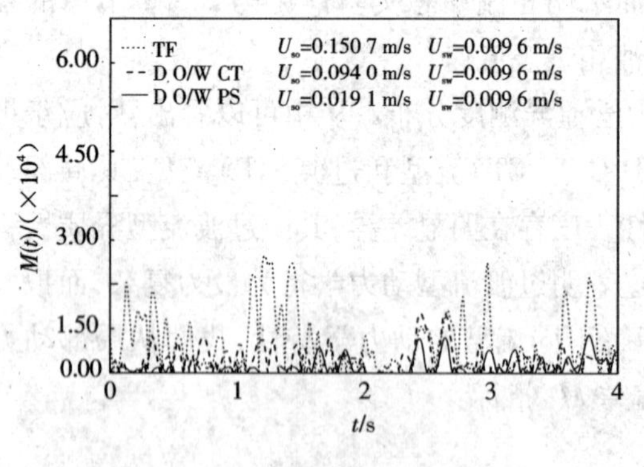

图 3-33 不同流型的局部动力学差异测度分布[22]

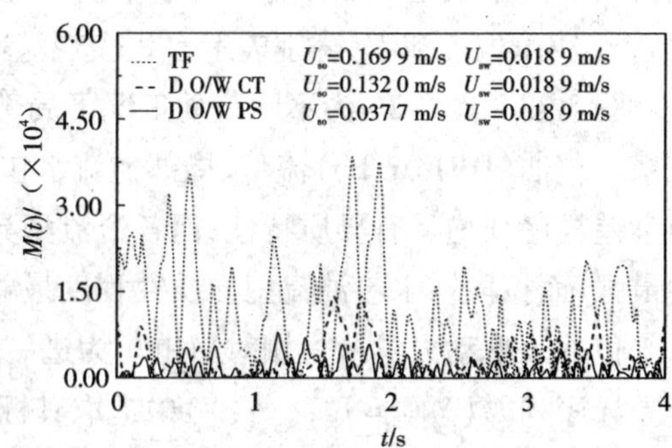

图 3-34 不同流型的局部动力学差异测度分布[22]

0.075 5 m/s，对应于不同流型的 M_S 表现出逐渐增大的趋势。

拟段塞水包油流型（D O/W PS）一般出现在水相表观速度及油相表观速度均为低到中等程度的流动范围内。在该流型条件下，在管道上部油相聚集成间歇性的油泡群并向上运动，而在管道底部的水相存在逆流现象。由于油塞与水塞间的拟周期性运动，D O/W PS 流型动力学行为呈现出一定的规律性，与其他两种流型相比，其动力学特性比较简单，所以其 M_S 最小，且其动力学差异测度序列异质性最弱。

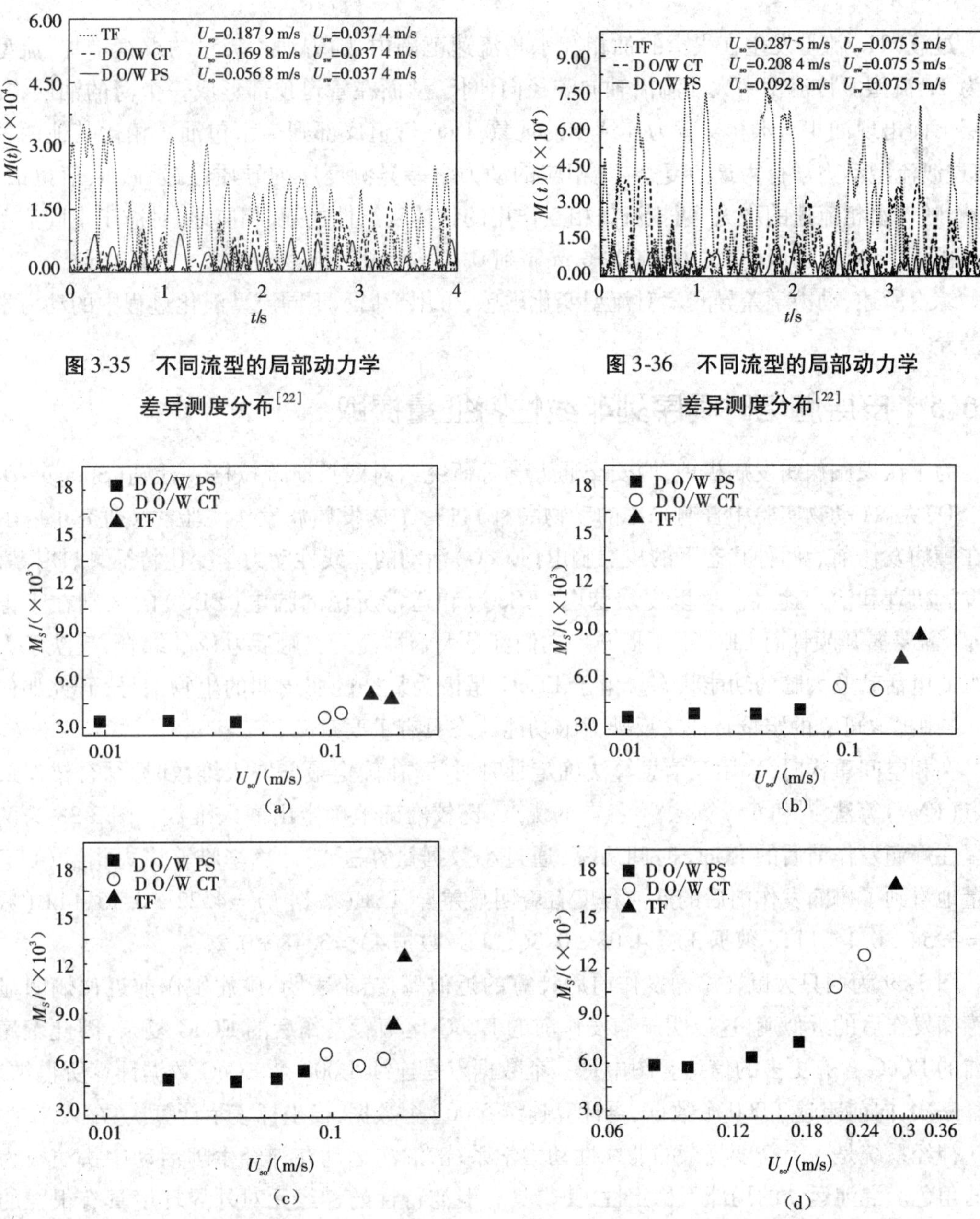

图 3-35　不同流型的局部动力学差异测度分布[22]

图 3-36　不同流型的局部动力学差异测度分布[22]

图 3-37　固定水相流速时不同流型的 M_S 值分布[22]

(a) U_{sw} = 0.009 6 m/s　(b) U_{sw} = 0.018 9 m/s　(c) U_{sw} = 0.037 4 m/s　(d) U_{sw} = 0.075 5 m/s

当固定水相流量并逐渐增大油相流量时，油泡群之间的间隔性将逐渐减弱，最终在管道顶部形成连续的油泡，此时流型转变为局部逆流水包油（D O/W CT）流型，该流型中水相在管道底部的局部逆流仍然存在，并且水相逆流使得离管道顶部较远的油滴也在管道中作局部逆流运动。D O/W CT 动力学行为要比 D O/W PS 流型复杂，所以其动力学差异测度序列异质性要强于 D O/W CT 流型，相应的 M_S 值在流型由 D O/W PS 到 D O/W CT 的转化过程中逐步增大。

过渡(TF)流型发生在很窄的油相和水相流速范围内,随着油相流量的继续增加,流型转变为TF流型。该流型中大油滴沿轴向和径向伸长,从而在管道顶部形成一个薄的油层,在该油层下面出现油相与水相交替为连续相的现象,而在管道底部则为水包油。相比其他两种流型,过渡流型动力学行为最为复杂,其相应的动力学差异测度序列异质性最强,M_S值也最大。此外,随着水相流速的增大,两相流间相互作用的整体复杂性加强,相应地,对应于不同流型的M_S值随水相流速逐步增大(由0.009 6 m/s到0.075 5 m/s)而逐渐增大。

综上所述,动力学差异测度对流型变化敏感,可用于揭示不同流型演化过程中的动力学行为差异。

3.6.5 皮层脑电时间序列非线性特征量提取

为了认识癫痫病发病机理,西安交通大学等研究组对两只斯普拉格－杜勒(Sprague-Dawley,SD)大鼠(动物实验中普遍采用的动物品种)进行了诱发癫痫发作实验[29],研究了麻醉大鼠在癫痫发作前后两种状态下的皮层脑电(ECoG)活动的非线性动力学变化特征,以期探索癫痫发病机理和治疗途径。这里皮层脑电(ECoG)和通常所说的脑电(EEG)的区别在于记录ECoG需要揭开颅骨而EEG不用揭开。它们都是大脑神经元突触后电位的综合,反映了大脑组织的电活动及大脑的功能状态。由于ECoG是极为复杂的非周期的生物信号,研究如何从ECoG中提取可靠的定量特征来反映大脑功能状态具有重要意义。

在相空间重构时,采用互信息算法确定延时时间;在确定最佳嵌入维数时,结合错误最近邻点(FNN)算法[11]和Cao算法[30]各自的优点,比较准确地确定出嵌入维数。图3-38为两只大鼠在癫痫发作前后的EGoG时间历程,通过小数据量算法[17]计算李雅普诺夫指数(LLE),定量地看到了癫痫发作前后的混沌程度有着明显差异:LLE(数据1)=4.22±0.15,LLE(数据2)=3.54±0.14,LLE(数据3)=4.08±0.36,LLE(数据4)=3.48±0.21。

图3-39为两只大鼠在癫痫发作前后计算的近似熵,结果表明,癫痫发作前近似熵明显高于癫痫发作后的近似熵,这说明癫痫发作前的ECoG比癫痫发作后的ECoG复杂,因此癫痫发作前的ECoG含有更多的信息。图中每一个数据点是连续5 000个ECoG数据计算所得结果,计算一次,向前跨越2 000个数据,再计算连续5 000个数据,横坐标表示计算次数。

神经系统是一个高度复杂的非线性动力学系统,混沌运动在神经生理活动中扮演极为重要的角色。混沌运动的局部不稳定性,使得具有混沌特性的神经元对外界环境具有很强的适应能力。在神经网络中,其适应性与神经网络活动的复杂度、自由度和混沌程度成正相关。混沌运动不但使神经元容易适应外界环境,而且使神经元之间更容易相互协调,有自我组织的整合功能。而癫痫发作后的ECoG相对发作前的ECoG混沌程度明显降低,这表明神经系统功能相对发作前而言有所下降,神经系统对外界环境适应性变差。这为探求癫痫发作机理、预报癫痫发作和治疗提供了一定的思路。

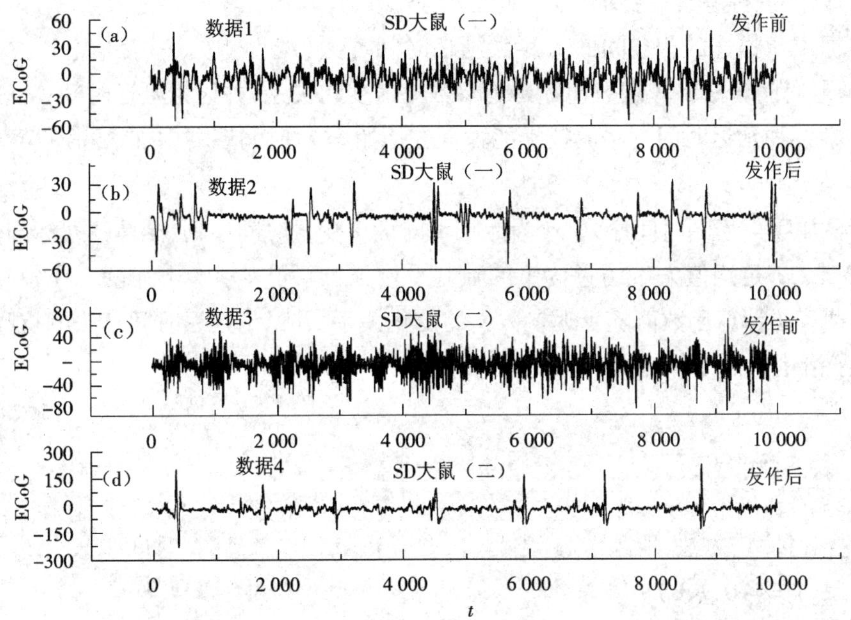

图 3-38　两只大鼠在癫痫发作前后的 EGoG 时间历程[29]

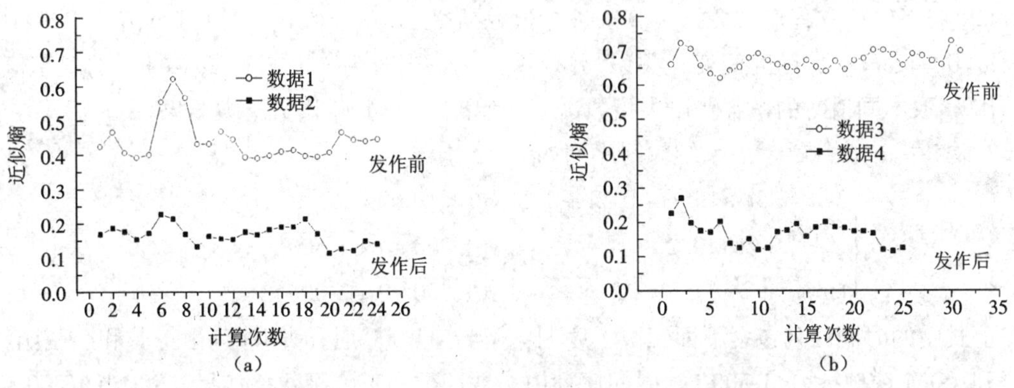

图 3-39　两只大鼠在癫痫发作前后计算的近似熵[29]

(a) SD 大鼠(一)　(b) SD 大鼠(二)

3.7　思考题

1. 生物学著名的 Mackey-Glass 方程如下，考虑均匀分布的细胞浓度 P，则在骨髓产生细胞开始到细胞进入血液存在一个时间延迟，细胞浓度随时间的变化可用下面的微分方程表示：

$$\frac{\mathrm{d}x}{\mathrm{d}t}=\frac{ax(t-T)}{1+x^{b}(t-T)}-cx(t)$$

式中，a,b,c 都是常数，T 是延迟时间。取 $a=0.2,b=10,c=0.1,T=30$，求解方程细胞浓度 $x(t)$ 随时间 t 的变化曲线。相空间嵌入延迟时间参数表示为 $\tau=k\Delta t$，其中 k 为延迟参数。试对延迟时间算法进行考察。要求：

(1)根据本章描述的相空间嵌入参数延迟时间算法(线性相关法、互信息法、C-C 算法)，试用各种延迟时间算法计算函数值随延迟参数 k 的变化关系，并讨论延迟时间算法的性能。

(2)考察各种延迟时间算法的抗噪能力。在原始 $x(t)$ 时间序列中加入高斯噪声，即

$$L_i = x_i + \eta\sigma\varepsilon_i$$

式中，L_i 为叠加噪声后的时间序列，x_i 为无噪声时的 x 变量时间序列，σ 是序列标准偏差，ε_i 是高斯随机变量(满足均值为 0、方差为 1 的独立平均分布)，η 表示噪声强度。在各种噪声强度下，试用各种算法计算函数值随延迟参数 k 的变化关系，并讨论延迟时间算法的抗噪性能。

2. 对于洛伦兹混沌系统

$$\begin{cases}\dot{x} = -a(x-y)\\ \dot{y} = -xz + cx - y\\ \dot{z} = xy - bz\end{cases}$$

使用四阶龙格－库塔方法，取系统参数 $a=16$，$b=45.92$，$c=4$，计算时间步长，$\Delta t = 0.01$ s，初值为 $(x_0, y_0, z_0) = (10, 1, 0)$。要求：

(1)序列长度选为 20 000，从 2 001 个点开始取 $N=8\ 000$ 的时间序列用于 Wolf 算法的李雅普诺夫指数计算，并讨论计算参数 scalmn 和 scalmx 对计算结果的影响。

(2)用洛伦兹方程对小数据量算法进行追踪研究，分别选取 $m=2,3,4,5,6,7,8,9,10$ 计算 $<\ln(\text{divergence})>$ 随时间变化关系，并计算得到不同时刻 $<\ln(\text{divergence})>$ 的斜率值，分别给出 m 取不同值时的李雅普诺夫指数谱，并计算最大李雅普诺夫指数结果。

3. 构建一个非线性动力系统时间序列如下：

$$x(t) = \begin{cases}2\sin 0.5t + 1.5\cos 0.2t + 0.1 & (t < 1\ 000)\\ e^{t/3\ 000} + 2\sin 0.2t & (1\ 000 \leqslant t < 1\ 500)\\ \tan \pi t + 2\sin 0.2t + 2 & (1\ 500 \leqslant t \leqslant 2\ 000)\end{cases}$$

上式中的时间序列包含下面三段子序列：①当 $t<1\ 000$ 时，时间序列由正弦和余弦函数叠加得到；②当 $1\ 000 \leqslant t < 1\ 500$ 时，时间序列由指数函数和正弦函数叠加得到；③当 $1\ 500 \leqslant t \leqslant 2\ 000$ 时，时间序列由正切和余弦函数叠加得到。这三段子序列分别表示不同的动力结构，$t = 1\ 000, 1\ 500$ 分别为三个动力结构之间的突变点。试采用本章描述的动力学分割算法对 $x(t)$ 时间序列进行动力结构突变检测研究(可选取嵌入维数 $m=3$，延迟时间 $\tau=4$)。

第 3 章参考文献

[1] PACKARD N H, CRUTCHFIELD J P, FARMER J D, et al. Geometry from a time series [J]. Physical Review Letters, 1980, 45(9): 712-716.

[2] WHITNEY H. Differentiable manifolds[J]. Annals of Mathematics, 1936, 37(3):645-680.

[3] TAKENS F. Dynamical system and turbulence[M]// RAND D, YOUNG L S. Lecture notes in mathematics A. Berlin: Springer, 1981: 366-381.

[4] SAUER T, YORKE J A, CASDAGLI M. Embedology[J]. Journal of Statistical Physics, 1991, 65(3/4):579-616.

[5] 吕金虎,陆君安,陈士华. 混沌时间序列分析及其应用[M]. 武汉:武汉大学出版社, 2003.

[6] FRASER A M, SWINNEY H L. Independent coordinates for stranger attractors from mutual information[J]. Physical Review A, 1986, 33(2): 1134-1140.

[7] BROCK W A, HSIEH D A, LEBARON B. Nonlinear dynamics, chaos, and instability: Statistical theory and economic evidence[M]. Cambridge, MA: MIT Press, 1991.

[8] BROCK W A, SCHEINKMAN J A, DECHERT W D, et al. A test for independence based on the correlation dimension[J]. Econ. Rev., 1996, 15(3):197-235.

[9] DENKER M, KELLER G. Rigorous statistical procedures for data from dynamical systems [J]. J. Stat. Phys., 1986, 44(1): 67-94.

[10] KIM H S, EYKHOLT R, SALAS J D. Nonlinear dynamics, delay times, and embedding windows[J]. Physica D, 1999, 127(1/2): 48-60.

[11] KENNEL M B, BROWN R, ABARBANEL H D I. Determining minimum embedding dimension using a geometrical construction[J]. Physical Review A, 1992, 45(6): 3403-3411.

[12] GRASSBERGER P, PORCACCIA I. Characterization of strange attractors[J]. Physical Review Letters, 1983, 50(5): 346-349.

[13] GRASSBERGER P, PROCACCIA I. Estimation of Kolmogorov entropy from a chaotic signal [J]. Physical Review A, 1983, 28(4):2591-2593.

[14] PAWELZIK K, SCHUSTER H G. Generalized dimensions and entropies from a measured time series[J]. Physical Review A, 1987, 35(1): 481-484.

[15] PINCUS S M. Approximate entropy as a measure of system complexity[J]. Proc. Natl. Acad. Sci. USA, 1991, 88(6): 2297-2301.

[16] WOLF A, SWIFT J B, SWINNEY H J, et al. Determining Lyapunov exponents from a time series[J]. Physica D, 1985, 16(3): 285-317.

[17] ROSENSTEIN M T, COLLINS J J, DE LUCA C J. A practical method for calculating largest Lyapunov exponents from small data sets[J]. Physica D, 1993, 65(1/2):117-134.

[18] 刘秉正. 非线性动力学与混沌基础[M]. 长春:东北师范大学出版社, 1994:251-255.

[19] DAW C S, FINNEY C E A, VASUDEVAN M, et al. Self-organization and chaos in a fluidized bed[J]. Physical Review Letters, 1995, 75(12): 2308-2311.

[20] LETZEL H M, SCHOUTEN J C, KRISHNA R, et al. Characterization of regimes and regime transitions in bubble columns by chaos analysis of pressure signals[J]. Chemical Engineering Science, 1997, 52(24): 4447-4459.

[21] LIU M Y, HU Z D. Studies on the hydrodynamics of chaotic bubbling in a gas-liquid bubble column with a single nozzle[J]. Chemical Engineering & Technology, 2004, 27(5): 537-547.

[22] GAO Z K, JIN N D. Uncovering dynamic behaviors underlying experimental oil-water two-phase flow based on dynamic segmentation algorithm[J]. Physica A, 2013, 392(5): 1180-1187.

[23] SAVIT R, GREEN M. Time series and dependent variables[J]. Physica D, 1991, 50(1): 95-116.

[24] MANUCA R, SAVIT R. Stationary and nonstationary time series analysis[J]. Physica D, 1996, 99(2/3): 134-161.

[25] BERNAOLA-GALVÁN P, LVANOV P C, AMARAL L A N, et al. Scale invariance in the nonstationarity of human heart rate[J]. Physical Review Letters, 2001, 87(16): 168105.

[26] FUKUDA K, STANLEY H E, AMARAL L A N. Heuristic segmentation of a nonstationary time series[J]. Physical Review E, 2004, 69: 021108.

[27] 董文杰，龚志强，李建平，等. 非线性时间序列的动力结构突变检测的研究[J]. 物理学报,2006,55(6):3180-3187.

[28] TÓTH B, LILLO F, FARMER J D. Segmentation algorithm for non-stationary compound poisson processes[J]. European Physical Journal B, 2010, 78(2): 235-243.

[29] 谢勇,徐健学,杨红军,等. 皮层脑电时间序列的相空间重构及非线性特征量的提取[J]. 物理学报,2002,51(2):205-214.

[30] CAO LIANGYUE. Practical method for determining the minimum embedding dimension of a scalar time series[J]. Physica D, 1997, 110(1/2): 43-50.

第4章 递归图及递归定量分析

自然界在运动过程中存在大量的递归或重现现象,这种自然状态递归现象成为动力学系统的一个重要研究内容,对于确定性非线性动力学系统,都可以定义递归状态,并考察某一状态与另一状态相同或者接近的程度。递归图(Recurrence Plot,RP)是分析时间序列周期性、混沌性以及非平稳性的一个重要方法,它可以揭示时间序列的内部结构,提供有关系统递归状态、信息量和预测性的先验知识。递归图分析方法最初由埃克曼(Eckmann)等[1]提出,主要用于对非线性动力系统进行定性分析。目前,递归图已经成功地应用于诸如气候变化、脑心电图分析及股市分析等领域。定量递归分析(Recurrence Quantification Analysis,RQA)[4]是基于递归图中的对角线、水平线及垂直线分布对系统进行分析,从而获得动力学系统的定量信息的。

4.1 递归图

1. 递归图定义

自然界在运动过程中存在大量的递归或者重现现象,比如四季节气的轮转。并且,对于确定性动力学系统,包括非线性和混沌系统在内,都可以定义递归状态,即某一状态与另一状态相同或者接近。这种自然的状态递归现象很早以来就有人研究,并且成为研究动力学系统一个重要的方法。

Eckmann 等[1]提出一种将相空间中的递归状态可视化的方法。通常,除二维和三维以外的更高维相空间都不能直接绘制出来,它们只能通过映射表示在二维或三维子空间上。而 Eckmann 的方法只关注递归状态,他将相空间中的递归状态绘制在二维平面上,这样就可以研究任意 m 维的相空间系统了。具体来说是在正方形的时间平面上描绘黑点或白点,其中黑点表示该坐标上横轴及纵轴对应的状态发生递归现象,白点则表示不发生递归现象,这样就构成一幅递归图。图4-1是洛伦兹系统相空间轨迹吸引子和对应的递归图。按照这样的定义,递归图的数学表达式为

$$R_{i,j}^{m}=\mathrm{H}(\varepsilon-\|\boldsymbol{X}_i-\boldsymbol{X}_j\|)\quad(\boldsymbol{X}_i\in\mathbf{R}^m,\quad i,j=1,2,\cdots,N)\tag{4-1}$$

式中,N 是所研究状态$\boldsymbol{X}_i$的个数,ε 是距离的阈值,$\|\cdot\|$ 是一种范数,H 表示 Heaviside 函数,即

$$\mathrm{H}(x)=\begin{cases}0 & (x<0)\\ 1 & (x>0)\end{cases}\tag{4-2}$$

根据定义,由于 $R_{i,i}^{m}\equiv1$,所以递归图中总会有一条主对角线存在,斜率为 $\pi/4$。单独的坐标(i,j)处的递归点是不包含关于 i 或 j 时刻状态的任何信息的,但是递归图上所有的递归点就能够揭示整个时间序列的状态特征[2]。对于实际的动力学系统,寻找严格的$\boldsymbol{X}_i=\boldsymbol{X}_j$是没有必要也是不可能的,比如混沌系统中的状态可能会接近而不会严格地等于初始状态。因此,我

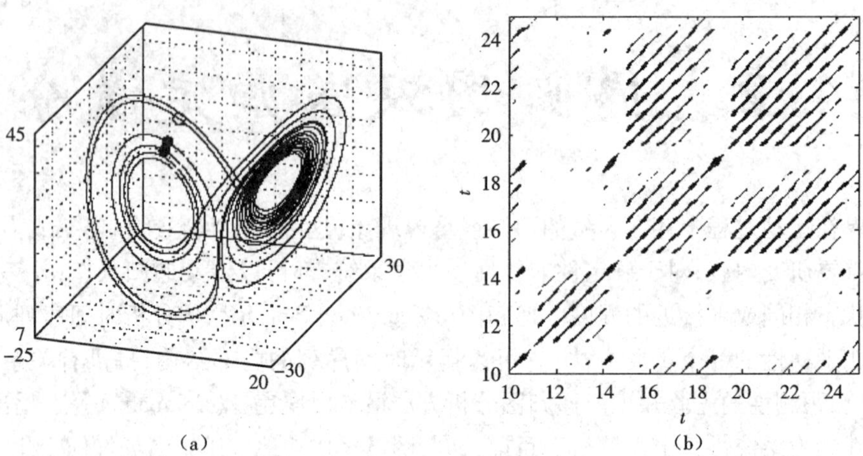

(a)　　(b)

图 4-1　洛伦兹系统相空间轨迹吸引子及其对应的递归图

(a)洛伦兹吸引子　(b)对应的递归图

们在这里定义的“递归”是指状态$\boldsymbol{X}_j$足够地接近状态$\boldsymbol{X}_i$，即状态$\boldsymbol{X}_j$是落在以$\boldsymbol{X}_i$为中心、以 ε 为半径的 m 维球域内的邻近点，式(4-1)所表达的就是这个意思。由于这里选择的阈值 ε 为一个定值，所以按照上述定义的规则所得到的递归图是沿主对角线对称的，即 $R_{i,j}=R_{j,i}$。同时，m 维的球是按照一定的范数定义的，如 L_1 范数、L_2 范数或 L_∞ 范数。如图 4-2 所示，对于相同的阈值 ε，L_∞ 范数具有最大的邻域，L_2 范数次之，L_1 范数的邻域最小。

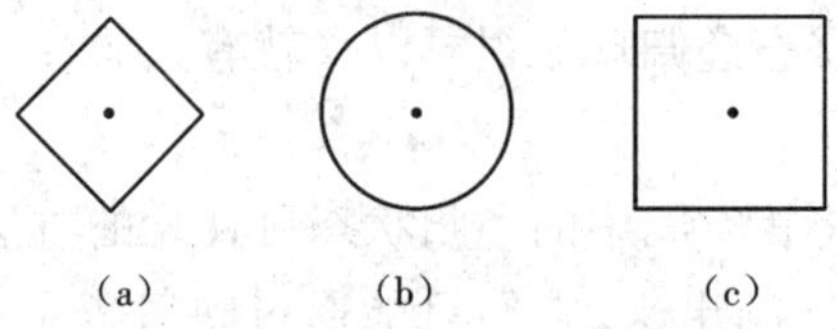
(a)　(b)　(c)

图 4-2　不同范数的空间阈

(a)L_1 范数　(b)L_2 范数　(c)L_∞ 范数

阈值的选择对于递归图会产生较大的影响。显然，较大的阈值会使递归图中包含更多的递归点，较小的阈值就对应着较少的递归点。但是，目前还没有一个非常严格的准则来规定如何选择阈值 ε，不同的研究者给出了不同的结论。如阈值可以选择为信号标准差的 25% 左右，或者选择为相空间直径的 10% 等[3-4]。同时，信号中的噪声对递归图的影响也是非常显著的。因此，也有按照噪声来选择阈值的方法，即选择阈值为信号中可测噪声标准差的 5 倍[5]，这一规则在很多应用中取得了较好的效果。

2. 递归图结构

递归图的最初目的是为了将高维相空间轨迹的递归现象直观地表现出来。递归图的图形蕴含着相空间轨迹随时间的发展变化趋势和规律，而且递归图还可以直接应用于相对较短和不稳定的时间序列。递归图所表现出来的整体图形特征结构可以大体上分为[1]均匀结构、周期结构、漂移结构和突变结构。

均匀结构：均匀结构递归图一般是从随机系统得到的，它的松弛时间相对于递归图所跨越

(a)

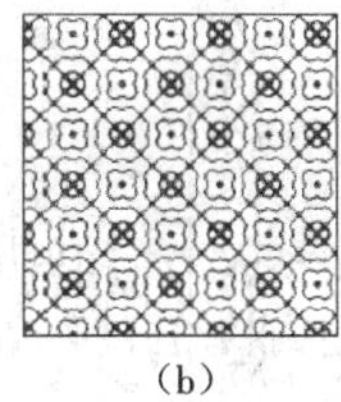
(b)

(c)

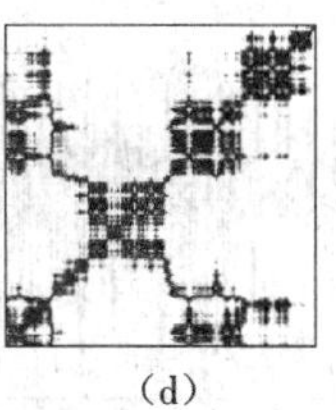
(d)

图 4-3　不同的递归图纹理结构特征

(a)均匀结构　(b)周期结构　(c)漂移结构　(d)突变结构

的时间都是很短的。典型的均匀结构递归图如图 4-3(a)所示。

周期结构:振荡系统的递归图都带有主对角线方向的趋势,表现为周期的递归结构,在图形上像一个棋盘。图 4-3(b)所示为两个周期比为 4 的正弦信号递归图,它将这两个周期的特征表现得非常清晰。所以,递归图可以用来找到一个系统的不甚明显的振荡性。

漂移结构:漂移结构递归图是由系统中缓慢变化的参数所引起的。图 4-3(c)所示递归图中递归点密度随参数变化的趋势很好地说明了这一规律,其递归图的特征表现为以主对角线为中心向左上角和右下角的渐变性。

突变结构:突变结构的递归图表现为大片的白色区域和较大的黑色块状结构,如图 4-3(d)所示。这是由动力学系统中突然的或急剧的变化所引起的。因此,递归图还可以用来检验系统中的突变现象。

4.2　递归图基本结构仿真

1. 均匀结构与漂移结构

漂移结构递归图是由系统中缓慢变化的参数所引起的,其递归图的特征为以主对角线为中心向左上角和右下角的渐变性。下面举例进行仿真说明。

Logistic 映射:

$$x_{n+1} = ax_n(1 - x_n) \tag{4-3}$$

取 $a=4$,初值 $x_0=0.808$,迭代 200 次;嵌入参数选取嵌入维数 $m=1$,延迟时间 $\tau=1$,阈值选序列标准差的 0.2,即 $\varepsilon=0.2\mathrm{std}(x)$,作出递归图[图 4-4(a)]。从中可以看出,该递归图由大量孤立点和一些短的对角线方向线段构成,表现出了具有内在确定性的混沌结构(即均匀结构)。

在 Logistic 映射的基础上对每个 x_n 值加上一个线性项 $0.01n$,即

$$x_{n+1} = 4x_n(1 - x_n) + 0.01n \tag{4-4}$$

保持嵌入参数等不变,作出递归图[图 4-4(b)]。从中可以看出,图中递归点以主对角线为中心向左上角和右下角逐渐减少,这正是典型漂移结构的递归图特征。

将两个时间序列进行对比,可以看出,增加的缓变线性项使原时间序列整体缓慢抬高,造成序列开始部分和最后部分完全没有相同值,即没有递归状态,对应的左上角和右下角则没有递归点,最终形成了漂移结构的递归图。

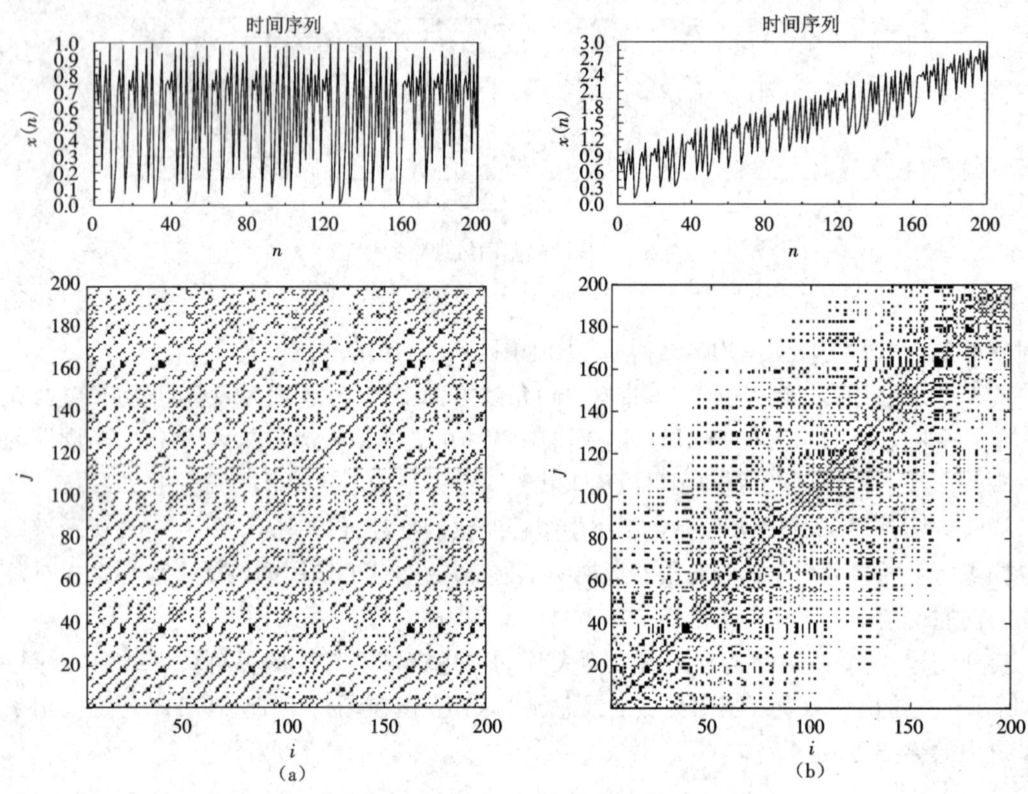

(a) (b)

图 4-4 Logistic 映射序列及其递归图

(a)均匀结构 (b)漂移结构

再看 Hénon 映射:

$$\begin{cases}x_{n+1}=y_n-ax_n^2+1\\ y_{n+1}=bx_n\end{cases} \tag{4-5}$$

式中,取 $a=1.4$,$b=0.3$;初值 $x_0=0$,$y_0=0$,迭代 250 次。对得到的 x 序列作递归图[图 4-5(a)],其递归图表现为混沌结构。然后,在 x 项的基础上,对每个 x_n 值增加一线性项 $0.015n$,作出递归图[图 4-5(b)],与 Logistic 映射类似,也为漂移结构。其中两个递归图的嵌入参数仍选取 $m=1$,$\tau=1$,$\varepsilon=0.2\mathrm{std}(x)$。

2. 周期结构

下面列举两种典型的周期信号并对其递归图进行研究。一个是正弦信号

$$y=A\sin 2\pi ft \tag{4-6}$$

另一个是周期三角波信号

$$y=A\mathrm{sawtooth}\ 2\pi ft \tag{4-7}$$

式中,幅值均取 $A=1$,频率均取 $f=5$,正弦信号 $t\in[0,0.8]$,三角波信号 $t\in[0,1]$,即分别取 4 个周期和 5 个周期。嵌入参数选取 $m=4$,$\tau=3$,$\varepsilon=0.25\mathrm{std}(x)$,作出两种信号的递归图(图 4-6)。

从图 4-6 可以看出,两种信号的递归图表现为周期结构,具体说就是等间隔的沿主对角线

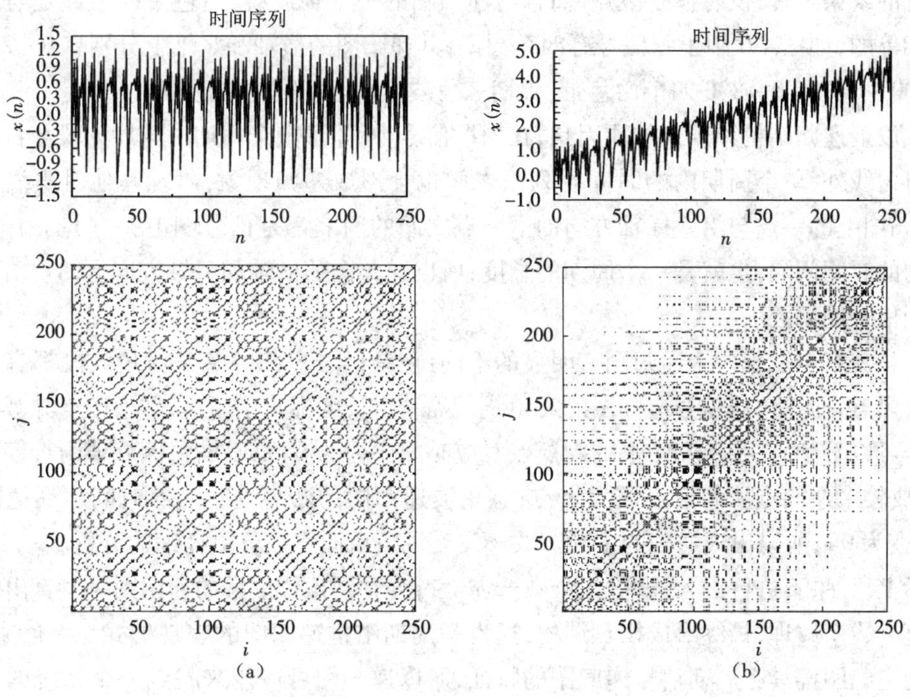

图 4-5　Hénon 映射序列及其递归图

(a)均匀结构　(b)漂移结构

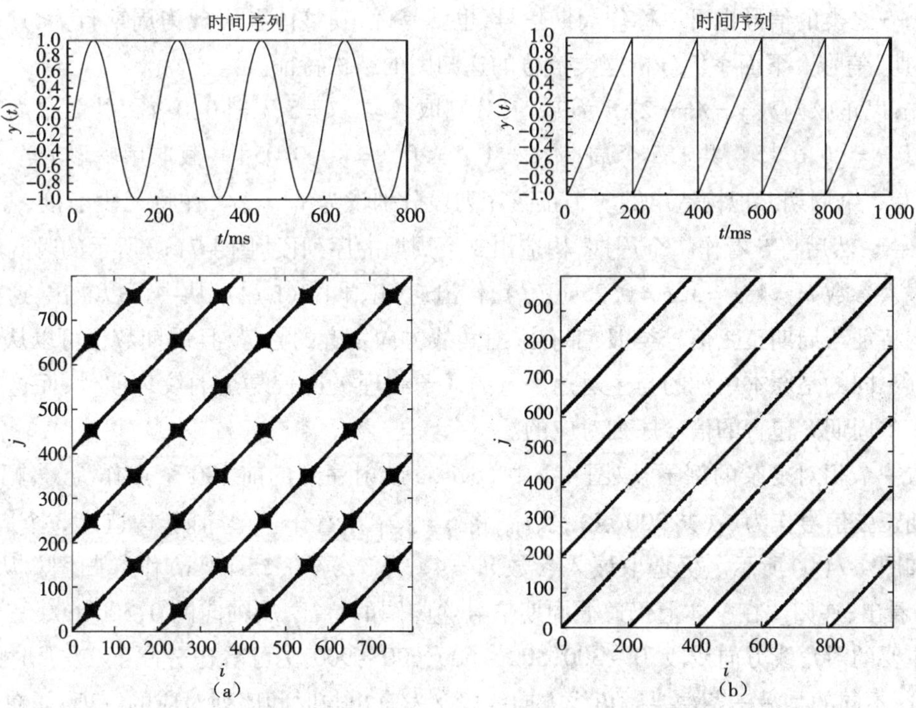

图 4-6　正弦信号和三角波信号及其递归图

(a)正弦信号及其递归图　(b)三角波信号及其递归图

方向发育的线条纹理,没有孤立散点;而且沿递归图的一个轴向看,白色带的个数是与信号的周期数相等的,如图 4-6 中正弦信号有四个周期,其递归图的横轴和竖轴上分别有 0 ~ 200,200 ~ 400,400 ~ 600,600 ~ 800 四个白色带,周期三角波信号有相同的结论。

造成以上递归结构和规律的原因是,在周期信号中,除了整个周期时间序列段与自身递归形成主对角线外,单个周期内的时间序列段之间也会形成递归现象,出现其他对角线方向线段;而递归图上的一点与沿坐标轴方向的下一点之间的间隔都是信号图上一点与下一个同相位点之间的时间间隔,也就是一个周期的长度,所以递归图的横轴和竖轴方向上的空白带数目等于时间信号周期数。

进一步观察会发现两个递归图有明显的不同:正弦信号递归图每条对角线段都有等间隔出现的大黑点,而三角波信号递归图的对角线每隔一定长度都几乎断裂,即递归点骤减。对比时间信号可以看到,正弦递归图上的大黑点对应时间序列的波峰或波谷,因峰值附近序列变化缓慢,形成较多递归点从而聚集成大黑点;三角波递归图的断裂处对应着时间序列值的突变(从 1 突变为 0),所以出现递归的中断。关于突变现象后面将进行更详细的分析。

实际上,如果不进行嵌入,即嵌入维数选 $m=1$,会看到正弦信号的递归图将发育出和主对角线垂直的线条纹理,最终形成棋盘结构,这也是周期结构递归图的表现形式。一般来说,振荡系统的递归图都具有周期信号递归图的特征,所以递归图可以用来找到一个系统的不甚明显的振荡性。

上面所举的例子都是纯粹的周期信号,实际上如果把任意一个序列段设为 S 的话,S—S 或 S—S—S 之类的信号也可以称作周期信号,也就是说,其整体上表现为周期行为,这里称之为"大周期"信号。下面举例分析这类信号的递归图的结构特征。

首先,以正弦函数 $y=A\sin 2\pi ft$ 为基础,分别取 $A=1, f=5, t=[0,0.4]$,共 2 个周期;$A=1.5, f=10, t=[0,0.15]$,共 1.5 个周期;$A=4, f=20, t=[0,0.05]$并截取后一段 $t=[0.025,0.5]$,共 0.5 个周期。把构造出的 3 个正弦序列段分别设为 s_1, s_2, s_3,并将三段串接,表示为 $S=s_1+s_2+s_3$;然后将 S 看作一个周期,构造出 3 个周期的序列段[图 4-7(a)所示的时间序列]。

取嵌入参数 $m=4, \tau=3, \varepsilon=0.25\mathrm{std}(x)$,作出递归图[4-7(b)]。从中可以看出,递归图的整体结构特征与周期正弦信号类似,都有沿对角线方向发育的趋势,且周期数也可以从坐标轴上读出。不同的是原本单纯的与主对角平行的线条纹理被比较复杂的纹理取代,而这些纹理是与每一个周期 S 包含的信号序列对应的。

再看一个相对复杂的例子,取图 4-4 中 Logistic 映射序列的前 100 个点作为 s_1,幅值为 1 的 3 周期正弦信号作为 s_2(共 200 点);然后,将 $S=s_1+s_2$ 看作一个周期,构造出 3 个周期,时间序列如图 4-7(b)所示。仍选取嵌入参数 $m=4, \tau=3, \varepsilon=0.25\mathrm{std}(x)$ 作递归图。从图 4-7(b)可以看出,递归图在整体上仍遵循周期信号递归图的特征,从轴向的 0,300,600 三个点分别引出主要的对角线方向线段,0 ~ 300,300 ~ 600,600 ~ 900 又可看作分隔区,表明时间序列的周期数;不同的是沿三条主要对角线方向线段又发育出与时间序列对应的纹理,如在最开始的 300 × 300 范围内,沿主对角线的纹理分别对应 100 点长度的 Logistic 映射递归图纹理和 200 点长度的正弦信号递归图纹理。

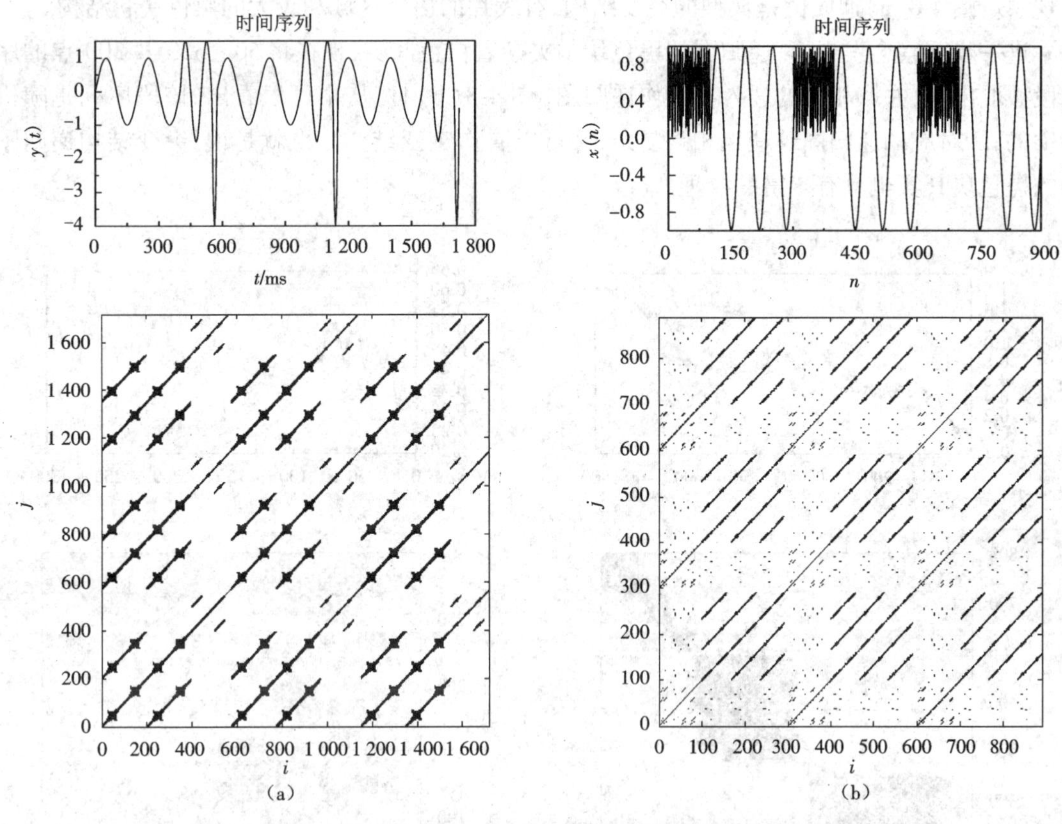

图 4-7　构造的大周期序列及其递归图

(a)以正弦为基础　(b)以 Logistic 为基础

推广开来,如果将每一个周期 S 的组成部分 $s_1,s_2,\cdots$ 换成其他周期的、漂移的或均匀的序列,都会得到相同的结论,即递归图在整体上表现为周期结构,只是局部递归图对应较为复杂的纹理,不像单个周期信号递归图那样简单明了。

3. 突变结构

突变结构的递归图表现为大片的白色区域和较大的黑色块状结构,这是由动力学系统中突然的或急剧的变化所引起的。因此,递归图还可以用来检验系统中的突变现象。同样举例进行仿真分析。

图 4-8(a)为布朗运动序列及其递归图,其中 $m=1,\tau=1,\varepsilon=0.2\mathrm{std}(x)$。将时间序列和递归图对应考察:点数 50 ~ 350 范围内,序列幅值变化很小(基本在 0.4 ~ 0.6 范围内波动),意味着会出现较多的递归状态,在递归图上这段序列对应着大的黑色块状结构;380 ~ 580 这段序列幅值变化也很小,在递归图上同样表现为黑色块状结构;而这两段序列之间,可看出是一急速上升段,幅值变化剧烈,对应较少的递归状态,在递归图上则表现为沿主对角线发育的少量纹理。而 50 ~ 350 和 380 ~ 580 两段序列幅值相差很大,完全没有递归现象,形成了 50 ~ 580 矩形范围内的白色区域结构。其他序列段可作类似分析。

此例中,信号幅值由 50 ~ 350 段的 0.5 上下跳变到 380 ~ 580 段的 0.9 上下,可以看作突变现象。图 4-8(a)递归图是典型的突变结构,有大片的白色区域和较大的黑色块状结构。

进一步观察会发现,该递归图的黑色块中夹杂着白色间隙,现在将 50 ~ 350 共 300 点的序列段截取出来,并取相同的嵌入参数作递归图[图 4-8(b)]。从中可以看出,该段序列是随机波动的,所对应的递归图纹理也相当复杂,又可以看作突变结构。也就是说,突变结构递归图中的黑色块其实也具有丰富的纹理。

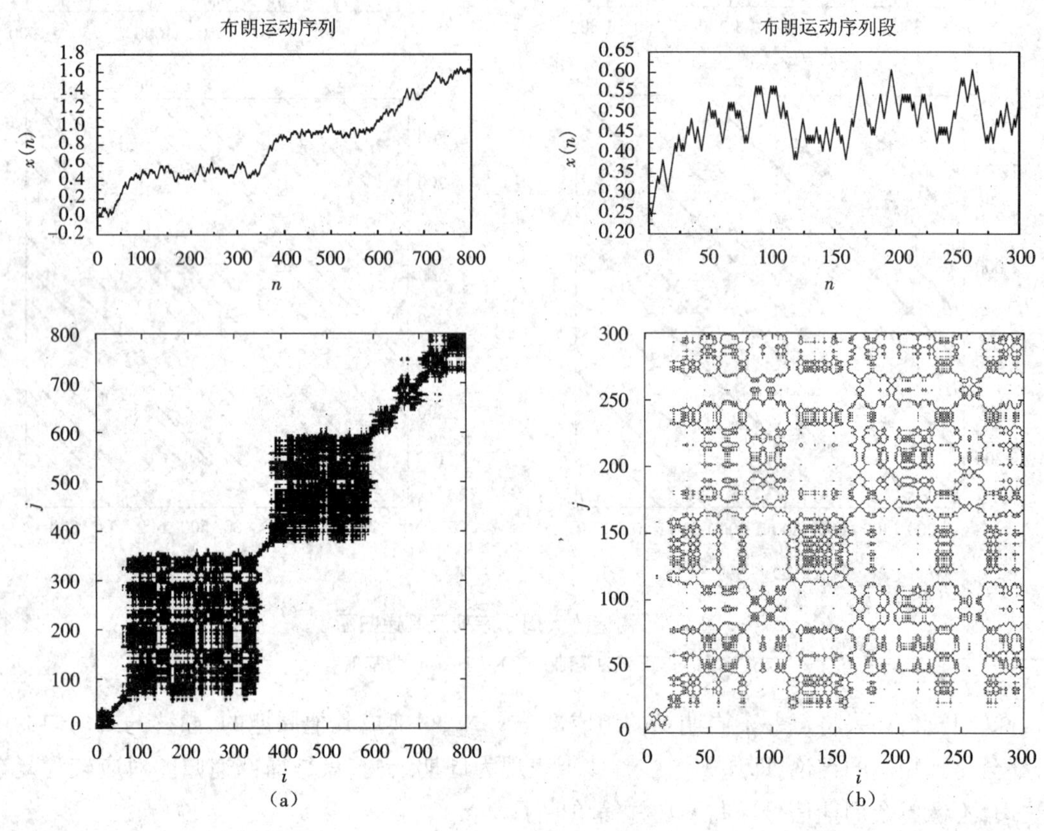

图 4-8 布朗运动序列及其递归图

(a)布朗运动 (b)布朗运动截取段

下面来看两个简单的例子。分别以图 4-9 的方波信号和图 4-10 的正弦信号为基础构造信号。方波信号幅值为 1,周期为 0.5 s。从图 4-9 可以看出,方波信号的递归图特征明了,仅由完全的黑色块和白色块组成。黑色块是由方波信号的恒值区段产生的,而白色块是如何产生的呢?稍加分析就可以看出,方波信号中有最高值和最低值间的瞬间突变,而最高值区段和最低值区段间是没有任何递归现象的,从而形成白色块状结构。

图 4-10 是在正弦信号的基础上,插入了几个很窄的锯齿波信号,其中正弦信号幅值为 3,锯齿波信号幅值为 9,是正弦幅值的 3 倍。从构造好的信号图来看,这三个锯齿波相当于正弦信号中的突变因素。观察递归图,虽然整体上体现出了强烈的正弦信号递归图的特征,即对角线方向线段,但是图中出现了一些白色带状结构,将递归图分割成一个个的矩形块。与时间序列对比,就会看出这些白色带对应着锯齿波信号,即突变过程。也就是说,系统中的突变在递

归图中不仅可以表现为大的黑色块和白色块结构，也可能表现为白色带状结构。

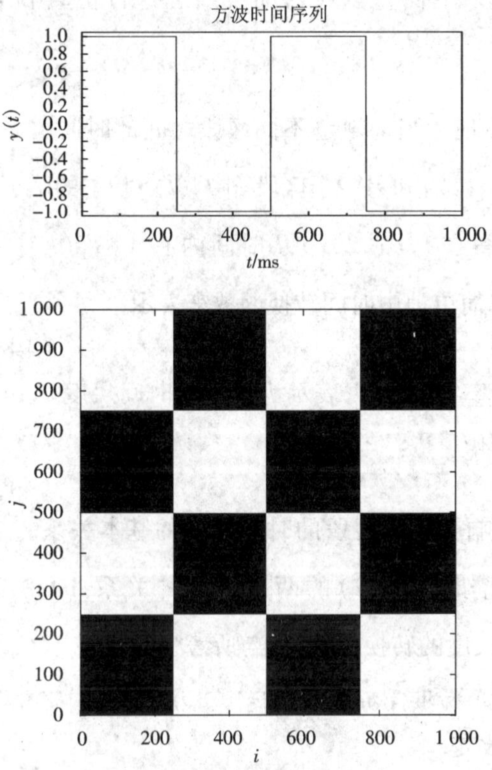

图 4-9　方波信号及其递归图

[$m=1, \tau=1, \varepsilon=0.25$ std(x)]

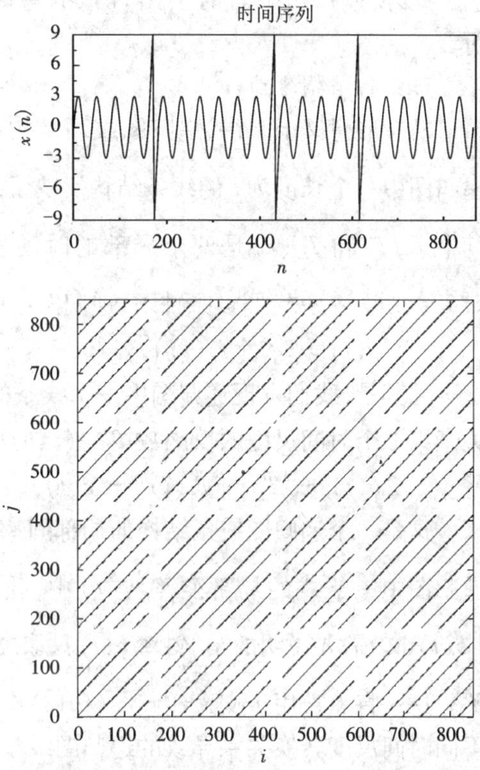

图 4-10　正弦信号加入三角波后的信号及其递归图

[$m=4, \tau=3, \varepsilon=0.25$ std(x)]

4.3　递归图线条纹理仿真

仔细观察递归图结构，可以发现有以下几种纹理特征：孤立点、对角线方向线段以及垂直或水平方向线段(它们可以共同组成矩形块)。

孤立点：当系统状态孤立或没有持续一定时间，没有重复出现，或当出现剧烈波动的时候，递归图中就会出现孤立点的纹理。

对角线方向线段：当相空间轨迹中的一段与另一段相平行的时候，或者当不同时间内相空间轨迹出现在相同的区域内的时候，递归图就会出现沿对角线方向的线段。这样的对角线方向线段的长度取决于在相同区域内相空间轨迹持续的时间。对角线方向线段的具体方向分为 $\pm\pi/4$：平行于主对角线的($+\pi/4$)代表平行的相空间轨迹随时间的发展方向是相同的；垂直于主对角线的($-\pi/4$)代表平行的相空间轨迹随时间的发展方向是相反的，这样的现象往往说明嵌入维数的不足。

垂直(水平)方向线段：当系统状态在一段时间内保持不变或变化非常缓慢的时候，在递归图上就反映为垂直和水平方向的线段。这也表示系统中存在着间歇状态。

此外,递归图中有时会出现长的弯曲线纹理。下面重点对弯曲线纹理进行仿真和分析[6]。

1. 线条结构弯曲

从一般意义上来讲,递归图纹理结构局部地表现了当前轨迹不同区段之间的时间关系。递归图中一个长度为 l 的线条结构反映了区段 $\vec{x}[T_1(t)]$ 和另一个区段 $\vec{x}[T_2(t)]$ 状态的临近,其中 $T_1(t)$ 和 $T_2(t)$ 是两个局部的时间尺度,使得在 $t=1,2,\cdots,l$ 时间内有 $\vec{x}[T_1(t)]\approx\vec{x}[T_2(t)]$。在一定假设条件下,递归图中的线可以简单地由时间转换函数来表示:

$$\boldsymbol{v}(t)=T_2^{-1}[T_1(t)] \tag{4-8}$$

尤其是,我们发现递归图中一个线条的局部斜率 $b(t)$ 可以表示为第一个时间尺度 $T_1(t)$ 关于第二个时间尺度的反函数 $T_2^{-1}(t)$ 的局部时间微分 ∂_t:

$$b(t)=\partial_t T_2^{-1}[T_1(t)]=\partial_t \boldsymbol{v}(t) \tag{4-9}$$

这是一个递归图线条结构的局部斜率 $b(t)$ 与响应轨线区段的时间尺度的基本关系。从递归图中一条线的局部斜率 $b(t)$ 中,我们可以推断出 $\vec{x}(t)$ 的两个区段的关系:$\boldsymbol{v}(t)=\int b(t)\mathrm{d}t$。需要说明的是,斜率 $b(t)$ 只取决于时间尺度的转换关系,而与所考察的轨迹 $\vec{x}(t)$ 无关。这一特点被用于交叉递归图(CRP)中,调节两组数据序列的时间尺度。接着,我们研究由不同时间尺度转换关系导致的递归图线条结构的改变。

2. 弯曲线条纹理仿真实例

以下介绍一些不同的一维轨迹 $f(t)$ 的时间转换的例子(无嵌入),研究在轨迹 $f(t)$ 的两区段 f_1 和 f_2 中加入不同的时间转换函数后它们之间的递归现象,见表 4-1。为了证明所发现的关系[式(4-9)]与轨迹曲线无关,先使用函数 $f(t)=t^2$ 作为轨迹,然后使用函数 $f(t)=\sin \pi t$ 作为轨迹。稍后将证明这些区段之间的递归图的局部特征最终和这两个不同的曲线或函数之间的 CRP 对应。

表 4-1　加入不同时间转换函数后递归图中的弯曲结构

图序	$T_1(t)$	$T_2(t)$	$T_2^{-1}(t')$	$b(t)$	$\upsilon(t)$
4-11(a)	t	$2t$	$0.5t'$	0.5	$0.5t$
4-11(b)	t	t^2	$\sqrt{t'}$	$1/(2\sqrt{t})$	$\sqrt{t}$
4-11(c)	t	$1-\sqrt{1-t^2}$	$\sqrt{1-(1-t')^2}$	$(1-t)/\sqrt{1-(1-t)^2}$	$\sqrt{1-(1-t)^2}$
4-11(d)	t	$\sqrt{t}$	t'^2	$2t$	t^2
4-11(e)	$\sin \pi t$	$2t$	$0.5t'$	$0.5\pi\cos \pi t$	$0.5\sin \pi t$
4-11(f)	$\sin \pi t$	t^2	$\sqrt{t'}$	$\pi\cos \pi t/(2\sqrt{\sin \pi t})$	$\sqrt{\sin \pi t}$

假设轨迹曲线的第二段 f_2 的速度是第一段 f_1 的 2 倍,比如时间转换函数是 $T_1(t)=t$ 和 $T_2(t)=2t$,通过式(4-8)得到一个常数斜率 $b=0.5$。递归图中和这两区段对应的线条遵循公

式 $v(t) = 0.5t$，见图 4-11(a)，计算出的线条用白色点画线标出。

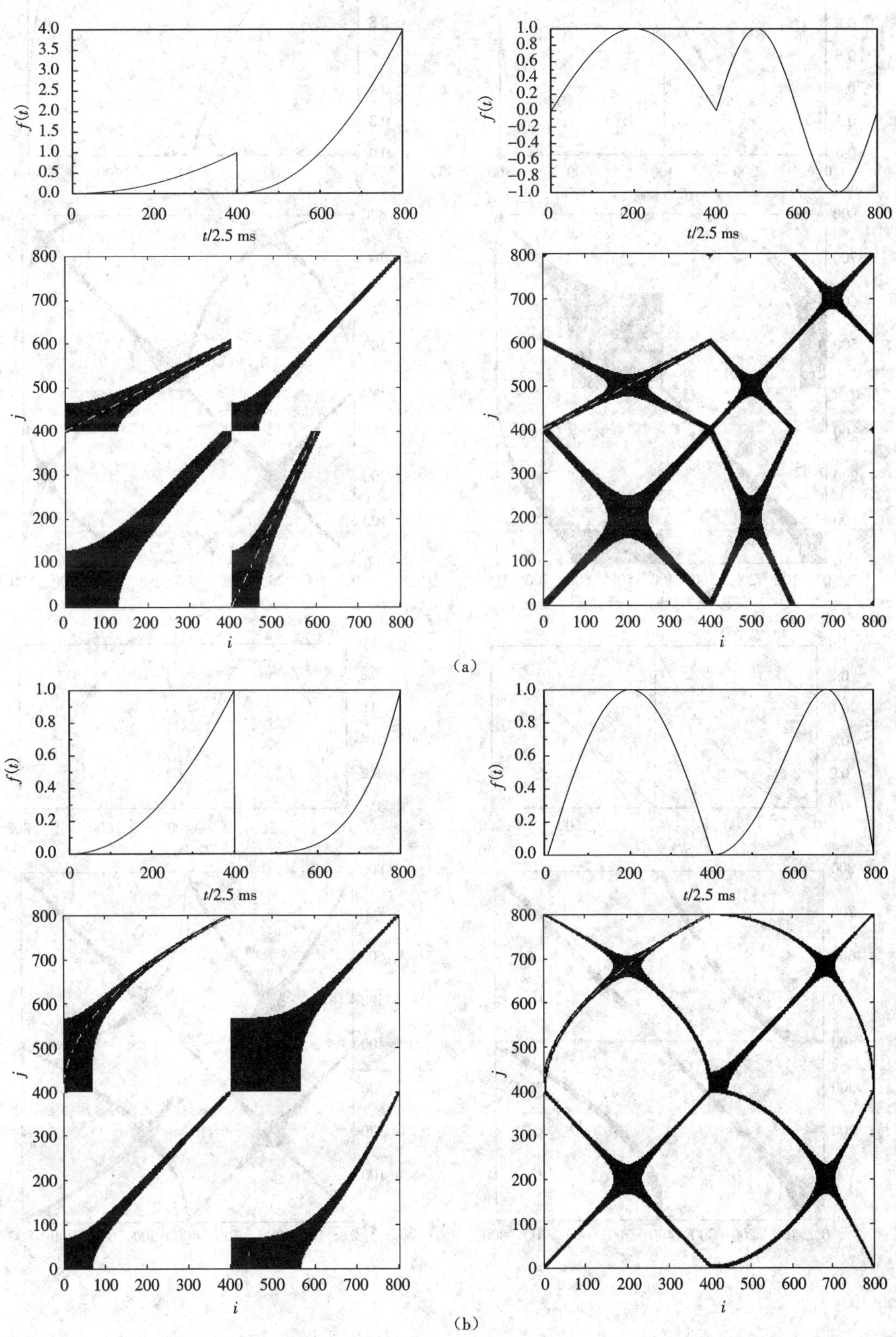

(a)

(b)

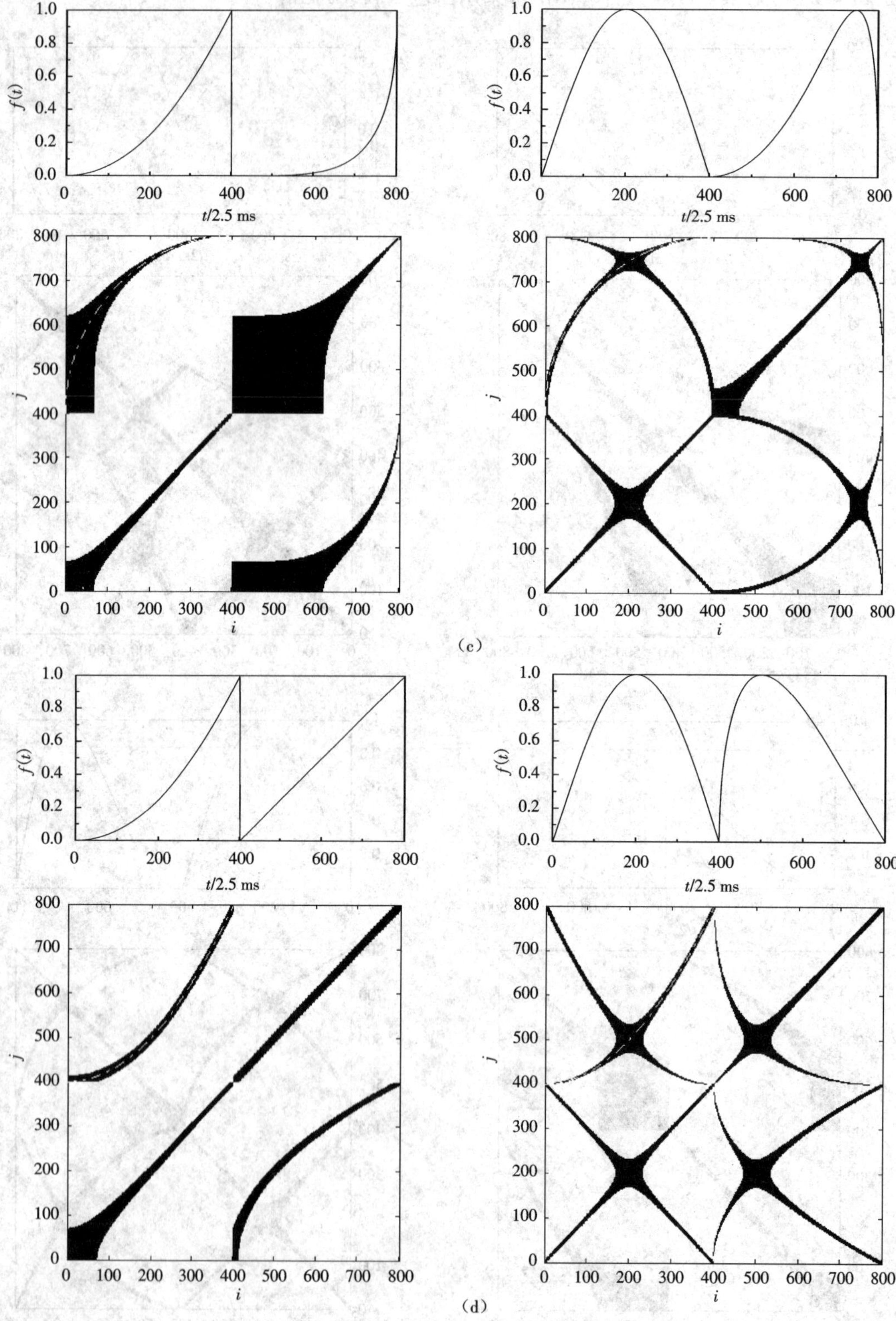

(c)

(d)

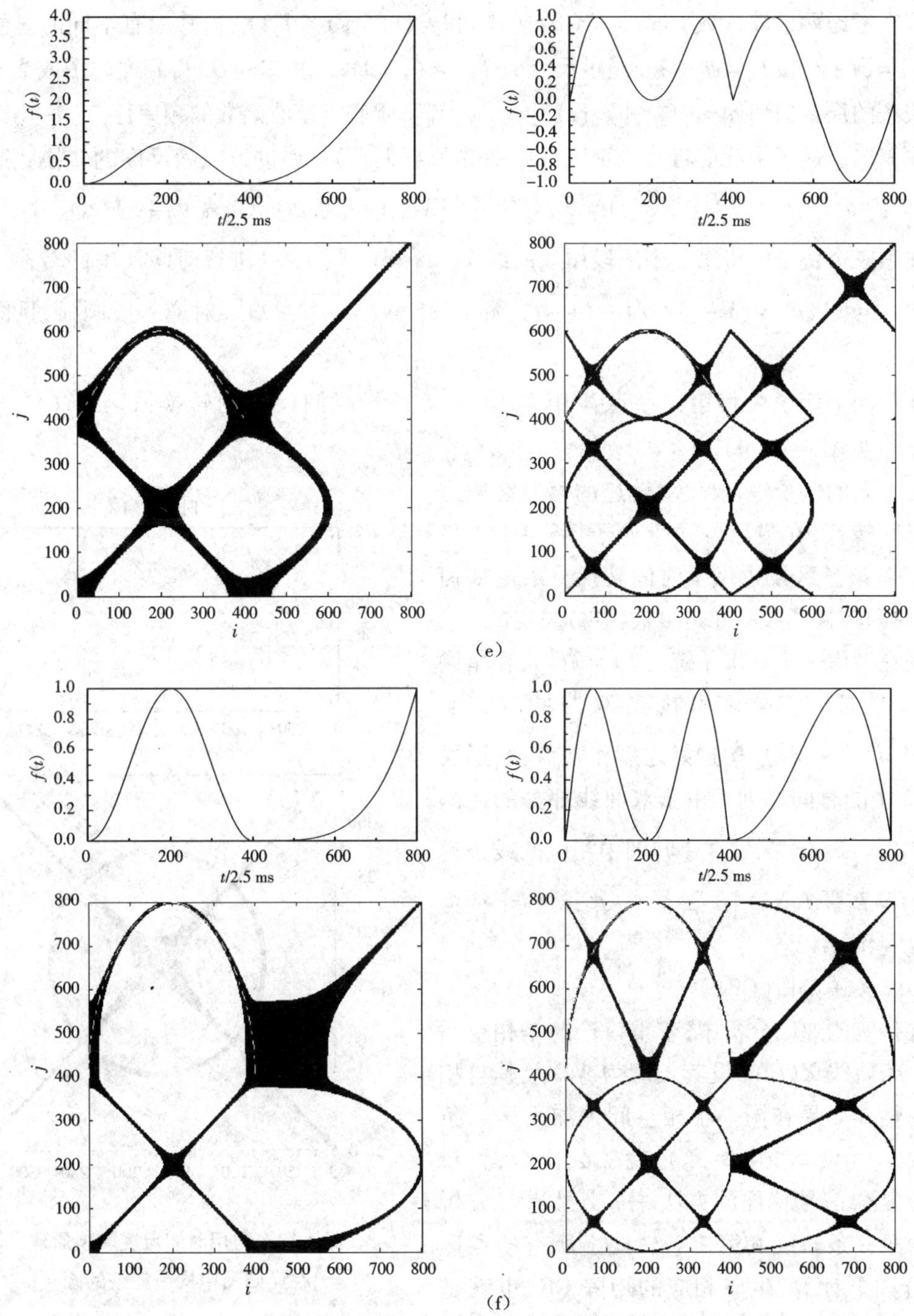

图4-11　弯曲线纹理示例

［嵌入参数 $m=1,\tau=1,\varepsilon=0.1\text{std}(x)$；左列函数为 $f(t)=t^2$，右列函数为 $f(t)=\sin \pi t$］

(a)以 $T_1(t)=t, T_2(t)=2t$ 为时间转换函数　(b)以 $T_1(t)=t, T_2(t)=t^2$ 为时间转换函数

(c)以 $T_1(t)=t, T_2(t)=1-\sqrt{1-t^2}$ 为时间转换函数　(d)以 $T_1(t)=t, T_2(t)=\sqrt{t}$ 为时间转换函数

(e)以 $T_1(t)=\sin \pi t, T_2(t)=2t$ 为时间转换函数　(f)以 $T_1(t)=\sin \pi t, T_2(t)=t^2$ 为时间转换函数

现在考虑两谐波函数 $f_1(t)=\sin[T_1(t)]$ 和 $f_2(t)=\sin[T_2(t)]$，其中有不同的时间转换函数 $T_1=\varphi t+\alpha$ 和 $T_2=\psi t+\beta$。通过反函数 $T_2^{-1}=(t-\beta)/\psi$ 和式(4-9)得到递归图或交叉递归图中线条的局部斜率 $b=\partial_t T_2^{-1}[T_1(t)]=\varphi/\psi$，等于所研究谐波函数的频率比。

在第二个例子中我们将第二个区段用平方函数 $T_2(t)=t^2$ 进行时间尺度的转换。通过式(4-8)得到 $b(t)=1/(2\sqrt{t})$ 和 $\upsilon(t)=\sqrt{t}$，对应递归图上的一条弯曲线，见图 4-11(b)。

在第三个例子中将第二个区段用双曲线 $T_2(t)=1-\sqrt{1-t^2}$ 进行时间尺度的转换。通过式(4-9)得到 $b(t)=(1-t)/\sqrt{1-(1-t)^2}$ 和 $\upsilon(t)=\sqrt{1-(1-t)^2}$，对应一段圆弧，见图 4-11(c)。

在第四个例子中将第二个区段用 $T_2(t)=\sqrt{t}$ 进行时间尺度的转换，得到 $b(t)=2t$ 和 $\upsilon(t)=t^2$，见图 4-11(d)。

在上面的例子中，仅仅对轨迹的第二区段进行了时间转换，在最后的两个例子[图 4-11(e)(f)]中对第一区段也做了时间转换。不论如何变化，时间转换函数同样是由式(4-8)决定的。

现在考虑一个一维系统 $f(T)=T(t)$：作单调增加线性段 $T_{\text{lin}}=t$，串接上双曲线 $T_{\text{hyp}}=-\sqrt{r^2-t^2}$ 的一部分；构造好之后作映像，则形成图 4-12 中的时间序列。由于双曲线部分的逆函数为 $T_{\text{hyp}}^{-1}=\pm\sqrt{r^2-t^2}$，在递归图中相应的线条遵循 $\upsilon(t)=T_{\text{hyp}}^{-1}[T_{\text{lin}}(t)]=\pm\sqrt{r^2-t^2}$，对应半径为 r 的圆，见图 4-12。

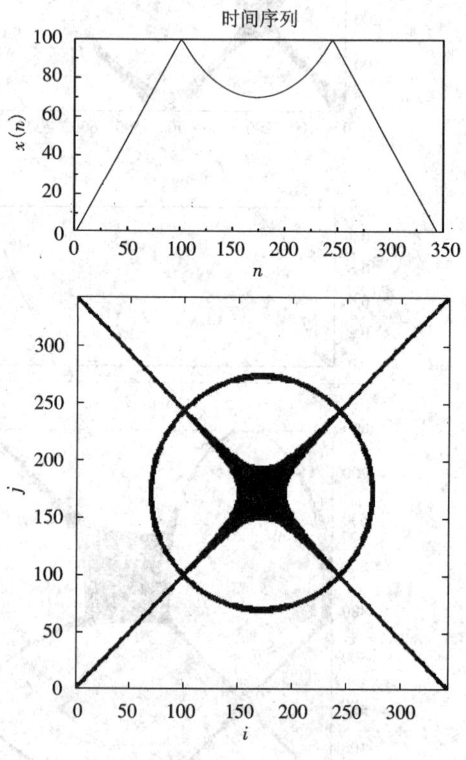

图 4-12　利用时间尺度转换原理在递归图中构造完整的圆

3. 交叉递归图(CRP)

在传统的递归分析中，着重讨论的是相空间中的一条轨线 $\boldsymbol{X}(t_1)$（设其长度为 N_1）及其自相似的特性。如果在同一个相空间中加入第二条轨线 $\boldsymbol{Y}(t_2)$（设其长度为 N_2），就需要用到一种新的研究复杂信号特征的方法——交叉递归分析法。对第一条轨线和第二条轨线上所有的点逐一进行如下计算，生成相应的矩阵 CR，也就是 Cross Recurrence Plot(CRP)，即交叉递归图，具体表达式如下：

$$\text{CR}(t_1,t_2)=H(\varepsilon-\|\boldsymbol{X}(t_1)-\boldsymbol{Y}(t_2)\|)\tag{4-10}$$

这一概念与递归图的定义相似。由表达式可知，如果第二条轨线中 t_2 时刻的状态与第一条轨线上 t_1 时刻的状态接近，在矩阵 CR 的位置 (t_1,t_2) 处，将会标记一个黑点。两条轨线出现邻近状态并不同于一个状态出现递归现象，所以这个矩阵中的数据并不代表递归点，而是代表两个系统相似状态的结合点。可以说,这个矩阵并不是真正意义上的交叉递归图,之所以这样命名是为了追随递归图的一般称呼方法,也是为了在文字上与 RQA(递归定量分析)相似的概念 CRQA(交叉递归定量分析)的出现相呼应。由于相空间重建后生成的轨线 $x(t_1)$ 和轨线 $y(t_2)$ 不一定等长,所以 CRP 也不一定是正方形的。

下面以图 4-11(b)为例进行分析。首先看 $f(t)=t^2$,设轨迹的第一段和第二段分别为 s_1,s_2,则有 $s_1(t)=f[T(t_1)]=t^2$,$s_2(t)=f[T(t_2)]=(t^2)^2=t^4$;将 s_1 和 s_2 分别看作两条轨线,作交叉递归图,如图 4-13(a)所示。从中可以看出,CRP 和图 4-11(b)左侧递归图的左上角部分是对应的,而图 4-11(b)中依据式(4-8)和式(4-9)得出的弯曲线 $v(t)=\sqrt{t}$ 则变为 CRP 中的时间同步线(LOS)[7]。事实上,图 4-11(b)中的轨迹线可以看作 s_1 和 s_2 两段的串接,如果把对应的递归图看成一个矩阵 $\begin{bmatrix} A_{11} & A_{12} \\ A_{21} & A_{22} \end{bmatrix}$,则左下的部分 A_{21} 对应第一段轨线 s_1 的递归图,右上的部分 A_{12} 对应第二段轨线 s_2 的递归图,左上部分 A_{11} 则对应 s_1 和 s_2 的交叉递归图,右下部分 A_{22} 对应 s_2 和 s_1 的交叉递归图。

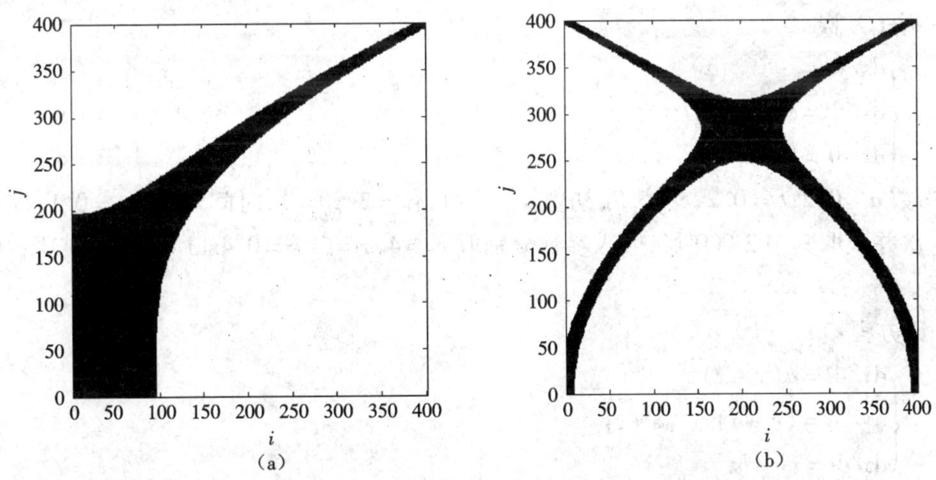

图 4-13　交叉递归图示例

(a) $s_1=t^2, s_2=t^4$　(b) $s_1=\sin \pi t, s_2=\sin \pi t^2$

再看 $f(t)=\sin \pi t$,有 $s_1(t)=f[T(t_1)]=\sin \pi t$,$s_2(t)=f[T(t_2)]=\sin \pi t^2$,作交叉递归图,见图 4-13(b)。同样地,图 4-13(b)与图 4-11(b)右侧递归图中左上部分是对应的,与上个例子有相同的结论。关于递归图线条结构的弯曲,总结以下几点:

(1)递归图中的线条纹理由式(4-8)决定,并且仅依赖于时间尺度的转换,与轨迹线的选取无关;

(2)计算出的弯曲线出现在整个递归图左上方,对应着同一轨线不同时间尺度下两区段的交叉递归图,且弯曲线是交叉递归图的时间同步线(LOS);

(3)虽然上面的例子都是一维相空间轨迹,但得到的结论对高维相空间甚至对离散系统都是成立的;

(4)以上递归图都是在未嵌入($m=1$)的情况下得到的,出现了一些和主对角线垂直的线条纹理,在高维相空间下这部分线条纹理或多或少会消失,但剩余的线条纹理仍将表现出对应的时间尺度间的关系。

4.4 几种典型非线性系统递归图

1. 几种混沌系统递归图

下面看几个混沌系统的例子,分别为洛伦兹系统、Rössler 系统和陈氏系统。

洛伦兹方程:

$$\begin{cases} \mathrm{d}x/\mathrm{d}t = a(y-x) \\ \mathrm{d}y/\mathrm{d}t = rx - y - xz \\ \mathrm{d}z/\mathrm{d}t = -bz + xy \end{cases} \tag{4-11}$$

式中,参数 $a=10, b=8/3, r=28$,初值 $x_0=2, y_0=2, z_0=20$,时间步长取 $\Delta t=0.018$;利用四阶龙格-库塔法求解,迭代 10 000 次并截取其中 2 000 点作为时间序列,嵌入参数分别取 $m=4$,$\tau=3, \varepsilon=0.4\text{std}(x)$ 作递归图,如图 4-14 所示。

Rössler 方程:

$$\begin{cases} \mathrm{d}x/\mathrm{d}t = -(y+z) \\ \mathrm{d}y/\mathrm{d}t = x + ay \\ \mathrm{d}z/\mathrm{d}t = b + xz - cz \end{cases} \tag{4-12}$$

式中,参数 $a=0.2, b=0.2, c=5.7$,初值 $x_0=-1, y_0=2, z_0=1$,时间步长 $\Delta t=0.1$;同样迭代 10 000 次并截取其中 2 000 点,嵌入参数分别取 $m=4, \tau=3, \varepsilon=0.4\text{std}(x)$ 作递归图,如图 4-15 所示。

陈氏方程:

$$\begin{cases} \mathrm{d}x/\mathrm{d}t = a(y-x) \\ \mathrm{d}y/\mathrm{d}t = (c-a)x - xz + cy \\ \mathrm{d}z/\mathrm{d}t = xy - bz \end{cases} \tag{4-13}$$

式中,参数 $a=35, b=3, c=28$,初值 $x_0=1, y_0=2, z_0=1$,时间步长 $\Delta t=0.01$;和前两个系统一样,取 2 000 点,嵌入参数分别取 $m=4, \tau=3, \varepsilon=0.25\text{std}(x)$ 作递归图,如图 4-16 所示。

对比图 4-14 到图 4-16 的三个混沌系统的递归图,会发现有类似的特征,都出现了沿主对角线方向的斜线和由这样的斜线构成的色块,此外也有一些孤立点存在。这里要提出一个概念,即不稳定周期轨道(Unstable Periodic Orbit, UPO)[8]。混沌吸引子的轨道可以看作一个UPO 到下一个 UPO 的不断跳变,而每一个 UPO 代表了系统动力学特性相对稳定的一段轨道。当系统的轨道接近一个 UPO 的时候,将会在它邻近区域停留一定的时间,时间长度取决于该UPO 的稳定程度。这些会在递归图中得到反映,因为和周期行为对应的递归图表现为等间隔的连续的对角线方向线段。因此,可以通过识别递归图中类似的周期窗口来确定系统中的UPO。

在以上三个递归图中都可以发现这样的周期窗口,然而各个窗口对角线方向线段的间隔距离是不同的,表明这些 UPO 的周期不同。如图 4-15 中 Rössler 序列对应的递归图,前 800 点

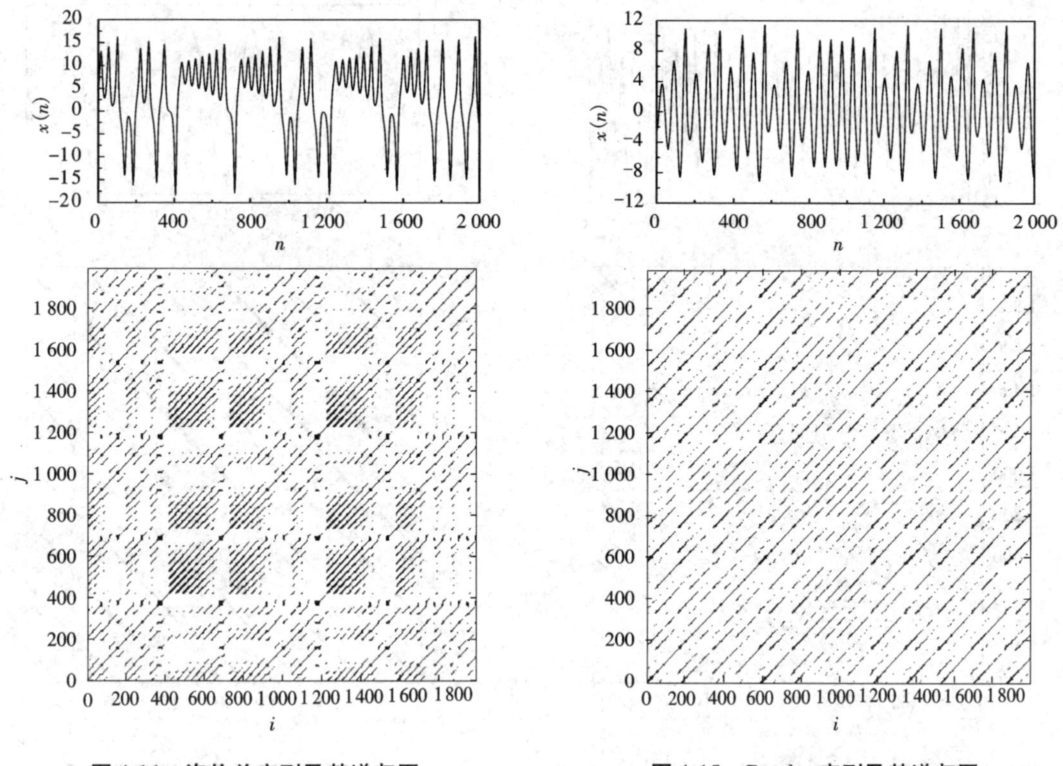

图 4-14　洛伦兹序列及其递归图　　图 4-15　Rössler 序列及其递归图

区域大致可看作一个周期窗口,之后的 800 ~ 1 200 区域因对角线方向线段间的距离变小,即 UPO 的周期变小,成为另一个周期窗口,之后的 800 点线条间隔距离又变大,又形成一个周期窗口;基本上该递归图可以看作由三个 UPO 组成,这在时间序列上也可以分辨出来。

这里所说的周期窗口,并不是代表完全的周期行为。观察图 4-16 陈氏序列对应的递归图,800 ~ 1 200 区域可以看作一个窗口,现在将这一段序列截取出来并作递归图,见图 4-17。从中可以看出,递归图虽然整体上表现为一系列对角线方向的线段,属于周期结构递归图的特征,但是这些线段会有断裂,且有轻微弯曲,并不是完全的直线。所以,图 4-16 的递归图只能说对应类周期行为,也就是说,图 4-16 中所谓的周期窗口事实上对应的是类周期行为。其余混沌系统有相同的结论。

当然在这些递归图中也分布着一些孤立点,可以看出原信号也有一定的随机性,表明了这些非线性信号的混沌特性,是随机性和确定性并存的一类特殊信号。

2. Logistic 映射

首先介绍几个递归量,与基于对角线的递归量不同,这些递归量是基于垂直线的。

(1)长度为 v 的垂直线段总数 $P(v)$[8]:

$$P(v) = \sum_{i,j=1}^{N} (1 - R_{i,j})(1 - R_{i,j+v}) \prod_{k=0}^{v-1} R_{i,j+k} \tag{4-14}$$

(2)层次性(Laminarity, LAM)[8]:构成垂直线方向线段的递归点占总递归点数的百分比,即

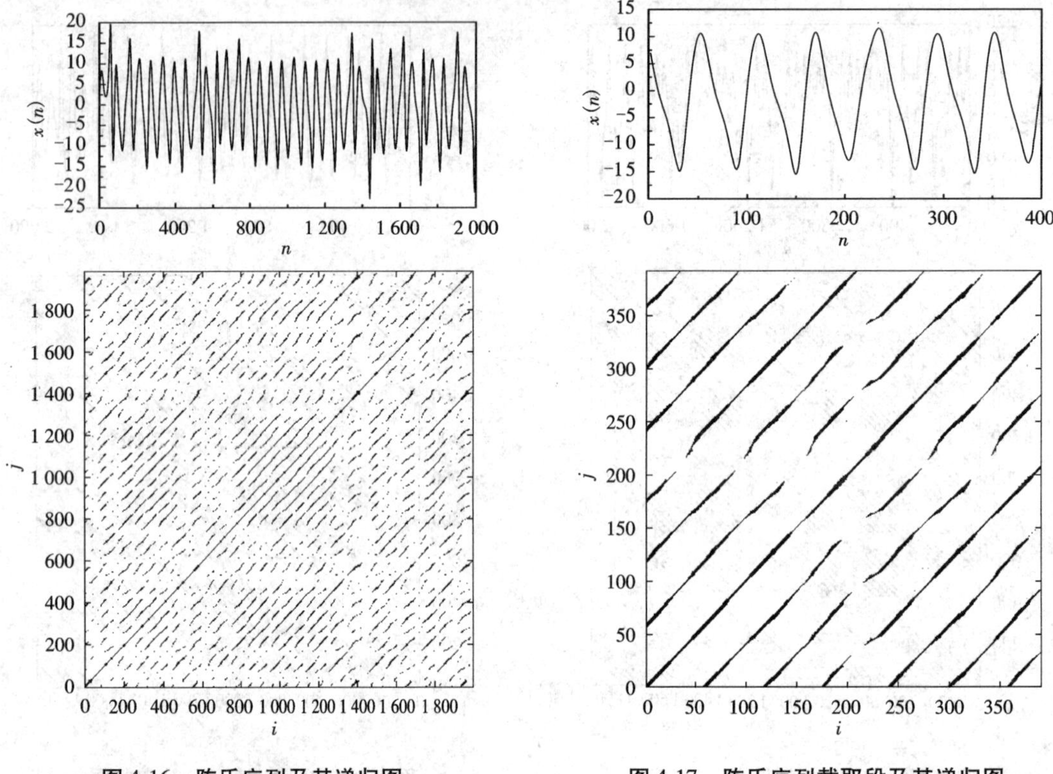

图 4-16 陈氏序列及其递归图

图 4-17 陈氏序列截取段及其递归图

$$LAM = \frac{\sum_{v=v_{\min}}^{N} vP(v)}{\sum_{v=1}^{N} vP(v)} \tag{4-15}$$

可以看出,层次性和确定性的定义类似。只有垂直方向线段的长度大于预先给定的下限 $v_{\min}$ 时才开始计数,一般 $v_{\min}$ 取 2。层次性表征系统层流状态的发生,但并不描述这些状态的长短。

(3)捕获时间(Trapping Time, TT)[8]:平均垂直线长度,即

$$TT = \frac{\sum_{v=v_{\min}}^{N} vP(v)}{\sum_{v=v_{\min}}^{N} P(v)} \tag{4-16}$$

与平均对角线长度 L 的定义类似,必须同时考虑下限 $v_{\min}$。TT 估计系统特定状态的平均持续时间或者说该状态捕获的时间。

(4)最大垂直线长度(Maximal Length, $V_{\max}$)[8]:

$$V_{\max} = \max(v_l) \quad (l = 1, 2, \cdots, N) \tag{4-17}$$

下面看 Logistic 映射的例子:

$$x_{n+1} = ax_n(1 - x_n) \tag{4-18}$$

分别选取四组不同的参数来确定时间序列并作相应的递归图,如图 4-18 所示。

四组参数分别为:

①$a=0.383$,初值 $x_0=0.5$;

②$a=3.679$,初值 $x_0=0.55$;

③$a=3.720$,初值 $x_0=0.5$;

④$a=4.0$,初值 $x_0=0.55$。

均迭代 200 次,嵌入参数均取 $m=3,\tau=1,\varepsilon=0.25\mathrm{std}(x)$。

当 $a=0.383$ 时,Logistic 映射表现为周期行为,对应的递归图也表现为连续的周期的对角线纹理,没有垂直和水平线段[图 4-18(a)]。

为了对②③④三种情况进行更好的说明,给出 Logistic 映射的分岔图(图 4-19)。其中控制参数 $a\in[3.5,4]$,间隔 $\Delta a=0.0005$,共 1 000 个取值。

从分岔图中可以看到,当 $a=3.679$ 和 $a=3.720$ 时,Logistic 映射对应混沌 - 混沌状态的跃迁,递归图中出现由垂直线和水平线构成的黑色块状结构,表明系统存在间歇行为;同时,递归图也有对角线方向线段和一些散点[图 4-18(b)(c)]。当 $a=4.0$ 时,Logistic 映射进入完全的混沌状态,递归图由大量孤立点和一些短的对角线组成,黑色块状结构不再存在。

计算以上四组序列的层次性(LAM),依次为 0,0. 172 5,0. 101 6 和 0. 045 4。可见,①情况下,由于是周期序列,没有垂直、水平线,所以 LAM 值为 0;②和③情况下,序列不仅表现出混沌特性,而且存在间歇性,LAM 值增大,且②比③中的间歇行为频繁,递归图中的垂直线和水平线增多,所以 LAM 值也较大;④情况下,系统变成完全混沌状态,垂直和水平线急剧减少,LAM 值也相应降低。所以 LAM 可以反映系统状态的变化,如周期 - 混沌跃迁、混沌 - 周期跃迁等。TT 及 V_{max} 也可表征系统状态的变化,这里不再一一说明。

量化指标表征系统特征时准确可靠,但从图 4-18 的递归图中也可以看出系统状态的不同,递归图纹理结构对系统变化是敏感的,所以研究递归图的结构特征和细节纹理是有积极意义的。

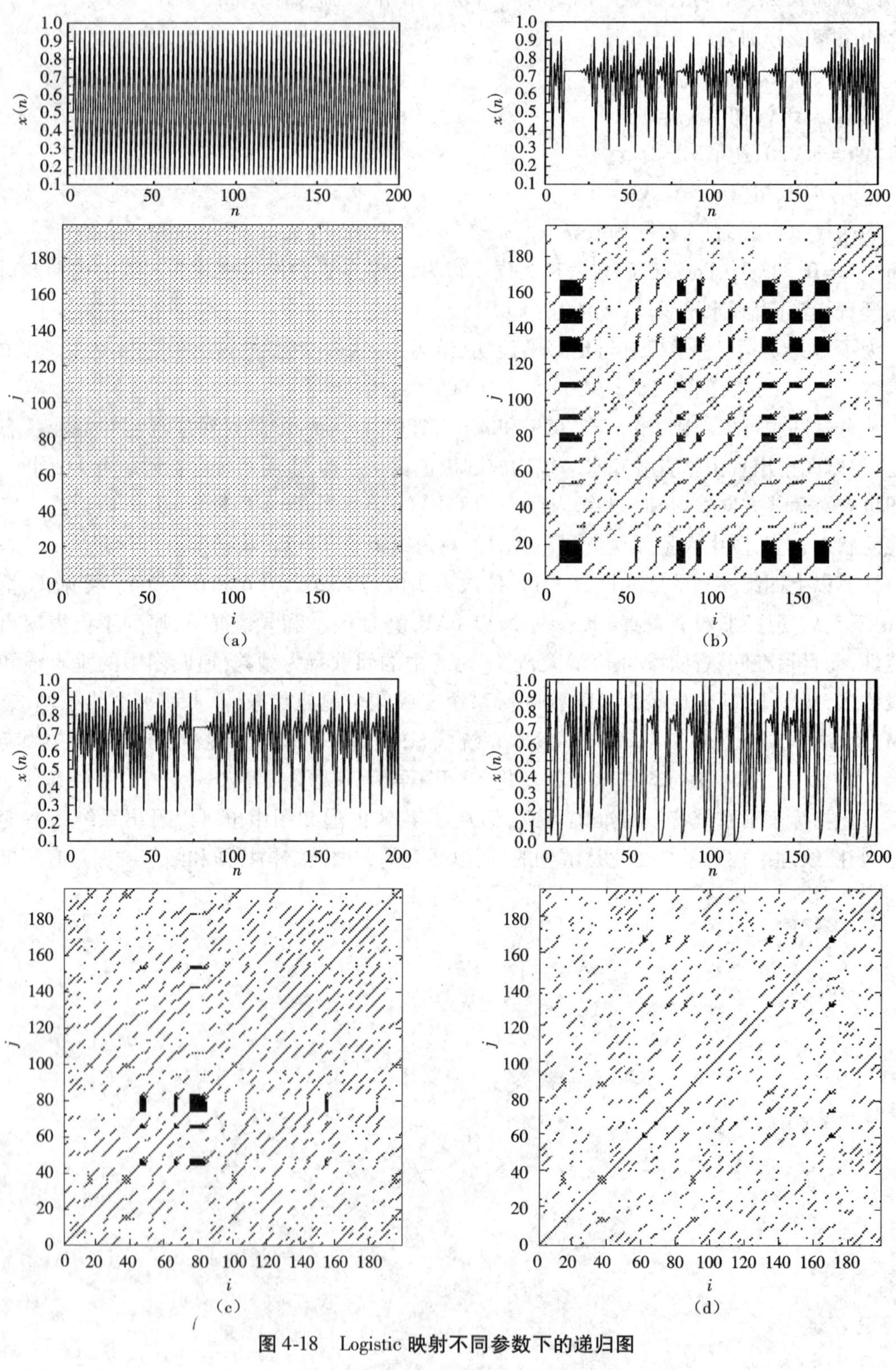

图 4-18 Logistic 映射不同参数下的递归图

(a) $a=0.383$ (b) $a=3.679$ (c) $a=3.720$ (d) $a=4.0$

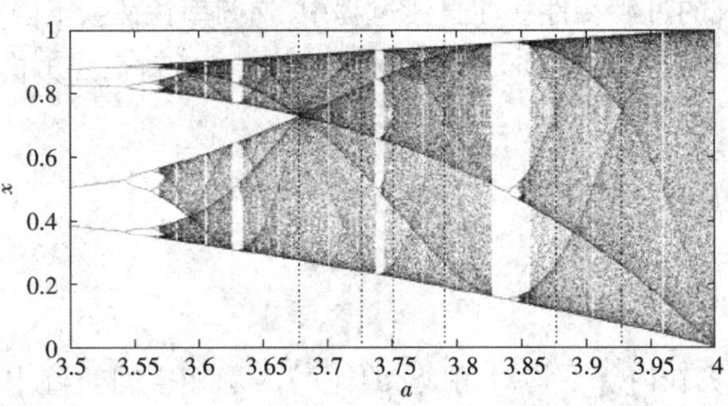

图 4-19　Logistic 映射分岔图

4.5　递归定量分析

1. 递归图特征量

兹比卢特(Zbilut)和韦伯(Webber)[4]将递归图的结构特征定量地描述出来,其所用的方法即递归定量分析(RQA)。他们根据递归图的递归点密度和对角线方向线段的特征定义了下面一些特征量。

(1)递归率(Recurrence Rate, *RR*):递归图平面中递归点数占平面可容纳总点数的百分比,即

$$RR = \frac{1}{N^2}\sum_{i,j=1}^{N} R_{i,j} \tag{4-19}$$

它表明了在 m 维相空间中彼此靠近的相空间点所占的比例。

(2)确定性(Determinism, *DET*):构成沿对角线方向线段的递归点数占总递归点数的百分比,即

$$DET = \frac{\sum_{l=l_{\min}}^{N-1} l \cdot p(l)}{\sum_{i,j=1}^{N} R_{i,j}} \tag{4-20}$$

式中,$p(l)$为长度为 l 的线段数。这里 $l_{\min}$一般选择不小于 2 的整数,过大的 $l_{\min}$会使 DET 的表达效果变差。DET 将递归图中孤立的递归点和有组织的形成连续对角线方向线段的递归点区分开来。

(3)比率(*Ratio*):确定性(*DET*)与递归率(*RR*)的比值,即

$$Ratio = \frac{DET}{RR} = N^2 \frac{\sum_{l=l_{\min}}^{N-1} l \cdot p(l)}{\left[\sum_{l=1}^{N} l \cdot p(l)\right]^2} \tag{4-21}$$

其中,$\sum_{l=1}^{N} l \cdot p(l) = \sum_{i,j=1}^{N} R_{i,j}$。

比率可以表达系统的过渡特性。在过渡过程中,递归率往往会下降而确定性却没有变化。

(4)平均对角线长度(Average Diagonal Line Length, L):对角线方向线段长度的加权平均值,即

$$L=\frac{\sum_{l=l_{\min}}^{N-1} l\cdot p(l)}{\sum_{l=l_{\min}}^{N-1} p(l)} \tag{4-22}$$

这里,主对角线并不计算在内。平均对角线长度(L)表示相空间轨迹中互相靠近的两段相轨迹的时间长度,或者表示系统的平均周期。

(5)最大对角线长度(Maximum Length, $L_{\max}$):除主对角线外,对角线方向线段长度的最大值,即

$$L_{\max}=\max(l_i)\quad (i=1,2,\cdots,N-1) \tag{4-23}$$

(6)分岔性(Divergence, DIV):最大对角线长度的倒数,即

$$DIV=\frac{1}{L_{\max}} \tag{4-24}$$

以上两个特征量是相关的,它们与系统的最大李雅普诺夫指数相关。

(7)熵(Entropy, $ENTR$):对角线方向线段频次分布的香农熵,即

$$ENTR=-\sum_{l=l_{\min}}^{N-1}\left[P(l)\cdot \ln P(l)\right] \tag{4-25}$$

式中 $P(l)=p(l)/\sum_{l=l_{\min}}^{N-1} p(l)$。熵反映了系统确定性结构的复杂性,系统的确定性结构越复杂,其熵值也就越大。但是这里的熵值与设定的 $l_{\min}$ 有关,所以它的结果会随 $l_{\min}$ 的不同而不同。以上的七个递归定量分析特征量大多是基于递归图的对角线方向线段的统计量。递归分析逐渐成为一种非常活跃的研究方法,在生物医学、金融股票、化学工程和机械交通等领域得到广泛的应用。

2. 嵌入参数对递归分析的影响

在递归分析中,相空间嵌入参数(嵌入维数、时间延迟及阈值)是需要选择的基本参数。在传统的混沌时间序列分析中,通常采用伪最邻近法来确定最佳的嵌入维数,而时间延迟采用互信息第一极小值法及 C-C 算法,但是这些算法比较复杂,需要花费大量计算时间,而且不同算法对于数据序列长度及噪声影响的依赖性也不同,所以未经相空间嵌入参数优化的混沌时间序列分析,最终在实际应用中往往走入误区或导致错误结论,这也是目前混沌时间序列分析中面临的难点。而递归分析中阈值的选择也没有一个特定的算法或原则,大多是凭借经验来选取。下面通过对典型时间序列的研究,寻找在应用递归分析时选择嵌入参数的简便方法。

1)嵌入维数的影响

选择典型的洛伦兹混沌序列来考察嵌入维数对递归分析的影响。洛伦兹方程为

$$\begin{cases}\dot{x}=-\sigma(x-y)\\ \dot{y}=-xz+rx-y\\ \dot{z}=xy-bz\end{cases} \tag{4-26}$$

它在特定参数区间内的解为典型的混沌吸引子，取 $\sigma = 10$，$b = 8/3$，$r = 28$，初值 $x_0 = 2$，$y_0 = 2$，$z_0 = 20$，采用四阶龙格－库塔方法解此方程（迭代 2 000 次）。对其 x 分量分别选择不同的嵌入维数绘制递归图（图 4-20），当固定延迟参数 k 为 3（其中 $k = \tau/\Delta t$，τ 为延迟时间，Δt 为采样时间间隔）而只改变嵌入维数 m 时，递归图的变化仅表现为图中递归点的多少及线条纹理的清晰程度上，各递归图之间具有较好的相似性，并且较小嵌入维数的递归图在图形结构上包含着较大嵌入维数的递归图，即较大嵌入维数递归图是较小嵌入维数递归图的子集。表明在一定的范围内，递归分析方法对嵌入维数的依赖性并不强。

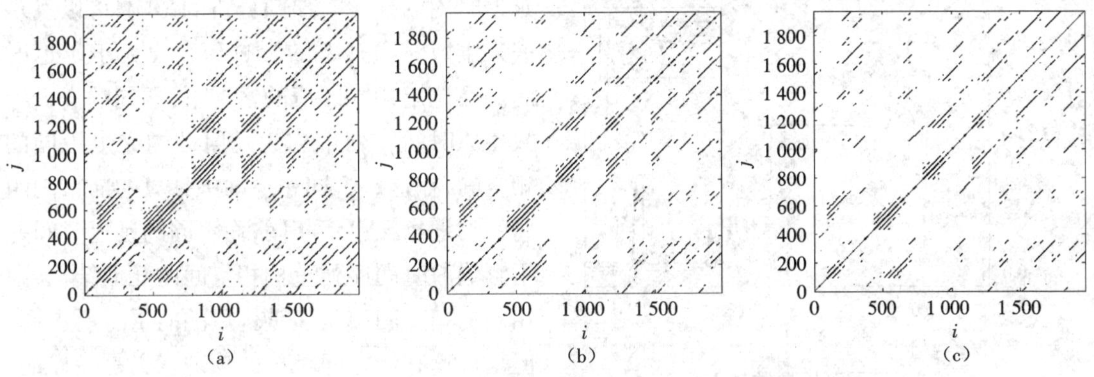

图 4-20　不同嵌入维数的洛伦兹方程 x 序列递归图

(a) $m = 5$，$k = 3$　(b) $m = 8$，$k = 3$　(c) $m = 10$，$k = 3$

下面选择典型的 Logistic 映射进一步考察嵌入维数对递归分析的影响。Logistic 映射的方程为

$$x_{n+1} = ax_n(1 - x_n) \tag{4-27}$$

当 $a \in [2.8, 4]$ 时，迭代序列 x_n 交替出现周期性解和混沌解的特性，即在某些特定的 a 值出现周期性解的窗口。a 取值从 2.8 到 4，以 0.002 为步长（共 601 个 a 值），在每一个 a 值下计算 Logistic 映射序列，并对其进行递归定量分析。取嵌入维数 m 分别为 1、3 及 5，设定延迟参数 k 为 1，阈值 $\varepsilon = 0.25\text{std}(x_i)$，计算的递归率 RR 随 a 值变化关系如图 4-21 所示，从图中可以看出从小到大取不同的嵌入维数时，Logistic 映射由周期性跳转到混沌，并且混沌中的周期性窗口都能有所反映，窗口的位置和大小在各曲线图中都是相同的。随着嵌入维数的增大，递归率有变小的趋势，而窗口处的跳变性更加显著。由此可见，递归定量分析对嵌入维数的依赖性不强，嵌入维数变化带来的只是递归率数值大小的改变，而不改变递归结构性质。这一结论对实际递归分析的嵌入维数选择带来了方便。

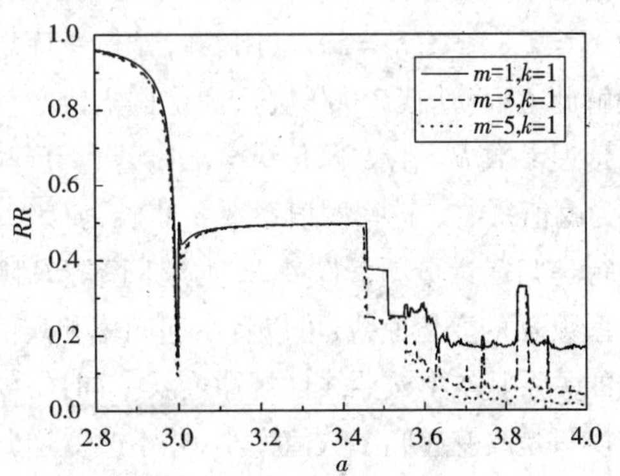

图 4-21　不同嵌入维数对 Logistic 映射递归率的影响

2)延迟时间的影响

固定嵌入维数 m 为5,延迟参数 k 分别取1、3及5,阈值 $\varepsilon=0.25\text{std}(x_i)$,在不同 a 值时对Logistic映射计算递归率 RR。图4-22为 RR 随 a 值变化的曲线图,可以看出对应不同的延迟参数 k,Logistic映射迭代序列性质变化的特征都能很好地表现出来,并且曲线变化的趋势和窗口的一致性都重合得很好。这与嵌入维数对递归分析结果的影响是类似的,即递归分析对延迟时间的依赖性不强,延迟时间变化带来的只是递归率数值大小的改变,而不改变递归结构性质。

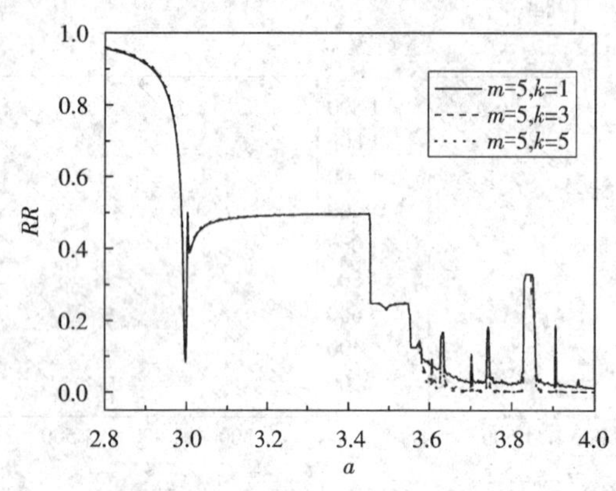

图4-22 不同延迟参数对Logistic映射递归率的影响

此外,综合图4-21和图4-22嵌入维数和延迟时间的变化对递归分析的影响,可以发现嵌入维数对递归率的影响程度要大于延迟时间。在选定相同阈值的情况下,不同的嵌入维数使原时间序列重构为几何结构完全不同的相空间,在这些不同相空间中计算的向量间距离的物理意义也不相同;而不同的延迟时间并不影响原时间序列重构相空间的几何结构,在相同的相空间中虽然重构后的向量有所不同,但是计算它们之间距离的物理意义是一样的。因此,嵌入维数的变化对递归分析产生更大的影响也就不难理解了。

3)阈值的影响

为了具体考察阈值对递归分析的影响,对洛伦兹方程解的 x 分量取不同阈值进行递归分析。取洛伦兹方程参数为 $\sigma=10, b=8/3, r=28$,初值为 $x_0=2, y_0=2, z_0=20$,采用四阶龙格-库塔方法解此方程(迭代2 000次),固定嵌入维数 $m=5$,延迟参数 $k=2$,令阈值 $\varepsilon=\alpha\cdot\text{std}(x_i)$,其中 α 为阈值系数。选择阈值系数 α 步长为0.02,并进行递归定量分析。图4-23为递归率 RR 随阈值系数 α 的变化曲线,可以看出递归率和阈值系数的关系基本上按照线性规律增长。同样,阈值变换只是改变递归率数值大小,并不改变递归结构性质。根据经验,阈值选择为原始时间序列标准差的25%左右是可行的。

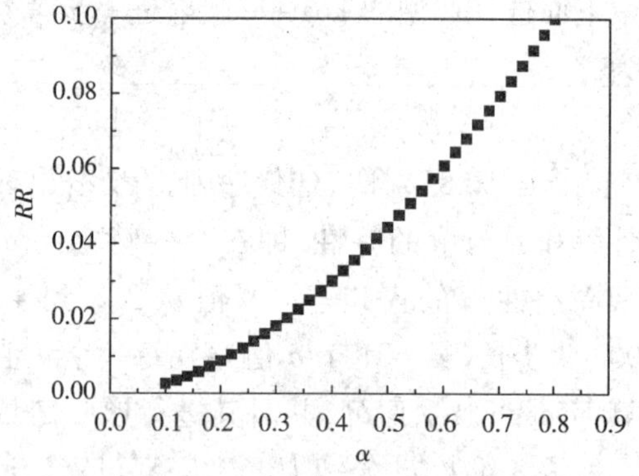

图4-23 不同阈值对洛伦兹方程 x 序列递归率的影响

4.6 递归图分析应用举例

4.6.1 生理信号递归分析

递归分析法不需要任何的数学变换或假设,可用于非常短的甚至是非平稳数据的分析,这使得它非常适合对生物信号如肌电信号、心电信号等进行分析。

首先看一个肌电信号的例子。在肢体皮肤表面合理放置电极，可以获得表征肌体肌肉运动状态的表面肌电信号。让健康的受试者分别完成握拳、展拳、前臂内旋和前臂外旋四类动作各若干组，记录每次动作过程的肌电数据。之后选典型信号作递归图，如图 4-24 所示。其中嵌入参数分别为 $m=6, \tau=4, r=1$[9]。

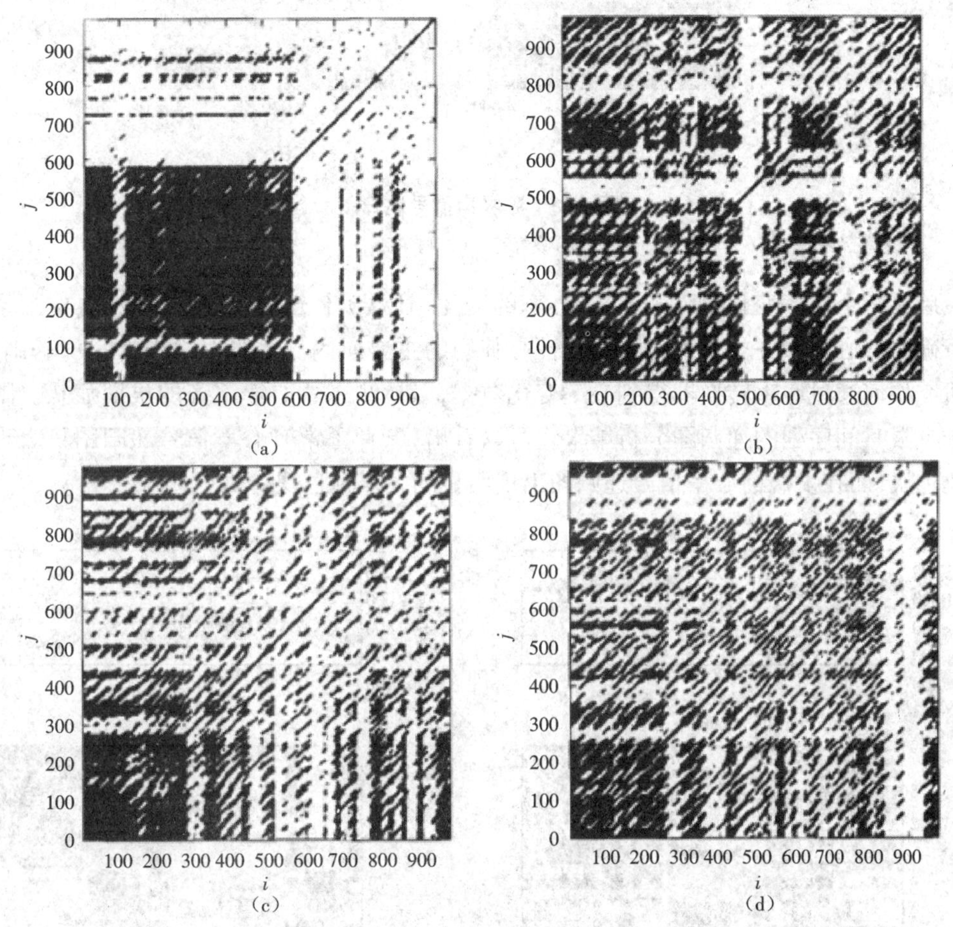

图 4-24　不同动作表面肌电信号的递归图

(a) 前臂内旋　(b) 前臂外旋　(c) 握拳　(d) 展拳

从图 4-24 可以看出，就递归图的整体结构而言，四种动作模式下的递归图都属于突变结构，图中都出现了白色块状或带状结构。这说明在运动过程中肌肉群系统发生了急剧的变化，即在动作过程中，参与放电的肌纤维数目在发生实时的变化。

另一方面，对应不同动作模式的递归图各自具有明显不同的结构特点。其中，前臂内旋对应的递归图主要特点为左下方出现大面积黑色方块，前臂外旋对应的递归图则出现了明显的白色“井”字带状结构，握拳和展拳对应的递归图比较相似，但仍然可以通过图形进行有效区分。

再看一个有关呼吸声的混沌动力学特性的例子[10]。如图 4-25 所示，分别为吸气声和呼气声对应的递归图。两个递归图从整体上看都是均匀结构，纹理特征也没有明显差别，但是递归点密度却有很大的不同,由此可对两种呼吸状态进行区分。

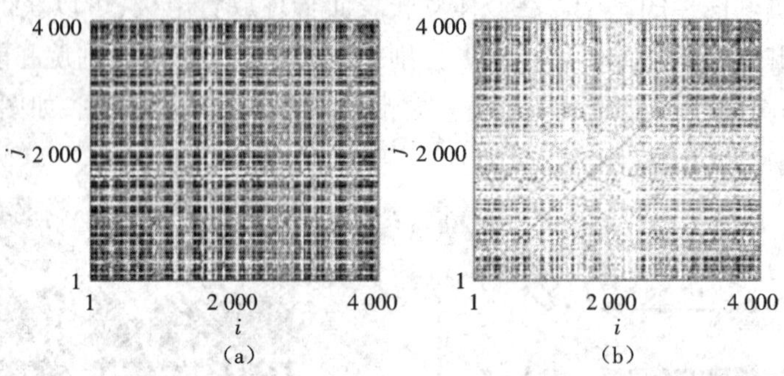

图 4-25　呼吸声信号递归图

(a)吸气声　(b)呼气声

最后看一个心率变化的例子[11]。心率的变化(HRV)十分复杂,所以很难根据图像对疾病进行确诊。心律不齐类疾病是导致急性心脏病的主要原因。心脏医学中的一项基础课题,就是研究如何通过心率转换器得到心率变化数据,以检测患者心律不齐的早期症状。图 4-26 是基于有限时间序列的递归图分析结果。可以看出,患者正常时心率信号递归图只表现为小的黑色色块,而在发病前心率信号递归图出现明显的大黑色色块。

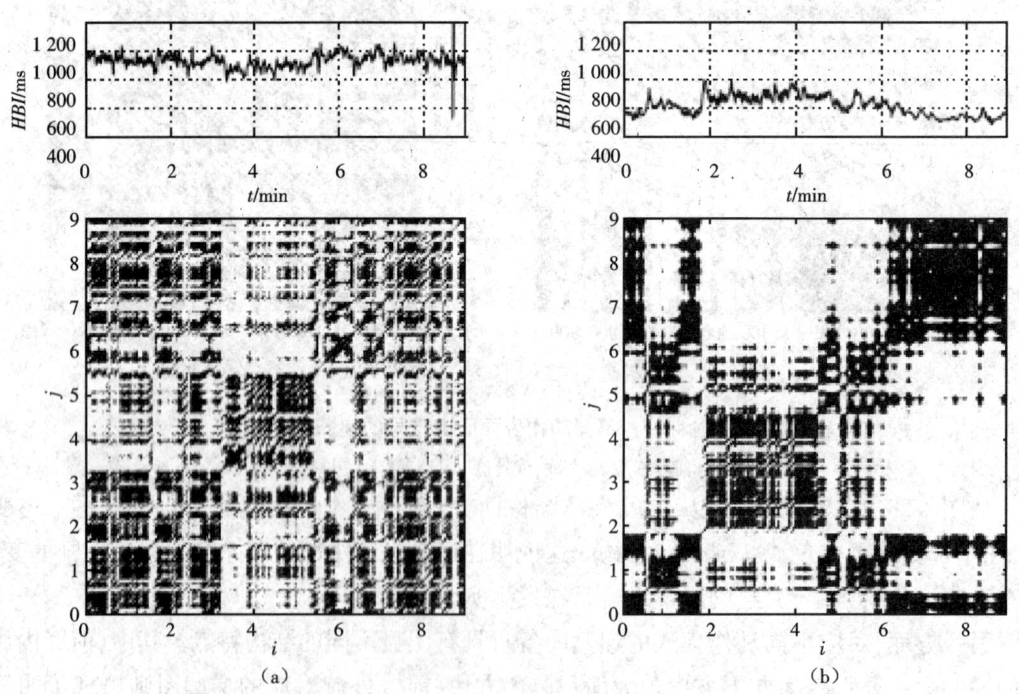

图 4-26　心律不齐患者控制期与发病前心率信号的递归图对比

(a)控制期　(b)发病前

4.6.2　气液两相流流型递归特性

气液两相流电导波动信号采集采用纵向多极阵列八电极电导式传感器测量系统[12]，电导式传感器阵列包括两对相关流速电极、一对相含率电极和一对激励电极。实验介质为空气及自来水，实验方案是先在管道中通入固定的水相流量，然后在管道中逐渐增加气相流量，每完成一次气水两相流配比后，通过目测的方法观察气液两相流流型。实验观察到五种典型垂直上升管中气水两相流流型：泡状流、泡状 - 段塞过渡流、段塞流、段塞 - 混状过渡流及混状流。图 4-27 为以上五种典型流型的电导传感器波动信号。

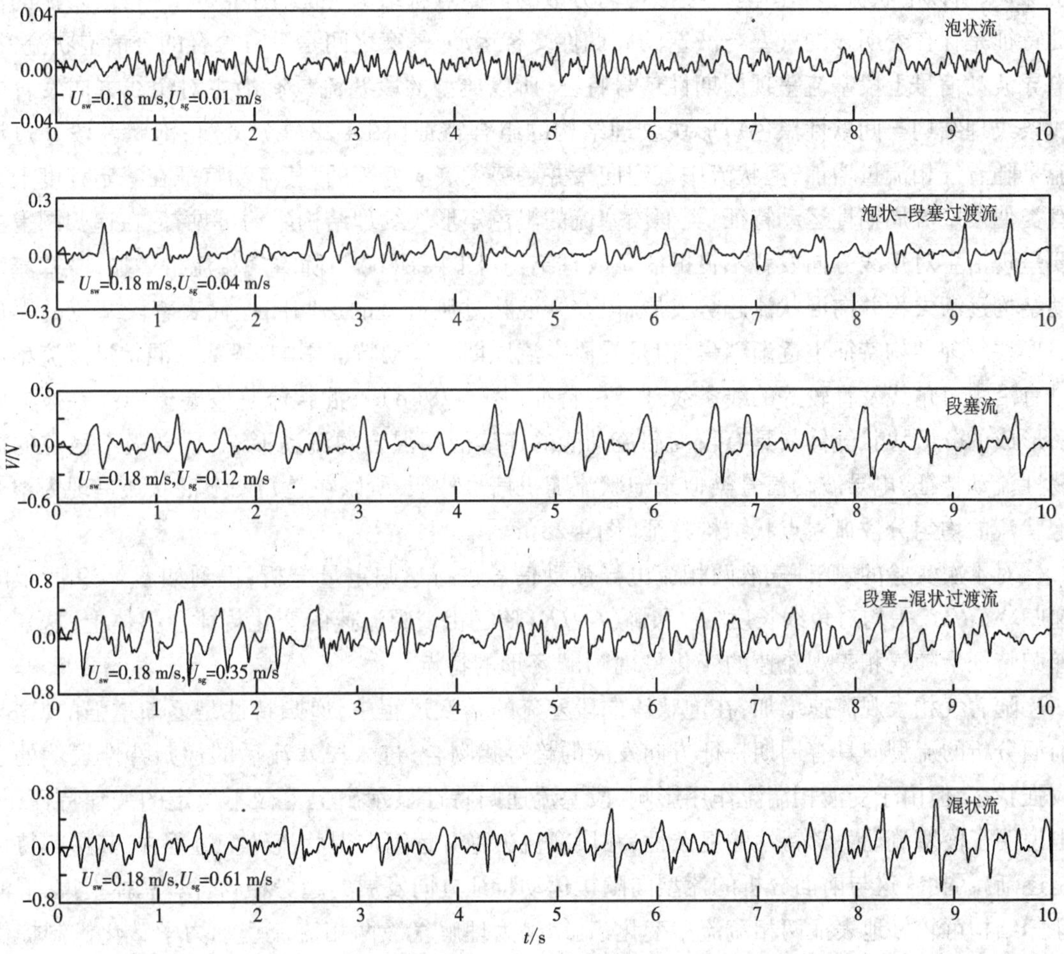

图 4-27　五种流型的气液两相流电导传感器波动信号

本次实验水流量 Q_w 范围为 0.1 ~ 100 m^3/h，气流量 Q_g 范围为 0.5 ~ 100 m^3/h。数据采样频率为 400 Hz，每一个测点记录 60 s。电导波动数据采样频率为 400 Hz，采样时间为 50 s，每组流动工况采集 20 400 个数据点，本次实验共采集了 80 种垂直上升管中气水两相流电导波动信号。测量系统由阵列式传感器、激励信号发生电路、信号调理模块、数据采集设备、测量数据分析软件几部分组成。测量系统采用 20 kHz 恒压或恒流正弦波进行激励。采用恒压激励时，激励电压有效值为1.4 V。信号调理模块主要由差动放大、相敏解调和低通滤波三个模块构成。数据采集选用的是美国国家仪器公司的产品PXI 4472数据采集卡。该数据采集卡基于PXI总线技术，共有八个同步测量采集通道。数据处理部分是通过与数据采集卡配套的图形化编程语言LabVIEW 7.1实现的，可完成实时显示波形变化、实时存储数据并在线进行相关运算和数据分析等功能。

图4-28为水流量在4 m^3/h左右时的五种典型流型电导波动信号相应的递归图。递归分析时取嵌入维数$m=4$，延迟参数$k=3$，阈值系数$\alpha=0.25$，时间序列长度选择1 600点进行计算。对于泡状流，由于泡群运动轨迹随机可变，整体上泡状流所产生的电导波动信号类似于随机噪声，所以泡状流递归图呈现类似均匀分散的孤立点状结构特征[图4-28(a)]；段塞流的流动特征是存在着明显的气塞与液塞的周期性交替运动，气塞之间是没有聚合的分散泡状流，在电导波动信号上段塞流呈现周期性信号特征，所以典型的段塞流具有沿主对角线方向发育的线条纹理结构与间歇性黑色矩形块纹理结构的组合特征[图4-28(c)(d)]；泡状-段塞过渡流是随着气相流量增加，泡状流中气泡向聚并趋势发展演变来的，其流动特征在一定程度上具有类似段塞流周期性运动特征，类似段塞流的黑色矩形块纹理结构隐约可见，但在递归图上主要呈现沿主对角线方向发育不良的线条纹理结构[图4-28(b)]；随着气相流量增加，段塞流流动结构逐渐失稳并向混状流趋势发展，段塞-混状过渡流型的递归图上代表着段塞流的黑色矩形块纹理结构特征也逐渐消失，但是受段塞流周期性运动特征影响，段塞-混状过渡流型仍具有沿主对角线发育较好的线条纹理结构特征[图4-28(e)]；混状流是段塞流中气塞被击碎后形成的分散块状气体与具有较高湍流动能的连续液相混合的流动形态，呈现极不稳定的振荡性流动特征，电导波动信号类似于泡状流随机信号特征，所以在递归图上混状流呈现为类似泡状流的均匀分散孤立点状结构特征[图4-28(f)]。

对本次实验的80种气液两相流电导波动信号进行递归定量分析，得到如图4-29所示的递归率(RR)、平均对角线长度(L)和熵($ENTR$)随气相表观流速的变化规律。整体上，这三个递归特征量随气相表观流速的变化呈现“几”字形的特点。

随着气相表观流速增加，在泡状流向段塞流的转变过程中，递归特性是逐渐增强的，这与前面分析的流型向具有周期特征方向发展的趋势相吻合；进入段塞流后的递归特性虽然处于较强状态，但由于受液相湍流作用影响，段塞流递归特性显示出上下极不稳定的波动特征，这也说明了段塞流动力学特性的复杂性；在段塞流失稳并逐渐向混状流转变过程中，其递归特性是逐渐减弱的，这与前面分析的流型向随机运动特征方向发展的趋势相吻合。总体上说，混沌递归结构可较好地表征两相流流型变化，其结果为理解气液两相流流型动力学转化机制提供了有用的信息。

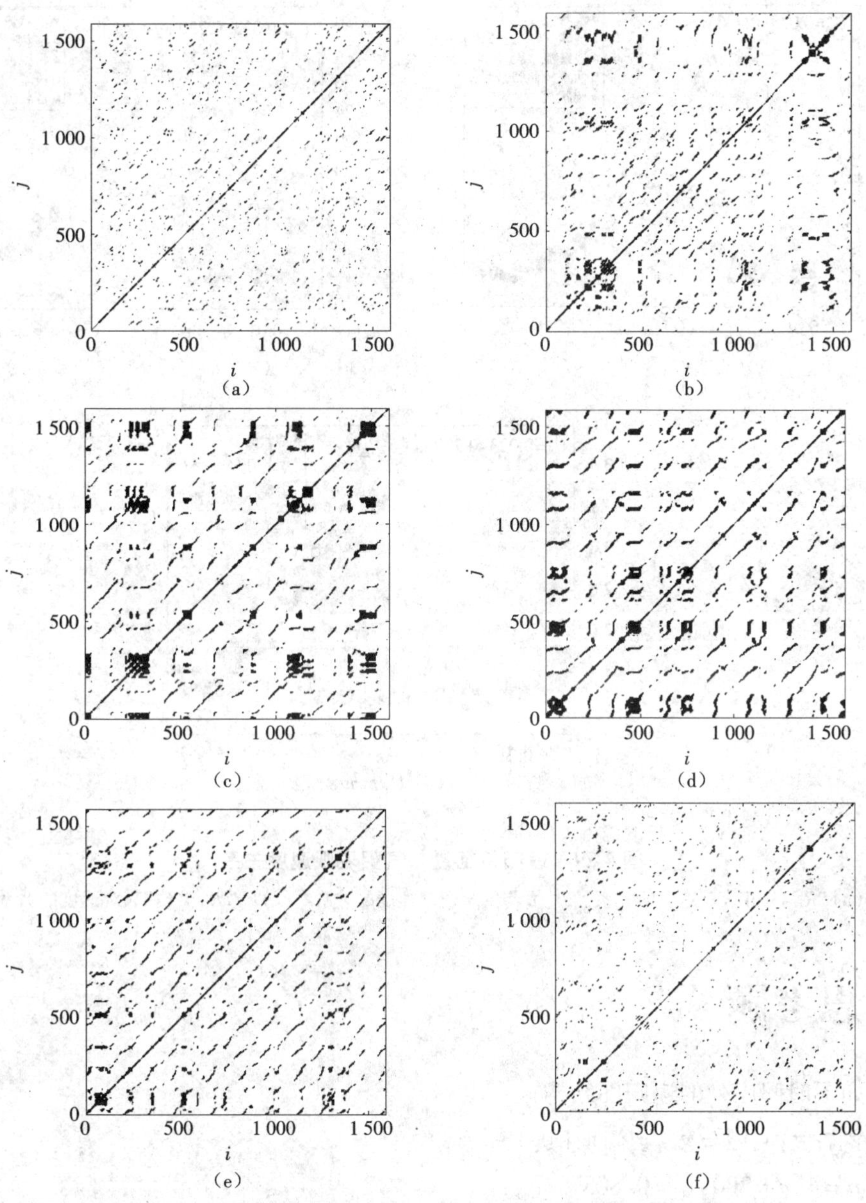

图 4-28　不同流型的递归图纹理结构

(a)泡状流($Q_w = 4.12\ m^3/h$, $Q_g = 1.6\ m^3/h$)

(b)泡状－段塞过渡流($Q_w = 4.04\ m^3/h$, $Q_g = 2.4\ m^3/h$)

(c)段塞流($Q_w = 4.05\ m^3/h$, $Q_g = 4.06\ m^3/h$)

(d)段塞流($Q_w = 4.06\ m^3/h$, $Q_g = 5.82\ m^3/h$)

(e)段塞－混状过渡流($Q_w = 4.15\ m^3/h$, $Q_g = 7.6\ m^3/h$)

(f)混状流($Q_w = 4.08\ m^3/h$, $Q_g = 8.38\ m^3/h$)

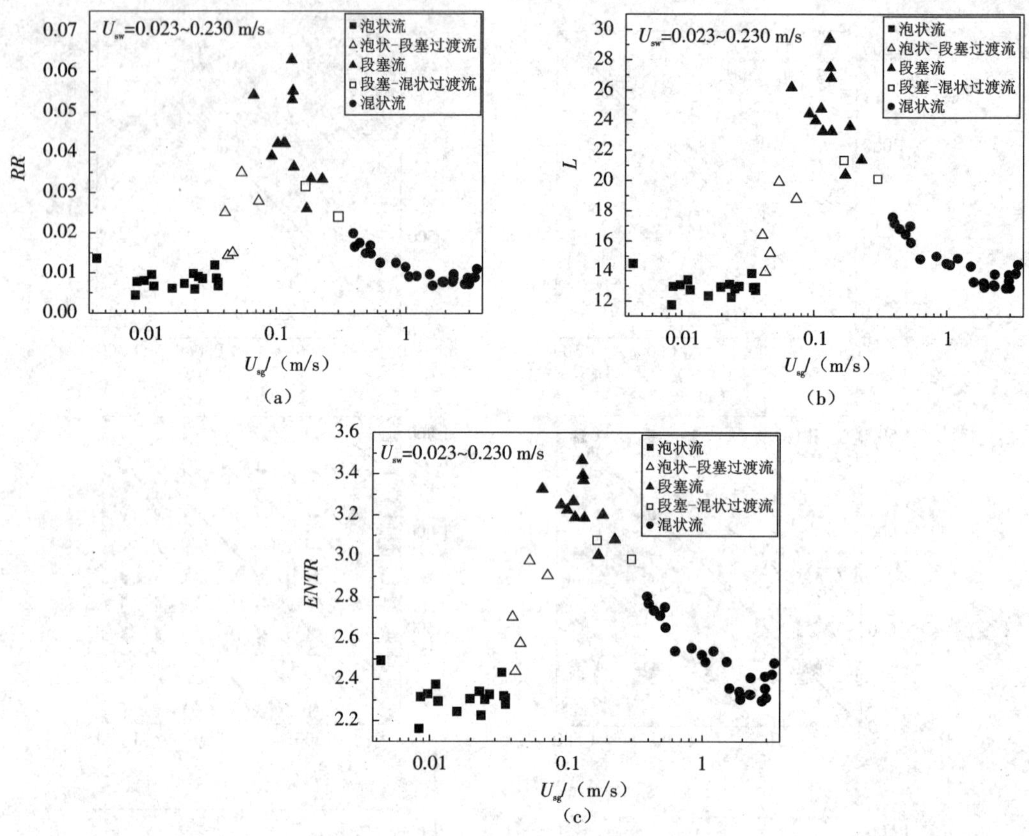

图 4-29 递归特征量与气相表观速度关系

(a)*RR* 与气相表观速度的关系 (b)*L* 与气相表观速度的关系 (c)*ENTR* 与气相表观速度的关系

4.7 思考题

考察如下时间序列的递归图结构：

$$(1)\begin{cases}x_{n+1}=ax_n(1-x_n)+\text{高斯白噪声}\\a=4,n=200,x_0=0.808\\m=1,\tau=1,\alpha=0.25\end{cases}$$

$$(2)\begin{cases}x_{n+1}=y_n-ax_n^2+1\\y_{n+1}=bx_n\\a=7/5,b=3/10\\x_0=0,y_0=0,n=250,\alpha=0.25\end{cases}$$

(3) $\begin{cases} s_1 = \text{Logistic 序列}(a=4, x_0=0.808, n=100\text{ 点}) \\ s_2 = \sin 3\pi t(n=200\text{ 点}) \\ s = s_1 + s_2 \\ m=4, \tau=3, \alpha=0.25 \end{cases}$

第 4 章参考文献

[1] ECKMANN J P, KAMPHORST S O, RUELLE D. Recurrence plots of dynamical systems [J]. Europhysics Letters, 1987, 4(9): 973-977.

[2] MCGUIRE G, AZAR N B, SHELHAMER M. Recurrence matrices and the preservation of dynamical properties[J]. Physics Letters A, 1997, 237(1/2):43-47.

[3] MINDLIN G M, GILMORE R. Topological analysis and synthesis of chaotic time series[J]. Physica D, 1992, 58(1-4):229-242.

[4] ZBILUT J P, WEBBER C L. Embeddings and delays as derived from quantification of recurrence plots[J]. Physics Letters A, 1992, 171(314):199-203.

[5] THIEL M, ROMANO M C, KURTHS J, et al. Influence of observational noise on the recurrence quantification analysis[J]. Physica D, 2002, 171(3):138-152.

[6] MARWAN N, KURTHS J. Line structures in recurrence plots[J]. Physics Letters A, 2005, 336(4/5): 349-357.

[7] MARWAN N, KURTHS J. Cross recurrence plots and their applications[M] // BENTON C V. Mathematical physics research at the cutting edge. New York: Nova Science Publishers, 2004: 101-139.

[8] MARWAN N, ROMANO M C, THIEL M, et al. Recurrence plots for the analysis of complex systems[J]. Physics Reports, 2007, 438(5/6): 237-329.

[9] 袁昌松,雷敏,朱向阳. 基于定量分析方法的动作表面肌电信号分析[J]. 生物物理学报, 2006,22(2):139-143.

[10] AHLSTROM C, JOHANSSON A, HULT P, et al. Chaotic dynamics of respiratory sounds [J]. Chaos, Solitons and Fractals, 2006, 29(5): 1054-1062.

[11] MARWAN N. Encounters with neighbors: Current developments of concepts based on recurrence plots and their applications [D]. Potsdam: University of Potsdam, 2003.

[12] 金宁德, 郑桂波, 陈万鹏. 气液两相流电导波动信号的混沌递归特性分析[J]. 化工学报,2007,58(5):1172-1179.

第 5 章　混沌吸引子形态特征分析

进入 20 世纪 80 年代,由于早期拓扑学方面的研究取得很大进展,使通过分析非线性时间序列揭示非线性动力机制成为可能。一般来说,非线性动力系统的相空间维数很高,且在多数情况下属于未知数。在实际问题中,对于给定的非线性时间序列,通常是将其拓展到二维、三维甚至更高维空间中去,以便把非线性时间序列中蕴藏的动力学信息充分地显露出来,这就是延迟坐标相空间重构法。该方法通常研究动力系统在整个吸引子或无穷长轨道上的平均特征量,如李雅普诺夫指数、分形维数、熵、复杂性测度等。

为了细致刻画混沌动力学特性,安农齐亚托(Annunziato)等[1-2]提出了一种非线性时间序列吸引子形态分析方法,通过考察吸引子矩,提取了吸引子不变特征量。这种吸引子形态研究思路具有独特视角,并在实际运用中取得了较好效果[3-6]。此外,将高维相空间中矢量点映射到二维平面的雷达图上,相应地将高维相空间中矢量点变换为对应的几何多边形,通过提取几何多边形的重心位置得到重心轨迹动力学演化特性[7-8]。相对于吸引子形态矩特征量描述方法,吸引子概率分布比较方法[9]则考虑了相空间矢量点总体分布信息,将吸引子之间的差异作为一个整体统计量,并在流化床凝聚状态提前预警[10-14]及油气水三相流流型识别[15]中取得了较好效果。吸引子形态特征研究方法把握了相空间吸引子结构随延迟时间的伸展变化特征,研究表明从吸引子形态中提取的不变特征量是混沌动力学机制发生显著变化的敏感指示器。

5.1　吸引子矩特征量描述方法

5.1.1　相空间嵌入参数

1981 年 Takens 提出的嵌入定理是相空间重构理论的基石。对于任意时间序列 $s(it)$, $i=1,2,\cdots,n$(t 为采样时间间隔,n 为采样点总数),如果选取嵌入时间延迟 τ、嵌入维数 N,则相空间中的点可表示为

$$\boldsymbol{X}(k)=\{x_1(k),x_2(k),\cdots,x_N(k)\}=\{s(kt),s(kt+\tau),\cdots,s[kt+(N-1)\tau]\}\qquad(5\text{-}1)$$

式中 $k=1,2,\cdots,M[M=n-(N-1)\tau/t$,为重构相空间后的吸引子点总数]。

为了抑制外界噪声,实际处理时首先将测得的波动信号数据进行标准化,即将其处理为均值为 0、标准差为 1 的时间序列。然后,分别选取适当的嵌入参数算法(如 C-C 算法及 FNN 算法)计算时间延迟和嵌入维数。最佳时间延迟和最佳嵌入维数均不是常数,对实际不同波动信号,应分别计算获取相应时间延迟和嵌入维数,才能真实反映其吸引子特征,否则,这些因素会对混沌吸引子特征量计算结果带来影响。

5.1.2　参考截面系和吸引子矩

相空间中混沌吸引子形态和结构是判断系统运动状态的重要依据。对于高维系统,直接通过观察吸引子轨线判断运动性质是十分困难的。在 N 维相空间中,通常选择有利于考察系统运动特征的 $N-1$ 维超截面(称为参考截面),由于截面维数比原来系统维数小,考察系统运动规律就自然简单一些。

时间序列经标准化处理之后,对应相空间中的吸引子必在原点附近展布,为了保证截面不与大多数轨线相切,在选取参考截面系时,总是要求选取的各截面均过原点。对任意 N 维相空间,可以构造 N 个正交的 $N-1$ 维参考截面,统称为 N-正交参考截面系,确定方法如下。

首先,取 N 个过原点的标准正交矢量,用坐标表示为

$$\begin{cases}\boldsymbol{\alpha}_1=(a_{11},a_{12},\cdots,a_{1N})^{\mathrm{T}}\\ \boldsymbol{\alpha}_2=(a_{21},a_{22},\cdots,a_{2N})^{\mathrm{T}}\\ \qquad\vdots\\ \boldsymbol{\alpha}_N=(a_{N1},a_{N2},\cdots,a_{NN})^{\mathrm{T}}\end{cases}\tag{5-2}$$

满足约束

$$<\boldsymbol{\alpha}_i,\boldsymbol{\alpha}_j>=\begin{cases}\|\boldsymbol{\alpha}_i\|_2^{\ 2}=1 & (i=j)\\ 0 & (i\neq j)\end{cases}\tag{5-3}$$

式中,$<\cdot,\cdot>$和$\|\cdot\|_2$分别表示欧氏空间 $\mathbf{R}^N$ 中的内积和 2-范数。

然后,分别以 $\boldsymbol{\alpha}_i(i=1,2,\cdots,N)$ 为法线确定 N 个过原点的平面,即得到 N-正交参考截面系:

$$\begin{cases}a_{11}x_1+a_{12}x_2+\cdots+a_{1N}x_N=0\\ a_{21}x_1+a_{22}x_2+\cdots+a_{2N}x_N=0\\ \qquad\qquad\vdots\\ a_{N1}x_1+a_{N2}x_2+\cdots+a_{NN}x_N=0\end{cases}\tag{5-4}$$

若记 $\boldsymbol{X}=(x_1,x_2,\cdots,x_N)^{\mathrm{T}}$,则上式可简化为

$$(\boldsymbol{\alpha}_1,\boldsymbol{\alpha}_2,\cdots,\boldsymbol{\alpha}_N)^{\mathrm{T}}\boldsymbol{X}=0\tag{5-5}$$

图 5-1 为二维相空间中一个标准矢量$\boldsymbol{\alpha}_1=(a_{11},a_{12})^{\mathrm{T}}$ 和以它为法线的参考截面($a_{11}x_1+a_{12}x_2=0$)的示意图,此时参考截面退化为一条参考截线。参考截面随着$\boldsymbol{\alpha}_1$在单位圆上变化可扫过整个相空间,另一条参考截线($a_{21}x_1+a_{22}x_2=0$)将和图示截线在原点处垂直相交。

N-正交参考截面系是计算混沌吸引子形态特征量的基础。为了定量地描述吸引子形态特征,需要引入距离的定义。吸引子上的每一点到各个参考截面的距离可表示为

$$d_i(k)=<\boldsymbol{\alpha}_i,\boldsymbol{X}(k)>=a_{i1}x_1(k)+a_{i2}x_2(k)+\cdots+a_{iN}x_N(k)\tag{5-6}$$

式中 $k=1,2,\cdots,M$[$M=n-(N-1)\tau/t$,为重构相空间中吸引子上点的总数]。同样,吸引子上每一点到原点的距离可表示为

$$d_{NO}(k)=\sqrt{x_1^2(k)+x_2^2(k)+\cdots+x_N^2(k)} \tag{5-7}$$

式中,下标 NO 表示对应嵌入维数取 N 时,相空间各点到原点 O 的距离,下同。

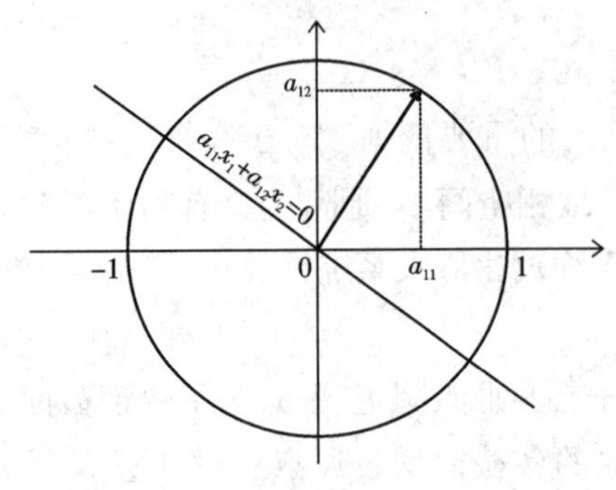

图 5-1 二维相空间中一个标准法线矢量和其对应的参考截面(线)

在上述距离的基础上,对应于不同的时间延迟 τ,定义关于 τ 的吸引子形态描述量,即吸引子矩,如下两式分别为单一距离型吸引子矩和混合型吸引子矩:

$$M_{i,j}(\tau)=\frac{\sum_{k=1}^{M}d_i^j(k)}{M} \tag{5-8}$$

$$M_{(i_1,i_2),(j_1,j_2)}(\tau)=\frac{\sum_{k=1}^{M}d_{i_1}^{j_1}(k)d_{i_2}^{j_2}(k)}{M} \tag{5-9}$$

式中,M 为重构相空间中吸引子上点的总数,$i,i_1,i_2\in\{1,2,\cdots,N,NO\}$,特别当 i,i_1,i_2 取值为 NO 时表示对应距离取为距原点的距离计算式(5-7),j,j_1,j_2 均为自然数,称为距离指数。在式(5-8)中当 j 为偶数时,吸引子矩显然为正值,体现了吸引子对所考察的参考截面的分散程度;而当 j 为奇数时,吸引子矩可能为正值也可能为负值,体现了吸引子对所考察参考截面的对称性。式(5-9)中 j_1,j_2 值不同组合综合反映了各种分散性和对称性。

不难分析得出,对应式(5-2)的 N 个矢量,有 N^2 个待定量,式(5-3)的标准正交条件产生约束个数为 $N+\frac{N(N-1)}{2}$,于是每组标准正交矢量的待定量个数为$\frac{N(N-1)}{2}$。一组标准正交矢量唯一地对应着式(5-4)的一组 N-正交参考截面系。

可考虑用一三象限平分线和二四象限平分线考察二维吸引子矩特征量,选取的标准正交矢量以及各距离的表达式如表 5-1 所示。同样,可用于分析三维相空间中吸引子的对称性,为与二维各表达式相区别,用字母 A,B,C 分别标记三个参考截面,结果如表 5-1 所示。

表 5-1 二维及三维相空间中正交矢量的选取和距离表达式

相空间维数 N	待定量个数	选取正交矢量 $\boldsymbol{\alpha}_i(i=1,2,\cdots,N)$	距离表达式 $d_i(k)(k=1,2,\cdots,M)$
2	1	$\begin{cases}\boldsymbol{\alpha}_1=\left[\frac{1}{\sqrt{2}},-\frac{1}{\sqrt{2}}\right]^{\mathrm{T}}\\ \boldsymbol{\alpha}_2=\left[\frac{1}{\sqrt{2}},\frac{1}{\sqrt{2}}\right]^{\mathrm{T}}\end{cases}$	$d_1(k)=\frac{1}{\sqrt{2}}[x(k)-y(k)]$ $d_2(k)=\frac{1}{\sqrt{2}}[x(k)+y(k)]$ $d_{2O}(k)=\sqrt{x^2(k)+y^2(k)}$

续表

相空间维数 N	待定量个数	选取正交矢量 $\boldsymbol{\alpha}_i(i=1,2,\cdots,N)$	距离表达式 $d_i(k)(k=1,2,\cdots,M)$
3	3	$\begin{cases}\boldsymbol{\alpha}_1=\left[\frac{1}{\sqrt{2}},\frac{1}{\sqrt{2}},0\right]^{\mathrm{T}}\\ \boldsymbol{\alpha}_2=\left[\frac{4}{\sqrt{33}},-\frac{4}{\sqrt{33}},-\frac{1}{\sqrt{33}}\right]^{\mathrm{T}}\\ \boldsymbol{\alpha}_3=\left[\frac{1}{\sqrt{66}},-\frac{1}{\sqrt{66}},\frac{8}{\sqrt{66}}\right]^{\mathrm{T}}\end{cases}$	$d_A(k)=\frac{1}{\sqrt{2}}[x(k)+y(k)]$ $d_B(k)=\frac{1}{\sqrt{33}}[4x(k)-4y(k)-z(k)]$ $d_C(k)=\frac{1}{\sqrt{66}}[x(k)-y(k)+8z(k)]$ $d_{3O}(k)=\sqrt{x^2(k)+y^2(k)+z^2(k)}$

5.1.3　吸引子形态特征提取

静态吸引子尽管可以在任意维数相空间中重构,但仍依赖于传统时间延迟 τ 的取值。将时间延迟 τ 从零开始逐渐增大,对应得到的吸引子称为动态吸引子,再结合已有的吸引子矩和参考截面的表达式,则可以得到动态吸引子的吸引子矩关于 τ 的变化曲线,进而通过新的特征量定义减弱时间延迟的影响。

吸引子矩 $M_{i,j}(\tau)$-τ 或 $M_{(i_1,i_2),(j_1,j_2)}(\tau)$-$\tau$ 曲线先增大(或减小),如果一段时间延迟之后出现极大峰(或极小峰),则将各峰值对应的时间延迟 τ 定义为转变延迟 τ_{f};如果不出现极值,曲线一直增大(或减小),则当曲线出现斜率突变时,所对应的时间延迟 τ 同样定义为转变延迟 τ_{f}。转变延迟 τ_{f} 之前的曲线部分称为第一区域,之后的曲线部分称为第二区域。

第一区域对应着吸引子从 τ 值很小时的压缩状态到 τ 值选取合适时的拓扑结构展开状态的过程。第一区域一般近似为线性,可以用第一区域的近似斜率作为特征量,即吸引子形态特征量,记为 $SM_{i,j}$ 和 $SM_{(i_1,i_2),(j_1,j_2)}$,应满足

$$M_{i,j}(\tau)\approx SM_{i,j}\cdot\tau+IM_{i,j}\quad(0\leqslant\tau\leqslant\tau_{\mathrm{f}})\tag{5-10}$$

$$M_{(i_1,i_2),(j_1,j_2)}(\tau)\approx SM_{(i_1,i_2),(j_1,j_2)}\cdot\tau+IM_{(i_1,i_2),(j_1,j_2)}\quad(0\leqslant\tau\leqslant\tau_{\mathrm{f}})\tag{5-11}$$

式中,$IM_{i,j}$,$IM_{(i_1,i_2),(j_1,j_2)}$ 代表各对应曲线的截距。在 $0\leqslant\tau\leqslant\tau_{\mathrm{f}}$ 区间内,对吸引子矩和时间延迟 τ 用最小二乘法作线性回归,可得出第一区域的近似斜率即为吸引子形态特征量。由此可见,吸引子形态特征量与传统的最佳时间延迟大小无必然的关系,从而减小了由时间延迟参数选取所带来的误差。转变延迟之后的第二区域,对应吸引子结构逆转后的无规律状态,反映在 $M_{i,j}(\tau)$-τ 或 $M_{(i_1,i_2),(j_1,j_2)}(\tau)$-$\tau$ 曲线上,或者出现上下波动,或者出现斜率突变。

图5-2为由气液两相流差压传感器波动信号得到的随时间延迟 τ 值增大时一组二维吸引子形态的演化过程(后面将详细介绍实验)。从中可以看出,二维吸引子在 τ 值很小时被压缩在一三象限平分线附近,随着 τ 值增大吸引子逐渐展开,τ 达到一定值($\tau=17.5$ ms)后吸引子形态发生逆转突变,不再具有前期展开过程的拓扑形态。特别地,二维吸引子在形态突变之前,对一三象限平分线的分散程度随 τ 值增大而增大,对二四象限平分线分散程度随 τ 值增大而减小。

图5-3为对应图5-2的二维单一距离型吸引子矩 $M_{1,2}(\tau)$ 对 τ 的变化曲线,计算得到的

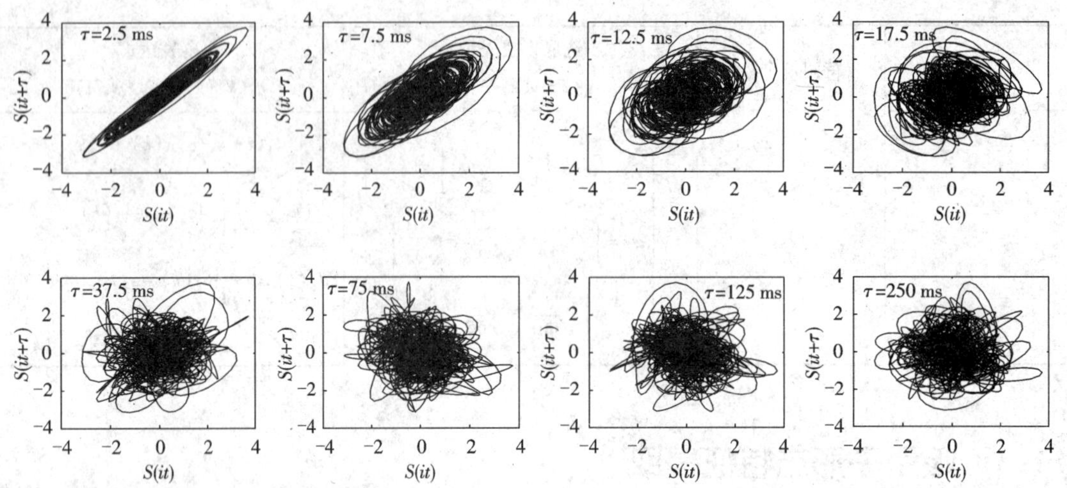

图 5-2 一组气液两相流差压传感器波动信号二维吸引子随时间延迟 τ 增大的形态演化[4]

$M_{1,2}(\tau)$-τ 曲线均可取到峰值型转变延迟 τ_f。在$0\leqslant\tau\leqslant\tau_f$区间内,对吸引子矩和时间延迟 τ 用最小二乘法作线性回归,可得出第一区域的近似斜率即为吸引子形态特征量。

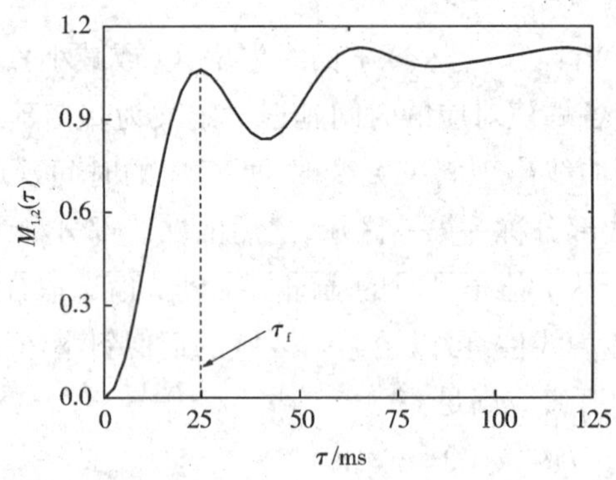

图 5-3 二维吸引子矩 $M_{1,2}(\tau)$ 随时间延迟 τ 变化的曲线

5.1.4 气液两相流流型吸引子形态分析

利用高灵敏度差压传感器采集到了垂直上升管中气液两相流 80 组不同流型的动态波动信号,采用混合维吸引子形态特征量组合对气液两相流流型进行分类,实验结果证实了该方法对包括复杂过渡流型在内的全部五种流型均有较好的分类效果。

气液两相流动态实验是在天津大学检测技术与自动化装置国家重点学科多相流实验室进行的。图 5-4 为多相流流动环实验装置及高灵敏度差压传感器测试段实物图。实验介质为空气及自来水,实验时先在管道中通入固定水相流量,然后逐渐增加气相流量,每完成一次气水两相流配比后,通过观察方法得到垂直上升管中气液两相流流型信息。实验水流量范围为 0.1 ~ 100 m^3/h,气流量范围为 0.5 ~ 100 m^3/h。实验管内径为 125 mm。差压传感器是英国 GE Druck 公司生产的 PMP 4110 产品,量程范围为 0 ~ 7 kPa,精度为 0.08% FS。测量系统由差压传感器、信号调理模块、数据采集设备、测量数据处理部分等几部分组成。其中信号调理模块自行设计研制;数据采集卡采用美国NI公司的4472型号产品,该采集卡共有八个通道,且具有同步采集功能;测量数据处理部分是通过与数据采集卡配套的图形化编程语言LabVIEW 7.1实现的,它可实时显示波形变化、实时存储数据并在线进行相关运算和数据分析等功能。信号采样频率为400 Hz,每个测点记录60 s。共采集80组不同流型的气液两相流差压传感器动态波动信号。

图5-4 气液两相流实验装置及差压传感器测试段实物图[4]

图5-5为五种典型流型的气液两相流差压传感器动态波动信号,即泡状流、泡状-段塞过渡流、段塞流、段塞-混状过渡流及混状流,图中Q_g和Q_w分别表示气相流量及水相流量。

为了抑制外界噪声,首先将差压传感器测得的波动信号数据进行标准化,即将其处理为均值为0、标准差为1的时间序列。然后,分别选取互信息方法与错误最近邻点法(FNN法)计算时间延迟和嵌入维数,得到各流动工况下的差压波动信号最佳时间延迟为10~30 ms,最佳嵌入维数为5~9。最佳时间延迟和最佳嵌入维数均不是常数,表明对不同流动工况应采用不同时间延迟和嵌入维数才能真实反映其动力学特征。但是,嵌入参数(时间延迟及嵌入维数)的计算结果和所选用算法及计算程序编制关系密切,这些因素会对混沌特征量计算结果带来影响。

图5-6中的三条曲线分别对应图5-5中的三种典型流动工况(泡状流、段塞流和混状流)二维单一距离型吸引子矩$M_{1,2}(\tau)$对τ的变化曲线。对差压传感器得到的80组流动工况数据进行标准化后,计算得到的所有$M_{1,2}(\tau)$-τ曲线均可取得峰值型转变延迟τ_f,其值在17.5~30 ms之间,与互信息方法得到的最佳时间延迟(10~30 ms)并没有明显的对应关系。若个别流动工况的某些吸引子矩对τ的变化曲线出现一直增大或减小的情况,通过观察曲线选取第一区域,同样可以计算近似斜率作为吸引子形态特征量。有了吸引子形态特征量,就可以直接用于流型分类。

图5-7表示利用二维吸引子形态特征量$SM_{1,2}$和$SM_{(1,2),(3,1)}$对五种典型流型(80组流动工况)分类的结果。图5-8表示结合使用二维特征量$SM_{1,2}$和三维特征量$SM_{B,3}$(混合维)对五种典型流型(80组流动工况)分类的结果。从图5-7中可以看出,利用二维特征量$SM_{1,2}$仅对三种非过渡流型(泡状流、段塞流和混状流)分类效果较好;但是,7个泡状-段塞过渡流型点与泡状流型点混叠出现;2个段塞-混状过渡流型点中有1个落在段塞流区域。因此,仅采用二维吸引子形态特征量对过渡流型分类的效果不佳,流型转换边界带模糊不清。

从图5-8中可以看出,在利用二维特征量$SM_{1,2}$很好地区分非过渡流型(泡状流、段塞流和混状流)的基础上,再利用三维特征量$SM_{B,3}$可将图5-7中混叠在泡状流区域内的泡状-段塞过渡流型点很好地分离出来。这表明采用混合维吸引子形态特征量组合对过渡流型有很好的

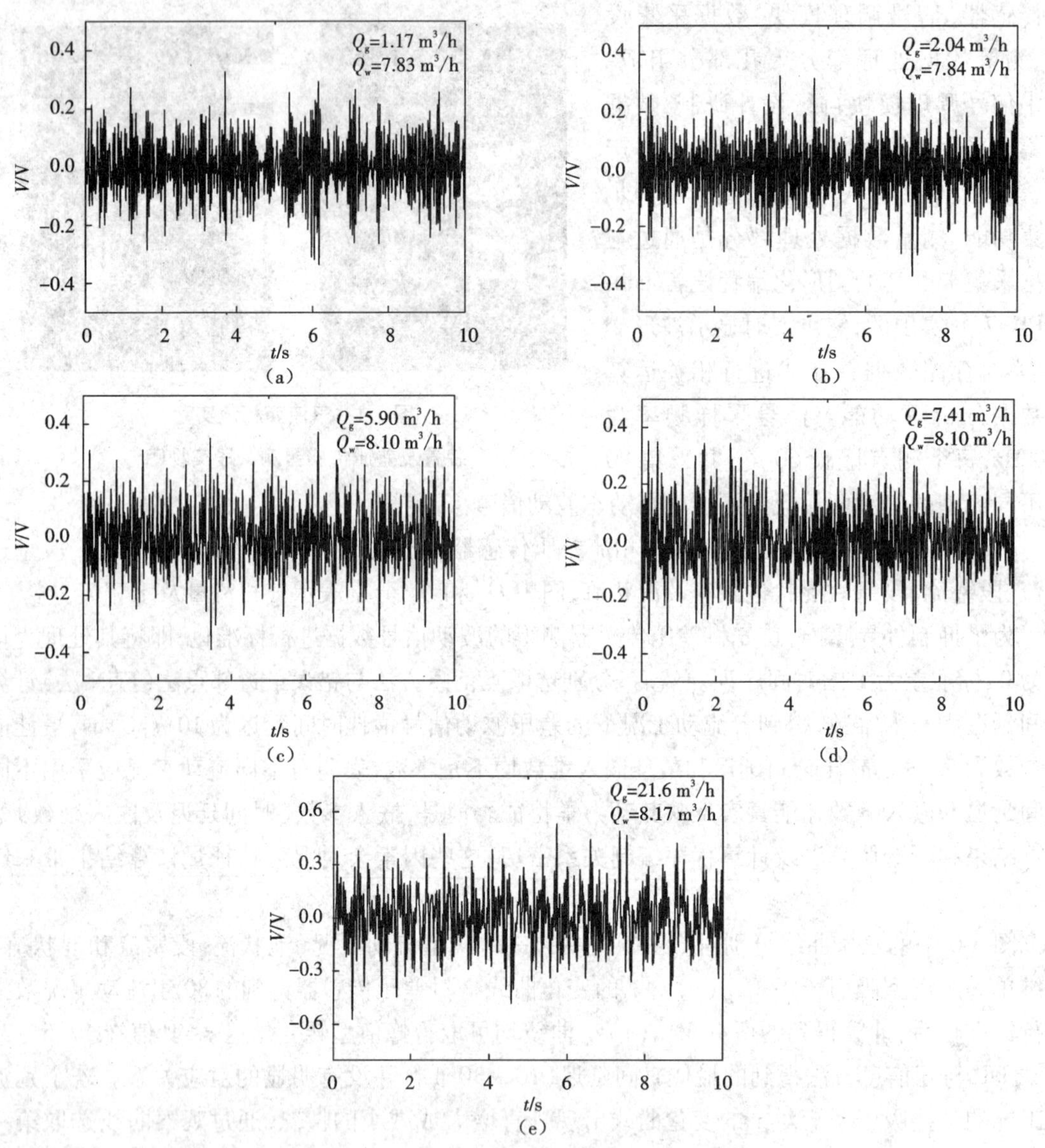

图 5-5 气液两相流流型差压传感器波动信号[4]

(a)泡状流 (b)泡状-段塞过渡流 (c)段塞流 (d)段塞-混状过渡流 (e)混状流

分类效果。

综合考察所有的吸引子形态特征量计算结果,在对三种非过渡流型的分类问题上,二维特征量 $SM_{1,2}$,$SM_{1,4}$,$SM_{2,2}$,$SM_{2,4}$,$SM_{2O,1}$,$SM_{2O,3}$,$SM_{2O,4}$及三维特征量 $SM_{A,2}$,$SM_{A,4}$,$SM_{B,2}$,$SM_{B,4}$等均有不同程度的分类能力,其中以二维特征量 $SM_{1,2}$,$SM_{1,4}$,$SM_{2,2}$和三维特征量 $SM_{A,2}$,$SM_{B,2}$,$SM_{B,4}$的分类效果最好。要正确地对包括过渡流型在内的全部五种流型进行分类,没有任何一种特征量能够单独完成,混合使用两种甚至两种以上的特征量会改善流型的分类效果。

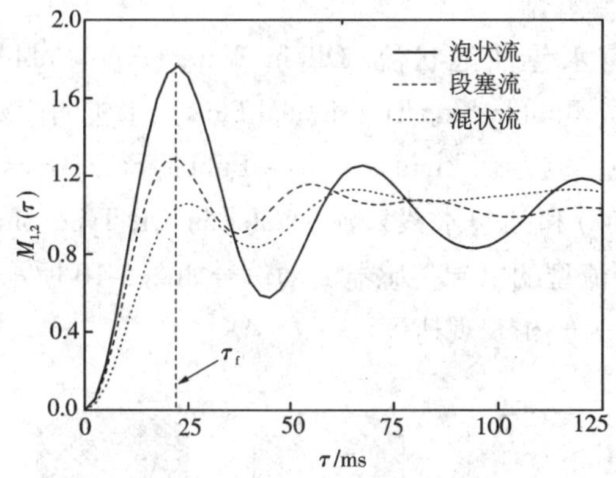

图 5-6　三种典型流型二维吸引子矩 $M_{1,2}(\tau)$-τ 关系曲线[4]

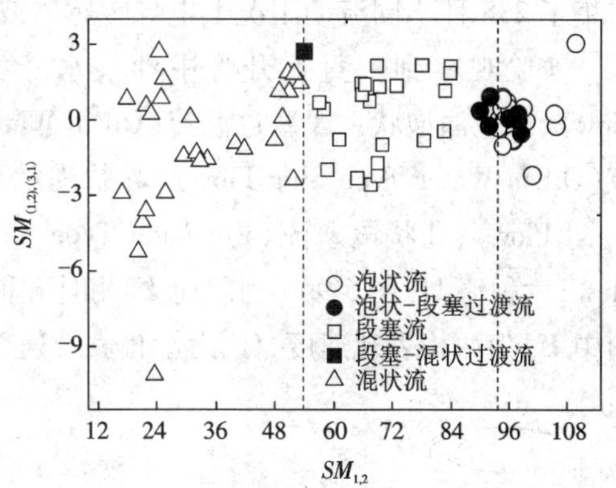

图 5-7　流型点在 $SM_{(1,2),(3,1)}$-$SM_{1,2}$ 平面上的分布[4]

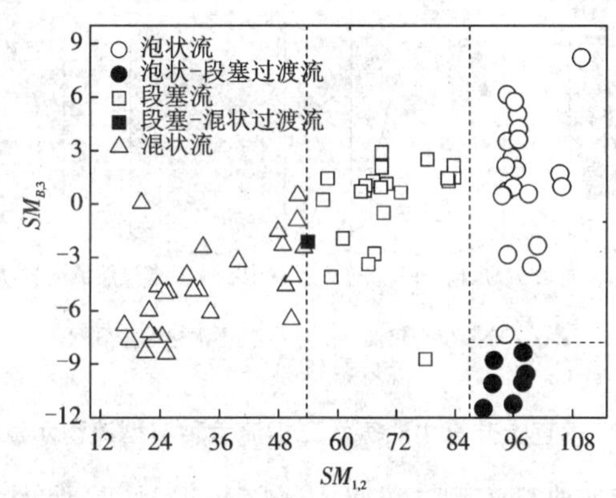

图 5-8　流型点在 $SM_{B,3}$-$SM_{1,2}$ 平面上的分布[4]

5.1.5　油气水三相流流型吸引子形态分析

实验是在天津大学检测技术与自动化装置国家重点学科油气水三相流实验室进行的，选用内径为 125 mm 且距离进气(液)口 3 ~ 5 m 的有机玻璃管道为测试管段。采用纵向多极阵列电导式传感器构建了垂直上升管中油气水三相流流型检测系统，所采用的电导传感器与第 2 章应用举例中介绍的相同。采样频率设定为 400 Hz，每一测点记录 50 s。

实验工作介质为 15#白油、空气和自来水。白油密度为 856 kg/m^3，白油黏度为 11.984 mPa · s(40 ℃时)。首先，在混合液相总流量(油相流量 Q_o 与水相流量 Q_w 之和)不变的情况下，固定液相中含油率(f_o)，不断增加气相流量(Q_g)，完成一组含油率后依次增加含油率，采集不同油水配比时三相流流型实验数据；然后，增加液相总流量，重复以上实验过程，从而得到若干混合液相总流量下不同含油率对应不同气相流量的实验数据。这种实验方式便于观察相同液相总流量下低含油率时油相引起的气液两相流流型转化趋势以及在高含油时气相对于油水两相流型及液相相态逆转的影响。油气水三相流量控制范围：液相总流量分别为 20，40，60 和 80 m^3/d，含油率 f_o 主要分为 0.1，0.2，0.3，0.4，0.5，0.7，0.9，气相流量为 8 ~ 180 m^3/d。共采集了235种不同流动工况下电导传感器波动信号数据。

实验观察到垂直上升管中油气水三相流有水包油泡状流(Oil in Water Type Bubble Flow)、水包油泡状-段塞过渡流(Oil in Water Type Bubble-Slug Transitional Flow)、水包油段塞流(Oil in Water Type Slug Flow)、乳状泡状-段塞过渡流(Emulsion Type Bubble-Slug Transitional Flow)、乳状段塞流(Emulsion Type Slug Flow)和油包水段塞流(Water in Oil Type Slug Flow)六种流型(图5-9)。水为连续相时五种典型流型的电导传感器波动信号如图5-10所示,图中 U_{so} 为油相表观速度,U_{sw} 为水相表观速度,U_{sg} 为气相表观速度。

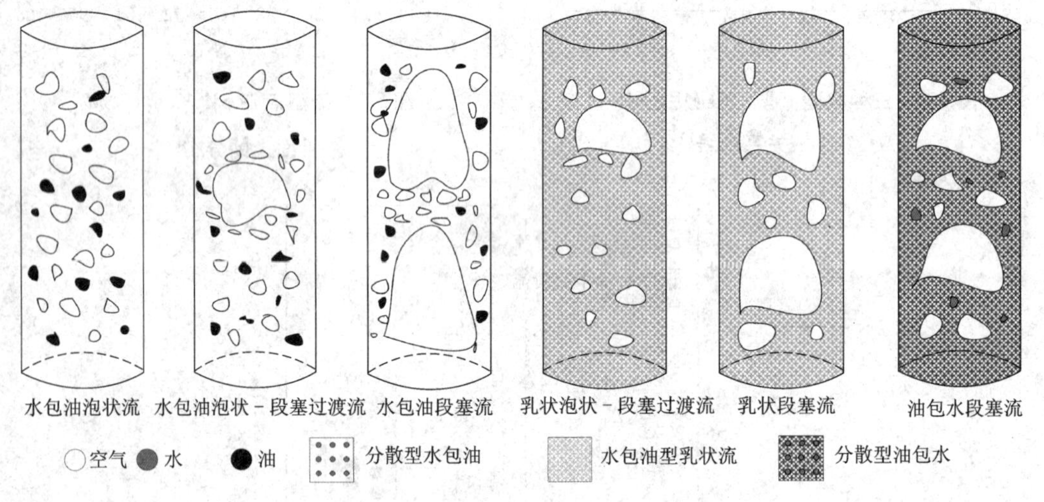

图5-9 垂直上升管中油气水三相流六种典型流型示意图[5]

图5-11~图5-15为五种典型流型二维吸引子随延迟时间 τ 增大的演化过程,特定的吸引子形态结构反映了油气水三相流具有确定性混沌特征。可以看出,二维吸引子在 τ 值很小时被压缩在一三象限平分线附近,随着 τ 值增大吸引子以一三象限平分线为轴在二四象限平分线方向逐渐展开,并且当 τ 值增大到一定值后吸引子形态发生逆转突变,由以一三象限平分线为长轴过渡到以二四象限平分线为长轴,不再具有前期展开过程的拓扑形态。特别是在形态突变之前,二维吸引子相对一三象限平分线的分散程度随 τ 值增大而增大,而二四象限平分线分散程度随 τ 值增大而减小。

对于水包油泡状流(图5-11),由于其随机运动特性,其吸引子也呈现各态遍历性;吸引子生长区域随 τ 值增加而逐渐增大,其模式表现为单一嵌套行为,随 τ 值增加而逐渐形成圆形结构密集核的分布特征。相对于其他几种流型的吸引子结构,水包油泡状流吸引子形态发生逆转所对应的 τ_f 值最小,发生在17.5~37.5 ms之间,其他四种流型基本上都发生在37.5 ms之后。如图5-16所示的五种流型吸引子矩 $M_{1,3}$ 所对应的 τ_f 也验证了这一点。

对于水包油泡状-段塞过渡流(图5-12),由于偶尔出现气塞运动,所以图5-12中展示出的气塞运动的吸引子轨迹并没有类似泡状流所表现出的实心密集各态遍历特征,其吸引子在较大变化区域内轨线清晰且有规律运动,尤其是 τ 值在37.5 ms以内。由于该流型具有高频泡状运动和低频段塞运动的组合特征,所以在吸引子形态上也表现为中心小区域内密集核结

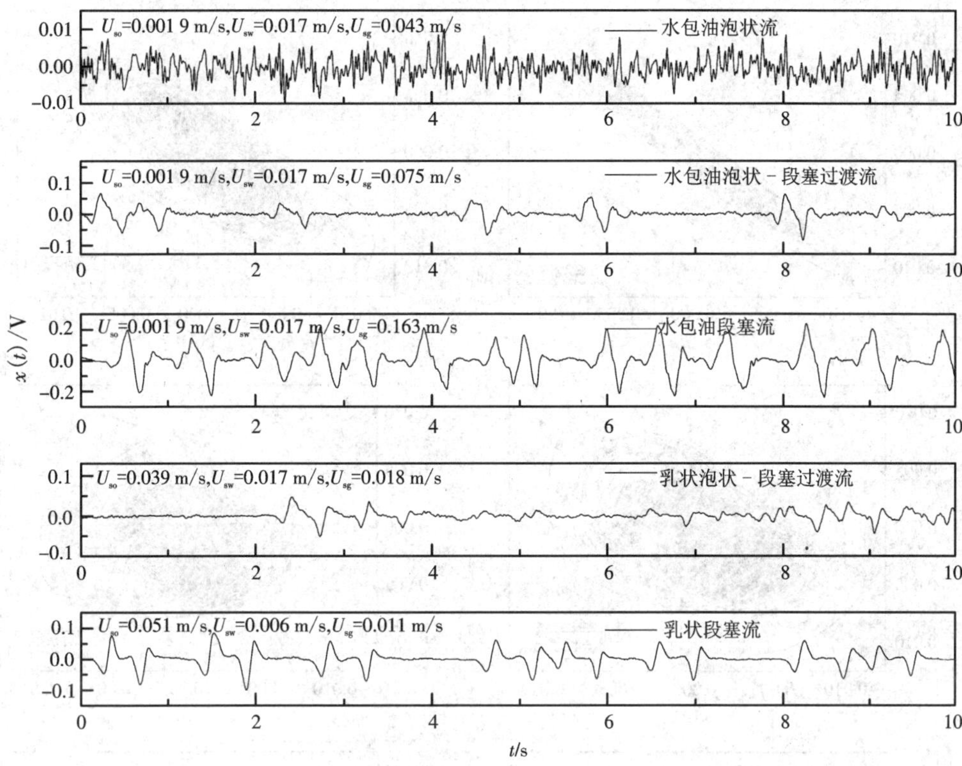

图 5-10　水为连续相时五种典型流型的电导传感器波动信号[5]

构与大区域内运动吸引子轨线的混合特征。

对于水包油段塞流(图 5-13),与水包油泡状 - 段塞过渡流型的吸引子形态相似,但大区域运动轨线特征更加明显,尤其是 τ 值在 37.5 ms 以内。另外,吸引子中心区域存在稍弱的类似泡状的实心结构密集核形态,这是由于两个气塞之间类似泡状流的液塞运动所致。

乳状液时泡状 - 段塞过渡流型吸引子形态(图 5-14)在第一区域内基本上与图 5-12 所示的水包油泡状 - 段塞过渡流型类似,油水相态乳状变化对吸引子形态结构没有太大影响。

由于油水相态发生乳化,油水相态中的分散相作用逐渐消失,且混合液的黏度系数增加使得液塞中气泡随机运动特征减弱,所以乳化段塞流吸引子运动轨线在第一区域内仅表现为气塞与液塞的交替运动特征,类似于水包油段塞流的吸引子实心结构密集核形态基本消失,而表现为中空结构形态(图 5-15)。

按照流动工况对五种流型所有电导波动信号的十种吸引子形态特征量进行统计,选择对于流型有较大区分度的 3 阶吸引子矩特征量 $SM_{1,3}$ 和 $SM_{2,3}$ 构成平面,对五种流型进行分类,如图 5-17 所示。可以看出,组合两种特征量对水包油泡状流、水包油泡状 - 段塞过渡流、水包油段塞流和乳状段塞流具有较好的分类效果,图中用三条虚线作为划分流型的准则,分别为 $SM_{1,3}=0$,$SM_{2,3}=10$,$SM_{2,3}=-5$。其中 $SM_{1,3}\geqslant 0$,$SM_{2,3}\leqslant 10$ 为水包油泡状流,$SM_{1,3}<0$,$SM_{2,3}>10$ 为水包油泡状 - 段塞过渡流,$SM_{1,3}<0$,$-5<SM_{2,3}<10$ 为水包油段塞流,$SM_{1,3}<0$,$SM_{2,3}\leqslant -5$ 为乳状段塞流。

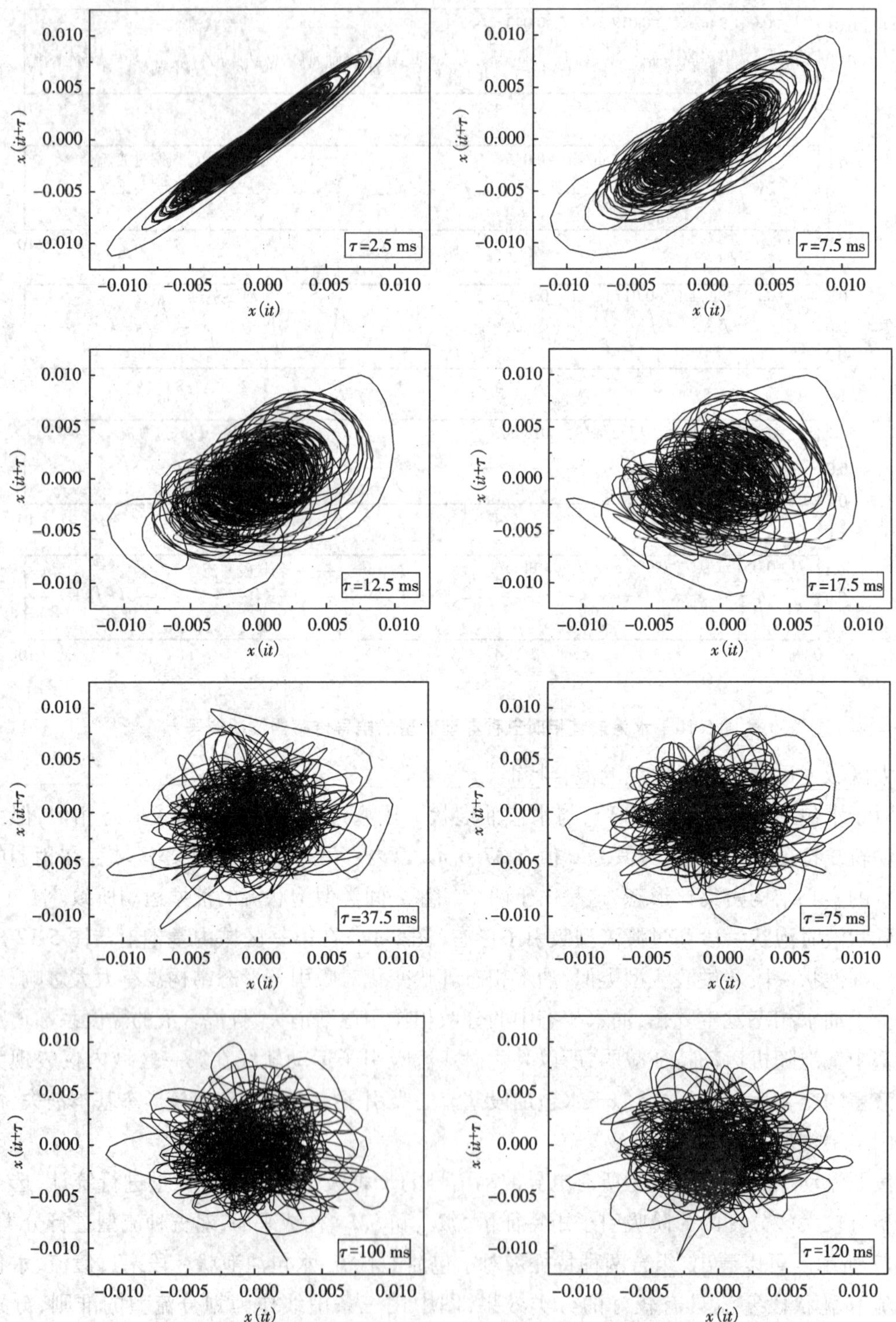

图 5-11　水包油泡状流二维吸引子随时间延迟 τ 增大的形态演化[5]

($U_{so}=0.001\ 9$ m/s, $U_{sw}=0.017$ m/s, $U_{sg}=0.043$ m/s)

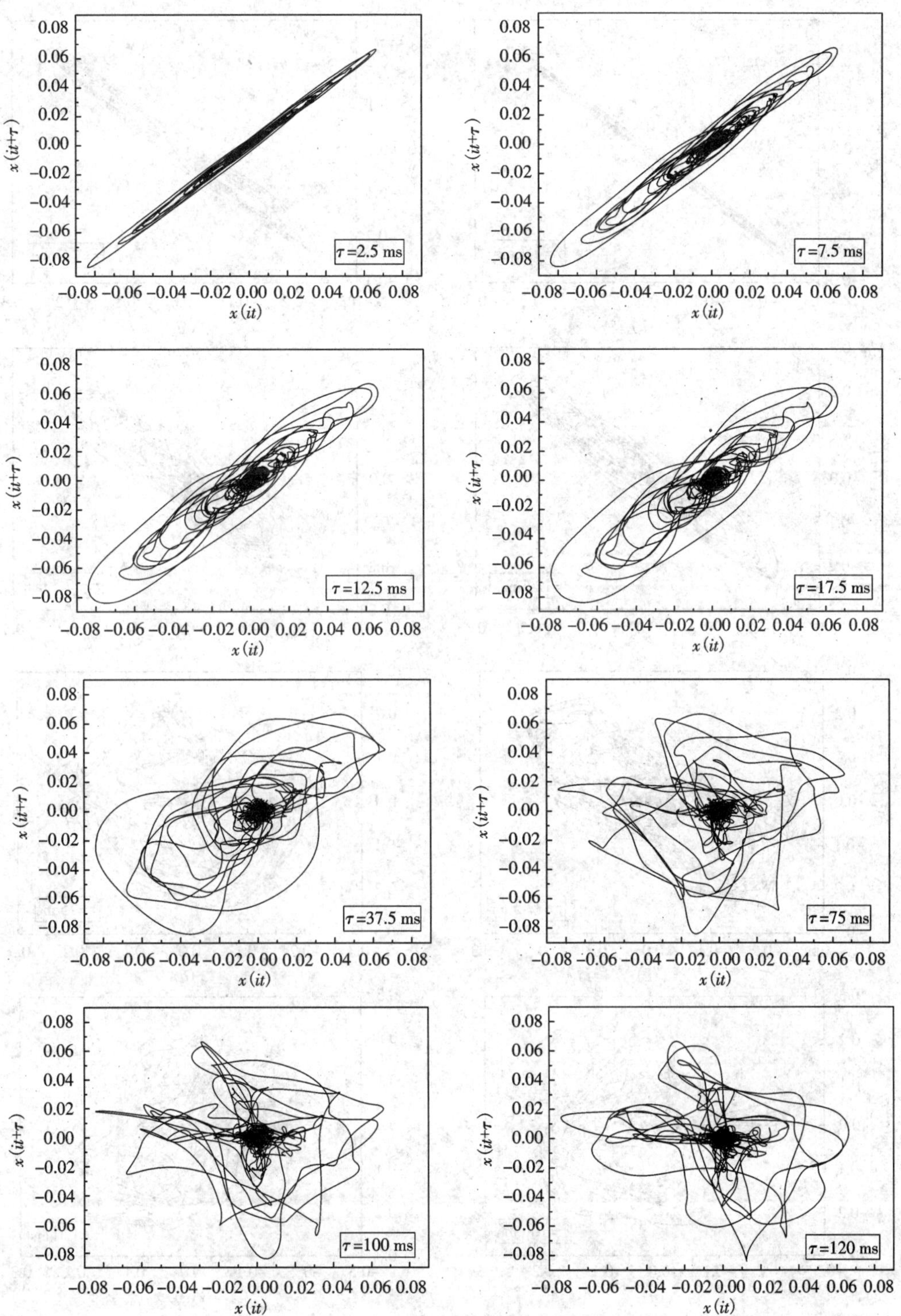

图 5-12　水包油泡状 - 段塞过渡流二维吸引子随时间延迟 τ 增大的形态演化[5]

(U_{so} = 0. 001 9 m/s, U_{sw} = 0. 017 m/s, U_{sg} = 0. 075 m/s)

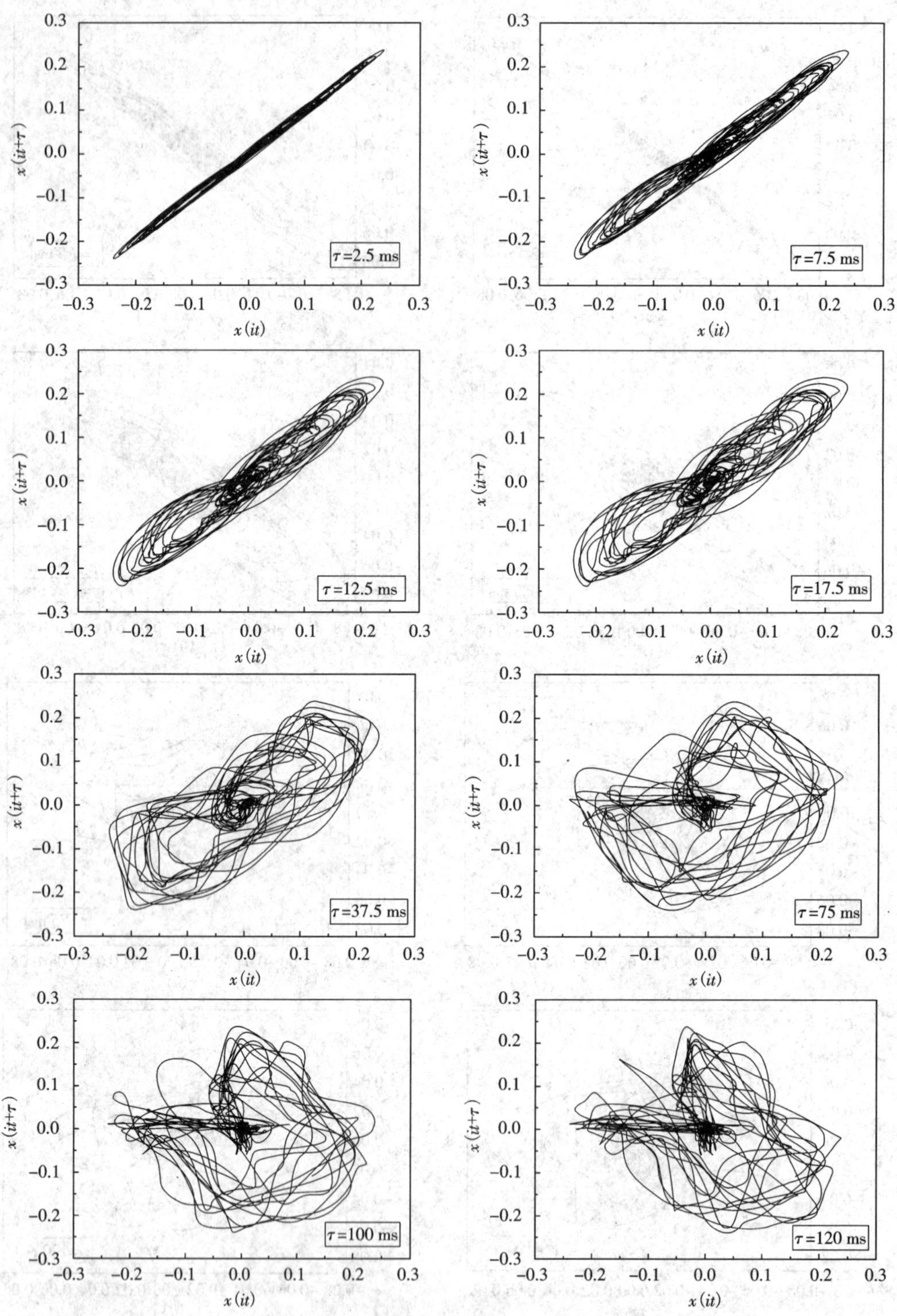

图 5-13 水包油段塞流二维吸引子随时间延迟 τ 增大的形态演化[5]

($U_{so}=0.0019$ m/s, $U_{sw}=0.017$ m/s, $U_{sg}=0.163$ m/s)

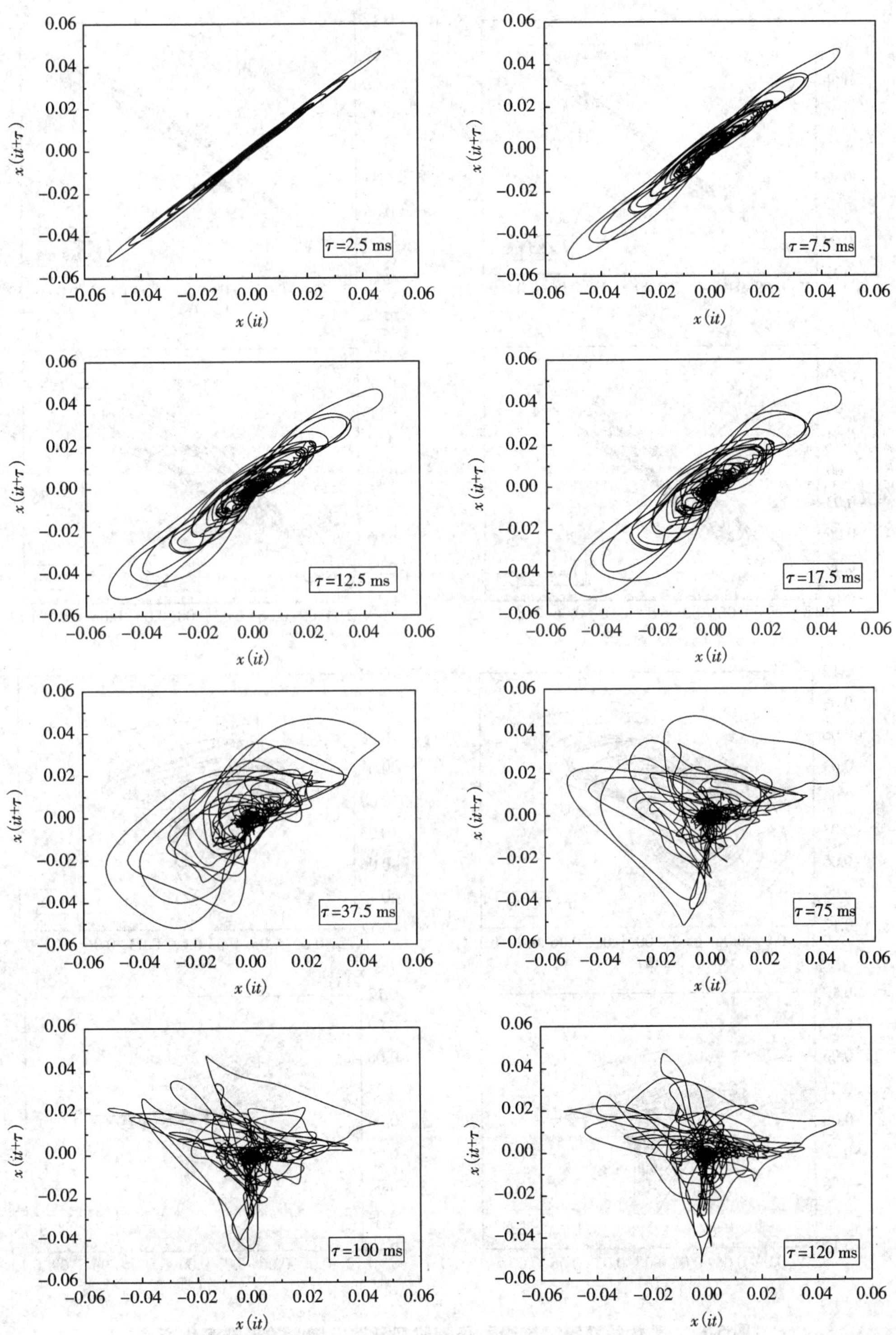

图 5-14　乳状泡状－段塞过渡流二维吸引子随时间延迟 τ 增大的形态演化[5]

($U_{so}=0.039$ m/s, $U_{sw}=0.017$ m/s, $U_{sg}=0.018$ m/s)

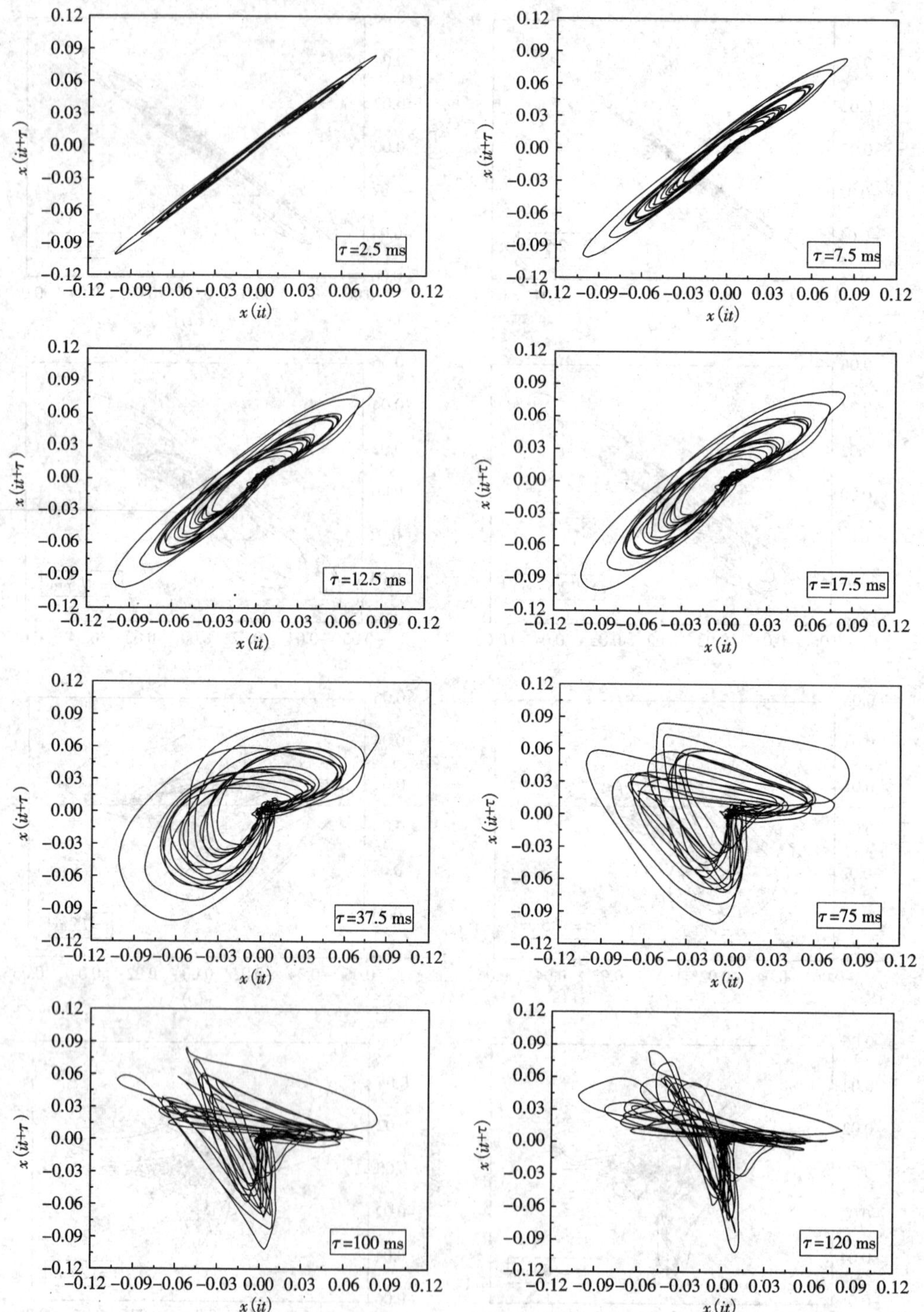

图 5-15 乳状段塞流二维吸引子随时间延迟 τ 增大的形态演化[5]

($U_{so}=0.051$ m/s, $U_{sw}=0.006$ m/s, $U_{sg}=0.011$ m/s)

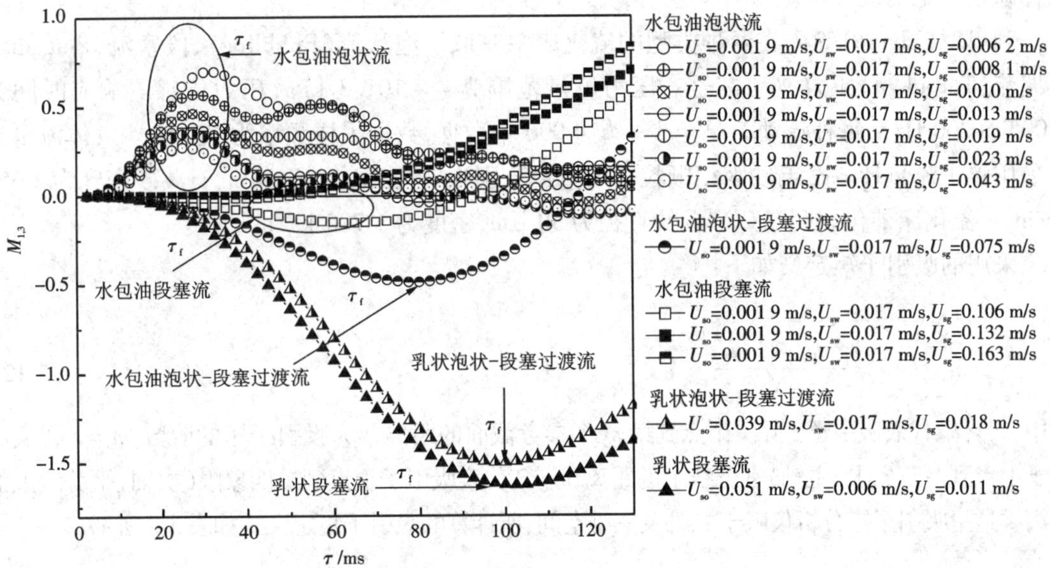

图 5-16　五种流型二维吸引子矩 $M_{1,3}(\tau)$-τ 曲线[5]

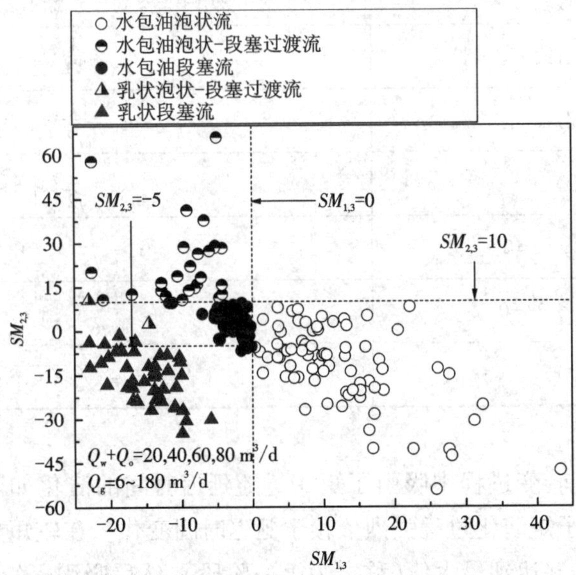

图 5-17　流型在 $SM_{1,3}$-$SM_{2,3}$ 平面上的分布[5]

5.1.6　气固两相流压力波动信号非线性分析

揭示流化床动力学特性常采用压力波动信号分析法，该方法包括线性分析法和非线性分析法，其中线性分析法又分为时域法（标准差）和频域法（功率谱密度函数）。时域法中的标准差指标非常依赖于气相流速，而频域法中的功率谱密度函数往往对颗粒大小变化不敏感，故上述两种分析方法在表征流化床动力学特性时具有较大的局限性。基于确定性混沌理论的非线性分析法被认为是表征流化床动力学特性的强有力工具，但是从已有分析方法中提取的关键指标缺乏一定的统计性。

利奥罗(Llauró)等[3]在两种类型的流化床中获取了泡状流(Bubbling)、段塞流(Slugging)及湍流(Turbulent)压力波动信号。压力测量范围为 4 ~ 101.3 kPa,压力传感器响应时间为 0.005 s(200 Hz),每种流动工况至少采集 4 096 个数据,数据采样频率为 100 Hz。气体流量计量采用浮子流量计。石英砂固相颗粒平均直径分别为 225 μm 及 475 μm,石英砂密度为 2 650 kg/m³。流化床催化裂解(FCC)颗粒直径为 50 μm,密度为 1 700 kg/m³。

采用的吸引子矩定义如下:

$$M_{m,j}(\tau)=\frac{\sum_{i=1}^{N} d_{m,i}^{j}(k)}{N} \tag{5-12}$$

式中,$d_{m,i}(k)$代表吸引子上第 i 个点到第 m 个参考截面的距离,j 为吸引子矩的阶数,$m=1$ 代表吸引子上点到一三象限(主轴)平分线上的距离,$m=2$ 代表吸引子上点到二四象限(次轴)平分线上的距离。这里吸引子矩分析仅限于二维及三维空间,所计算的吸引子矩定义式如表 5-2 所示。

表 5-2 二维及三维计算吸引子矩定义式

参考截面(线)	吸引子上点到参考截面(线)的距离 $d_{m,i}$
一三象限平分线	$d_{1,i}=\frac{1}{\sqrt{2}}(x_i-y_i)$
二四象限平分线	$d_{2,i}=\frac{1}{\sqrt{2}}(x_i+y_i)$
原点(二维)	$d_{3,i}=\frac{1}{\sqrt{2}}(x_i+y_i)$
参考截面 B:$x+y+z=0$	$d_{4,i}=\frac{1}{\sqrt{3}}(x_i+y_i+z_i)$
参考截面 C:$x+y-2z=0$	$d_{5,i}=\frac{1}{\sqrt{6}}(x_i+y_i-2z_i)$
原点(三维)	$d_{6,i}=\sqrt{x_i^2+y_i^2+z_i^2}$

从泡状流到段塞流转变过程中吸引子矩 $M_{1,4}$ 随延迟时间的演化如图 5-18 所示。从中可以看出,两种流型吸引子矩演化过程强烈依赖于延迟时间变化。在较短延迟时间时,吸引子矩随延迟时间增加而增加并达到最大值(称之为第一阶段),然后吸引子矩 $M_{1,4}$ 从最大值降低至较为稳定值。第一阶段指示了吸引子结构的伸展过程,在 $M_{1,4}$ 达到最大值后,吸引子开始退化并失去相关性。通过考察实验中所有吸引子矩,发现第一阶段吸引子结构伸展达到最大值后,开始向相反方向演化。通常,对于给定流型,吸引子从伸展到退化过程的延迟时间区间是比较接近的,与所选择的吸引子矩无关。

此外,还可以看出吸引子伸展演化过程强烈依赖于流型。对于泡状流,第一阶段吸引子伸展结束出现在延迟时间 5 ~ 10 之间;对于段塞流,吸引子矩演化过程具有很强的周期性,吸引子矩第一个最大值出现在延迟时间 20 ~ 40 之间,吸引子演化具有交替性伸展及折叠的特点,吸引子退化过程缓慢而不显著,这种周期成分衰减仅仅出现在更大的延迟时间区间,其衰减特点与所采用的吸引子矩有关。

从泡状流到湍流转变过程中 $M_{4,2}$ 吸引子矩演化过程如图 5-19 所示。在相同的气相流速下，吸引子矩随延迟时间增加而减小，最小值出现在延迟时间 5 ~ 10 之间，且湍流流型周期性成分比泡状流要多，但比前述的段塞流要少，体现出了由泡状流转化为湍流流型的演化特征。随着气相流速增加，从泡状流开始向段塞流转化；随着气相流速进一步增加，开始出现从段塞流到湍流流型的转化区域，也有可能绕过段塞流从泡状流直接转化到湍流流型，这取决于操作条件及颗粒类型。

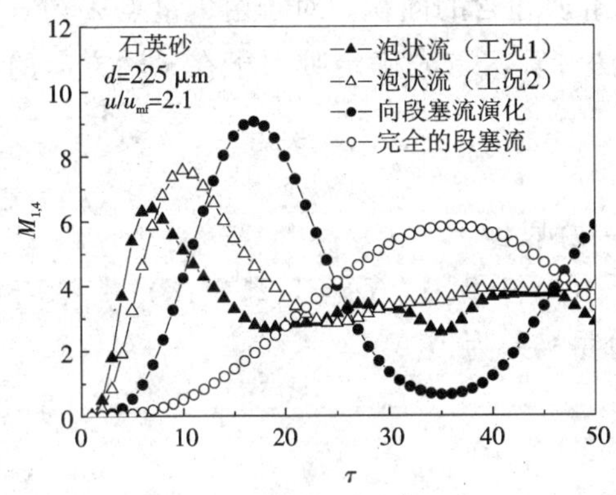

图 5-18 从泡状流到段塞流转变过程中 $M_{1,4}$ 与延迟时间的关系[3]

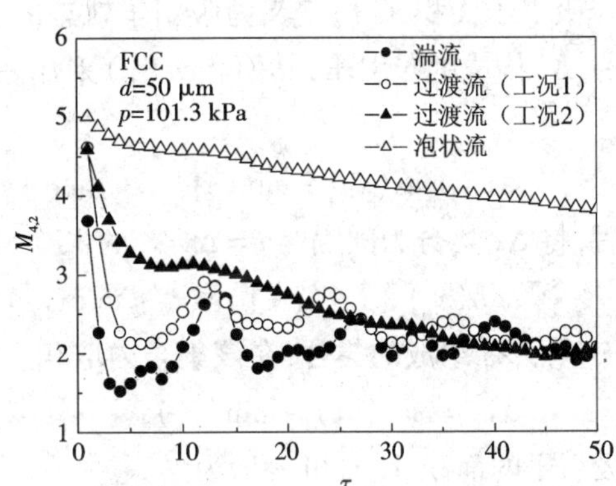

图 5-19 从泡状流到湍流流型转变过程中 $M_{4,2}$ 与延迟时间的关系[3]

对直径为 225 μm 的石英砂固相颗粒，图 5-20 显示了 $M_{4,2}$ 吸引子矩第一阶段斜率与 $M_{1,2}$ 吸引子矩第一阶段斜率之间的对应关系。从中可以看出，每种流型清晰地位于图中的不同区域，从泡状流到段塞流呈线性分布趋势，吸引子矩斜率绝对值逐渐减小并趋于图中坐标原点位置，这恰好与从泡状流向段塞流转化时混沌特性减弱趋势相对应。

泡状流向湍流流型转化的例子如图 5-21 所示。从中可以看出，在吸引子矩 $M_{4,2}$ 及 $M_{1,2}$ 斜率组合图上，每种流型在组合图中都呈现非常理想的线性分布趋势，吸引子矩斜率的绝对值逐渐减小并趋于图中坐标原点位置，这恰好与从泡状流向具有均匀分布结构的湍流流型转变相对应。

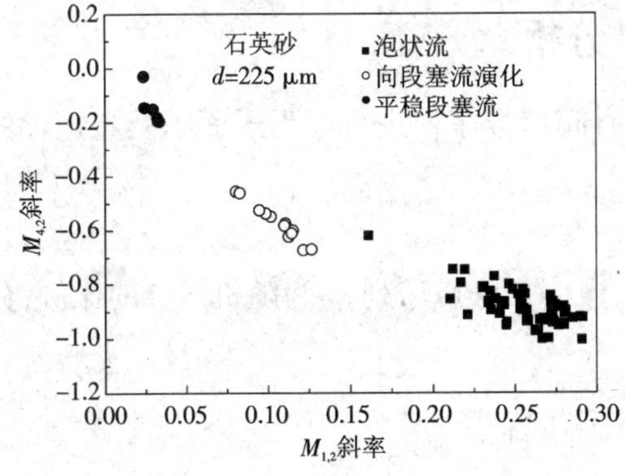

图 5-20 $M_{4,2}$ 及 $M_{1,2}$ 吸引子矩斜率平面

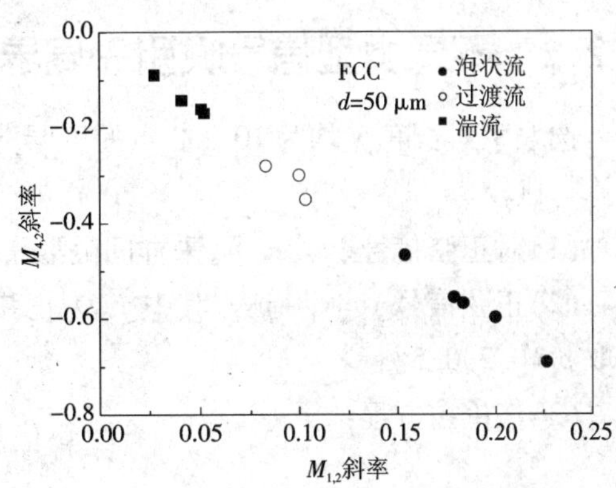

图 5-21 $M_{4,2}$ 及 $M_{1,2}$ 吸引子矩斜率平面

5.2 吸引子形态周界测度分析

5.2.1 吸引子面积、长轴、短轴

吸引子形态和结构是判断动力学系统运动状态的重要依据。两维相空间中点可表示为 $X_i=(x_i,y_i)=[s(it),s(it+\tau)]$,研究吸引子形态只需关心两个坐标:$x_i=s(it)$ 及 $y_i=s(it+\tau)$。吸引子面积 $A(\tau)$ 定义为吸引子轨迹的最大轮廓所包含的面积。对于由矢量点 $\boldsymbol{X}_i(i\in 1,2,\cdots,N)$ 构成的吸引子,其面积 $A(\tau)$ 采用积分方法计算。首先确定吸引子在 x 轴方向的极差:

$$\Delta x=\max(x_i)-\min(x_i)\qquad(i\in 1,2,\cdots,N)\tag{5-13}$$

然后,将 Δx 均分为间隔为 $l=\Delta x/K$ 的 K 个区间,寻找满足

$$\min(x_i)+l\cdot(j-1)\leqslant x_k<\min(x_i)+l\cdot j\quad(k=1,2,\cdots,N;j=1,2,\cdots,K)\tag{5-14}$$

的矢量点 $\boldsymbol{X}_i$ 组成的集合,在该集合内取相应 y 轴分量极差为

$$\Delta y_k=\max(y_k)-\min(y_k)\tag{5-15}$$

则吸引子的面积 $A(\tau)$ 可表示为

$$A(\tau)=\lim_{K\to\infty}\sum_{k=1}^{k=K}\Delta y_k\cdot\frac{\Delta x}{K}\tag{5-16}$$

式中 K 由所需要的计算精度确定,本书中 K 取 500。吸引子的长轴 $L_{\text{axis}}(\tau)$ 定义为主轴方向上两个相空间点之间的最长距离,即

$$L_{\text{axis}}(\tau)=\max(\boldsymbol{X}_i-\boldsymbol{Y}_i)\tag{5-17}$$

式中 $\boldsymbol{X}_i$ 与 $\boldsymbol{Y}_i$ 均为主轴上的点。吸引子的短轴 $S_{\text{axis}}(\tau)$ 定义为副轴方向上两个相空间点之间的最长距离,即

$$S_{\text{axis}}(\tau)=\max(\boldsymbol{X}_i-\boldsymbol{Y}_i)\tag{5-18}$$

式中 $\boldsymbol{X}_i$ 与 $\boldsymbol{Y}_i$ 均为副轴上的点。由吸引子面积的定义可知,当 K 取 1 时,吸引子面积等于长轴和短轴的乘积。

5.2.2 不同类型信号吸引子周界测度分析

选取序列长度 N 均为 10 000 点的不同类型的时间信号序列进行吸引子面积及长短轴的计算与比较。

(1)对正弦信号 $y_1=\sin x$,采样间隔取 $\pi/50$。

(2)正弦信号 $y=y_1+py_2$,其中 y_1 为正弦序列,y_2 为白噪声序列,p 为随机成分的比例,分别取 $p=0.2,0.5$。

(3)洛伦兹方程:

$$\begin{cases}\dfrac{dx}{dt} = -10(x-y) \\ \dfrac{dy}{dt} = -y + 28x - xz \\ \dfrac{dz}{dt} = xy - \dfrac{8}{3}z\end{cases} \tag{5-19}$$

初始条件 $x_0=2, y_0=2, z_0=20$，采用四阶龙格－库塔方法迭代，取变量 x 为仿真序列。

将延迟时间 τ 从零逐渐增大，得到随延迟时间变化的动态吸引子。图 5-22 为洛伦兹序列延迟时间变化对应的动态吸引子图，随着延迟时间 τ 增加，洛伦兹吸引子从压缩状态逐渐展开。而正弦信号所形成的动态吸引子则从主轴方向的压缩状态逐渐展开，当展开到一定程度时，随着 τ 增加，吸引子将逐渐压缩到副轴上，然后随着 τ 继续增加，吸引子将从副轴上的压缩状态逐渐展开；随着 τ 继续增加，吸引子将周期性地重复展开、压缩、展开的过程。

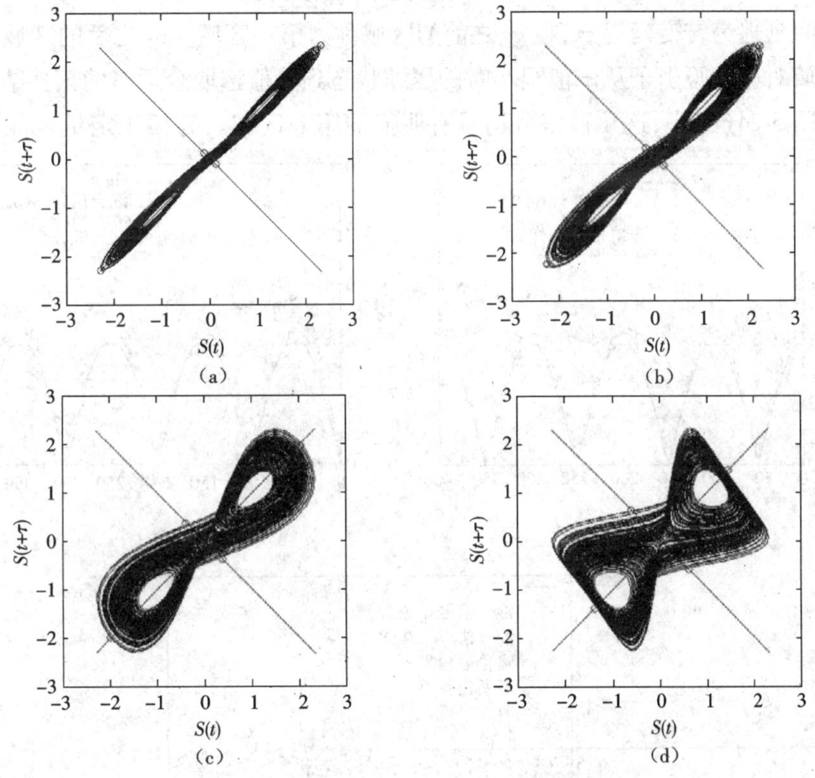

图 5-22　洛伦兹吸引子形状在二维相空间上随时间延迟的变化[6]

(a) $\tau=1$　(b) $\tau=2$　(c) $\tau=5$　(d) $\tau=10$

(4) 高斯白噪声信号序列。

对于白噪声信号，如图 5-23 所示，仅当 $\tau=0$ 时，吸引子压缩在主轴上，而即使很小的时间延迟，如 $\tau=1$，所对应的吸引子也将完全展开。因此，对于高斯白噪声信号序列，不需要计算其吸引子长轴和短轴。

针对上述仿真信号，计算吸引子面积、长轴和短轴随时间延迟的变化曲线如图 5-24 所示。

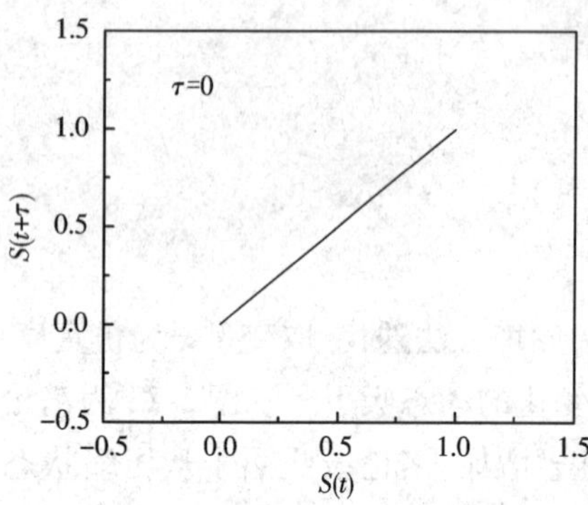

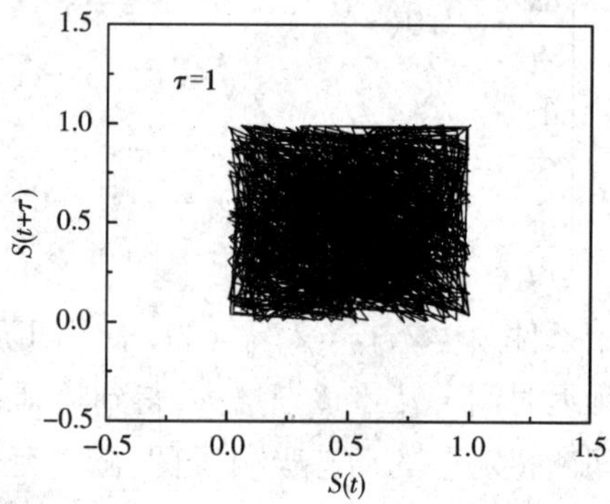

图 5-23 $\tau=0$ 和 $\tau=1$ 时高斯白噪声信号的吸引子图[6]

类似于吸引子矩增长率的提取方法，可以定义吸引子面积、长轴和短轴曲线的第一区域。

以图 5-24(c)吸引子面积随时间延迟的变化曲线为例，在面积曲线上存在明显峰值，此峰值对应的时间延迟为转变延迟 τ_f，在 τ_f 之前的区域称为第一区域。τ_f 之后的区域称为第二区域。第一区域对应着吸引子从 τ 值很小时的压缩状态到 τ 值选取合适时的拓扑结构展开状态的过程。在图 5-24(c)中，这几种信号均具有明显的第一区域。为便于定量表征不同信号的

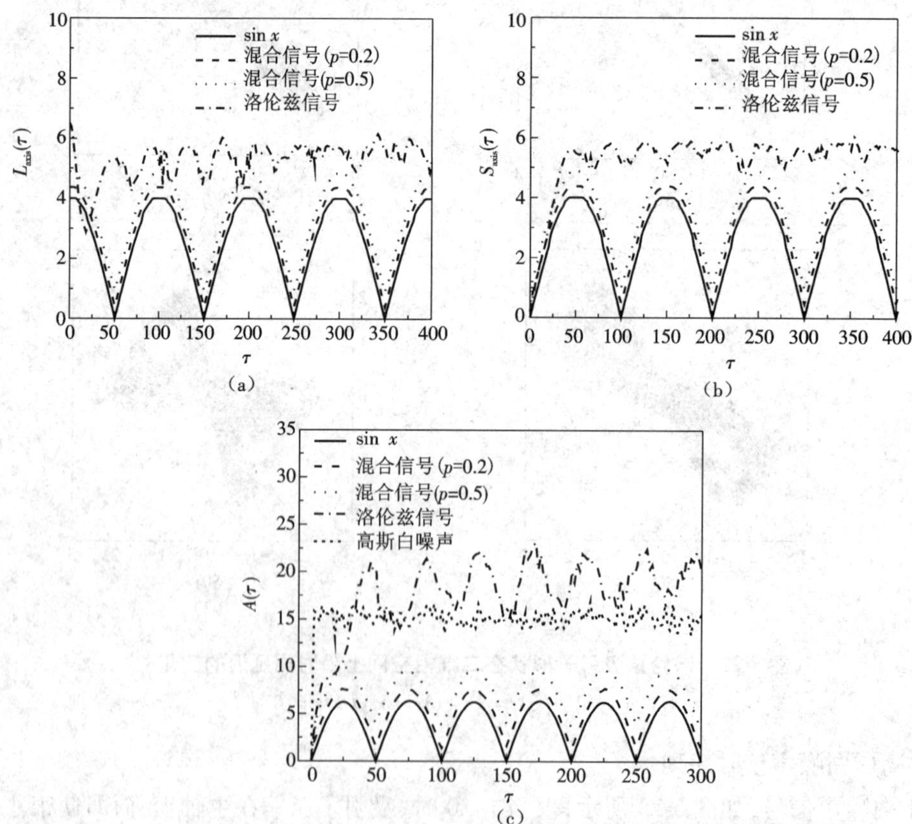

图 5-24 不同信号动态吸引子长轴、短轴及面积随时间延迟变化关系[6]

(a)长轴随时间延迟变化 (b)短轴随时间延迟变化 (c)面积随时间延迟变化

吸引子面积增长率,可以将第一区域近似视为线性区域,从而以该区域的斜率作为面积的增长率。以第一区域的近似斜率作为吸引子形态特征量的增长率,记为 SA,应满足

$$A(\tau) \approx SA \cdot \tau + A(0) \quad (0 \leqslant \tau \leqslant \tau_{\mathrm{f}}) \tag{5-20}$$

式中,$A(0)$代表对应曲线的截距。在 $0 \leqslant \tau \leqslant \tau_{\mathrm{f}}$ 区间内,用最小二乘法作线性回归,可得出第一区域的近似斜率,即为吸引子几何形态特征量。由此可见,吸引子几何形态特征量与传统的最佳时间延迟的大小无必然关系,从而减小了由时间延迟参数选取所带来的误差。转变延迟 τ_{f} 之后的第二区域,对应着吸引子结构完全展开后的状态。

从图 5-24(c)可以看出,规则的正弦信号及其混合信号的面积增长率较低,高斯白噪声信号的面积增长率最高,而洛伦兹序列的面积增长率居于两者之间。这与前面所述高斯白噪声在时间延迟 $\tau = 1$ 时其吸引子已经进入完全展开的状态是一致的,而且其面积稳定在 15 左右波动,表明时间延迟对其吸引子面积的影响不大。表 5-3 为不同仿真信号的计算结果。

表 5-3　不同类型信号吸引子周界特征值计算结果

信号类型	面积增长率	长轴增长率	短轴增长率
正弦信号 $\sin x$	0. 304 62	−0. 093 60	0. 110 48
混合信号($p=0.2$)	0. 357 05	−0. 092 06	0. 113 98
混合信号($p=0.5$)	0. 472 00	−0. 086 09	0. 109 70
洛伦兹信号	1. 169 44	−0. 245 47	0. 141 27
高斯白噪声信号	7. 922 09	—	—

计算结果表明,不同类型的仿真信号在吸引子面积的增长率上的区别非常明显。实际上,由于吸引子长轴和短轴是由相空间上的 4 个矢量点计算得到的,而由于实际测量信号受噪声的影响,其吸引子长轴和短轴随时间延迟的变化不像吸引子矩和吸引子面积那样光滑,这不利于吸引子特征提取。这种情况下,应该以吸引子面积及其增长率为考察重点。

5. 2. 3　倾斜油水两相流流型分类

有关倾斜油水两相流动态实验详见第 2 章。图 5-25 和图 5-26 分别为拟段塞水包油(D O/W PS)及局部逆流水包油(D O/W CT)两种不同流型二维吸引子随延迟时间变化图。如前所述,由于实测信号长轴和短轴这两个指标的鲁棒性较差,后面的计算和分析主要以吸引子面积形态为主。图 5-27 为固定水相表观速度 U_{sw} 为 0. 037 4 m/s,增加油相表观速度时,吸引子面积 $A(\tau)$随时间延迟 τ 的变化曲线,从中可以看到,D O/W CT 流型在第一区域的斜率 SA 和第二区域的面积均值 $\bar{A}$ 均低于 D O/W PS 流型。以面积增长率 SA 和吸引子拓扑结构完全展开后的最终面积 $\bar{A}$ 为坐标,D O/W PS 和 D O/W CT 流型在 SA-$\bar{A}$ 平面上的分布如图 5-28 所示。D O/W PS 流型的吸引子面积及其增长率均高于 D O/W CT 流型,在以吸引子特征量为坐标的平面上,这两种流型均具有较好的分类效果。

可以看出,基于面积、长轴、短轴的吸引子周界形态描述方法可有效识别常规信号。吸引子面积形态描述方法对水为连续相的拟段塞水包油(D O/W PS)和局部逆流水包油(D O/W

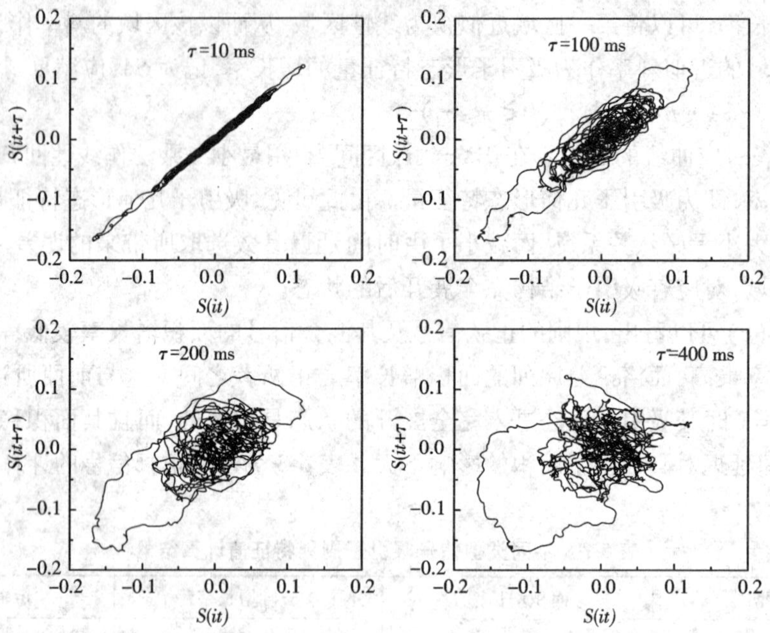

图 5-25 吸引子面积形状随延迟时间变化图[6]

（倾斜 45°，$U_{sw}=0.0374$ m/s，$U_{so}=0.0730$ m/s，D O/W PS 流型）

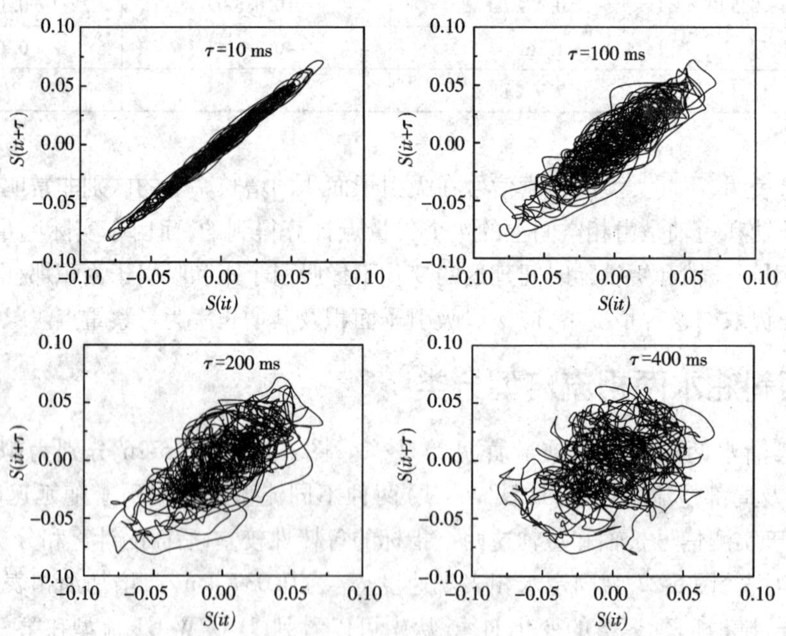

图 5-26 吸引子面积形状随延迟时间变化图[6]

（倾斜 45°，$U_{sw}=0.0374$ m/s，$U_{so}=0.1682$ m/s，D O/W CT 流型）

CT）流型均具有较好的分类效果。基于长轴和短轴的吸引子形态描述方法取决于吸引子主轴和副轴上的 4 个端点，因此其鲁棒性较差。在实际应用中以吸引子矩和面积的增长率为特征量的吸引子形态描述方法稳定可靠，且计算快速，是吸引子的较好模式识别方法。由于吸引子

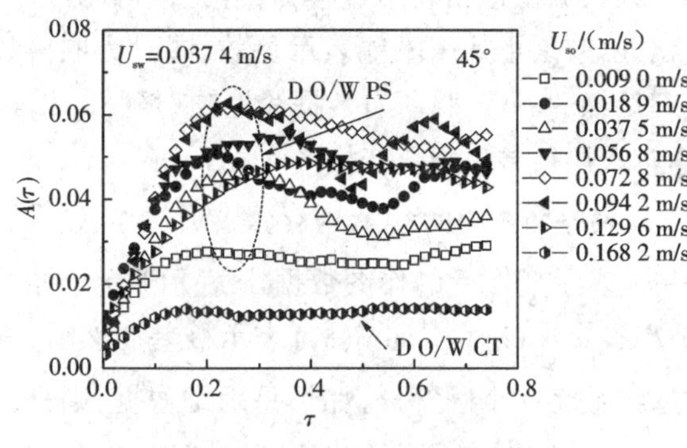

图 5-27　$A(\tau)$随时间延迟 τ 变化曲线[6]

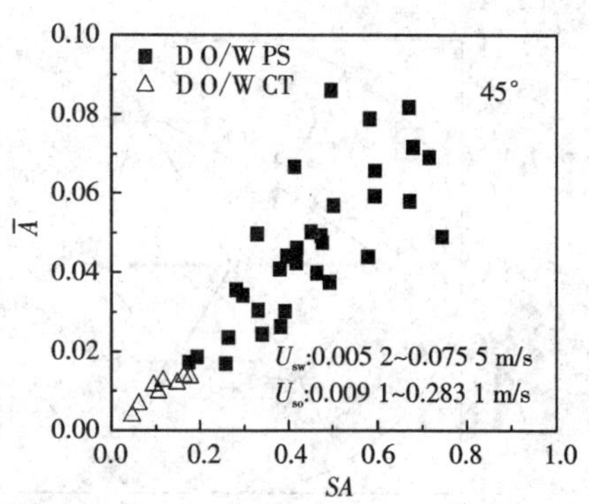

图 5-28　流型点在 SA-$\bar{A}$ 平面上分布图[6]

面积及其增长率描述了吸引子形态随时间延迟增长演化过程的特点,故不受嵌入时间延迟影响,是对吸引子矩形态描述方法的有益补充。

5.3　高维相空间吸引子多元图重心轨迹特征

数图结合是科学研究的重要思想和方法,由于高维空间吸引子不可视,要将其结构展现出来就必须借助平面图形表示方法。多元统计图表示方法就是将高维空间数据点用图形的形式表现出来,这种图形表示方法已经应用在模式识别研究中[8]。受多元统计图表示原理的数学思想启发,本节提出了一种基于多元图的相空间混沌吸引子特征提取方法,该方法将高维空间中的每个点依次映射到雷达图中,使每个高维矢量点对应于雷达图中的一个多边形,并将这一多边形重心的轨迹(矩特征量)引入吸引子形态特性分析。

5.3.1　多元图嵌入方法及其重心特征提取

对于混沌观测时间序列 $x(it)$($i=1,2,\cdots,N$,N 为采样点总数),如果选取嵌入时间延迟为 τ、嵌入维数为 m,则相空间中的点可表示为

$$\boldsymbol{X}(k)=\{x(kt),x(kt+\tau),\cdots,x[kt+(m-1)\tau]\} \tag{5-21}$$

式中 $k=1,2,\cdots,M$[$M=N-(m-1)\tau/t$,为重构相空间后吸引子上点的总数]。

目前吸引子形态分析方法因高维相空间吸引子不可视及计算复杂,一般选取二维或三维相空间嵌入,因此其吸引子形态无法完全展开,不可避免地导致一些有用信息被叠加或覆盖。本节提出的多元图相空间嵌入基本思想是:将高维矢量数据以图形的形式展示,并以此为基础对非线性时间序列进行分析。

5.3.2　多元图表示

常用多元图的表示方法有雷达图(又称径向图、星形图或蜘蛛网图)及平行坐标图。图 5-29 为一个六维数据 $\boldsymbol{X}=(x_1,x_2,x_3,x_4,x_5,x_6)$的雷达图。雷达图特征量一般包括多边形重心、面积、对称性、分区面积比等。本节通过提取这些图形特征并应用于高维相空间数据序列,再提取有效特征量,最终区别不同的高维相空间吸引子。

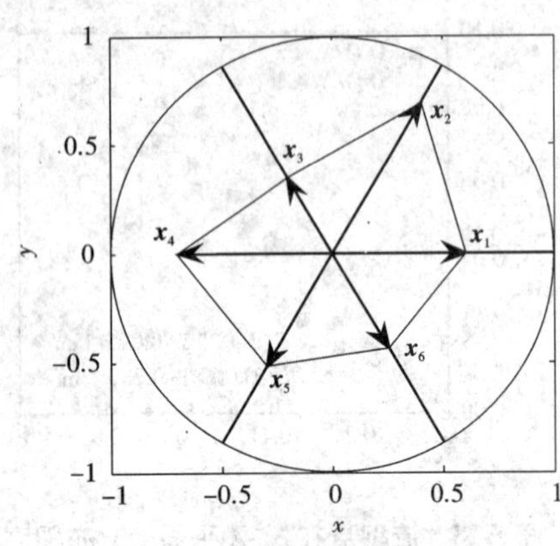

图 5-29 一个六维数据的雷达图

高维数据雷达图表示过程为:首先,对数据进行归一化处理,因雷达图不能表示负数,同时为取得数据处理量纲的一致,将所有数据线性映射到[0,1]区间,通常采用极差正规化变换:

$$x_i^* = [x_i - \min_{1\leq t\leq N}(x_t)]/R_j \tag{5-22}$$

式中,x_i^* 表示变换后的作图数据,x_i 表示第 i 个原始数据,$R_j = \max_{1\leq t\leq N}(x_t) - \min_{1\leq t\leq N}(x_t)$ 表示极差。然后,根据数据维数将一个圆等分,如果是六维数据,则进行六等分,高维数据中每个分量依次对应雷达图中相应的径向长度,将各个径向点首尾相连,就构成了如图 5-29 所示的多边形。由此,不同的高维矢量数据就映射成了雷达图上不同的多边形,通过提取多边形重心特征可对混沌时间序列进行定量分析。

5.3.3 多边形重心提取算法

传统多边形重心提取算法随着多边形边数的增加计算量加大,在多元信息雷达图中,对象的多元信息表现为雷达图的各维径向坐标,即雷达图多边形的各顶点,可以认为多元信息雷达图表示的顶点为信息质点。

对于 m 个相邻变量形成的重心特征可以采用质量集中在顶点的多边形重心数学模型。由 $(r_1, r_2, \cdots, r_m)$ 形成的 m 变量重心矢量特征表示公式为[8]

$$\begin{cases} abs_m = \sqrt{\left(\sum\limits_{i=1}^{m} p_i r_i \cos\dfrac{2(i-1)\pi}{n}\right)^2 + \left(\sum\limits_{i=1}^{m} p_i r_i \sin\dfrac{2(i-1)\pi}{n}\right)^2} \\ angle_m = \arctan\dfrac{\sum\limits_{i=1}^{m} p_i r_i \sin\dfrac{2(i-1)\pi}{n}}{\sum\limits_{i=1}^{m} p_i r_i \cos\dfrac{2(i-1)\pi}{n}} \quad \left(0 < angle_m < \dfrac{2m\pi}{n}\right) \end{cases} \tag{5-23}$$

式中,abs_m 为 m 变量重心矢量特征的幅值;$angle_m$ 为 m 变量重心矢量特征的角度;p_i 为各变量的信息质点权值,可以根据各变量的信息熵函数来确定,应用中为方便通常取定值 $1/m$。在后续的时间序列高维嵌入重心特征提取中亦采用了这种算法。

5.3.4 典型信号多元图重心轨迹动力学特性

本节讨论 Logistic 信号、洛伦兹信号、正弦信号和高斯白噪声的雷达图嵌入情况,并给出其重心演化轨迹。首先对信号进行相空间重构,选取嵌入时间延迟 τ、嵌入维数 m。在嵌入参数选取时,对于洛伦兹信号,按照 C-C 算法,得到最佳嵌入维数 $m=6$,最佳延迟时间为 $11\tau_s$(τ_s 为取样间隔);对于正弦信号、高斯白噪声以及 Logistic 信号尚未进入混沌的情况,因混沌时间序列嵌入参数选取准则对其并不适用,其嵌入参数选取以图像清晰明显为原则。

重构相空间中的每一个高维矢量点对应一个雷达图多边形。图 5-30 为 Logistic 信号在单周期、倍周期、四周期、八周期和进入混沌时其六维相空间矢量点对应的多边形嵌入及重心轨迹。其中折线区域为嵌入雷达图之后的多边形混叠在一起的效果，称之为多元图混沌吸引子（Multivariate-Graph Chaotic Attractor，MGCA），而靠近原点的连线部分是多边形序列的重心轨迹。由于 Logistic 序列本身即为 0 到 1 之间的正值，故相空间嵌入时未进行极差标准化处理。

由图 5-30 可以看出：当 $\mu=2.8$ 时，Logistic 为单周期信号，其 MGCA 重叠为一个多边形，其重心轨迹也重叠为一点；当 $\mu=3.2$ 时，Logistic 为倍周期信号，其 MGCA 重叠为两个多边形，其重心轨迹为两点连线；同样，四周期信号得到四个重心点连线，八周期信号得到八个重心点连线；当 $\mu=3.8$ 时，Logistic 为混沌信号，其 MGCA 为一系列多边形的混叠，其重心轨迹亦混叠在 MGCA 的中间区域。

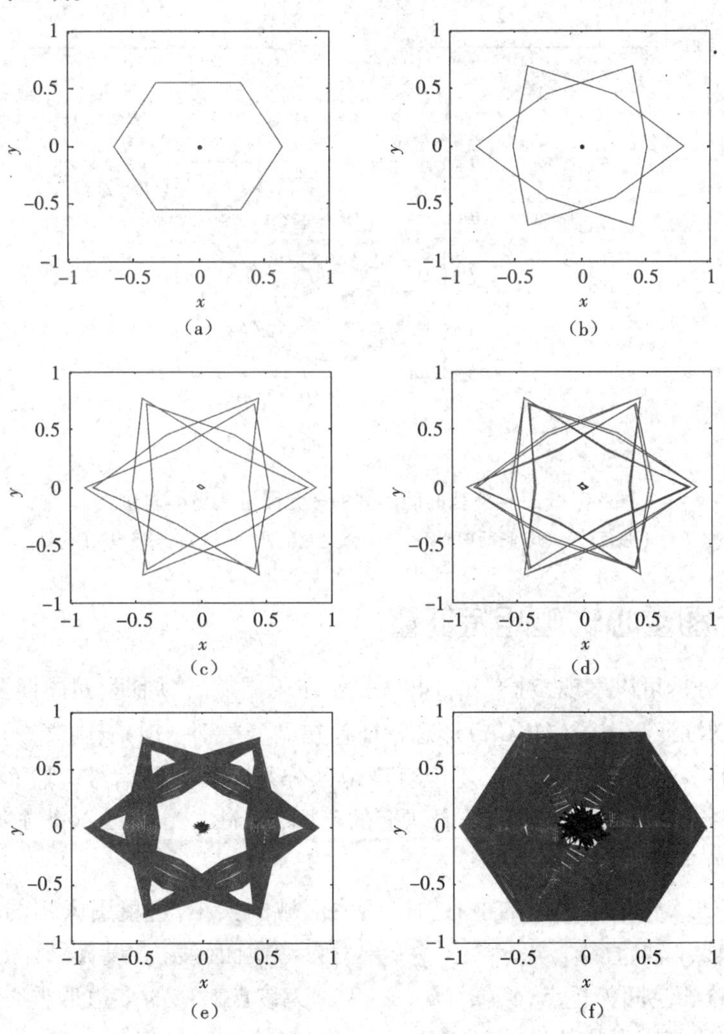

图 5-30　Logistic 信号取不同参数时多元图嵌入及重心轨迹[7]

$[x_{n+1}=\mu x_n(1-x_n), m=6, \tau=3]$

(a) $\mu=2.8$　(b) $\mu=3.2$　(c) $\mu=3.53$　(d) $\mu=3.55$　(e) $\mu=3.6$　(f) $\mu=3.8$

对正弦信号、高斯白噪声和洛伦兹信号各取 3 000 个点,进行多元图相空间嵌入,得到的 MGCA 重心轨迹的 MATLAB 仿真结果如图 5-31 所示。通过比较三个不同信号的 MGCA 重心轨迹,发现洛伦兹混沌信号与正弦信号、高斯白噪声的多元图混沌吸引子重心轨迹明显不同,其中洛伦兹信号的 MGCA 重心轨迹类似奇异吸引子,正弦信号 MGCA 的重心轨迹为一确定性椭圆形状,而高斯白噪声嵌入重心轨迹为原点附近的无规则轨线。

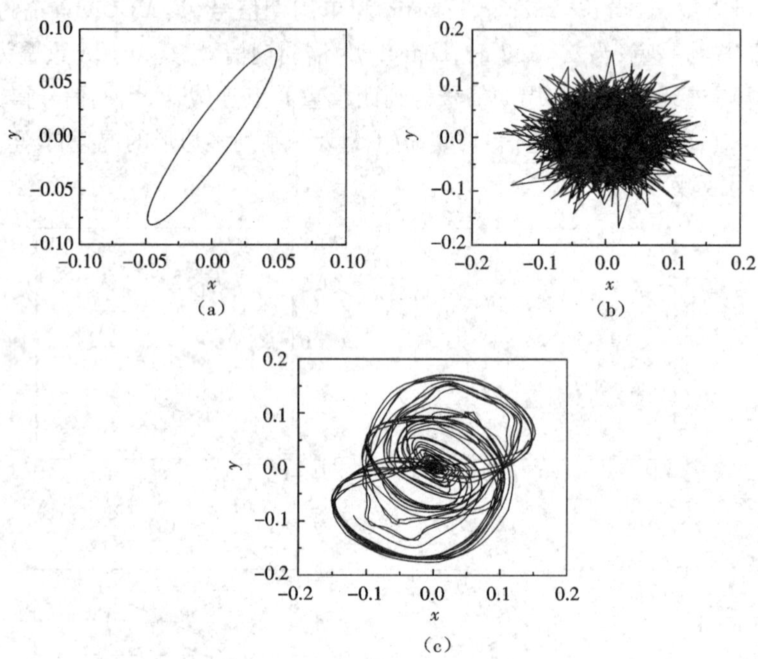

图 5-31 三种典型时间序列的多元图嵌入重心轨迹[7]

(a)正弦信号 (b)高斯白噪声 (c)洛伦兹信号($\sigma=16,r=45.92,b=4$)

5.3.5 多元图重心轨迹矩特征量

从前面仿真分析可以发现,对于 Logistic 信号,在单周期、倍周期、四周期及进入混沌的不同情况下,多元图混沌吸引子(MGCA)形态特征存在显著差别。但是,随着嵌入序列长度的增加,MGCA 内部的多边形混叠在一起,不能直观地区分不同类型的信号。然而,内嵌多边形重心轨迹存在显著差别,且随着混沌信号混沌度的不同,其 MGCA 的重心轨迹所占的区域有明显不同,如图 5-30 所示。

为了衡量 MGCA 内嵌多边形的重心轨迹所占区域的大小,这里引入矩的概念,如图 5-32 所示,以原点、x 轴、y 轴、直线 $y=x$ 和 $y=-x$ 建立参考截面(线)。设 $\boldsymbol{X}(k)=\{x_1(k),x_2(k),\cdots,x_m(k)\}$ 为高维相空间矢量点,$G_k(g_x(k),g_y(k))$ 为该点对应的多边形重心,则重心到各个参考截面(线)的距离表示如下。

到原点的距离:

$$d_O(k)=\sqrt{g_x^2(k)+g_y^2(k)} \tag{5-24}$$

到 x 轴的距离:

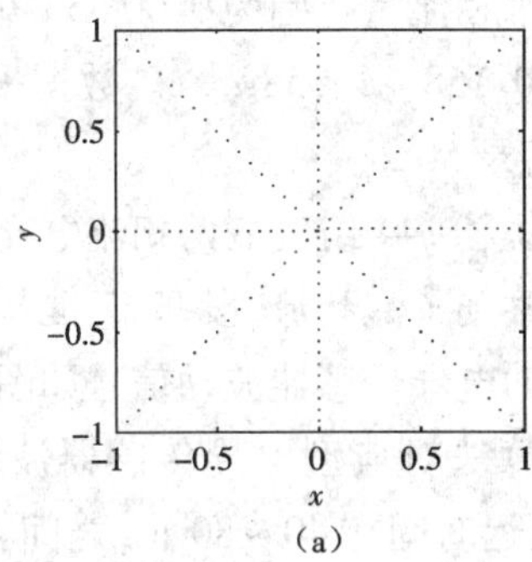

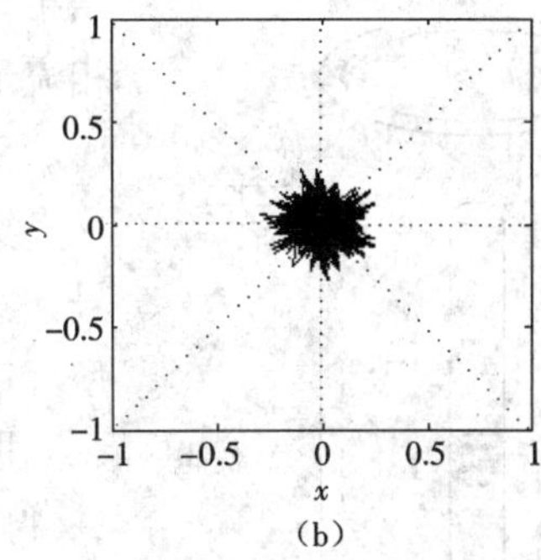

图 5-32　参考截面(线)示意图

(a)四个参考截面(线)　(b)Logistic 信号重心轨迹相对四个参考截面(线)的情况

$$d_x(k)=g_y(k) \tag{5-25}$$

到 y 轴的距离:

$$d_y(k)=g_x(k) \tag{5-26}$$

到参考截面(线)$y=x$ 轴的距离:

$$d_1(k)=\frac{1}{\sqrt{2}}[g_x(k)-g_y(k)] \tag{5-27}$$

到参考截面(线)$y=-x$ 轴的距离:

$$d_2(k)=\frac{1}{\sqrt{2}}[g_x(k)+g_y(k)] \tag{5-28}$$

重心轨迹矩定义为

$$M_{i,j}=\frac{\sum_{k=1}^{M}d_i^j(k)}{M} \tag{5-29}$$

其中 i 取 0,1,2;x,y 表示不同的距离类型;$j=1,2,3$,称为阶数;M 为重构相空间后吸引子上点的总数。在式(5-29)中,当 j 取偶数时,体现了 MGCA 重心轨迹对所考察的参考截面(线)分散程度,而当 j 为奇数时,体现了 MGCA 重心轨迹对所考察的参考截面的对称性。

5.3.6　气液两相流多元图重心轨迹动力学特性分析

气液两相流动态实验采用六电极插入式电导传感器[图 5-33(a)],其中传感器 A、传感器 B 分别为上游和下游相关测量传感器,传感器 C 为相含率测量传感器,E1,E2 为激励电极。整个测量系统由插入式电导传感器、激励电路模块、信号调理模块、数据采集设备、数据分析软件等几部分组成。激励信号采用 20 kHz 恒压正弦激励。信号调理模块主要由差动放大、相敏解调和低通滤波三个部分构成。数据采集选用 NI 公司的 PXI 4472 数据采集卡,数据处理部分通过 LabVIEW 实现。实验管段安装在距离气液混合流体出口 3 m 的位置,以保证混合流体充分发展,流型稳定。气液两相流实验介质为空气和自来水。实验方案是:先在管道中通入固定流量的水,然后逐渐增加气量,每完成一次流动工况配比后,观察气液两相流流型并记录实验

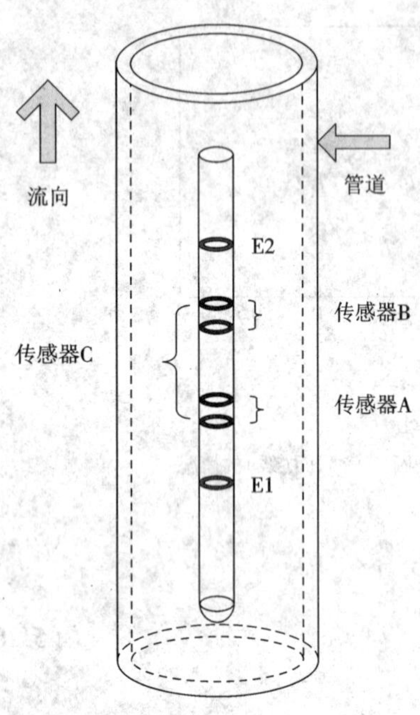

图 5-33 用于气液两相流动态实验的插入式阵列电导传感器[7]

结果。实验中水相流量范围为0.004 5 ~0.271 6 m/s，气相流量范围为0.158 ~1.358 m/s。数据采样频率为400 Hz，每组数据记录50 s。

实验共采集了144组气液两相流电导传感器波动信号。实验中观察到了泡状流、段塞流、混状流及其过渡流型。三种典型的电导传感器波动信号如图5-34所示。

根据C-C算法对典型电导传感器波动信号进行计算，得到最佳延迟时间在40 ~80 ms之间，最佳嵌入维数在5 ~10之间。为了得到统一合适的嵌入参数，本次实验中选取延迟时间分别为40，60，80 ms，嵌入维数分别选取5，6，7，8，9。将上述延迟时间和嵌入维数两两组合进行比较，发现在嵌入维数 $m=9$ 及延迟时间 $\tau=40$ ms时，各种流型重心轨迹矩特征量区分效果最明显。

图5-35 ~图5-37分别为水相流量固定而气相流量变化时泡状流、段塞流、混状流电导波动信号及相应的MGCA重心轨迹演化图。从中可以看出：与泡状流及混状流重心轨迹演化特征明显不同，段塞流表现出明显的

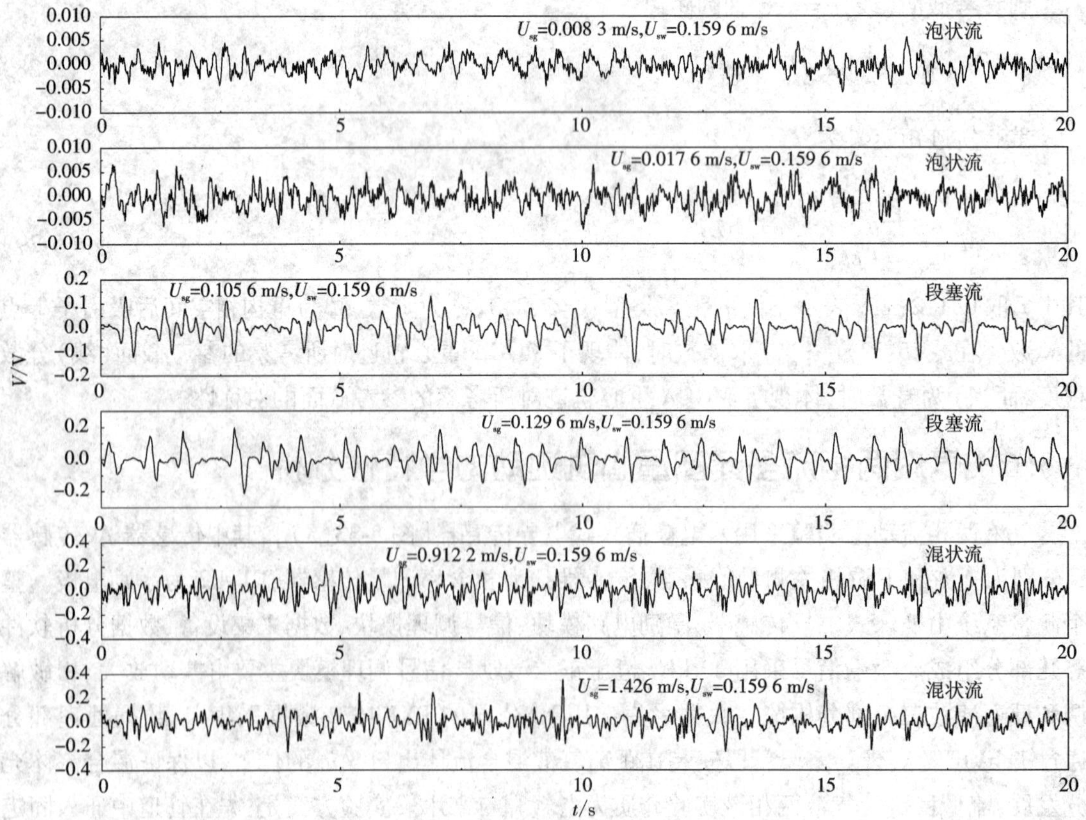

图 5-34 典型气液两相流流型电导传感器波动信号[7]

MGCA 重心轨迹由内轨道到外轨道的嵌套演化结构,反映了段塞流中气塞与含泡液塞拟周期间歇性运动的特征。泡状流 MGCA 重心轨迹演化区域更为分散,反映了泡状流运动模式复杂多变的特征。与泡状流 MGCA 重心轨迹特征相比,混状流 MGCA 重心轨迹演化区域则集中在原点附近,反映了段塞流中气塞被击碎后形成的不规则振荡式运动模式,其动力学复杂性程度比泡状流更弱。

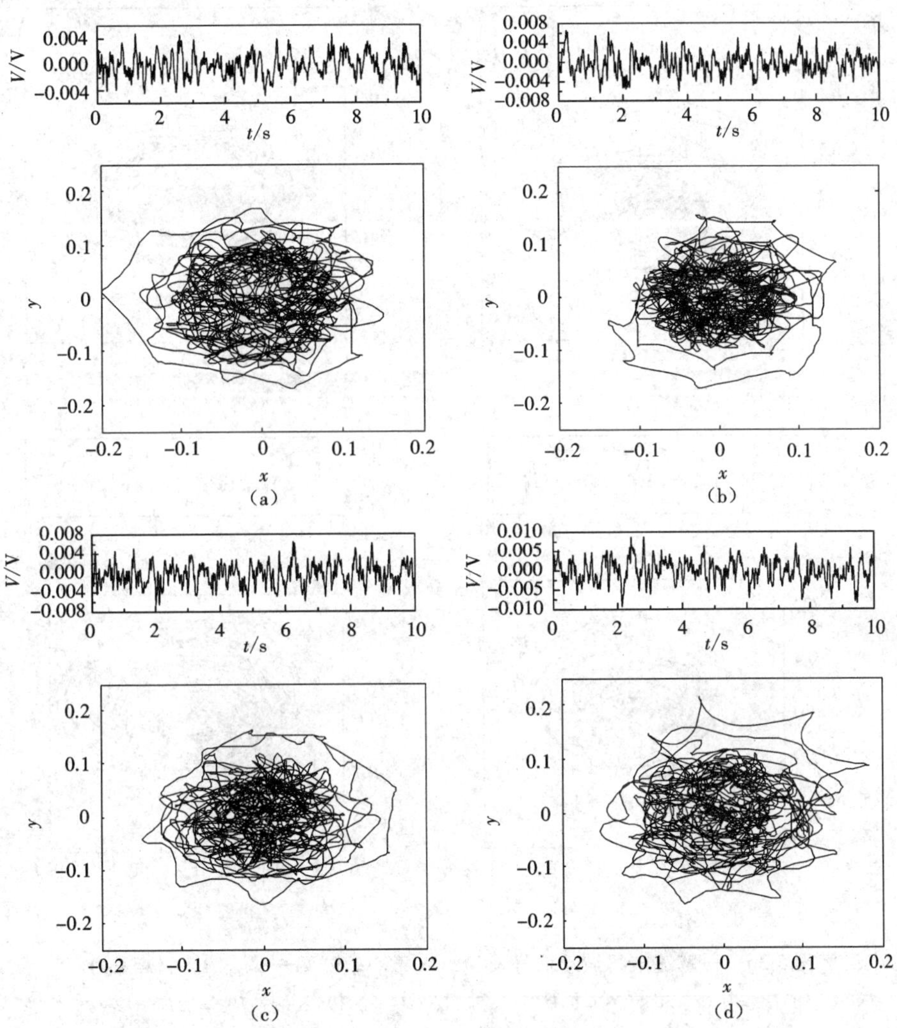

图 5-35 泡状流电导波动信号及 MGCA 重心轨迹图[7] ($m=9,\tau=40$ ms)

(a) $U_{sg}=0.008\ 3$ m/s, $U_{sw}=0.159\ 6$ m/s (b) $U_{sg}=0.017\ 6$ m/s, $U_{sw}=0.159\ 6$ m/s

(c) $U_{sg}=0.028$ m/s, $U_{sw}=0.159\ 6$ m/s (d) $U_{sg}=0.039\ 6$ m/s, $U_{sw}=0.159\ 6$ m/s

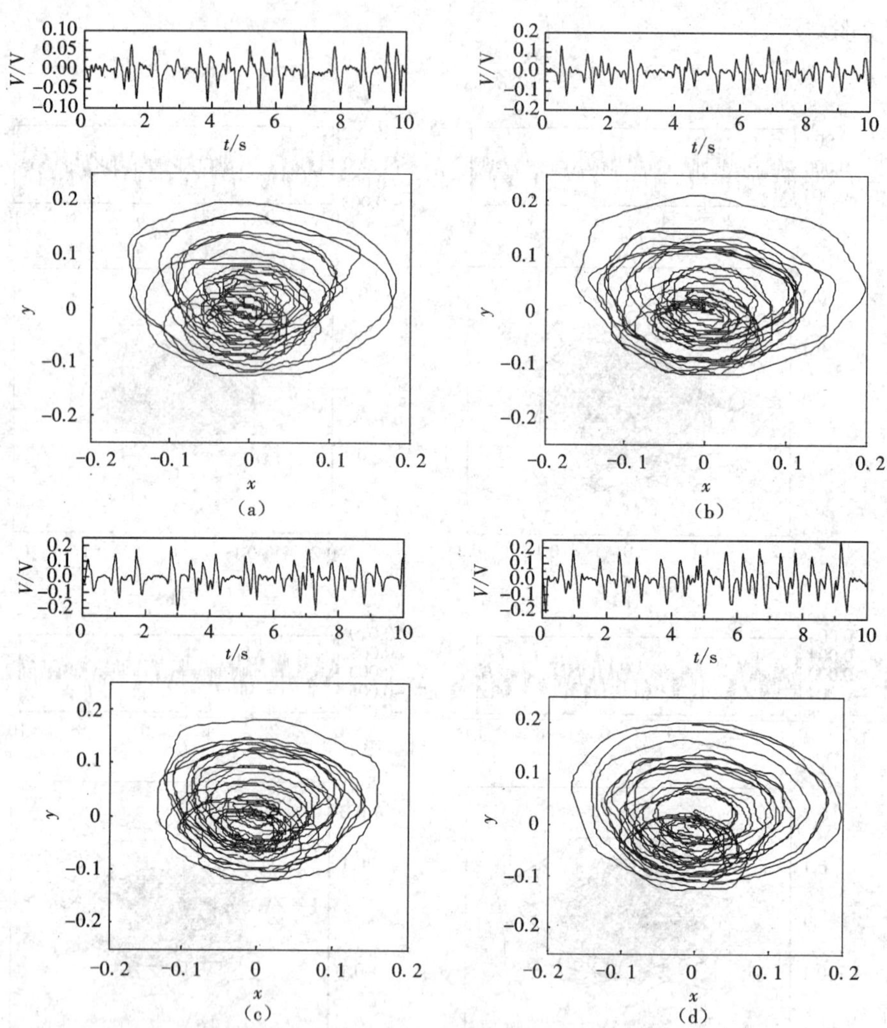

图 5-36 段塞流电导波动信号及 MGCA 重心轨迹图[7] ($m=9,\tau=40$ ms)

(a) $U_{sg}=0.085$ m/s, $U_{sw}=0.159\ 6$ m/s (b) $U_{sg}=0.105\ 6$ m/s, $U_{sw}=0.159\ 6$ m/s

(c) $U_{sg}=0.129\ 6$ m/s, $U_{sw}=0.159\ 6$ m/s (d) $U_{sg}=0.158\ 4$ m/s, $U_{sw}=0.159\ 6$ m/s

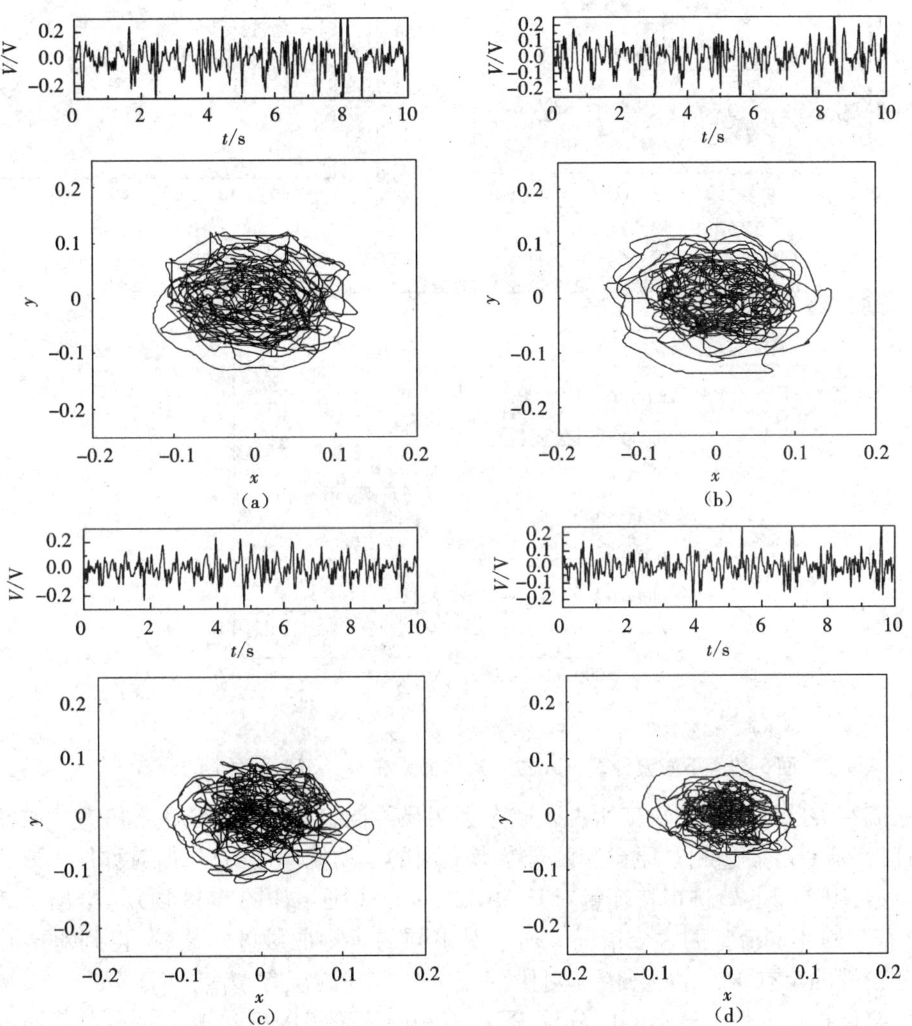

图 5-37　混状流电导波动信号及 MGCA 重心轨迹图[7]($m=9,\tau=40$ ms)

(a)$U_{sg}=0.482\ 1$ m/s, $U_{sw}=0.159\ 6$ m/s　(b)$U_{sg}=0.636$ m/s, $U_{sw}=0.159\ 6$ m/s

(c)$U_{sg}=0.912\ 2$ m/s, $U_{sw}=0.159\ 6$ m/s　(d)$U_{sg}=1.426$ m/s, $U_{sw}=0.159\ 6$ m/s

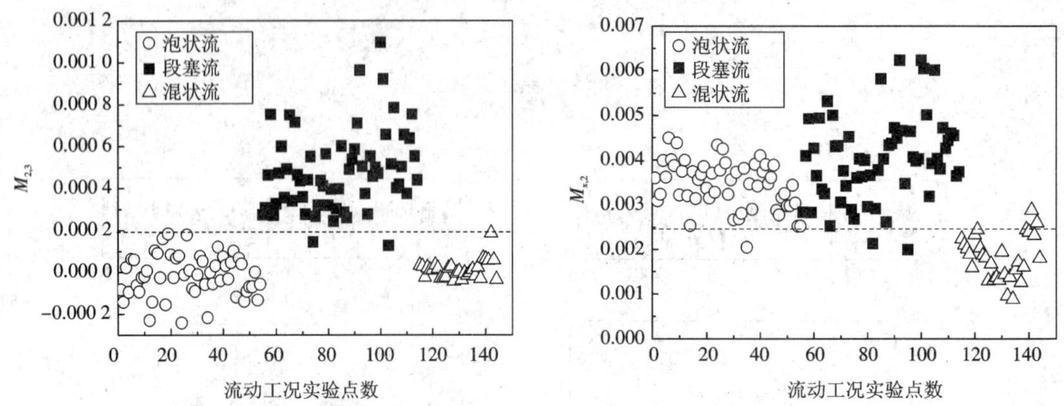

图 5-38　$M_{2,3}$和 $M_{x,2}$矩特征量对流型区分示意图[7]($m=9,\tau=40$ ms)

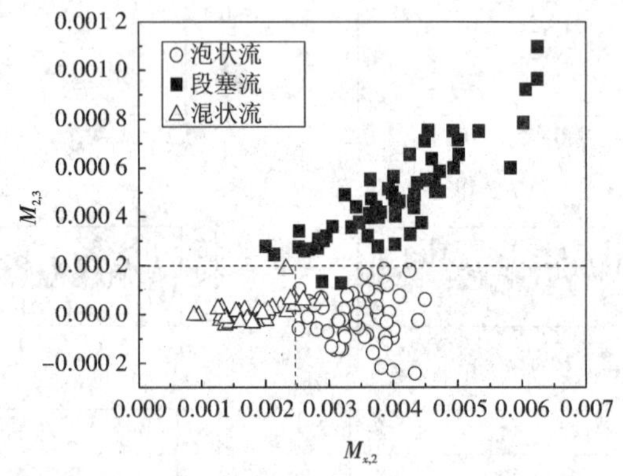

图 5-39　不同流型 MGCA 重心矩特征量在 $M_{x,2}$-$M_{2,3}$平面上的分布[7]

泡状流和混状流的重心轨迹所占区域大小明显不同,但两者相对原点和参考截面的对称性较好;段塞流重心轨迹相对原点和四个参考截面的运动规律性明显,但对称性不好。为了辨识三种流型,引入重心轨迹矩特征量对其 MGCA 进行表征。如图 5-38 所示,给出了 $M_{2,3}$矩和 $M_{x,2}$矩特征量对不同流型的区分情况。通过对不同的矩特征量进行比较,得到对泡状流和混状流区分较好的矩有 $M_{0,3}$,$M_{2,2}$,$M_{x,2}$,对段塞流区分较好的矩有 $M_{1,3}$,$M_{2,3}$,$M_{x,3}$。从 MGCA 重心轨迹形态及矩特征量对流型的区分看,原点矩和偶次阶矩因反映轨迹对参考截面的分散程度,对泡状流和混状流的区分较好,而奇次阶矩由于反映重心轨迹的对称性,对段塞流的区分较好。

对上述的 $M_{x,2}$和 $M_{2,3}$矩进行组合,即得到对三种流型的满意辨识结果,如图 5-39 所示。从中可以看出,$M_{2,3}=0.000\,2$ 的直线将段塞流与另两种流型区分开来,有两个段塞流点被错误地划入泡状流区域,而 $M_{x,2}=0.002\,5$ 的直线可将泡状流和混状流区分开,有两个混状流点被错误地划入泡状流区域,一个泡状流点被错误地划入混状流区域。总体上说,该 MGCA 重心矩特征量对三种流型的辨识达到了很好的效果,可以作为气液两相流流型辨识特征指标。

本节提出的混沌时间序列多元图嵌入法,将高维相空间数据用雷达图多边形表现出来,由一系列叠加的多边形构成一个新的多元图混沌吸引子(MGCA),发现该多元图重心轨迹可以定性区分周期信号、高斯白噪声信号及混沌信号。通过处理及提取气液两相流电导波动信号

MGCA 重心轨迹,发现段塞流 MGCA 重心轨迹能够反映气塞及液塞的拟周期性振荡运动特性;泡状流和混状流 MGCA 重心轨迹较段塞流更为复杂,但两者的 MGCA 重心轨迹相对参考截面的分散程度可以反映其不同流型内部动力学运动模式的复杂性,相比之下,泡状流比混状流更具复杂多变的运动模式。

多元图重心轨迹矩特征量能够反映重心轨迹对参考截面的分散程度和对称性,通过不同重心轨迹矩特征量组合可实现对气液两相流泡状流、段塞流和混状流流型的辨识。该方法计算过程简单且有直观几何意义,为高维混沌相空间吸引子形态特征分析提供了新途径。

5.4　吸引子概率分布差异统计特性

相对于传统的吸引子形态矩特征量描述方法,吸引子概率分布比较方法考虑了相空间矢量点的总体分布信息,将吸引子之间的差异作为一个整体统计量。吸引子概率分布比较方法最早是由迪克斯(Diks)等[9]提出的,该方法在流化床凝结早期预警[10-14]及油气水三相流流型识别中取得了较好的应用效果[15]。

5.4.1　吸引子概率分布差异算法

吸引子比较方法的基本思想[9]:对于不同的吸引子,考察其相空间矢量点的总体概率分布,得到一个用平方距离表示的吸引子概率分布差异值,该距离大小反映了吸引子差异的绝对值的大小,为使该差异值具有普适性,采用统计量 S 进行定量描述。

假设时间序列 $x_k(k=1,2,3,\cdots,N)$ 为参考序列,$y_k(k=1,2,3,\cdots,N)$ 为待比较的时间序列。分别对这两个时间序列进行相空间重构,设嵌入维数是 m,延迟时间是 τ,得到两个时间序列的相空间矢量 $\boldsymbol{X}_i=[x_i,x_{i+\tau},\cdots,x_{i+(m-1)\tau}]$ 及 $\boldsymbol{Y}_i=[y_i,y_{i+\tau},\cdots,y_{i+(m-1)\tau}]$,其各自对应的相空间矢量点数分别为 N_x 和 N_y。将参考时间序列相空间矢量点 $\boldsymbol{X}_i$ 的概率分布 $\rho_x(\boldsymbol{X}_i)$ 与高斯核函数进行卷积,得到平滑后的概率分布:

$$\rho'_x(\boldsymbol{X}_i)=\int\rho_x(\boldsymbol{R})(d\sqrt{2\pi})^{-m}\mathrm{e}^{-|\boldsymbol{X}_i-\boldsymbol{R}|/2d^2}\mathrm{d}\boldsymbol{R} \tag{5-30}$$

同理,可以得到待比较时间序列相空间矢量点 $\boldsymbol{Y}_i$ 的概率分布 $\rho'_y(\boldsymbol{Y}_i)$,其中 d 为平滑带宽。进行平滑的目的主要是使矢量点在其邻域呈高斯概率分布,而非仅在其确切位置分布概率为 1,其他位置分布概率为 0。根据式(5-30)定义的概率分布,可得到两个吸引子相空间分布的平方距离:

$$Q=(2d\sqrt{\pi})^m\int[\rho'_x(\boldsymbol{R})-\rho'_y(\boldsymbol{R})]^2\mathrm{d}\boldsymbol{R} \tag{5-31}$$

将重构矢量序列 $\boldsymbol{X}_i$ 和 $\boldsymbol{Y}_i$ 组合成新的序列:

$$\boldsymbol{Z}_i=\begin{cases}\boldsymbol{X}_i & (1\leqslant i\leqslant N_x)\\ \boldsymbol{Y}_{i-N_x} & (N_x<i\leqslant N_s)\end{cases} \tag{5-32}$$

式中,$N_s=N_x+N_y$。为消除数据间的关联影响,将所有参与比较的矢量点在(i,j)平面内分成 $N\times N$ 个单元,每个单元的大小为 $L\times L$,再将每个单元内计算的值进行平均,得到函数:

$$H_{pq}=\frac{1}{L^2}\sum_{i=1}^{L}\sum_{j=1}^{L}h(\boldsymbol{Z}_{(p-1)L+i},\boldsymbol{Z}_{(q-1)L+j}) \tag{5-33}$$

$$h(\mathbf{Z}_i,\mathbf{Z}_j)=\mathrm{e}^{-|\mathbf{Z}_i-\mathbf{Z}_j|^2/4d^2} \tag{5-34}$$

假设参考矢量序列和比较矢量序列中分别含有 N_1 和 N_2 个这样的单元,单元序号分别用 p 和 q 表示。最终,得到的 Q 无偏估计值为

$$\hat{Q}=\frac{2}{N_1(N_1-1)}\sum_{1\leqslant p}\sum_{<q\leqslant N_1}H_{pq}+\frac{2}{N_2(N_2-1)}\sum_{N_1+1\leqslant p}\sum_{<q\leqslant N}H_{pq}-\frac{2}{N_1N_2}\sum_{p=1}^{N_1}\sum_{q=N_1+1}^{N}H_{pq} \tag{5-35}$$

计算得到的 $\hat{Q}$ 值越大,说明两个序列差异的绝对值越大。为了得到衡量这个差异大小的具体指标,还需要 $\hat{Q}$ 的方差 V_c 的估计值。V_c 的估计值可以表示为

$$V_c(\hat{Q})=\frac{4(N-1)(N-2)}{N_1(N_1-1)N_2(N_2-1)N(N-3)}\sum_{1\leqslant p}\sum_{<q\leqslant N}\psi_{pq}^2 \tag{5-36}$$

其中,

$$\psi_{pq}=h_{pq}-g_p-g_q \tag{5-37}$$

$$h_{pq}=H_{pq}-\frac{2}{N(N-1)}\sum_{1\leqslant p'}\sum_{<q'\leqslant N}H_{p'q'} \tag{5-38}$$

$$g_p=\frac{1}{N-2}\sum_{q(p\neq q)}H_{pq} \tag{5-39}$$

最后,定义统计量为

$$S=\frac{\hat{Q}}{\sqrt{V_c(\hat{Q})}} \tag{5-40}$$

如果进行比较的两个序列产生机理相同,则 S 呈均值为 0、方差为 1 的正态分布,如果 $S>3$,则可以 95% 的置信概率认为两序列存在明显差异。与传统的概率密度或功率谱密度方法比较,统计值 S 的结果考虑了相空间吸引子的整体结构以及时间序列的关联性,更好地反映了吸引子的分布差异。

5.4.2 Logistic 混沌序列吸引子概率分布差异

对于 Logistic 方程:

$$x_{n+1}=\mu x_n(1-x_n) \tag{5-41}$$

通过迭代法解方程,当 $\mu=3.905$ 时,对应的序列波形如图 5-40(a)所示。选取该图中 $n\in[200,400]$ 区间的子序列作为参考序列,如图 5-40(b)所示。以 0.01 为步长改变 μ 的取值,得到不同的 Logistic 序列,每个序列中包含 1 000 个点,再将相应的序列均分成 5 段,每段 200 个点,分别与参考序列进行比较,图 5-41 所示为不同 μ 取值序列中的前 200 个点。将每个 μ 取值下计算得到的 S 值取平均,得到均值 $S[-]$ 作为最终比较结果。

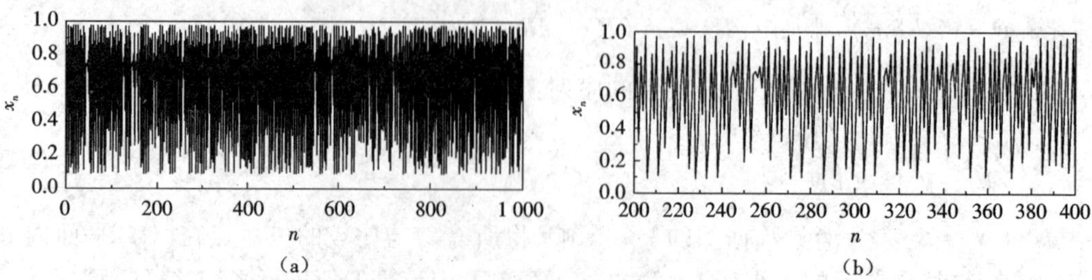

图 5-40 Logistic 原始序列与参考序列[15]($\mu=3.905$)

(a)Logistic 原始序列 (b)Logistic 参考序列

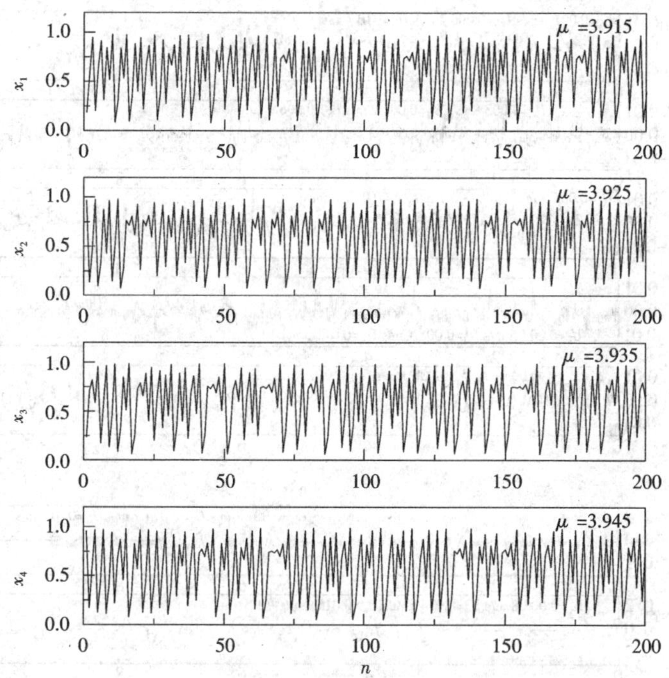

图 5-41　不同 μ 值的待比较 Logistic 序列[15]

计算时选取嵌入维数 $m=3$，延迟时间 $\tau=1$，平滑带宽 $d=0.01$，数据段长度 $L=20$，得到的 $S[-]$ 值随方程参数变化如图 5-42 所示。可以看出，在 $\mu\geqslant3.925$ 时，统计值 $S[-]\geqslant3$，可以认为系统的动力学特性发生了显著变化。

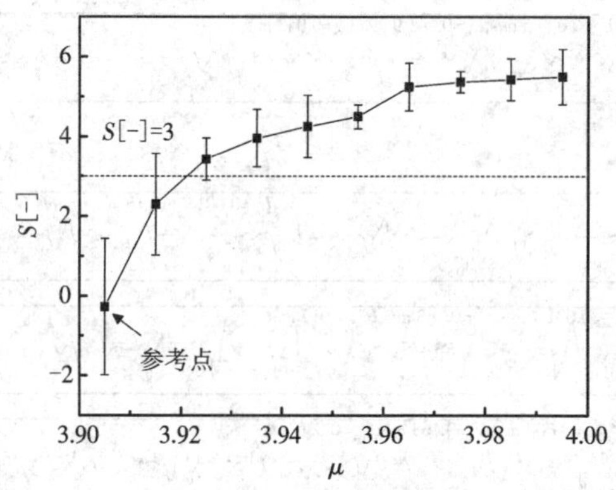

图 5-42　Logistic 系统随方程参数改变得到的 $S[-]$ 统计量[15]

5.4.3　油气水三相流流型识别

1. 油气水三相流电导波动信号获取

在内径为 125 mm 的管径中采集油气水三相流电导传感器波动信号。实验中，油气水三相流流量控制范围：液相总流量（Q_{mix}）为 20 ~ 80 m^3/d，含油率（f_o）为 0.1 ~ 0.9，气相流量为 8 ~ 180 m^3/d。实验中先固定油水配比，然后逐渐增加气相流量。图 5-43 所示是水为连续相的三种典型流型的电导传感器波动信号，图中符号 U_{so}，U_{sg} 及 U_{sw} 分别代表油相、气相及水相表观流速。有关油气水三相流动态实验详见第 5.1.5 节。

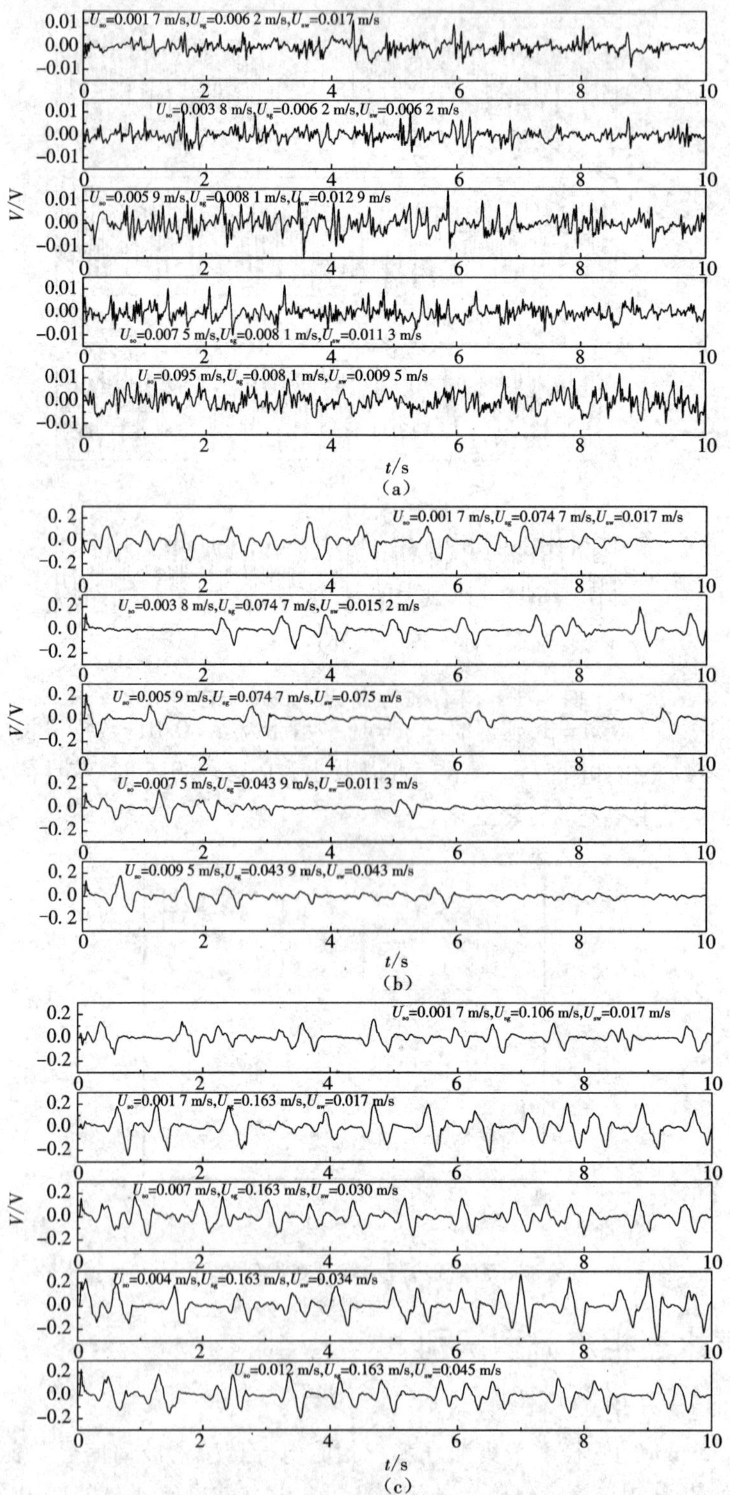

图 5-43　三种典型水包油三相流流型电导传感器波动信号[15]

(a)水包油泡状流　(b)水包油泡状 - 段塞过渡流　(c)水包油段塞流

2. 吸引子嵌入参数选取

图 5-44 所示为三种典型水包油三相流流型三维吸引子形态，由图可见，不同流型吸引子形态不同，其相空间矢量点的空间位置概率分布亦有所不同。

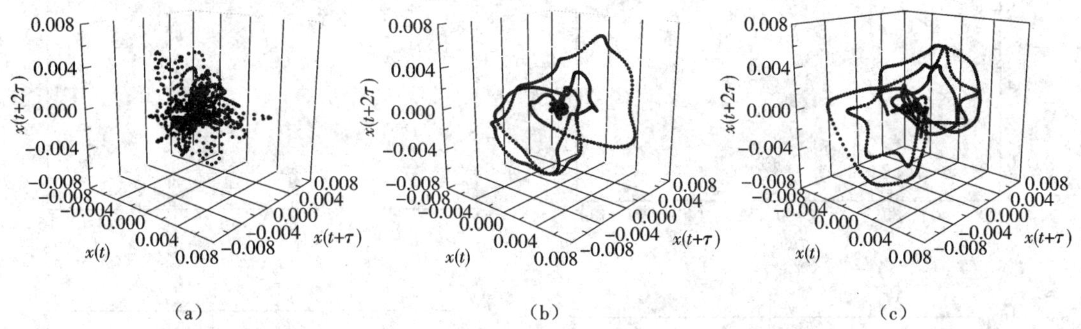

图 5-44　三种水包油油气水三相流流型混沌吸引子形态[15]

(a)水包油泡状流　(b)水包油泡状 - 段塞过渡流　(c)水包油段塞流

在进行油气水三相流各流动工况吸引子比较时，每组流动工况取 10 000 个点(采样时间为 25 s)，首先将这 10 000 个点均分成 10 段，每段 1 000 个点(2.5 s)，选取较为平稳的数据段作为参考信号，其余的数据段与参考信号进行比较，这样每个流动工况得到 10 段数据与参考信号的吸引子差异统计值，然后考察 S 的均值和标准差。如果两个相比较的序列产生机理相同，或者在相同流动工况下测得，那么得到的 S 值应该近似为 0，反之，两序列来自差异很大的两个流动工况时，得到的 S 值应该很大(至少大于 3)。

在统计量 S 的计算方法中，需要考察如下四个重要参数：相空间嵌入延迟时间 τ、嵌入维数 m、平滑带宽 d、数据段长度 L。参数考察的目的是为了得到更合适的比较结果。本节选取了泡状流流动工况($U_{so}=0.001\ 65$ m/s，$U_{sw}=0.017$ m/s，$U_{sg}=0.01$ m/s)数据段作为参考信号，分别选取与参考信号接近的另外的泡状流工况($U_{so}=0.001\ 65$ m/s，$U_{sw}=0.017$ m/s，$U_{sg}=0.013$ m/s)和与其差异较大的段塞流流动工况($U_{so}=0.001\ 65$ m/s，$U_{sw}=0.017$ m/s，$U_{sg}=0.132$ m/s)作为比较信号，用来考查 S 值计算的合适参数。图 5-45 所示为统计量 $S[-]$ 随不同参数变化的情况。

如图 5-45(a)所示，固定嵌入维数 $m=9$，平滑带宽 $d=0.05$，数据段长度 $L=200$ ms，改变延迟时间 τ，得到 $S[-]$ 值随 τ 的变化情况。在图 5-45(a)中，τ 取值在 30 ~ 90 ms 范围内时得到的段塞流的 $S[-]$ 值较大，而水包油泡状流的 $S[-]$ 值受 τ 取值的影响较小。又根据嵌入定理，τ 取值在 70 ~ 100 ms 时吸引子充分展开，最终取得 $\tau=87.5$ ms。

如图 5-45(b)所示，固定延迟时间 $\tau=87.5$ ms，平滑带宽 $d=0.05$，数据段长度 $L=200$ ms，改变嵌入维数 m，得到统计量 $S[-]$ 随 m 的变化情况。在图 5-45(b)中，m 取值在 4 ~ 11 范围内时得到的水包油段塞流的 $S[-]$ 值较大，而与参考流型流动工况接近的水包油泡状流的 $S[-]$ 值受嵌入维数影响较小。同时，考虑到嵌入定理，当 $m=9$ 时，吸引子充分展开，最终取得最佳 m 值为 9。

在 S 的计算中，平滑带宽 d 值的选取对测量结果有较大影响[9]。如果 d 取值较小，则结果

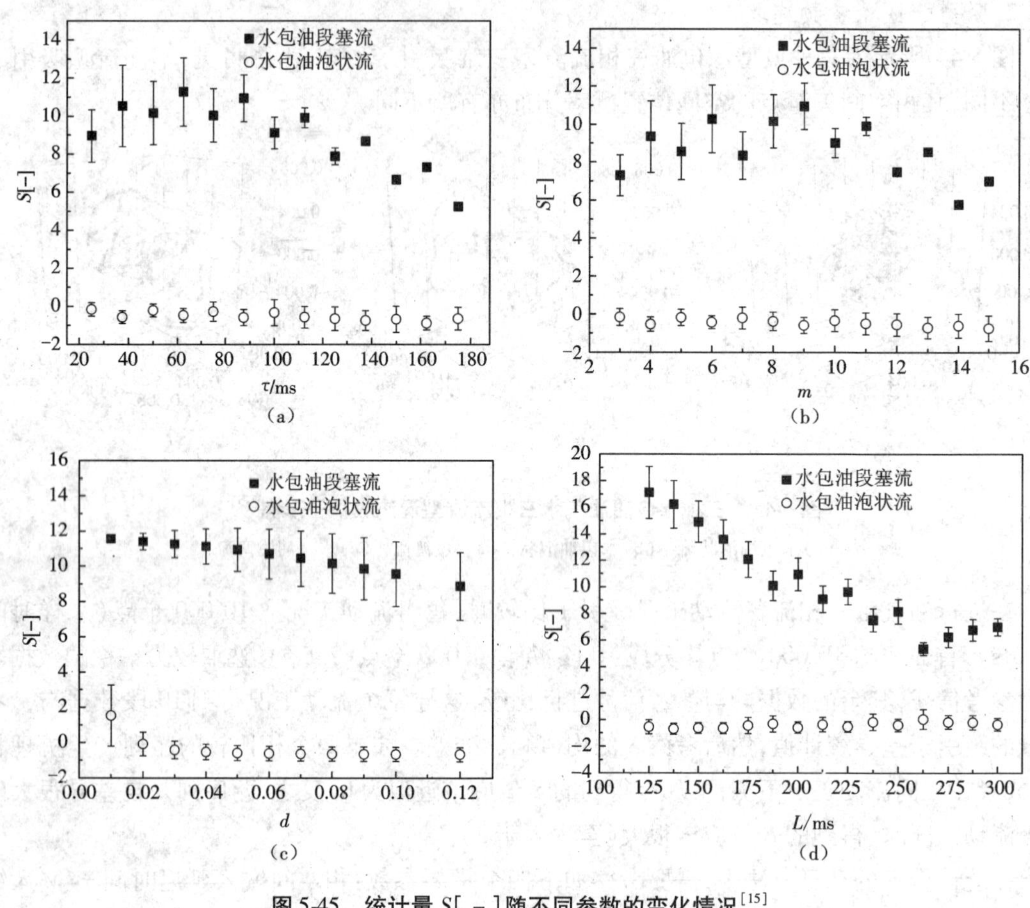

图 5-45 统计量 S[-]随不同参数的变化情况[15]

(a) $m=9, d=0.05, L=200$ ms (b) $\tau=87.5$ ms, $d=0.05, L=200$ ms

(c) $\tau=87.5$ ms, $m=9, L=200$ ms (d) $\tau=87.5$ ms, $m=9, d=0.05$

较大程度地反映序列的局部差异；如果 d 取值太大，则相空间各点的密度分布平滑过度导致各序列难以区分。在 d 值的选取中，固定延迟时间 $\tau=87.5$ ms，嵌入维数 $m=9$，数据段长度 $L=200$ ms，改变 d 值大小，得到统计量 S[-]随 d 的变化情况，如图 5-45(c)所示。在图 5-45(c)中，随着 d 值的增大，水包油段塞流的统计量 S[-]缓慢下降，而水包油泡状流在 d 取值较小时得到的 S[-]值较大。综合考虑，取 S[-]值变化较小的 $d=0.05$ 作为最终计算参数。

数据段 L 的选取目的是消除数据前后的关联影响。在考虑 L 的长度时，应保证每个比较的序列中至少包含 8 个 L 长度的数据段，而 L 数据段中又至少包含序列的数个波动。在数据段长度 L 的选取中，固定延迟时间 $\tau=87.5$ ms，嵌入维数 $m=9$，平滑带宽 $d=0.05$，改变 L，得到统计量 S[-]随 L 的变化情况，如图 5-45(d)所示。在图 5-45(d)中，对于水包油段塞流，当 L 取值较小时，S[-]的值较大，随着 L 的增大，S[-]呈逐渐减小的趋势；而水包油泡状流受 L 的影响较小。综合考虑，选取 $L=150$ ms 作为计算参数。

3. 油气水三相流流型吸引子概率分布差异

确定了计算统计量 S[-]的最佳相空间嵌入参数后，对每组三相流电导传感器波动信号，

考察统计量 $S[-]$ 随气相表观速度和含油率的变化情况。图 5-46 为固定油水总流量 Q_{mix} 为 20 m^3/d，含油率 f_o 分别取 10% 及 20%，逐渐增加气相表观流速时得到的 $S[-]$ 变化情况。

由图 5-46 可见，在油水配比不变的情况下，随着气相表观速度的增加，流型由水包油泡状流逐渐转变为水包油段塞流。在计算 $S[-]$ 时均选定流动工况稳定的泡状流作为参考工况，当气相表观速度 $U_{sg} \leqslant 0.043$ m/s 时，流型为泡状流，$S[-]<3$，说明流动机制并未发生显著变化；当气相表观速度达到 $U_{sg}=0.075$ m/s 时，由于湍流动能的加大，逐渐有小的段塞出现，流型转变为水包油泡状－段塞过渡流，而此时 $S[-] \gg 3$，说明流动机制发生了显著变化；当 $U_{sg} \geqslant 0.1064$ m/s 时，湍流动能进一步加大，流型转变为水包油段塞流。与参考信号的泡状流相比，其流动特性已经发生了根本性转变，此时 $S[-]$ 值在 14～16 之间，$S[-]$ 值显著大于 3，证实三相流动力学机制已发生显著变化。

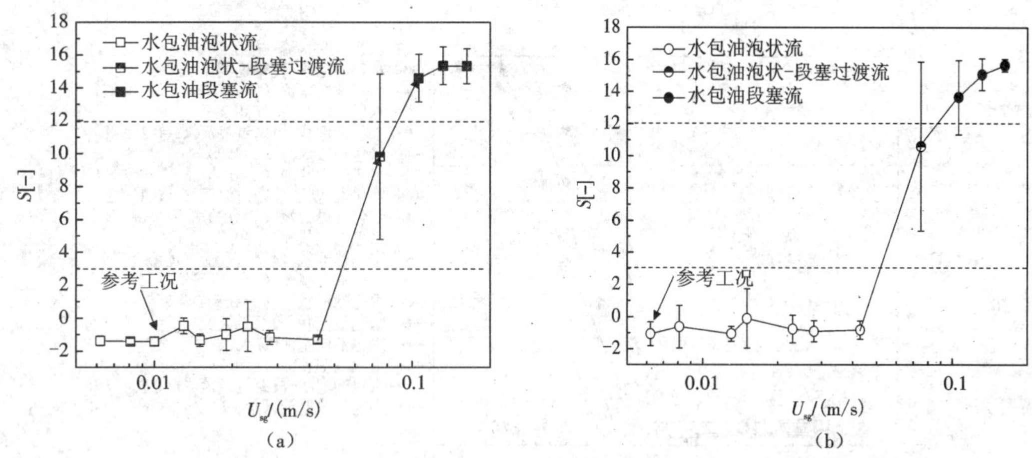

图 5-46　统计量 $S[-]$ 随气相表观流速变化情况[15]（$Q_{mix}=20$ m^3/d）

（a）$f_o=10\%$　（b）$f_o=20\%$

从各流动工况 $S[-]$ 值的误差看，由于水包油泡状流发生在气相表观速度较小时，混合液中尚未出现大的气泡，流动工况较稳定；而水包油段塞流发生在气相表观速度较大时，气塞与含泡液塞拟周期地交替出现，其流动工况相对稳定，从而使得这两种流型标准差较小。对于水包油泡状－段塞过渡流，由于其介于水包油泡状流和水包油段塞流之间，随着气相表观速度的增加，个别大气泡或大液塞的出现使得各数据段的电导波动信号差异较大，导致其 $S[-]$ 的标准差较大。

图 5-47 所示为不同的液相总流量及含油率情况下，计算得到的 $S[-]$ 值随气相表观速度的变化情况汇总。对于每组含油率配比，均选择气相表观速度最低的泡状流工况作为参考序列，其余流动工况与参考工况进行比较。由图 5-47 可见，对于水包油泡状流，因其与参考流动工况流型相同，计算得到的 $S[-]$ 值都分布在 $S[-]<3$ 的区域；过渡流型主要分布在 $S[-] \in (3,11)$ 的区域内；水包油段塞流主要分布在 $S[-]>11$ 的区域。总体上，图 5-47 中每组流型变化趋势与图 5-46 一致，证实吸引子比较方法对于流型转变的敏感性。

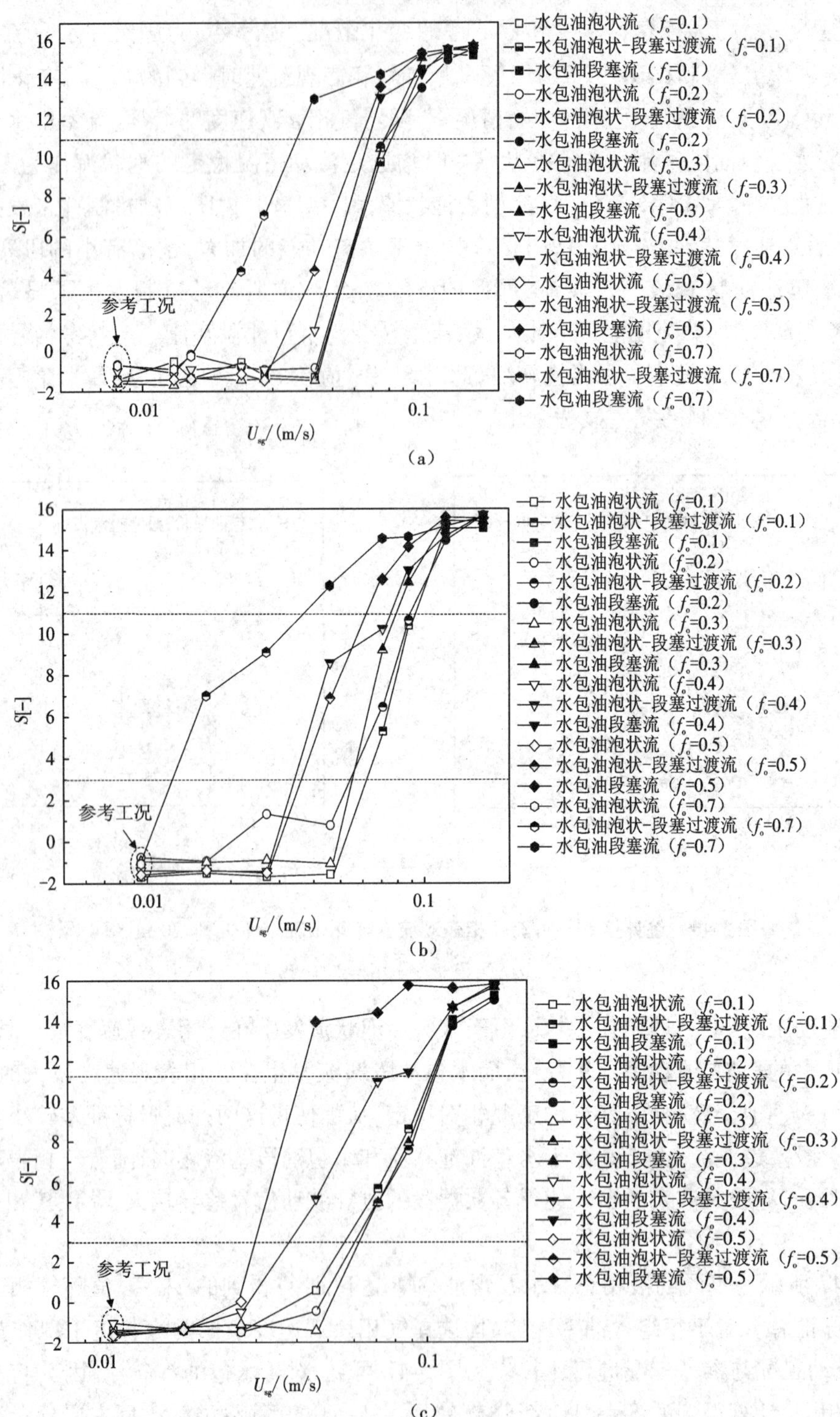

图 5-47　固定液相总流量时统计量 $S[-]$ 随气相表观速度变化情况[15]

(a) $Q_{mix}=20\ m^3/d$　(b) $Q_{mix}=40\ m^3/d$　(c) $Q_{mix}=60\ m^3/d$

4. 统计量 $S[-]$ 随含油率的变化

图 5-48 所示为固定液相总流量及气相表观速度,计算得到的统计量 $S[-]$ 随含油率的变化情况,其中选取了每组流动工况中含油率最低的工况作为参考序列。由图 5-48 可见,随着含油率的增加,流型由水包油泡状流发展到过渡流型,再发展到水包油段塞流。当流型为泡状流时,$S[-]<3$,说明流动机制未发生明显变化,同时 $S[-]$ 值标准差较小,说明流动工况较稳定;当流型转变为过渡流型时,$S[-]\in(3,11)$,说明流动机制发生了显著变化,同时 $S[-]$ 标准差较大,流动工况各时间段的差异较大;当流型发展到水包油段塞流时,$S[-]>11$,较前两种流型差异更大,其 $S[-]$ 标准差较过渡流型小,说明其流动工况较稳定。

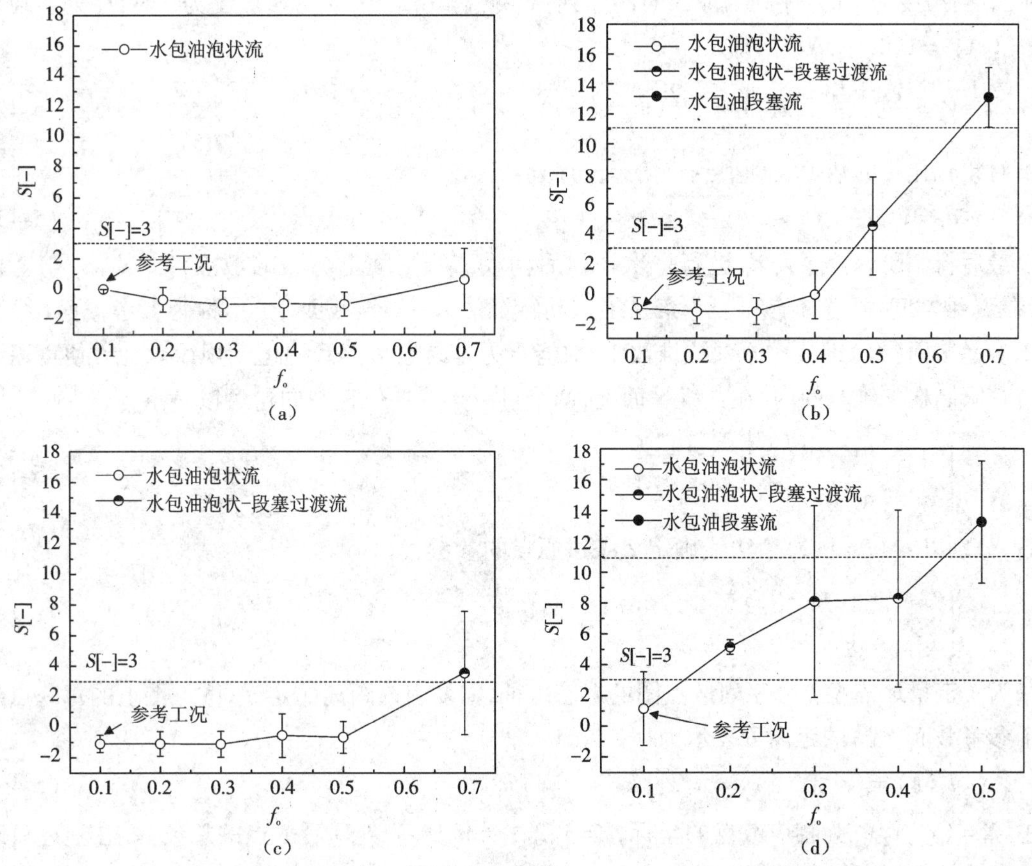

图 5-48　固定液相总流量及气相表观速度时统计量 $S[-]$ 随含油率变化情况[15]

(a) $Q_{mix}=20\ m^3/d, U_{sg}=0.008\ 1\ m/s$　(b) $Q_{mix}=20\ m^3/d, U_{sg}=0.043\ m/s$

(c) $Q_{mix}=40\ m^3/d, U_{sg}=0.016\ 3\ m/s$　(d) $Q_{mix}=60\ m^3/d, U_{sg}=0.071\ m/s$

与传统非线性分析方法比较,统计量 $S[-]$ 考虑了相空间吸引子的整体概率分布,最大限度地保留了相空间矢量点信息,更好地反映了吸引子概率分布差异,为复杂三相流流动机制变化提供了有效的动力学特性信息。该方法可以扩展到其他多相流系统吸引子概率分布差异动力学特性研究中。

5.5 多尺度差值散点图几何形态分析

本节提出一种非线性时间序列多尺度散点图形态分析方法[16]，考察了典型非线性系统多尺度差值散点图形态学特性，发现该算法具有良好抗噪性及非线性表征能力。

多尺度差值散点图形态算法首先需要从原始信号中构造出多尺度一阶差分序列，并构造一次往返的二维散点图，然后在散点图上提取二阶矩，具体算法如下。

首先，给定原始一维时间序列$\{x(i):i=1,2,\cdots,N\}$，构建连续粗粒化的时间序列（详见第6章）。当尺度为1时，序列为原始时间序列$\{x(i):i=1,2,\cdots,N\}$；当尺度为s时，序列粗粒化为$\{y^s(j):j=1,2,\cdots,N/s\}$，即

$$y_j^s=\frac{1}{s}\sum_{i=(j-1)s+1}^{js}x(i)\qquad(1\leqslant j\leqslant N/s)\tag{5-42}$$

对粗粒化后的数据处理得到一阶差分序列：

$$d_i=y_{j+1}-y_j(1\leqslant i\leqslant j-1<N/s-1)\tag{5-43}$$

最后将一阶差分序列d_i进行一次往返后构成二维平面上分布的散点，即(d_i,d_{i+1})。同时，在N维空间中，选择有利于考察系统运动特征的$N-1$维截面（线），称为参考截面（线）。由于参考截面（线）维数比原系统维数小，故能更为容易地考察系统运动规律。为方便可以考虑将其限制在二维空间内，在二维平面上，两个过原点的单位正交向量可以表示为

$$\begin{cases}\boldsymbol{\alpha}_1=[a_{11},a_{12}]^{\mathrm{T}}\\\boldsymbol{\alpha}_2=[a_{21},a_{22}]^{\mathrm{T}}\end{cases}\tag{5-44}$$

然后，分别以$\boldsymbol{\alpha}_i(i=1,2)$为法线确定2条过原点的参考截线

$$\begin{cases}a_{11}x_1+a_{12}x_2=0\\a_{21}x_1+a_{22}x_2=0\end{cases}\tag{5-45}$$

为了定量地描述差分序列散点图的形态特征，需要引入距离的定义，散点图上的每一点到各个参考截面（线）的距离可表示为

$$T_i(k)=\langle\boldsymbol{\alpha}_i,\boldsymbol{X}(k)\rangle=a_{i1}x_1(k)+a_{i2}x_2(k)\tag{5-46}$$

式中，$\boldsymbol{X}=(x_1,x_2)^{\mathrm{T}}$为相应散点的坐标，$k=1,2,\cdots,M$（$M$为处理后散点的总数）。在上述对距离的定义基础上，对于不同的时间尺度s，定义关于时间尺度s下的散点形态描述量，即吸引子矩，单一距离吸引子矩定义如下：

$$M_{i,j}(s)=\frac{\sum\limits_{k=1}^{M}T_i^j(k)}{M}\tag{5-47}$$

式中，$M_{i,j}(s)$为散点到第i个参考截面（线）上的j阶矩。当j为偶数时，吸引子矩显然为正值，反映了散点对所考察参考截线的分散程度；而当j为奇数时，吸引子矩可能为正值也可能为负值，反映了散点对所考察参考截线的对称性。最佳参考截线的选择标准为使散点图上散点的偶阶矩达到最大，在确定了一条最优参考截线后，另一条参考截线与之正交即可。

5.5.1　典型信号多尺度散点图形态特性分析

为了考察该算法的抗噪能力，我们对多种典型信号进行加噪，考察算法的抗噪性能与信号分辨能力。

1. 洛伦兹方程

洛伦兹方程：

$$\begin{cases}\dfrac{dx}{dt} = -\sigma x + \sigma y \\ \dfrac{dy}{dt} = rx - y - xz \\ \dfrac{dz}{dt} = -bz + x\end{cases} \tag{5-48}$$

式中，$\sigma = 16$，$r = 45.92$，$b = 4$，初值条件为 $x_0 = -1$，$y_0 = 0$，$z_0 = 1$。计算得到的洛伦兹方程的 $\{x_n\}$ 序列为典型的混沌信号，如图 5-49 所示。对于洛伦兹信号的 $\{x_n\}$ 序列，分别加入强度为 10，20，30，40 dB 的噪声信号，以 $x + y = 0$ 为参考截线，计算吸引子二阶矩 $M_{1,2}(s)$，可以看出，计算的不同尺度吸引子矩具有很好的抗噪能力。

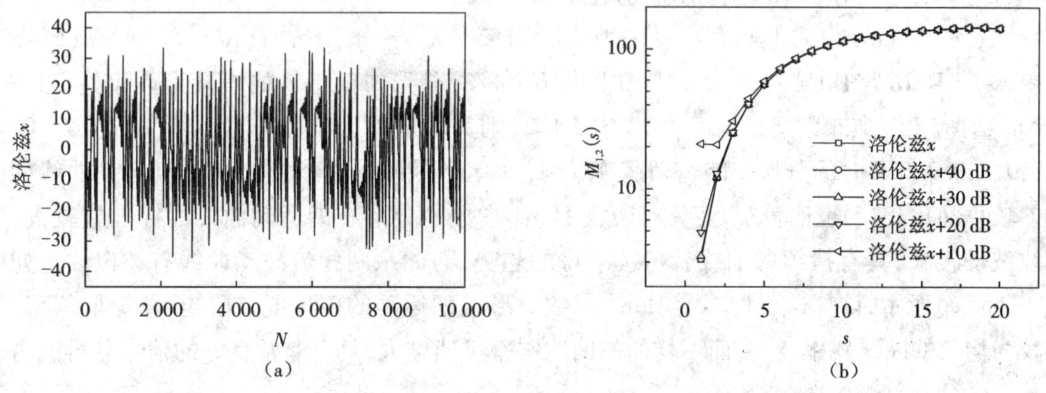

图 5-49　洛伦兹方程产生的序列及二阶矩 $M_{1,2}(s)$ 随尺度变化时的抗噪性[16]

(a)洛伦兹方程产生的序列　(b)$M_{1,2}(s)$ 随尺度变化时的抗噪性

2. Rössler 方程

Rössler 方程：

$$\begin{cases}\dfrac{dx}{dt} = -(y + z) \\ \dfrac{dy}{dt} = by + x \\ \dfrac{dz}{dt} = a + z(x - c)\end{cases} \tag{5-49}$$

式中，$a = 0.25$，$b = 0.2$，$c = 5.7$，初值条件为 $x_0 = -1$，$y_0 = 1$，$z_0 = -1$。计算给出的 Rössler 方程 $\{z_n\}$ 序列如图 5-50 所示。如图 5-50(a)所示，Rössler 信号的 $\{z_n\}$ 序列具有明显的间歇突变特

征,易受噪声干扰,从图 5-50(b)可以看出,整个尺度下计算的吸引子矩 $M_{1,2}(s)$ 也基本相同,说明即使对于突变信号,该算法亦具有良好的抗噪能力。

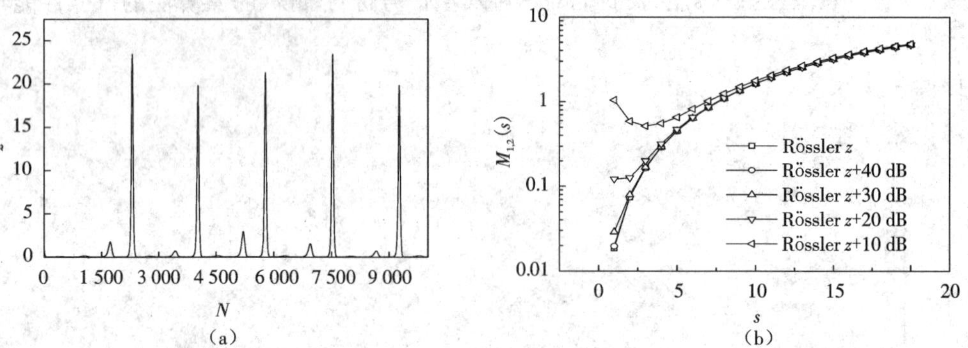

图 5-50 Rössler 方程产生的序列及 $M_{1,2}(s)$ 随尺度变化时的抗噪性[16]

(a) Rössler 方程产生的序列 (b) $M_{1,2}(s)$ 随尺度变化时的抗噪性

3. 分形布朗运动(fBm)

分形布朗运动(fBm)是具有零均值的非平稳随机过程,它具有以下特点:①服从高斯分布;②自相似;③具有平稳增量。其协方差函数为

$$E[B^H(t)B^H(s)] = (t^{2H} + s^{2H} - |t-s|^{2H})/2 \tag{5-50}$$

式中,$s,t \in \mathbf{R}$,H 为 Hurst 指数,$0 < H < 1$。若 $H < 1/2$,分形布朗运动的增量为负相关;当 $H = 1/2$ 时,对应于经典布朗运动情况;如果 $H > 1/2$,则其增量为正相关。图 5-51(a)为 $H = 0.1, 0.3, 0.5, 0.7, 0.9$ 时的分形布朗运动踪迹序列,具有较小 Hurst 指数的分形布朗运动曲线的标准差较小,曲线波动也比较小,而具有较大 Hurst 指数的分形布朗运动曲线的标准差较大,即曲线波动很大,具有持续增加或者持续减小的趋势,与油水两相流波动曲线有类似性。如图 5-51(b)(c)所示,计算这五种不同 Hurst 指数分形布朗运动的多尺度二阶矩,并提取斜率,发现较为均匀的曲线斜率较小,而不均匀的曲线斜率迅速增大,具有非常良好的信号分辨能力。

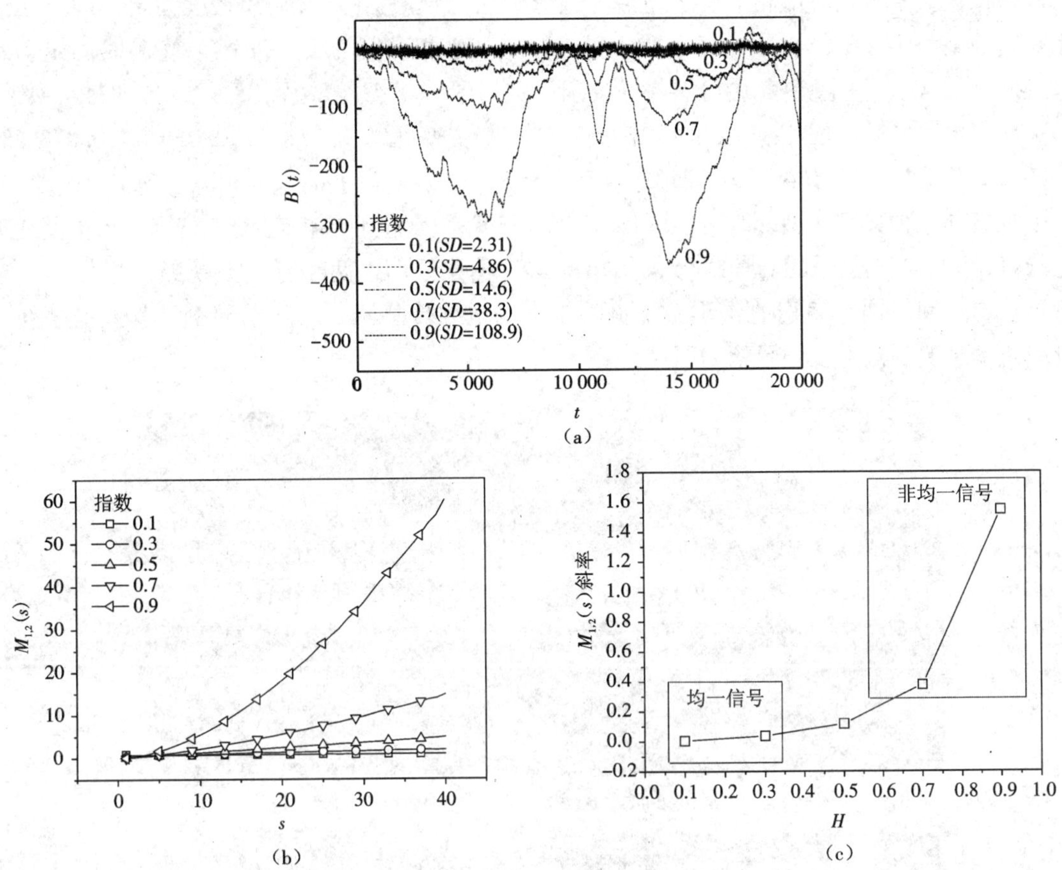

图 5-51　分形布朗运动序列及不同分形标度时的 $M_{1,2}(s)$ 变化曲线[16]

(a)不同 Hurst 指数的分形布朗运动序列　(b)不同分形标度时 $M_{1,2}(s)$ 随尺度变化情况

(c)$M_{1,2}(s)$ 斜率随 Hurst 指数变化情况

5.5.2　油水两相流分散相液滴非均匀分布标度指示

油水两相流广泛存在于油井生产过程中,其中低流速油水两相流分散相液滴多呈非均匀分布特性,表现在液滴尺寸及其分布随两相流流动参数发生复杂变化。理解分散相流动结构转变动力学机制对优化设计流动参数测量传感器及提高流量测量精度具有重要意义。

近年来,基于差值序列的非线性分析方法得到了较快发展,对庞加莱差值散点图的形态学分析方法克服了重构相空间的烦琐步骤,并被用于分析各种生理信号。本节在多尺度差值散点图分析中引入吸引子几何形态矩,在此基础上,从垂直上升油水两相流电导传感器波动信号中提取差值散点图形态二阶矩随尺度变化的速率指标,发现该指标可有效表征分散相油滴非均匀分布特征,有助于理解油水两相流分散相油滴随流动参数变化聚并及击碎的动力学演化过程。

垂直上升油水两相流实验是在内径为 20 mm 的有机玻璃管中进行的,其中阵列环形四电极电导传感器放置在距入口 100 cm 处,以使混合流体流经传感器时已充分发展。此外,结合高速摄像仪对管道内分散相泡群运动情况进行拍摄记录。实验中，油相密度为 856 kg/m^3，油相黏度为 11.984 mPa·s，水相密度为 1 000 kg/m^3，水相黏度为 1 mPa·s。实验时固定含水率，逐渐增加混合液总流速；含水率 K_w 分别设定为 82%，84%，86%，88%，90%，92%，94%，96% 和 98%，在每种固定含水率下，总流速 U_m 依次变化为 0.018 42，0.036 84，0.073 68，0.110 52，0.147 36，0.184 21，0.221 04，0.257 88 m/s。针对以上油水两相流流动工况配比，实验中观察到三种典型流型，即水包油段塞流（D OS/W）、水包油泡状流（D O/W）和水包油细小泡状流（VFD O/W），采用高速摄像仪拍摄的这三种典型油水两相流流型视频结果如图 5-52 所示。图 5-53 ~ 图 5-55 分别给出三种流动工况的电导传感器归一化电导率及其差值序列与对应流动工况的流型视频图像。

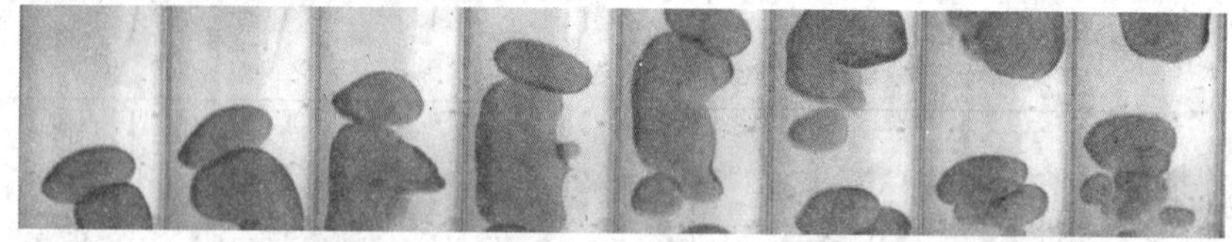

K_w=90%，U_m=0.036 84 m/s，D OS/W，拍摄每幅图像时间间隔为0.1 s

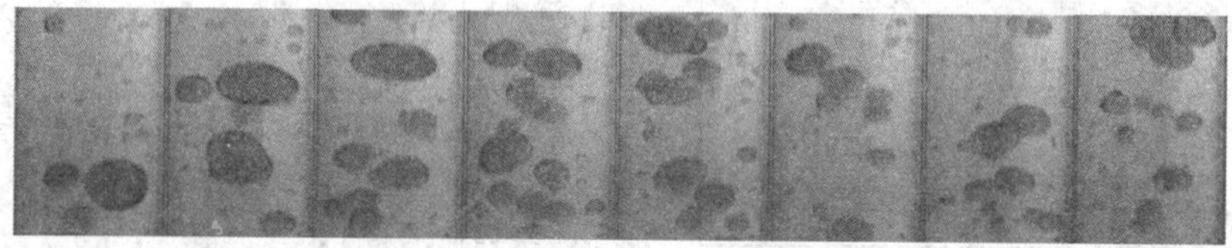

K_w=90%，U_m=0.110 52 m/s，D O/W，拍摄每幅图像时间间隔为0.1 s

K_w=90%，U_m=0.257 88 m/s，VFD O/W，拍摄每幅图像时间间隔为0.1 s

图 5-52　三种典型流型高速摄像仪拍摄的图像[16]

根据所采集的电导传感器波动数据，选取 50 000 个测量点，最大粗粒化尺度为 100，进行多尺度差值序列散点图形态学二阶矩分析。电导传感器测量过程中，不同大小的油滴在管道内测量区域流过，大的油滴导电曲度较大，表现为输出波形幅值较大，小的油滴导电曲度较小，表现为输出波形幅值较小。

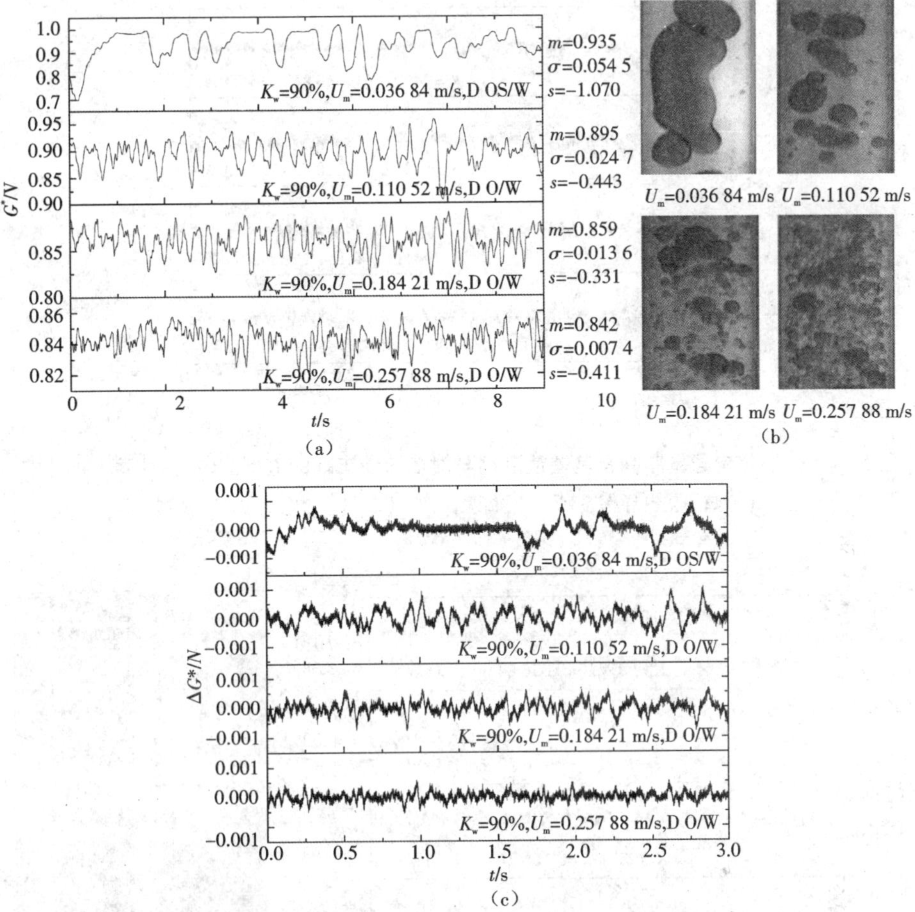

图 5-53 归一化电导率序列及其差值序列与对应流动工况的流型图像(含水率 90%)[16]

(a)归一化电导率序列 (b)流型图像 (c)归一化电导率差值序列

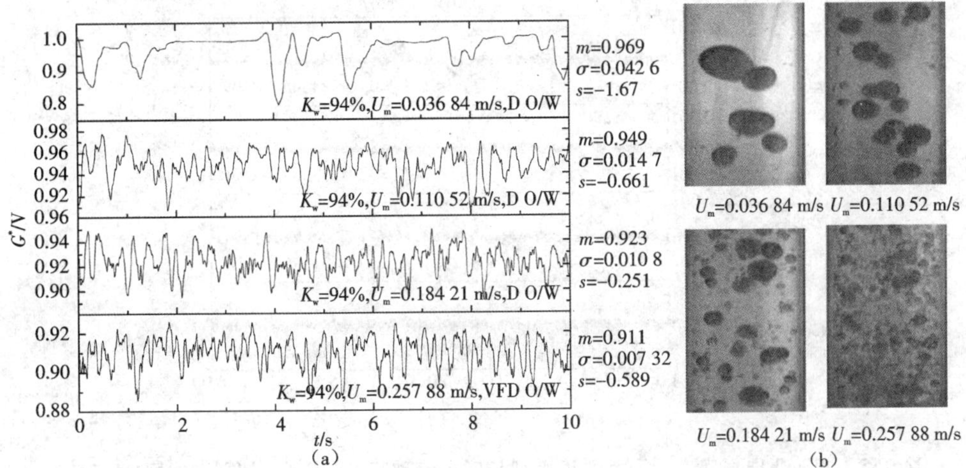

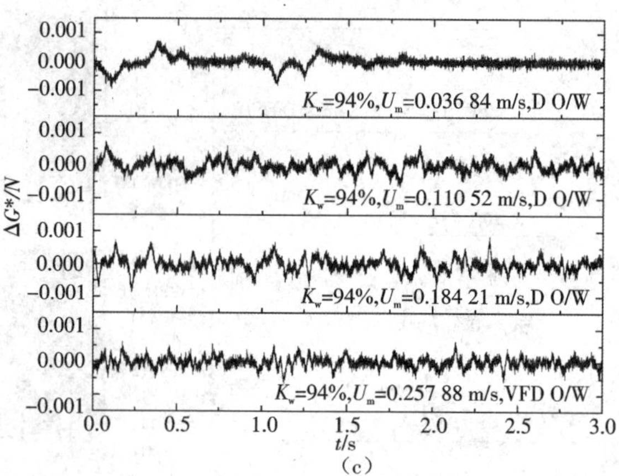

图 5-54 归一化电导率序列及其差值序列与对应流动工况的流型图像(含水率 94%)[16]

(a)归一化电导率序列 (b)流型图像 (c)归一化电导率差值序列

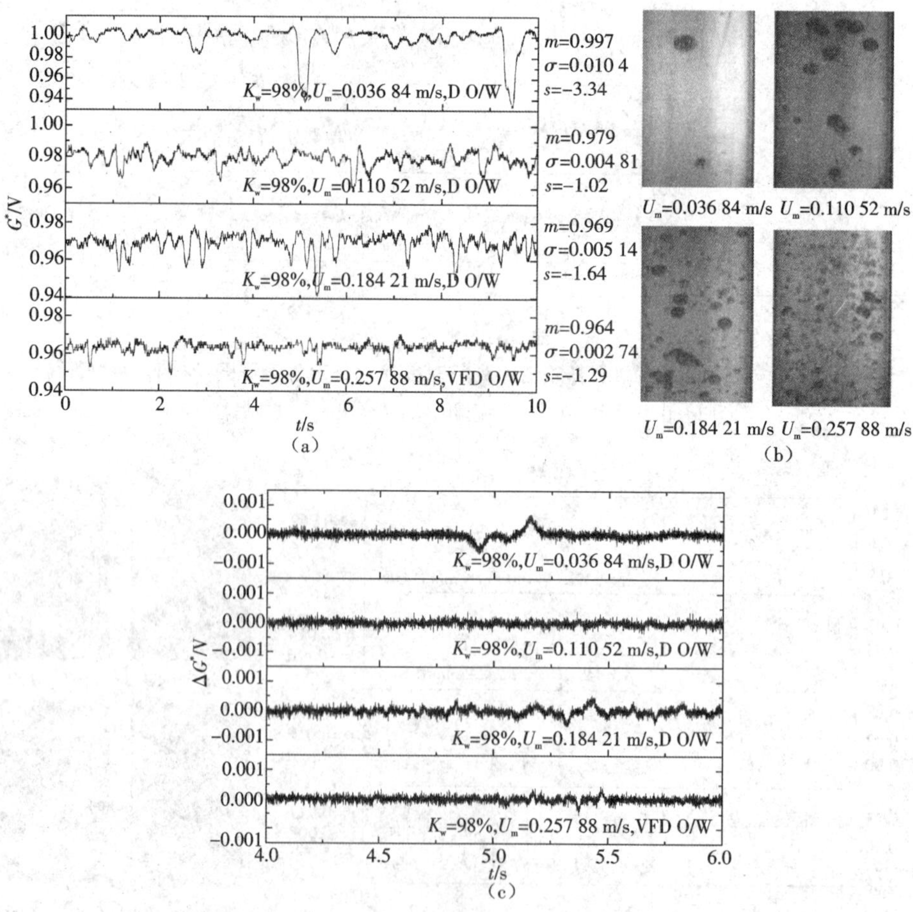

图 5-55 归一化电导率序列及其差值序列与对应流动工况的流型图像(含水率 98%)[16]

(a)归一化电导率序列 (b)流型图像 (c)归一化电导率差值序列

对输出波形进行差值处理并作多尺度散点图，则管道内不同大小的油滴在多尺度差值散点图上的分布情况呈现较大差异。对于油滴分布较均匀的情况，差值散点图上的散点主要集中在原点附近，二阶矩较小，随着尺度增加，二阶矩变化亦不明显。对于油滴分布不均匀的情况，差值散点图上的散点小部分聚集在原点附近，大部分分布在远离原点的区域，二阶矩较大，且随着尺度增加，散点愈发远离原点分布，二阶矩亦相应增加，且油滴分布愈不均匀，随尺度增加，二阶矩增速愈大。在此基础上，提取二阶矩增大速率指标，有助于描述油水两相流液滴非均匀分布的特征。

图 5-56 ~ 图 5-58 分别为选取的三个典型流型（水包油段塞流、水包油泡状流和水包油细小泡状流）随尺度变化的差值散点图，尺度变化依次为 1，20，40，60，80 及 100。从中可以看出，随尺度增加，散点向远离原点方向展布，其中水包油段塞流展布的范围最大，水包油泡状流次之，水包油细小泡状流最小；同时，水包油段塞流的散点沿一三象限平分线两侧弥散程度较弱，而发展到水包油细小泡状流时随尺度增加，其散点愈发弥散。

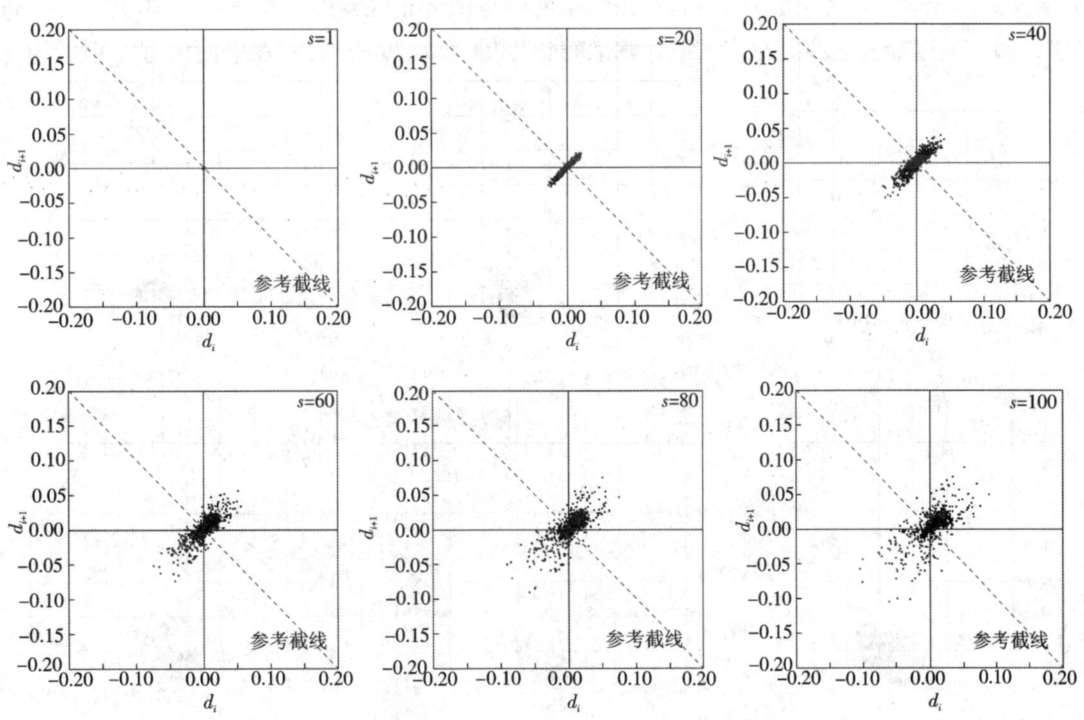

图 5-56　水包油段塞流多尺度差值散点分布图（含水率 90% 及总流速 0.036 84 m/s）[16]

图 5-56 为含水率 90% 及总流速 0.036 84 m/s 流动工况下水包油段塞流多尺度差值散点分布图。该流动工况下管道内有较大的油塞间歇性流过，在没有油塞流过时输出信号波动没有大的区别，差值信号表现为在零值附近微小波动，而当油塞流过测量区域时，由于油相的不导电特性，输出波形有一个大的跳变，表现在差值信号大的上下波动。将差值序列点对散布在平面时，没有油塞流过时对应的点集中分布在原点附近，而油塞流过测量区域时对应的点在一三象限平分线上两侧发展分布，且随尺度增大，散点仍有很强的沿一三象限平分线分布的趋

势。这是因为水包油段塞流油相分布极不均匀，大油塞和油塞之间水连续相中的较小油泡交替流过，产生的输出波动最大，反映在散点图上也具有很强的分布趋势。

图 5-57 为含水率 90% 及总流速 0.110 52 m/s 流动工况下泡状流多尺度差值散点分布发展图。由于流速增加，之前管道内的大油塞被击碎为大小不一的油滴，所以输出信号及差值信号都表现为持续的上下波动，其波动较之前已有所减弱，反映在散点图上，低尺度时，除了分布区域较小外，分布形状与段塞流散点图分布相像，也是沿着一三象限平分线外侧分布，此时管道内小油滴对应的信号点分布在原点附近，而大油滴分布在外侧；由于油滴尺寸差异已没有之前水包油段塞流时大，其非均匀程度已然减弱，所以随尺度增大，其散点分布不再有很强的沿一三象限平分线两侧分布的趋势，同时也在向二四象限发展。

图 5-58 为含水率 98% 及总流速 0.257 88 m/s 流动工况下水包油细小泡状流多尺度差值散点分布发展图。由于流速进一步增加，之前的油滴被击碎成更细小的油滴，管道内大部分细小油滴尺寸较为均匀，偶尔也会有较大的油滴流过，其输出信号及差值信号基本维持在一个较低值处。由于油滴尺寸分布比较均匀，该流型的散点图分布区域进一步减小，基本在原点附近分布，偶尔流过较大油滴时对应的散点则散布在外侧，随尺度增加，其在平面内分布也更为弥散。

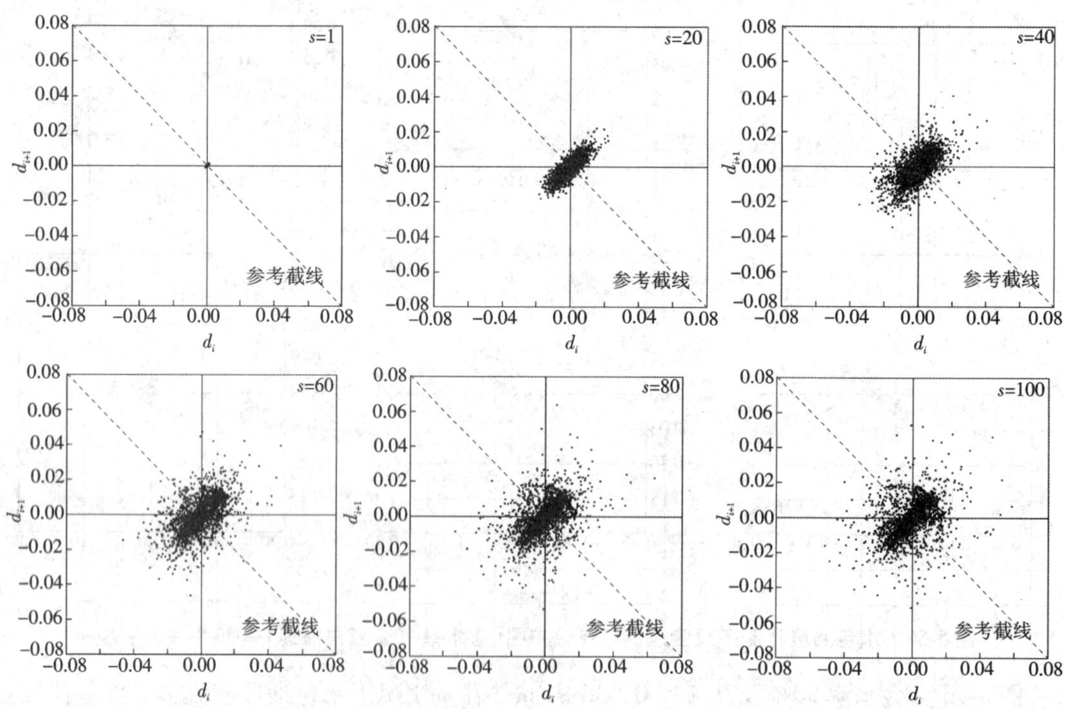

图 5-57 水包油泡状流多尺度差值散点分布图(含水率 90% 及总流速 0.110 52 m/s)[16]

结合以上三种典型流型多尺度差值散点分布图特点，提取以参考截面(线)为基准的二阶矩 $M_{1,2}(s)$ 及其随尺度增加变化的斜率(slope)来指示不同流动工况下油相液滴非均匀分布差异。

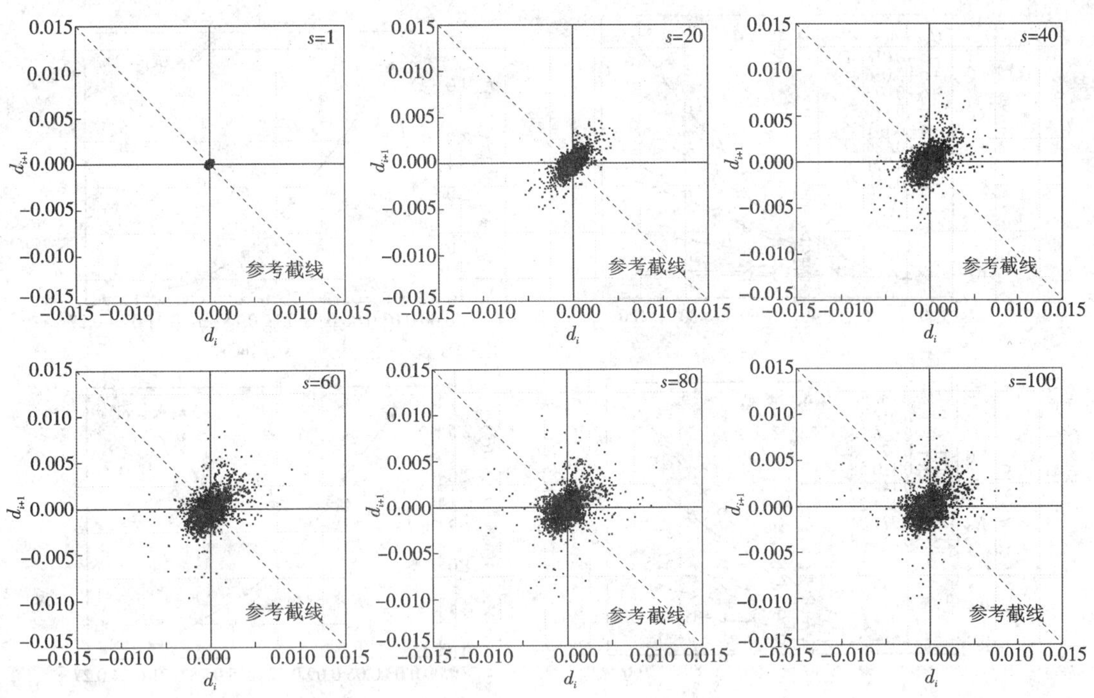

图 5-58　水包油细小泡状流多尺度差值散点分布图(含水率 98% 及总流速 0.257 88 m/s)[16]

图 5-59 表示随总流速增加其多尺度二阶矩曲线及其斜率变化(含水率低于或等于 90%)。对固定的含水率,总流速从 0.018 42 m/s 逐渐增加至 0.036 84 m/s,其油相液滴数量逐渐增多,伴随油相液滴聚并现象出现,当水包油大油塞间歇流过时,管道内油相液滴非均匀分布程度最为强烈;当继续增加总流速至 0.110 52 m/s 时,之前大油塞被击碎为小油泡,油相液滴非均匀分布程度有所减弱;继续增加总流速至 0.184 21 m/s,小油泡继续被击碎成更小油滴;总流速增至 0.257 88 m/s 时,管道内充斥着泡径大小相近的细小油泡,此时油相液滴非均匀分布程度最弱。

图 5-60 表示随总流速增加其多尺度二阶矩曲线及其斜率变化(含水率从 92% 到 98%)。从中可以看出,其大致规律与上述含水率小于或等于 90% 时相类似。油相液滴聚并,在流速 0.036 84 m/s 时油泡最大,此时油相液滴分布最不均匀;随总流速增加,油相液滴被击碎得越来越小,油相液滴越来越呈均匀分布,使得多尺度二阶矩斜率逐渐下降。含水率在 92% 到 98% 时,如图 5-60 所示,斜率变化情况并非完全是随总流速增加呈现逐渐减小趋势,偶尔也会出现一定的波动情况,表明含水率大于 90% 时的高含水油水两相流油相液滴聚并及击碎现象变得更为复杂。

图 5-61 为全部电导传感器差值序列多尺度二阶矩斜率与含水率及总流速之间的关系图。从中可以看出,总流速在 0.018 42 和 0.036 84 m/s 时(前两个总流速点),二阶矩斜率较大且递增,在总流速增加至 0.036 84 m/s 时达到最大,这是因为油滴之间的聚并作用,此时流型表现为水包油段塞流,管道内大油塞与大油塞之间的油相液滴间歇流过,在整个管道内大油塞及其周围的油泡分布最不均匀;当总流速大于 0.036 84 m/s 时,由于流速较大,之前的大油塞或

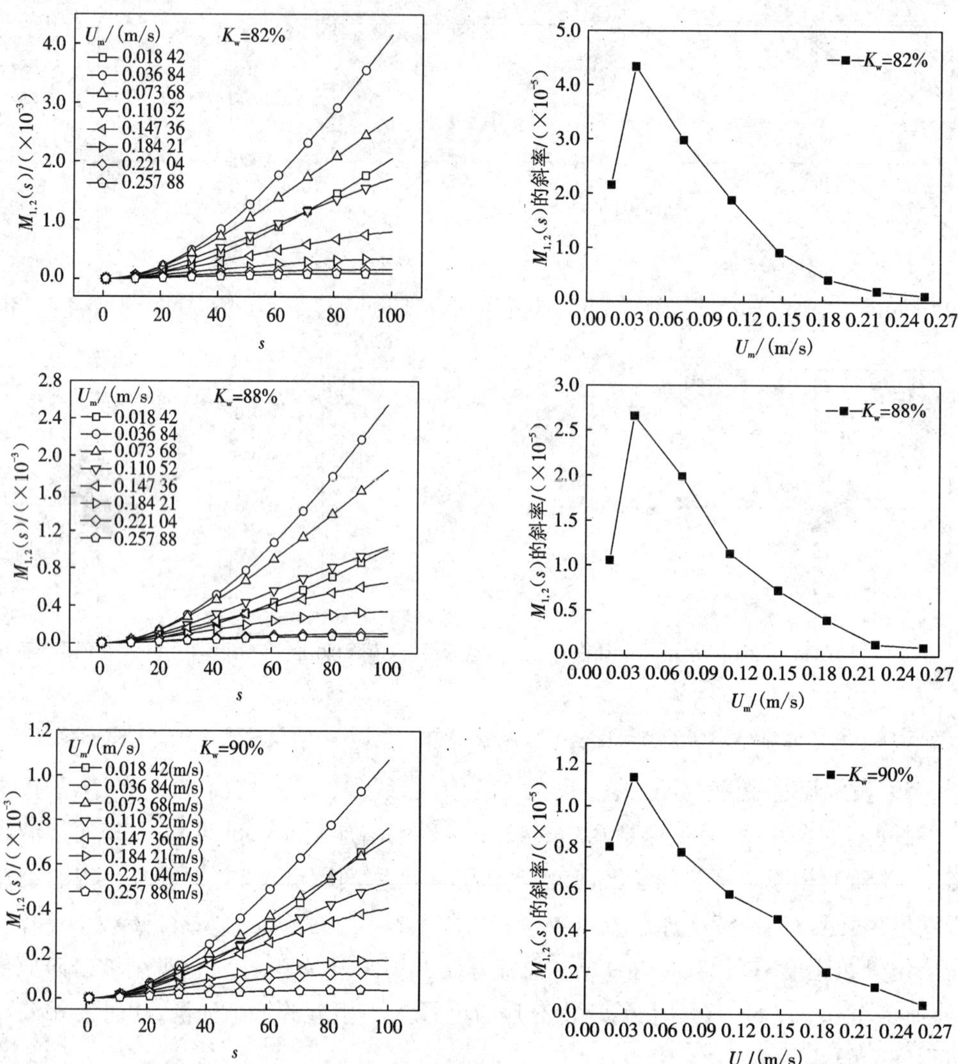

图 5-59 固定含水率、变化总流速时多尺度二阶矩曲线及其斜率变化(含水率分别为 82%,88%,90%)[16]

较大油滴被击碎,管道内大小油滴均有出现,此时流型表现为水包油泡状流,油相液滴非均匀分布程度较之前有所减弱;继续增大总流速,流体湍流动能足以使油相液滴被击碎为均匀分布的水包油细小油滴,此时油相液滴非均匀分布程度最弱。

多尺度差值序列散点图形态分析作为一种非线性分析方法,其算法简单易实现且具有良好的抗噪性。对油水两相流电导传感器波动信号归一化处理并逐点相减得到差值序列,通过考察散点图多尺度二阶矩斜率的变化来表征油水两相流分散相液滴非均匀分布程度,描述了对油泡聚并及击碎物理过程的动力学演化特性,是一种较好的油水两相流分散相流动结构指示方法。

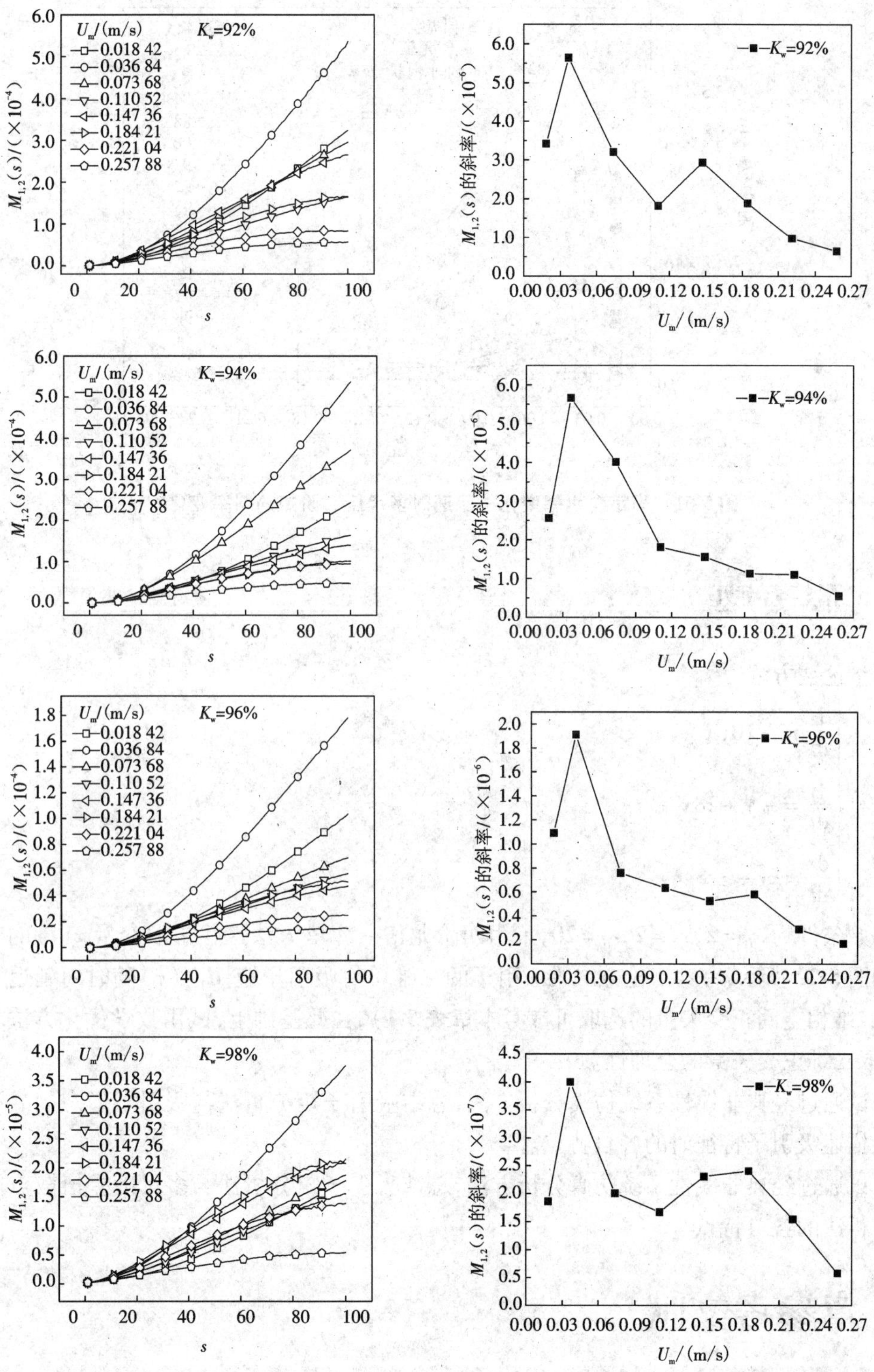

图 5-60　总流速变化时多尺度二阶矩曲线及其斜率变化(含水率分别为 92%,94%,96%,98%)[16]

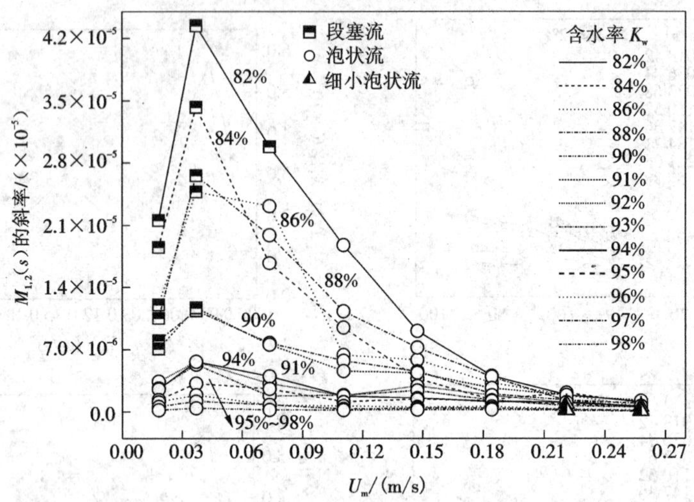

图 5-61 固定含水率变化总流速时多尺度二阶矩的斜率变化[16]

5.6 思考题

1. 洛伦兹方程:

$$\begin{cases}\dfrac{dx}{dt}=-10(x-y)\\ \dfrac{dy}{dt}=-y+28x-xz\\ \dfrac{dz}{dt}=xy-\dfrac{8}{3}z\end{cases}$$

初始条件为 $x_0=2, y_0=2, z_0=20$,采用四阶龙格-库塔方法迭代求取变量 $x(t)$ 的时间序列。如图 5-22 所示,考察洛伦兹二维吸引子的二维单一吸引子矩 $M_{1,2}(\tau)$ 随时间延迟 τ 变化曲线(二维相空间正交矢量的选取可参考本章表 5-1),在此基础上,试用数学优化方法验证表 5-1 选取二维正交矢量的合理性。

2. 试通过经典非线性系统仿真分析方法,总结吸引子矩分析法与吸引子形态周界测度分析法在描述吸引子特征时的各自特点。

3. 试通过经典非线性系统仿真分析方法,总结吸引子矩分析法与多尺度差值散点图几何形态分析法的各自特点。

第 5 章参考文献

[1] ANNUNZIATO M, ABARBANEL H D I. Nonlinear dynamics for classification of multiphase flow regimes[C]. Proceedings of International Conference on Soft Computing, Genova, Italy: SOCO,1999.

[2] ANNUNZIATO M, BERTINI I, PIACENTINI M, et al. Flame dynamics characterization by chaotic analysis of image sequences[C]. Proceedings of the International Conference 36th HTMF, Sacramento, CA, July 1999.

[3] LLAURÓ F X, LLOP M F. Characterization and classification of fluidization regimes by non-linear analysis of pressure fluctuations[J]. International Journal of Multiphase Flow, 2006, 32(12): 1397-1404.

[4] 肖楠,金宁德. 基于混沌吸引子形态特性的两相流流型分类方法研究[J]. 物理学报, 2007,56(9):5149-5156.

[5] WANG Z Y, JIN N D, ZONG Y B, et al. Nonlinear dynamical analysis of large diameter vertical upward oil-gas-water three-phase flow pattern characteristics[J]. Chemical Engineering Science, 2010, 65(18): 5226-5236.

[6] 宗艳波,金宁德,王振亚,等. 倾斜油水两相流流型混沌吸引子形态周界测度分析[J]. 物理学报,2009,58(11):7544-7551.

[7] 赵俊英,金宁德. 两相流相空间多元图重心轨迹动力学特征[J]. 物理学报,2012, 61(9): 094701.

[8] 洪文学,李昕,徐永红,等. 基于多元统计图表示原理的信息融合和模式识别技术[M]. 北京:国防工业出版社,2008.

[9] DIKS C, VAN ZWET W R, TAKENS F, et al. Detecting differences between delay vector distributions[J]. Physical Review E, 1996, 53(3): 2169-2176.

[10] VAN OMMEN J R, COPPENS M O, VAN DEN BLEEK C M, et al. Early warning of agglomeration in fluidized beds by attractor comparison[J]. AIChE Journal, 2000, 46(11): 2183-2197.

[11] NIJENHUIS J, KORBEE R, LENSSELINK J, et al. A method for agglomeration detection and control in full-scale biomass fired fluidized beds[J]. Chemical Engineering Science, 2007, 62(1/2): 644-654.

[12] FRAGUÍO M S, CASSANELLO M C, LARACHI F, et al. Classifying flow regimes in three-phase fluidized beds from CARPT experiments[J]. Chemical Engineering Science, 2007, 62 (24): 7523-7529.

[13] BSTYRLD M, NIJENHUIS J, LENSSELINK J, et al. Detecting and counteracting agglomeration in fluidized bed biomass combustion[J]. Energy & Fuels, 2009, 23(1): 157-169.

[14] CAO Y J, WANG J D, HE Y J, et al. Agglomeration detection based on attractor comparison in horizontal stirred bed reactors by acoustic emission sensors[J]. AIChE Journal, 2009, 55(12): 3099-3108.

[15] ZHAO J Y, JIN N D, GAO Z K, et al. Attractor comparison analysis for characterizing vertical upward oil-gas-water three-phase flow[J]. Chinese Physics B, 2014, 23 (3):

034702.

[16] WANG Z Q, HAN Y F, REN Y Y, et al. A scaling exponent for indicating the non-homogenous distribution of oil droplet in vertical oil-water two-phase flows[J]. Chemical Engineering Science, 2016, 141(2):104-118.

第6章　多尺度非线性分析

多尺度是所有非线性非平衡系统的共同特征。多尺度不仅是一种结构特征,更体现了多尺度结构过程的多样化和复杂性,不同过程发生在不同尺度及尺度耦合之中,因此只有通过分尺度的研究才能认识这些问题。多尺度特征来源于系统内由于非线性效应而发生的自组织及局部发生的分岔现象,抓住多尺度特征就抓住了问题实质,易于发现问题的普遍规律。多尺度法可归纳为[1]:①将总过程分解为若干不同尺度的子过程;②在不同尺度下对各子过程进行研究;③进一步研究不同子过程之间的相互联系;④通过物理化学过程分析归纳出系统产生多尺度结构的控制机理;⑤综合这些不同子过程的研究来解决总过程问题。

本章将时域粗粒化方法与非线性时间序列特征不变量标度相结合,构建了多尺度非线性分析方法系列:多尺度样本熵、多尺度交叉熵、多尺度排列熵、多尺度加权排列熵、多尺度复杂熵因果关系平面、多尺度时间不可逆性、多尺度去趋势互相关分析、多元时间序列多尺度样本熵。考察了几种经典信号(周期信号、随机信号、混沌信号)的多尺度非线性特性,并以实际生理信号及多相流信号为例进行多尺度非线性分析,阐述了复杂系统微观(小尺度)及宏观(大尺度)非线性动力学特性演化规律,同时通过非线性系统仿真分析进一步评价不同算法的抗噪性。

6.1　多尺度样本熵

熵是系统复杂性和规则性的一种测度,自 Pincus[2] 提出近似熵算法后,在生理和医学信号处理领域得到了广泛应用。但是,近似熵在统计上属于有偏估计,其计算结果与算法中参数的选择有较大关系,不利于在数据集较小且含有噪声的情况下应用。里克曼(Richman)等[3-4] 提出了改进的近似熵算法,称之为样本熵。科斯塔(Costa)等[5-6] 在样本熵基础上提出了多尺度熵算法,并将其应用于心率变异性(HRV)研究,发现多尺度样本熵比样本熵能更好地解释充血性心力衰竭(CHF)和心房颤动(AF)两种疾病与健康状态之间的差别,在生理及生物等复杂信号时空表征方面取得了较大进展。

6.1.1　样本熵

样本熵($SampEn$)是近似熵的改进算法,与近似熵算法的主要差别是:首先,样本熵在计算时不包含自身匹配,样本熵计算的是产生信息量比率;其次,样本熵在计算条件概率时没有采用模板匹配方式,它只需一个长度为 m 的模板向量,然后通过找到 $m+1$ 长度匹配的方法来计算熵值,而不需要长度为 $m+1$ 的模板向量。

样本熵的具体算法如下[4]。

对于一个长度为 N 的时间序列 $\{u(j):j=1,2,\cdots,N\}$，可得到 $N-m+1$ 个相空间向量 $\boldsymbol{X}_m(i)$，其中 $\{i:1\leqslant i\leqslant N-m+1\}$，$\boldsymbol{X}_m(i)=\{u(i+k):0\leqslant k\leqslant m-1\}$ 是一个从 $u(i)$ 到 $u(i+m-1)$ 的相空间向量。两个向量对应标量之间的最大距离定义为

$$d[\boldsymbol{X}(i),\boldsymbol{X}(j)]=\max\{|u(i+k)-u(j+k)|:0\leqslant k\leqslant m-1\} \tag{6-1}$$

计算时只考虑前 $N-m$ 个 m 长度向量，确保在 $1\leqslant i\leqslant N-m$ 范围内 $\boldsymbol{X}_m(i)$ 和 $\boldsymbol{X}_{m+1}(i)$ 均有定义。然后，定义 $B_i^m(r)$ 为向量 $\boldsymbol{X}_m(j)$ 与向量 $\boldsymbol{X}_m(i)$ 距离在容限 r 范围内的个数的 $(N-m-1)^{-1}$ 倍，其中 $1\leqslant j\leqslant N-m$，并且 $j\neq i$ 以排除自身匹配，有

$$B^m(r)=(N-m)^{-1}\sum_{i=1}^{N-m}B_i^m(r) \tag{6-2}$$

同理，定义 $A_i^m(r)$ 为向量 $\boldsymbol{X}_{m+1}(j)$ 与向量 $\boldsymbol{X}_{m+1}(i)$ 距离在容限 r 范围内的个数的 $(N-m-1)^{-1}$ 倍，其中 $1\leqslant j\leqslant N-m$，并且 $j\neq i$ 以排除自身匹配，有

$$A^m(r)=(N-m)^{-1}\sum_{i=1}^{N-m}A_i^m(r) \tag{6-3}$$

$B^m(r)$ 是两个序列 m 点匹配的概率，而 $A^m(r)$ 是两个序列 $m+1$ 点匹配的概率。

定义

$$SampEn(m,r)=\lim_{N\to\infty}\{-\ln[A^m(r)/B^m(r)]\} \tag{6-4}$$

当 N 为有限值时，样本熵由 $SampEn(m,r,N)=-\ln[A^m(r)/B^m(r)]$ 统计得出，其中参数 r 为容限，m 为模板向量的长度，令

$$B=\{[(N-m-1)(N-m)]/2\}B^m(r) \tag{6-5}$$

$$A=\{[(N-m-1)(N-m)]/2\}A^m(r) \tag{6-6}$$

式中 B 为 m 点匹配的总数，A 为 $m+1$ 点匹配的总数。注意到 $A/B=[A^m(r)/B^m(r)]$，所以 $SampEn(m,r,N)$ 可表示为 $-\ln A/B$。A/B 正好等于两个序列连续 m 点在容限 r 范围内，并且下一点仍然在容限 r 范围内的条件概率。与通过模板匹配方式计算概率的近似熵相比，样本熵是与整个时间序列关联概率的负对数[4]。

计算过程中，A/B 对应的最小非零条件概率是 $2[(N-m-1)(N-m)]^{-1}$，因此 $SampEn(m,r,N)$ 的最小统计值为 $\ln(N-m)+\ln(N-m-1)-\ln 2$，即为上界，接近 $\ln(N-m)$ 的2倍。也就是说，当出现 $A=0$ 或 $B=0$ 时，$SampEn(m,r,N)$ 应该指定为 $\ln(N-m)+\ln(N-m-1)-\ln 2$ 以避免计算错误。

由于上述改进，样本熵在不同参数下能获得近似熵所无法达到的一致性。这个一致性是指，如果在参数 m_1 及 r_1 时，序列 S 的样本熵小于序列 T 的样本熵，那么在参数 m_2 及 r_2 时，序列 S 的样本熵也应小于序列 T 的样本熵。也就是说，序列 S 在一对参数 m 及 r 下表现出比序列 T 更好的规则性，那么在其他参数对时也应表现出相同特性，从图形上来说，以 r 为自变量的序列 S 和 T 的样本熵不应出现交叉。

6.1.2 多尺度样本熵算法

计算多尺度样本熵（MSE）时首先对原始时间序列作粗粒化处理，然后对各尺度计算其样

本熵，具体算法如下[5-6]。

（1）给定一维时间序列$\{u(i):i=1,2,\cdots,N\}$。

（2）构建连续粗粒化时间序列。图 6-1 给出了时域粗粒化处理过程示意图。当尺度为 1 时，序列为原始时间序列$\{u(i):i=1,2,\cdots,N\}$；当尺度为 τ 时，序列粗粒化为$\{y^{\tau}(j):j=1,2,\cdots,N/\tau\}$，其中

$$y^{\tau}(j)=\frac{1}{\tau}\sum_{i=(j-1)\tau+1}^{j\tau}y(i)\quad(1\leqslant j\leqslant N/\tau)\tag{6-7}$$

（3）容限 r 取原时间序列标准差（SD）的 10% ~25%，计算粗粒化后各个尺度对应时间序列的样本熵值，即为多尺度样本熵（MSE）。

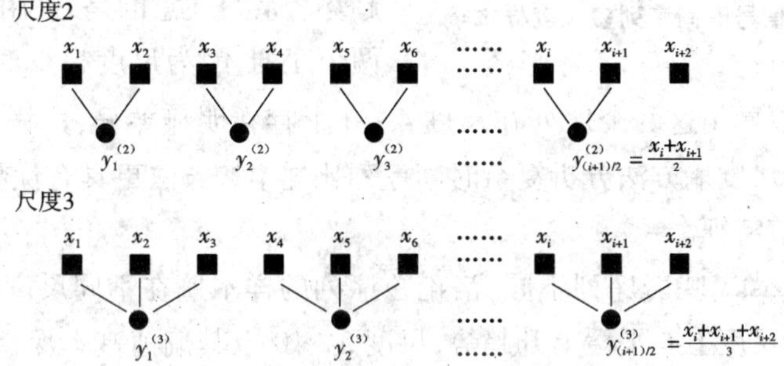

图 6-1　时域粗粒化处理过程示意图

6.1.3　典型信号的多尺度样本熵

图 6-2 为包含高斯白噪声及 $1/f$ 噪声在内的几种典型时间序列的多尺度样本熵特征。几种时间序列的产生条件如下。

（1）Logistic 映射

$$x_{n+1}=ax_n(1-x_n)\quad(a=3.9,x_0=0.4)\tag{6-8}$$

（2）Hénon 映射

$$\begin{cases}x_{n+1}=1-\alpha x_n^2+y_n\\ y_{n+1}=\beta x_n\end{cases}\quad(\alpha=1.4,\beta=0.3,x_0=0,y_0=0)\tag{6-9}$$

（3）洛伦兹方程

$$\begin{cases}\dfrac{\mathrm{d}x}{\mathrm{d}t}=-\sigma x+\sigma y\\ \dfrac{\mathrm{d}y}{\mathrm{d}t}=rx-y-xz\\ \dfrac{\mathrm{d}z}{\mathrm{d}t}=-bz+xy\end{cases}\quad(\sigma=16,r=45.92,b=4)\tag{6-10}$$

其初值条件为 $x_0=-1,y_0=0,z_0=1$。

（4）正弦信号

$$y=3\sin x\tag{6-11}$$

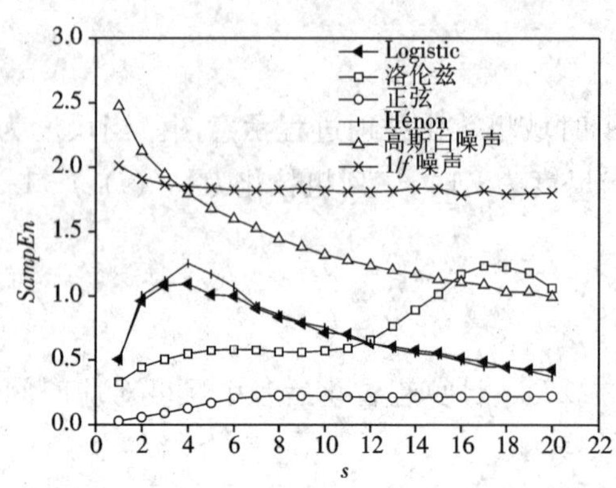

图 6-2 各种典型信号时间序列多尺度样本熵

可以看出：在尺度为 1 时，白噪声的熵值要比 1/f 噪声高；当尺度增加到 5 时，1/f 噪声的熵值开始比白噪声高；随着尺度增加，白噪声的熵值单调下降，而 1/f 噪声的熵值基本保持恒定，这与 1/f 噪声在多个尺度上都包含着复杂结构的特征相一致，并与 Costa[5] 所阐述的特征相同。Hénon 映射和 Logistic 映射序列样本熵整体上具有相似性，在前 4 个尺度上呈现上升趋势，而在尺度 4 之后表现为缓慢下降趋势。值得注意的是，仅用样本熵无法区分这两个序列，因为尺度为 1 时熵值非常接近，而用多尺度熵方法可以看出这两个序列在尺度 4 ~ 6 上存在明显差异，这样便能区分这两个序列，这也证明了用多尺度熵方法分析复杂时间序列比样本熵方法更具有优势，它能从不同空间尺度展现序列的细节特征。

与 Hénon 和 Logistic 映射序列不同，洛伦兹序列的样本熵在不同尺度段表现出不同的变化趋势，如在前 5 个尺度上有平缓上升趋势，尺度 5 ~ 10 上其熵值基本保持不变，但从尺度 11 开始至尺度 17，其熵值又开始快速增大，从尺度 18 开始洛伦兹序列的熵值又逐渐减小。由此可以看出，洛伦兹序列具有更高复杂度。

这三个混沌时间序列的多尺度样本熵特征之间存在的差异，说明多尺度样本熵可以用来研究混沌时间序列的确定性。而正弦信号的样本熵保持在较低熵值，且在 7 以后的尺度上几乎保持不变，这一点与正弦信号具有周期性及规则性的特征是一致的，说明多尺度样本熵可用来表征不同时间序列的复杂性，可作为复杂时间序列确定性分析的工具。

6.2 多尺度交叉熵

Pincus 等[7-8] 提出的交叉样本熵算法（Cross-Sample Entropy，*CSE*），通过两个时间序列的异步程度对信号进行考察，并用于探索时间序列之间的耦合行为。多尺度样本熵与多尺度交叉熵均可以对混沌时间序列复杂性进行很好的表征，但是多尺度样本熵抗噪能力相对不足，而多尺度交叉熵的抗噪能力却强于多尺度样本熵，尤其是在中高尺度下，噪声对于交叉熵的影响几乎可以忽略。多尺度交叉熵的良好抗噪性，为由于实验条件限制无法消除噪声或者过采样条件下的数据处理提供了方便。

多尺度交叉熵的具体算法如下。

（1）给定两个一维相同长度的离散时间序列 $\{x(i):i=1,2,\cdots,N\}$ 和 $\{u(i):i=1,2,\cdots,N\}$，将这两个时间序列进行标准化：

$$x_{\text{norm}}(i)=\{[x(i)-\text{mean}(x)]\}/[\text{std}(x)] \tag{6-12}$$

$$u_{\text{norm}}(i)=\{[u(i)-\text{mean}(u)]\}/[\text{std}(u)] \tag{6-13}$$

(2)构造粗粒化时间序列$\{y^{(\tau)}\}$和$\{v^{(\tau)}\}$。划分原始时间序列为不重叠窗口,窗口长度为τ,并在每个窗口内平均数据点。每个粗粒化时间序列计算如下:

$$y^{(\tau)}=\tau^{-1}\sum_{i=(j-1)\tau+1}^{j\tau}x_{\text{norm}}(i) \tag{6-14}$$

$$v^{(\tau)}=\tau^{-1}\sum_{i=(j-1)\tau+1}^{j\tau}u_{\text{norm}}(i) \tag{6-15}$$

这里$1\leqslant j\leqslant\tau$。对于尺度$\tau$,两个粗粒化时间序列分别为

$$y^{(\tau)}=[y^{(\tau)}(1),y^{(\tau)}(2),\cdots,y^{(\tau)}(n)] \tag{6-16}$$

$$v^{(\tau)}=[v^{(\tau)}(1),v^{(\tau)}(2),\cdots,v^{(\tau)}(n)] \tag{6-17}$$

(3)构造m维向量:

$$\boldsymbol{Y}_m^{(\tau)}(i)=[y_m^{(\tau)}(i),y_m^{(\tau)}(i+1),\cdots,y_m^{(\tau)}(i+m-1)] \tag{6-18}$$

$$\boldsymbol{V}_m^{(\tau)}(j)=[v_m^{(\tau)}(j),v_m^{(\tau)}(j+1),\cdots,v_m^{(\tau)}(j+m-1)] \tag{6-19}$$

(4)定义向量$\boldsymbol{Y}_m^{(\tau)}(i)$和$\boldsymbol{V}_m^{(\tau)}(j)$之间的距离:

$$d[\boldsymbol{Y}_m^{(\tau)}(i),\boldsymbol{V}_m^{(\tau)}(j)]=\max\{|y_m^{(\tau)}(i+k)-v_m^{(\tau)}(k+j)|:0\leqslant k\leqslant m-1\} \tag{6-20}$$

对于每个$1\leqslant i\leqslant n-m$,计算

$$B_i^m(r)=\{\text{向量 }\boldsymbol{V}_m^{(\tau)}\text{ 个数:满足 }d[\boldsymbol{Y}_m^{(\tau)}(i),\boldsymbol{V}_m^{(\tau)}(j)]\leqslant r\} \tag{6-21}$$

(5)计算$B_i^m(r)$的平均值:

$$B^m=(n-m)^{-1}\sum_{i=1}^{n-m}B_i^m \tag{6-22}$$

(6)增加嵌入维数到$m+1$,重复(3)~(5)计算B^{m+1}。

(7)多尺度交叉熵(CSE)定义为

$$Cross\text{-}SampEn(m,r,N)=-\ln(B^{m+1}/B^m) \tag{6-23}$$

(8)对每个粗粒化时间序列计算交叉熵,即可得到多尺度交叉熵。其中,参数一般选择为$m=2$,容限r取原时间序列标准差(SD)的 10% ~25%。

为了考察多尺度样本熵与交叉熵的抗噪能力,本节在 Hénon 映射和洛伦兹方程中分别加入了高斯噪声,通过仿真比较两种算法的抗噪能力。

1. Hénon 映射序列抗噪能力分析

Hénon 映射:

$$\begin{cases}x_{n+1}=1-\alpha x_n^2+y_n\\ y_{n+1}=\beta x_n\end{cases} \tag{6-24}$$

式中,$\alpha=1.4$,$\beta=0.3$,取初值$x_0=0$,$y_0=0$。

在原始 Hénon 映射中加入高斯噪声,即

$$L_i=x_i+\eta\sigma\varepsilon_i \tag{6-25}$$

式中,L_i为叠加噪声后的时间序列,x_i为无噪声时由方程产生的时间序列,选取的序列长度是 8 000 点,σ是序列标准偏差,ε_i是高斯随机变量(满足均值为 0、方差为 1 的独立平均分布),η表示噪声强度。对加入不同强度噪声的多尺度交叉熵与样本熵进行仿真比较,如图 6-3 与

图6-4所示。由图6-3可知，当尺度为1时(即原始时间序列)，样本熵受噪声影响明显。噪声的加入使Hénon映射的复杂度增加，而且随着噪声强度增加，其复杂度也会相应增大，熵值也随之增大。随着尺度增加，噪声影响逐渐减小，但多尺度样本熵曲线之间仍有较明显的区别，表明噪声的影响并不随尺度增加而消失。

同样由图6-4可知，当尺度为1时，交叉熵也受噪声影响，但是与样本熵相比，噪声对交叉熵影响较小。随着尺度增加，噪声影响逐渐减小，而且从尺度4开始，各多尺度交叉熵变化曲线几乎没有区别，表明噪声对于交叉熵在中高尺度的影响可以忽略。通过比较可以看出，在计算样本熵或交叉熵时，其原始时间序列均受噪声影响很大，但是随着尺度的增加，交叉熵比样本熵的抗噪能力明显增强。

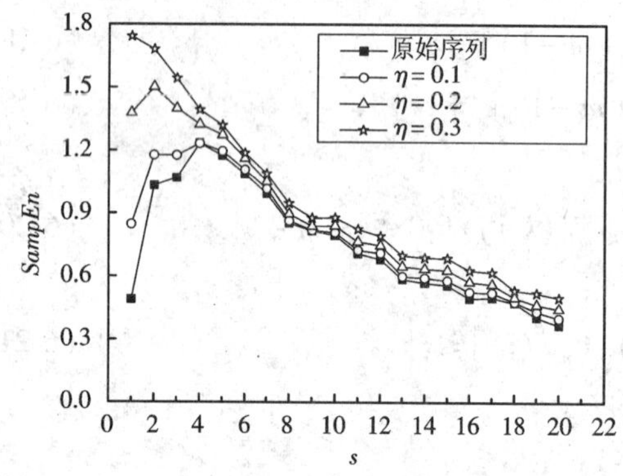

图6-3 对Hénon映射产生的$\{x_n\}$序列加噪时的多尺度样本熵

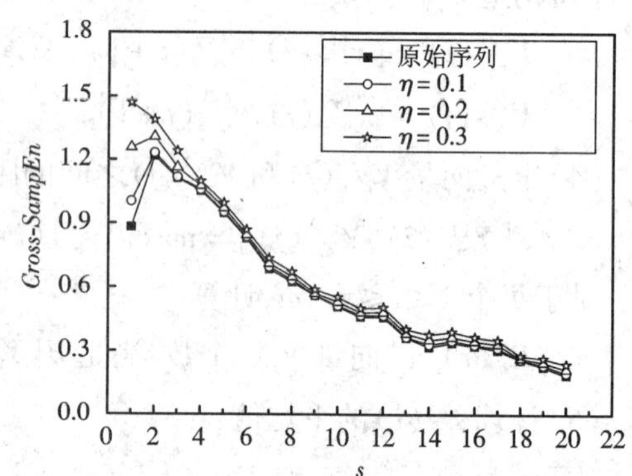

图6-4 对Hénon映射产生的$\{x_n\}$序列加噪时($\{y_n\}$序列不加噪)的多尺度交叉熵

2. 洛伦兹方程时间序列抗噪能力分析

洛伦兹方程：

$$\begin{cases} \dfrac{dx}{dt} = -\sigma x + \sigma y \\ \dfrac{dy}{dt} = rx - y - xz \\ \dfrac{dz}{dt} = -bz + xy \end{cases} \tag{6-26}$$

其中$\sigma = 16, r = 45.92, b = 4$。取初值条件为$x_0 = -1, y_0 = 0, z_0 = 1$。选长度为8 000的时间序列$\{x_n\}$及$\{y_n\}$。

同样在洛伦兹方程产生的$\{x_n\}$序列中加入高斯噪声。对于加入不同强度噪声的多尺度交叉熵与样本熵进行仿真比较，如图6-5与图6-6所示。

由图6-5知，当尺度为1时，样本熵对噪声敏感，噪声强度微小的改变对于样本熵的熵值影响较大。随着尺度增加，加入不同强度噪声的多尺度样本熵曲线之间的差异有所降低，但是在尺度16之前各曲线之间都有较为明显的区别，在尺度17、18时，曲线基本没有区别，但之后又略有差异，在尺度20上差异很大，表明噪声在各个尺度上对样本熵的影响程度差别很大。

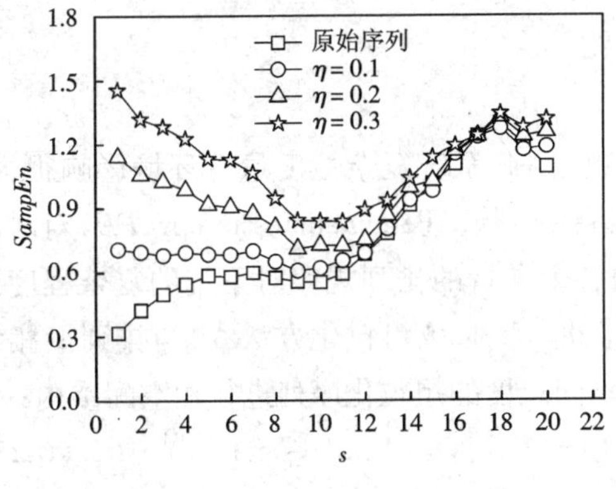

图 6-5　对洛伦兹方程产生的 $\{x_n\}$ 序列加噪时的多尺度样本熵

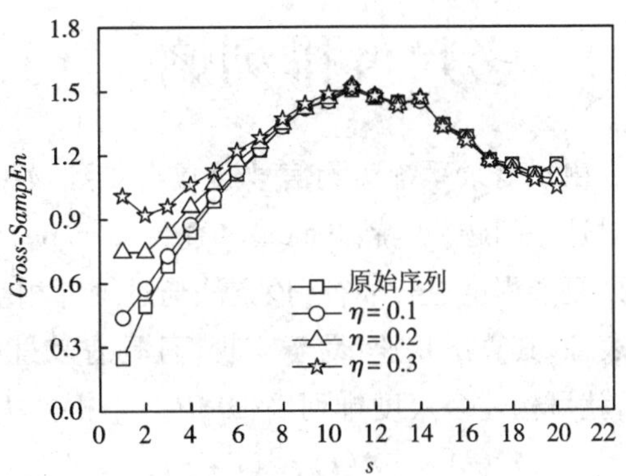

图 6-6　对洛伦兹方程产生的 $\{x_n\}$ 序列加噪时（$\{y_n\}$ 序列不加噪）的多尺度交叉熵

由图 6-6 知，当尺度为 1 时，加入不同强度噪声的洛伦兹方程的交叉熵熵值也有明显区别，但比样本熵在尺度 1 时的差别要小。加入不同强度噪声的多尺度交叉熵曲线从尺度 2 开始表现为一致的单调性。尺度在 11 ~ 19 时不同曲线的交叉熵值基本相同，而在尺度为 20 的时候熵值才略有区别，表明噪声对交叉熵的影响随着尺度增加而逐渐减小，在高尺度上的影响可以忽略。

通过比较可知，对尺度为 1 的原始时间序列，噪声对样本熵和交叉熵都有较大影响。在低尺度上，交叉熵随尺度变化的单调性比样本熵要好，对尺度变化更敏感；高尺度上，尤其从尺度 11 开始，交叉熵几乎不受噪声的影响。

为了更好地模拟实际效果，对 $\{y_n\}$ 也同样加入相同比例的噪声，计算其多尺度交叉熵，如图 6-7 所示。从中可以看出，随着噪声的进一步加入，曲线仍然在低尺度上表现出良好的单调性，在中高尺度上表现出较好的抗噪性能。这是因为对加入相同强度噪声的 $\{x_n\}$ 和 $\{y_n\}$，在高尺度上计算交叉熵时噪声被抵消，这对处理实验数据有重要的实际意义。

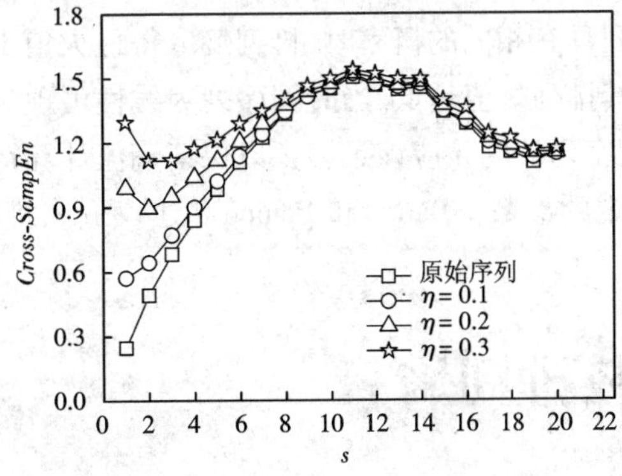

图 6-7　对洛伦兹方程产生的 $\{x_n\}$ 和 $\{y_n\}$ 序列均加噪后的多尺度交叉熵

6.3 多尺度排列熵

由于复杂系统实测信号通常会受到噪声的干扰,因此系统复杂性度量受环境影响很大。针对这一问题,班特(Bandt)和蓬佩(Pompe)[9]提出用排列熵(Permutation Entropy,*PE*)对时间序列复杂程度进行表征,该方法通过统计相空间内各个向量的排列规律对系统的复杂程度进行表征,其算法快速、易于实现,且具有较好的鲁棒性。将时域粗粒化方法[5-6]与排列熵相结合,就可构建多尺度排列熵(*MSPE*)分析方法。对不同尺度的粗粒化序列进行相空间重构:

$$\boldsymbol{Y}^s(t)=\{y^s(t),y^s(t+\tau),\cdots,y^s[t+(m-1)\tau]\}\quad(t\in[1,n/s-m+1])\tag{6-27}$$

其中 m 为嵌入维数,τ 为延迟时间。将向量 $\boldsymbol{Y}^s(t)$ 的 m 个分量进行升序排列,即

$$y^s[t+(k_1-1)\tau]\leqslant y^s[t+(k_2-1)\tau]\leqslant\cdots\leqslant y^s[t+(k_m-1)\tau]\tag{6-28}$$

若存在值相等的情况则按 k 值大小进行排列,由此相空间内每个向量 $\boldsymbol{Y}^s(t)$ 均可得到一组排列:

$$\boldsymbol{\pi}_t=\{k_1,k_2,\cdots,k_m\}\tag{6-29}$$

对于嵌入 m 维的相空间共有 $m!$ 种排列可能。统计每种排列出现的次数 N_l,其中 $1\leqslant l\leqslant m!$。计算每一种排列出现的概率为

$$p^s(l)=\frac{N_l}{\frac{n}{s}-m+1}\tag{6-30}$$

则可定义时间序列在尺度 s 下的排列熵为

$$H^s(p)=-\sum_{l=1}^{m!}p^s(l)\ln p^s(l)\tag{6-31}$$

当 $p^s(l)=1/m!$ 时 $H^s(p)$ 达到最大值,即 $\ln(m!)$。采用 $\ln(m!)$ 对排列熵进行归一化处理,得到归一化的排列熵:

$$h^s(p)=H^s(p)/\ln(m!)\tag{6-32}$$

当时间序列的所有排列具有相同的概率时,排列熵取得最大值 1,此时时间序列表现为噪声特征;时间序列越规则,其排列熵值越低,当时间序列为线性可预测系统时,排列熵取得最小值。在排列熵计算过程中,序列长度 n 应该足够长以保证熵值计算精度。另外,延迟时间 τ 和嵌入维数 m 是两个需要确定的参数。Bandt 和 Pompe[9] 建议嵌入维数 $m=3,4,\cdots,7$,时间延迟 $\tau=1$。

6.4 多尺度加权排列熵

通过对多尺度排列熵进行分析,发现排列熵只是简单地对相空间向量中的各分量进行排列,导致时间序列中的部分信息丢失。为了改进排列熵算法,比拉勒(Bilal)等[10]提出了加权排列熵(Weighted-Permutation Entropy,*WPE*)算法,该算法在很多方面体现出明显的优势。对排列熵进行加权改进后,能进一步挖掘时间序列中的信息,尤其是时间序列的幅值信息,从而

更加深刻反映了时间序列的演化过程,显著提高了排列熵的鲁棒性与抗噪能力。将时域粗粒化方法与加权排列熵相结合,就可构建多尺度加权排列熵(*MSWPE*)分析方法。

首先对原始时间序列作粗粒化处理,其具体算法详见第6.1.2节。根据加权排列熵算法[10],对不同尺度的粗粒化序列进行相空间重构:

$$\boldsymbol{Y}^s(t)=\{y^s(t),y^s(t+\tau),\cdots,y^s[t+(m-1)\tau]\}\quad(t\in[1,n/s-m+1])\tag{6-33}$$

其中 m 为嵌入维数,τ 为延迟时间。计算 $\boldsymbol{Y}^s(t)$ 的 m 个分量的方差:

$$w(t)=\frac{1}{m}\sum_{j=1}^{m}\{y^s[t+(j-1)\tau]-\overline{Y^s}(t)\}^2\tag{6-34}$$

其中$\overline{Y^s}(t)$为各分量的平均值,即

$$\overline{Y^s}(t)=\frac{1}{m}\sum_{j=1}^{m}y^s[t+(j-1)\tau]\tag{6-35}$$

然后,将向量 $\boldsymbol{Y}^s(t)$ 的 m 个分量进行升序排列,即

$$y^s[t+(k_1-1)\tau]\leqslant y^s[t+(k_2-1)\tau]\leqslant\cdots\leqslant y^s[t+(k_m-1)\tau]\tag{6-36}$$

若存在值相等的情况则按 k 值大小进行排列,由此相空间内每个向量 $\boldsymbol{Y}^s(t)$ 均可得到一组排列:

$$\boldsymbol{\pi}_t=\{k_1,k_2,\cdots,k_m\}\tag{6-37}$$

对于嵌入 m 维的相空间共有 $m!$ 种排列可能。统计每种排列出现的次数 N_l,其中 $1\leqslant l\leqslant m!$。计算每一种排列出现的概率为

$$p_w^s(l)=\frac{w(t)N_l}{\sum\limits_{t=1}^{n/s-(m-1)\tau}w(t)}\tag{6-38}$$

则可定义时间序列在尺度 s 下的加权排列熵为

$$H_w^s(p)=-\sum_{l=1}^{m!}p_w^s(l)\ln p_w^s(l)\tag{6-39}$$

当 $p_w^s(l)=1/m!$ 时,$H_w^s(p)$ 达到最大值 $\ln(m!)$。采用 $\ln(m!)$ 对加权排列熵进行归一化处理,得到归一化的加权排列熵:

$$h_w^s(p)=H_w^s(p)/\ln(m!)\tag{6-40}$$

在加权排列熵计算过程中,序列长度 n 应该足够长以保证熵值的计算精度。另外,延迟时间 τ 与嵌入维数 m 是两个需要确定的参数,按照排列熵算法[9]的选取方法即可。

为了比较多尺度加权排列熵与多尺度排列熵算法的抗噪能力,对多种典型信号进行加噪,并考察两种算法的性能。

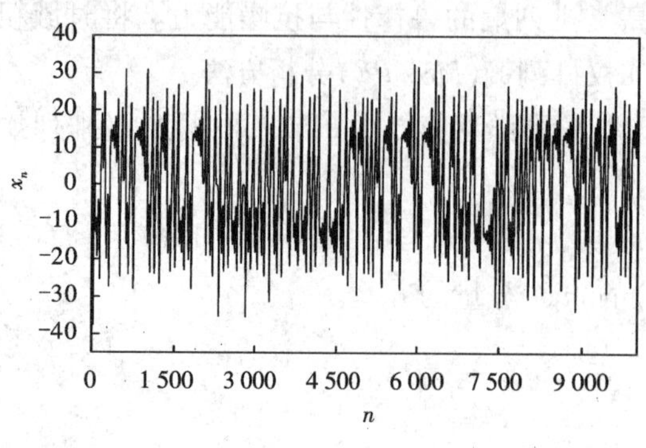

图 6-8 洛伦兹方程产生的 $\{x_n\}$ 序列

1)洛伦兹方程

$$\begin{cases} \dfrac{\mathrm{d}x}{\mathrm{d}t} = -\sigma x + \sigma y \\ \dfrac{\mathrm{d}y}{\mathrm{d}t} = rx - y - xz \\ \dfrac{\mathrm{d}z}{\mathrm{d}t} = -bz + xy \end{cases} \tag{6-41}$$

式中 $\sigma = 16, r = 45.92, b = 4$,初值条件为 $x_0 = -1, y_0 = 0, z_0 = 1$。计算给出的洛伦兹信号的 $\{x_n\}$ 序列如图 6-8 所示。

如图 6-9 所示,对于洛伦兹信号的 $\{x_n\}$ 序列,分别加入强度为 10,20,30,40 dB 的噪声信号,可以看出,当尺度小于 5 时,加噪后的多尺度加权排列熵显示出优越的抗噪能力,而多尺度排列熵明显受到噪声影响;在高尺度时,多尺度加权排列熵与排列熵均具有显著的抗噪能力。

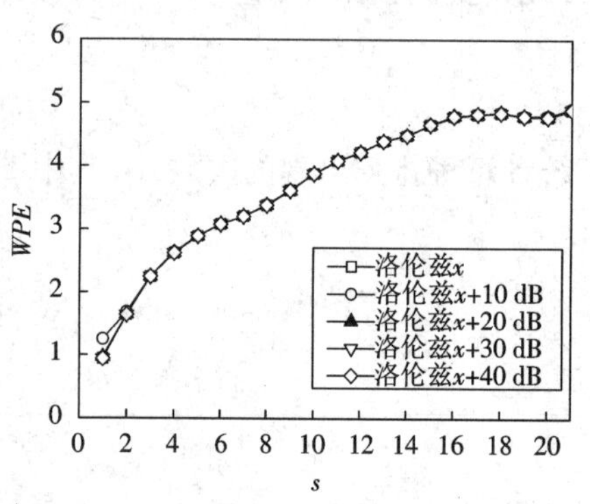

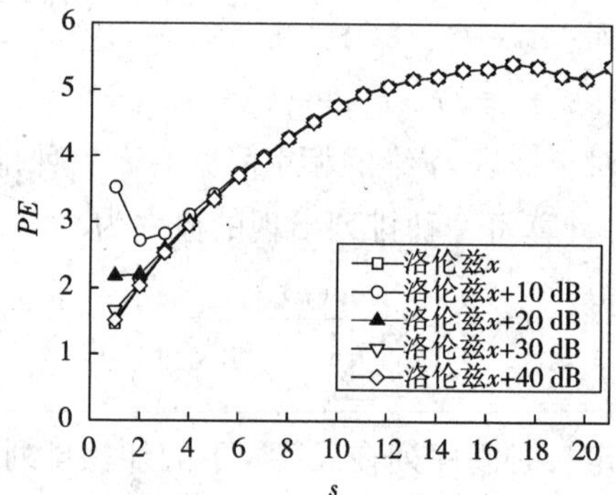

图 6-9 对洛伦兹方程产生的 $\{x_n\}$ 序列加噪后的多尺度加权排列熵(WPE)与排列熵(PE)对比

2)Rössler 方程

$$\begin{cases} \dfrac{\mathrm{d}x}{\mathrm{d}t} = -(y + z) \\ \dfrac{\mathrm{d}y}{\mathrm{d}t} = by + x \\ \dfrac{\mathrm{d}z}{\mathrm{d}t} = a + z(x - c) \end{cases} \tag{6-42}$$

式中,$a = 0.25, b = 0.2, c = 5.7$,初值条件为 $x_0 = -1, y_0 = 1, z_0 = 1$。计算给出的 Rössler 方程 $\{z_n\}$ 序列如图 6-10 所示。

如图 6-11 所示,Rössler 方程的 $\{z_n\}$ 序列具有明显的间歇突变特征。可以看出,低尺度时,加权排列熵明显受噪声影响,但随着尺度增加,加权排列熵(WPE)具有显著的抗噪性能;而加噪后的多尺度排列熵受噪声影响很大,即与未加噪时相比差异非常大,显示出排列熵(PE)的抗噪效果很差。

3) K 噪声

K 噪声是具有 f^{-k} 的能量谱，其产生步骤如下：①通过 MATLAB 中的 RAND 函数产生一组在(−0.5, 0.5)上的伪随机数；②对伪随机数序列进行 FFT 变换得到 y_k^1，接着 y_k^1 与 $f^{-k/2}$ 相乘得到 y_k^2；③对 y_k^2 进行 IFFT 变换并且取其实部得到噪声序列，即为 K 噪声。如图 6-12 为 $k=0.5$, 1.5, 2.5, 3 时的 K 噪声信号。

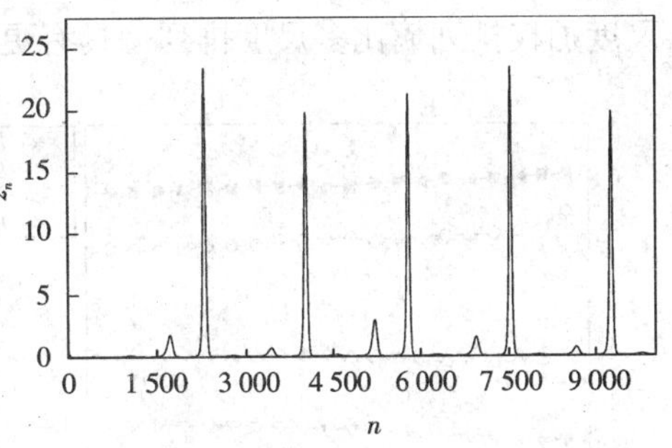

图 6-10　Rössler 方程产生的 $\{z_n\}$ 序列

如图 6-13 所示，对于 K 噪声信号，多尺度加

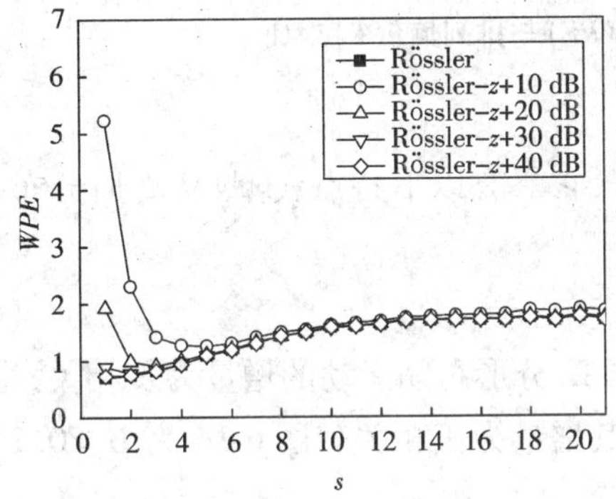

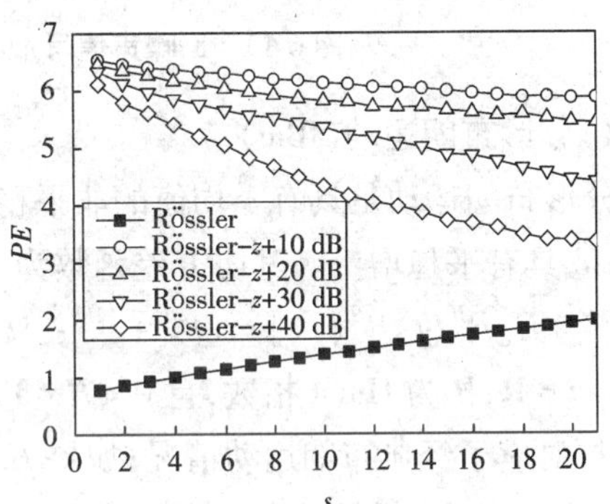

图 6-11　对 Rössler 方程产生的 $\{z_n\}$ 序列加噪后的加权排列熵(WPE)与排列熵(PE)对比

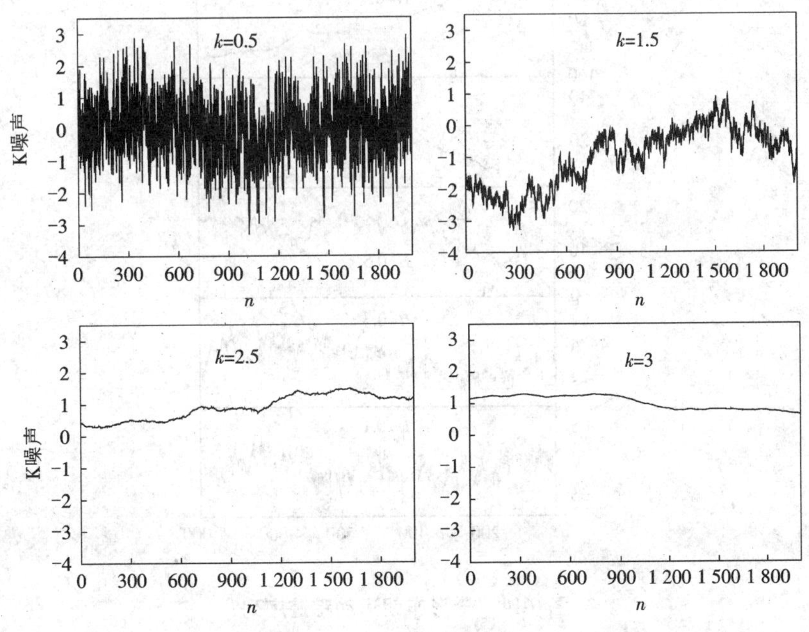

图 6-12　K 噪声信号($k=0.5$, 1.5, 2.5, 3)

权排列熵(WPE)与排列熵(PE)均能有效区分不同程度(不同 k 值)的 K 噪声信号；相比之下，

多尺度加权排列熵比多尺度排列熵具有更好的信号分辨能力。

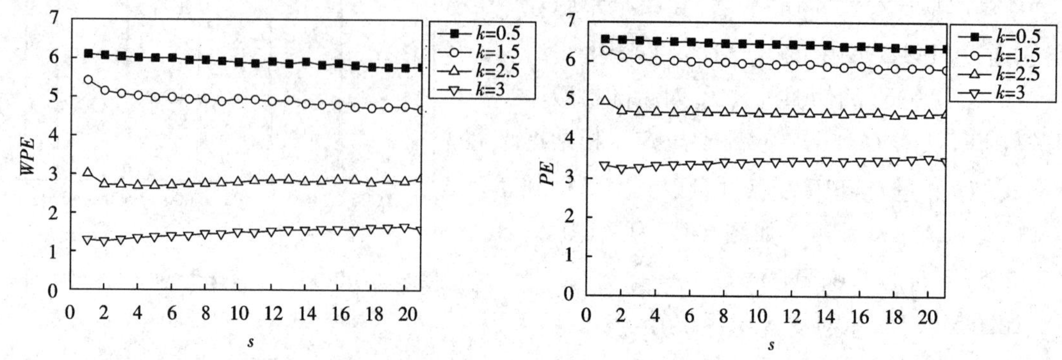

图 6-13 K 噪声信号加权排列熵(*WPE*)与排列熵(*PE*)对比

4)分形布朗运动(fBm)

分形布朗运动是具有零均值的非平稳随机过程,它具有以下特点:①服从高斯分布;②自相似;③具有平稳增量。其协方差函数为

$$E[B^H(t)B^H(s)]=(t^{2H}+s^{2H}-|t-s|^{2H})/2 \tag{6-43}$$

其中 $s,t\in\mathbf{R}$,H 为 Hurst 指数,且 $0<H<1$。若 $H<1/2$,分形布朗运动的增量为负相关;当 $H=1/2$ 时,对应于经典布朗运动情况;如果 $H>1/2$,则其增量为正相关。图 6-14 为 $H=0.1,0.3,0.5,0.7,0.9$ 时的分形布朗运动踪迹序列。

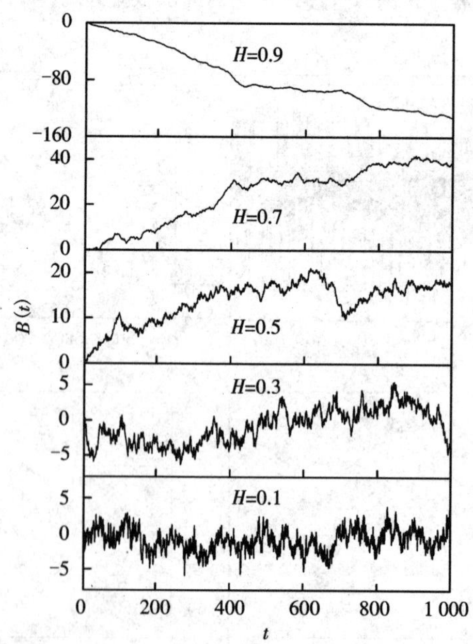

图 6-14 分形布朗运动踪迹序列

图 6-15 ~ 图 6-19 分别为分形布朗运动原始序列与加噪序列的多尺度加权排列熵及排列熵对比。从中可以看出,加入不同强度噪声后,对于不同 Hurst 指数的分形布朗运动,多尺度

加权排列熵(*WPE*)与排列熵(*PE*)均显示出较好的抗噪能力，相比之下，多尺度加权排列熵抗噪性能更加优越，且对不同 Hurst 指数的分形布朗运动分辨能力更强。

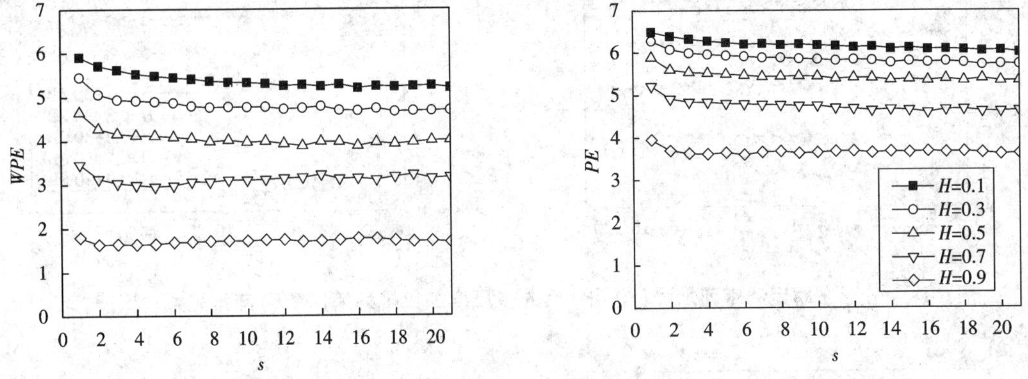

图 6-15　分形布朗运动序列的多尺度加权排列熵(*WPE*)与排列熵(*PE*)对比

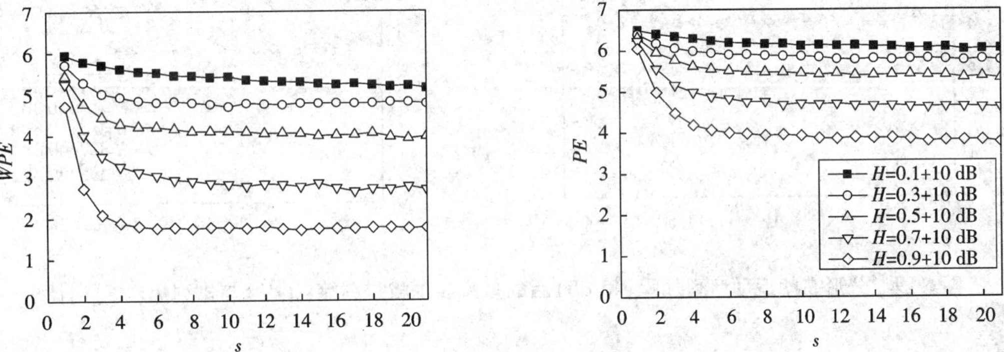

图 6-16　分形布朗运动序列加噪(10 dB)后的多尺度加权排列熵(*WPE*)与排列熵(*PE*)对比

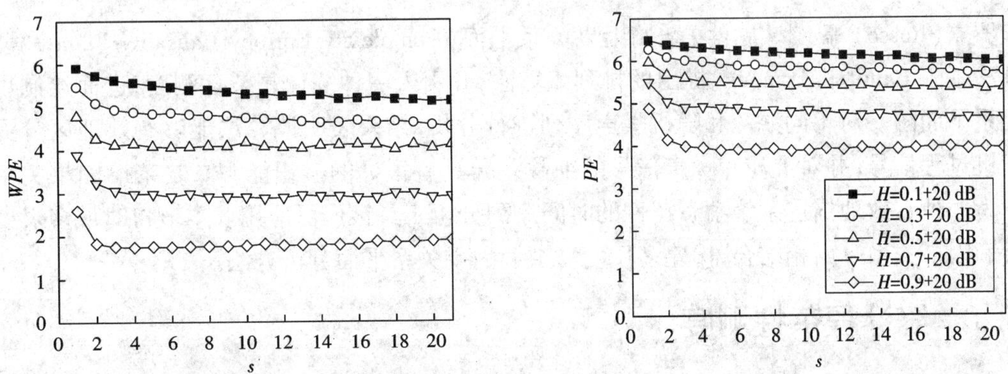

图 6-17　分形布朗运动序列加噪(20 dB)后的多尺度加权排列熵(*WPE*)与排列熵(*PE*)对比

综上，通过对相空间向量的各分量求方差，再求加权排列熵，可显著改进原始排列熵算法的抗噪性能与鲁棒性，准确地反映原始非线性时间序列的动力学特性。目前，加权排列熵算法已经应用到 EEG 信号分析，是表征非线性动力学系统特性的一种有效手段。

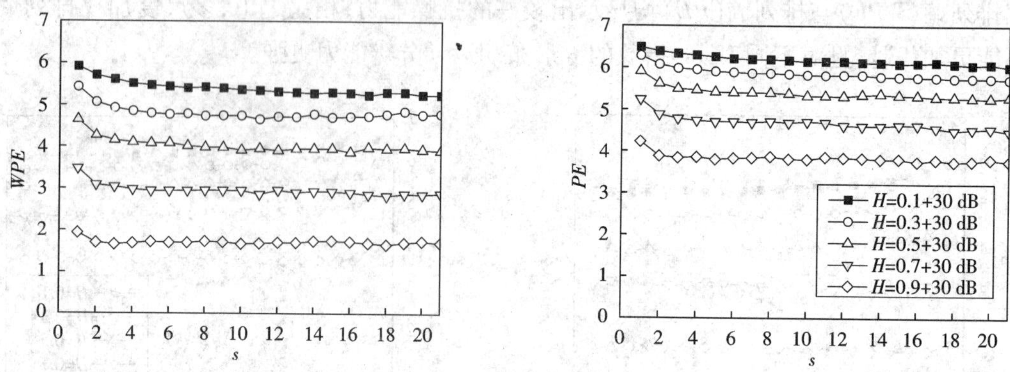

图 6-18　分形布朗运动序列加噪(30 dB)后的多尺度加权排列熵(*WPE*)与排列熵(*PE*)对比

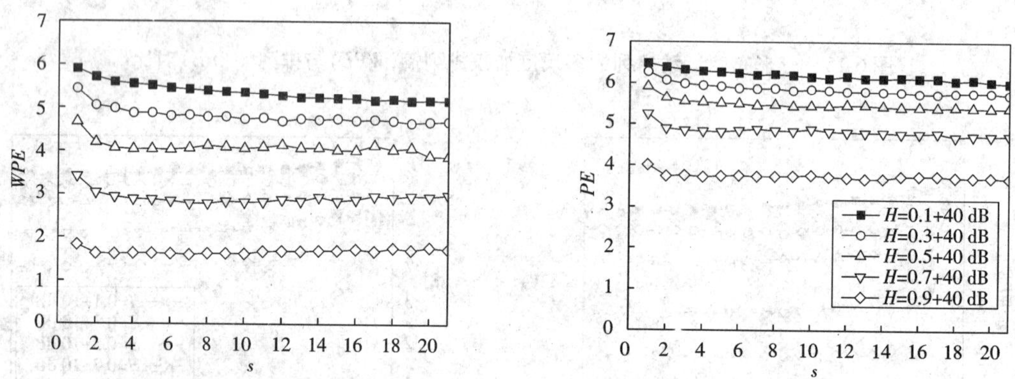

图 6-19　分形布朗运动序列加噪(40 dB)后的多尺度加权排列熵(*WPE*)与排列熵(*PE*)对比

6.5　多尺度复杂熵因果关系平面

罗索(Rosso)等[11-13]提出复杂熵因果关系平面(Complexity Entropy Causality Plane)算法，该算法基于 Bandt 和 Pompe[9]提出的排列熵算法，并引入一种统计复杂性测度，进而绘制出两维关系平面图。对不同混沌和随机噪声序列进行分析，结果表明该算法能够有效地区分混沌和随机过程信号，并对混沌和噪声信号的细微差异具有很好的辨识能力。复杂熵因果关系平面作为一种有效地描述系统动态特性的时间序列分析工具被广泛应用。本节将时域多尺度与复杂熵因果关系平面相结合，构建多尺度复杂熵因果关系平面分析方法。

6.5.1　统计复杂性测度

在以往的复杂性测度研究中，完全有序过程的概率分布集中在一种状态，只需获取少量信息就能够对其系统行为进行描述，因此认为其信息是最小的。而最大随机过程是完全无序的，系统任意状态均是等概率发生的，因此认为其信息是最大的。完全有序过程和最大随机过程同样是简单系统，但在“信息”度量中却处于两个极端(最小和最大)，所以仅从“信息”角度刻画复杂性具有一定的局限性。获取系统概率分布偏离均匀分布(等概率分布)的距离不失为一种合理的复杂性测度方式，非均衡性正是能够体现概率分布的这一特性。将"信息 H"和"非均衡性 Q"结合作为一种统计复杂性测度（用 C 表示，$C=HQ$），这样对于完全有序和最大随机过程，表现为零的统计复杂性，而在这两种特定情况中间存在着大量可能程度的物理性结构，它们的统计复杂性程度可用潜在的系统概率分布特征来反映，由此衍生出了一系列统计复杂性测度，用于揭示隐含在系统内部的复杂动力学特性。

统计复杂性可以用于描述结构简单但具有复杂动力学特性的系统，能够揭示隐含在其动力学特征内部的复杂模式。同时，统计复杂性理论认为非线性动态系统存在两个对立的极端，即完全有序和最大随机，这两种情况下的系统结构都很简单，只有零的统计复杂性。而在这两种特定情况中间存在着大量可能程度的物理性结构，它们的程度可用潜在的系统概率分布特征来反映。对于给定系统的概率分布 $p=\{p_j:j=1,\cdots,N\}$，利用香农信息熵理论可以得到其物理过程的不确定性测度为

$$S[p]=-\sum_{j=1}^{N}p_j\ln p_j \tag{6-44}$$

在该信息测度下，$S[p]$的大小表征了系统的复杂性。而当概率分布服从均匀分布即 $p=p_e$ 时，$S[p]$取最大值，记为 S_{max}，此时系统为最大随机状态。因此，可定义系统无序性量为

$$H[p]=S[p]/S_{max} \tag{6-45}$$

在统计复杂性理论中，系统分布概率到该系统均匀分布概率的统计距离的测度记为 $D[p,p_e]$，同时为了描述系统特性到最大随机状态的这种差距，提出了不平衡性 Q 的概念。定义为

$$Q[p]=Q_0D[p,p_e] \tag{6-46}$$

式中，Q_0 是归一化常量（$0\leqslant Q_0\leqslant 1$）。最后，可将统计复杂性测度定义为

$$C[p]=Q[p]H[p] \tag{6-47}$$

统计复杂性测度反映了系统内部信息量及其不平衡性的相互关系，对应熵测度 S 和不平衡性 Q 的不同取值，产生了不同统计复杂性测度。在概率论和统计学中，延森－香农（Jensen-Shannon）差异度是一种描述两种概率分布相似度的有效方法，它可以通过下式来计算[11]：

$$Q_J[p,p_e]=Q_0\{S[(p+p_e)/2]-S[p]/2-S[p_e]/2\} \tag{6-48}$$

式中，$p_e=\{p_k=1/m!:k=1,\cdots,m!\}$ 为均匀分布，Q_0 是一个归一化常量，它的值为

$$Q_0=-2\left[\frac{m!+1}{m!}\ln(m!+1)-2\ln(2m!)+\ln(m!)\right]^{-1} \tag{6-49}$$

上式描述了系统概率分布 p 与均匀分布 p_e 的差异度，当 $p=p_e$ 时，$Q_J[p,p_e]=0$，因此延森－香农差异度也可理解为是两种概率分布之间的信息半径。

在延森－香农差异度的基础上，Rosso 等[13]提出一种统计复杂性测度，用符号 $C_{JS}[p]$表示，这是一种强度量统计复杂性测度算法，能够更好地反映系统动力学特性的关键细节部分，而且能区分不同程度的周期性和混沌，而这种信息通过随机性测度是不能辨别出来的。$C_{JS}[p]$定义为

$$C_{JS}[p]=Q_J[p,p_e]H_S[p] \tag{6-50}$$

为了研究统计复杂性测度 C_{JS}的时间演变特性，Rosso 等[13]提出了以排列熵 H_S为横坐标，以统计复杂性测度 C_{JS}为纵坐标的复杂熵因果关系平面（简称为 C-H 平面）。根据热力学第二

定律，H_S是随时间单调增加的，因此 H_S可视为时间流向。

6.5.2 几种典型信号复杂熵因果关系平面

为了考察复杂熵因果关系平面对不同类型信号的辨识能力，选取了典型的周期信号、混沌过程信号以及随机过程信号进行分析，在计算出相应的 H_S 和 C_{JS}基础上，绘制多种典型信号的复杂熵因果关系平面图，其中，嵌入维数 $m=6$，延迟时间 $\tau=1$，信号数据长度均为 40 000。所选取典型信号描述如下。

(1)正弦信号：$y=\sin 0.3\pi t$，采样间隔 0.01。

(2)Logistic 映射：$x_{n+1}=rx_n(1-x_n)$，其中，初值 $x_0=0.512$。当 $r=4$ 时，该映射的能量密度函数(PDF)是不均匀及恒定的。

(3)Hénon 映射：$\begin{cases}x_{n+1}=1-ax_n^{\ 2}+y_n\\ y_{n+1}=bx_n\end{cases}$，其中，$a=1.4$，$b=0.3$，初值$(x_0,y_0)=(0.1,0.1)$，对应具有非平滑 PDF 的混沌吸引子。

(4)斜帐篷映射(Skew Tent)：$f_\omega(x)=\begin{cases}x/\omega & x\in(0,\omega)\\(1-x)/(1-\omega) & x\in(\omega,1)\end{cases}$，其中，$\omega$ 取值为 0.184 7。对于任意 ω，该映射都具有分布均匀且恒定的能量密度函数(PDF)。

(5)洛伦兹方程：$\begin{cases}\dot{x}=s(y-x)\\ \dot{y}=rx-y-xz\\ \dot{z}=xy-bz\end{cases}$，其中，$s=16$，$r=45.92$，$b=4$，选取初始值为$(x_0,y_0,z_0)=(-1,0,1)$，取 x 方向的数据序列进行分析。

(6)舒斯特(Schuster)映射：产生阵发混沌间歇信号，表现出 $1/f^z$噪声特性。$x_{n+1}=x_n+x_n^z$ (Mod 1)，其中，初值 $x_0=0.05$，z 分别取 2.5，2 及 1.5。舒斯特映射表现出层状区域被阵发混沌分割的特性，随着 z 值减小，其层状区域减小，系统特性越接近混沌。

(7)K 噪声：具有 f^{-k}的能量谱，其 K 噪声序列产生步骤详见第 6.4 节中相关描述。

(8)分形布朗运动(fBm)：分形布朗运动是连续不可微的过程，是具有零均值的非平稳随机过程，它不具有传统意义上的能量谱。因此，定义一个形式为 $\Phi\propto|f|^{-\alpha}$的广义能量谱。对于 fBm 信号，$\alpha=2H+1(1<\alpha<3)$。分形布朗运动序列产生步骤详见第 6.4.2 节中的具体描述。

图 6-20 为各种典型信号时间序列的复杂熵因果关系平面。正弦信号在 C-H 平面上的坐标位于平面左下角(0.1, 0.1)附近，较低的 H_S和 C_{JS}值恰与正弦信号的低复杂性相一致，我们称此区域为低复杂区。

混沌系统的 C_{JS}和 H_S值由混沌时间序列结构复杂程度决定，除洛伦兹序列外，其归一化熵值 H_S主要位于 0.4 ~0.7 之间，并且其复杂性测度 C_{JS}值分布于 0.35 ~0.5 之间，位于平面的中上方，我们称此区域为混沌区。洛伦兹序列的 C_{JS}和 H_S值较低，这可能是因为相比于其他混沌信号它具有较低的结构复杂性。对于不同的 z 值，舒斯特时间序列具有不同的混沌度，其在复杂熵因果平面的分布也说明了不同混沌系统具有不同的结构复杂性。

K 噪声的归一化熵在 $0<k<3$ 时具有较高的值($0.5<H_S<1$),而 C_{JS} 则较小($0<C_{JS}<0.35$)。其 C_{JS} 值比一些确定性混沌系统(Logistic、斜帐篷、Hénon 映射)的值要小。当 k 取较小的值,如 $k=0$ 或 1 时,就得到理想噪声,它们的 $H_S\approx1$,$C_{JS}\approx0$。随着 k 值的增加,H_S 会相应减小而 C_{JS} 值则会增加。

分形布朗运动($1<\alpha<3$)在 C-H 平面上的复杂度分布与 K 噪声相似,与非高斯过程相比,具有更低的 C_{JS} 值。另外,增量正相关的布朗运动($2<\alpha<3$)比增量负相关的布朗运动($1<\alpha<2$)更为复杂。可以看出,随机过程信号位于平面的右下角,称此区域为随机噪声区。

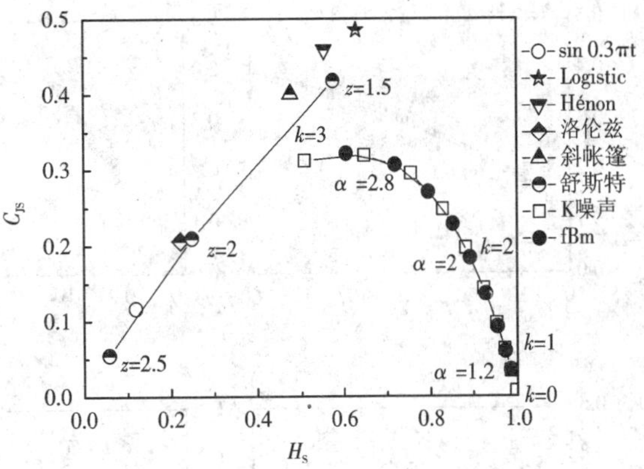

图 6-20　几种典型信号时间序列的复杂熵因果关系平面[23]

综上,周期信号、混沌信号以及随机噪声信号在因果平面中位于不同位置,该方法可用来区分具有不同特征的信号。

6.5.3　多尺度复杂熵因果关系平面

首先,对原始时间序列作粗粒化处理(详见第 6.1 节中的相关描述),然后通过计算绘制粗粒化后各个尺度的时间序列复杂熵因果关系平面图,即为多尺度复杂熵因果关系平面(MSCE)。

图 6-21 及图 6-22 分别给出三种典型信号(正弦、Logistic、洛伦兹)多尺度复杂熵因果关系平面与有代表性的多尺度波形,最大尺度为 60,嵌入维数选取 $m=6$,延迟时间选取 $\tau=1$,序列长度为 200 000。

从中可以看出,随着尺度增大,三种信号的排列熵值都呈现不断增大的趋势(或增大到一定值后趋于平稳,如 Logistic 信号)。这是因为随着尺度增大,间隔时间变长,得到的信号点与点之间的相关性降低,信号排列方式更加多样。其中,Logistic 信号随着尺度增大很快就接近了归一化排列熵最大值 1,信号变得类似随机,随着尺度继续增大,其排列熵值维持在最大值附近。同时,随着尺度增大,多尺度复杂熵因果关系平面总是沿着从低复杂区到混沌区再到随机噪声区的方向移动,信号序列点之间的相关性在降低。而多尺度信号在经过不同区域时体现其一些结构特征,可以结合不同尺度的信号分析信号结构的变化。

如图 6-21(a)所示,正弦信号随着尺度的增加,其多尺度复杂熵因果关系平面由低复杂区向混沌区移动,其排列熵在增大,信号排列方式变得复杂,但从图 6-22(a)中可以看出,随着尺度增加,其仍然保持着正弦的结构,信号序列采样点之间保持着很好的相关性,只是频率在增大,由于频率增大,在频率低时单调递增和单调递减排列方式占主导的基础上,波峰和波谷处的非单调排列方式比重在增加,因此其排列熵在增大。

如图 6-21(b)所示,Logistic 信号随着尺度增加,很快由混沌区进入了随机噪声区,信号采

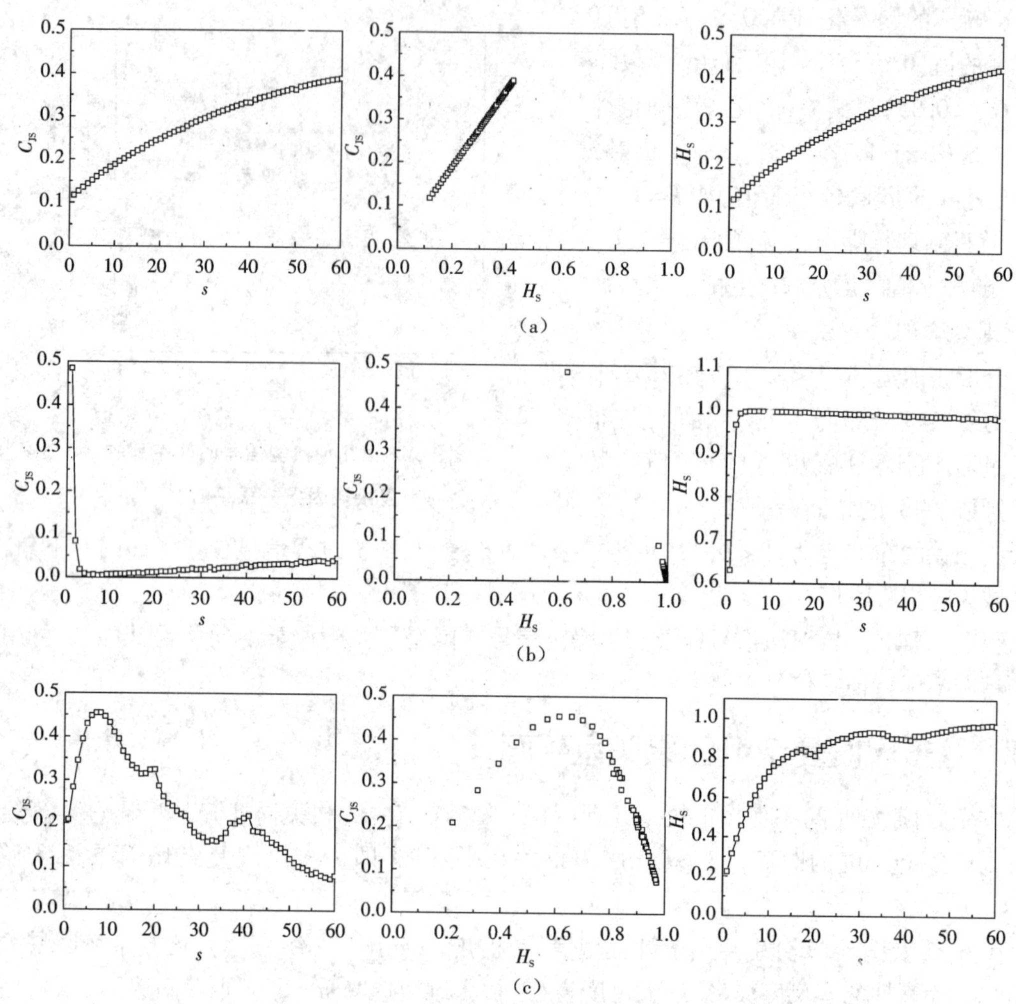

图 6-21 典型信号时间序列多尺度复杂熵因果关系平面[23]

(a)正弦信号 (b)Logistic 信号 (c)洛伦兹信号

样点之间的相关性迅速降低,很快就变成类似随机噪声信号,从图 6-22(b)中也能看到其信号的结构很快就丢失了,变成了类似随机噪声的信号。

如图 6-21(c)所示,洛伦兹信号随着尺度增加,复杂熵 C_{JS} 先增大(低尺度)然后下降(高尺度),由低复杂区到混沌区到随机噪声区移动,其信号采样点之间的相关性不断降低。从图 6-22(c)中可以看出,在尺度 $s=1$, $s=8$, $s=10$(即上升阶段)时,多尺度信号在 $s=8$, $s=10$ 时仍能保持类似原始信号 $s=1$ 时的结构,只是频率在增大,这与正弦信号类似。而在尺度 $s=15$, $s=20$(即下降阶段)时,信号已经变得很模糊,点与点之间的相关性很低,已经看不出原始信号的结构,即信号结构信息已经丢失,这与 Logistic 信号类似。

综上,随着尺度的增加,信号采样点之间的相关性不断降低,信号排列熵一直在增大,反映了信号动力学结构信息丢失的过程,也反映了信号动力学结构的稳定性(确定性)。正弦信号随着尺度的增大,仍能够保持正弦结构,因此正弦信号的动力学结构具有很高的确定性。而

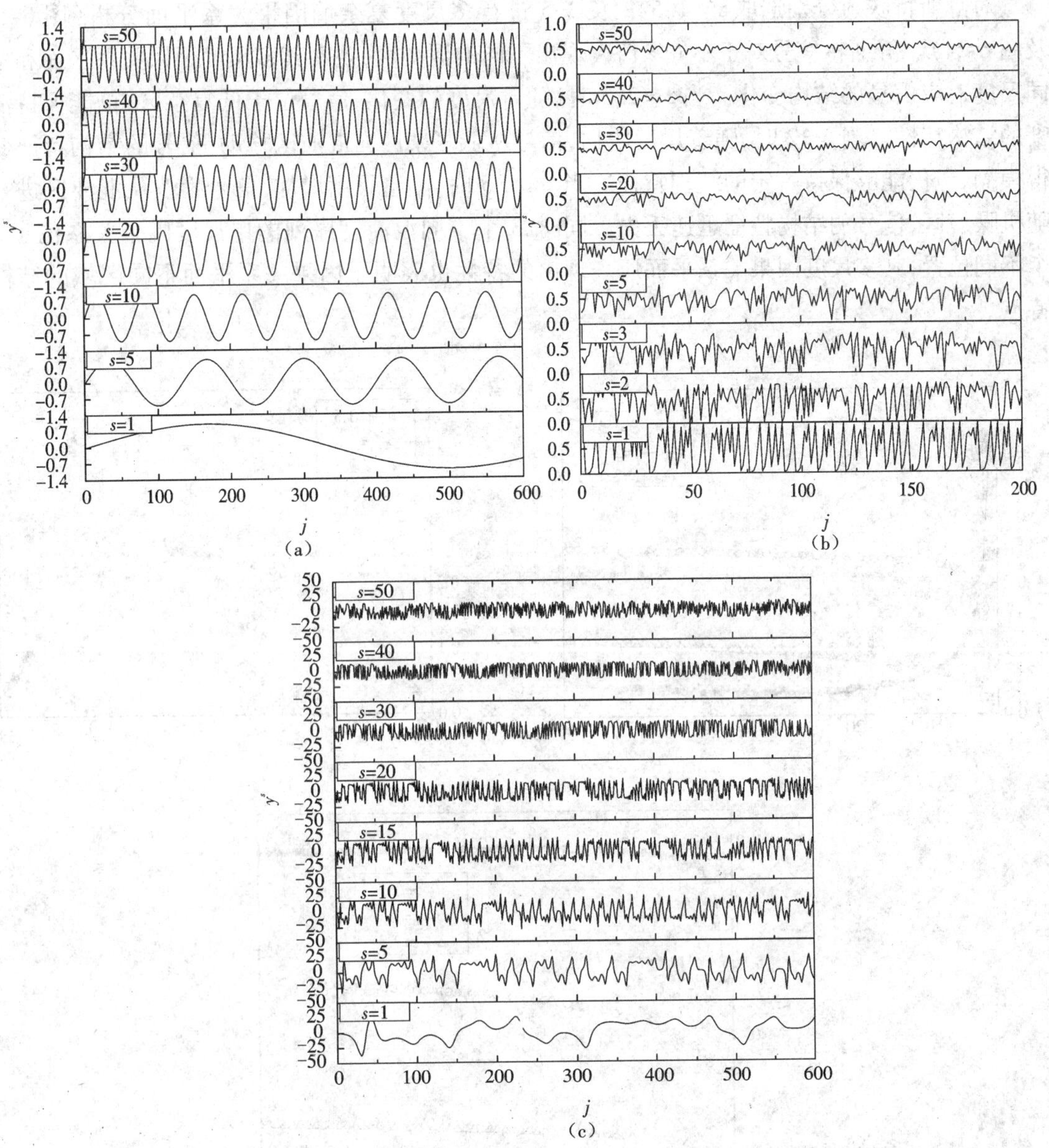

图 6-22　典型信号不同尺度信号波形[23]

(a)正弦信号　(b)Logistic 信号　(c)洛伦兹信号

Logistic 信号随着尺度增大,其结构信息很快就丢失了。洛伦兹信号在低尺度时仍能保持一定的结构信息,当尺度继续增大时,其动力学结构信息渐渐丢失。

另外,不难发现多尺度因果平面不同区域的一些特征,如从低复杂区到混沌区(上升阶段),虽然信号的结构信息在丢失(频率增大),但仍能保持原始信号一定的结构信息,称此阶段为信号结构信息保持阶段。而从混沌区到随机噪声区(下降阶段)可以看出,信号结构信息很快就丢失了,信号点与点之间的相关性已经很低,变得类似随机,称此阶段为信号结构信息快速丢失阶段。

对舒斯特映射分别选取 $z=1.5$,2 及 2.5 进行多尺度复杂熵因果关系平面分析(图 6-23 及图 6-24)。舒斯特信号对于不同 z 值表现出不同的混沌度,观察其多尺度因果关系平面和不同尺度对应信号的结构变化。当 $z=2.5$ 时,随着尺度的变化,信号位于低复杂区,仍能保持清晰的结构特性。当 $z=2$ 时,随着尺度增加,信号从低复杂区向混沌区移动,信号的结构特征变得模糊,但仍能够保持一定的结构特征。当 $z=1.5$ 时,随着尺度增加,信号很快从混沌区进入随机噪声区,信号的结构特征迅速丢失。同时,3 个不同混沌度序列的单尺度因果关系位于 3 个不同位置,其多尺度因果关系平面所表现出的特性也表明了因果关系平面不同区域的结构特点。

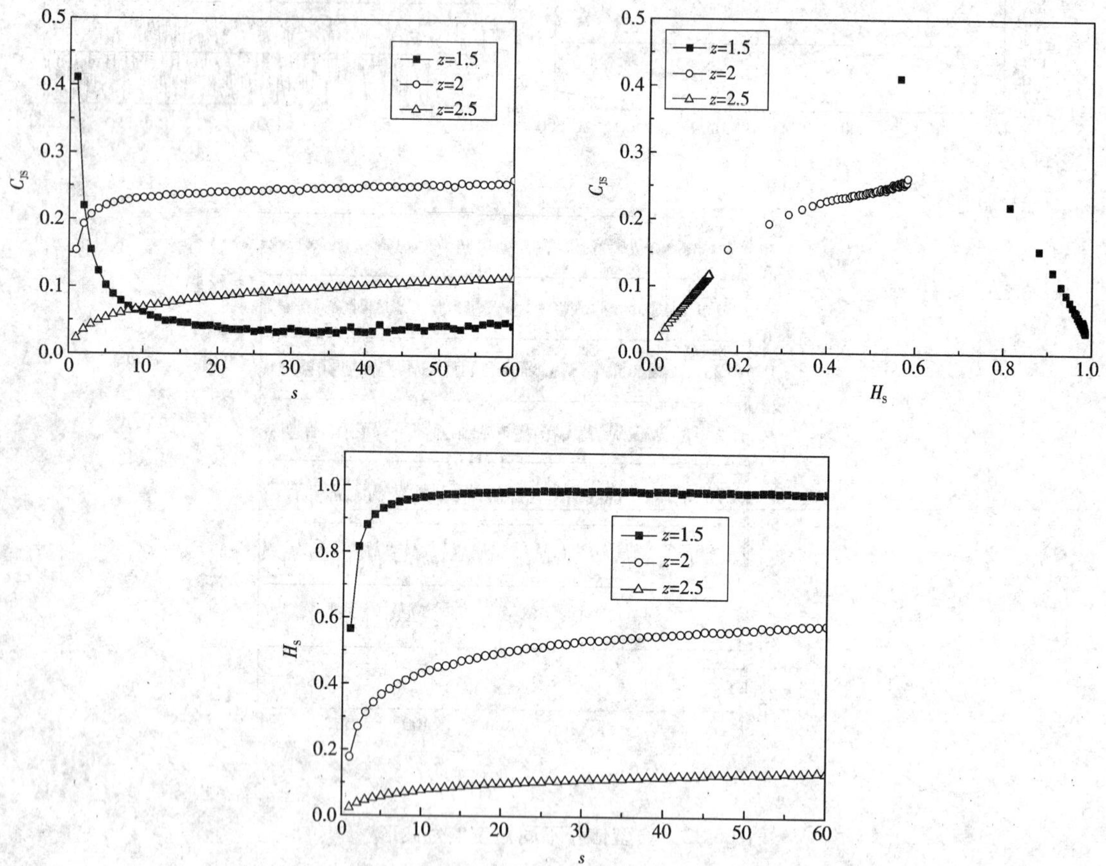

图 6-23 舒斯特信号多尺度复杂熵因果关系平面[23]

综上,多尺度复杂熵因果关系平面不仅反映信号结构信息丢失的过程,而且反映系统动力学结构特征,对研究复杂系统动力学特征具有重要意义。

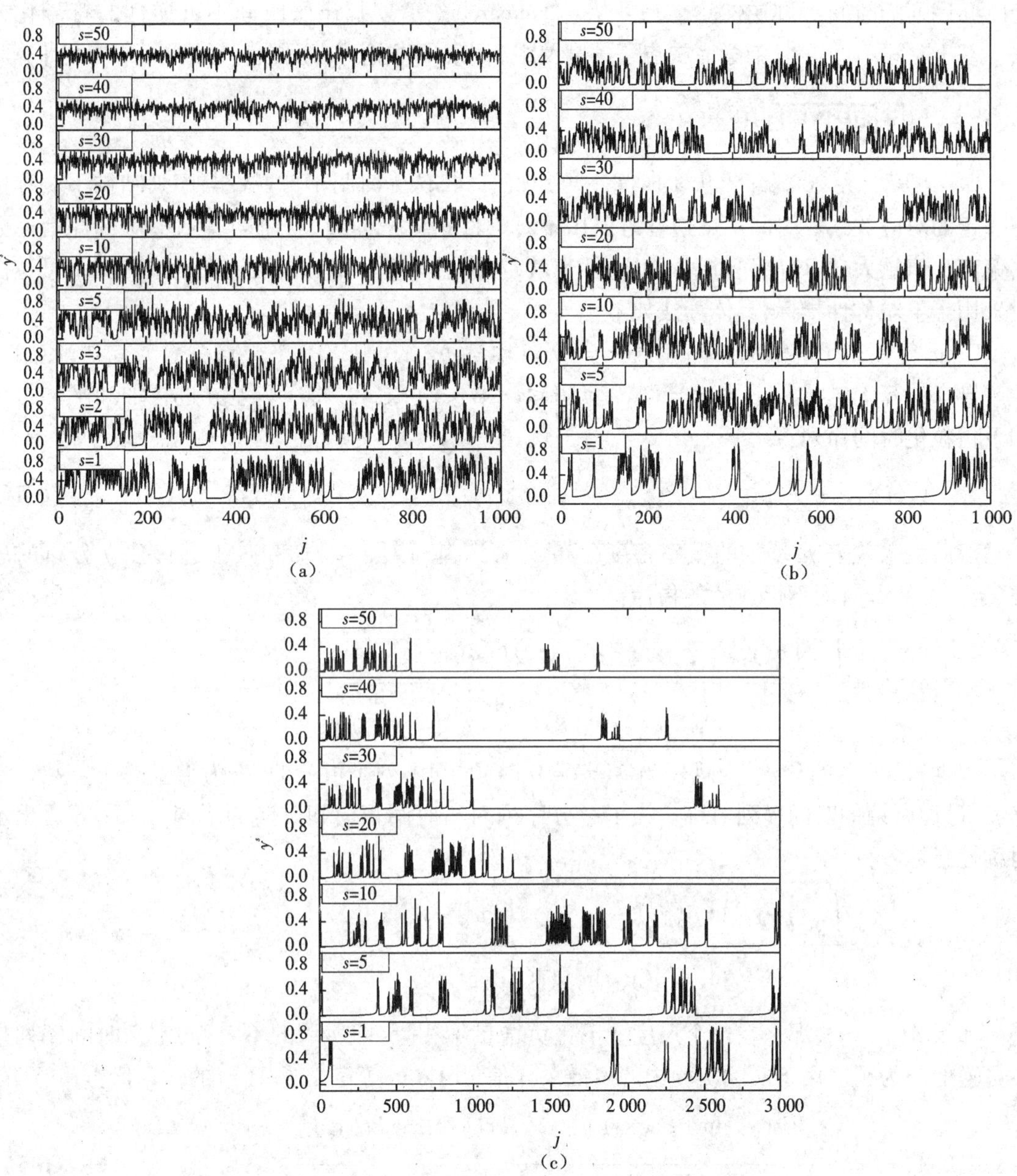

图 6-24　舒斯特信号不同尺度下波形[23]

(a)$z=1.5$　(b)$z=2$　(c)$z=2.5$

6.6　多尺度时间不可逆性

Costa 等[14]最早提出时间不可逆性算法，并将其应用于检测人类心率信号随着人体衰老和疾病产生的变化。2008 年他们又对原始时间不可逆性算法进行了改进和简化[15]。此外，波尔波拉托(Porporato)等[16]采用同一时间序列前向和反向联合概率分布的相对熵来衡量平稳时间序列的时间不可逆性。卡马罗塔(Cammarota)等[17]提出了时间不可逆性的符号化方法。基于时间不可逆性,有学者提出了偏度及距离指数等概念[18-20],并将其发展到高维度计算。

6.6.1 时间不可逆性

Costa 等[14]在 2005 年提出了时间不可逆性算法,认为时间不可逆性与序列结构不对称性有一定的对应关系。时间不可逆性可以用不对称性指标来衡量,若时间序列不对称性指标数值偏离 0 值越大,则该序列时间不可逆性也就越强,且具有一定方向性。在衡量时间不可逆性时采用了不对称性指标,具体算法如下。

Costa 等使用了离散的时间序列 $X=\{x_i:1\leqslant i\leqslant N\}$,其中 N 是采样点总数。首先,使用一步差异来计算 $Y=\{y_i\}$,其中 $y_i=x_{i+1}-x_i(1\leqslant i\leqslant N-1)$;之后,将一步差异进行加和平均得到如下粗粒化时间序列:

$$y_\tau(i)=\frac{1}{\tau}\sum_{j=0}^{\tau-1}y_{i+j} \tag{6-51}$$

随后引入代表 y_τ 增加的概率密度分布 $\rho(y_\tau)$,基于对 y_τ 增加和减小进行独立分析的思想,定义了一种时间不可逆性的指标:

$$a(\tau)=\frac{\int_0^{\infty}[\rho(y_\tau)\ln\rho(y_\tau)-\rho(-y_\tau)\ln\rho(-y_\tau)]^2\mathrm{d}y_\tau}{\int_{-\infty}^{\infty}\rho(y_\tau)\ln\rho(y_\tau)\mathrm{d}y_\tau} \tag{6-52}$$

根据 Costa 等的分析,当且仅当 $a(\tau)=0$ 时,时间序列是可逆的,因为增量的正负数目恰好相等,即所谓的时间序列对称。为了区分序列对于时间正向和反向的不同,Costa 等提出不对称性指标:

$$A(\tau)=\frac{\int_0^{\infty}[\rho(y_\tau)\ln\rho(y_\tau)-\rho(-y_\tau)\ln\rho(-y_\tau)]\mathrm{d}y_\tau}{\int_{-\infty}^{\infty}\rho(y_\tau)\ln\rho(y_\tau)\mathrm{d}y_\tau} \tag{6-53}$$

如果 $A(\tau)>0$,那么在这个尺度 τ 下正负增量不相等,即所谓的不对称,定义时间序列是不可逆的。为了应用于实际实验中的离散采样信号,Costa 等定义了 $A(\tau)$ 的估计值:

$$\hat{A}(\tau)=\frac{\sum_{y_\tau>0}Pr(y_\tau)\ln[Pr(y_\tau)]-\sum_{y_\tau<0}Pr(y_\tau)\ln[Pr(y_\tau)]}{\sum_{y_\tau>0}Pr(y_\tau)\ln[Pr(y_\tau)]} \tag{6-54}$$

式中,$Pr(y_\tau)$表示数值 y_τ 出现的概率。最终的不对称性指标 A_{I} 可以简单地表示为前 L 个尺度内所有的 $A(\tau)$ 估计值 $\hat{A}(\tau)$ 加总求和,即

$$A_{\mathrm{I}}=\sum_{\tau=1}^{L}\hat{A}(\tau) \tag{6-55}$$

随后,Costa 等[15]又提出了简化的时间不可逆性指标。他们定义了对称方程的概念,即时间序列某一尺度下相邻增量为正的个数($x_{i+1}-x_i>0$ 的增量个数)与相邻增量为负的个数($x_{i+1}-x_i<0$ 的增量个数)相等。同理,当两种增量个数不相等时方程为不对称的。具体算法如下。

原始时间序列为 $X=\{x_i:1\leqslant i\leqslant N\}$。当尺度为 1 时，构造新序列 $Y=\{y_i\}$，其中 $y_i=x_{i+1}-x_i(1\leqslant i\leqslant N-1)$。之后计算相邻增量 y_i 为正和为负时各自数目差占总增量数的比例：

$$A_{\mathrm{I}}=\frac{\sum \mathrm{H}(-y_i)-\sum \mathrm{H}(y_i)}{N-1} \qquad (1\leqslant i\leqslant N-1) \tag{6-56}$$

式中，H 为 Heaviside 函数，当 $a<0$ 时，$\mathrm{H}(a)=0$；当 $a\geqslant 0$ 时，$\mathrm{H}(a)=1$。当尺度为 j 时，构造的新序列为 $Y_j=\{y_i\}$，其中 $y_i=x_{i+j}-x_i(1\leqslant i\leqslant N-j)$。之后，再计算相邻增量 y_i 为正和为负的数目差占总增量数的比例：

$$A_j=\frac{\sum \mathrm{H}(-y_i)-\sum \mathrm{H}(y_i)}{N-j} \qquad (1\leqslant i\leqslant N-j) \tag{6-57}$$

最终不对称性指标依然如上定义为前 L 尺度内每个尺度的不对称性指标和：

$$A_{\mathrm{I}}=\sum_{j=1}^{L} A_j \tag{6-58}$$

当 A_j 为正时，说明该尺度下正向时间序列中增量为负的个数大于增量为正的个数，时间序列的整体结构表现为负向的不对称结构；同理，当 A_j 为负时，该尺度下正向时间序列中增量为正的个数大于增量为负的个数，时间序列的整体结构表现为正的不对称结构。

6.6.2　典型信号的多尺度时间不对称性分析

多尺度时间不可逆性是非均衡系统的内部固有性质，是评价同一时间序列的正向和反向统计特性差异的重要指标，具体体现在衡量时间不可逆性大小的多尺度不对称性指标（Multi-Scale Asymmetry, *MSA*）。为了考察多尺度时间不对称性指标对噪声、周期和混沌信号的适应性，分别采用高斯白噪声（简称白噪声）信号、正弦信号和典型混沌时间序列进行仿真，所有序列长度均为 10 000。

（1）白噪声信号：白噪声是幅度分布服从高斯分布，而功率谱密度又是均匀分布的一种噪声。如图 6-25（a）所示，白噪声的仿真信号在各个尺度上都在 0 值附近小幅波动，体现了噪声信号的随机性。

（2）周期信号：以正弦信号 $y=\sin(2\pi x+\pi)$ 为例。如图 6-25（b）所示，由于正弦信号是标准的周期信号，各个尺度下的采样点一直变化，*MSA* 都在一条直线上，又因为仿真时采样的区间恰好为正弦周期的整数倍，故所有尺度的 A_{I} 均严格为 0。

（3）Logistic 映射：

$$x_{n+1}=3.9x_n(1-x_n) \tag{6-59}$$

取初值 $x_1=0.5$ 进行计算，结果如图 6-25（c）所示。在尺度小于 4 时，*MSA* 值随着尺度的增大而急剧增加，反映了 Logistic 信号一定的内在结构和复杂性，随着尺度越来越大，从时间不可逆性的考察角度上来讲，Logistic 信号越来越接近于随机状态，致使 *MSA* 值均在 0 附近波动，性质近似于白噪声。

（4）Hénon 映射：

$$\begin{cases} x_{n+1}=y_n-1.4x_n^2+1 \\ y_{n+1}=0.2x_n \end{cases} \tag{6-60}$$

取初始值$(x_0,y_0)=(0,0)$进行计算,选取变量y的迭代值,结果如图6-25(d)所示。在尺度小于12的尺度区间,信号整体结构偏差一直存在,并且随着考察尺度的不同,MSA剧烈变化;当尺度大于12时,*MSA*值在0附近波动,此时考察的不对称性指标体现了高尺度下序列自身之间的随机特性。

(5)洛伦兹方程:

$$\begin{cases}\dfrac{dx}{dt}=-10(x-y)\\[2mm]\dfrac{dy}{dt}=-y+28x-xz\\[2mm]\dfrac{dz}{dt}=xy-\dfrac{8}{3}z\end{cases}\tag{6-61}$$

取初始值$(x_0,y_0,z_0)=(0.1,0.2,0.3)$,选取变量$y$的迭代值,结果如图6-25(e)所示。发现洛伦兹序列与其他混沌信号相比较为复杂,不对称性指标整体在0值附近波动,但是在各个尺度上又表现出了缓慢变化的不稳定趋势。

(6)Rössler方程:

$$\begin{cases}\dfrac{dx}{dt}=-(y+z)\\[2mm]\dfrac{dy}{dt}=x+0.2y\\[2mm]\dfrac{dz}{dt}=0.2+xz-5.7z\end{cases}\tag{6-62}$$

取初始值$(x_0,y_0,z_0)=(0.1,0.2,0.3)$,选取变量$y$的迭代值,结果如图6-25(f)所示。可以看出,Rössler信号在各个尺度上的不对称性指标相对平稳,表现出了持续稳定的内在不对称结构。

(7)舒斯特映射:

$$x_{n+1}=x_n+x_n^z(\text{Mod }1)\tag{6-63}$$

取$x_0=0.05$为初始值,在z值分别为2.5,2及1.5时计算出三组不同混沌度的多尺度不对称性指标。通过图6-26(a)中不同混沌度指标分别对应的信号波形可以看出,当$z=1.5$时,时间序列始终震荡,间歇很小,混沌度较大;当$z=2$时,时间序列开始震荡,并伴随一定的间歇;当$z=2.5$时,时间序列表现为经过很长的间歇后产生很大的混沌突变,混沌度较小。舒斯特信号在不同混沌度下体现出的信号特点,同样反映在多尺度不对称性指标(*MSA*)上。如图6-26(b)所示,时间序列对应的z值越小,信号混沌性越强,短时间内波动剧烈,随尺度增加其*MSA*指标越接近于0;随着z值的增加,信号混沌性逐渐减弱,开始出现较大的间歇性突变,随尺度增加其*MSA*指标逐渐偏离0值。*MSA*在低尺度时随着尺度增加缓慢变化,在高尺度时趋于平稳。而对于不同混沌度的时间序列,其高尺度*MSA*会有明显的数值差异,当z值较大时,混沌度较小,其信号的间歇性突变增强,表现为较大的时间不可逆性,表明信号内存在固有的不对称结构;随着z值减小,混沌度增加,其信号间歇性突变减弱,表现为较小的时间不可逆性,表明信号结构逐渐向对称性趋势发展。

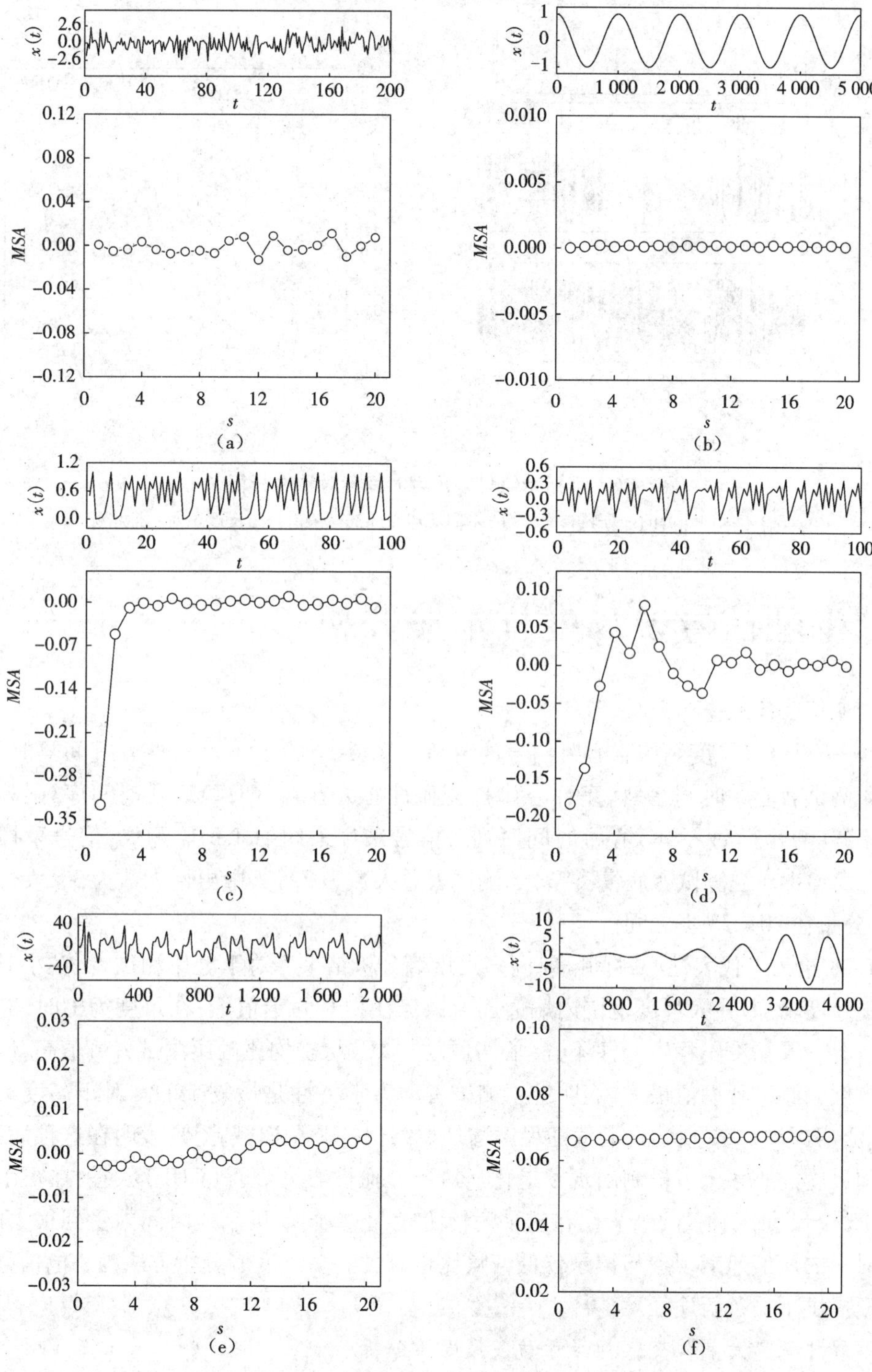

图 6-25　几种典型信号多尺度时间不对称性分析

(a)白噪声信号　(b)正弦信号　(c)Logistic 信号　(d)Hénon 信号　(e)洛伦兹信号　(f)Rössler 信号

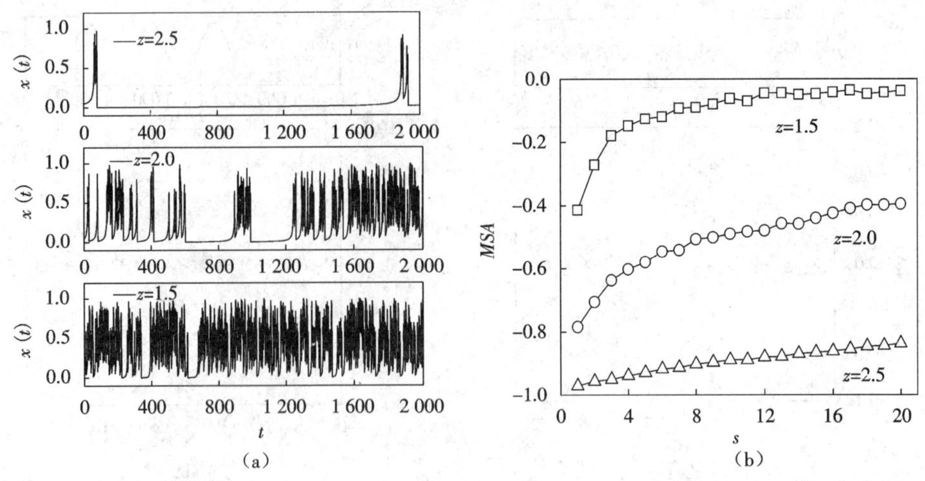

图 6-26 舒斯特信号多尺度时间不对称性分析[24]

(a)不同混沌度的舒斯特信号 (b)不同混沌度的舒斯特信号多尺度不对称性指标

6.7 生理信号多尺度样本熵分析

1. 心电信号多尺度熵分析

Costa 等[6]将多尺度熵用于心跳信号的分析。图 6-27 给出了代表性心跳间隔时间序列，包括健康测试者心跳时间序列(窦性心律)、充血性心力衰竭(CHF)心跳时间序列、高度不稳定心律不齐(心房颤动 - AF)心跳时间序列。信号采集采用 Holter 监测仪，信号采样频率为 128 Hz 或 250 Hz(视测试者病情类型)。测试者总人数为 72，其中男性人数为 35，女性人数为 37，年龄分布在 20 ~ 78 岁之间。

图 6-28 给出了代表性心跳间隔时间多尺度熵分析结果。对于健康测试者，在小时间尺度内熵值随尺度增加，在大尺度范围内熵值逐渐稳定在相对固定值上；在尺度为 1 时，充血性心力衰竭(CHF)及高度不稳定心律不齐(心房颤动 - AF)状态均比健康测试者熵值高，但在大尺度范围内健康测试者熵值最大，表明健康测试者动力学特性是最复杂的。对于高度不稳定心律不齐(心房颤动 - AF)状态，熵值随尺度增加始终保持单调递减趋势，表明在这种病情阶段，在大时间尺度内心率调节机制出现了退化。对于充血性心力衰竭(CHF)状态，在很小时间尺度内(前 3 个尺度)熵值递减，表明在这种病情阶段，心率调节机制短时间内受到很大影响，但有时短时间内熵值递减现象与记录仪低信噪比也有关。多尺度熵分析方法为心电信号分析及疾病诊断提供了一条新途径。

2. 清醒和麻醉大鼠肾交感神经活动多尺度熵分析

为了研究乌拉坦、氯醛糖混合麻醉对大鼠肾交感神经活动的影响，南开大学张涛教授课题组应用多尺度样本熵分析法较早地研究了麻醉药物对肾交感神经活动的影响[21]。动物实验与数据采集过程如下。

(1)麻醉鼠组：15 只雄性维斯塔尔(Wistar)大鼠，体重(300 ± 6.0)g。用安氟醚诱导麻醉

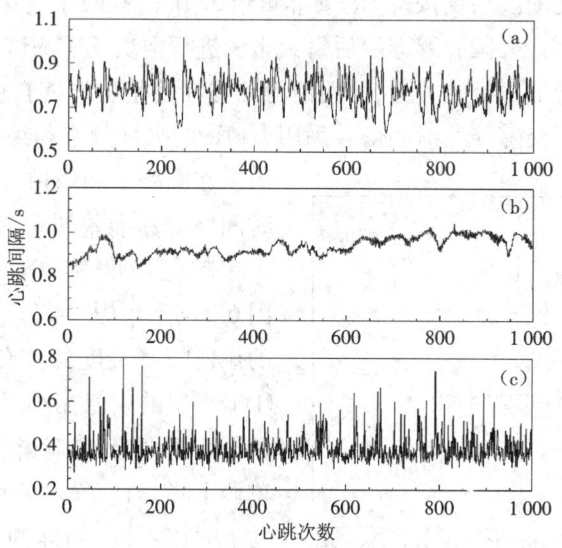

图 6-27　代表性心跳间隔时间序列[6]

(a)健康测试者(窦性心律)　(b)充血性心力衰竭(CHF)　(c)高度不稳定心律不齐(心房颤动－AF)

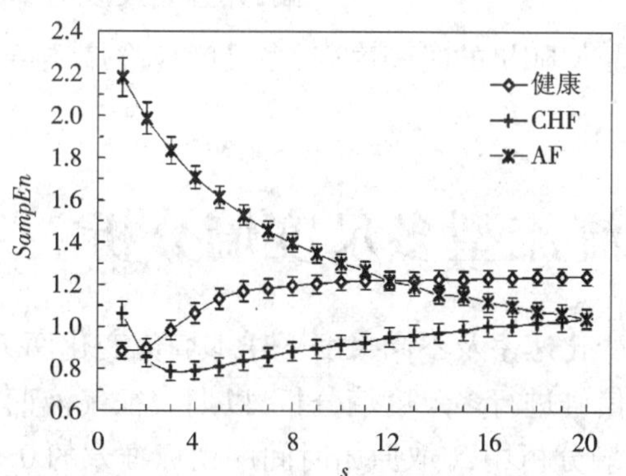

图 6-28　心跳间隔时间多尺度熵分析结果[6]

(图中符号代表每个测试组平均熵值,误差棒代表熵标准偏差($SD/\sqrt{n}$),其中 n 为测试者数量;计算熵值时选取 $m=2, r=0.15$;时间序列长度为 2×10^4 心跳次数)

后,用乌拉坦和氯醛糖(分别为 650 mg/kg 和 50 mg/kg)混合麻醉剂股静脉给药麻醉。监测血压、心率,观察角膜反射及后肢疼痛反应,确定麻醉深度。每小时或需要时静脉追加麻醉剂。实验过程中用电热毯保持大鼠肛温 37 ℃。左肾暴露,显微镜下分离肾神经,其远端游离固定于双极银电极,在得到理想的肾神经记录信号后用温热石蜡油覆盖肾神经及记录电极。对肾交感神经活动信号采用 1 kHz 的采样频率和约 164 s 采样时间。

(2)清醒鼠组:15 只雄性维斯塔尔大鼠,体重(285 ± 5.5)g。手术在无菌条件下进行,所有皮肤切口处在手术前均用 1% 的双氯苯双胍己烷擦洗处理。大鼠麻醉使用 60 mg/kg 的巴比妥钠腹腔注射,随后根据呼吸频率和反射情况有规律地补充麻醉剂量。肾交感神经经腹侧切开并分离后置于双极记录电极上,然后注入硅胶(Wacker SilGel 932)密封,而记录电极经皮下引出并固定于双耳之间。动物按每 100 g 体重给 3 μg 的盐酸丁丙诺啡注射止痛剂，并被放回笼子中以待后续研究。大鼠麻醉苏醒后每天至少进行两次反应测试。导管和记录电极被安置在一个具有旋转系统的机械装置上，从而使得动物在笼子里能够自由活动。实验至少在手术 3 天以后进行。对肾交感神经活动信号采用 1 kHz 的采样频率和约 164 s 采样时间。

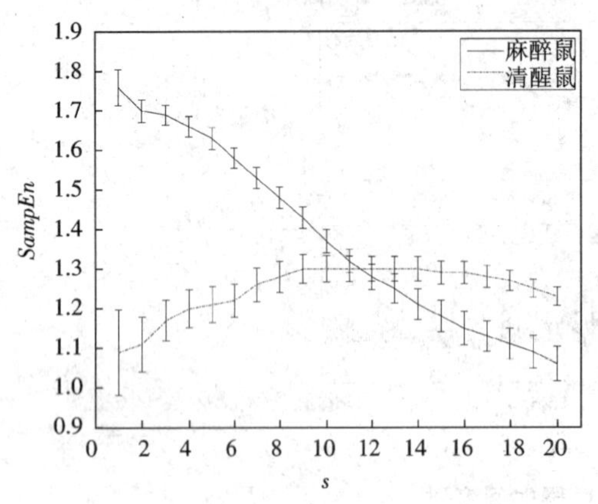

图 6-29　清醒鼠和麻醉鼠的多尺度熵分析[21]

在麻醉鼠和清醒鼠多尺度熵分析中，r 取时间序列标准差的 0.12 倍，嵌入维 m 取 2，最大粗粒化尺度为 20。多尺度熵计算结果如图 6-29 所示，从中可以看出，清醒鼠和麻醉鼠的熵值随着尺度的变化，发展趋势明显不同：①清醒鼠的熵值在小尺度上呈上升趋势，然后逐渐趋于稳定；②麻醉鼠的熵值随着尺度增加单调下降，与白噪声的计算结果相似。当尺度为 1 时，多尺度熵即为原始时间序列样本熵，可以看出，麻醉鼠的熵值显著高于清醒鼠。当尺度大于 12 时，清醒鼠的熵值显著高于麻醉鼠，并且当尺度为 20 时这种差别达到最大值。对于肾交感神经活动这类貌似随机的时间序列，多尺度样本熵能更全面地反映出神经系统的非线性特征。

6.8　气液两相流流型多尺度熵分析

着眼于多尺度样本熵变化速率及不同尺度下样本熵值变化两方面，天津大学课题组对气液两相流电导传感器波动信号进行多尺度熵分析，以期表征气液两相流流型动力学特性。在气液两相流的多尺度样本熵分析中，r 取原始时间序列标准差的 0.15 倍，序列匹配长度 m 取 2，最大粗粒化尺度为 20，数据长度为 8 000 点。图 6-30 和图 6-31 分别为水相流量 Q_w 为 3 m^3/h 和 7 m^3/h 时不同气相流量下电导传感器波动信号多尺度样本熵计算结果。

从图中可以看出，两种水相流量下的多尺度样本熵特征非常相似，但三种流型的熵值随着尺度的增加其变化趋势有很大差异。整体上来说，泡状流的熵值最高，混状流次之，段塞流最低。从各个尺度的细节上看：前 6 个尺度上三种流型的熵值增长速率存在明显差异，其中泡状流的增长速率最高，段塞流最低；在尺度 6 以后，随着尺度的增加，泡状流的熵值逐渐趋于平稳，平稳中伴随着小幅振荡，并且有缓缓降低的趋势；段塞流在尺度 8 之后熵值趋于平稳，但没有明显的下降趋势及振荡现象，并且其熵值始终为三种流型中的最小值；混状流的熵值随尺度增加呈现逐渐增加的趋势，逐渐接近泡状流的熵值，并且伴随着小幅振荡现象，但振荡幅度远不及泡状流。

多尺度样本熵所表现的特征正是流型演化特征的反映：泡状流中气泡运动轨迹非常随机、复杂，总体表现为气泡群在管中随液相一起上升的，信号类似于随机信号，所以表现为较高熵值；而段塞流中气塞与液塞有规律的交替变化使得电导波动信号具有一定周期性，所以其熵值

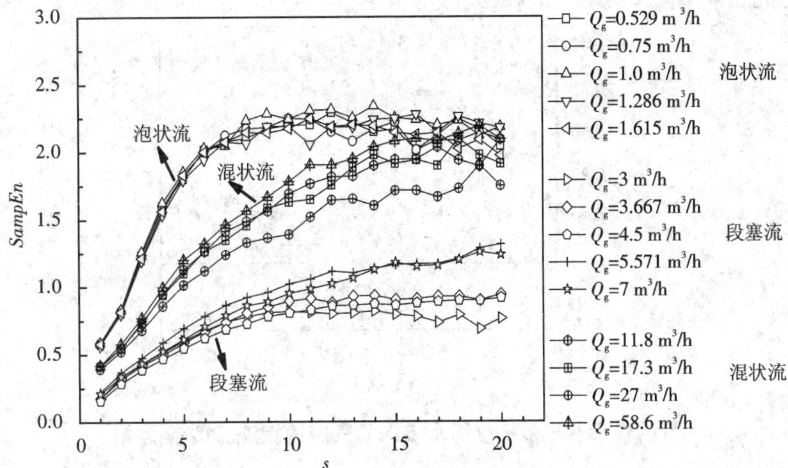

图 6-30　水相流量 Q_w 为 3 m^3/h 时不同气相流量下电导波动信号多尺度样本熵[22]

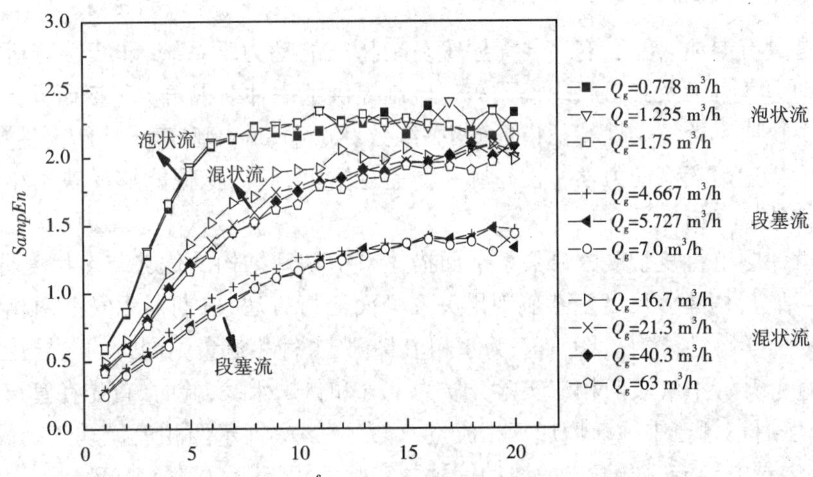

图 6-31　水相流量 Q_w 为 7 m^3/h 时不同气相流量下电导波动信号多尺度样本熵[22]

最低；对于混状流，当气塞驱动液相作上升运动时，由于重力作用，气塞周围的液相向下脱落，并与下一时刻来流产生冲击与振荡，气塞被击碎后的混状流湍动现象非常剧烈，呈现气相与液相上下振荡的随机流动现象，与泡状流类似，但不像泡状流那么随机，所以其熵值介于泡状流和段塞流之间，并且在高尺度时与泡状流熵值接近。

综上，多尺度样本熵可以在不同尺度上较好地揭示泡状流、段塞流及混状流的动力学复杂性，并能很好地区分这三种流型。此外，还发现这三种流型的熵值在趋于相对稳定之前，不同流型的熵值增长速率有很大差异，同一流型的熵值增长速率差别不大，且在尺度 6 之前保持近似线性增长。这种不同流型的多尺度熵增长速率差异可以作为区分不同流型的准则。熵值的增长速率反映在曲线上便是其斜率，对前 6 个尺度熵值进行线性拟合可得到其斜率，也就是样本熵的增长速率，将其定义为多尺度熵率（Rate of *MSE*）。图 6-32 显示了不同流动工况下多尺度熵率分布情况，从中可以看出，三种流型的多尺度熵率有较大差别，其中泡状流多尺度熵率为 0.27 ~ 0.4，段塞流多尺度熵率基本上在 0.15 以下，混状流多尺度熵率为 0.15 ~ 0.25，因此对气液两相流流型有较好的识别效果。

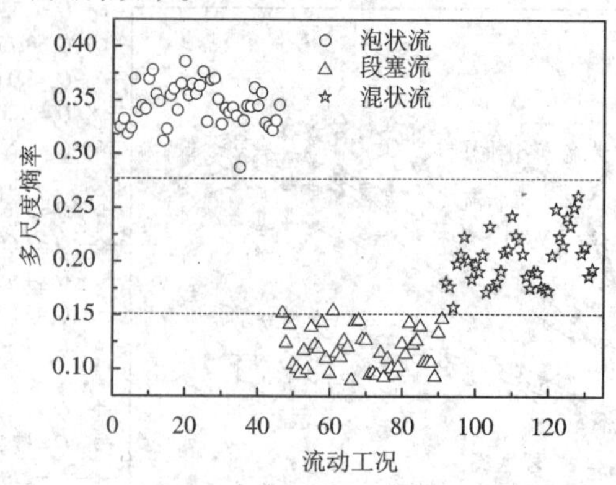

图 6-32 基于多尺度样本熵率的气液两相流流型辨识[22]

6.9 多尺度复杂熵因果关系平面特征分析

两相流是具有混沌、耗散、有序与无序等复杂特征的动力学系统，非线性分析方法为揭示两相流复杂动力学行为及其自组织模式演化机制提供了一种新视角。早期研究多从两相流可测波动信号中提取系统复杂性特征指标（相关维数、Kolmogorov 熵、李雅普诺夫指数），但是，现有非线性指标描述两相流动力学特性轮廓并非完全清晰，尚需挖掘能够反映两相流流动结构时空变化的其他更好指标系列。

天津大学课题组将复杂熵因果关系平面描述系统物理结构的优势与多尺度分辨特性（时域粗粒化）相结合，构建多尺度复杂熵因果关系平面分析方法，以期揭示气液两相流内秉流动结构非线性动力学特性[23-24]。图 6-33 为水相流量固定、气相流量不同时的电导传感器电压波动信号。垂直上升管中气液两相流实验介质为空气和自来水，实验时，首先在管道中通入固定的水相流量，然后在管道中逐渐增加气相流量，每完成一次气水两相流流动工况配比，待出现稳定流型后，记录电导传感器输出的波动信号。实验水相流量 Q_w 为 1 ~ 12 m^3/h，气相流量 Q_g 为 0.2 ~ 100 m^3/h，电导信号采样频率为 400 Hz，每种流动条件记录 50 s，共采集 20 000 个数据点。实验中观察到泡状流、段塞流、混状流三种典型流型。

在单尺度复杂熵因果关系平面分析中，取数据长度为 18 000 点，嵌入维数为 6，最大粗粒化尺度为 20。图 6-34 为尺度为 1 时计算的三种流型不同流动工况下电导传感器波动信号复杂熵因果关系平面（C-H 平面）。从中可以看出，泡状流、段塞流及混状流在复杂熵因果关系平面上呈现独特的流型线性可分辨特性，表现为段塞流熵值最低，泡状流熵值最高，混状流介于两者之间，其熵值高低与流型的对应关系与先前的研究结论是一致的[22]。

处理得到的多尺度复杂熵因果关系平面特征如图 6-35 所示。对于段塞流，低尺度复杂熵变化速率（即斜率，简称“复杂熵率”）均比泡状流及混状流低，表明段塞流微观动力学复杂性较低；当尺度大于 10 以后，复杂熵达到稳定峰值，然后随尺度增加缓慢下降，同时伴随着段塞流流动结构信息的逐渐丢失，特别是在高液相流量（Q_w = 8.0 m^3/h 及 Q_w = 12.0 m^3/h）时，由于高液相流量的强湍流作用，复杂熵值下降程度加大，段塞流流动结构信息丢失情况加剧[图 6-35(i) ~ (l)]，但是总体上段塞流在宏观上保持着较好的流动结构稳定性。

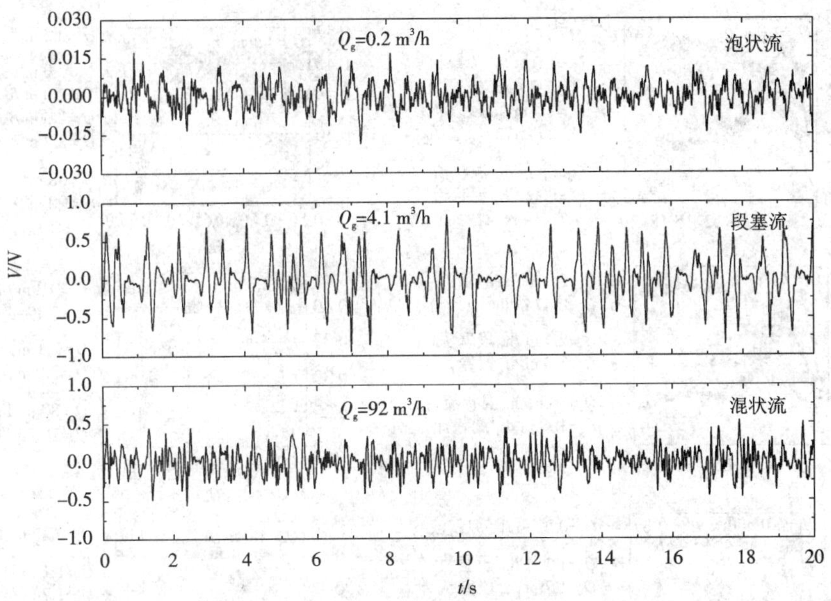

图6-33 不同气相流量时电导传感器电压波动信号($Q_w=6\ m^3/h$)[24]

对于泡状流,前3个尺度复杂熵率与混状流差别不大,但明显比段塞流复杂熵率大,表明泡状流比段塞流具有更复杂的微观动力学行为;当尺度达到3时,泡状流复杂熵达到峰值,然后随尺度增加迅速下降,泡状流流动结构信息迅速丢失,表明泡状流宏观流动结构稳定性较差(随机性增强),约在尺度12时复杂熵值基本保持稳定;在高液相流量($Q_w=12.0\ m^3/h$)时[图6-35(k)(l)],尺度大于12时的复杂熵不再保持先前的稳定状态,出现复杂熵进一步降低的现象,泡状流流动结构信息继续丢失,表明泡状流具有向稳定性更差的细小泡状流转化的趋势。

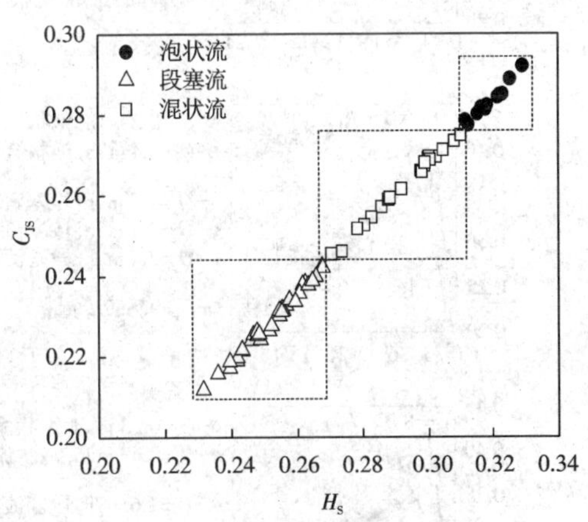

图6-34 单尺度复杂熵因果关系平面流型分布特征[24]

对于混状流,前3个尺度复杂熵率与泡状流差别不大,但尺度达到3时,混状流复杂熵达到峰值,然后随尺度增加而迅速下降,尤其是尺度大于12时,复杂熵值保持继续下降趋势,这与泡状流明显不同,这种混状流流动结构信息继续丢失过程指示了混状流向流动结构极不稳定的方向发展,在高液相流量($Q_w=12.0\ m^3/h$)时尤为显著。

本节将描述系统复杂结构的延森－香农统计复杂性测度与描述系统随机性的排列熵相结合,构建了多尺度复杂熵因果关系平面(*MS-CECP*)分析方法,通过考察气液两相流三种典型流型(泡状流、段塞流、混状流)在*MS-CECP*上的复杂熵随尺度变化情况,获取了不同流型流动结构信息连续丢失过程的细节,进而刻画了气液两相流流动结构稳定性及复杂性。总体上,

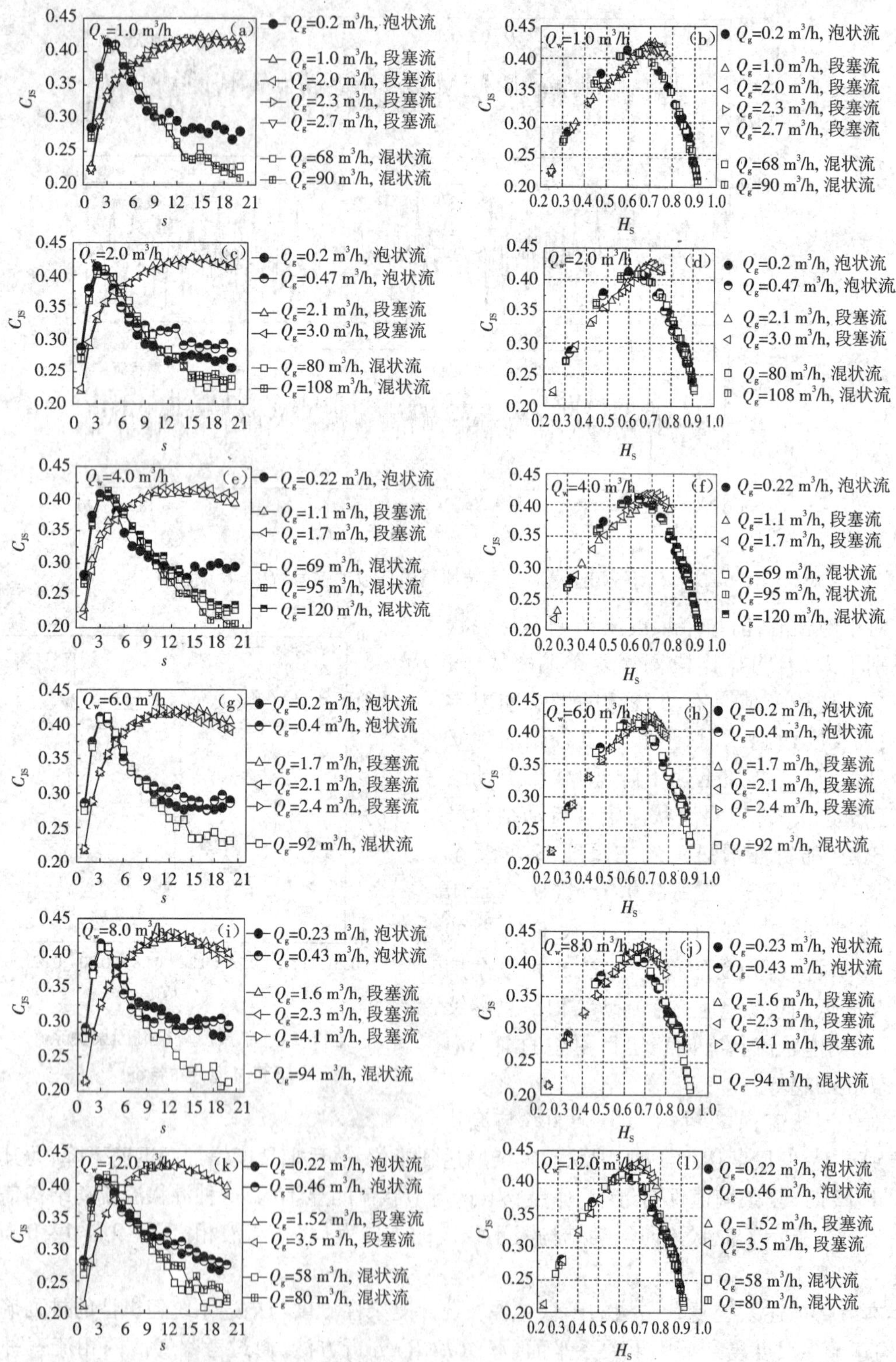

图 6-35　气液两相流多尺度复杂熵因果关系平面分布特征[24]

(a)(c)(e)(g)(i)(k)不同工况下复杂熵随尺度变化关系　(b)(d)(f)(h)(j)(l)不同工况下多尺度复杂熵因果关系平面

段塞流在微观及宏观上保持着较好的流动结构稳定性及确定性;泡状流与混状流比段塞流具有更复杂的微观动力学行为,其宏观流动结构稳定性更差,尤其是在高液相流量时泡状流表现为向稳定性更差的细小泡状流转化,而混状流向流动结构极不稳定的方向发展。值得指出的是,在多尺度复杂熵因果关系平面上,当气液两相流流动工况参数变化时,三种流型(泡状流、混状流、段塞流)基本保持在 *MS-CECP* 平面上的各自独特的特征位置,从微观及宏观角度丰富了对气液两相流流动结构稳定性及复杂性的动力学行为认识。从非均衡性角度提取系统物理结构的统计复杂度测度有助于揭示隐含在系统内的复杂动力学特征新模式,也为气液两相流流型识别提供了一种新视角,同时多尺度复杂熵因果关系平面法向其他类型多相流流动结构拓展及应用,也将是有益的探索。

6.10　油水两相流多尺度加权排列熵分析

油水两相流广泛存在于石油开采与油气输运过程中。油水两相流呈现相间界面随机可变的局部速度与浓度非均匀流动现象,属典型非线性动力学系统。为了控制及预测油水两相流动系统,需要知道油水两相流流动条件、流体性质、流体组分对分散相平均液滴大小及其分布的影响;另外,油水两相流流动结构稳定性问题也是油水两相流动研究热点问题之一。

目前,在理论上完全描述油水两相流动系统还相当困难,其制约液滴大小及流动结构稳定性的液滴破碎及聚合机理尚不十分清楚。本节将多尺度法与加权排列熵相结合,分析垂直上升油水两相流水包油电导传感器信号,揭示多尺度加权排列熵变化速率与流动结构特征之间的关系,表征含水率变化时油水两相流流动结构动力学演化特性[25]。

1. 传感器数据采集

实验是在天津大学内径为 20 mm 的垂直上升油水两相流管中进行的,实验介质为水和油。实验方案为首先固定油水两相的总流量,然后改变含水率,当油水两相流量均稳定后,观察并记录该流动工况的流型。采用图 6-36 所示的弧形对壁式电导传感器测量得到每个流动工况下的电压波动信号。实验中,含水率 K_w 分别设为 85%,90%,92%,94%,96% 和 98%,油水两相流总流量分别为 0.5 m^3/d,1 m^3/d,2 m^3/d,3 m^3/d,4 m^3/d,5 m^3/d,6 m^3/d,7 m^3/d,弧形对壁式电导传感器信号采样频率为 2 000 Hz。所测不同油水两相流流动工况的电导传感器波动信号如图 6-37～图 6-44 所示。随着总流量增加,垂直上升管道油水两相流流动结构演化分为三个阶段:

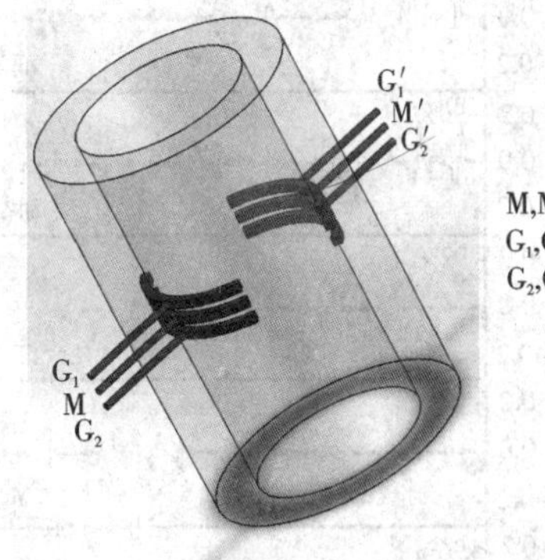

图 6-36　弧形对壁式两相流电导传感器[25]

(1)当总流量为 0.5 m^3/d,1 m^3/d 时,各泡群油泡较少,随着含水率的增加,流型结构以单个或几个油泡的间歇性泡群运动为主,由段塞流演化为泡状流后,油泡体积仍较大;

(2)当总流量为 2 m^3/d 时,各泡群油泡增加,随着含水率的增加,流型结构以频率较高的泡群运动为主,由段塞流演化为泡状流后,泡群长度相近,只是油泡体积明显变小;

(3)当总流量为 3 m³/d,4 m³/d,5 m³/d,6 m³/d,7 m³/d 时,各泡群存在大量油泡,随着含水率的增加,流型结构表现为高频率的泡群运动,由段塞流逐渐演化为泡状流的过程中,结构形态较为分明,同时当总流量为 7 m³/d 时,会出现细小泡状流。

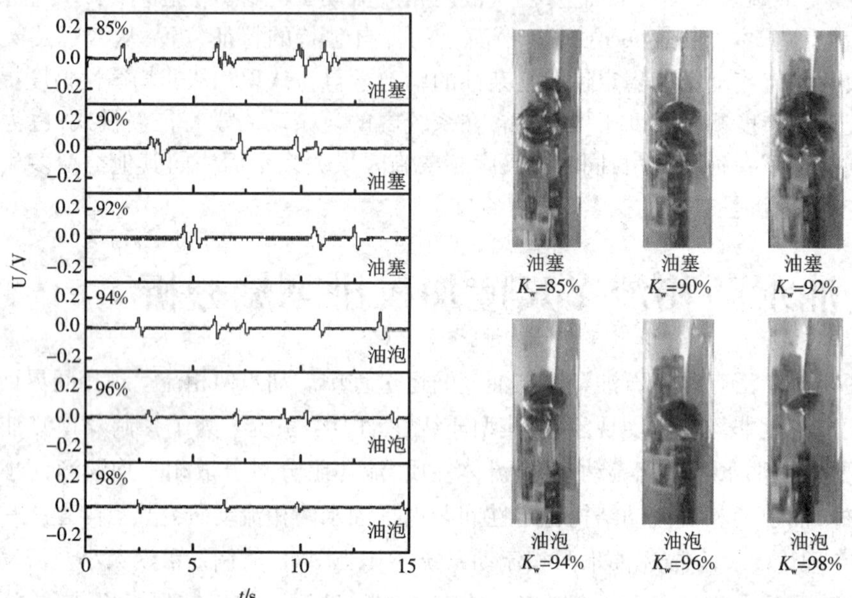

图 6-37 总流量为 0.5 m³/d 时的电导传感器波动信号及流型图像[25]

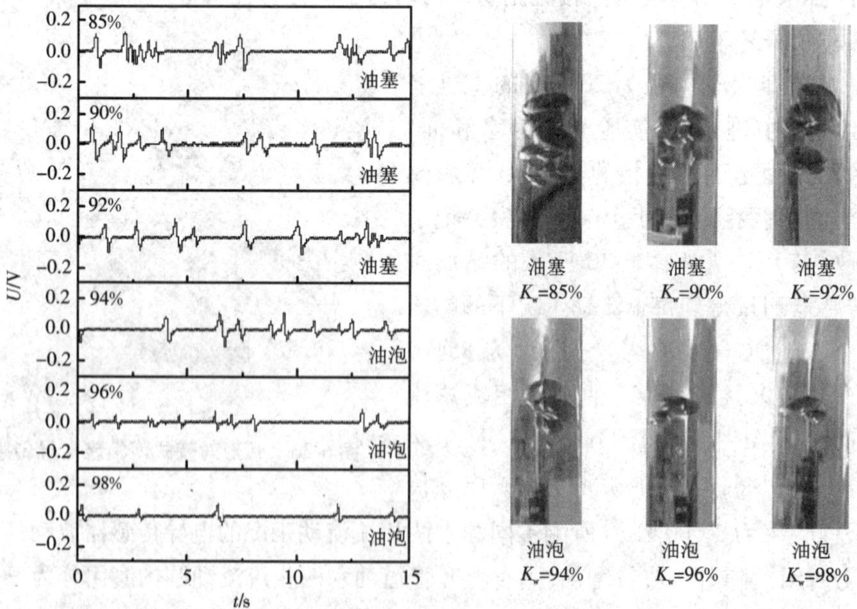

图 6-38 总流量为 1 m³/d 时的电导传感器波动信号及流型图像[25]

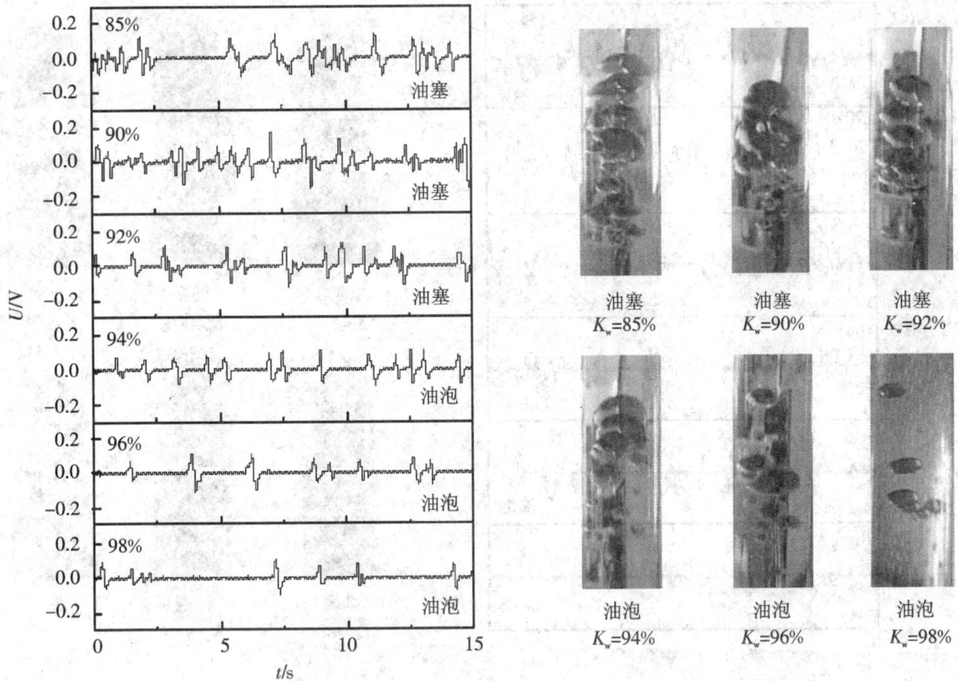

图 6-39　总流量为 2 m^3/d 时的电导传感器波动信号及流型图像[25]

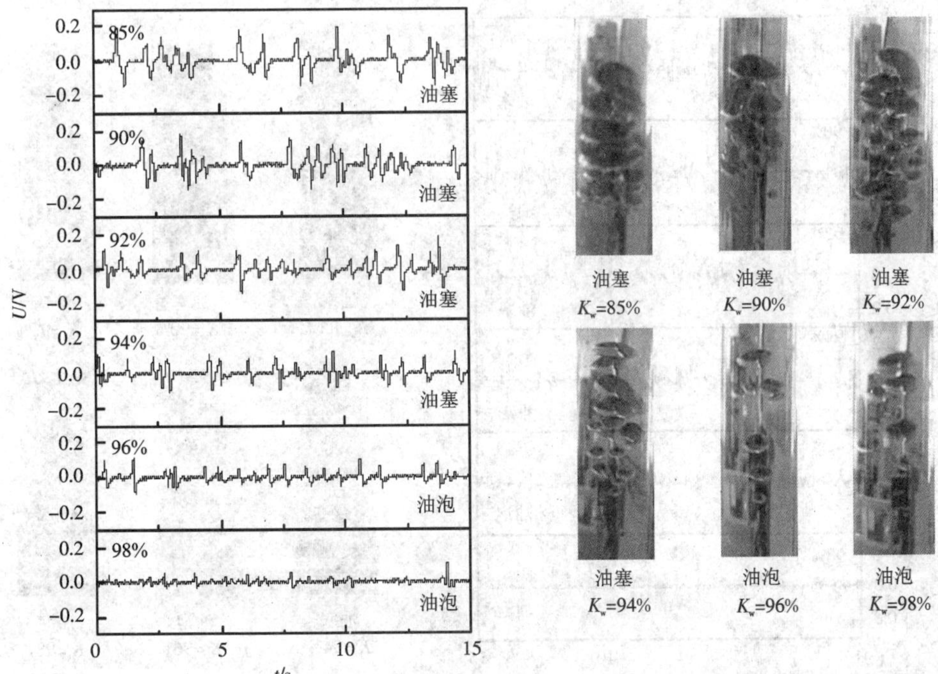

图 6-40　总流量为 3 m^3/d 时的电导传感器波动信号及流型图像[25]

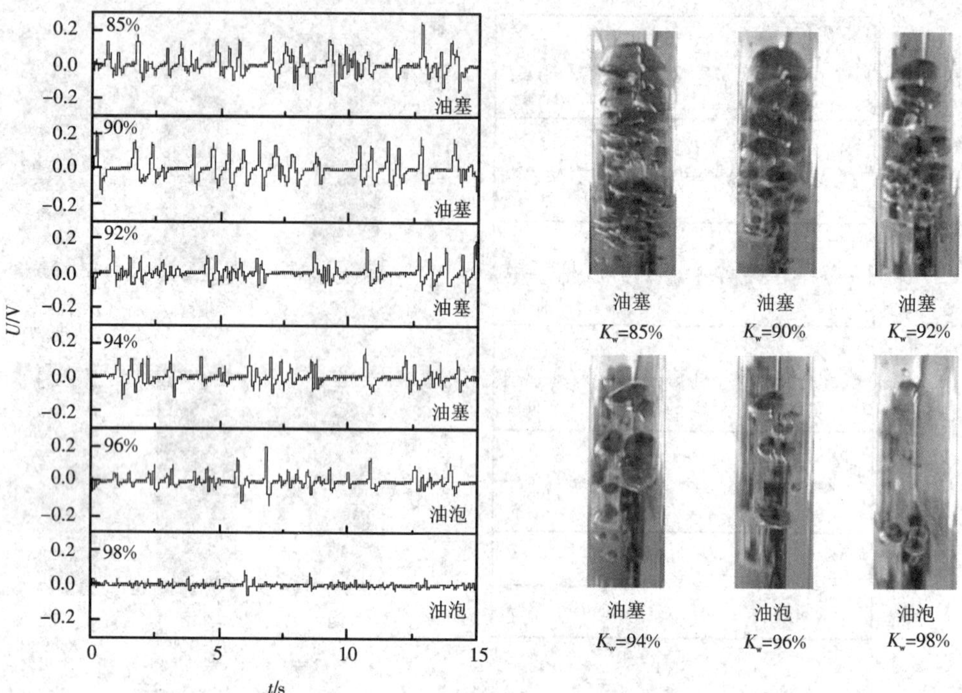

图 6-41 总流量为 4 m^3/d 时的电导传感器波动信号及流型图像[25]

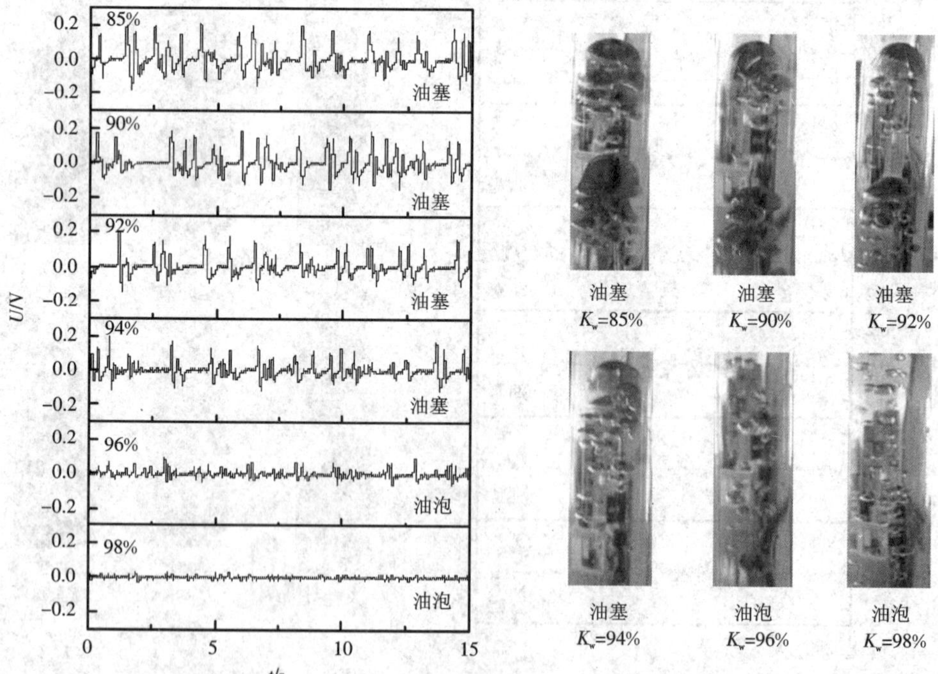

图 6-42 总流量为 5 m^3/d 时的电导传感器波动信号及流型图像[25]

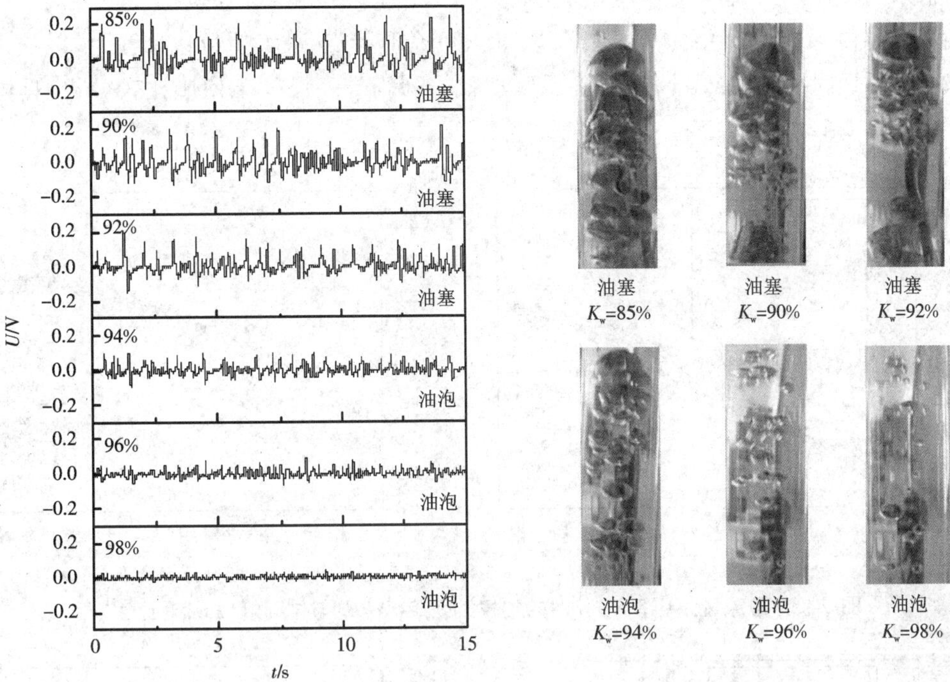

图6-43　总流量为6 m^3/d时的电导传感器波动信号及流型图像[25]

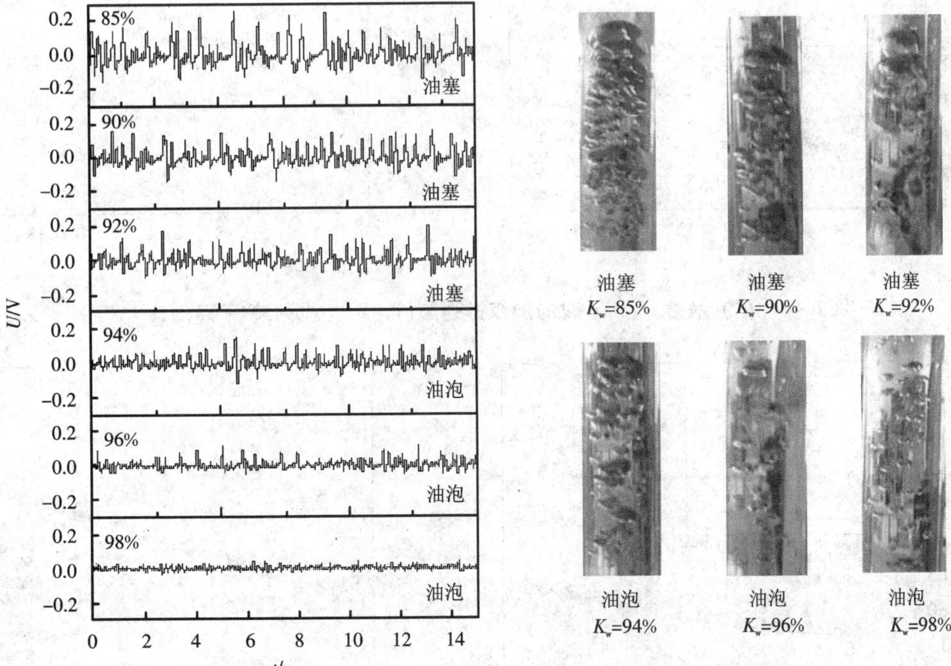

图6-44　总流量为7 m^3/d时的电导传感器波动信号及流型图像[25]

2. 油水两相流多尺度加权排列熵特性

利用电导传感器测量系统采集数据,取 30 000 个测量点,最大粗粒化尺度为 20,嵌入维数选取 $m=6$,延迟时间选取 $\tau=1$,进行多尺度加权排列熵与多尺度排列熵比较分析,具体结果如图 6-45 ~ 图 6-52 所示。

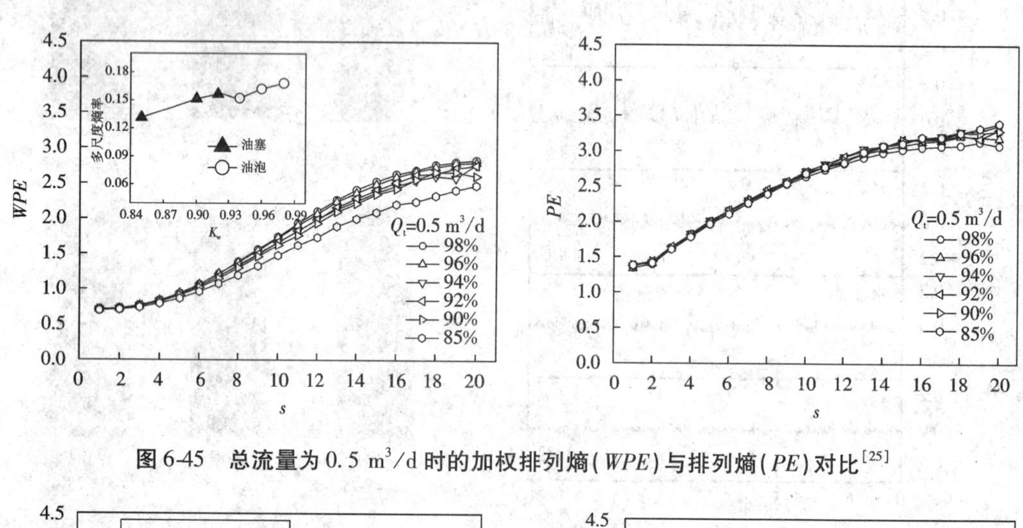

图 6-45 总流量为 0.5 m³/d 时的加权排列熵(*WPE*)与排列熵(*PE*)对比[25]

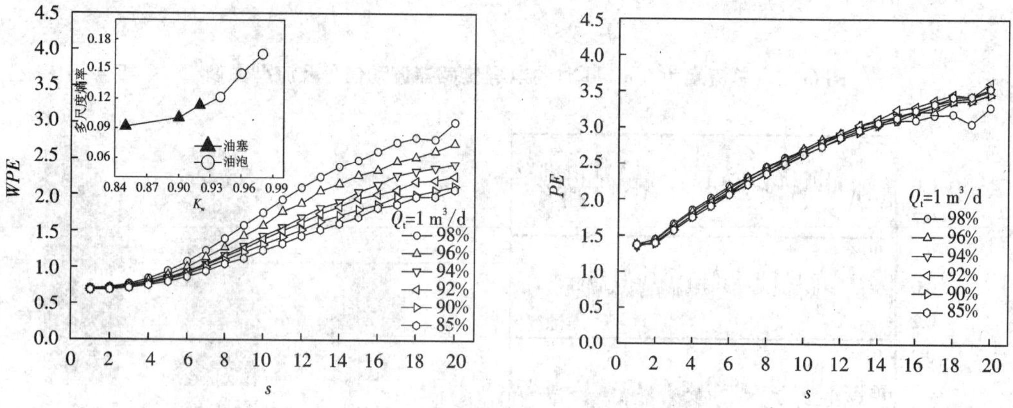

图 6-46 总流量为 1 m³/d 时的加权排列熵(*WPE*)与排列熵(*PE*)对比[25]

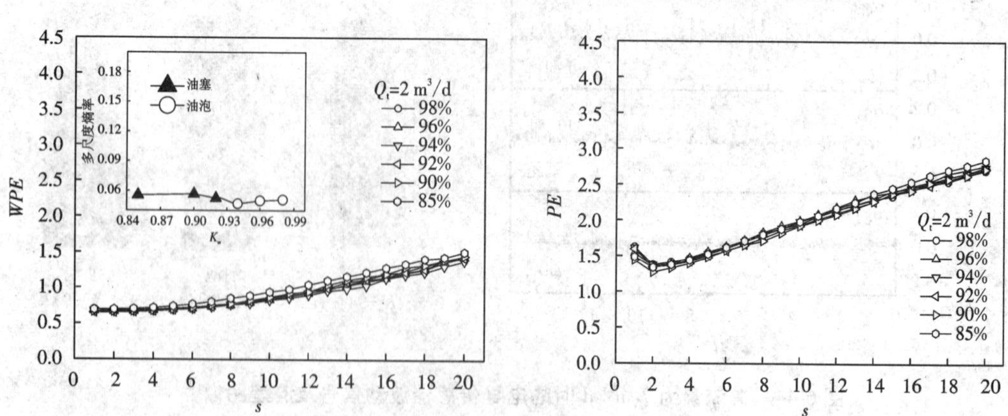

图 6-47 总流量为 2 m³/d 时的加权排列熵(*WPE*)与排列熵(*PE*)对比[25]

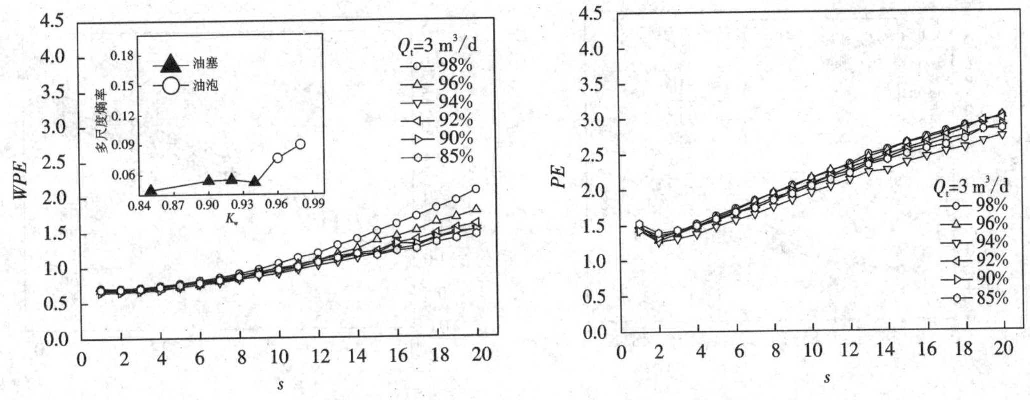

图 6-48　总流量为 3 m^3/d 时的加权排列熵（WPE）与排列熵（PE）对比[25]

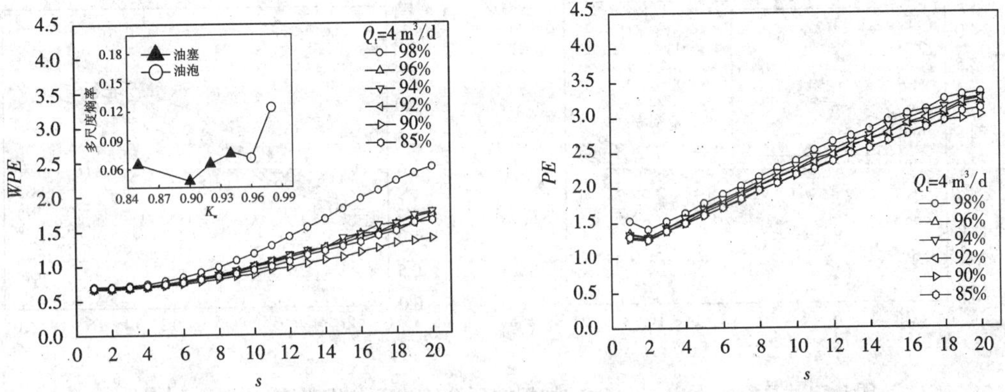

图 6-49　总流量为 4 m^3/d 时的加权排列熵（WPE）与排列熵（PE）对比[25]

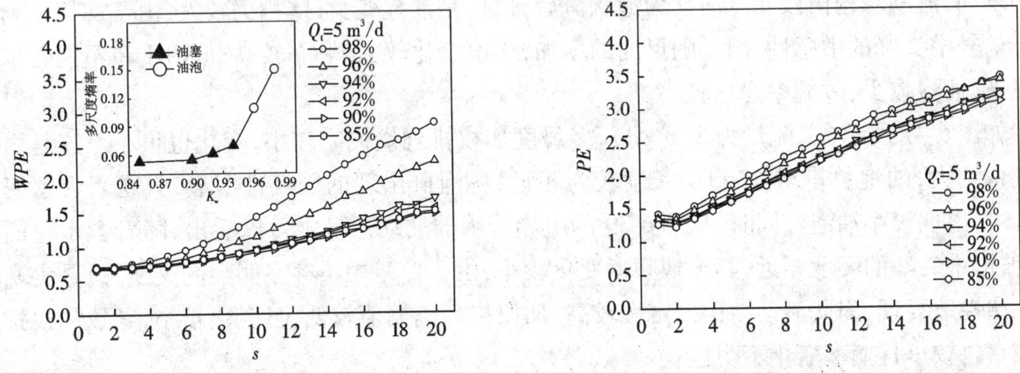

图 6-50　总流量为 5 m^3/d 时的加权排列熵（WPE）与排列熵（PE）对比[25]

从图 6-45 ~ 图 6-52 可以看出，多尺度加权排列熵相对于多尺度排列熵较好地反映了在不同总流量条件下随着含水率变化的流动结构的差异。下面结合油水两相流电导传感器波动信号以及不同流动工况的流型示意图对以上结果进行分析。

如图 6-45 及图 6-46 所示（总流量为 0.5 m^3/d 及 1 m^3/d），多尺度加权排列熵熵率较高且变化较小。这与实际流动状态有直接关系：从图 6-37 及图 6-38 中看出，在总流量较低的条件

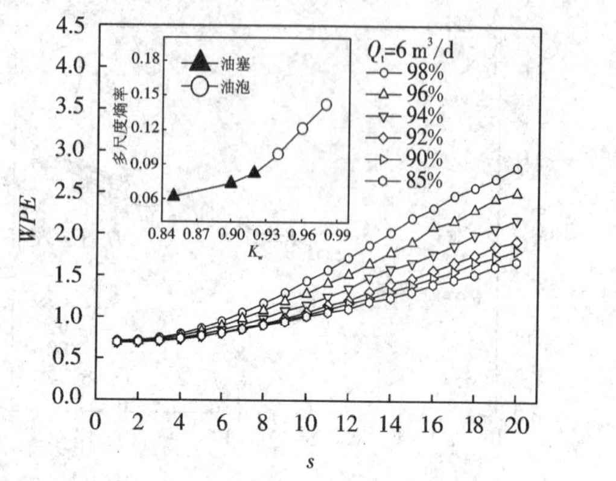

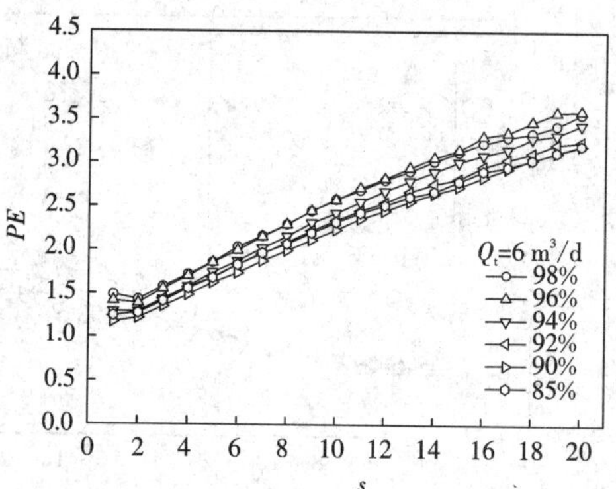

图 6-51 总流量为 6 m³/d 时的加权排列熵(*WPE*)与排列熵(*PE*)对比[25]

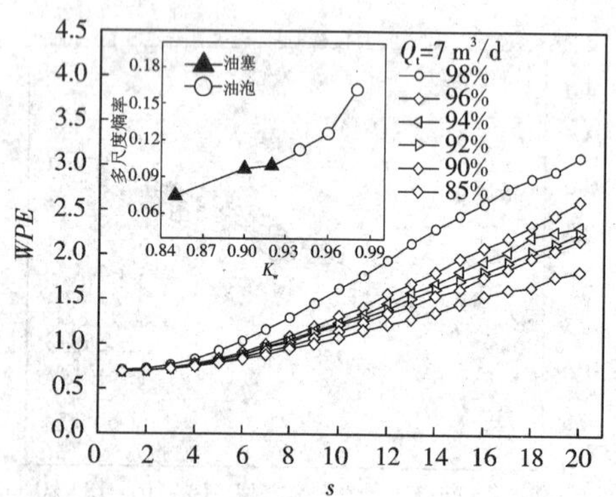

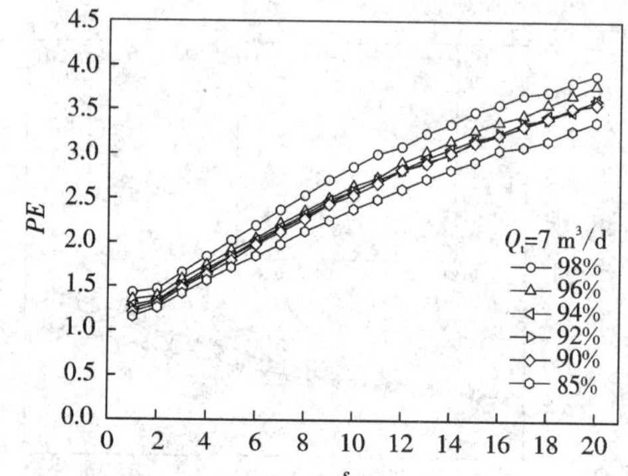

图 6-52 总流量为 7 m³/d 时的加权排列熵(*WPE*)与排列熵(*PE*)对比[25]

下，流动结构以单个或者几个油泡的间歇性泡群运动为主，而且泡群出现频率较低；随着含水率的增加，流动结构由段塞流演化为泡状流后，仅仅是油泡变少，体积仍较大，由于加权排列熵对于信号中尖峰的敏感性，因而随尺度的增加，熵值变化较大，熵率较高；但由于在不同含水率情况下，油泡较少，故熵率变化较小。

如图 6-47 所示（总流量为 2 m³/d），多尺度加权排列熵熵率较小，变化也很小。这是由于总流量增大，油泡数量增加，泡群长度较为相近，各泡群出现的周期性明显，只是当含水率为 98% 时，出现较小油泡。同时，从图 6-39 的电导传感器波动信号中可以看出，随着含水率的增加，波形中尖峰的幅值相近，其出现频率变化较小，由于信号中不存在明显的突变，只是尖峰较为规律性地复现，因此流动结构确定性较高，加权排列熵熵值较低，且变化较小，导致加权排列熵熵率也较小且熵率变化不明显。

如图 6-48 ~ 图 6-52 所示（总流量为 3 ~ 7 m³/d），流动结构有了明显变化。从图 6-40 ~ 图 6-44 中电导传感器波动信号可以看出，泡群中油泡数量增加，且泡群出现频率较高，泡群长度不一；同时，随着含水率的增加，油泡体积明显变小，从其电导传感器波动信号图中看到，信号幅值在逐渐减小。随着总流量的增加，流型结构的稳定性在降低，同时，随着含水率的增加，油泡变小，增加不确定性，故加权排列熵熵率随着含水率的增加而增加，尤其当总流量在 5 m³/d 以上时，熵率的变化更符合这一规律。

另外,从图 6-45 ~ 图 6-52 可以看出,相对于多尺度排列熵,多尺度加权排列熵较为全面地反映出流动结构的变化,而多尺度排列熵对于油水两相流流动结构演变敏感性不强,这也显示出时间序列经过多尺度加权排列熵处理后,时间序列信息丢失较少,较为全面地反映了非线性动力学系统的复杂性与多变性。

多尺度加权排列熵相对于多尺度排列熵显示出明显的抗噪能力与分辨能力;通过考察油水两相流电导传感器波动信号多尺度加权排列熵的熵率变化,可以看出,多尺度加权排列熵较为准确地反映了油水两相流流动结构变化,既从整体上反映了非线性动力学系统的复杂性,又在细节上刻画出流型的演化特征,体现了用多尺度加权排列熵分析非线性时间序列的优越性,它为理解油水两相流流型演化动力学特性提供了一种有效工具。

6.11　气液两相流段塞流结构不对称性分析

本书将多尺度时间不对称性用于气液两相流段塞流的失稳分析。固定气相表观速度条件下,逐渐增大液相表观流速,发现湍动能量增加致使段塞流流动结构发生破损,并向泡状流流型转化,同时多尺度不对称性指标逐渐趋近于零。垂直上升管中气液两相流动态实验采用插入式环形电导传感器采集气液两相流电导波动信号(与文献[22]中的电导传感器相类似),采样频率为 2 000 Hz。气相表观流速 U_{sg} 为 0.11 ~ 0.4 m/s,水相表观流速 U_{sw} 为 0.05 ~ 0.55 m/s。

实验测量得到的电导传感器波动信号如图 6-53 所示。以气相表观流速为 0.2 m/s 的流动工况为例,发现段塞流信号会出现间歇性的大幅波动,而泡状流信号则表现出幅值小且波动随机的特点。介于两者之间的段塞 - 泡状过渡流流型信号不仅波形幅值较大,而且已出现随机的波动特性。实验中,每组流动工况均为固定气相表观速度,逐渐增大液相表观速度,段塞流流动结构随着水相流速增大逐渐破损,最终转变为泡状流。

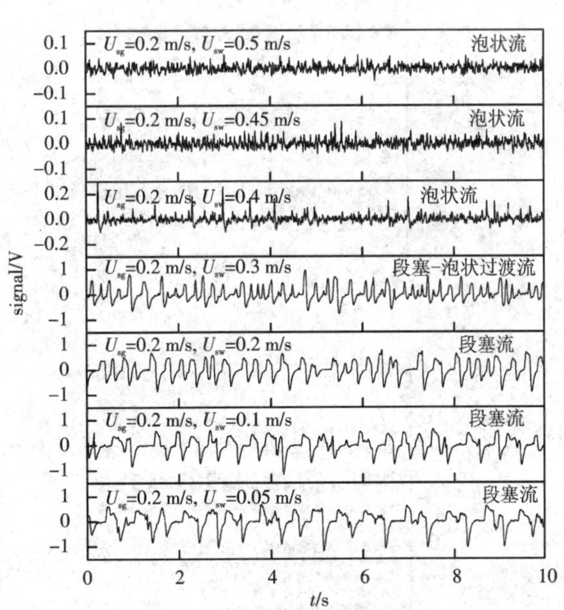

图 6-53　垂直上升气液两相流插入式电导传感器波动信号(内径 20 mm)[26]

如图 6-54(a)所示,当固定较小的气相表观速度时,逐渐增加液相表观速度,其不对称性 A_{is} 绝对值迅速增大,直至出现段塞流向泡状流转变的过渡流型,其 A_{is} 绝对值亦达到最大;随着液相表观流速继续增大,当液相湍动能量超过维持段塞流流动结构所需的最大能量时,段塞流中的气塞被液相湍动作用所击碎,进而失去了稳定段塞流动结构,最终流型转变为泡状流,泡状流的不对称性 A_{is} 近似趋于 0,表明了泡状流的随机稳定特性。

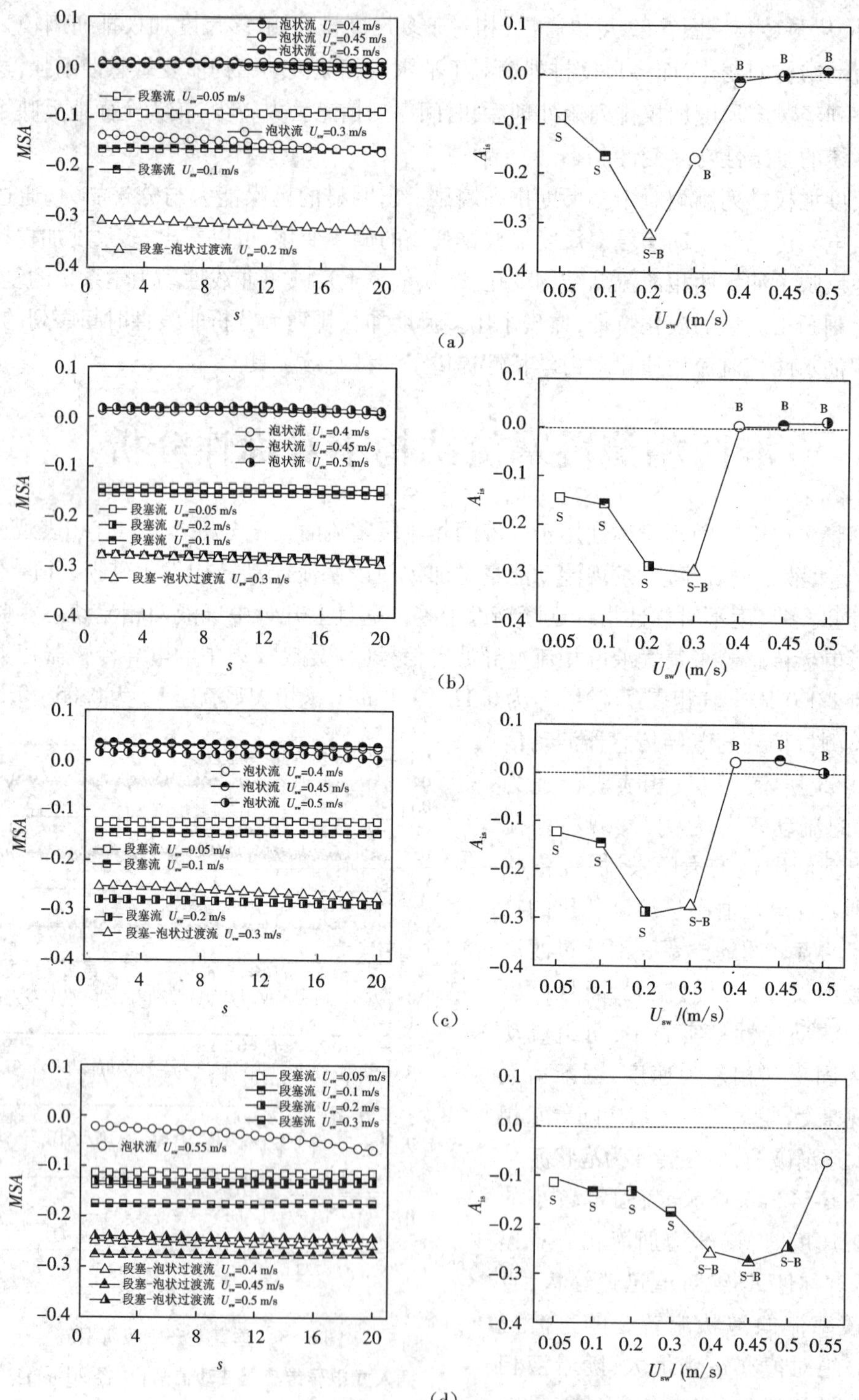

图 6-54　段塞流向泡状流转变过程中的多尺度不对称性演化趋势[26]

(a) $U_{sg}=0.11$ m/s　(b) $U_{sg}=0.15$ m/s　(c) $U_{sg}=0.2$ m/s　$U_{sg}=0.4$ m/s

如图 6-54(b)(c)所示，当固定较大的气相表观速度时，逐渐增加液相表观速度，其不对称

性 A_{is} 绝对值增大的速率明显放缓。这是因为随着气相表观速度增加，其维持段塞流流动结构的能力逐渐增强，所以需要较高的液相表观流速才能破坏段塞流流动结构，使其流型向泡状流转变。

如图 6-54(d)所示，当固定更大的气相表观速度时，这种段塞流不对称性 A_{is} 绝对值增大的速率更加放缓，只有更高的液相表观流速方能使段塞流流动结构出现破损，即流型向泡状流转变。

以下从时频联合表达角度理解段塞流流动结构破损过程。采用自适应最优核(AOK)时频分布算法[27]，提取电导传感器波动信号中蕴含的频率与能量信息，三种流型(段塞流、段塞－泡状过渡流、泡状流)的时频联合分布如图 6-55 所示。可以看出，段塞流时频分布表现出间歇性的能量变化，主频分布在低频段(5 Hz 左右)；段塞－泡状过渡流流型能量分布开始变得弥散，这主要是因为过渡流型中出现分散性气泡的结果，但是过渡流型依然有间歇性的能量变化特征；当液相表观速度继续增大，流型转变为泡状流时，其较低的能量在较大范围频段内呈弥散状态。

从以上时频联合分布 $P(t,f)$ 中提取总能量如下：

$$E = \iint_s P(t,f)\,\mathrm{d}s \tag{6-64}$$

式中，$P(t,f)$ 为信号时频分布，s 为所选取的时频分布平面，t 为时间，f 为频率。

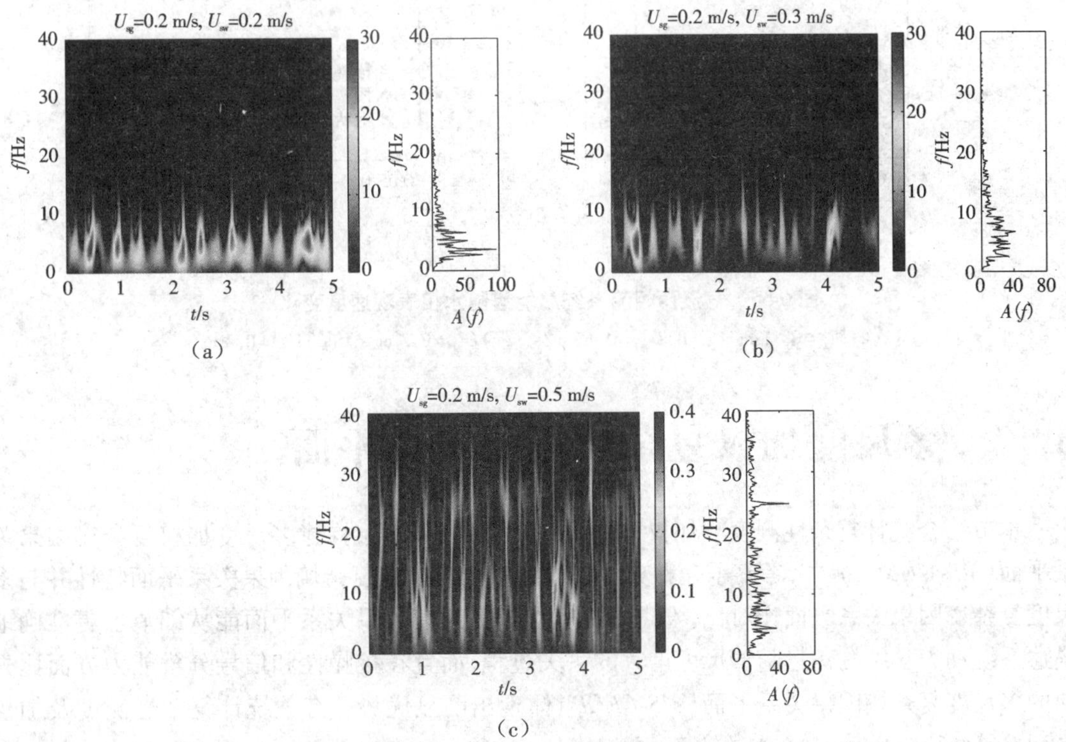

图 6-55　段塞流向泡状流转变时时频联合分布[26]

(a)段塞流　(b)段塞－泡状过渡流　(c)泡状流

由图6-54可知，当段塞流转变到段塞－泡状过渡流流型时，不对称性A_{is}值逐渐下降；通过式(6-64)提取系统总能量，发现系统总能量逐渐上升(图6-56)，尤其是在较低的气相表观流速时，不对称性A_{is}值下降越快，系统总能量上升越显著[图6-56（a）]；当段塞－泡状过渡流流型向泡状流转变时，不对称性A_{is}值增加并趋向于零，此时系统的总能量亦迅速下降，表明段塞流中的气塞被击碎为分散气泡后，泡状流整体上处于低能量区。可以看出，气液两相流段塞流流动结构变化过程中的不对称性与其对应的系统总能量变化特点是相吻合的。

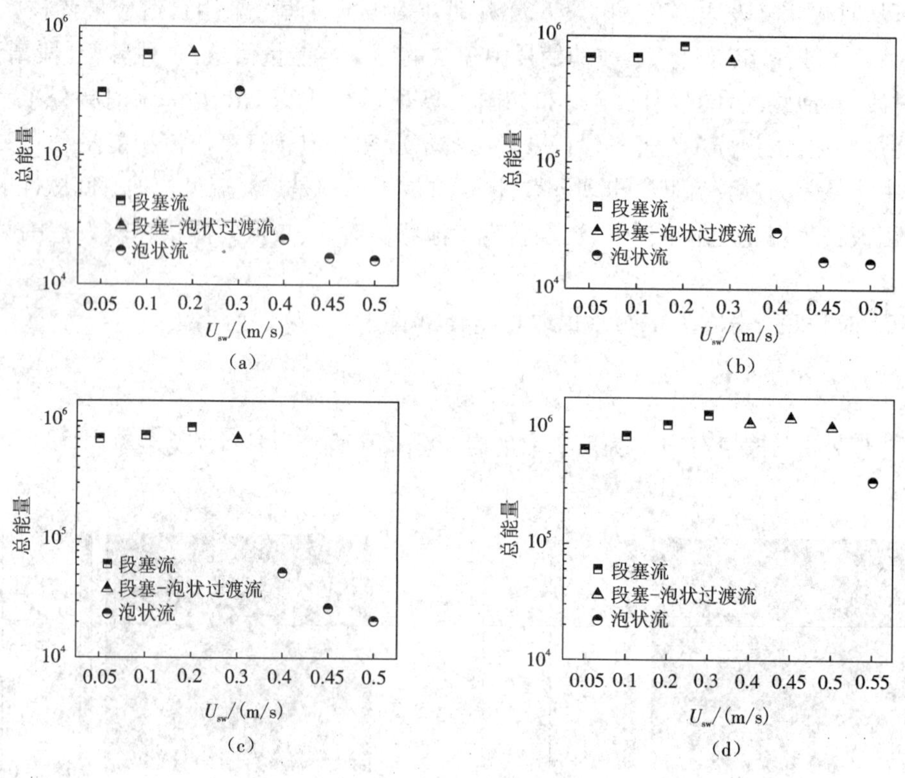

图6-56　气液两相流系统总能量随水相表观速度变化[26]

(a) U_{sg}=0.11 m/s　(b) U_{sg}=0.15 m/s　(c) U_{sg}=0.2 m/s　(d) U_{sg}=0.4 m/s

6.12　多尺度加权复杂熵因果关系平面

本节结合统计复杂性测度和加权排列熵并推广到多尺度，构建多尺度加权复杂熵因果关系平面(*MS-WCECP*)[28]，考察了几种典型信号的多尺度加权复杂熵因果关系平面特性并与多尺度复杂熵因果关系平面作对比，发现多尺度加权复杂熵因果关系平面能从细节上更准确地描述系统动力学结构信息随着尺度增大的丢失过程，而且在抗噪性和信号分辨能力方面比先前的多尺度复杂熵因果关系平面(*MS-CECP*)体现出明显优势。有关统计复杂性测度及加权排列熵算法已在前面有描述，在此不再赘述。

1. 典型信号多尺度加权复杂熵因果关系平面分析

选取序列长为100 000，最大粗粒化尺度为60，嵌入维数$m=6$，延迟时间$\tau=1$。为了比较多尺度加权复杂熵因果关系平面与多尺度复杂熵因果关系平面，对多种典型信号进行加噪，考察两种方法的抗噪性能与信号分辨能力。

1）洛伦兹方程

$$\begin{cases} \dfrac{\mathrm{d}x}{\mathrm{d}t} = -\sigma x + \sigma y \\ \dfrac{\mathrm{d}y}{\mathrm{d}t} = rx - y - xz \\ \dfrac{\mathrm{d}z}{\mathrm{d}t} = -bz + x \end{cases} \tag{6-65}$$

式中，$\sigma = 16, r = 45.92, b = 4$，初值条件为 $x_0 = -1, y_0 = 0, z_0 = 1$。计算给出的洛伦兹信号的 $\{x_n\}$ 序列如图6-57（a）所示。

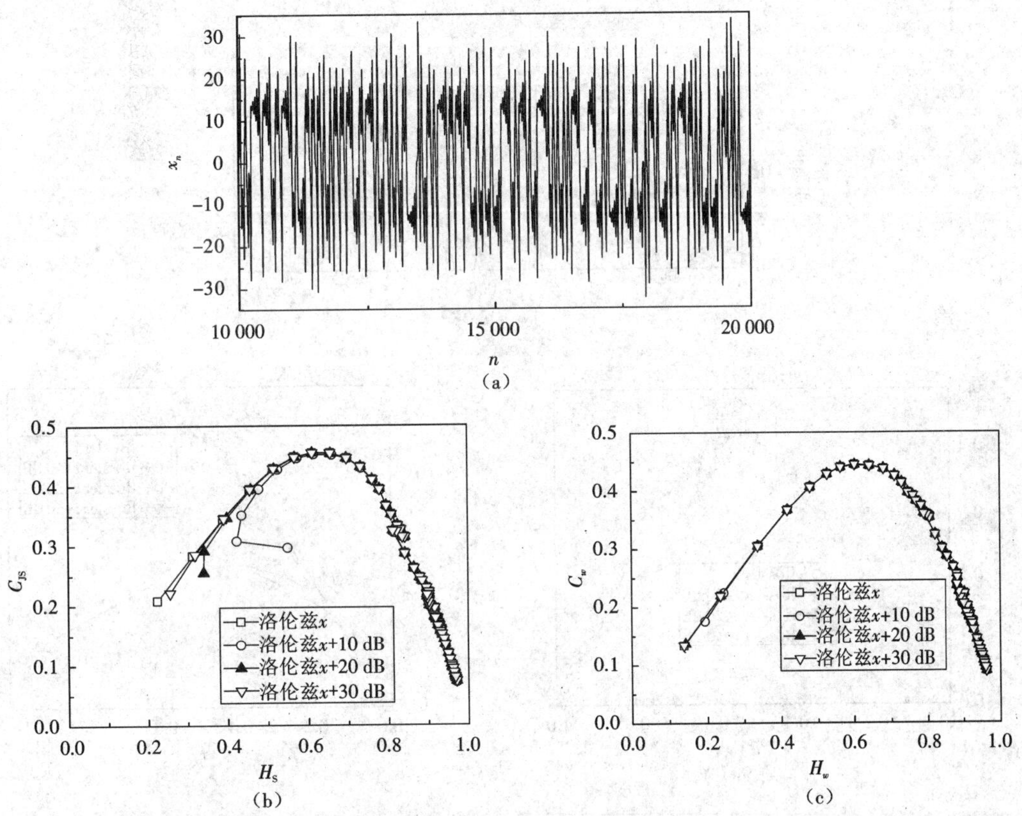

图6-57　洛伦兹方程产生的 $\{x_n\}$ 序列的 *MS-CECP* 及 *MS-WCECP*[28]

（a）洛伦兹方程产生的 $\{x_n\}$ 序列　（b）洛伦兹方程产生的 $\{x_n\}$ 序列的 *MS-CECP* 抗噪性

（c）洛伦兹方程产生的 $\{x_n\}$ 序列的 *MS-WCECP* 抗噪性

如图6-57（b）（c）所示，未加噪声时，随着尺度增大，洛伦兹信号的 $\{x_n\}$ 序列采样点之间的相关性逐渐变弱，表现为 *MS-CECP* 和 *MS-WCECP* 从低复杂区向混沌区再向随机噪声区移动，反映其随尺度增大动力学结构逐渐丢失的过程。对于洛伦兹信号的 $\{x_n\}$ 序列，分别加入信噪比为10 dB，20 dB，30 dB的高斯白噪声，对比发现，在较低尺度时，*MS-CECP* 易受噪声影响，而 *MS-WCECP* 几乎不受噪声影响，抗噪性尤为显著；高尺度时两种算法均具有良好的抗噪性。

2）Rössler 方程

$$\begin{cases}\dfrac{\mathrm{d}x}{\mathrm{d}t}=-(y+z)\\ \dfrac{\mathrm{d}y}{\mathrm{d}t}=by+x\\ \dfrac{\mathrm{d}z}{\mathrm{d}t}=a+z(x-c)\end{cases} \tag{6-66}$$

式中，$a=0.25$，$b=0.2$，$c=5.7$，初值条件为 $x_0=-1$，$y_0=1$，$z_0=1$。计算给出的 Rössler 方程的 $\{z_n\}$ 序列如图 6-58（a）所示。

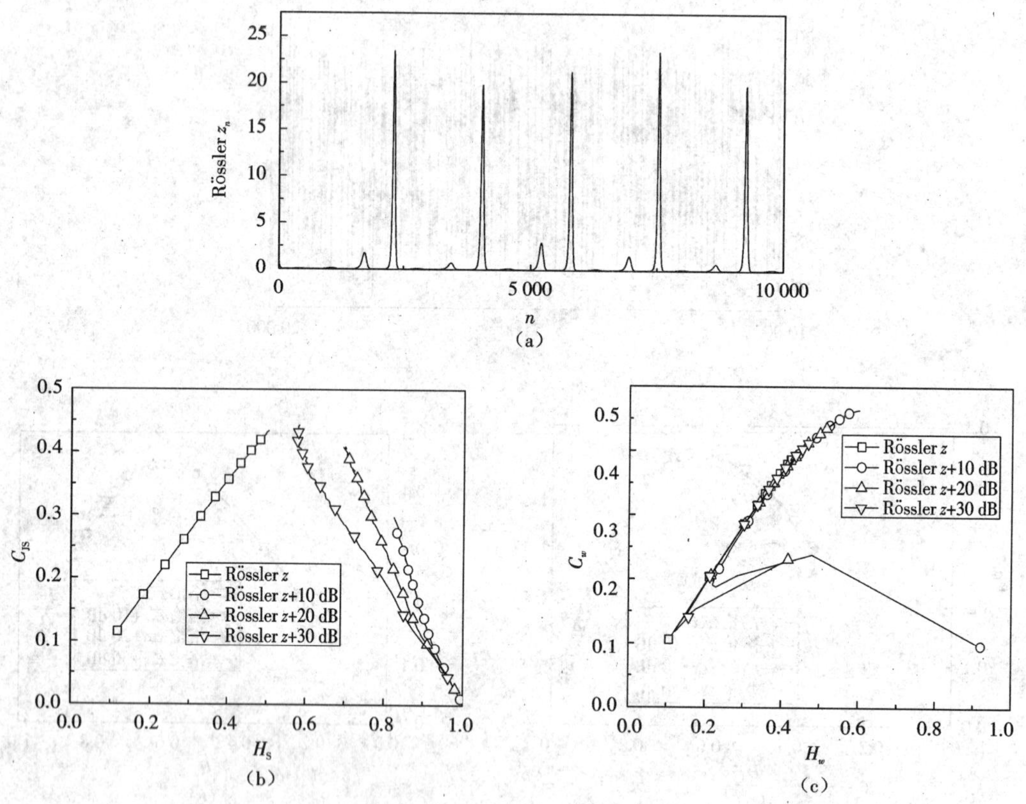

图 6-58　Rössler 方程产生的 $\{z_n\}$ 序列的 *MS-CECP* 及 *MS-WCECP*[28]

（a）Rössler 方程产生的 $\{z_n\}$ 序列　（b）Rössler 方程产生的 $\{z_n\}$ 序列的 *MS-CECP* 抗噪性

（c）Rössler 方程产生的 $\{z_n\}$ 序列的 *MS-WCECP* 抗噪性

如图 6-58（b）（c）所示，未加噪时，随着尺度增大，Rössler 信号的 $\{z_n\}$ 序列采样点之间的相关性逐渐变弱，表现为 *MS-CECP* 和 *MS-WCECP* 从低复杂区向混沌区移动，最后截止在混沌区，说明尺度增大后，序列采样点之间相关性降低，Rössler 信号的 $\{z_n\}$ 序列仍保持一定的结构，表明 Rössler 信号的 $\{z_n\}$ 序列结构比洛伦兹信号的 $\{x_n\}$ 序列稳定。分别加入信噪比为 10

dB,20 dB,30 dB 的高斯白噪声后,对比发现低尺度时 *MS-WCECP* 易受噪声影响,尺度增大后抗噪性显著改善。原因是 Rössler 信号的 $\{z_n\}$ 序列有明显的幅值突变,加噪后 *MS-WCECP* 仍能从噪声中提取出原始信号的特征;而对 *MS-CECP*,加入不同强度的噪声后,随着尺度的增大,信号完全淹没在噪声中。

3)分形布朗运动(fBm)

分形布朗运动(fBm)是具有零均值的非平稳随机过程,它具有以下特点:①服从高斯分布;②自相似;③具有平稳增量。其协方差函数为

$$E[B^H(t)B^H(s)] = (t^{2H} + s^{2H} - |t-s|^{2H})/2 \tag{6-67}$$

式中,$s,t \in \mathbf{R}$,H 为 Hurst 指数,$0 < H < 1$。若 $H < 1/2$,分形布朗运动(fBm)的增量为负相关;当 $H = 1/2$ 时,对应经典布朗运动;如果 $H > 1/2$,则其增量为正相关。

图 6-59(a)~(c)分别为分形布朗运动原始序列与加噪序列的 *MS-CECP* 与 *MS-WCECP* 对比。未加噪时,如图 6-59(a)所示,随着尺度增大,对不同 Hurst 指数的 fBm,*MS-CECP* 和 *MS-WCECP* 均由随机噪声区向混沌区移动。如图 6-59(b)(c)所示,加入 20 dB,10 dB 的高斯白噪声后,对于不同 Hurst 指数的分形布朗运动,*MS-CECP* 和 *MS-WCECP* 均显示出较好的抗噪能力,相比之下,*MS-WCECP* 抗噪性能更加优越,且对不同 Hurst 指数的分形布朗运动分辨能力更强。

4)K 噪声

K 噪声是具有 $\{z_n\}$ 的能量谱,其产生步骤如下:①通过 MATLAB 中的 RAND 函数产生一组在(-0.5, 0.5)上的伪随机数;②对伪随机数序列进行 FFT 变换得到 f^{-k},接着 y_k^1 与 $f^{-k/2}$ 相乘得到 y_k^2;③对 y_k^2 进行 IFFT 变换并且取其实部得到噪声序列,即为 K 噪声。图 6-60(a)为 $k=0.5,1.5,2,2.5,3$ 时的 K 噪声信号。

图 6-60(b)~(d)分别为 K 噪声序列与加噪序列的 *MS-CECP* 和 *MS-WCECP* 对比。未加噪时,如图 6-60(b)所示,不同 k 值的 K 噪声表现出不同的混沌度,随着 k 值增大,表现为 *MS-CECP* 和 *MS-WCECP* 均由随机噪声区向混沌区再向低复杂区移动。如图 6-60(c)(d)所示,加入 20 dB,10 dB 的高斯白噪声后,对于不同 k 值的 K 噪声,*MS-CECP* 和 *MS-WCECP* 均显示出较好的抗噪能力,相比之下,*MS-WCECP* 抗噪性能更加优越,且对不同 k 值的 K 噪声分辨能力更强。

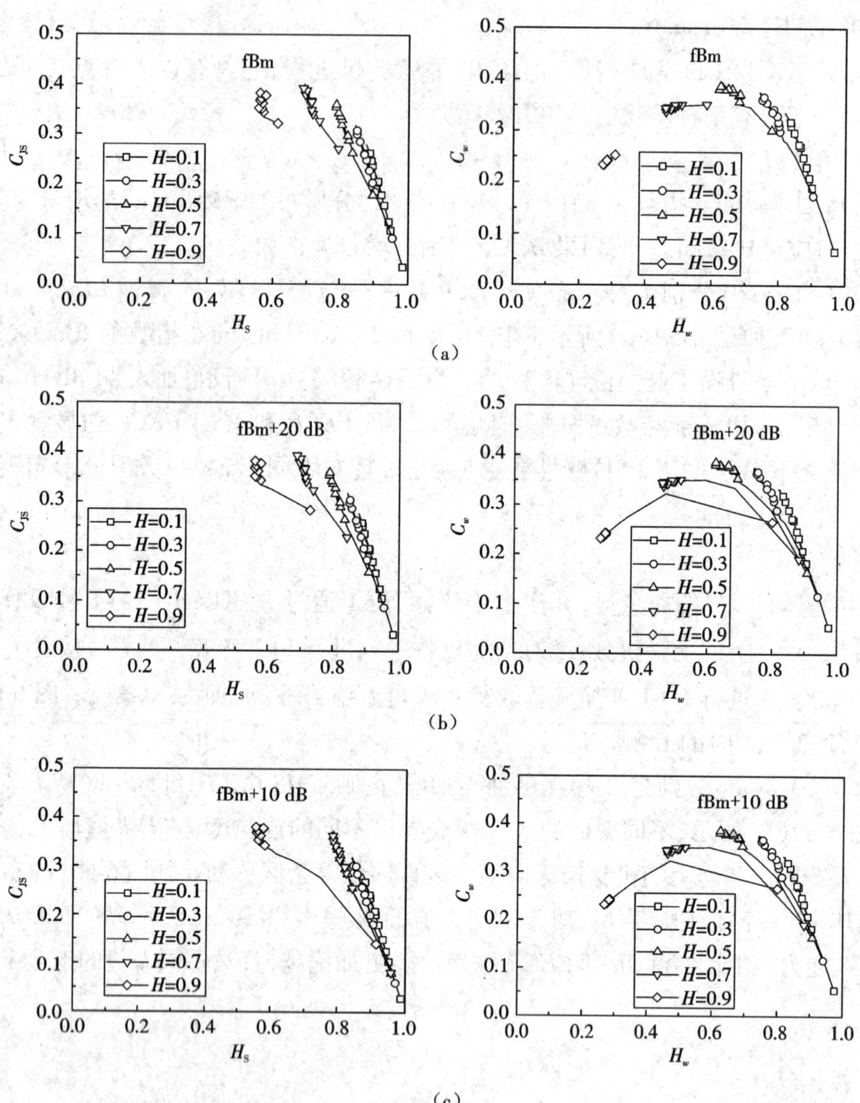

图 6-59 分形布朗运动(fBm)踪迹序列的 *MS-CECP* 及 *MS-WCECP*[28]

(a)分形布朗运动(fBm)踪迹序列不同 Hurst 指数 *MS-CECP* 和 *MS-WCECP* 对比

(b)分形布朗运动(fBm)踪迹序列加噪(20 dB)后不同 Hurst 指数 *MS-CECP* 和 *MS-WCECP* 对比

(c)分形布朗运动(fBm)踪迹序列加噪(10 dB)后不同 Hurst 指数 *MS-CECP* 和 *MS-WCECP* 对比

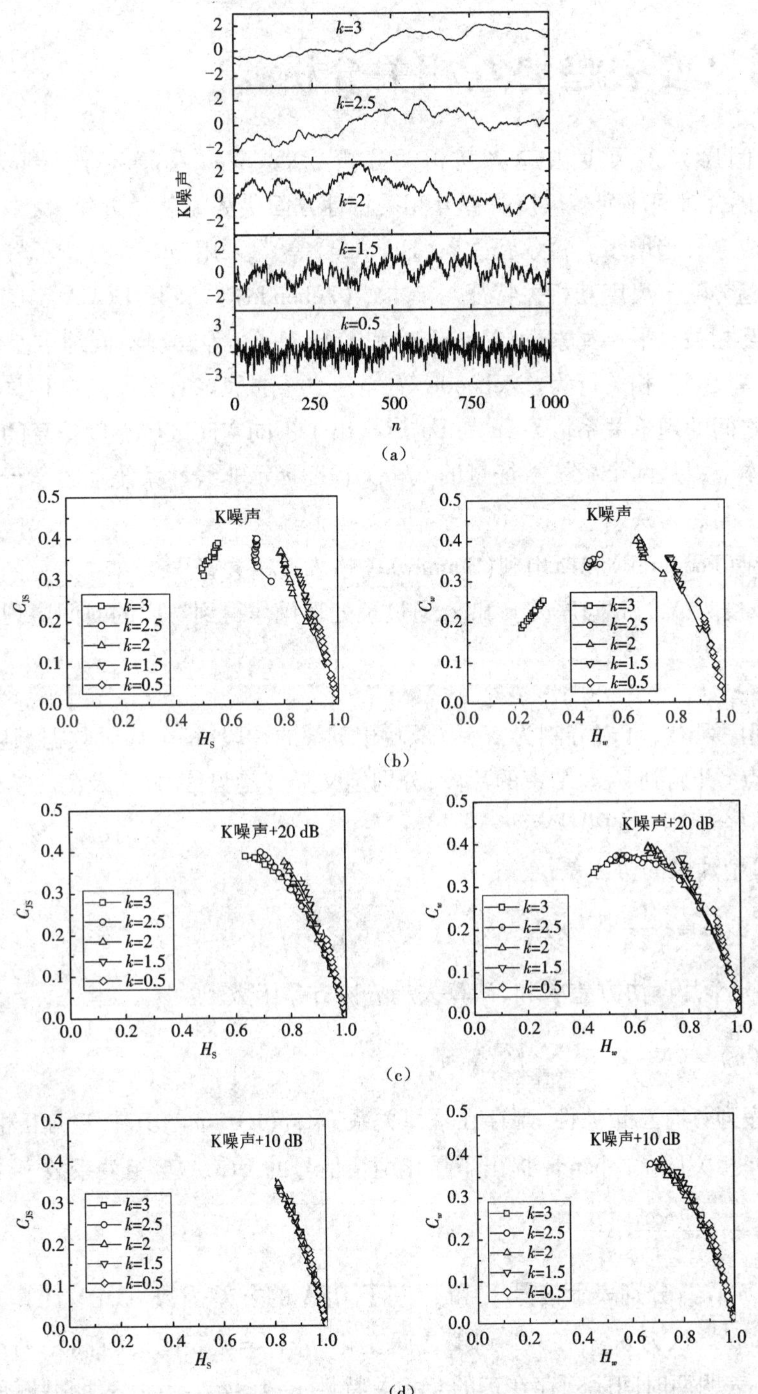

图 6-60　K 噪声信号的 *MS-CECP* 及 *MS-WCECP*[28]

(a) K 噪声信号　(b) K 噪声信号不同 k 值 *MS-CECP* 和 *MS-WCECP* 对比

(c) K 噪声信号加噪(20 dB)后不同 k 值 *MS-CECP* 和 *MS-WCECP* 对比

(d) K 噪声信号加噪(10 dB)后不同 k 值 *MS-CECP* 和 *MS-WCECP* 对比

6.13 多尺度去趋势互相关分析

非稳态时间序列多尺度去趋势互相关分析(Detrended Cross-Correlation Analysis, DCCA)[29]在分析耦合时间序列多尺度幂律互相关特性方面优势显著。近年来,多尺度互相关分析方面的研究成果日趋增多。霍尔瓦季茨(Horvatic)等[30]采用 DCCA 分析了气象资料数据中具有周期变化趋势的多尺度互相关特征。泽本德(Zebende)[31]采用 DCCA 定量表征气候及股票市场数据的互相关水平。瓦索勒(Vassoler)和 Zebende[32]等发现不同地区空气温度与湿度之间存在三种多尺度互相关行为。Zebende 等[33]建立了非稳态时间序列自相关标度指数与互相关标度指数之间的理论关系。Yuan 和 Fu[34]指出了不同空间区域温度信息的多尺度互相关模式重要性。本节拟从两个系统特征量的互相关程度揭示非线性系统动力学行为。

1. 去趋势互相关算法

波多布尼克(Podobnik)和斯坦利(Stanley)去趋势互相关算法[29]如下。

(1)对于长度为 N 的时间序列 x 和 y,通过预处理操作得到对应的时间序列:

$$R_k=\sum_{i=1}^{k}x_i \quad R'_k=\sum_{i=1}^{k}y_i \qquad (k=1,\cdots,N) \tag{6-68}$$

(2)将时间序列 R_k 和 R'_k 分割为 $N-n$ 个互相重叠的片段,每个片段数据长度为 $n+1$。对于每个从数据点 i 开始到 $i+n$ 结束的片段,分别定义局部趋势信号 $\tilde{R}_{k,i}$ 及 $\tilde{R}'_{k,i}$ $(i\leqslant k\leqslant i+n)$,即每个片段线性拟合后对应的纵坐标。

(3)计算每个片段的协方差:

$$f^2_{\text{DCCA}}(n,i)\equiv\frac{1}{n+1}\sum_{k=i}^{i+n}(R_k-\tilde{R}_{k,i})(R'_k-\tilde{R}'_{k,j}) \tag{6-69}$$

(4)对 $N-n$ 个片段协方差求和,计算去趋势协方差函数:

$$F^2_{\text{DCCA}}(n)\equiv(N-n)^{-1}\sum_{i=1}^{N-n}f^2_{\text{DCCA}}(n,i) \tag{6-70}$$

如果两个序列具有互相关性,则存在幂律关系 $F^2_{\text{DCCA}}(n)\sim n^{2\lambda}$,其中 λ 为互相关指数,可以度量长程幂律互相关性。Zebende 提出了量化两个信号的 DCCA 互相关系数[31]:

$$\rho_{\text{DCCA}}\equiv\frac{F^2_{\text{DCCA}}}{F_{\text{DFA}\{x_i\}}F_{\text{DFA}\{y_i\}}} \tag{6-71}$$

式中,$F_{\text{DFA}\{x_i\}}$ 和 $F_{\text{DFA}\{y_i\}}$ 分别表示信号 x_i 和 y_i 基于 DFA 的方差函数。DFA 计算方法可参考文献[35]。Zebende[31]认为 ρ_{DCCA} 在 -1 到 1 之间变化,$\rho_{\text{DCCA}}=0$ 表明两时间序列不存在互相关性,$0<\rho_{\text{DCCA}}\leqslant1$ 表明两时间序列存在正的互相关特性;$-1\leqslant\rho_{\text{DCCA}}<0$ 表明两时间序列存在负的互相关特性。

2. ARFIMA 过程长程互相关性分析

为验证 DCCA 方法多尺度互相关特征提取的有效性,利用稳态线性 ARFIMA(Autoregressive Fractionally Integrated Moving Average)过程生成幂律长程自相关时间序列 y_i 和 y_i'(平稳算子阶数 q 和 p 反映序列的短程相关性,均为 0),模型公式为[36]

$$y_i = \sum_{j=1}^{\infty} a_j(d) y_{i-j} + \varepsilon_i \tag{6-72}$$

式中，d 为差分阶数(反映序列的长记忆性特征)，ε_i 为白噪声序列，$a_j(d) = \Gamma(j-d)/[\Gamma(-d)\Gamma(1+j)]$ 为权重，Γ 为伽马函数。差分阶数 d 分别为 0.2 和 0.4 时生成的两个 ARFIMA 过程 y_i 和 y_i' 有相同的误差项，故两个序列在具有长程自相关特性的同时也具有长程互相关特性，对应的数据序列如图 6-61 所示。

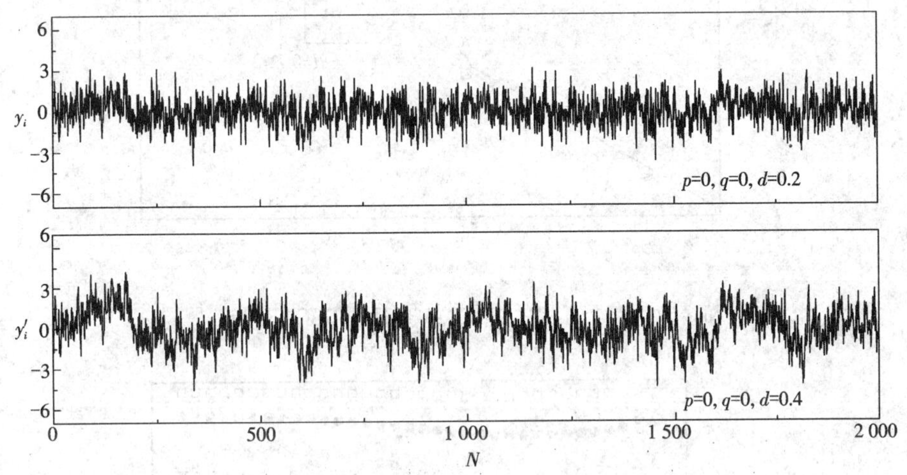

图 6-61　具有长程互相关特性的 ARFIMA 过程[37]

两个序列的 DFA 曲线如图 6-62 所示，均可利用幂律关系 $F_{\mathrm{DFA}} \sim n^H$ 拟合，其中 Hurst 指数分别为 $H=0.71$ 和 $H'=0.92$，且 Hurst 指数与差分阶数存在关系：$H \approx 0.5+d$。另外，发现两个序列的 DCCA 结果去趋势协方差均方根与窗口长度 n 也存在近似幂律关系，即 $F_{\mathrm{DCCA}} \sim n^{\lambda}$，这与 y_i 和 y_i' 具有幂律互相关特性这一事实相吻合，λ 为互相关指数，其大小约为 Hurst 指数的平均值，可表示为 $\lambda \approx (H+H')/2$。

保持同样的误差项，使差分阶数 d 分别取不同值，生成与 $y_i(d=0.2)$ 均具有互相关性的 8 对 ARFIMA 过程，分别考察 y_i 与各序列的 $F^2_{\mathrm{DCCA}} \sim n^{2\lambda}$ 关系，发现每对 ARFIMA 过程均具有幂律自相关和互相关特性。利用式(6-71)计算差分阶数 d 对序列互相关水平的影响，结果如图 6-63 所示。可见，当差分阶数 d 接近 0.2 时，序列间的互相关水平较高；随着差分阶数 d 的增大，互相关水平逐渐降低，规律清晰且层次分明。这表明 DCCA 分析方法在考察具有耦合关系的序列相关性方面优势明显。

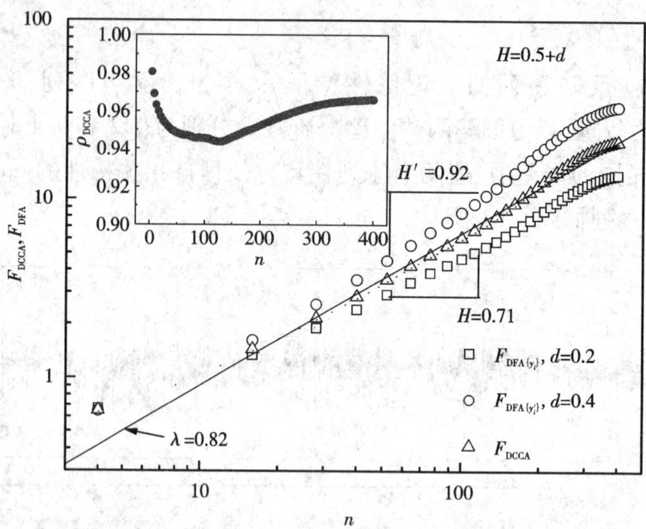

图 6-62 两个互相关 ARFIMA 过程的 DCCA 分析[37]

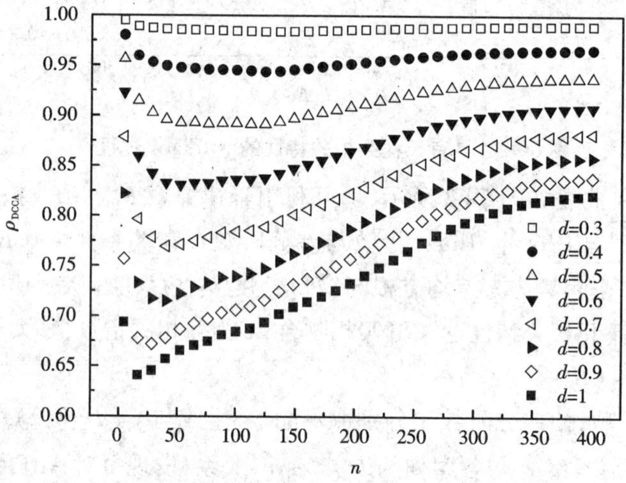

图 6-63 不同 ARFIMA 过程互相关水平与 ARFIMA 过程差分阶数的关系[37]

6.14 多元时间序列多尺度样本熵分析

近几年多元时间序列分析得到了广泛的关注,艾哈迈德(Ahmed)等提出了多元时间序列多尺度样本熵算法[38],该算法在分析多元时间序列复杂程度方面具有显著的优点,尤其当系统中存在较大程度的不确定性或相关的测量系统存在动态耦合性时。多元时间序列多尺度熵算法步骤如下。

(1)定义多元时间序列形式如下:

$$\{u_{k,i}\}_{i=1}^{N} \qquad (k=1,2,\cdots,p) \tag{6-73}$$

(2)设定时间尺度因子 e,以 e 为参数对原始多元时间序列进行粗粒化处理从而获得新的

多元时间序列,形式如下:

$$y_{k,j}^{e}=\frac{1}{e}\sum_{i=(j-1)e+1}^{je}x_{k,i}\qquad \left(1\leqslant j\leqslant\frac{N}{e},k=1,2,\cdots,p\right)\tag{6-74}$$

新的时间序列长度为 N/e,当尺度值为 1 时,粗粒化之后的时间序列就是原始时间序列。图 6-64 以一个通道的时间序列为例,给出了尺度变化的示意图。

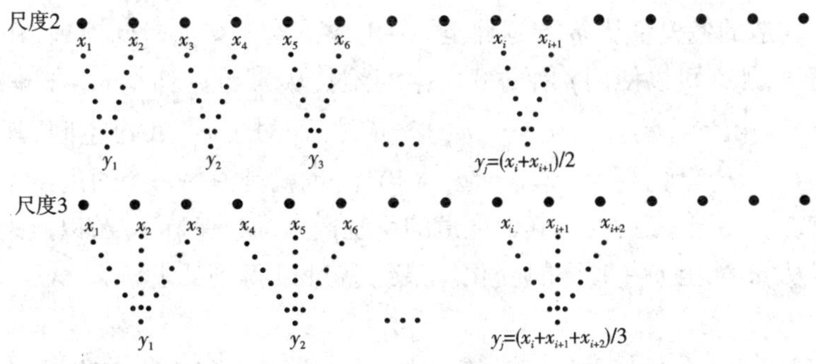

图 6-64　时间序列尺度变换示意图

(3)相空间重构。为了计算多元时间序列样本熵,需要引入多元嵌入理论[39]。一个在同一系统中由 p 个度量函数组成的 p 元时间序列形式如下:

$$\{x_{k,i}\}_{i=1}^{N}\qquad (k=1,2,\cdots,p)\tag{6-75}$$

定义嵌入维数矢量如下:

$$\boldsymbol{M}=[m_1,m_2,\cdots,m_p]\tag{6-76}$$

定义时间延迟矢量如下:

$$\boldsymbol{\tau}=[\tau_1,\tau_2,\cdots,\tau_p]\tag{6-77}$$

依据 Takens 嵌入定理对时间序列进行相空间重构:

$$\boldsymbol{X}_m(i)=[u_{1,i},\cdots,u_{1,i+(m_1-1)\tau_1},u_{2,i},\cdots,u_{2,i+(m_2-1)\tau_2},\cdots,u_{p,i},\cdots,u_{p,i+(m_p-1)\tau_p}]\tag{6-78}$$

重构矢量总嵌入维数

$$m=\sum_{k=1}^{p}m_k\tag{6-79}$$

对于上述相空间重构方法我们作一个示例,例如,有两组数据分别为 $x=\{x_1,x_2,x_3,x_4,x_5\}$ 和 $y=\{y_1,y_2,y_3,y_4,y_5\}$,令 $\boldsymbol{\tau}=[2,1]$,$\boldsymbol{M}=[2,2]$。那么经过重构以后获得的矢量为 $[x_1,x_3,y_1,y_2]$,$[x_2,x_4,y_2,y_3]$ 和 $[x_3,x_5,y_3,y_4]$。

(4)计算样本熵值。

①定义参数 $n=\max\{\boldsymbol{M}\}\times\max\{\boldsymbol{\tau}\}$。依据重构方法,使 $i=1,2,\cdots,N-n$,最终获得 $N-n$ 个重构矢量。

②对于任意两矢量 $\boldsymbol{X}_m(i)$ 和 $\boldsymbol{X}_m(j)$,对于它们之间的距离 $d[\boldsymbol{X}_m(i),\boldsymbol{X}_m(j)]$ 定义如下:

$$d[\boldsymbol{X}_m(i),\boldsymbol{X}_m(j)]=\max_{l=1,\cdots,m}\{|x(i+l-1)-x(j+l-1)|\}\tag{6-80}$$

③对于每一个 i 值所对应的矢量 $\boldsymbol{X}_m(i)$,计算其与其他所有矢量 $\boldsymbol{X}_m(j)\,(j\neq i)$ 的距离。给定容限值 r,对满足条件 $d[\boldsymbol{X}_m(i),\boldsymbol{X}_m(j)]\leqslant r$ 的情况进行计数,得到 Q_i。然后通过 Q_i,计算满

足要求的情况的发生概率，即

$$B_i^m(r)=\frac{1}{N-n-1}Q_i \tag{6-81}$$

对于全部 i 取值，计算在全部矢量下满足要求的情况的发生概率：

$$B^m(r)=\frac{1}{N-n}\sum_{i=1}^{N-n}B_i^m(r) \tag{6-82}$$

④将第一步构造的各矢量从 m 维延伸至 $m+1$ 维。对于多元时间序列，在这里可以假设总共包括 p 个通道，那么可以使用 p 种方式将空间维数从 m 维延伸至 $m+1$ 维。对于 m 维空间，其嵌入矢量可以用 $[m_1,m_2,\cdots,m_k,\cdots,m_p]$ 来描述，而对于 $m+1$ 维空间，其嵌入矢量可以用 $[m_1,m_2,\cdots,m_k+1,\cdots,m_p](k=1,2,\cdots,p)$ 来描述，也就是说每一个通道值 k 对应了一种增加空间维数的方式。在这一过程中，其他通道的系统嵌入维数保持不变，以此来保证整个系统的嵌入维数获得从 m 维至 $m+1$ 维的变化。最终就可以得到总共 $p\times(N-n)$ 个重构矢量 $\boldsymbol{X}_{m+1}(i)$。

⑤在 $m+1$ 维空间上依据②③进行计算。在 $m+1$ 维上获得重构矩阵 $\boldsymbol{X}_{m+1}(i)$，计算满足 $d[\boldsymbol{X}_{m+1}(i),\boldsymbol{X}_{m+1}(j)]\leqslant r$ 条件的数量 Q_i，依据 Q_i 计算满足该要求的情况的发生概率，有

$$B_i^{m+1}(r)=\frac{1}{p(N-n)-1}Q_i \tag{6-83}$$

最后对于所有情况得到

$$B^{m+1}(r)=\frac{1}{p(N-n)}\sum_{i=1}^{p(N-n)}B_i^{m+1}(r) \tag{6-84}$$

⑥通过上述过程获得任何两组重构矢量分别在 m 维和 $m+1$ 维情况下的相似程度 $B^m(r)$ 与 $B^{m+1}(r)$。最后，在一个确定的容限值 r 下，定义多元样本熵值形式如下：

$$MSample(M,\tau,r,N)=-\ln\left[\frac{B^{m+1}(r)}{B^m(r)}\right] \tag{6-85}$$

对于多元时间序列来说，不同通道需要选择不同的时间延迟与嵌入维数，需要对不同数据通道的所有嵌入参数 m_k 和 τ_k 同时进行测试，从而获得最佳的参数组合。由于多元样本熵继承了一元样本熵在实际应用中对于嵌入维数 $m_k<5$ 的约束，这对于大多数实际情况能够得到准确应用并且不会影响在这项工作中的结果。在一元样本熵的计算中，容限参数 r 由标准差的一定百分比来决定。对于多元样本熵，则使用其在多元上推广全变差 $\mathrm{tr}\,\boldsymbol{S}$（即矩阵 $\boldsymbol{S}$ 的迹）来决定容限值，其中 $\boldsymbol{S}$ 为数据的协方差矩阵。为了保证所有多元序列拥有相同的全变差，需要将每个通道的数据进行标准化使其成为单位变异数。这样多元时间序列的变化程度的不同便不会影响到多元样本熵值的计算结果。

该方法已被成功应用于多相流研究中[40]，以四扇区电导传感器[41]测得的水平油水两相流数据分析为例，对应于不同水平油水流型的多元多尺度样本熵曲线如图 6-65 所示。在尺度大于 5 以后，多元多尺度样本熵随尺度变化的曲线逐渐变得平缓，将多元多尺度样本熵随尺度变化的 1 ~5 尺度曲线拟合成一条直线，并计算拟合直线的斜率以及这五个点的多元多尺度样本熵平均值，绘制 R 与 M 的关系曲线图并将其置于每个多元多尺度样本熵分布图的右上角。图 6-65 显示了水平油水两相流五种不同流型的多元多尺度样本熵随尺度变化的曲线，从子图

中可看出不同流型的 R 值和 M 值都不相同,并且随着流型由分层流转变为分散流的过程中逐渐增大。综上,多元多尺度样本熵是识别水平油水两相流流型及揭示流体动力学演化特性的一个有力的工具。

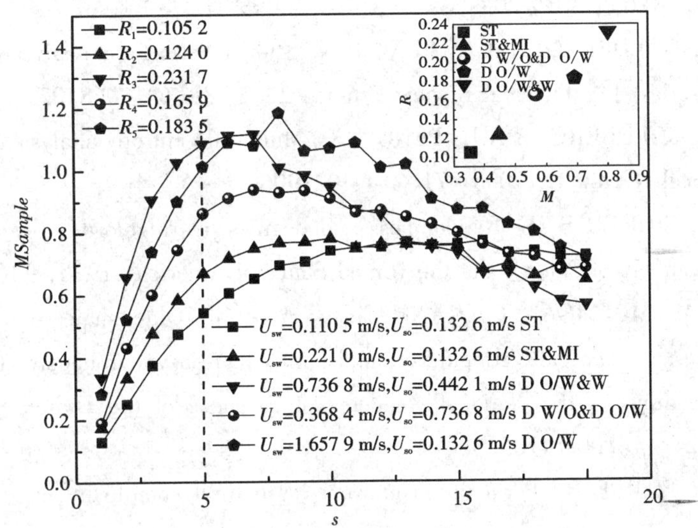

图 6-65　五种水平油水两相流流型多元多尺度样本熵分布图

ST—层状流;ST&MI—具有混合界面的层状流;D W/O&D O/W—层状双连续分散流;D O/W—水包油分散流;D O/W&W—上层水包油下层水

6.15　思考题

1. 试通过经典非线性系统仿真分析方法,讨论多尺度样本熵与多尺度排列熵之间的抗噪性能区别。

2. Logistic 映射:$x_{n+1}=ax_n(1-x_n)$,取 $2.5\leqslant a\leqslant 4$,试通过计算绘制给出不同 a 值时对应的排列熵变化曲线,与不同 a 值时对应的映射分岔图进行对比,并讨论排列熵表征 Logistic 混沌系统结构特性的特点。

3. 与单尺度混沌时间序列分析方法相比,试分析多尺度复杂熵因果关系平面在描述非线性动力学系统特性时的优势。

第 6 章参考文献

[1]　李静海,郭慕孙. 过程工程量化的科学途径[J]. 自然科学进展,1999,9(12):1073-1078.

[2]　PINCUS S M. Approximate entropy as a measure of system-complexity[J]. Proceedings of the National Academy of Sciences of the United States of America, 1991, 88(6): 2297-2301.

[3]　RICHMAN J S, LAKE D E, MOORMAN J R. Sample entropy[J]. Methods in Enzymology,

2004,384(1):172-184.

[4] RICHMAN J S, MOORMAN J R. Physiological time-series analysis using approximate entropy and sample entropy[J]. American Journal of Physiology: Heart and Circulatory Physiology, 2000, 278(6): 2039-2049.

[5] COSTA M, GOLDBERGER A L, PENG C K. Multiscale entropy analysis of complex physiologic time series[J]. Physical Review Letters, 2002, 89(6): 068102.

[6] COSTA M, GOLDBERGER A L, PENG C K. Multiscale entropy analysis of biological signals [J]. Physical Review E, 2005, 71(21): 021906.

[7] PINCUS S, SINGER B H. Randomness and degrees of irregularity[J]. Proceedings of the National Academy of Sciences of the United States of America, 1996, 93(5):2083-2088.

[8] PINCUS S M, MULLIGAN T, IRANMANESH A, et al. Older males secrete luteinizing hormone and testosterone more irregularly, and jointly more asynchronously, than younger males [J]. Proceedings of the National Academy of Sciences of the United States of America, 1996, 93(24):14100-14105.

[9] BANDT C, POMPE B. Permutation entropy: A natural complexity measure for time series [J]. Physical Review Letters, 2002, 88(17): 174102.

[10] FADLALLAH B, CHEN B, KEIL A, et al. Weighted-permutation entropy: A complexity measure for time series incorporating amplitude information[J]. Physical Review E, 2013, 87(2): 022911.

[11] MARTÍN M T, PLASTINO A, ROSSO O A. Statistical complexity and disequilibrium[J]. Physics Letters A, 2003, 311(2): 126-132.

[12] LAMBERTI P W, MARTÍN M T, PLASTINO A, et al. Intensive entropic non-triviality measure[J]. Physica A, 2004, 334(1/2): 119-131.

[13] ROSSO O A, LARRONDO H A, MARTÍN M T, et al. Distinguishing noise from chaos[J]. Physical Review Letters, 2007, 99(15): 154102.

[14] COSTA M, GOLDBERGER A L, PENG C K. Broken asymmetry of the human heartbeat: Loss of time irreversibility in aging and disease[J]. Physical Review Letters, 2005, 95 (19):198102.

[15] COSTA M, PENG C K, GOLDBERGER A L. Multiscale analysis of heart rate dynamics: Entropy and time irreversibility measure[J]. Cardiovascular Engineering, 2008, 8(2): 88-93.

[16] PORPORATO A, RIGBY J R, DALY E. Irreversibility and fluctuation theorem in stationary time series[J]. Physical Review Letters, 2007, 98(9): 094101.

[17] CAMMAROTA C, ROGORA E. Time reversal, symbolic series and irreversibility of human heartbeat[J]. Chaos Solution and Fractal, 2007,32(5):1649-1654.

[18] CASALI K R, CASALI A G, MONTANO N, et al. Multiple testing strategy for the detection of temporal irreversibility in stationary time series[J]. Physical Review E, 2008, 77(6):

066204.

[19] HOU F Z, ZHUANG J J, BIAN C H, et al. Analysis of heartbeat asymmetry based on multi-scale time irreversibility test[J]. Physica A, 2010, 389(4): 754-760.

[20] HOU F Z, NING X B, ZHUANG J J, et al. High-dimensional time irreversibility analysis of human interbeat intervals[J]. Medical Engineering & Physics, 2011, 33(5): 633-637.

[21] 李雅堂,阎睿,杨卓,等. 清醒和麻醉大鼠肾交感神经活动的多尺度熵分析[J]. 中国生物医学工程学报,2008,27(4):498-514.

[22] 郑桂波,金宁德. 两相流流型多尺度熵及动力学特性分析[J]. 物理学报,2009,58(7):4485-4491.

[23] DOU F X, JIN N D, FAN C L, et al. Multi-scale complexity entropy causality plane: An intrinsic measure for indicating two-phase flow structures[J]. Chinese Physics B,2014, 23(12): 120502.

[24] 樊春玲,金宁德,陈秀霆,等. 两相流流动结构多尺度复杂熵因果关系平面特征[J]. 化工学报,2015,66(4):1301-1309.

[25] CHEN X, JIN N D, ZHAO A, et al. The experimental signals analysis for bubbly oil-in-water flow using multi-scale weighted-permutation entropy[J]. Physica A, 2015,417:230-244.

[26] HAO Q Y, JIN N D, HAN Y F, et al. Multi-scale time asymmetry for detecting the breakage of slug flow structure[J]. Chinese Physics Letters, 2014, 31(12): 120501.

[27] JONES D L, BARANIUK R G. An adaptive optimal kernel time-frequency representation [J]. IEEE Transactions on Signal Processing, 1995, 43(10): 2361-2371.

[28] TANG Y, ZHAO A, REN Y Y, et al. Gas-liquid two-phase flow structure in the multi-scale weighted complexity entropy causality plane[J]. Physica A, 2016, 449: 324-335.

[29] PODOBNIK B, STANLEY H E. Detrended cross-correlation analysis: A new method for analyzing two nonstationary time series[J]. Physical Review Letters, 2008, 100(8): 084102.

[30] HORVATIC D, STANLEY H E, PODOBNIK B. Detrended cross-correlation analysis for non-stationary time series with periodic trends[J]. Europhys. Lett., 2011, 94(1): 18007.

[31] ZEBENDE G F. DCCA cross-correlation coefficient: Quantifying level of cross-correlation [J]. Physica A, 2011, 390: 614-618.

[32] VASSOLER R T, ZEBENDE G F. DCCA cross-correlation coefficient apply in time series of air temperature and air relative humidity[J]. Physica A, 2012, 391: 2438-2443.

[33] ZEBENDE G F, DA SILVA M F, FILHO A M. DCCA cross-correlation coefficient differentiation: Theoretical and practical approaches[J]. Physica A, 2013, 392: 1756-1761.

[34] YUAN N M, FU Z. Different spatial cross-correlation patterns of temperature records over China: A DCCA study on different time scales[J]. Physica A, 2014, 400: 71-79.

[35] PENG C K, BULDYREV S V, HAVLIN S, et al. Mosaic organization of DNA nucleotides [J]. Phys. Rev. E,1994,49(2):1685-1689.

[36] HOSKING J R M. Fractional differencing[J]. Biometrika, 1981, 68(1): 165-176.

[37] 翟路生,金宁德.小管径气液两相流空隙率波传播多尺度相关性[J].物理学报,2016, 65(1):010501.

[38] AHMED M U, MANDIC D P. Multivariate multiscale entropy analysis[J]. IEEE Signal Processing Letters, 2012, 19(2): 91-94.

[39] CAO L Y, MEES A, JUDD K. Dynamics from multivariate time series[J]. Physica D, 1998, 121(1/2): 75-88.

[40] GAO Z K, DING M S, GENG H, et al. Multivariate multiscale entropy analysis of horizontal oil-water two-phase flow[J]. Physica A, 2015, 417:7-17.

[41] GAO Z K, YANG Y X, ZHAI L S, et al. A four-sector conductance method for measuring and characterizing low-velocity oil-water two-phase flows[J]. IEEE Transactions on Instrumentation and Measurement, 2016, 65(7): 1690-1697.

第7章 复杂性测度分析

复杂性研究遍及自然科学、工程技术科学、管理科学和人文社会科学等领域,各学科的研究对象和采用的分析方法不同,对复杂性概念的定义也不尽相同。目前,对复杂性还没有统一的严格定义。从应用角度出发,我们更关心的是与时间和符号序列有关的复杂性概念。

20世纪60年代中期Kolmogorov[1]提出了“算法复杂性”概念,以描述符号序列复杂性。由于Kolmogorov复杂性难以计算,朗佩尔(Lempel)和齐夫(Ziv)提出了有限序列复杂性定义[2],卡什帕(Kaspar)等[3]提出了随机序列复杂性测度的算法流程。贝茨(Bates)等[4]引入了信息波动作为复杂性度量方法,把复杂性和动力系统计算能力联系起来,作为一种以信息度量为基础的复杂性,它反映了真正复杂的行为介于极端的有序和混乱之间。

本章介绍的复杂性测度可反映一个时间序列随着序列长度增加出现新模式的速率,可用于复杂系统动力结构分析。此外,符号序列统计方法已应用于混沌信号分析中,符号时间序列分析为强噪声工程对象提供了一种简单、快速且有效的数据处理方法。本章介绍了实验数据符号化分析及符号化方法的参数选择问题。

7.1 Kolmogorov复杂性

对计算机T而言,设给定的符号串为x,将产生x的程序记为p。对一个计算机来说,p是输入,x是输出。关于一个符号串x的Kolmogorov复杂性就是产生x的最短程序p的长度,它反映了对符号串x的最经济的描述所需要的符号个数。上述定义可写为

$$K_{\mathrm{T}}(x)=\min\{|p|:p\text{ 为产生 }x\text{ 的程序}\} \tag{7-1}$$

$$K_{\mathrm{T}}(x)=\infty\quad(\text{如果不存在 }p) \tag{7-2}$$

由于刻画一个符号串x的复杂性的方法不应当依赖于所用的计算机,根据丘奇-图灵理论,取定T为通用图灵机就可以满足。

用$|x|$表示符号串的长度,$K(x)$有下列性质。

(1)$K(x)\leqslant|x|+c$,其中c为与x无关的常数。

(2)$|x|=l$时满足不等式$K(x)<l-m$的x所占的比例不超过2^{-m}。

(3)$\lim\limits_{x\to\infty}K(x)=\infty$。由于长度有界的描述(即程序)只有有限个,因此它们所描述的x也只有有限多个。

(4)定义$m(x)=\min\limits_{y\geqslant x}K(y)$,则$m(x)$是单调增加的整数函数,$m(x)\leqslant K(x)$。可以看出,$m(x)$是具有这两个性质的最大函数。可以证明:$\lim\limits_{x\to\infty}m(x)=\infty$。

(5)$K(x)$不是单调增加函数。

(6)$K(x)$是不可计算函数。由于$K(x)$不是部分递归函数,不可能用任何图灵机来计算,

因此在这个意义上是不可计算的。任何定义域为无限集的部分递归函数都不可能在自己的定义域上与 $K(x)$ 相等。

Kolmogorov 复杂性概念具有局限性，首先表现在它与随机性的关系上。在 Kolmogorov 复杂性定义中，如果符号串 x 完全杂乱无章（即为随机串），找不到任何规律（即程序 p）可以压缩对它的描述，只有直接逐位打印，那么复杂性就等于符号串本身。若符号串是无规则的无穷数，则复杂性趋于无穷。因此，对于越随机的序列，越不可认识，其结果是它越复杂，这就把复杂性与随机性等同起来。而在我们的认识直觉中，却并非如此[5]。

直觉认为完全有序的图 7-1(a)和完全随机的图 7-1(c)都不是最复杂的，而混沌过程[图 7-1(b)]才具有最大的复杂性。单纯的随机性不等同于事物的结构和产生机制的复杂性。

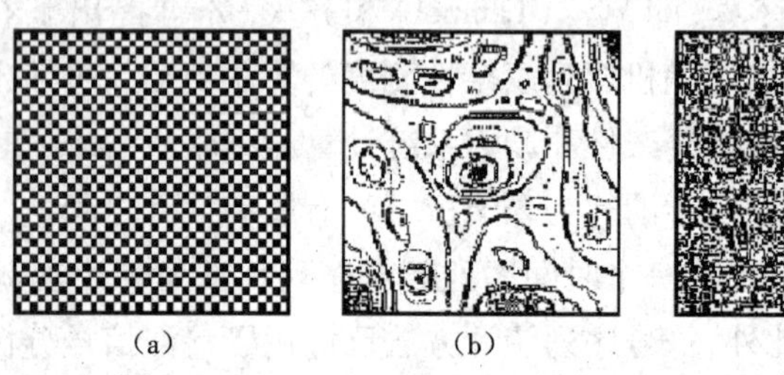

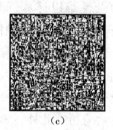

图 7-1　复杂性与随机性关系

(a)有序　(b)混沌　(c)无序

“混沌”是复杂性不等于随机性的最好例证。混沌由确定性规则产生，从演化规则来看，现在的状态几乎完全决定未来的状态；但是随着演化时间的增长，体系内部的微观状态个数越来越多，区别越来越大，对混沌全部微观态的描述和预测成为不可能，形成一种貌似随机的复杂状态。混沌的序列可由简单的迭代方程产生，其 Kolmogorov 复杂性并不大；但其吸引子纷繁的结构及不同初始值时系统行为的不可预测性却非 Kolmogorov 复杂性所能描述，它的复杂并非随机性的复杂。

7.2　Lempel-Ziv 复杂性

Kolmogorov 复杂性是用描述一件事物所用的计算机语言长度来衡量的。一般认为，描述一件事物的计算机语言长度越长，该事物就越复杂。但 Kolmogorov 复杂性是不可计算的。

Lempel 和 Ziv[2] 在信息理论的研究中对随机序列复杂性给出了定义，提出了一种相对来说容易计算的复杂性度量，称为 Lempel-Ziv 复杂性，有些文献也称之为 Kolmogorov 复杂性，但实际上 Lempel-Ziv 复杂性与 Kolmogorov 复杂性本质上有很大不同。

Lempel-Ziv 算法采用描述复杂性的观点，但在这里用只有两种简单操作（复制和添加）的计算模型代替图灵机来描述一个给定序列，并将所需的某种操作的次数作为序列的复杂性度量。该算法反映了一个时间序列随其长度的增加出现新模式的速率，反映了序列接近随机序列的程度，认为完全有序的复杂性最低，完全随机的最复杂。

Lempel-Ziv 算法由于简化了描述手段，与 Kolmogorov 复杂性相比，其对序列的压缩能力也大大降低。一些序列，例如 $\pi=3.1415926\cdots$，用 Kolmogorov 复杂性可由较短的程序得到；而用 Lempel-Ziv 算法描述，由于序列符号的重复性不规律，则需要较长的程序，其结果更接近于随机序列。

7.2.1　Lempel-Ziv 复杂性算法

Kaspar 等[3]对随机序列 Lempel-Ziv 意义下的复杂度进行了研究，提出了随机序列复杂性测度的算法流程，并将其用于单峰映射和一维元胞自动机的分析上。该算法的实质是不断比较某一字符串是否是另一字符串的子串，如是，则复杂度维持不变，否则加 1。

Lempel-Ziv 复杂性的计算过程描述如下。

对于由 $S=\{0,1\}$ 所产生的有限或无限符号序列，将串 S 的复杂性记为 c。

(1) 对 $\{0,1\}$ 序列中已形成的一串字符 $S=s_1s_2\cdots s_r$ 后再加一个或一串字符（s_{r+1} 或 $s_{r+1}s_{r+2}s_{r+3}\cdots s_{r+k}$，称之为 Q），两者连接得到 SQ。令 $SQ\pi$ 表示一串字符 SQ 减去最后一个字符，再看 Q 是否属于 $SQ\pi$ 字符串中已有的"字句"，若有，则把这个字符加在后面称之为"复制"，如果没有，称之为"添加"，"添加"时用一个"·"把前后分开。下一步则把"·"前面的所有的字符看成 S，重复如上步骤。

(2) 记号"·"的个数反映了采取添加操作的次数。如果符号串在上述分析结束时以"·"结束，则记号"·"的个数就等于符号串的复杂性。否则，将个数加 1 即得复杂性 $C(n)$。

例如，计算符号串 0010 的复杂性的步骤如下。

①给空串 S 加上 0，计为→0·。

②这时 $S=0,Q=0,SQ=00,SQ\pi=0$，Q 可以从 $SQ\pi$ 复制得到，记为→0·0。

③$S=0,Q=01,SQ=001,SQ\pi=00$，Q 不能从 $SQ\pi$ 复制得到，采用添加操作得到→0·01·。

④$S=001,Q=0,SQ=0010,SQ\pi=001$，$Q$ 可以从 001 复制得到，计算结束，结果为 0010→0·01·0，复杂性 $c=3$。

(3) 根据 Lempel 和 Ziv 的研究，随着 $n\to\infty$，复杂性 $C(n)$ 趋向于定值，即

$$\lim_{n\to\infty} C(n)=b(n)=\frac{n}{\operatorname{lb} n} \tag{7-3}$$

式中 $C(n)$ 的极限是一个关于 n 的函数，而不是一个数值，这是因为无论何种序列，其模式数总是随 n 的增加而增加，所以 $C(n)$ 不应该趋近于一个定值。$b(n)$ 是随机序列的渐近行为，可以使 $C(n)$ 归一化，成为相对"复杂度"：

$$C(n)=\frac{c(n)}{b(n)}=\frac{c(n)}{n/\operatorname{lb} n} \tag{7-4}$$

通常用这个函数来表达时间序列的复杂性的变化。可以看出，完全随机的序列 $C(n)$ 值趋于 1，而有规律的周期序列 $C(n)$ 趋于 0。要得到稳定的结果所需要序列的长度为 $10^3\sim10^4$。Lempel-Ziv 复杂性在某种程度上反映了符号序列的结构特性，而不是动态特性。

7.2.2　粗粒化问题

在计算序列的 Lempel-Ziv 复杂性时，对于非符号型的时间序列 $\{x_1,x_2,\cdots,x_m\}$，运算前需

要对它作粗粒化处理,转换为{0,1}符号序列(图7-2)。一般采用的方法是,计算序列的均值$\bar{x}$,取

$$S_i = 1 \quad (x_i \geqslant \bar{x}) \tag{7-5}$$

$$S_i = 0 \quad (x_i < \bar{x}) \tag{7-6}$$

需要说明的是,过分粗粒化有可能丢掉原序列所包含的许多信息,甚至从根本上改变原信号的动力学性质。

为了避免过分粗粒化问题,可尝试采取以下两种方法。

1. 多符号粗粒化方法

采用多基数字母表对时间序列进行粗粒化处理,可减轻过分粗粒化的影响。如将时间序列重构成由4种符号(0,1,2,3)组成的符号序列(图7-3),可按与{0,1}序列同样的原则计算$C(n)$。如:

$$01230123\cdots \to 0\cdot 1\cdot 2\cdot 3\cdot 0123\cdots \to c=5(n=\infty)$$

$$0010120123\cdots \to 0\cdot 01\cdot 012\cdot 0123\cdot \to c=4(n=10)$$

其相对复杂性

$$C(n)=\frac{c(n)}{b(n)}=\frac{c(n)\,\mathrm{lb}\,n}{n\,\mathrm{lb}\,N_1^G} \tag{7-7}$$

式中,N_1^G为生成符号序列S的字母表A的基数,本例中$N_1^G=4$。

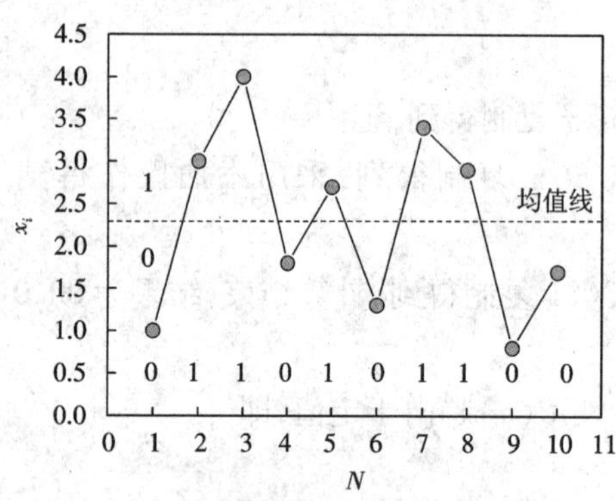

图7-2 2符号均值粗粒化

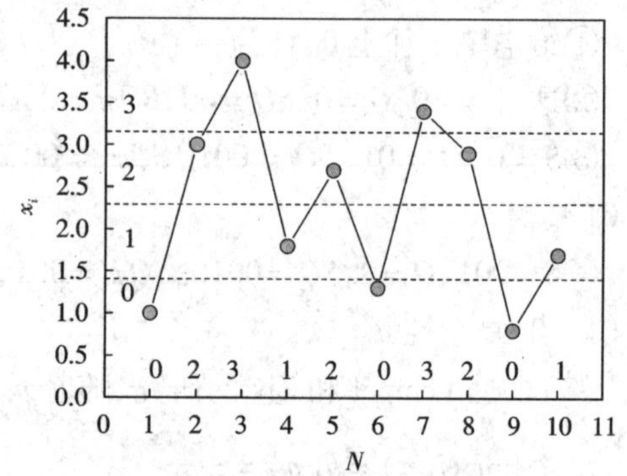

图7-3 4符号均值粗粒化

2. 采用差值粗粒化方法

这一方法思路较简单,即考虑原始信号$\{x_i\}=\{x_1,x_2,\cdots,x_m\}$中各信号值之间相对关系(图7-4)。当$x_{i+1}\geqslant x_i$时,取$S_i=1$;当$x_{i+1}<x_i$时,取$S_i=0$。

均值粗粒化反映的是各个信号值与所选取分割基准之间的相对关系,而差值粗粒化反映的是相邻信号值之间的相对关系。差值粗粒化在很大程度上提取了信号的细节变化,但在某些情况下,这些细节可能包含过多的噪声。

7.2.3 序列长度影响

为了验证序列长度对归一化 Lempel-Ziv 复杂性的影响,取长度从100变化到10 000的白

噪声序列，递增步长为 100，分别计算它们的 2 符号均值粗粒化复杂性，结果如图 7-5 示。由图可见，当 $N>2\ 400$ 时，Lempel-Ziv 复杂度（简称为“*LZC*”）的值波动不大，对 N 的变化不敏感。

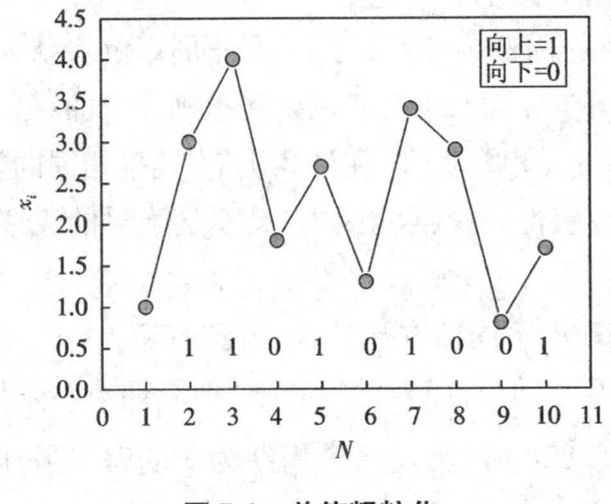

图 7-4　差值粗粒化

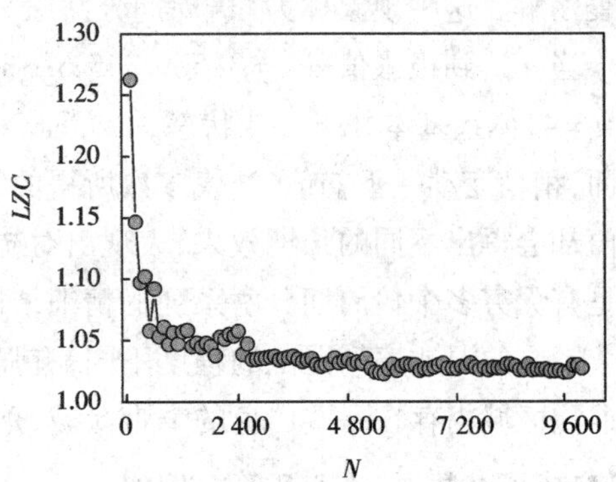

图 7-5　Lempel-Ziv 复杂度与序列长度关系（白噪声）

7.2.4　Logistic 映射的 Lempel-Ziv 复杂性

Logistic 映射模型是研究一维离散动力系统混沌性质的一个典型例子，映射函数中控制参量的不同取值使得此模型在演化过程中既可以产生多种周期信号，也可以产生混沌信号。它既能表现混沌信号的不同特性，也能表现出混沌状态的演化过程，是研究混沌的一个很好例子。它虽然简单却能体现出非线性现象本质，能产生具有各种复杂程度的时间序列。因此，以 Logistic 映射为例，分析复杂性方法对混沌复杂状态识别能力及算法中参数的影响。

1. Logistic 映射

迭代方程

$$x_{n+1}=ax_n(1-x_n)\quad(n=0,1,2,\cdots)\tag{7-8}$$

称为虫口模型或 Logistic 映射。这里的“Logistic”源于希腊文，意为“工于计算”，与“逻辑”毫无关系。它是以昆虫数目的世代变化规律为基础建立起来的一维非线性迭代方程，其中 a 为控制参数，$x_n\in[0,1]$，可以看作一个动力系统。

a 值确定后，由任意初值 $x_0\in[0,1]$，可迭代出一个确定的时间序列：$x_1,x_2,x_3,\cdots$。对于不同的 a 值，系统将呈现不同的特性。

从任何初值出发进行迭代时，一般会有一个暂态过程，这不是我们关心的，我们只关心迭代所趋向的最后结果。

当 $0<a<1$ 时，由于 $0<x_n<ax_{n+1}$，$x_n\to0$。当 $1<a<3$ 时，迭代总是趋于一个稳定的不动点，即方程(7-8)有定态解，其值为 $x^*=1-1/a$。

当 $a>3$ 时，不动点的解失稳。例如，$a=3.1$ 时，迭代将趋于一对稳定的不动点 x_1^* 和 x_2^*，有

$$x_2^*=3.1x_1^*(1-x_1^*)\tag{7-9}$$

$$x_1^*=3.1x_2^*(1-x_2^*)\tag{7-10}$$

故称式(7-8)有稳定的两点周期解。

随着 a 的增大，在 $a=3.449,3.544,3.564,\cdots$时可依次形成4周期，8周期，16周期，……的震荡解。这种现象称为“倍周期分岔”，分岔图如图7-6所示。

当 a 达到极限值 $a_{\infty}=3.569\,945\,6\cdots$时，系统解的周期为 2^{∞}，即是一个非周期解。从 a_{∞} 至 $a=4$，体系基本处于混沌状态，一方面，对每个 x_n 有唯一的 x_{n+1}，所以仍然是确定论的；另一方面，稍稍变动一下初值，迭代多次所得的结果之间就会相差很大，在计算机上，几乎相同的初始值却会得出不同的长期效果，表现出对初始值的敏感性。在混沌区内，又不是绝对的无序，而是有无穷多个倍周期分岔系列的精细结构。

不同的混沌序列混乱的程度不同，有强有弱，表现出不同的混沌特性。在图7-7中 $a>a_{\infty}$ 的混沌区域内存在一些白色的窄带区域，称为“窗口”，它们对应着周期状态，但周期不再是偶数，变成了奇数，如3,5,7等。例如，在 $a=1+\sqrt{8}\approx3.828$ 时，出现一个周期为3的解。另外，在分岔点处参数的微小变化会产生不同性质的动力学特性，故系统在分岔点处是结构不稳定的。

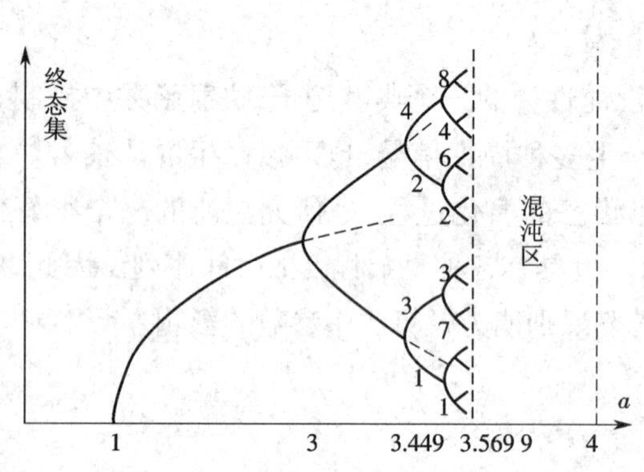

图7-6 Logistic映射的倍周期分岔示意图

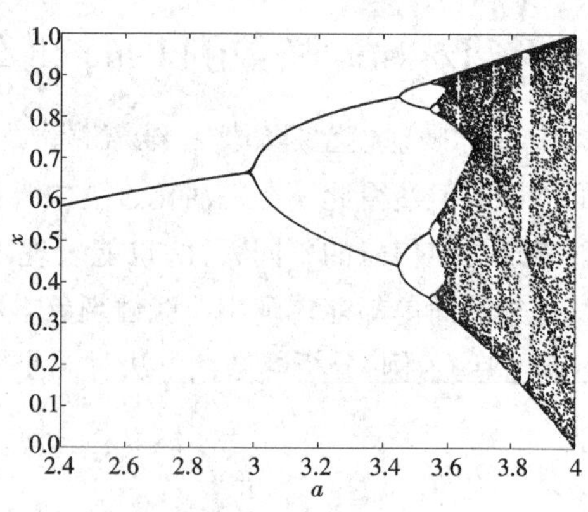

图7-7 混沌区内的精细结构

2. 用Lempel-Ziv复杂性分析Logistic映射

在Logistic映射中，每一个控制参量 a 的值对应着一个迭代序列 $\{x_0,x_1,x_2,\cdots\}$。应用迭代方程 $x_{n+1}=ax_n(1-x_n)$，取 $3\leqslant a\leqslant4$，a 增加的步长为0.005。对每一个不同的参量 a，均从 $x_0=0.58$ 开始迭代，去掉前1 000点的暂态过渡过程，取后1 024点，生成1 024点的序列，对其进行复杂度计算。

首先对序列进行2符号(0,1)均值粗粒化，结果如图7-8所示。将其与Logistic映射的分岔图进行比较。从理论上分析，周期信号的Lempel-Ziv复杂度近似为0，因此 a_{∞}(≈3.57)左侧的复杂度应表现为极低的值；当 $a>3.57$ 时，由于系统进入混沌状态，序列的复杂度应表现为较高的值，但在“窗口”处也应为较低的值。在图7-8中，$3\leqslant a<3.57$ 的区域，复杂度表现为较低值；在 $a>3.635$ 的区域表现为较高值，窗口处呈现较低值，与预期相符合。但在 $3.57\leqslant a\leqslant3.635$ 的区域(图中虚线之间)，仍表现为极低值，与该区域的混沌状态不符，呈现滞后的现象。为了分析这种状况是否由于过分粗粒化导致细节丢失产生，下面应用4符号(0,1,2,3)

粗粒化重新分割序列，计算其复杂度，如图 7-9 所示。

由图 7-9 可见，当 $3 \leqslant a \leqslant 3.58$ 时，序列复杂度为接近 0 的较低值，当 $a = 3.585$ 时，序列复杂度值开始升高，其临界值比 2 符号粗粒化的临界值 3.635 有所提前，更接近于 $a_{\infty} = 3.57$。可见，采用多符号粗粒化细分原始序列，可使 Lempel-Ziv 算法对系统进入混沌状态的识别能力增强，虽仍存在死区（本例中 $3.57 \leqslant a \leqslant 3.58$），但死区已经比较小了。由于 Lempel-Ziv 复杂性着重刻画序列随机性，不能精确描述混沌状态，存在死区也是合理的。

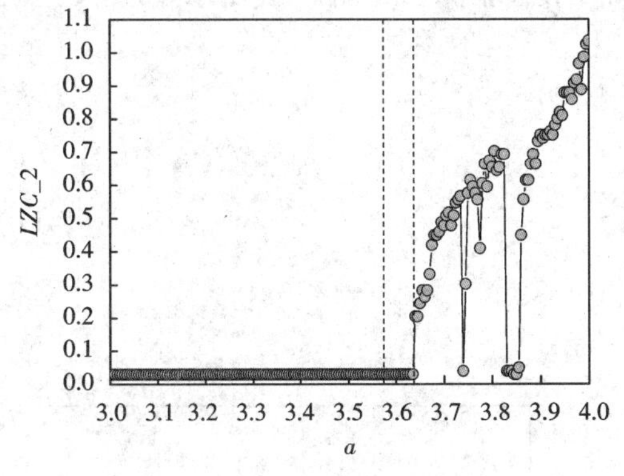

图 7-8　Logistic 映射 2 符号均值粗粒化的 *LZC*

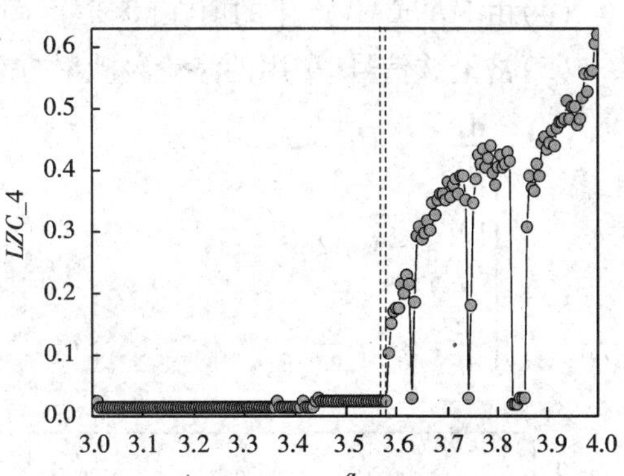

图 7-9　Logistic 映射 4 符号均值粗粒化的 *LZC*

采用差值粗粒化的计算结果见图 7-10，可识别临界点 $a = 3.68$，其死区大于 2 符号均值粗粒化。对于 Logistic 映射而言，采用差值粗粒化不能更好地分辨系统的混沌状态。

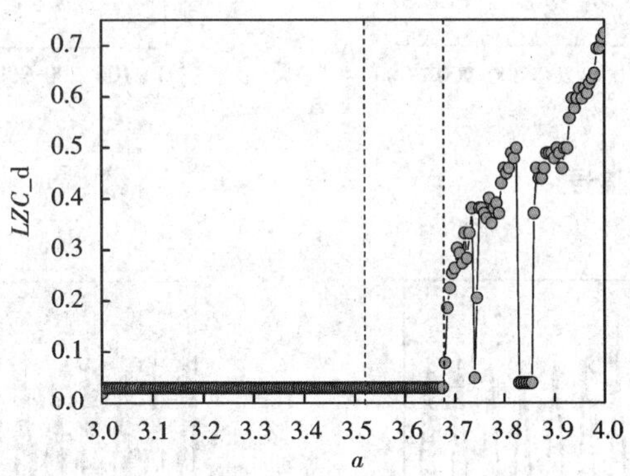

图 7-10　Logistic 映射动态粗粒化的 *LZC*

另外，图 7-8 ~ 图 7-10 有共同的特点，在参数 a 大于临界点的区域内，除“窗口”附近外，整个 Lempel-Ziv 复杂度曲线呈上升趋势。这是由于 a 从 a_{∞} 增大到 4 时，Logistic 映射的迭代值越来越分散，系统的混沌程度增强，序列更接近随机的缘故。以上分析可得出：Lempel-Ziv 复杂性能够分辨 Logistic 映射的从周期到混沌的不同状态。

7.2.5　常见信号的 Lempel-Ziv 复杂性比较

为了进一步研究 Lempel-Ziv 复杂性对于不同信号的区分能力，选取下面长度 N 均为 1 024

点的序列进行比较。

(1)正弦信号 $y=\sin x$,采样间隔为 $\pi/32$,如图 7-11 所示。

(2)由 MATLAB 产生的高斯白噪声序列,如图 7-12 所示。

(3)正弦信号与白噪声信号的混合序列 $y=y_1+p\times y_2$,其中 y_1 为正弦序列,y_2 为白噪声序列,p 为随机成分的混入比例,分别取 $p=0.2,0.5,0.7$,混合序列分别如图 7-13 ~ 图 7-15 所示。

(4)由 MATLAB 产生的值在[0,1]区间均匀分布的随机序列,如图 7-16 所示。

(5)洛伦兹信号,采用的洛伦兹映射方程为

$$\begin{cases}\dfrac{\mathrm{d}x}{\mathrm{d}t}=-10(x-y)\\[2mm]\dfrac{\mathrm{d}y}{\mathrm{d}t}=-y+28x-xz\\[2mm]\dfrac{\mathrm{d}z}{\mathrm{d}t}=xy-\dfrac{8}{3}z\end{cases}\tag{7-11}$$

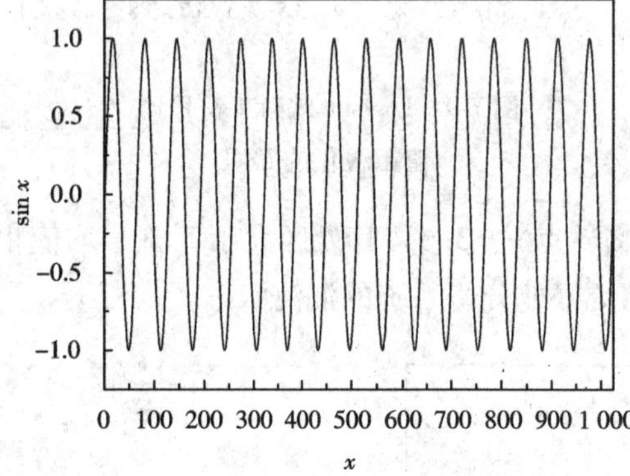

图 7-11　正弦信号

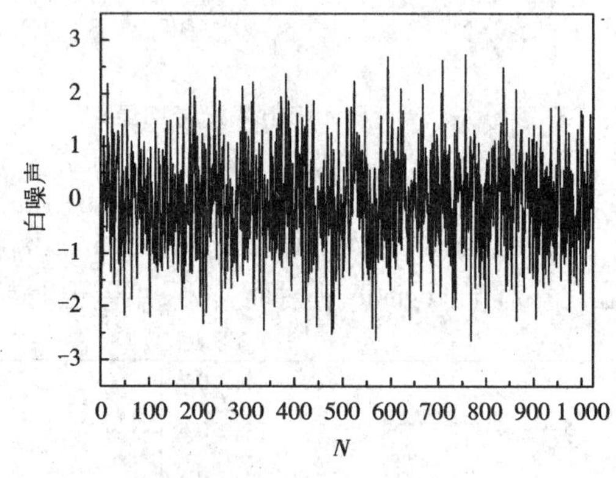

图 7-12　高斯白噪声

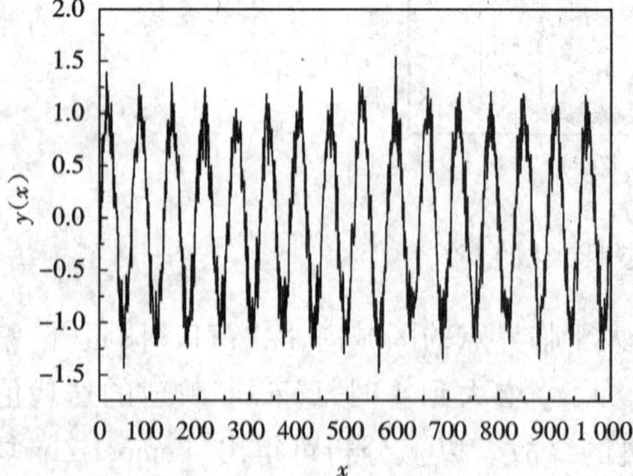

图 7-13　正弦白噪声混合信号($p=0.2$)

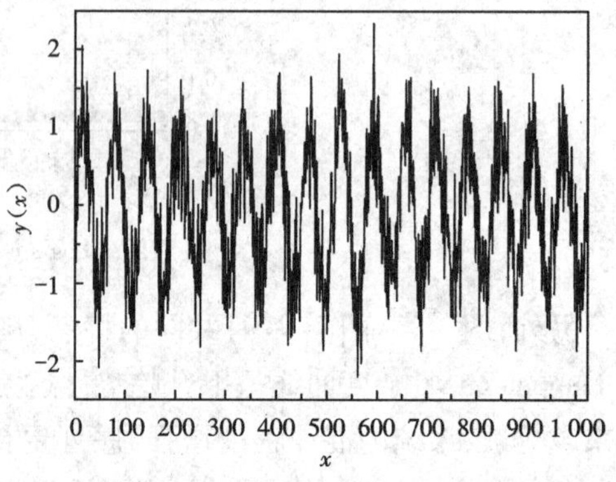

图 7-14　正弦白噪声混合信号($p=0.5$)

取初值(2,2,20)开始计算,选取变量 x 的迭代值,去掉前 1 000 点,取后面的 1 024 点生成序列,如图 7-17 所示。

对每种信号用 Lempel-Ziv 复杂性进行计算，分别采用前述三种不同的粗粒化方法，结果见表 7-1。

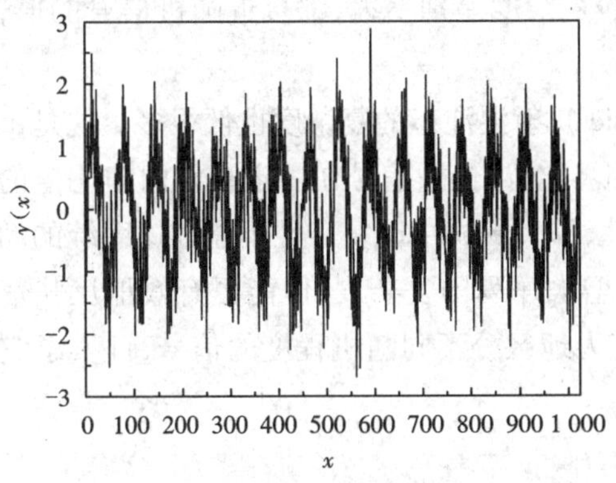

图 7-15　正弦白噪声混合信号（$p=0.7$）

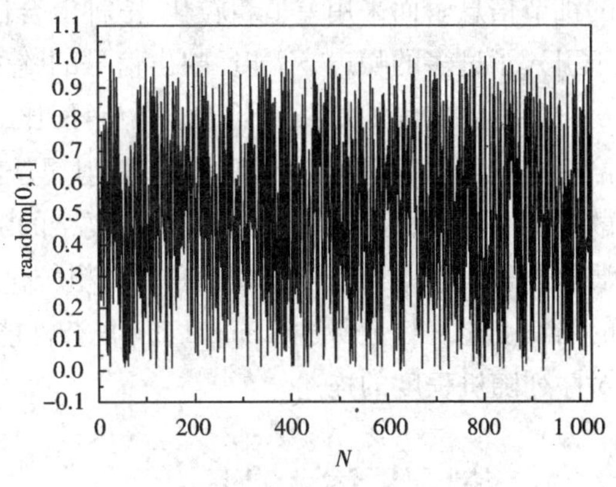

图 7-16　均布随机信号

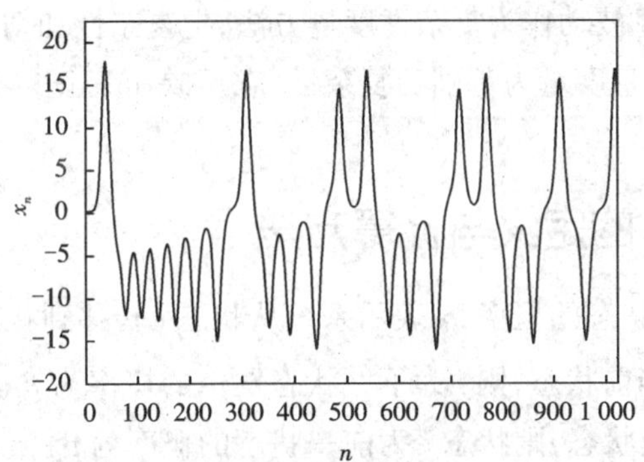

图 7-17　洛伦兹方程生成的$\{x_n\}$序列

周期性的正弦信号的 Lempel-Ziv 复杂度最小，接近于 0，采用不同的粗粒化方法得到的结果近似。高斯白噪声信号和均布随机信号的复杂度最大，接近于 1，采用不同的粗粒化方法影响不大。

表 7-1　不同信号的 Lempel-Ziv 复杂度计算结果

信号	2 符号均值粗粒化	4 符号均值粗粒化	差值粗粒化
正弦信号	0.039 063	0.039 063	0.048 869
混合信号（$p=0.2$）	0.273 438	0.527 344	1.016 474
混合信号（$p=0.5$）	0.654 297	0.781 250	0.967 606
混合信号（$p=0.7$）	0.800 781	0.874 023	0.957 832
高斯白噪声	1.054 688	0.986 328	0.967 606
均匀分布随机信号	1.083 984	1.005 859	0.957 832
洛伦兹信号	0.117 188	0.166 016	0.224 797

对于混合信号,基于均值粗粒化的复杂度随随机成分的增加而增大,其值介于正弦信号和高斯白噪声之间。采用4符号粗粒化比2符号的值更大一些,可见多符号的刻画能获得更多的细节信息。而采用差值粗粒化,三种混合信号的复杂度差别不大,都接近随机信号的值,由于引入了过多的噪声,不能反映出信号的整体趋势。

洛伦兹信号的复杂度低于混合信号,比 Logistic 映射混沌态的复杂度也低很多。这是由于洛伦兹映射属于连续混沌,Logistic 映射属于离散混沌。洛伦兹信号在一定长度内演化值的分散程度和随机程度有限,并未表现出复杂的随机性,即 Lempel-Ziv 复杂性不能描述系统的动态演化过程。采用4符号粗粒化和差值粗粒化虽然增大序列的复杂度,但能更有效地反映信号的精细变化。综上所述,Lempel-Ziv 复杂性能够有力地区分不同随机程度的信号,证实了它是对序列随机程度的描述。

7.3 涨落复杂性

Bates 等[4]引入了信息波动作为复杂性度量方法,把复杂性和动力系统的计算能力联系起来。作为一种新的以信息量度量为基础的复杂性,它反映了真正复杂的行为介于极端的有序和混乱之间。

7.3.1 涨落复杂性的定义与计算方法

p_i 表示状态 i 是当前状态的概率,p_{ij}表示系统从状态 i 转移到状态 j 的概率。$p_{i\to j}$表示前向条件转移概率,即若 i 为当前状态,则 j 为下一状态发生的概率为 $p_{i\to j}$。类似地,可定义反向条件转移概率,即若 j 为当前状态,则状态 i 为前一状态的概率为 $p_{i\leftarrow j}$。由此可见

$$p_{ij}=p_i p_{i\to j}=p_{i\leftarrow j}p_j \tag{7-12}$$

当系统由状态 i 转移到状态 j 时,定义信息获取量 G_{ij} 为

$$G_{ij}=\lg 1/p_{i\to j} \tag{7-13}$$

信息损失量 L_{ij}的定义与之类似:

$$L_{ij}=\lg 1/p_{i\leftarrow j} \tag{7-14}$$

则信息净增益量 Γ_{ij}为

$$\Gamma_{ij}=G_{ij}-L_{ij}=\lg p_{j\to i}/p_{i\to j}=\lg p_i/p_j=I_j-I_i \tag{7-15}$$

其中 I 表示香农信息。

所有转移的净信息增益取平均为

$$\langle\Gamma\rangle=\sum_{ij}p_{ij}\Gamma_{ij} \tag{7-16}$$

由于 $\sum_j p_{i\to j}=1$,可推出平均信息量$\langle\Gamma\rangle=\sum_{i,j}p_{ij}\Gamma_{ij}=0$。在系统演变过程中,$\Gamma_{ij}$在其平均值上下波动,因而有非零的均方差 σ_Γ^2,这可理解为净信息量的涨落。于是 Γ 的均方差必不为0。

$$\sigma_\Gamma^2=\langle(\Gamma-\langle\Gamma\rangle)^2\rangle=\langle\Gamma^2\rangle-\langle\Gamma\rangle^2=\langle\Gamma^2\rangle \tag{7-17}$$

式中 σ_Γ 表征系统随时间演化的过程中,混沌和有序相对优势的可变性和波动的程度。因此,

可应用此变量定义一种复杂性度量参数：

$$C_f = \sigma_\Gamma^2 = \langle \Gamma^2 \rangle = \sum_{i,j=1}^{N} p_{ij}\left(\lg \frac{p_i}{p_j}\right)^2 \tag{7-18}$$

在 C_f 的定义中，包括状态概率和转移概率，因而涨落复杂性是一种动态复杂性测量。当系统是周期行为（周期为 φ）时，状态概率 $p_i = p_j = 1/\varphi$，故 $C_f = \sigma_\Gamma^2 = 0$，表明有规律的周期过程是不复杂的。可以证明，为了检验周期行为，只对状态概率要求有足够的分辨率，而对转移概率没有要求。当系统是均匀分布的随机行为时，因为状态空间 A 是等概率的过程分布（$p_i = p_j$），故 $C_f = \sigma_\Gamma^2 = 0$，说明均匀分布的随机过程也是不复杂的。只有当状态概率为非均匀分布时，C_f 才依赖于转移概率 $p_{i\to j}$，从而产生真正复杂的行为。

由式（7-18）可知，只要计算出状态概率和转移概率，就可计算出 C_f。以下采用等间距单元法划分原始数据以计算每个状态的概率。

（1）计算时间序列 $X = \{x_1, x_2, \cdots, x_N\}$ 的最大值 x_{max} 和最小值 x_{min}，将 X 划分为 M 个等间距的单元，每个单元的长度为 $L = (x_{max} - x_{min})/M$，以一个单元作为一种状态。

（2）计算落在每个单元中的 x_k 的个数，除以 N 后作为第 i 个单元的状态概率 p_i 的估计。转移概率 p_{ij} 可由如下方法获得：计算 x_k 落入第 i 个单元并且 x_{k+1} 落入第 j 个单元的 x_k 的个数，除以 N 作为 p_{ij} 的估计。

（3）根据计算出的概率值和式（7-18）计算 C_f。

7.3.2　用涨落复杂性分析 Logistic 映射

仍用上节中生成的 Logistic 序列进行分析，取分割状态数 $M = 15$，如图 7-18 所示。由图可见，当 $3 \leqslant a < 3.545$ 时，Logistic 序列的涨落复杂性接近于 0，仅在 $a = 3$ 和 $a = 3.455$ 附近有较高的值。在 Logistic 映射中，$a = 3$ 为 2 周期开始的分岔点，$a = 3.449$ 为 4 周期开始的分岔点，属于过渡过程，其结构是不稳定的，故在其附近具有较高的复杂性也可以解释。$3.545 \leqslant a \leqslant 3.565$ 时，序列的复杂度升高，其中包括了 8 周期的分岔点 $a = 3.545$ 和 16 周期的分岔点 $a = 3.564$。由于在这一区域 Logistic 映射的倍周期分岔速度较快，其涨落复杂性值呈现较快的增长。当 $a = 3.57$ 时，复杂度陡然升高到 0.822，此后一直保持较高值，这正是临界点 a_∞，序列从此进入混沌状态。在窗口处复杂度出现 0 值，例如 $a = 3.83$，对应方程的周期解。a 从 3.57 到 4 的区域，曲线整体呈下降的趋势。由于在混沌区域，随 a 的增大，方程解的分布越来越广，跳变越来越随机，按照 C_f 的含义，它的复杂度也越来越小。由上述分析可见，涨落复杂性较好地描述了 Logistic 映射由周期到混沌的动态变化过程。

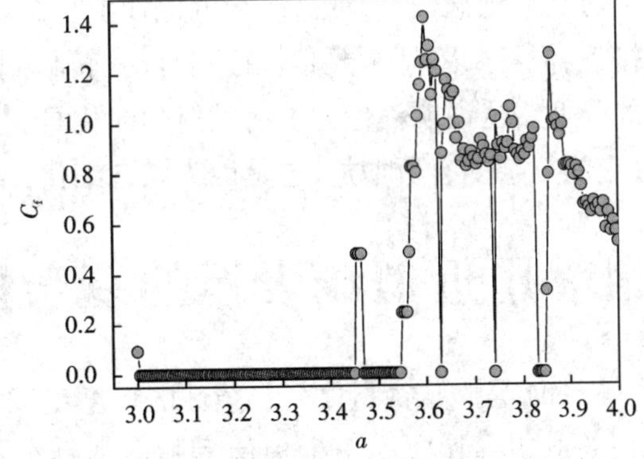

图 7-18　Logistic 映射的涨落复杂性

7.3.3 常见信号的涨落复杂度比较

仍采用第7.2.5节所用的信号，结果如表7-2所示。

表7-2 不同信号的涨落复杂度计算结果

信号	$M=10$	$M=50$	$M=100$
正弦信号	0.057 446	0.033 235	0.052 588
混合信号($p=0.2$)	0.276 472	0.277 044	0.318 868
混合信号($p=0.5$)	0.459 473	0.403 951	0.371 733
混合信号($p=0.7$)	0.610 132	0.557 527	0.525 648
高斯白噪声	0.822 299	0.834 994	0.826 196
均匀分布随机信号	0.007 809	0.065 364	0.175 397
洛伦兹信号	0.031 732	0.073 981	0.162 64

周期性的正弦信号复杂度很小，接近于0。对于同样属于随机信号的高斯白噪声和均布随机信号，后者的复杂度很小，接近于0；而高斯白噪声由于不是均匀分布，其状态概率 $p_i \neq p_j$，且转移到其他状态的概率较大，故有较大的复杂性。这与Lempel-Ziv复杂性有很大的不同，Lempel-Ziv复杂性并不区分是哪种类型的随机信号，均视为最复杂；而涨落复杂性认为均匀分布的随机信号是简单的，混合信号的复杂度介于正弦信号和高斯白噪声之间。

对于洛伦兹信号，涨落复杂度也较小。在计算过程中可以观察到，其各状态发生的概率并不接近，但各个状态主要是转移到自己，转移到其他状态的概率很小且许多为0，导致其复杂度的降低。这说明洛伦兹映射的解的演化具有连续性，跳变的程度不剧烈。当增大状态数 M 时，它的复杂度有所增加，这是因为状态细化，增加了状态间的转移概率。

7.4 用近似熵表示的复杂性测度

Pincus等[6]从衡量序列复杂性的角度出发，提出了一个引人注目的概念——近似熵(*ApEn*)，并成功将其应用于生理信号的非线性分析中。他们比较了成人和儿童卧位及立位的HRV(心律变异信号)时间序列的近似熵和分形维数，发现近似熵和分形维数都可以把不同的对象区分开，这两种方法表现出较好的一致性。

ApEn 定义的是高维空间中相矢量的聚集程度。它用一个非负数来表示一个时间序列的复杂性，越复杂的时间序列对应的近似熵越大。近似熵算法并不是企图完全重构吸引子，而是用一种有效统计方式(边缘概率分布)来区分各种过程。它是从多维角度计算序列的复杂性，包含了时间模式的信息。有关近似熵算法详见第3.5.3节。

7.4.1　Logistic 映射的近似熵

图 7-19 是 Logistic 映射的近似熵，取容限 $r=0.2$ sd。在 $3\leqslant a\leqslant 3.55$ 的区域，$ApEn$ 的值为 0；当 $a=3.555$ 时，近似熵值突然增高，在极限值 $a_{\infty}=3.57$ 前就呈现了较高值，与映射的动力学特性不符。在 $a\in[3.59,4]$ 的区域，曲线呈上升趋势，只在窗口处为 0 值，这与 Lempel-Ziv 复杂性的结果近似。增大容限 r 的取值，取 $r=0.3$ sd，如图 7-20 所示。$3\leqslant a<3.57$ 时，序列的近似熵值为 0，$a=3.57$ 时，近似熵的值开始升高，较好地反映了映射的特征。

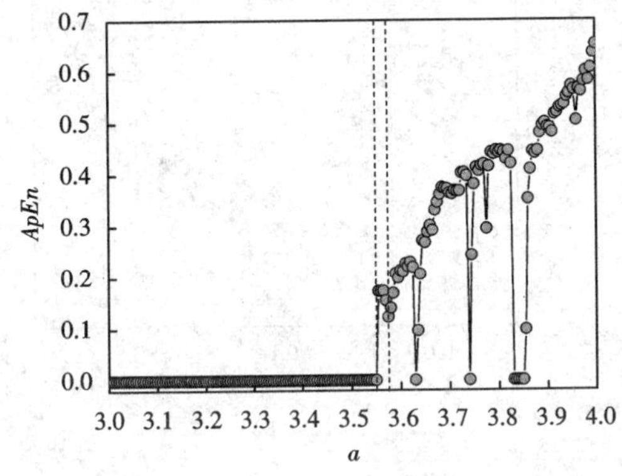

图 7-19　Logistic 映射的近似熵（$r=0.2$ sd）

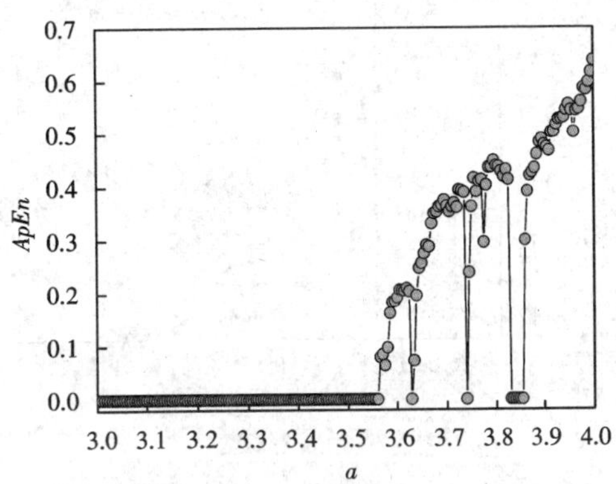

图 7-20　Logistic 映射的近似熵（$r=0.3$ sd）

7.4.2　常见信号的近似熵比较

表 7-3 是不同信号在不同相似容限下的近似熵。与 Lempel-Ziv 复杂性的结果近似，从周期性的正弦信号到混合信号再到完全随机的高斯白噪声，近似熵的值越来越大。混沌的洛伦兹信号的值介于两者之间。由此可见，有规律的周期信号最简单，完全随机的信号最复杂，近似熵是一种描述序列结构的算法，不反映系统动态变化。容限从 $r=0.2$ sd 增大到 0.4 sd 时，近似熵值在降低；从 $r=0.1$ sd 增大到 0.2 sd 时的情况比较复杂，近似熵值有的升高有的降低。

表 7-3　不同信号的近似熵计算结果

信号	$r=0.1$ sd	$r=0.2$ sd	$r=0.3$ sd	$r=0.4$ sd
正弦信号	0.179 522	0.259 507	0.210 657	0.165 303
混合信号（$p=0.2$）	1.394 195	0.732 251	0.832 691	0.595 048
混合信号（$p=0.5$）	1.255 074	1.568 774	1.397 057	1.185 652
混合信号（$p=0.7$）	1.195 856	1.631 656	1.533 659	1.332 768
高斯白噪声	1.111 196	1.660 744	1.670 557	1.524 862
均匀分布随机信号	1.235 818	1.828 763	1.717 578	1.496 823
洛伦兹信号	0.347 818	0.283 458	0.220 973	0.157 640

7.5 气液两相流复杂性测度分析

对采集的 80 组气液两相流电导传感器波动信号(详见第 2 章)分别计算 Lempel-Ziv 及近似熵两种复杂性,如图 7-21 所示。从中可以看出,两种复杂性测度整体变化趋势比较一致,且 4 符号化的 Lempel-Ziv 复杂性具有更好的表征效果。

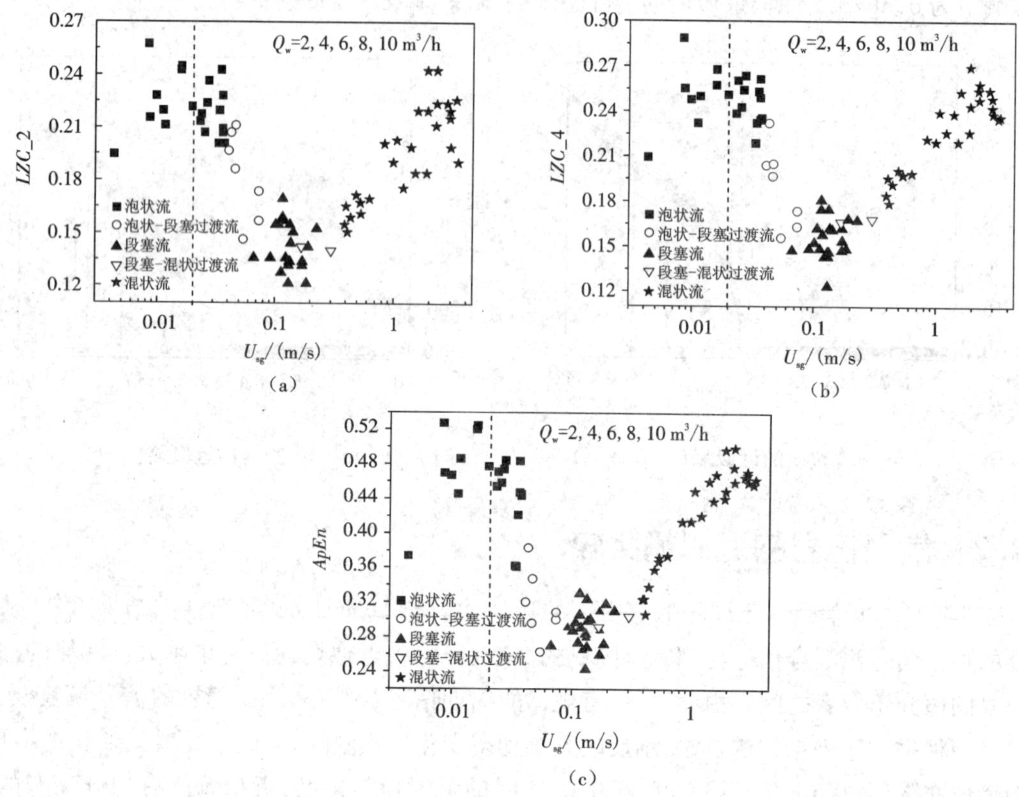

图 7-21 Lempel-Ziv 及近似熵复杂性测度随气液两相流流动参数变化关系[7]

(a)2 符号均值粗粒化的 *LZC* (b)4 符号均值粗粒化的 *LZC* (c)近似熵

当气相表观速度小于 0.02 m/s 时,随着气相表观速度的增加,两种复杂度均逐渐增加,表明随着气泡浓度的增加,泡群随机可变运动特征在加剧,其动力学特性变得复杂;当气相表观速度大于 0.02 m/s 时,流型从泡状流向段塞流逐渐转变,两种复杂度均逐渐减小,表明泡群向聚并的趋势发展,此时泡群随机运动程度在减弱;发展到段塞流后,气塞与液塞有规律的交替变化反而使气液两相流动力学特征变得简单,两种复杂度均变为最小;随着气相表观速度增加,流型从段塞流向混状流转变,两种复杂度均逐渐增加,表明具有振荡特点的混状流流型的动力学特性愈加复杂,气泡随机运动程度逐渐增加。可以看出,两种复杂度对气液两相流流型变化是敏感的,通过观察两种复杂度随两相流流动参数变化的趋势,可进一步理解气液两相流流动结构演化特性。

7.6　符号时间序列分析

时间序列的符号分析方法起源于国外 20 世纪 90 年代中期,它是基于符号动力学理论、混沌时间序列分析和信息理论发展起来的一种新的实验数据分析方法。最初它为强噪声工程对象提供了一种简单、快速且有效的数据处理方法[8],后来符号化的时间序列分析方法被广泛应用于物理、工程及流体等应用领域。Tang 等[9-10]将符号序列统计方法应用于混沌信号分析中,并且研究了时空系统中符号化方法的参数选择问题,证明了可以将此方法运用于不规则时间序列处理。Daw 等[11]首先将此方法应用于多相流流动现象分析,莱尔曼(Lehrman)等[12]也将该方法应用于混沌及湍流波动信号分析,随后戈德勒(Godelle)等[13]在分析水和甘油混合物喷射状态时运用了符号化方法。最近,Daw 等[14-15]提出了符号时间序列分析中时间不可逆转性指标,并对实验数据如何实现符号化分析给出了系统而全面的综述。

符号化时间序列分析方法有以下优势。

(1)人类对自然界的研究与观测,只能在一定的精度下进行,测量技术可以精益求精,但是永远做不到"绝对准确",测量与研究的根本目的在于对客观事物或过程基本的不变的性质做出严格的结论。

(2)精细的测量必定带来大量的数据,但是用以刻画事物根本性质的特征量通常为数不多,为了得到这些少数的特征量,未必需要从大量精细的原始数据出发,可以对原始数据进行"粗粒化"或"约化"的描述。

(3)在符号化时间序列分析方法中,出现概率大的字符串对系统辨识起主导作用,所以该方法可以有效地抑制噪声的影响,降低对测量仪器抗干扰能力的要求,可以应用低分辨率的传感器,从而降低成本。该方法计算简单,效率较高,可以节省大量的时间。

7.6.1　符号序列生成

本节讨论了如何利用符号化时间序列分析法将原始数据划分为符号序列,利用符号序列不可逆转性 T_{fb}指标及χ^2 统计量作为新指标。

对时间序列符号化分析分为两步:首先将时间序列转化为符号序列,然后再对符号序列进行统计学定量分析。将原始数据转化为符号形式,主要有以下两种方法。

1. 分割区间法[14]

分割区间法的基本思想就是在几个可能值上对时间序列进行离散化,把具有许多可能值的数据序列变换为只有几个互不相同值的符号序列。这是一个粗粒化过程,首先将原始时间数据状态空间划分为一系列区间,每一个区间分配不同的符号,根据原始数据落入的区间不同,将它们转化为不同的符号,从而将一个连续模拟的时间序列转换为一个符号序列。图 7-22 表示了 $U_{sg}=0.0115$ m/s,$U_{sw}=0.1800$ m/s 的流动工况下截得的十个点的符号序列。

2. 差值法[16]

差值法规定:上下两点差值为正,则用符号 1 表示原数据;如果为负,则用 0 表示原数据。差值法对突发的强噪声不敏感,图 7-23 解释了这种方法的应用,其数据工况同图 7-22。

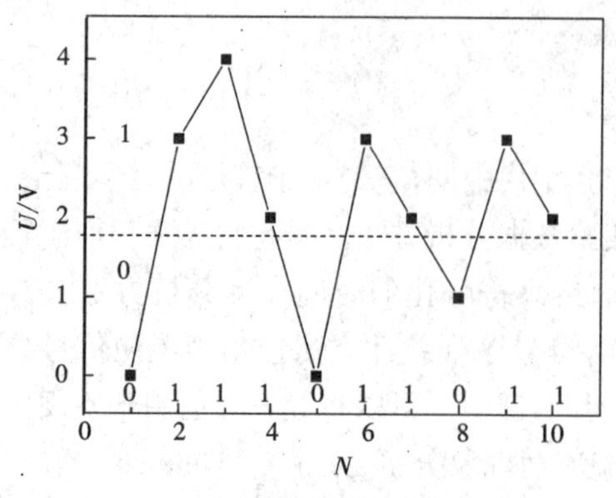

图 7-22　分割区间法划分符号序列

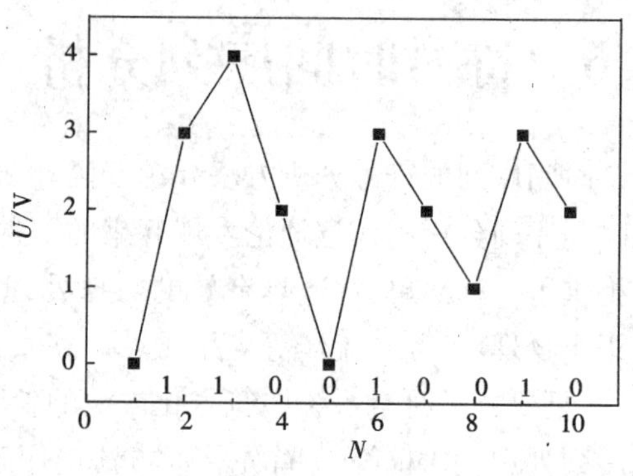

图 7-23　差值法划分符号序列

一旦原始时间序列数据转化为符号形式,下一步就是提取符号序列的特征量。一种有用的办法就是选择一个标准长度 L,L 个连续的符号组成一个字,每一个字被编码为十进制数,形成了新的序列。上述过程与混沌时间序列中相空间重建的时间延迟嵌入类似,即利用离散的符号替代连续的原始测量值,然后以出现字的概率除以所有字的总数,把它作为时间序列分析的一个指标,图 7-24 及图 7-25 所示就是符号序列柱状图,数据分别对应于图 7-22 及图 7-23,其中字长 L 选择为 2,符号序列柱状图直观地描述了每一个字出现的相对频率。

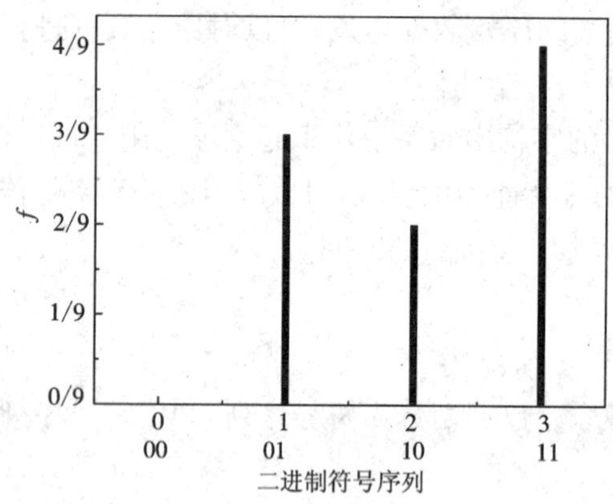

图 7-24　分割区间法对应的符号序列柱状图

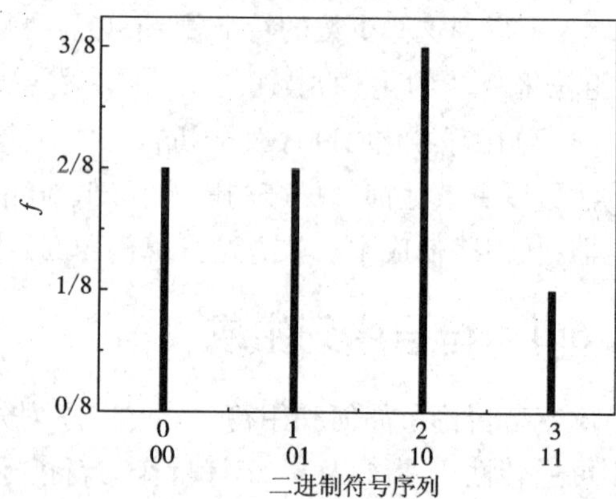

图 7-25　差值法对应的符号序列柱状图

分割区间的数目 n 及产生字的标准长度 L 决定了出现的符号序列的长度,序列长度 N_{seq} 可以通过下式计算:

$$N_{seq} = n^L \tag{7-19}$$

对于给定的时间序列,选择适当的 n 与 L 值能更好地进行相空间重构及揭示动力学特性。

7.6.2　描述符号序列的统计量

1. 时间不可逆转性指标 T_{fb} 及 χ^2 统计量

符号时间序列分析的重点在于分析每一个字的相对频率,通过对出现字的统计学分析,揭示系统的动力学特性。目前已经有多种方法被用于频率统计分析,其中三种主要的统计学方法被证明是非常有用的,它们分别是修正的香农熵、时间不可逆转性指标 T_{fb} 及 χ^2 统计量。

修正的香农熵定义如下[16]:

$$H_S = -\frac{1}{\lg N_{obs}}\sum_i p_i \lg p_i \tag{7-20}$$

其中 p_i 是第 i 个字出现的概率,N_{obs} 是在符号序列中出现的不同字的数量。对于完全随机的数据,修正的香农熵等于1;对于不完全随机的数据,其范围为0~1。它与香农熵的含义是一致的,熵值越大,表明系统的规律性越差,熵值接近于0时,表明系统的规律性很好。

对于同一个符号序列,正向划分原始数据与反向划分可得到两个完全不同的符号序列,分别求这两个序列中字出现的概率,然后对两种情况下字的概率进行欧氏范数计算,就可计算出时间不可逆转性 T_{fb}。时间序列不可逆转性 T_{fb} 定义为[13]

$$T_{fb} = \sqrt{\sum_i (p_{f,i} - p_{b,i})^2} \tag{7-21}$$

式中,$p_{f,i}$ 和 $p_{b,i}$ 分别为前向序列中符号串与后向序列中符号串的概率。时间序列不可逆转性尤其适用于多维空间。若系统呈规律性变化,则 T_{fb} 为0,而 T_{fb} 越大,则表明系统越复杂,不确定性增大。

也可以利用 χ^2 统计量来计算前向符号序列与后向符号序列的差别,其效果与时间序列不可逆转性指标 T_{fb} 相同,定义式如下[11]:

$$\chi^2_{fb} = \sum_i \frac{(p_{f,i} - p_{b,i})^2}{p_{f,i} + p_{b,i}} \tag{7-22}$$

图7-26清楚地描述了对于同一个符号序列正向划分和反向划分的区别,其对应的前向概率和后向概率也有所不同。

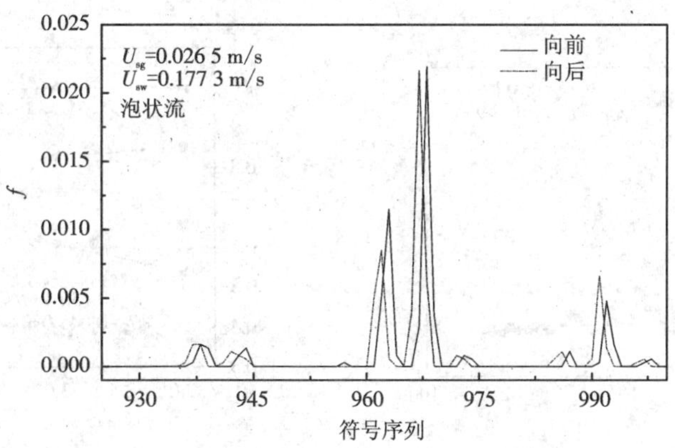

图7-26　前向符号序列及后向符号序列的差别

2. 符号序列参数

为了更好地进行时间序列符号化分析,选择合适的 n 与 L 值是必需的。芬尼(Finney)等[17]根据实际经验发现,当修正的香农熵为最小值时,对应的 n 与 L 就是最佳参数。在数据采集过程中,若采样点过多,则会导致连续多个点的符号相同,因此需要控制采样点数。通常来说,把连续的时间序列转化为符号序列后,将包含大量连续的相同符号。符号重复的频率过高将会导致原始数据的过采样,另外采样时间如果大于采样定律规定的时间,将会发生混叠现象并且丢失信息量。它与延迟时间的选取类似,因此混沌相空间重建中的延迟时间选取方法也可以用于符号时间序列分析,在构造符号序列时减少符号冗余的方法就是增加符号间的时间间隔。一般可利用互信息极小值求取合理的时间延迟。互信息方程定义为

$$I(\tau) = \sum p_{i,j}(\tau) \mathrm{lb} \frac{p_{i,j}}{p_i p_j} \tag{7-23}$$

式中,τ 是时间延迟,可表示为 $\tau = m\Delta t$,其中 m 为延迟时间参数,Δt 为原始数据采样间隔;$p_{i,j}$ 为符号 i 与 j 的联合概率;p_i 与 p_j 分别为符号 i 与 j 出现的概率。

在处理实际数据时,选取第一极小值对应的 τ 为最佳的时间延迟。图 7-27 为某气液两相流差压波动信号在 $U_{sg}=0.011\,6$ m/s,$U_{sw}=0.178\,9$ m/s 的流动工况下得到的互信息随延迟参数 m 的变化曲线图,当 $m=5$ 时,$I(m)$ 取得极小值。分割区间的大小 n 及标准长度 L 决定了出现的符号序列长度,符号序列长度由下式计算:

$$N_{seq} = n^L \tag{7-24}$$

上述三个统计量(H_S, T_{fb}, χ_{fb}^2)值随着分割区间 n 与字标准长度 L 的变化而变化。对于特定时间序列,应当选择适当的 n 与 L 才能更好地揭示系统的动力学特性。迄今为止,研究人员仍然没有从理论上找到一种有效方法,但是 Finney 等[17]根据实际经验发现,当修正的香农熵为最小值时,对应的 n 与 L 就是最佳的参数。Daw 等[14]用时间不可逆转性指标 T_{fb} 来选择最佳参数,当此指标值为最大时,对应的 n,L 值就是最佳的参数值。这两种方法都可以用来作为 n 与 L 参数选择的标准。图 7-28 显示了在 $U_{sg}=0.130\,4$ m/s、$U_{sw}=0.045\,0$ m/s 的流动工况下对差压波动信号的处理结果。当 $n=5$ 及 $L=5$ 时,H_S 取得最小值,这就是我们要选择的最佳参数。

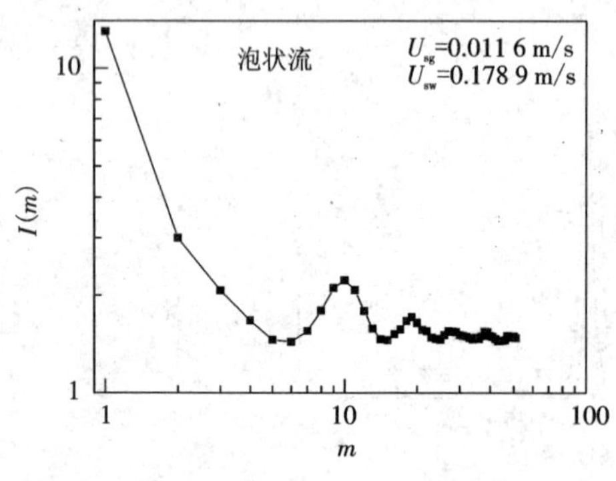

图 7-27 由互信息第一极小值法计算最佳时间延迟

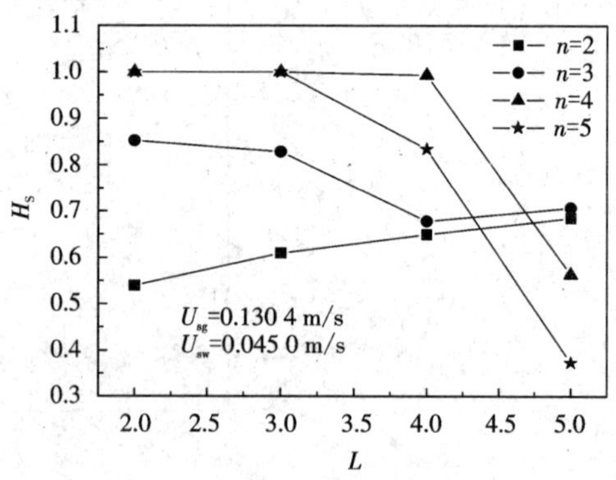

图 7-28 由修正香农熵确定最佳参数

3. 序列长度对符号统计量 T_{fb} 及 χ_{fb}^2 的影响

为了考察时间序列长度对统计量计算结果的影响,在 $U_{sg}=0.133\,6$ m/s,$U_{sw}=0.183\,4$ m/s 流动工况下取时间序列长度从 $N=2\,500$ 变化到 $N=20\,000$,递增步长为 500,分别计算它们的时间序列不可逆转性指标 T_{fb} 和 χ_{fb}^2 统计量,其结果如图 7-29 及图 7-30 所示。

由图可见，当数据长度较小时，对于计算的时间序列不可逆转性指标 T_{fb} 和 χ_{fb}^2 统计量是有影响的；当 $N>12\ 000$ 时，时间序列不可逆转性指标 T_{fb} 和 χ_{fb}^2 统计量波动不大。

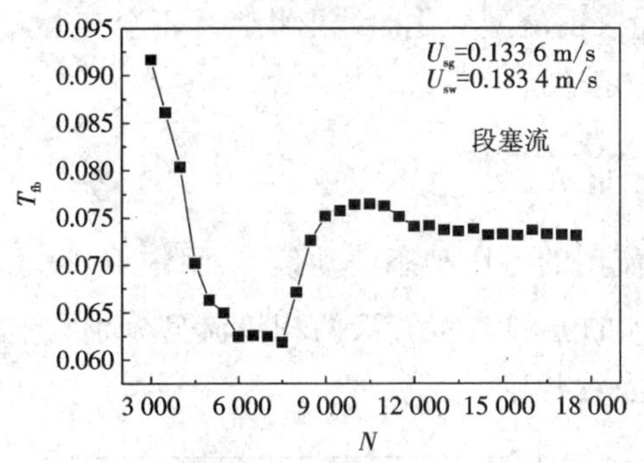

图 7-29　时间不可逆转性 T_{fb} 与序列长度的关系

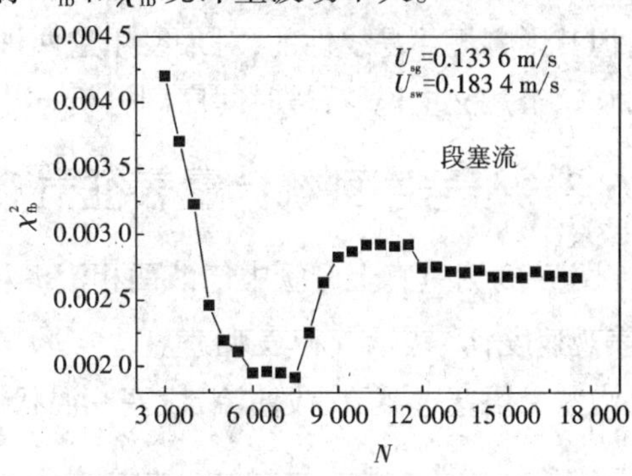

图 7-30　χ_{fb}^2 统计量与序列长度的关系

4. 噪声强度对符号统计量 T_{fb} 及 χ_{fb}^2 的影响

对洛伦兹混沌方程进行求解：

$$\begin{cases}\dfrac{dx}{dt}=a(y-x)\\ \dfrac{dy}{dt}=x(b-z)-y\\ \dfrac{dz}{dt}=xy-cz\end{cases}\tag{7-25}$$

式中，方程各参数值分别为 $a=16$，$b=45.92$，$c=4$，计算时间步长 $\Delta t=0.01$ s，初值为 $(x_0,y_0,z_0)=(10,1,0)$。序列长度选取 100 000。对于求解出的 X 序列加上高斯噪声，即

$$x_i=X_i+\eta\sigma\varepsilon_i\tag{7-26}$$

式中，x_i 为无噪声时由洛伦兹方程求解的时间序列，σ 是该序列标准偏差，ε_i 是高斯随机变量（满足均值为 0、方差为 1 的独立平均分布），η 表示噪声强度。将此时生成的带有噪声的时间序列用互信息法计算出延迟时间，然后计算出如图 7-31 及图 7-32 所示的时间不可逆转性 T_{fb} 及 χ_{fb}^2 统计量随噪声强度变化关系。

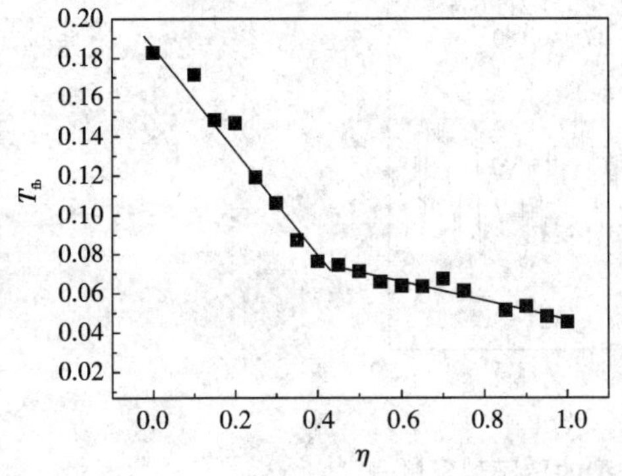

图 7-31　时间不可逆转性 T_{fb} 与噪声强度 η 的关系

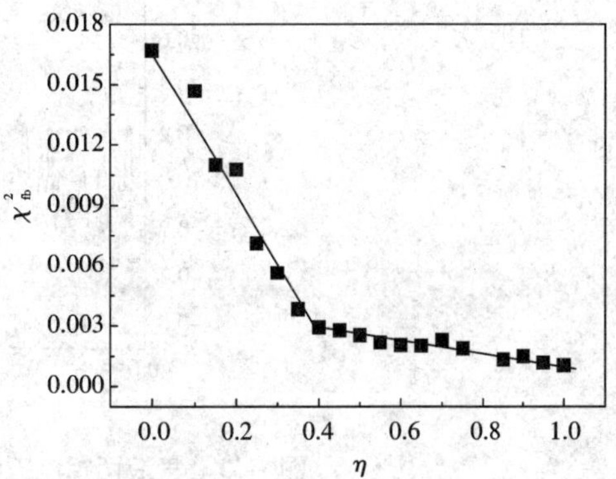

图 7-32　χ_{fb}^2 统计量与噪声强度 η 的关系

从中可以看出，在一定的噪声强度范围内（$\eta \leqslant 0.4$ 或 $\eta > 0.4$），两种统计量随噪声强度近似呈线性规律变化，也就是说在相应的噪声变化范围内，噪声的存在虽然改变了两种统计量值，但其影响规律是线性的，对最终用这两种统计量表征流型变化曲线形状特性不会有太大影响，从这个意义上说，符号时间序列分析方法具有一定的抗噪能力。

7.6.3 符号序列统计量表征气液两相流流型

图 7-33 为垂直上升管中气液两相流五种典型流型的差压动态波动信号，图中 U_{sw} 表示水相表观速度，U_{sg} 表示气相表观速度。实验中观察到的五种典型气液两相流流型分别为泡状流、泡状－段塞过渡流、段塞流、段塞－混状过渡流及混状流。

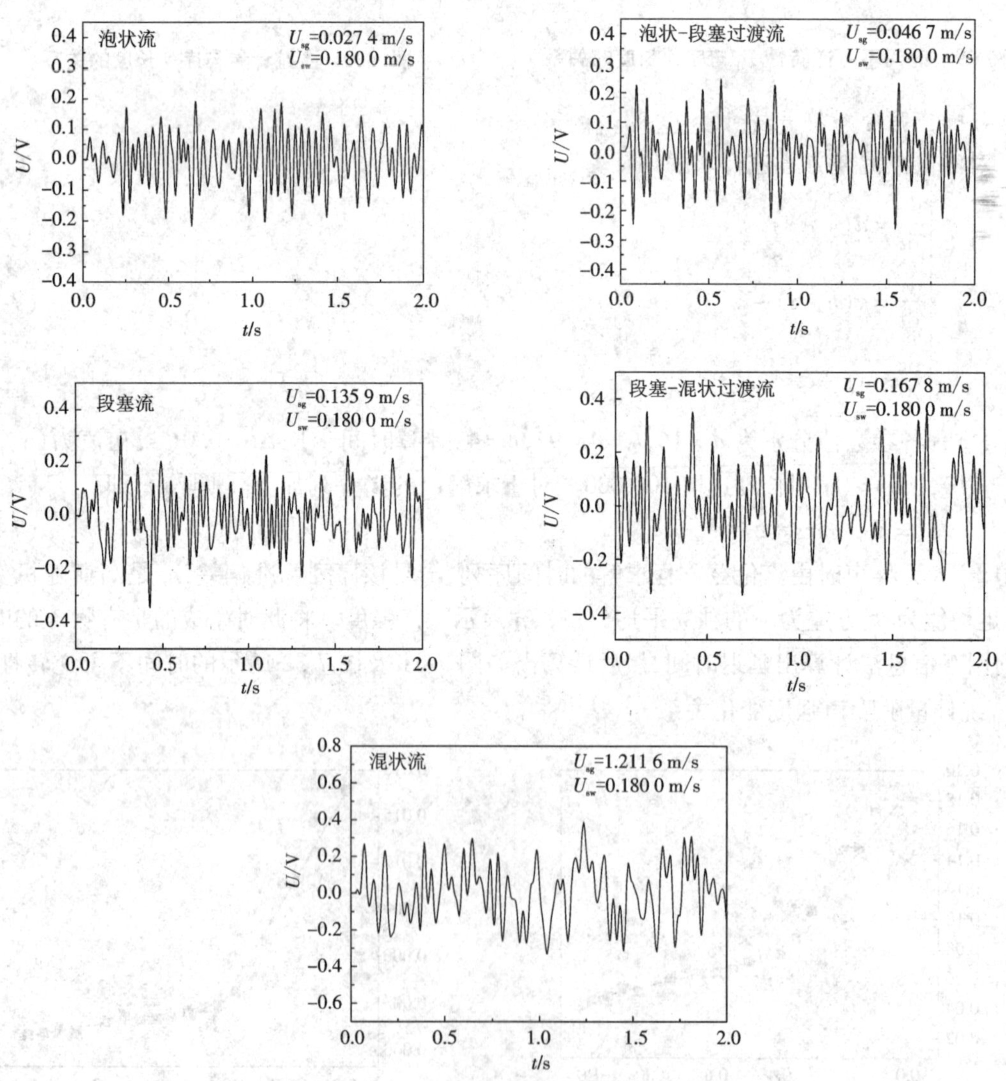

图 7-33 气液两相流五种典型流型的差压测量信号[18]

图 7-34 及图 7-35 分别为对 80 组气液两相流流动工况差压传感器波动信号计算得到的时

间不可逆转性 T_{fb} 及 χ^2_{fb} 统计量随气相表观速度变化的结果。从中可以看出，气相表观速度较低（小于 0.02 m/s）时，泡状流 T_{fb} 及 χ^2_{fb} 统计量整体上比段塞流高，表明泡状流动力学特性比段塞流复杂，这与文献[19]报道的在低液量（U_{sw} = 0.54 m/s）时泡状流具有较高非线性动力学表征值的结论是一致的。

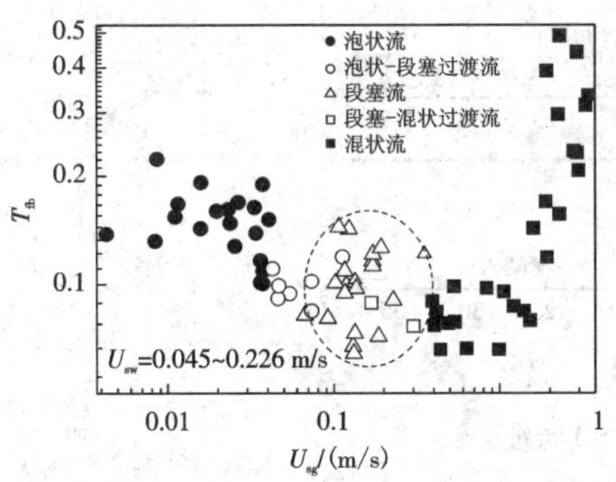

图 7-34　时间不可逆转性 T_{fb} 与气相表观速度的关系[18]

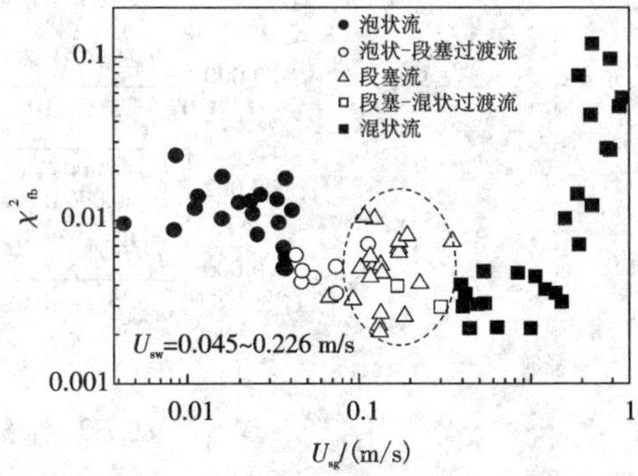

图 7-35　χ^2_{fb} 统计量与气相表观速度的关系[18]

图 7-36 为气相表观速度较低时泡状流功率谱特征，从中可以看出，随着气相表观速度增加，泡状流功率谱逐渐呈现出多频宽带的特征，表明随着泡群浓度的增加，泡群的随机可变运动特征加剧，导致压力波动变得复杂，T_{fb} 及 χ^2_{fb} 统计量逐渐增加，整体上使泡状流的动力学特性变得愈加复杂。

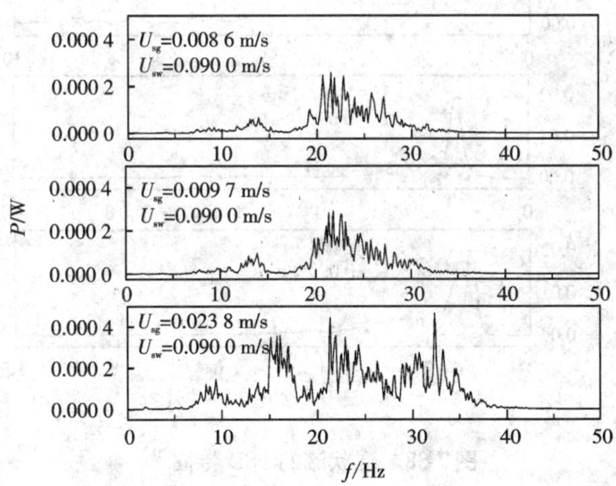

图 7-36　泡状流的 PSD 特征[18]

随着流型从泡状流向段塞流过渡，T_{fb} 及 χ^2_{fb} 统计量逐渐减小，随着气相表观速度增加，泡群向聚并的趋势发展，此时泡群随机运动程度在减弱，发展到段塞流后，段塞流的气塞与液塞周期性的交替变化使段塞流的动力学特性变得相对简单，T_{fb} 及 χ^2_{fb} 统计量处于较低值，但由于受不同液相表观速度的影响，T_{fb} 及 χ^2_{fb} 统计量有较大的波动，整体上段塞流的 T_{fb} 及 χ^2_{fb} 统计量随气相表观速度变化的规律性较差，从图 7-37 可以看出，随着气相表观速度增加，段塞流功率谱特征的规律性较差，均表现出间歇性的频率运动特征。

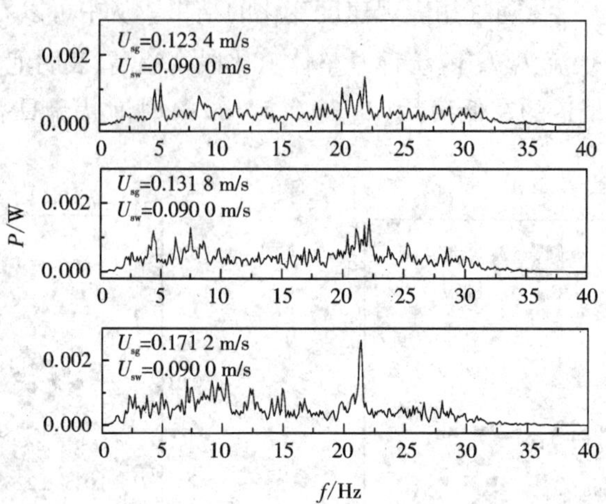

图 7-37　段塞流的 PSD 特征[18]

随着气相表观速度增加，流型从段塞流向混状流转变，T_{fb}及χ^2_{fb}统计量急剧上升，这与图 7-38 所示的相应功率谱特征相吻合，可以看出，随着气相表观速度增加，混状流功率谱特征逐渐呈现多频特征，表明气塞击碎后的混状流失去了段塞流的周期性运动特征，随着气相表观速度增加其混状流动力学特性愈加复杂。

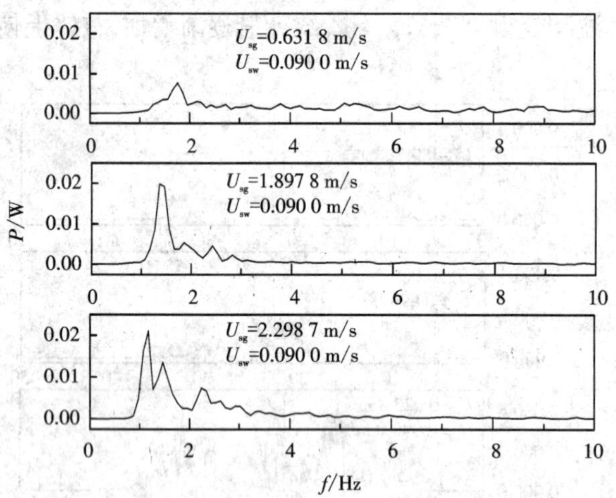

图 7-38　混状流的 PSD 特征[18]

综上得出如下结论。

(1)时间序列符号统计分析中，由于概率大的符号串对符号统计量起到主导作用，所以采用该方法进行两相流流型表征时可以在一定程度上抑制噪声干扰的影响，并且该方法具有计算简单快捷等特点，有利于两相流流型实时监测控制。

(2)研究表明，时间不可逆转性 T_{fb}及χ^2_{fb}统计量是能够反映气液两相流流动特性变化的敏感特征量，考察符号统计量随两相流参数变化的规律，有助于我们更好地理解气液两相流流型的动力学特性。

(3)符号划分可在一般的传感元件测量信号中直接完成，这种在低分辨率传感器的应用可以有效减少仪器成本及降低对测量仪器抗干扰能力的要求。

7.7 思考题

1. 计算如下字符串的 LZC：

(1) $S=00110100100$；

(2) $S=10010110100110$；

(3) $S=0001101001000101$。

2. 试分析讨论本章复杂性测度分析法与相空间重构法在表征非线性系统复杂性时各自的优势。

第 7 章参考文献

[1] KOLMOGOROV A N. Three approaches to the quantitative definition of information[J]. Probl. Inf. Transmission, 1965, 1(1): 1-7.

[2] LEMPEL A, ZIV J. On the complexity of finite sequences[J]. IEEE Trans. Inf. Theory, 1976, 22(1): 75-81.

[3] KASPAR F, SCHUSTER H G. Easily calculable measure for the complexity of spatiotemporal patterns[J]. Physical Review A, 1987, 36(2): 842-848.

[4] BATES J E, SHEPARD H K. Measuring complexity using information fluctuation[J]. Physics Letter A, 1993, 172(6): 416-425.

[5] GRASSBERGER P. Toward a quantitative theory of self-generated complexity[J]. International Journal of Theoretical Physics, 1986, 25(9): 907-938.

[6] PINCUS S M. Approximate entropy as a measure of system complexity[J]. Proc. Natl. Acad. Sci. USA, 1991, 88(6): 2297-2301.

[7] 金宁德,董芳,赵舒.气液两相流电导波动信号复杂性测度分析及流型表征[J].物理学报,2007,56(2):720-729.

[8] CRUTCHFIELD J P, PACKARD N H. Symbolic dynamics of noisy chaos[J]. Physica D, 1983, 7(1-3): 201-223.

[9] TANG X Z, TRACY E R, BOOZER A D, et al. Symbol sequence statistics in noisy chaotic signal reconstruction[J]. Physical Review E, 1995, 51 (5): 3871-3889.

[10] TANG X Z, TRACY E R, BROWN R. Symbol statistics and spatio-temporal systems[J]. Physica D, 1997, 102(3/4): 253-261.

[11] DAW C S, FINNEY C E A, TRACY E R. Symbolic statistics: A new tool for understanding multiphase flow phenomena[C]. Anaheim, California: ASME International Congress & Exposition, 1998:15-20.

[12] LEHRMAN M, RECHESTER A B, WHITE R B. Symbolic analysis of chaotic signals and

turbulent fluctuations[J]. Physical Review Letters, 1997, 78 (1): 54-57.

[13] GODELLE J, LETELLIER C. Symbolic sequence statistical analysis for free liquid jets[J]. Physical Review E, 2000, 62 (6): 7973-7981.

[14] DAW C S, FINNEY C E A, KENNEL M B. Symbolic approach for measuring temporal "irreversibility"[J]. Physical Review E, 2000, 62 (2): 1912-1921.

[15] DAW C S, FINNEY C E A, TRACY E R. A review of symbolic analysis of experimental data[J]. Review of Scientific Instruments, 2003, 74 (2): 915-930.

[16] FINNEY C E A, NGUYEN K, DAW C S, et al. Symbol-sequence statistics for monitoring fluidization[C]. Sendi, Japan: Proceedings of the 32nd Japanese Symposium on Combustion, 1994:400-406.

[17] FINNEY C E A, GREEN J B, DAW C S. Symbolic time series analysis of engine combustion measurements[C]. Graz, Austria: Society of Automative Engineers, 1998: 980624.

[18] 金宁德,苗龄予,李伟波.气液两相流压差测量波动信号的符号序列统计分析[J].化工学报,2007,58(2):327-334.

[19] 白博峰,郭烈锦,陈学俊.空气水两相流压力波动现象非线性分析[J].工程热物理学报,2001,22(3):359-362.

第 8 章 复杂网络建模方法

20 世纪科学的发展揭示出某些简单系统会展现复杂行为,如出现混沌现象等。当时人们看到的是用迭代过程和微分方程描述的简单系统由于非线性关系而展现出复杂行为。这是复杂性的一种重要范式。世纪之交人们广泛观察到,由大量个体(典型的是具有自适应性的个体)所组成的复杂系统,在没有中心控制、信息不完全、仅仅存在局域相互作用的条件下,通过个体之间的非线性相互作用,可以在宏观层次上表现出一定的复杂结构和功能。即复杂系统也可以由大量个体通过某些简单规则自组织演化而形成,这可能是复杂性更重要的一种范式,描述这种范式的关键工具之一就是复杂网络。

复杂网络是对复杂系统的抽象和描述方式,任何包含大量组成单元(或子系统)的复杂系统,当把构成单元抽象成节点、单元之间的相互关系抽象为边时,都可以当作复杂网络来研究。尽管定义看似简单,但是网络能够呈现高度的复杂性。复杂网络是研究复杂系统的一种角度和方法,它关注系统中个体相互关联作用的拓扑结构,是理解复杂系统性质和功能的基础。复杂网络可以用来描述从技术到生物直到社会各类开放复杂系统的骨架,而且是研究它们拓扑结构和动力学性质的有效工具[1-3]。因此人们致力于揭示复杂网络拓扑结构和功能的形成机制、演化规律、临界相变和动力学过程。

8.1 复杂网络的类型及描述形式

1. 无向无权网络

由 N 个节点和 E 条边组成的无向无权网络可表示为 $G=(N,E)$,其中 $E\leqslant N(N-1)/2$。图 8-1 所示的无向无权网络由 7 个节点和 9 条边组成,即 $N=7, E=9$。

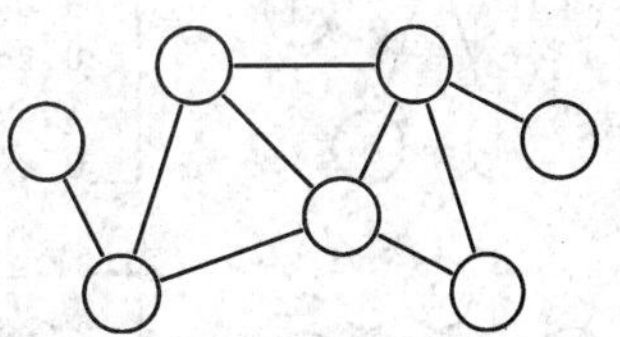

图 8-1 无向无权网络

2. 有向无权网络

与无向无权网络相比,有向无权网络中边的种类更多,网络结构更加复杂。如图 8-2 所示,由 3 个节点组成的一个无向网络如果变为有向网络,其类型会由一种增加到七种。对于由 N 个节点组成的有向网络,其边数 $E\leqslant N(N-1)$。如在航空交通网络研究中,以城市为节点,以城市间的航线为边,飞机的起始和目的地是有向的,从北京飞到旧金山,网络中北京和旧金山两个节点间连边的方向则为北京到旧金山。

3. 邻接矩阵

由 N 个节点组成的复杂网络,其结构可由邻接矩阵 $\boldsymbol{A}$ 完全描述。对于无权复杂网络,给定邻接矩阵 $\boldsymbol{A}$ 是一个 $N\times N$ 的方阵,其对角线上的元素都是 0,矩阵元素可表示为 $a_{ij}(i,j=1,$

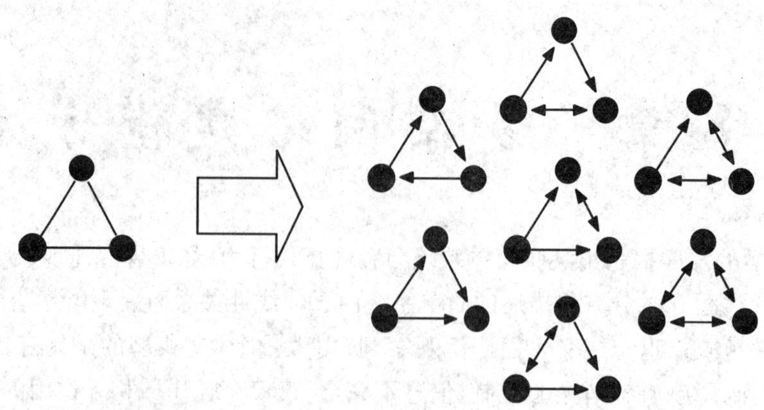

图 8-2 由 3 个节点组成的一个无向网络到有向网络的变换

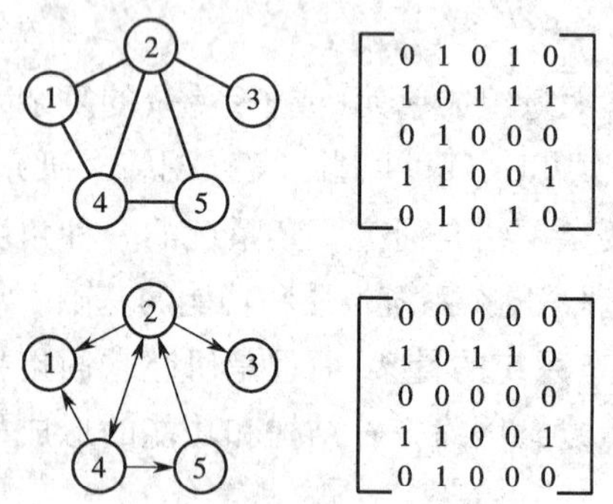

图 8-3 无向无权网络和有向无权网络的结构图及其对应的邻接矩阵

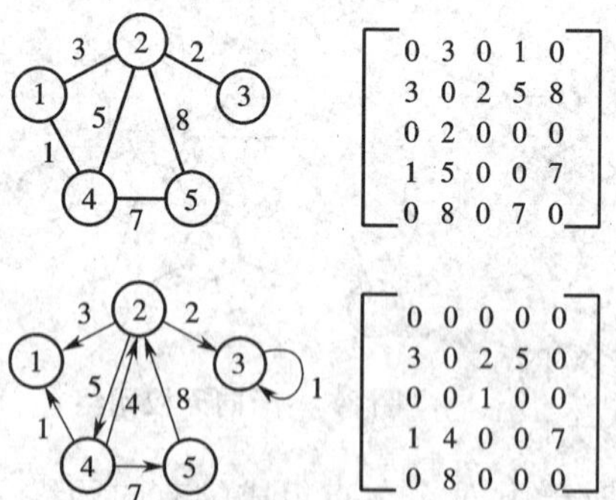

图 8-4 无向加权网络和有向加权网络的结构图及其对应的邻接矩阵

$2,\cdots,N)$，若节点 i 与节点 j 之间存在连边则 $a_{ij}=1$，否则 $a_{ij}=0$。图 8-3 为一个无向无权网络和有向无权网络的结构图及其对应的邻接矩阵。其中无向无权网络的邻接矩阵是对称的，如图 8-3 所示，节点 1 和节点 2 存在连边，则 $a_{12}=a_{21}=1$；有向无权网络的邻接矩阵是非对称的，如图 8-3 所示，节点 2 指向节点 1，但节点 1 并未指向节点 2，则 $a_{21}=1$，但 $a_{12}=0$。

4. 加权网络和其对应的邻接矩阵

复杂网络中除了无权网络外，还存在许多加权网络，以航空交通网络为例，以城市为节点，以城市间的航线为边，航线距离则可以通过网络边权加以刻画，两节点间连边的边权越大说明这两个节点对应的两城市间的航线距离越远。加权网络用带有权值的边把节点连接起来，比无权网络携带更多的信息。在有权网络研究中一般根据实际情况为每个连边赋一个权值，用 w_{ij} 表示节点 i 和节点 j 之间连边的边权值。加权网络也分为无向加权网络和有向加权网络，均可以通过邻接矩阵加以描述，其中若节点 i 与节点 j 之间存在连边且其边权为 w_{ij}，则在邻近矩阵 $\boldsymbol{A}$ 中取 $a_{ij}=w_{ij}$，否则 $a_{ij}=0$，如图 8-4 所示。

8.2　复杂网络的基本统计量

1. 度与度分布

刻画网络节点特性的最简单同时也是最重要的概念就是度。无向网络中节点 i 的度 k_i 是指与该节点相连接的边数，用邻接矩阵 $\boldsymbol{A}$ 的元素 a_{ij} 定义如下：

$$k_i = \sum_{j \in N} a_{ij} \tag{8-1}$$

一个节点的度越大，那么它在网络中的重要性就越高。度分布 $p(k)$ 定义为在网络中随机选取的节点度值为 k 的概率，由 $p(k)$ 可以获得网络最基本的拓扑特征。以随机网络为例，因为连接的随机性，网络中所有节点的度接近网络的平均连接度 $\langle k \rangle$，因此随机网络的度分布为二项分布，或大规模极限下的泊松分布，其峰值为 $p(\langle k \rangle)$。

对有向网络来说，节点度分为入度与出度两种，节点 i 的入度为指向该节点的边数，即 $k_i^{(\text{in})} = \sum_j a_{ji}$，出度为从该节点指出的边数，即 $k_i^{(\text{out})} = \sum_j a_{ij}$，这样网络中可能存在某些节点，其入度很大但出度较小，或反之，如图 8-5 所示。对应于实际网络中信息包的传输，某些站点负责接收大量信息包进行处理，但有些只负责发送或转发信息包，这样可针对不同的功能找出重要节点对其进行改善和保护。再如科研论文应用网络，如图 8-6 所示，以科研论文为节点，如有论文 A 引用论文 B，则论文 A 和论文 B 间存在连边，方向为论文 A 到论文 B，有些论文被高度关注，引用次数多，其对应入度较大，但综述文章需要大量总结引用前人工作，因此其出度很大。

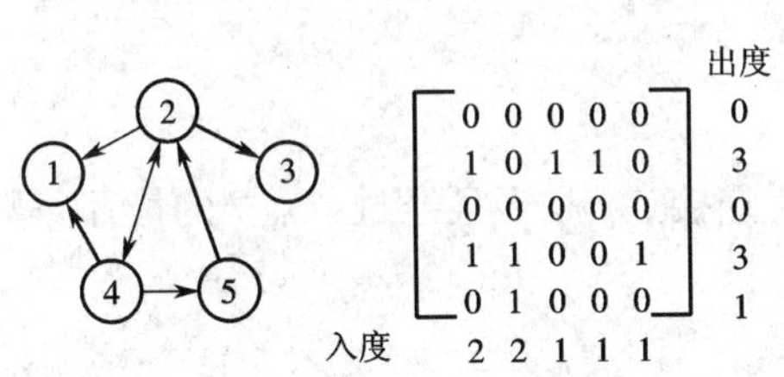

图 8-5　有向无权网络的邻接矩阵和出度与入度值

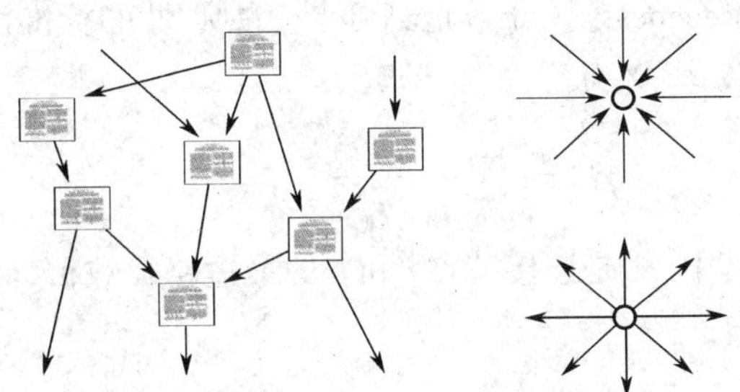

图 8-6　科研论文引用网络和高入度及高出度节点示意图

2. 最短路径长度

在复杂网络研究中，一般定义两节点间距离为连接两者的最短路径边的数目，网络的平均最短路径 L 则是所有节点对之间距离的平均值，即

$$L = \frac{1}{N(N-1)} \sum_{i,j \in N, i \neq j} d_{ij} \tag{8-2}$$

其中，N 为网络中节点数，d_{ij} 表示节点 i 到节点 j 的最短路的长度。如图 8-7 所示的网络中节点 i 与节点 j 之间的最短路径为加粗的路径，且 $d_{ij} = 4$。最短路径在交通网络和通信网络研究

中起着重要作用。假设需要通过因特网从一个计算机向另一个计算机传送数据包,最短路径则能够提供一个最优的路径以便快速传送并且节省系统资源。最短路径在刻画网络的拓扑结构方面也起着重要作用。探寻最短路径的标准算法包括迪杰斯特拉(Dijkstra)算法和广度优先搜索算法等。

3. 网络直径

网络直径为网络所有最短路径中的最大值,全连接网络直径为1。如图8-8(a)所示,网络的直径为2,图8-8(b)中网络直径为1。

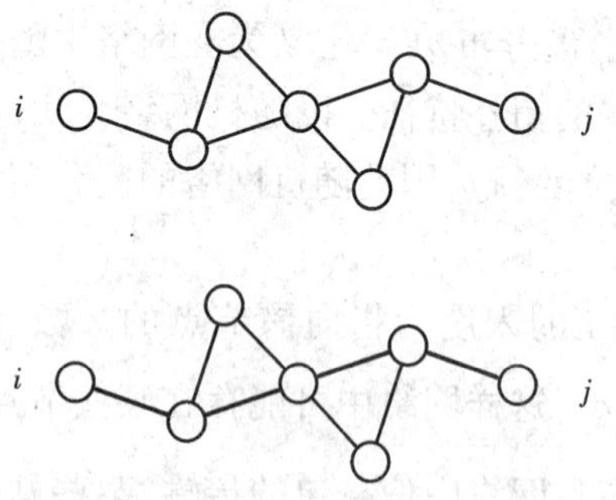

图8-7 复杂网络最短路径示意图

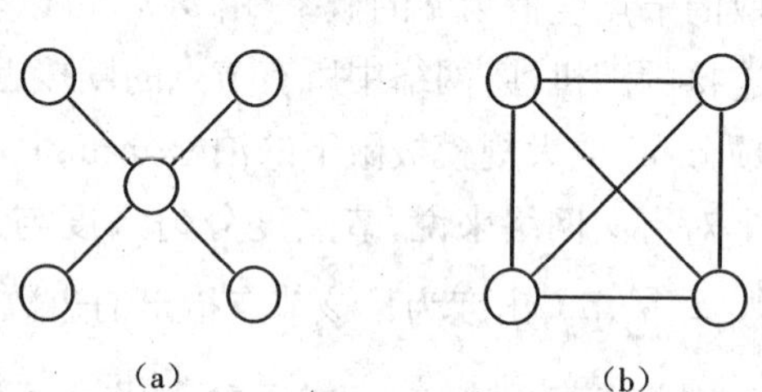

图8-8 复杂网络直径示意图

(a)网络直径为2 (b)网络直径为1

4. 介数

两个不相邻节点 j 和 k 之间的通信,依赖于连接 j 和 k 路径上的其他节点,所以度量一个给定节点的中心性可以通过计算经过该点的最短路的数量来得到,定义为节点的介数(betweenness)。介数是刻画节点中心性的标准测度之一,更准确地说点 i 的介数 b_i 有时也指负载,定义为

$$b_i = \sum_{i,j \in N, j \neq k} \frac{n_{jk}(i)}{n_{jk}} \tag{8-3}$$

其中,n_{jk}是连接节点 j 和 k 的最短路径数目,而 $n_{jk}(i)$ 是连接点 j 和 k 且经过节点 i 的最短路数目。

5. 聚集系数

聚集系数是复杂网络的一个重要统计学特征量,假设节点 i 通过 k_i 条边与其他 k_i 个节点相连,这 k_i 个节点之间最多可能存在 $k_i(k_i-1)/2$ 条边,而它们之间实际存在 E_i 条边,则节点 i 的聚集系数为

$$C_i = \frac{2E_i}{k_i(k_i-1)} = \frac{\sum_{j,m} a_{ij}a_{im}a_{mj}}{k_i(k_i-1)} \tag{8-4}$$

即一个节点的聚集系数为与它相连的其他节点相互之间存在连接的概率,从社会学角度解释就是一个人所认识的朋友们彼此相互认识的概率。具有 N 个节点网络的聚集系数为

$$C = \frac{1}{N}\sum_{i=1}^{N} C_i \tag{8-5}$$

对于完全连接的规则网络有 $C=1$，而完全孤立的“网络”（即全部是孤立的节点，没有任何边连接）聚集系数 $C=0$。研究发现，对于具有 N 个节点的完全随机网络的聚集系数 C 趋近于 $O(1/N)$；真实世界的网络具有小世界特性，故 $O(1/N)<C<1$。

6. 网络异配性

度相关网络可以分为两类：同配相关网络和异配相关网络。在同配相关网络中度值相近的节点易于相连，如社会网络，而在异配相关网络中度值低的节点更易于与度值高的节点相连，如 WWW 网络和生物学网络。度度相关性也可以通过网络皮尔森相关系数（Pearson correlation coefficient，在 -1 到 $+1$ 之间取值）来量化研究。如果皮尔森相关系数是正值，则此网络为同配相关网络；相反，如果皮尔森相关系数是负值，则此网络为异配相关网络。如科研合作网络等为同配相关网络，因为名气大的学者之间易于形成合作关系；WWW 网络等为异配相关网络，刚成立的小网站总会试图连接百度、谷歌、网易等大网站去宣传自己，而这些大网站也欢迎更多的访问量；在海洋食物链网络中，鲨鱼等大型肉食动物会捕食小点的生物，而很少相互之间捕食，且大鱼吃小鱼，因此其网络也是异配相关的。

7. 节点强度和节点强度分布

对于上述无权网络的特征参数，在加权网络中也有相应的定义。对节点度进行推广即得到加权网络节点强度

$$s_i = \sum_{j \in N} w_{ij} \tag{8-6}$$

w_{ij}表示节点 i 和节点 j 之间连边的边权值，节点强度整合了节点的度数和与该节点相连的边权值的所有信息，一般情况下强度越大的节点在网络中的地位越重要。相应地，节点强度分布 $p(s)$ 是节点强度为 s 的概率。

8.3　小世界和无标度网络模型

8.3.1　规则网络

规则网络中各个节点具有相同的度值，如图 8-9(a) 所示的规则网络为最近邻耦合网络，其中每个节点都与它左、右的 2 个节点相连，网络平均度值为 4。对具有大量节点数目的规则网络，其聚集系数 $C \approx 3/4$，平均路径长度 L 趋向于无穷大。一般地，规则网络具有大的聚集系数和大的平均最短路径。

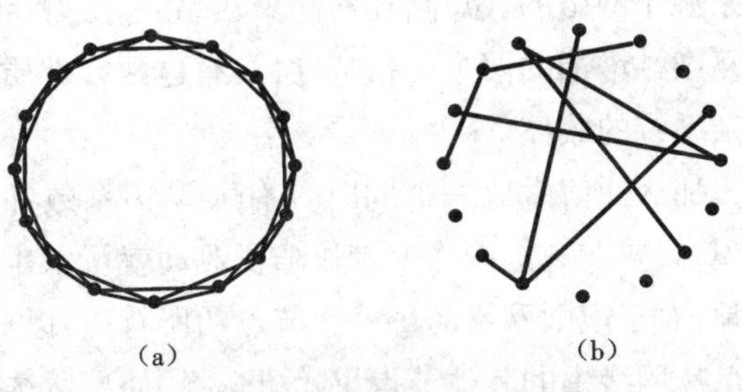

图 8-9　规则网络与随机网络

(a) 规则网络　(b) 随机网络

8.3.2 随机网络

随机网络是规则网络的一种极端形式，在由 N 个节点组成的网络中，可以存在 C_N^2 条边，从存在的边中随机连接 M 条边所构成的网络即为随机网络，如图 8-9(b)所示。此外，还有一种生成随机网络的方法，即给一个概率 p，对于 C_N^2 中任何一个可能连接，都尝试一遍概率 p 的连接，如果选择 $M = pC_N^2$，这两种随机网络模型就可以联系起来。随机网络中节点的度值服从泊松分布(Poisson Distribution)；平均度 $k \approx pN$；平均路径长度 $L \approx \ln N/\ln k$；聚集系数 $C = p \ll 1$(随机网络连接极度稀疏)。一般地，随机网络具有小的聚集系数和小的平均最短路径。

8.3.3 小世界网络

20 世纪 50 年代末期，匈牙利数学家保罗·埃尔德什(Paul Erdös)和阿尔佛雷德·莱利(Alfréd Rényi)首次将随机性引入网络研究之中，提出了著名的随机网络模型，简称 ER 模型[4-7]。自 ER 随机网络模型产生以来的近 40 年里，人们一直认为真实网络具有随机网络的特性。近年来，随着计算机存储与处理数据的能力增强，人们对大量真实网络的数据进行了统计分析，发现大量真实网络具有较大的聚集系数和较小的平均最短路径。规则网络具有大的聚集系数和大的平均最短路径，随机网络有着小的聚集系数和小的平均最短路径，现实网络既不是规则的又不是随机的，那么现实网络究竟属于什么类型的网络呢？1998 年，Watts 和斯托加茨(Strogatz)于 *Nature* 上发表论文，指出可以以某个很小的概率 p 切断规则网络中原始的边，并随机选择新的端点重新连接，构造出一种介于规则网络和随机网络之间的网络，该网络同时具有大的聚集系数和小的平均最短路径。后来人们把大的聚集系数和小的平均最短路径两个统计特征合在一起称为小世界效应，具有这种效应的网络就是小世界网络(small-world network)。实证研究发现，大量的实际网络都属于小世界网络。在 Watts 和 Strogatz 的工作之后，很多科研人员对小世界网络上的动力学模型进行了研究[8-13]。聚集系数和平均最短路径可有效刻画小世界网络的特性。许多耦合微分方程系统被引入小世界网络，用以研究弛豫过程、同步等现象[8]，研究表明模型在小世界网络上同时具有弛豫时间短、共振性好的特征，分别来源于网络的最短路径和高聚集系数。这都说明大的聚集系数和小的平均最短路径是网络上复杂性增加的两个必备特性，具有这两种性质的网络才可以作为真实的复杂系统的抽象或复杂系统的载体。

那么如何生成一个同时具有大聚集系数和小平均最短路径的网络呢？Watts 和 Strogatz 发现，只要在规则网络上稍作随机改动就可以生成同时具备以上两种性质的网络。具体的方法是，对于规则网络的每一个节点的所有边，以概率 p 断开一个端点并重新连接，连接的新的端点从网络中的其他节点里随机选择，如果所选的节点已经与此节点相连，则再随机选择别的节点来连接。$p=0$ 时，对应规则网络；$p=1$ 时，对应随机网络；对于 $0<p<1$ 的情况，存在一个很大的 p 的区域，对应的网络同时拥有较大的聚集系数和较小的平均最短路径，即具有小世界特性，如图 8-10 所示，其中 $C(p)$ 和 $L(p)$ 表示在概率 p 下生成网络的聚集系数和平均最短路径，$C(0)$ 和 $L(0)$ 表示在概率 $p=0$ 时对应网络的聚集系数和平均最短路径。

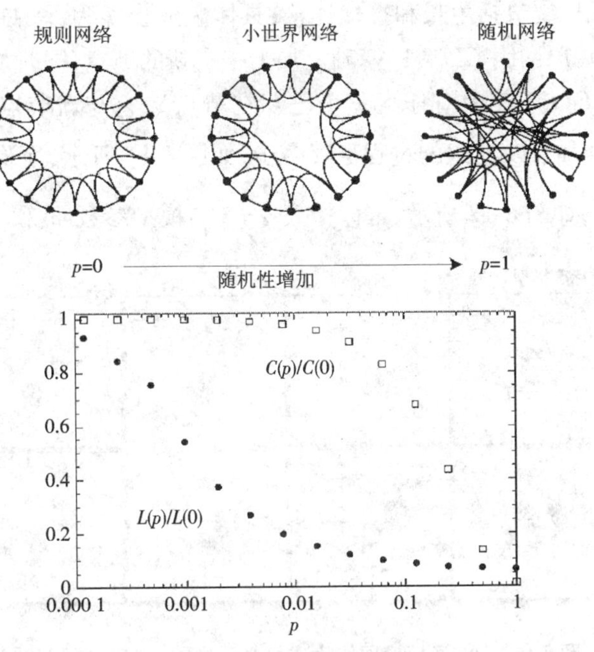

图 8-10　小世界网络生成机制示意图(来自文献[14])

8.3.4　无标度网络

在小世界网络的研究兴起之后,越来越多的来自不同研究领域的科学家投入到复杂网络的研究中去。小世界网络虽然在一定程度上再现了真实网络的小世界特性,但其度分布服从指数分布,而大量研究表明真实网络的度分布是服从幂律分布的。最早发现网络的度分布服从幂律分布的学者是普里斯(Price)。Price 于 1965 年在研究科学引文网络时发现网络的度分布服从幂律分布,但是当时这一结果并没有引起国际学术界的重视[15]。直到 1999 年,巴拉巴斯(Barabási)和艾伯特(Albert)对万维网的数据进行统计分析,发现万维网的度分布服从幂律分布,即 $p(k)\approx k^{-\gamma}$,这种度分布区别于小世界网络的指数分布和随机网络的泊松分布。由于幂函数具有标度不变性,这种度分布服从幂律分布的网络被称为无标度网络[16]。Barabási 和 Albert 通过分析万维网的产生机理,提出了无标度网络生成的两个基本机制(增长和偏好连接),并建立了著名的无标度网络演化模型,简称 BA 模型。增长意味着网络不是静态的,而是不断演化的动态过程,区别于小世界网络和随机网络的固定节点总数的静态研究;偏好连接意味着网络中节点之间的连接不是均等的,而是有偏好的,新加入的节点更倾向于和度大的节点连接。于是,网络在这种规则下不断地演化,形成一个自组织的过程。无标度网络的特点是度分布的自相似结构及其高度弥散性。网络中的大部分节点度值都很低,但存在着度数非常高的中枢节点。无标度网络的发现真正掀起了国际上研究复杂网络的热潮,新的无标度网络模型和幂律生成机制也不断地被提出[17-32]。例如,一些研究者发现,除增长和择优原理可以产生无标度网络外,运用优化方法同样可以得到无标度网络[33-36],可能产生幂律分布的机制还包括 HOT(Highly Optimized Tolerance)理论[37-38]及随机行走理论[39]。

无标度网络形成机制包括生长和择优连接,具体生成步骤为:取初始 m_0 个节点任意连接或完全连接;每一步在原网络 $G(t-1)$ 基础上加上一个新的节点,同时加上从此节点出发的 m 条边,形成新的网络 $G(t)$;其中对任意一个已存在节点 i,它与新节点建立连接的概率 $p_i = k_i / \sum_j k_j$,重复以上新加点及连边的过程足够多步,如图 8-11 所示,所形成网络的度分布满足幂律分布 $p(k) = k^{-\gamma}$,如图 8-12 所示,幂律指数 $\gamma = 3$ 与模型参数 m_0 和 m 无关。

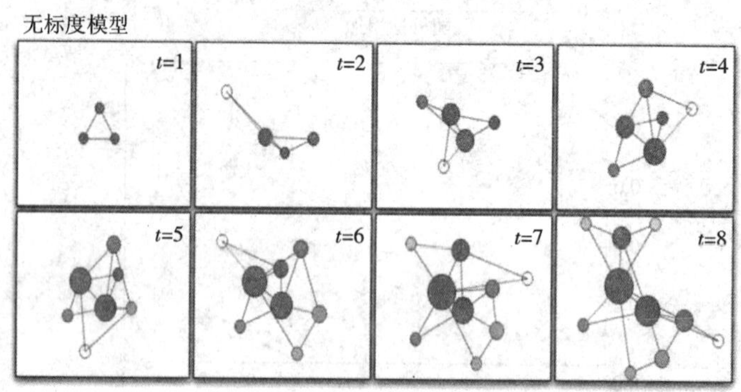

图 8-11　BA 无标度网络生成机制示意图(来自文献[40])

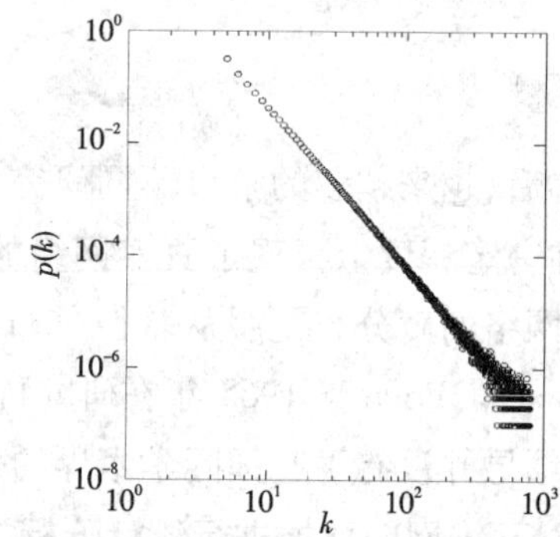

图 8-12　BA 无标度网络的度分布满足幂律分布

8.4　复杂网络中的分形

图 8-13 为具有等级结构的复杂网络和具有分形特性的谢尔宾斯基三角形,通过这两个图形可以发现,复杂网络中也存在分形。首先回顾一下求解分形维数的盒计数法。盒记数法:计算一个几何图形维数的基本思想是用边长为 l_B 的盒子来覆盖该图形,并统计完全覆盖该图形所需要的最少的盒子数 $N_B(l_B)$。这里的盒子在一维情形下为线段,二维下为正方形,三维下为立方体,l_B 称为盒子尺寸,分形维数为

$$d_B \approx -\frac{\ln N_B(l_B)}{\ln l_B} \tag{8-7}$$

$$N_B(l_B) \approx l_B^{-d_B} \tag{8-8}$$

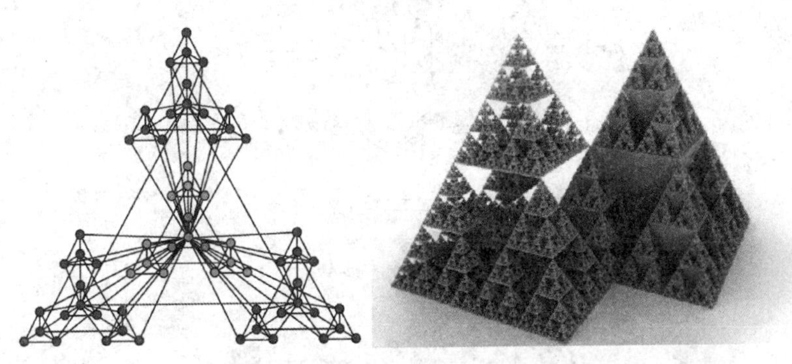

图 8-13 一个具有等级结构的复杂网络与谢尔宾斯基三角形

(a)具有等级结构的复杂网络 (b)谢尔宾斯基三角形

在复杂网络研究中,Song 等[41]通过把盒式计数方法推广用于复杂网络,指出许多复杂网络也存在类似于分数维的自相似指数,从而也具有某种内在的自相似性。Song 等对用于覆盖复杂网络的尺寸为 l_B的盒子的规定为:盒子中任意两个节点间的距离都小于 l_B,N_B是覆盖网络的最少的盒子数。

Song 等进一步通过采用重整化过程,揭示出自相似性和无标度的度分布在网络的所有粗粒化阶段都成立;把所有节点都分配到盒子中之后,再把每个盒子用单个节点来表示,这些节点称为重整化节点。如果在两个未重整化盒子之间至少存在一条边,那么两个重整化节点之间就有一条边相连,这样就可以得到一个新的重整化网络。这种重整化过程可以一直进行下去,直到整个网络被规约为单个节点。图 8-14(a)显示了一个包含 8 个节点的网络在不同 l_B情形下的重整化。第一列为原始网络。用尺寸为 l_B的盒子覆盖该网络(不同的灰度对应于不同的盒子),一个盒子中任意两个节点之间的距离都小于 l_B。例如,在 $l_B=2$ 的情形下有 4 个盒子,它们分别包含了 3,2,1,2 个节点,然后把每个盒子用单个节点来表示,如果在两个未重整化盒子之间至少有一条连边,那么这两个重整化节点之间就有边相连。这样就得到一个重整化网络。反复应用重整化过程,直到网络被规约为单个节点。图 8-14(b)显示了 WWW 网络重整化过程的各个阶段,这里固定盒子尺寸 $l_B=3$。图中把 WWW 网络中的节点根据它们属于的盒子的不同而标上不同灰度。

重整化网络的度分布 $p(k')$在重整化下具有不变性:

$$p(k)\to p(k')\approx(k')^{-\gamma} \tag{8-9}$$

图 8-15(d)显示了 WWW 网络的度分布 $p(k)$在重整化下的不变性。这里固定盒子尺寸 $l_B=3$,三个重整化阶段分别对应于图 8-14(b)中的三个阶段。重整化网络中每个节点的度 k'与未重整化网络的每个盒子中的节点最大度 k 之间满足标度率

$$k\to k'=s(l_B)k \tag{8-10}$$

研究表明,标度因子 $s(<1)$与 l_B之间满足具有幂律指数 d_k的幂律关系

$$s(l_B)\approx l_B^{-d_k} \tag{8-11}$$

图 8-15(a)~(c)的下半部分显示了 $s(l_B)$和 l_B的对数坐标关系。图 8-15(d)显示了 WWW 网络的度分布在不同盒子尺寸 l_B的重整化下的不变性。

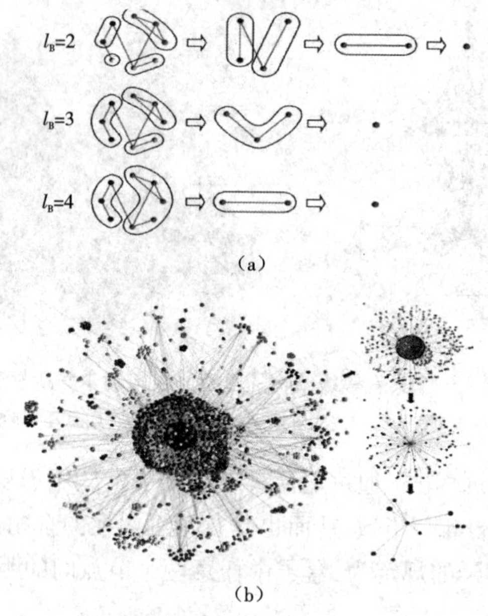

图 8-14　复杂网络的重整化过程(来自文献[41])

(a)包含 8 个节点的网络在不同 l_B 情形下的重整化

(b)WWW 网络在 $l_B=3$ 情形下的重整化

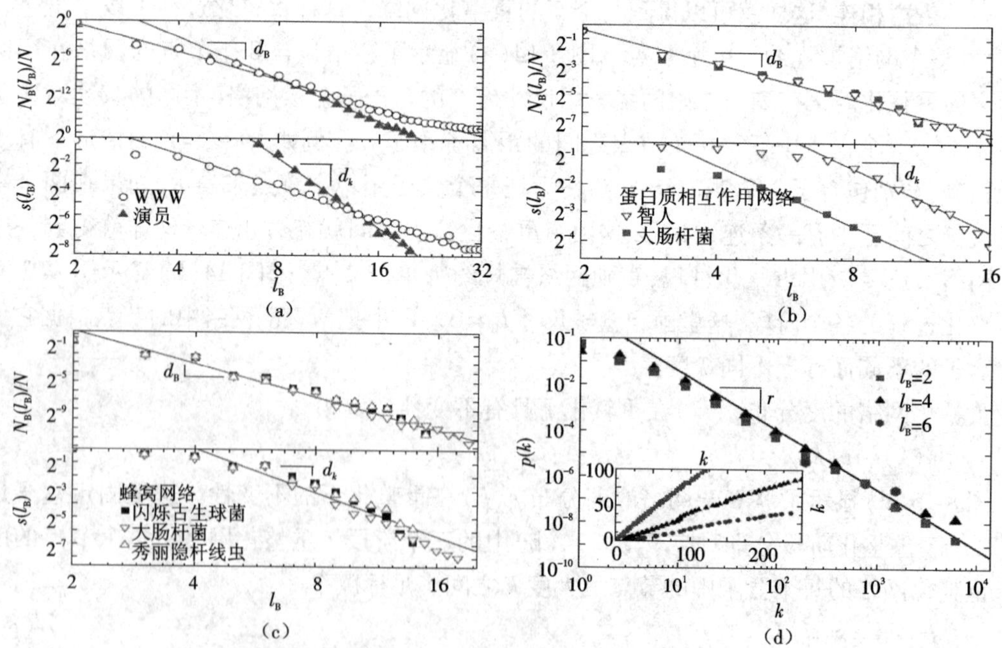

图 8-15　复杂网络中的自相似标度(来自文献[41])

(a)WWW 网络和电影演员网络　(b)两种蛋白质交互作用网络(PIN)　(c)三个细胞网络　(d)WWW 网络度分布

Song 等还推出，在幂律度分布公式 $N_B(l_B) \approx l_B^{-d_B}$ 和公式 $s(l_B) \approx l_B^{-d_k}$ 中的两个幂律指数 d_B 和 d_k 之间存在如下关系：

$$\gamma = 1 + d_B/d_k \tag{8-12}$$

从而揭示出无标度性质与长度－标度不变性质之间的内在关联性。

上面介绍的基于盒子的重整化过程是一种网络粗粒化过程，一般网络的粗粒化过程是指把网络中的具有某种共同性质的节点集合起来，用单个新节点表示，这样就可以得到一个具有较少节点的新的网络。需要指出的是，对一个网络存在多种粗粒化方法，在一种粗粒化过程下具有自相似的一个网络在另一种粗粒化过程下却可能具有非自相似性[41]。

8.5　复杂网络社团结构及其探寻算法

8.5.1　复杂网络社团结构

如图 8-16 所示，在地图上可以按不同的州或省对其进行区域划分，同样地，在复杂网络研究中也可以根据功能连接对网络进行社团划分，即将网络划分为不同的社团，并研究每个社团在网络中的作用和功能。复杂网络社团结构，简单来说就是指整个网络由若干个集团（community）构成，每个集团内部的节点之间的连接非常紧密，但是各个集团之间的连接相对来说却比较稀疏。如推特网（Twitter Network）和脸谱网（Facebook Network），如图 8-17 所示，人们根据不同的共同爱好以不同的方式选择好友，从而会形成不同的社团结构。

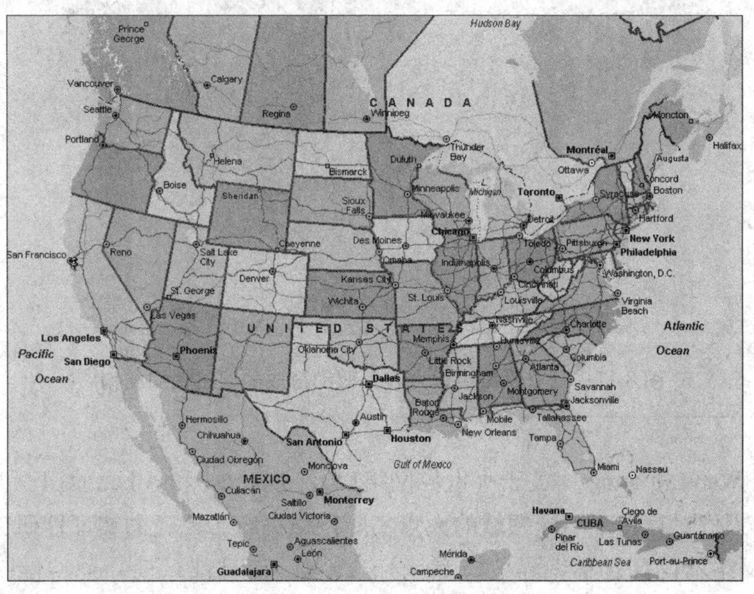

图 8-16　地图中对区域的划分

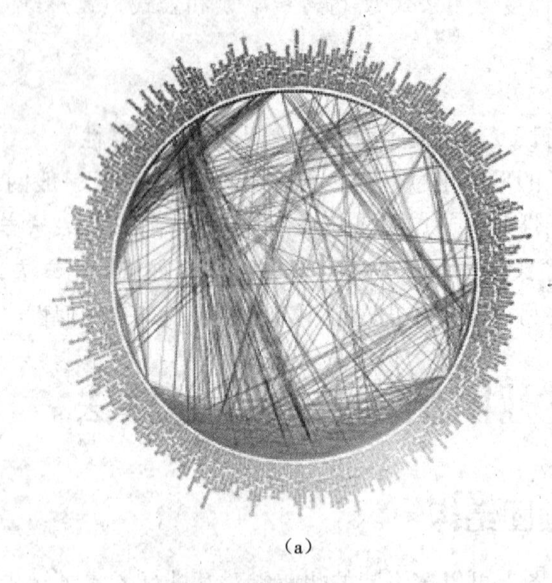

（a）

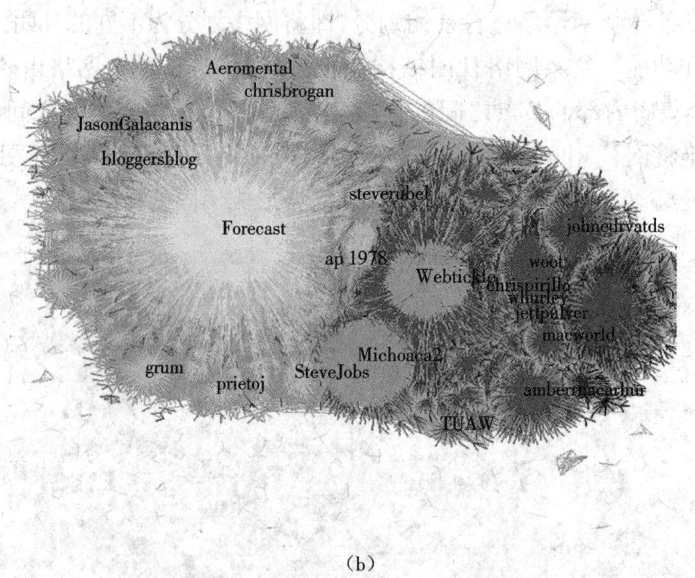

（b）

图 8-17 社交网络中以兴趣为驱动形成的网络社团结构

(a)推特网 (b)脸谱网

事实上,在 Watts 和 Strogatz 关于小世界网络以及 Barabási 和 Albert 关于无标度网络的开创性工作之后,人们对存在于不同领域的大量实际网络进行了广泛的实证性研究,研究发现大量的实际复杂网络不仅具有小世界效应和无标度特征,而且都呈现一种特性——社团结构。简单的社团示例如图 8-18 所示。

美国圣菲(Santa Fe)研究所是在 1984 年由乔治 · 科旺(George Cowan)组建的。他是洛斯 · 阿拉莫斯实验室(Los Alamos Laboratory)的前任研究负责人。圣菲研究所是多学科的研究机构,它的成员由物理学家、生物学家、免疫学家、心理学家、数学家和经济学家构成。他们

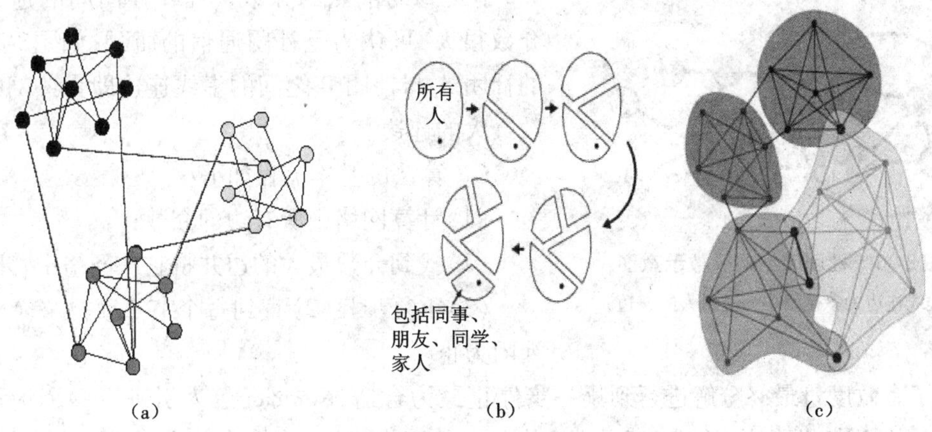

图 8-18　复杂网络社团结构示意图[42]

(a)社团示例一　(b)社团示例二　(c)社团示例三

中的许多人是诺贝尔奖获得者,并在各自的领域取得了很大的成就;这些科学家们联合行动,寻求跨越复杂多变的适应性系统的原则。他们不分学科界限,与其他学科的人交流看法和理论,并且被鼓励这样做。美国圣菲研究所的科学家合作网如图 8-19 所示,其中深浅不同的颜色表示不同的社团,即不同的研究领域,如智能体模型研究、生态学研究、统计物理研究、RNA 结构研究等。通过这张社团结构图大家可能会思考一个问题:如何才能有效探寻网络社团结构?下面就来介绍两种著名的复杂网络社团探寻算法。

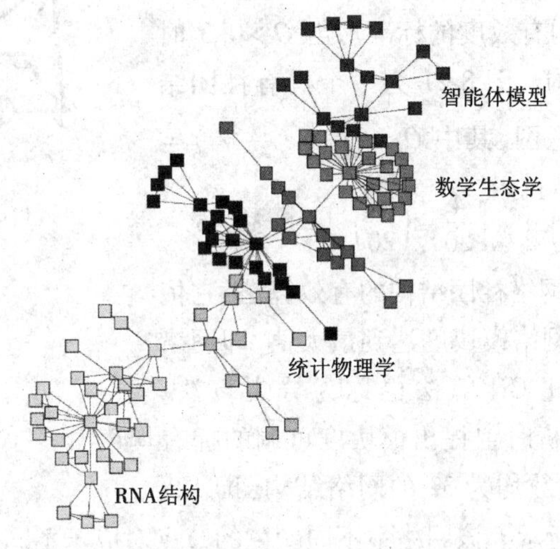

图 8-19　美国圣菲研究所的科学家合作网社团结构图[43-44]

8.5.2　GN 算法(分裂算法)

格文－纽曼(Girvan-Newman)算法(简称 GN 算法)[45]的基本思想为不断地从网络中移除介数最大的边,边介数定义为网络中经过每条边的最短路径数目,它为区分一个社团的内部边和连接社团之间的边提供了一种有效的度量标准。注意这里的介数是指边介数而不是在第

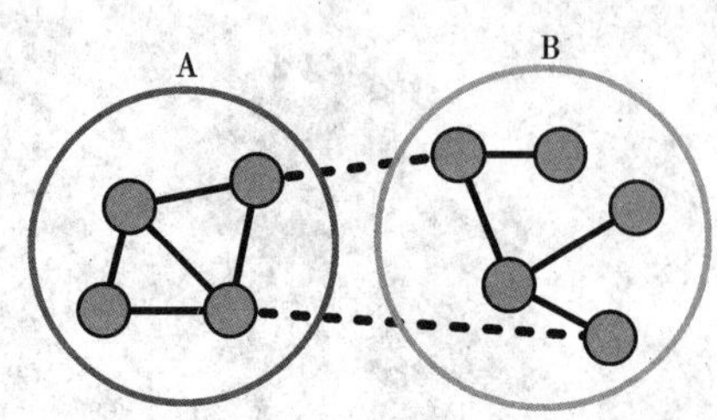

图 8-20 社团网络边介数示意图
（虚线连边为该网络中介数最大的连边）

8.2 节提到的节点的介数。处在社团间的连边的边介数很大，可认为是社团通信的瓶颈，如图8-20所示的社团 A 与社团 B 之间的虚线连边即为该网络中介数最大的连边。

GN 算法的基本流程如下：

(1)计算网络中所有边的介数；

(2)找到介数最大的边并将它从网络中移除；

(3)重复步骤(2)直到每个节点就是一个退化的社团为止。

为了有效度量最终分解进行到哪一步停止最为合适，Newman 等人引进了一个衡量网络划分质量的标准，即模块度。对于具有 n 个社团的网络，引入一个 $n\times n$ 的对称矩阵 $\boldsymbol{E}$，其中元素 e_{ij} 是网络中连接社团 i 和社团 j 的边占网络中所有连边的比例。矩阵的迹 $\mathrm{tr}\,\boldsymbol{E}=\sum_i e_{ii}$ 是 $\sigma=\mathrm{tr}\,\boldsymbol{E}$ 网络中连接同一社团的边数占网络中所有连边的比例，而行和（或列和）$a_i=\sum_j e_{ij}$ 给出连接社团 i 的边数占网络中所有连边的比例。如果网络中两点之间有一条边的概率是相等的，不管最后是否属于同一个社团，将有 $e_{ij}=a_i a_j$。因此模块度定义为

$$Q=\sum_i\left(e_{ii}-a_i{}^2\right)=\mathrm{tr}\,\boldsymbol{E}-\|\boldsymbol{E}^2\| \tag{8-13}$$

其中，$\|\boldsymbol{E}^2\|$ 表示矩阵 $\boldsymbol{E}^2$ 的元素之和。基于这样的定义，当网络的 n 社团结构越明显，则 Q 值越大，可以用 Q 作为衡量得出的社团结构有效度的标准。当 $Q>0.3$ 时具有相对明显的社团结构。图 8-21 为一个具有社团结构网络的模块度计算示意图，其中 $Q=\sum_i(e_{ii}-a_i^2)=\left[\frac{7}{20}-\left(\frac{9}{20}\right)^2\right]+\left[\frac{6}{20}-\left(\frac{8}{20}\right)^2\right]+\left[\frac{4}{20}-\left(\frac{6}{20}\right)^2\right]=0.3975$。

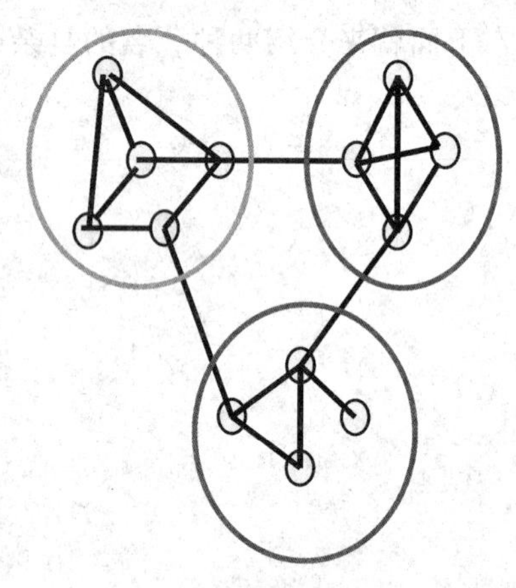

图 8-21 具有三个社团结构的网络示意图

GN 算法是一种探寻网络社团结构的有效算法，它依次将大介数边移除，直至网络模块度达到最大值，即网络出现明显社团结构，因此 GN 算法也称为分裂算法。Newman 等人在作社团分析时曾提出模块度可调的拥有 4 个社团且每个社团节点数均为 32 的网络结构（即 128 个节点网络），如图 8-22 所示。该网络中不同颜色的节点对应于不同的社团。起始时，网络混杂为一团，采用 GN 算法对其进行分析，随着社团间连接边的数目占总边数目比例的减小，即随着大介数边的不断移除，不同颜色的节点相互分离，相同颜色的节点聚集到了一起，网络模块度不断增大，网络社团结构愈加明显，社团划分的正确率不断增加，直至为 100%。

对于 GN 算法，每次从网络中移除一条边，都要重复上述计算过程，设网络中存在 m 条边，则在最差的情况下，基于最短路径介数的网络社团结构的完整算法复杂度为 $O(m^2n)$。对于稀疏网络，该算法复杂度为 $O(n^3)$。另外，需要特别说明的是，移除一条边仅仅影响到与这条

边的节点相关的那些边的介数。因此,在反复计算时,只需重新计算与该边属于同一个部分的那些边的介数,而不必理会其他的边。社团结构明显的网络往往很快就分裂成几个独立的部分,从而大大减少了后续的计算量。GN 算法适用于分析节点个数小于 10 000 的复杂网络。

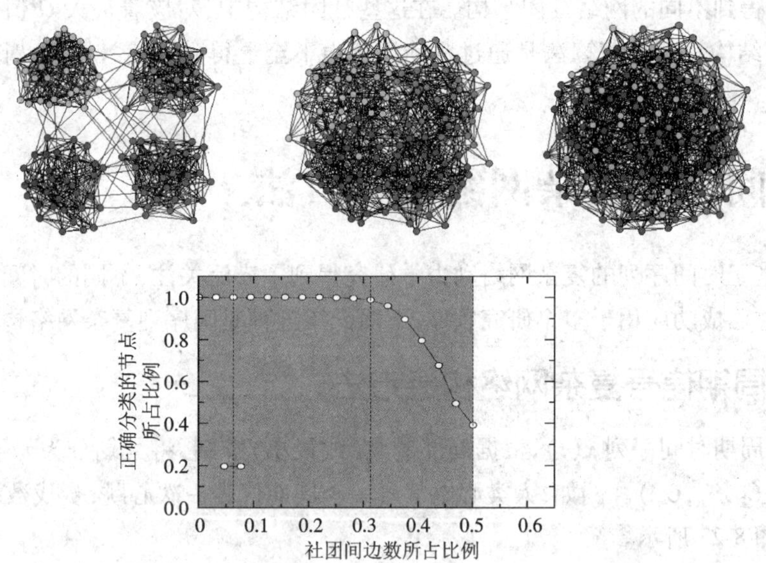

8-22　采用 GN 算法探寻具有 4 个社团、包含 128 个节点的网络社团结构(参考文献[45-47])

8.5.3　Newman 快速算法(凝聚算法)

GN 算法虽然准确度比较高,分析网络社团结构的效果也比较好,但是它的算法复杂度还是比较大,因此仅仅局限于研究中等规模的复杂网络。现在,对于 Internet、WWW 和电子邮件网络等的研究越来越多,而这些网络通常都包含几百万个以上的节点。在这种情况下,传统的 GN 算法就不能满足要求,基于这个原因,Newman 在 GN 算法的基础上提出了一种快速算法[46],它可用于分析节点数达 100 万的复杂网络。

这种快速算法实际上是基于贪婪算法思想的一种凝聚算法,具体如下。

(1)初始化网络为 n 个社团,即每个节点就是一个独立的社团,初始的 e_{ij} 和 a_i 满足

$$e_{ij}=\begin{cases}1/2m \\ 0\end{cases} \tag{8-14}$$

即节点 i 和 j 之间有边相连时 $e_{ij}=1/2m$,不存在连边时 $e_{ij}=0$;$a_i=k_i/2m$,其中 k_i 为节点 i 的度,m 为网络中的总边数。

(2)依次合并有边相连的社团对,并计算合并后的模块度增量

$$\Delta Q=e_{ij}+e_{ji}-2a_ia_j=2(e_{ij}-a_ia_j) \tag{8-15}$$

根据贪婪算法的原理,每次合并应该沿着使 Q 增大最多或者减少最小的方向进行,该步的算法复杂度为 $O(m)$;每次合并后,对应的元素 e_{ij} 更新,并将与 i,j 社团相关的行和列相加,该算法的复杂度为 $O(n)$。因此,第二步的总的算法复杂度为 $O(m+n)$。

(3)重复执行步骤(2),不断合并社团,直到整个网络都合并为一个社团。这里最多执行

$n-1$ 次合并。

该算法的总复杂度为 $O[(m+n)n]$，对于稀疏网络则为 $O(n^2)$，因为稀疏网络中总连边数目 m 相对较少。整个算法完成后可以得到一个社团结构分解的树状图。再通过选择在不同位置断开可以得到不同的网络社团结构。在这些社团结构中，对应着最大 Q 值的社团结构即为最好的社团结构。注意该算法是通过贪婪思想由下至上得到网络社团树状图的，和 GN 算法不同。

8.6 时间序列复杂网络构建方法

近年来，基于时间序列的复杂网络动力学研究得到了广泛关注，不同的时间序列建网方法相继被提出，并已成功应用于多个研究领域，下面介绍五种时间序列复杂网络构建方法。

8.6.1 拟周期信号复杂网络构建方法[48-49]

给定一拟周期时间序列 $x(t)$，根据局部最大（或最小）准则，将其划分为 m 个互不相交的周期片段（$C_1, C_2, \cdots, C_m$）。例如，人类心电信号一个周期代表一次心跳，步伐数据一个周期代表一步伐，如图 8-23 所示。

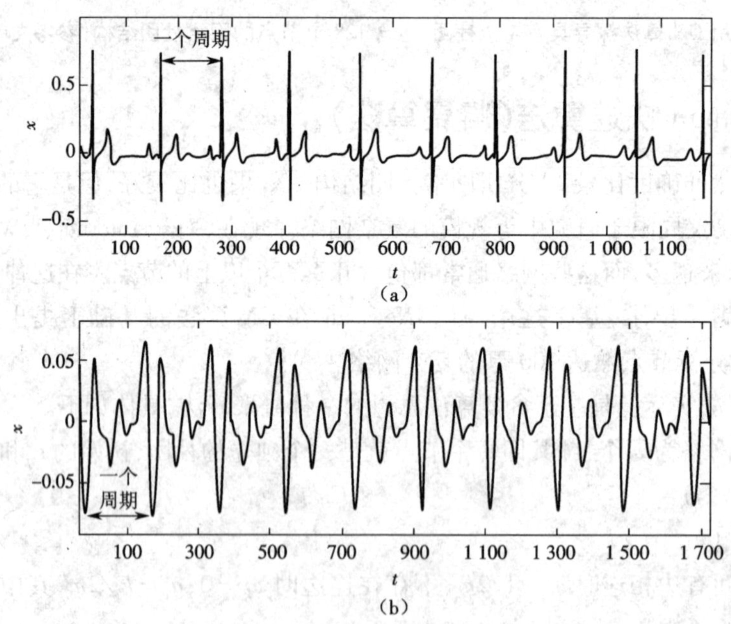

图 8-23 拟周期时间序列[49]

(a)心电图 (b)步伐数据

时间序列中每一个周期片段对应网络中的一个节点，周期片段 C_i 与 C_j 的距离定义为

$$D_{ij} = \min_{l=0,1,\cdots,l_j-l_i} \frac{1}{l_i} \sum_{k=1}^{l_i} \| X_k - Y_{k+l} \| \tag{8-16}$$

其中 X_k 是 C_i 的第 k 个数据点（长度为 l_i），Y_{k+l} 是 C_j 的第（$k+l$）个数据点（长度为 l_j，且 $l_i <$

l_j)。若两个周期片段 C_i 与 C_j 间的距离 D_{ij} 小于阈值 r_c，则网络中对应于 C_i 与 C_j 的两节点相连，从而构建复杂网络。该方法适用于分析如图 8-23 所示的具有明显拟周期特性的时间序列。

8.6.2　可视图复杂网络构建方法[50-51]

1. 可视图复杂网络[50]

2008 年，拉卡萨(Lacasa)等提出了可视图(Visibility Graph，VG)建网方法。对于离散时间序列，将数据点定义为网络节点，数据点之间满足可视性准则的连线定义为网络连边。如图 8-24 所示，用直方条表示一个周期时间序列中 20 个数据点[图 8-24(a)]，数据真实值与直方条高度相对应。若两个直方条顶端相互可视，则认为两点在网络中相连。图 8-24(b)是由该方法生成的网络，依次排开的实点与离散时间序列数据点一一对应，实点之间的连线与直方条之间的可视线一一对应。值得指出的是，可视线不能重复或者遗漏，节点与自身不能相连，两个直方条之间的可视线不能穿越其他直方条。

可视性准则：如果离散时间序列中点(t_a，y_a)和点(t_b，y_b)相连接，那么对于任意的点(t_c，y_c)，其中 $t_a<t_c<t_b$，满足

$$\frac{X_a - X_c}{t_c - t_a} > \frac{X_a - X_b}{t_b - t_a} \tag{8-17}$$

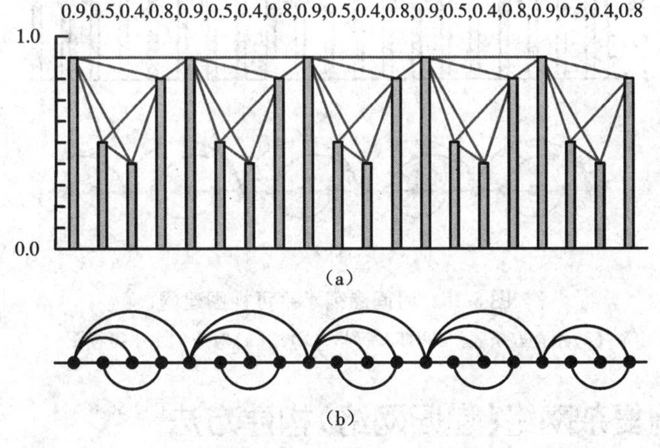

图 8-24　时间序列可视图建网

(a)用直方条表示的时间序列　(b)图(a)对应的可视图

可视图方法生成的网络有如下性质：每一个点至少和它的左邻点和右邻点相连；网络为无向网络；横轴和纵轴坐标尺度变化或者经过仿射变换后其可视性不变。可视图建网方法能够继承原始时间序列的一些特征，即周期时间序列转化成规则网络，随机时间序列转化成随机网络，分形时间序列转化成无标度网络。可视图建网方法应用几何准则定义节点连接性，从而捕捉序列的几何结构，通过网络度分布刻画序列几何相似性，进而体现序列的层次性与波动趋势。

2. 水平可视图复杂网络[51]

2009 年，卢克(Luque)等在可视图建网方法基础上，提出了水平可视图(Horizontal Visibility Graph,HVG)建网方法。如图 8-25 所示,网络节点和连边的定义与可视图建网方法相同。若能在两个直方条之间画出一道水平的可视线,并且可视线不穿过其他直方条,则认为这两点在网络中相连。值得注意的是,对于同一时间序列,HVG 网络总是 VG 网络的一个子网络,如图 8-25(a)和图 8-25(b)所示。

可视性准则:如果离散时间序列中点(t_a,y_a)和点(t_b,y_b)相连接,那么对于任意的点(t_c,y_c),其中$t_a<t_c<t_b$,满足

$$y_a,y_b>y_c \tag{8-18}$$

HVG 和 VG 方法具有一些相同的性质:节点至少同左、右邻点相连;无向网络;经仿射变换或者坐标轴尺度变换后其可视性不变。较之 VG 可视性准则,HVG 可视性准则具有更强的限制性,造成节点平均度值较小。特别地,Luque 等指出了 HVG 方法可将任意随机时间序列转化为相同的网络,并获得幂律形式度分布,即$p(k)=(1/3)(2/3)^{k-2}$,HVG 方法能够对随机时间序列和混沌时间序列进行区分。

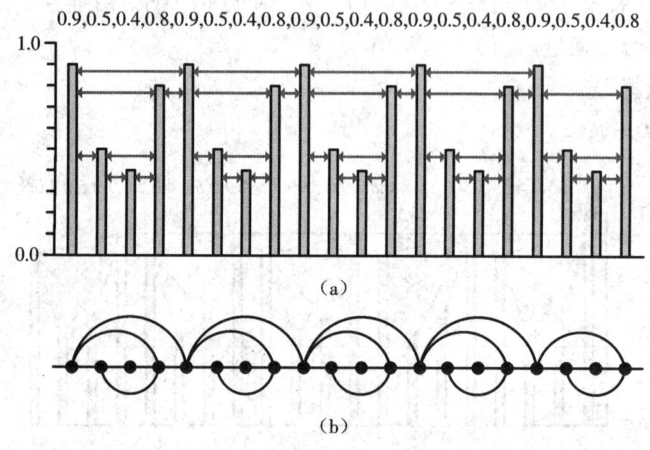

图 8-25 时间序列水平可视图建网

(a)用直方条表示的时间序列 (b)图(a)对应的水平可视图

8.6.3 相空间复杂网络(递归网络)构建方法[52-56]

相空间重构为相空间复杂网络构建的第一步,相空间重构是根据有限的数据来重构吸引子以研究系统动力行为的方法。对任一时间序列信号$z(it)$,$i=1,2,\cdots,M$(其中t为采样间隔,M为总点数),恰当选取嵌入维数m和延迟时间τ后,可进行相空间重构,重构相空间中的向量点可表示为

$$\begin{aligned}\boldsymbol{X}_k&=\{x_k(1),x_k(2),\cdots,x_k(m)\}\\&=\{z(kt),z(kt+\tau),\cdots,z[kt+(m-1)\tau]\}\end{aligned} \tag{8-19}$$

其中$k=1,2,\cdots,N[N=M-(m-1)\tau/t$,为相空间中的总点数]。对于嵌入维数$m$,当$m$很小时,相空间中的点无法充分展开,当$m$过大时,相空间动力学将被噪声污染;对于延迟时间$\tau$,当$\tau$很小时,相空间吸引子将被压缩在一条线上无法充分展开,当τ过大时,相空间中吸引子动力学将被分割变得不再连续。因此,嵌入维数m和延迟时间τ需要经过恰当的算法严格选

取。嵌入维数可由错误最近邻算法(FNN 算法)[57]精确获得,延迟时间 τ 可由 C-C 算法[58]计算获取。

在对时间序列信号进行相空间重构后,记为$\{z(1),z(2),\cdots,z(M)\}$,以相空间中的向量点作为复杂网络中的基本节点,并且由相空间中向量点间的距离决定网络中的连边,从而构建相空间复杂网络。相空间中向量点 $\boldsymbol{X}_i$ 和 $\boldsymbol{X}_j$ 之间的距离定义为

$$d_{ij} = \sum_{n=1}^{m} \| X_i(n) - X_j(n) \| \tag{8-20}$$

其中 $X_i(n)=z[i+(n-1)\tau]$ 和 $X_j(n)=z[j+(n-1)\tau]$ 分别为 $\boldsymbol{X}_i$ 和 $\boldsymbol{X}_j$ 的第 n 个元素,m 和 τ 分别为嵌入维数和延迟时间。选取距离阈值 r_c,距离矩阵 $\boldsymbol{D}=(d_{ij})$ 则可以转化为邻接矩阵 $\boldsymbol{A}=(a_{ij})$,当相空间中向量点 $\boldsymbol{X}_i$ 和 $\boldsymbol{X}_j$ 之间的距离小于或等于关键阈值距离 r_c 时,节点 i 和节点 j 之间存在连边,即当 $d_{ij}\leqslant r_c$ 时 $a_{ij}=1$;相反,当相空间中向量点 $\boldsymbol{X}_i$ 和 $\boldsymbol{X}_j$ 之间的距离大于关键阈值距离 r_c 时,节点 i 和节点 j 之间不存在连边,即当 $d_{ij}>r_c$ 时 $a_{ij}=0$。构造的相空间复杂网络共有 $N=M-(m-1)\tau/t$ 个节点,节点间的连接关系由邻接矩阵 $\boldsymbol{A}$ 表示。

8.6.4　信号片段相关复杂网络构建方法[54,59]

基于一组测量信号,将信号中的序列片段作为节点,用片段间的相关性强度决定节点间的连边,从而构造流体动力学复杂网络。以一组时间序列信号为例,记为$\{k_1,k_2,k_3,\cdots,k_N\}$,可以从信号中获取如下长度为 L 的所有序列片段:

$$\begin{aligned}
&\{\boldsymbol{S}_1=(k_1,k_2,\cdots,k_L)\}\\
&\{\boldsymbol{S}_2=(k_2,k_3,\cdots,k_{L+1})\}\\
&\{\boldsymbol{S}_3=(k_3,k_4,\cdots,k_{L+2})\}\\
&\vdots\\
&\{\boldsymbol{S}_m=(k_m,k_{m+1},k_{m+2},\cdots,k_{m+L-1})\mid m=1,2,\cdots,N-L+1\}
\end{aligned} \tag{8-21}$$

对于任意两个序列片段 $\boldsymbol{S}_i$ 和 $\boldsymbol{S}_j$,定义相关系数

$$C_{ij} = \frac{\sum_{k=1}^{L}[\boldsymbol{S}_i(k)\cdot\boldsymbol{S}_j(k)]}{\sqrt{\sum_{k=1}^{L}[\boldsymbol{S}_i(k)]^2}\cdot\sqrt{\sum_{k=1}^{L}[\boldsymbol{S}_j(k)]^2}} \tag{8-22}$$

其中 C_{ij} 表征了节点 i 和 j(即序列片段 $\boldsymbol{S}_i$ 和 $\boldsymbol{S}_j$)的连接状态。选取一个合适的阈值 r_c,相关矩阵 $\boldsymbol{C}$ 为一对称矩阵,可以转换成网络邻接矩阵 $\boldsymbol{A}$,其中当 $|C_{ij}|\geqslant r_c$ 时,节点 i 和 j 之间存在连边,即 $A_{ij}=1$;当 $|C_{ij}|<r_c$ 时,节点 i 和 j 之间不存在连边,即 $A_{ij}=0$。卢(Rho)等在相关性复杂网络度分布研究中指出[60],当阈值 r_c 在一个范围内变化时,如果存在一个特定的值可以使构建的复杂网络具有无标度特性,那么这个阈值即为关键值,通过此值构建的复杂网络可以有效地挖掘蕴含在相关矩阵中的重要信息。

8.6.5　马尔科夫转移概率复杂网络构建方法[61-63]

马尔科夫链是数学中具有马尔科夫性质的离散时间随机过程。马尔科夫链可用有向图来

表示，其中连边代表从一个状态到另一个状态的转移概率。马尔科夫转移概率复杂网络构建过程为：给定时间序列 $x(t)$，计算出其 Q 分位数。Q 分位数将其值域等概率划分为 Q 个区间（$q_i, i=1,2,\cdots,Q$），每个区间映射到网络中的一个节点，相应的网络则具有 Q 个节点（$n_i, i=1,2,\cdots,Q$）。随着时间的演化，在一个时间步长内，若时间序列 $x(t)$ 从区间 q_i 转移到区间 q_j，则节点 n_i 与节点 n_j 相连。网络中节点 n_i 与节点 n_j 连边的权值 w_{ij} 由马尔科夫一步转移概率唯一确定。区间 q_i 与区间 q_j 转移次数越多，则节点 n_i 与节点 n_j 连边的权值 w_{ij} 越大。

图 8-26 为基于马尔科夫模型的时间序列复杂网络构建示意图。时间序列被分为 4 个区间（q_1, q_2, q_3, q_4），相应地得到一个包含 4 个节点的网络。在一个时间步长内，时间序列 $x(t)$ 从区间 q_1 转移到区间 q_2，则网络中节点 1 与节点 2 相连。时间序列 $x(t)$ 从区间 q_1 转移到所有区间共 4 次，其中转移到区间 q_2 共 3 次，因此区间 q_1 与区间 q_2 的转移概率（即节点 1 与节点 2 边的权值 w_{12}）为 3/4。依此类推，可以计算得到网络中所有连边的权值，且由于转移具有方向性，构建的网络为有向加权复杂网络。

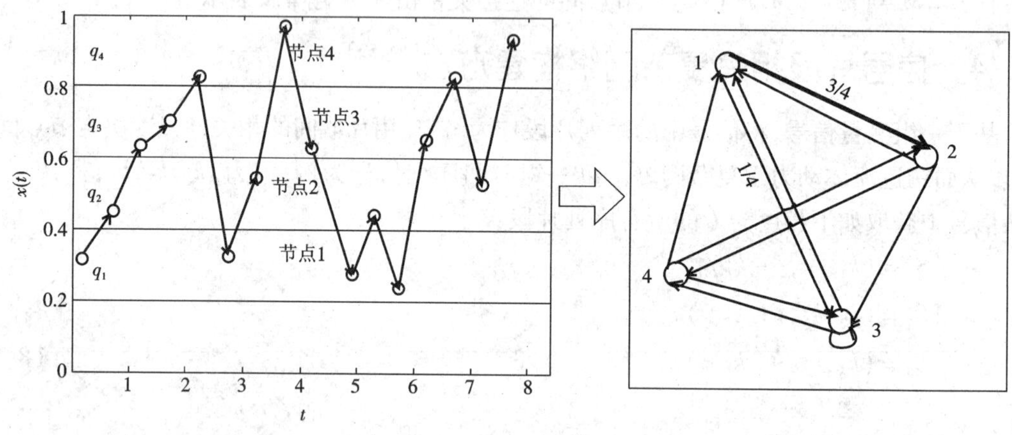

图 8-26 马尔科夫转移概率复杂网络构建示意图

8.7 复杂网络信号分析应用举例

8.7.1 气液两相流流型复杂网络[54]

在石油、化工及核反应堆等工业领域存在着大量的两相流动现象，例如动力工程中锅炉蒸发管中的蒸汽－水两相流动，发电和冶金工业中煤粉和矿粉输送管道中的气固或液固两相流，化工工业中物料输送管道和反应釜搅拌器中的气液两相流以及石油工程中油田开采油井中的油水两相流和气液两相流等。在两相流动中，两相界面分布呈不同的几何形状或流动结构，称为两相流流型。流型是影响流动参数准确测量的重要因素，由于流型复杂多变，依靠单一传感器难以实现流动参数的准确测量，对于难以用数学模型精确描述的流体动力学特性的研究局限性更大。由于两相流复杂相间界面效应及相间相对运动，准确识别其流型还相当困难，尤其是流型演化动力学机制至今也尚未十分清楚。研究表明，用传统的科学观念和方法研究复杂的多变量随机过程多相流动问题，还没有取得突破性进展，尤其是在复杂混相流体流动结构研究方面，需要从不断完善信息处理技术的角度去认识多相流动现象，为深层次理解检测信号提供新的理论工具。

垂直气液两相流动态实验是在天津大学油气水三相流实验装置上进行的，其整体结构如图 8-27 所示。两相流实验系统主要包括油气水三路供给和模拟井筒及控制系统三部分。模拟井筒高 6 m，由内径为 125 mm 和内径为 80 mm 的有机玻璃管井筒组成，通过控制系统可对其进行 0°～90°倾斜调整。油、气、水的流量可以由控制系统通过调节阀的开度进行设定，从而配比出不同的流量范围和不同相含率范围的流动工况。

在垂直上升气液两相流动态实验中，实验管道为内径 125 mm 的透明有机玻璃管。如图 8-28 所示，测试段采用纵向多极阵列电导传感器测量系统（简称 VEMA），其主要由八个环形金属电极构成，其中包含一对激励电极（E_1，E_2），一对独立相含率测量电极（H_1，H_2）以及两对截面相关流速测量电极（C_1，C_2）及（C_3，C_4）。实验中气液两相混合流体自下而上流动，顺序经过纵向多极阵列电导传感器的各对测量电极，电导传感器安装在 125 mm 的实验管段上，位于距离气液混合流体出口 3 m 的位置，从而保证了混合流体充分发展。基于相关理论，通过分析传感器 A 和 B 的测量信号可以获取两相流体轴向相关速度；传感器 C 的测量信号与两相流相含率变化密切相关，可以很好地反映两相流宏观流动结构的变化，可用于两相流流型动力学特性研究。测量系统由 VMEA、高速动态摄像仪（High Speed Video Camera Recorder）、激励信号发生电路、信号调理模块、数据采集设备、测量数据分析软件几部分组成。VMEA 采用 20 kHz 恒压正弦波进行激励，激励电压有效值为 1.4 V；高速动态摄像仪为瑞士温伯格（Weinberger）公司基于先进的 CMOS 技术研发的 SpeedCam Visario 系统，影像全幅最大分辨率为 1 536 × 1 024，最大帧频达到 1 000 帧/s，电子快门可达 10 μs；信号调理模块主要由差动放大、相敏解调和低通滤波三个模块构成。传感器产生的测量信号经过信号调理模块进行信号检波，得到由非导电介质随机流动引起的电压波动信号，由数据采集卡对这些信号进行采集与存储，用于计算混相流体的轴向相关速度、识别流型以及进行两相流非线性动力学特性方面的研究。测量系统数据采集部分选用的是美国国家仪器公司（NI）的产品 PXI 4472 和 6115 数据采集卡，该数据采集卡是基于 PXI 总线技术的，一共有十二个通道，4472 具有同步采集功能，6115 为异步采集。数据处理是通过与数据采集卡配套的图形化编程语言 LabVIEW 7.1 实现的，可完成实时显示波形变化、实时存储数据并在线进行相关运算和数据分析等功能。

实验介质为空气及水，实验方案是先在管道中通入固定流量的水相，然后在管道中逐渐增加气相流量，每完成一次气水两相流配比后，通过高速摄像仪拍摄的动态图像确定气液两相流流型，同时采集来自 VMEA 的电压波动测量信号。本次实验水相流量范围为 1～14 m^3/h，气相流量范围为 0.2～130 m^3/h。数据采样频率为 400 Hz，每一个测点记录 60 s。本次实验观察到包括过渡流型在内的五种气液两相流流型，即泡状流、泡状－段塞过渡流、段塞流、段塞－混状过渡流及混状流，如图 8-29 所示。①泡状流：大小不同的小气泡随机离散分布于自下而上流动的液体中。气体为离散相，液体为连续相，气泡尺寸随着气相速度的增加而逐渐增大。②段塞流：随着气相速度的增大，气泡浓度随之增大，小气泡聚并为直径接近于管内径的塞状或弹状大气泡，其前端部分呈现抛物线形状；塞状大气泡之间存在由小气泡组成的液团，在气

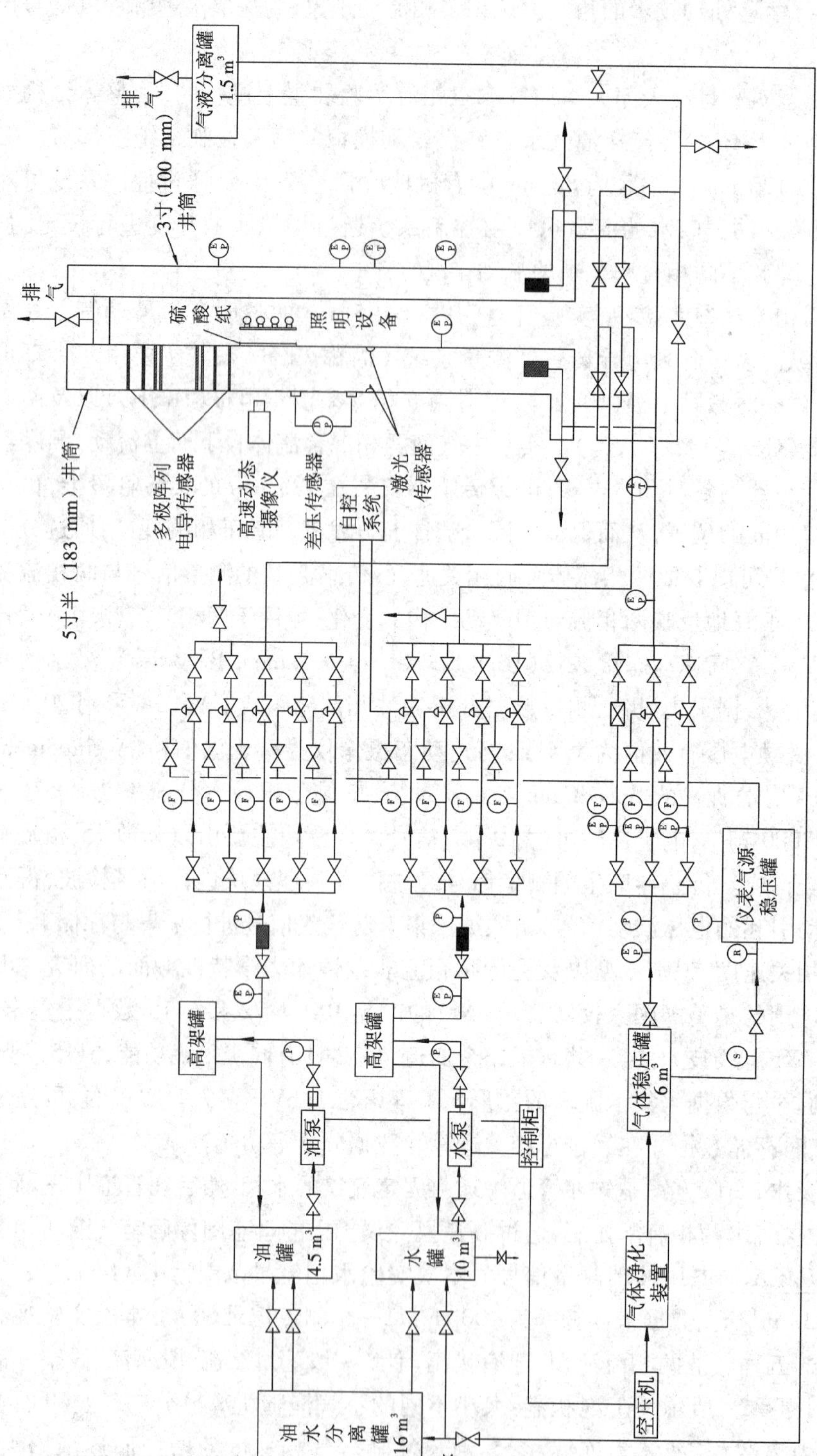

图 8-27 天津大学油气水三相流实验装置

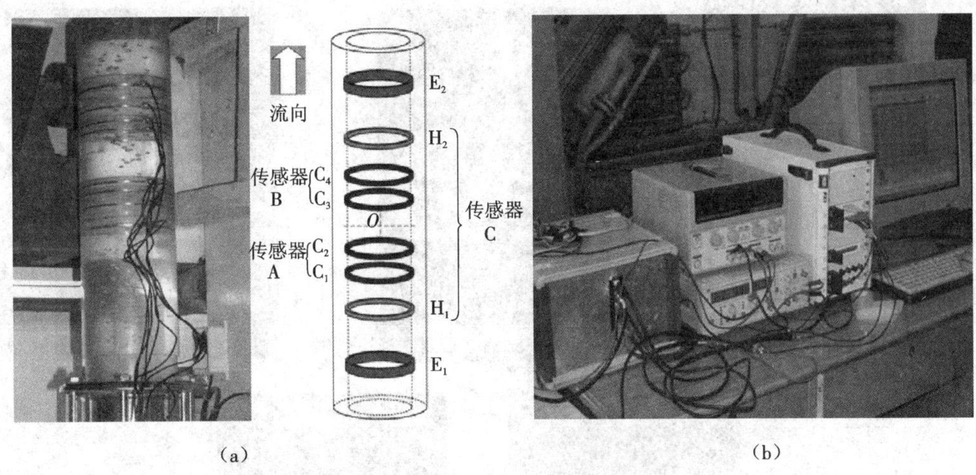

(a)　(b)

图 8-28　纵向多极阵列电导传感器测量系统

(a)电导传感器阵列　(b)传感器数据采集系统

泡快速上升过程中,液体在气泡与管壁的间隙中流动。③混状流:当气相速度进一步增大时,段塞流中气泡的浓度和速度也随之增加,气泡开始发生破裂、碰撞、聚合和变形,其与液体混合成为一种不稳定、上下翻滚的湍动混合物。实验共采集 90 组垂直气液两相流电导波动信号用于本节的垂直气液两相流流动结构复杂网络非线性动力学特性研究,图 8-30 为由 VMEA 中传感器 C 测得的五种典型流型的气液两相流电导波动信号,其中 U_{sw} 和 U_{sg} 分别表示水相表观速度和气相表观速度。

由于在实验中不可避免地存在着测量数据过采样和噪声叠加情况,须对原始电导波动信号进行非线性预处理后构建流型复杂网络;否则,会导致同种流型下不同流动工况的特征量相关性差异很大,不易生成具有明显社团结构的流型复杂网络。因此,考虑到两相流电导测量信号的非线性特性,对原始电导波动信号采用坐标延迟嵌入方法进行非线性预处理。为了测量一个动力系统的结构,须借助实验采集的数据。由于实验数据都是不连续的,为了从离散数据中获得原连续动力系统的基本性质,常采用延迟嵌入方法。

以不同的气液配比工况(工况是指气相与液相按流量配比混合后形成的气液两相流流动条件)为节点,首先,以延迟嵌入(Time-delay Embedding)方法对电导波动信号进行非线性预处理,即通过 C-C 算法计算出每组电导波动信号的延迟时间 τ,并选取使得流型复杂网络模块度最大的 τ 值对所有电导波动信号进行预处理。在此基础上,分别提取不同流动工况下电导波动信号的特征量,计算各个流动工况间特征量的相关性,并以相关性强度为边构建流型复杂网络。由特征量构成相关性因子为

$$C_{ij}=\frac{\sum_{k=1}^{L}[\boldsymbol{T}_i(k)-\langle\boldsymbol{T}_i\rangle][\boldsymbol{T}_j(k)-\langle\boldsymbol{T}_j\rangle]}{\sqrt{\sum_{k=1}^{L}[\boldsymbol{T}_i(k)-\langle\boldsymbol{T}_i\rangle]^2}\sqrt{\sum_{k=1}^{L}[\boldsymbol{T}_j(k)-\langle\boldsymbol{T}_j\rangle]^2}} \tag{8-23}$$

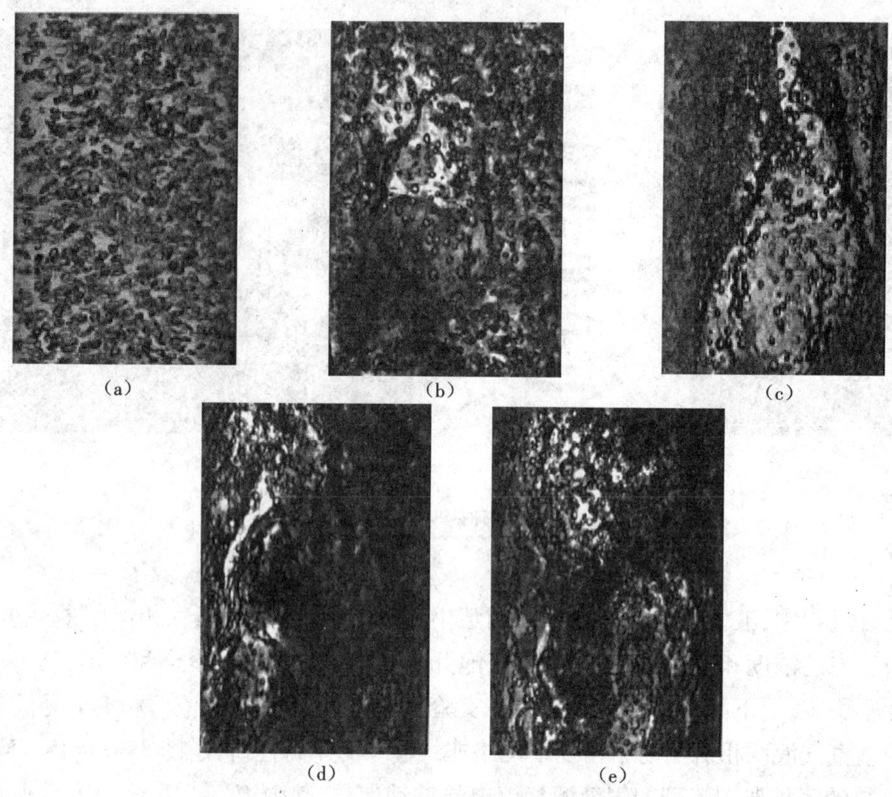

图 8-29 五种气液两相流流型图像

(a)泡状流 (b)泡状 - 段塞过渡流 (c)段塞流 (d)段塞 - 混状过渡流 (d)混状流

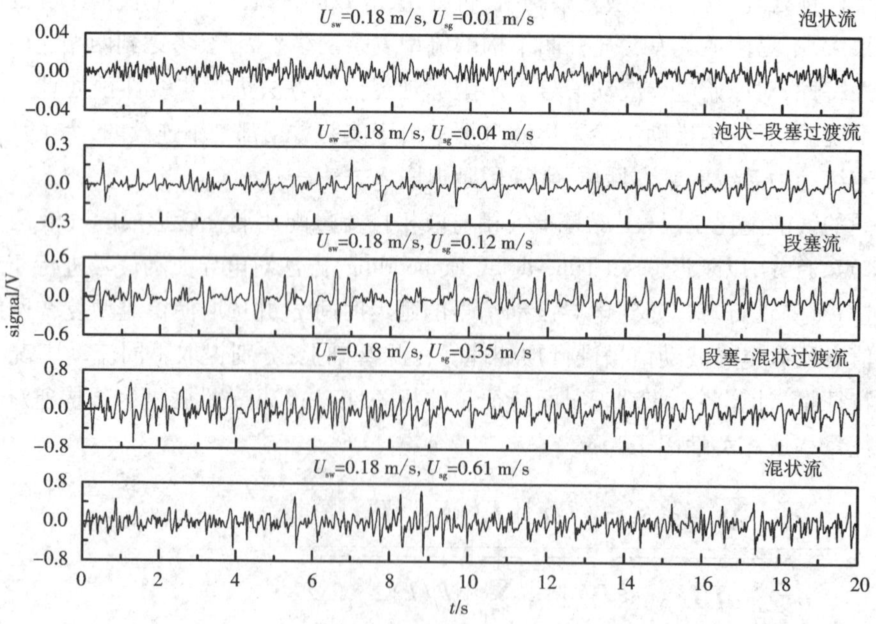

图 8-30 五种典型气液两相流流型的电导波动信号

式中$\boldsymbol{T}_i$,$\boldsymbol{T}_j$ 分别为在流动工况 i 和 j 下所提取的时频域特征向量;L 为向量维数;$\langle \boldsymbol{T}_i \rangle = \sum_{k=1}^{L} \boldsymbol{T}_i(k)/L$,$\langle \boldsymbol{T}_j \rangle = \sum_{k=1}^{L} \boldsymbol{T}_j(k)/L$。通过计算不同流动工况下特征量之间的相关性,可以得出一个相关性对称矩阵 $\boldsymbol{C}$,其中每个元素 C_{ij}代表工况 i 与工况 j 之间的相关值。定义相关性阈值 r_c,流型复杂网络邻近矩阵 $\boldsymbol{A}$ 满足

$$A_{ij} = \begin{cases} 1 & (|C_{ij}| \geqslant r_c) \\ 0 & (|C_{ij}| < r_c) \end{cases} \tag{8-24}$$

即当 $\boldsymbol{C}$ 中元素 C_{ij}大于或等于阈值 r_c 时,就认为工况 i 与工况 j 之间流型相关,流型复杂网络邻近矩阵 $\boldsymbol{A}$ 中相应元素值为 1;反之,则认为两个流动工况之间流型无关,流型复杂网络邻近矩阵 $\boldsymbol{A}$ 中相应元素值为 0。

在以相关性为边建立的网络中,阈值选取还未有确定的准则。在研究气液两相流流型复杂网络中,以模块度相对稳定性选取阈值 r_c,即当阈值在 0.8 ~ 1 区间内由小到大连续变化时,如果网络模块度在某一阈值 r_c 的邻域内变化范围在 ±2% 内,这样的 r_c 使得网络整体结构相对稳定,则认为这样的 r_c 即为最优。由 C-C 算法确定了五个延迟参数,绘制各个参数下模块度随阈值变化的曲线如图 8-31 所示,当 r_c 在 0.965 ~ 0.985 内变化时,其模块度 Q 变化相对稳定;当延迟时间为 $\tau = 7\Delta t$(其中 Δt 为原始数据采样间隔)时,相应模块度最大。根据上述原则,选取延迟时间为 $\tau = 7\Delta t$,此时阈值 r_c 为 0.978。

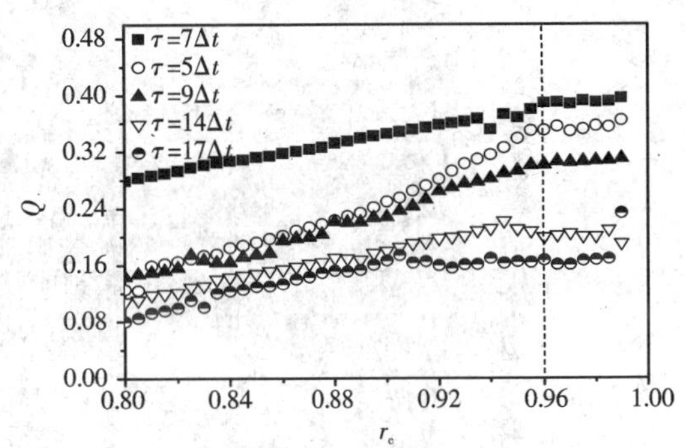

图 8-31　气液两相流流型复杂网络延迟时间、阈值及模块度关系图[54]

在已建立的气液两相流流型复杂网络基础上,以 K 均值(K-means)聚类的社团探寻算法对该网络社团结构进行分析,并通过网络可视化软件 UCINET 和 NETDRAW 绘制其社团结构图。如图 8-32 所示流型复杂网络中包含 90 个节点,1 326 条边,社团结构图中不同编号的节点代表不同的气液流量配比工况,即以不同的气相与液相流量配比混合后形成的气液两相流流动条件,不同的气相与液相流量配比会导致不同流型的产生。例如,工况 2 是指气液两相流流动中的气相流量为 $Q_g = 0.2\ \mathrm{m^3/h}$,液相流量为 $Q_w = 2.0\ \mathrm{m^3/h}$,以此气相与液相流量配比混合后形成的气液两相流流动条件下出现的是泡状流。从图 8-32 中可以看出,在本节的流动工况范围内流型复杂网络分别存在着节点个数分别为 21,30,39 的三个社团,记为社团 a、社团 b 和社团 c。通过流型复杂网络中各个节点对应工况下的气液流量配比情况和在相应工况下通过高速动态摄像仪所拍摄的动态图像对比可知,社团 a 中的节点主要对应于泡状流,如节点 2($Q_g = 0.2\ \mathrm{m^3/h}$,$Q_w = 2.0\ \mathrm{m^3/h}$)和节点 16($Q_g = 0.94\ \mathrm{m^3/h}$,$Q_w = 12.0\ \mathrm{m^3/h}$)对应工况下的流型均为泡状流;社团 b 中的节点主要对应于段塞流,如节点 31($Q_g = 2.1\ \mathrm{m^3/h}$,$Q_w = 2.0\ \mathrm{m^3/h}$)

和节点 44(Q_g =4.1 m^3/h,Q_w =6.0 m^3/h)对应工况下的流型均为段塞流;社团 c 中的节点主要对应于混状流,如节点 70 (Q_g =69.0 m^3/h,Q_w =4.0 m^3/h)和节点 90(Q_g =139.0 m^3/h,Q_w =2.0 m^3/h)对应工况下的流型均为混状流;社团 a 和社团 b 间联系比较紧密的节点主要对应于泡状－段塞过渡流型,如节点 19(Q_g =1.0 m^3/h,Q_w =2.0 m^3/h)和节点 26(Q_g =1.7 m^3/h,Q_w =4.0 m^3/h)对应工况下的流型均为泡状－段塞过渡流型;社团 b 和社团 c 间联系比较紧密的节点主要对应于段塞－混状过渡流型,如节点 32(Q_g =38.0 m^3/h,Q_w =8.0 m^3/h)和节点 58 (Q_g =25 m^3/h,Q_w =4.0 m^3/h)对应工况下的流型均为段塞－混状过渡流型。因此,通过 K 均值聚类社团探寻算法对气液两相流流型复杂网络社团结构进行分析,找出了不同流型对应的社团结构,从而实现了对气液两相流流型较好的辨识效果。

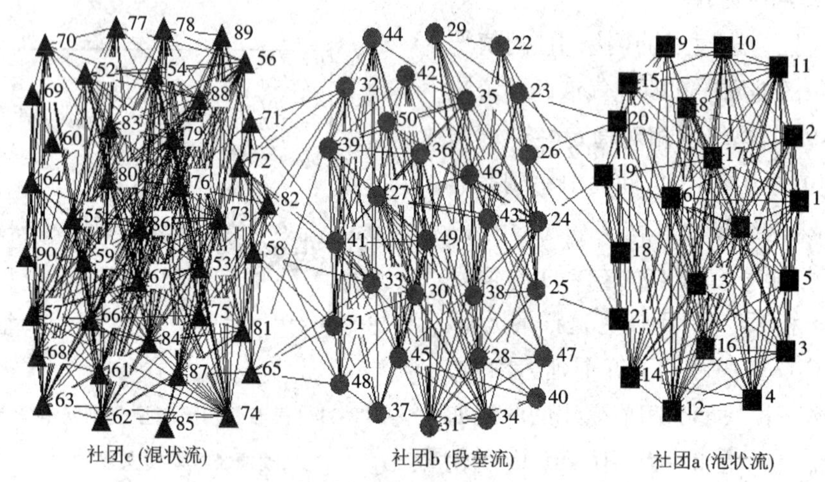

图 8-32　气液两相流流型复杂网络社团结构图[54]

分别计算了流型复杂网络中三个社团各自的平均最短路径长度和聚集系数,如图 8-33 和图 8-34 所示。可以看出,泡状流对应社团 a 的平均最短路径长度最小,聚集系数最大;段塞流对应社团 b 的平均最短路径长度最大,聚集系数最小;而混状流对应社团 c 的平均最短路径长度比社团 b 小但又大于社团 a,聚集系数比社团 b 大但又小于社团 a。定义社团 i 的小世界效应度为 DSW(i),即

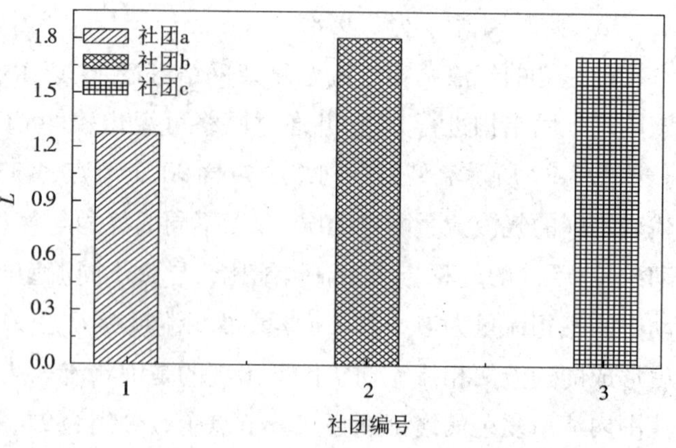

图 8-33　各社团平均最短路径长度分布图

$$\mathrm{DSW}(i)=\frac{C_i}{L_i} \tag{8-25}$$

其中 C_i 为社团 i 的聚集系数，L_i 为社团 i 的平均最短路径长度。通过绘制流型复杂网络中三个社团的小世界效应度分布图（图 8-35），发现该网络对于不同流型对应的社团，小世界效应度也有所不同：泡状流对应社团 a 的小世界效应最鲜明；段塞流对应社团 b 的小世界效应度有所下降；而混状流对应社团 c 的小世界效应度比社团 b 高但又低于社团 a。

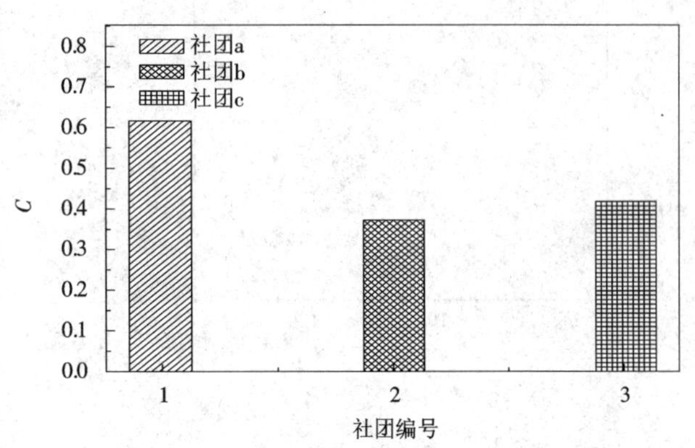

图 8-34　各社团聚集系数分布图

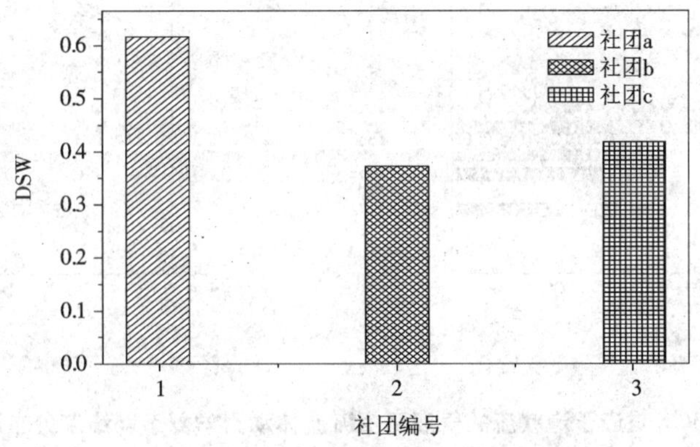

图 8-35　各社团小世界效应度分布图

8.7.2　气液两相流流体动力学复杂网络[54]

基于一组气液两相流实验测量信号，使用第 8.6.4 节描述的信号片段和相关复杂网络构建方法构建流体动力学复杂网络。

当阈值 r_c 在一个范围内变化时，如果存在一个特定的值可以使构建的复杂网络具有无标度特性，那么这个阈值即为关键值，通过此值构建的复杂网络可以有效地挖掘蕴含在相关矩阵中的重要信息。基于气液两相流测量信号，通过对流体动力学复杂网络（2 000 个节点）的演化特性分析，发现当阈值 $r_c=0.95$ 时生成的网络呈现出明显的无标度特性，此时的网络度分布蕴含丰富的内在流型动力学信息。以测自泡状流的一组电导波动信号为例（流动条件：$Q_g=0.2\ \mathrm{m^3/h}$，$Q_w=2.0\ \mathrm{m^3/h}$），当阈值 $r_c=0.95$ 时，网络呈现出明显的无标度特性，如图 8-36(a)所示；随着阈值的减小，网络中的连边越来越多，从而导致网络度分布的统计波动，如图 8-36(b)所示；最后随着阈值的进一步减小，网络度分布的无标度特性将会淹没在统计噪声之中，如图 8-36(c)和(d)所示。

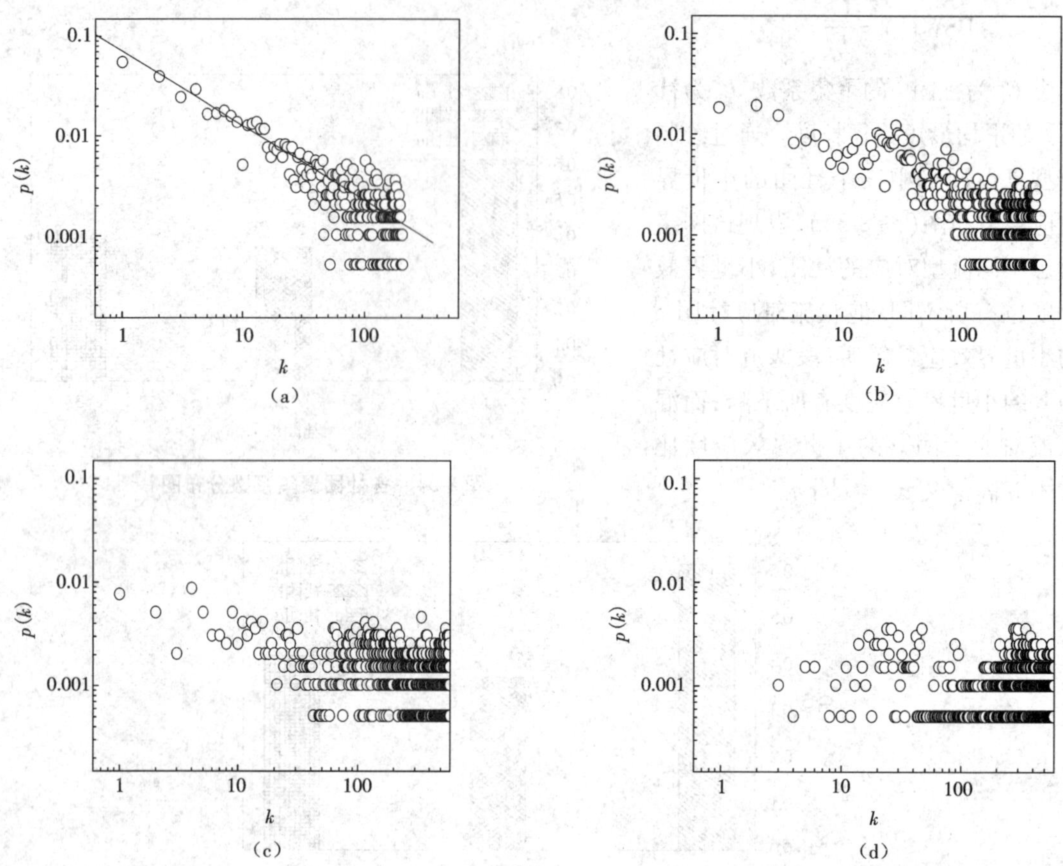

图 8-36 对应于泡状流的气液两相流流体动力学复杂网络度分布演化

(a)$r_c=0.95$, $L=50$ (b)$r_c=0.9$, $L=50$

(c)$r_c=0.8$, $L=50$ (d)$r_c=0.7$, L=50

流体动力学复杂网络构建中另一个参数为序列片段的长度 L,当 L 很小时会导致过高的相关性,随着 L 增大,有限长度导致的统计波动将会得到抑制,因此需要选取一个适当大的 L 构建网络。如图 8-36 所示,当 r_c 和 L 分别取 0.95 和 50 时,生成的网络呈现出明显的无标度特性,其度分布服从幂律分布:

$$p(k) \sim k^{-\gamma} \tag{8-26}$$

其中 k 为节点度值,γ 为幂律指数。为了能够找到一个稳定的 L 变化区间,使得在这个区间内生成的网络可以有效地用于揭示蕴含在时间序列中的重要物理信息,逐步增加序列片段的长度从而改变网络中节点和连边的数量及分布,进而对网络动力学演化过程进行分析,并试图寻找一个使得度分布指数保持稳定的 L 区间进而确定一个合适的 L 值。

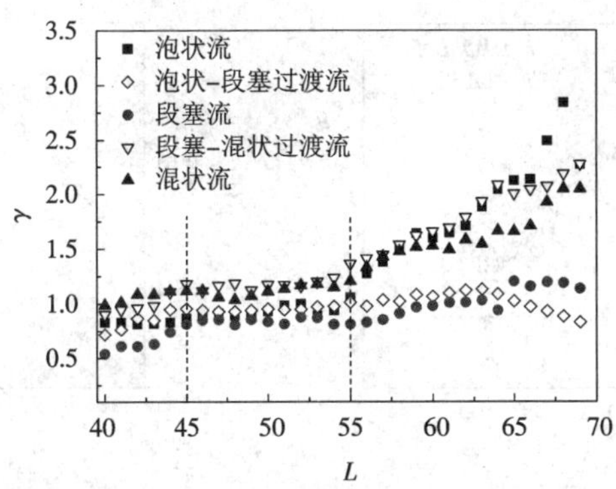

图 8-37 气液两相流流体动力学复杂网络度分布指数随序列片段长度变化的分布

注：$r_c=0.95$，相应的流动条件为：泡状流，$Q_g=0.2\ m^3/h$，$Q_w=2.0\ m^3/h$；

泡状－段塞过渡流，$Q_g=1.0\ m^3/h$，$Q_w=2.0\ m^3/h$；段塞流，$Q_g=4.1\ m^3/h$，$Q_w=6.0\ m^3/h$；

段塞－混状过渡流，$Q_g=25.0\ m^3/h$，$Q_w=4.0\ m^3/h$；混状流，$Q_g=139.0\ m^3/h$，$Q_w=2.0\ m^3/h$

通过计算绘制流体动力学复杂网络度分布指数 γ 随序列片段长度 L 变化的分布图，如图 8-37 所示。从图中可以看出，当 L 在 45～55 之间变化时，相应的网络度分布指数保持稳定，所以取 $L=50$，$r_c=0.95$ 构建气液两相流动力学复杂网络。

取对应于五种气液两相流流型的时间序列测量信号分别构建 5 个包含 2 000 个节点的流体动力学复杂网络，通过分析其度分布发现气液两相流流体动力学复杂网络为无标度网络，相应的网络度分布如图 8-38 所示。

复杂网络中，度值高节点多、度值低节点少会产生小的度分布幂律指数，相反，度值低节点多、度值高节点少会产生大的度分布幂律指数。为了进一步研究度分布指数在流型转化过程中的演化分布，在不同的流动工况下共构建了 50 个不同的气液两相流流体动力学复杂网络，并计算了其相应的度分布幂律指数，如图 8-39 所示。当气相表观速度较低时，泡状流中存在大量气泡且其泡群运动轨迹随机可变，泡状流中动力学过程最为复杂，相应的网络度分布指数也最大；在泡状流到段塞流的过渡过程中，气泡向聚并趋势发展演变，泡群运动不再完全随机，泡状－段塞过渡流型的动力学相对泡状流变得相对简单，其复杂性测度逐渐减小，对应的网络度分布指数在流型由泡状流到段塞流的转化过程中逐步减小；随着气相表观速度的增大，段塞流流型出现，由于段塞流中存在气塞与液塞的周期性交替运动，其动力学呈现出一定的规律性，其复杂性测度相对于其他几种流型最低，相应的网络度分布指数也最小；随着气相表观速度的进一步增大，段塞流流动结构逐渐失稳并向混状流趋势发展，混状流是段塞流中气塞被击碎后形成的分散块状气体与具有较高湍流动能的连续液相混合的流动形态，呈现极不稳定的振荡性流动特征，因此混状流动力学比段塞流复杂得多，但又比完全随机的泡状流简单些，其复杂性测度高于段塞流而低于泡状流，相应的网络度分布指数在由段塞流到混状流的转化过程中逐步增大。

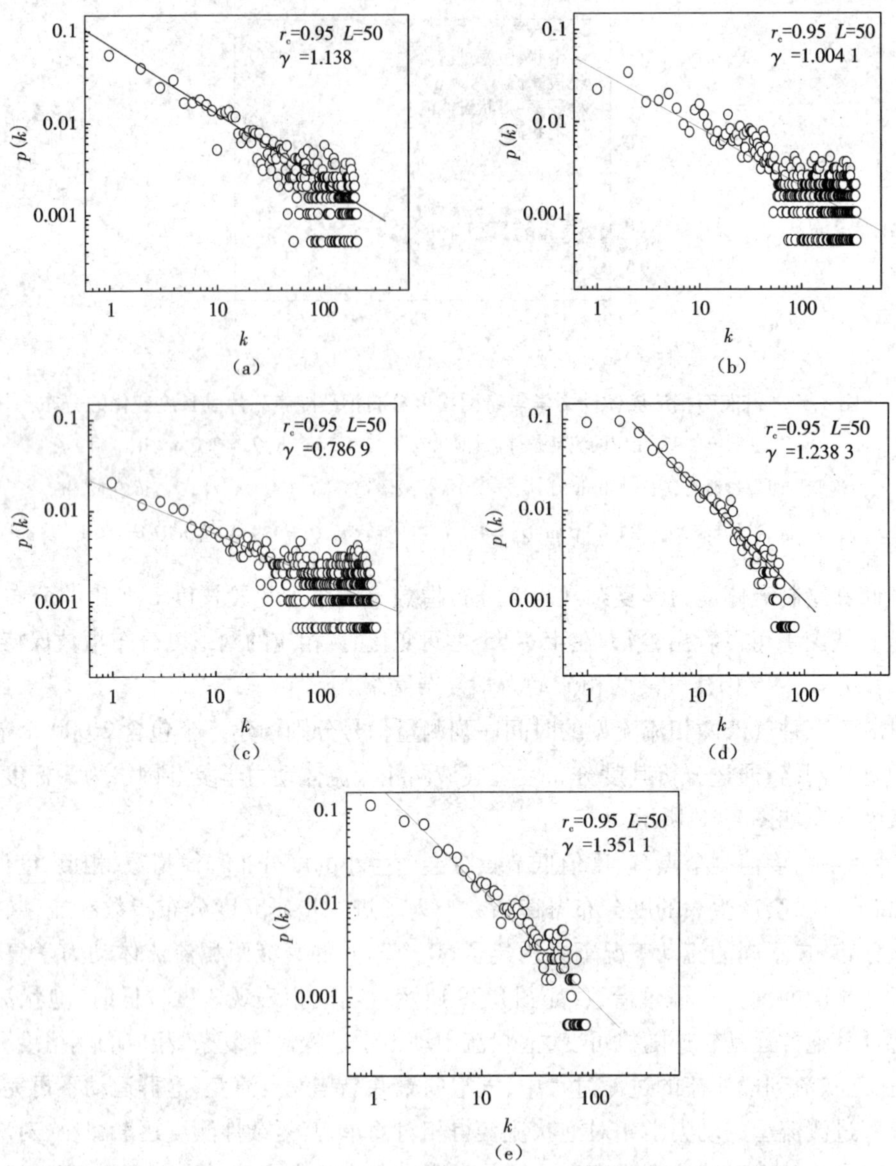

图 8-38 对应于不同流型的气液两相流流体动力学复杂网络度分布

(a)泡状流(Q_g=0.2 m^3/h,Q_w=2.0 m^3/h) (b)泡状-段塞过渡流(Q_g=1.0 m^3/h,Q_w=2.0 m^3/h)

(c)段塞流(Q_g=4.1 m^3/h,Q_w=6.0 m^3/h) (d)段塞-混状过渡流(Q_g=25.0 m^3/h,Q_w=4.0 m^3/h)

(e)混状流(Q_g=139.0 m^3/h,Q_w=2.0 m^3/h)

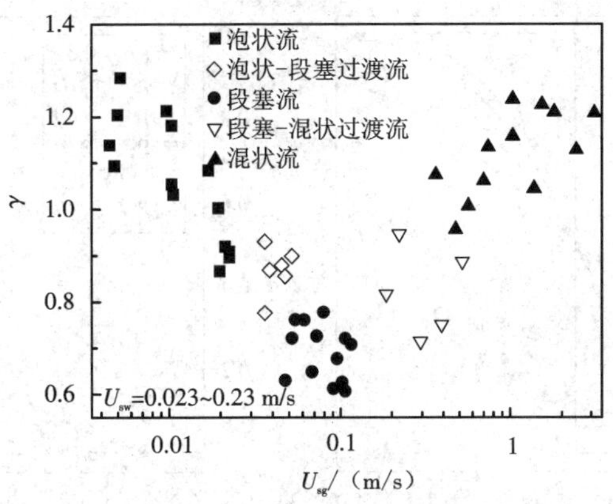

图 8-39　气液两相流网络度分布指数在流型转化过程中的演化分布

8.7.3　核磁共振成像时间序列脑功能复杂网络[64-65]

人们很早就认识到,对脑功能的研究包括确定各功能分区的定位和功能区之间的结合或联系。以往这方面的研究以任务驱动(task-driven)功能连通性分析为主,但近些年的研究更注重于从静态功能性核磁共振成像(fMRI)数据中构建功能连接性模型。特别是越来越多的研究表明,脑功能网络显示出"小世界"特性,即网络具有高度的聚集性,任意两节点间具有较短的平均路径长度。

一般基于 fMRI 数据的网络分析首先需要确定若干分区,提取出各个分区信号的特征值,然后分析分区之间的相互关系。在脑功能网络分析中,信号通过它们之间的相邻关系联系起来,一个重要的问题就是如何最优地确定这种相邻关系。下面介绍一种从 fMRI 数据中辨识大脑中紧密联系模块的方法——像素共激化加权网络分析法(WVCNA),它是以原本用于辨识基因网络模块的方法为基础的[65]。

这里所采用的 fMRI 数据取自 fBRAIN 数据库,由福克斯(Fox)等人在 2007 年测得,是监测不同受测试者大脑皮层不同位置核磁共振信号获取的时间序列。每个时间序列对应于一个网络节点,计算两两序列间的皮尔森相关系数 r_{ij},取

$$s_{ij}=\frac{r_{ij}+1}{2} \tag{8-27}$$

将序列间的皮尔森相关系数转化为区间[0,1]之间的值。然后定义幂邻接函数将上述相关系数转化为带权值的邻接矩阵 $\boldsymbol{A}_{ij}$。该邻接函数显然是一个从区间[0,1]到区间[0,1]的映射,一般邻接函数考虑如下两种形式,如图 8-40 所示,即 sigmoid 函数

$$a_{ij}=\mathrm{sigm}(s_{ij},\alpha,\tau_0)=\frac{1}{1+\mathrm{e}^{-\alpha(s_{ij}-\tau_0)}} \tag{8-28}$$

和幂指数函数

$$a_{ij}=\mathrm{power}(s_{ij},\beta)=|s_{ij}|^{\beta} \tag{8-29}$$

实际应用表明,如果合理地选择上述两函数中的系数,这两种邻接函数可以得到近似的结果,由于幂指数函数只需要确定一个参数,故这里选用它作为邻接函数。幂指数函数中幂指数

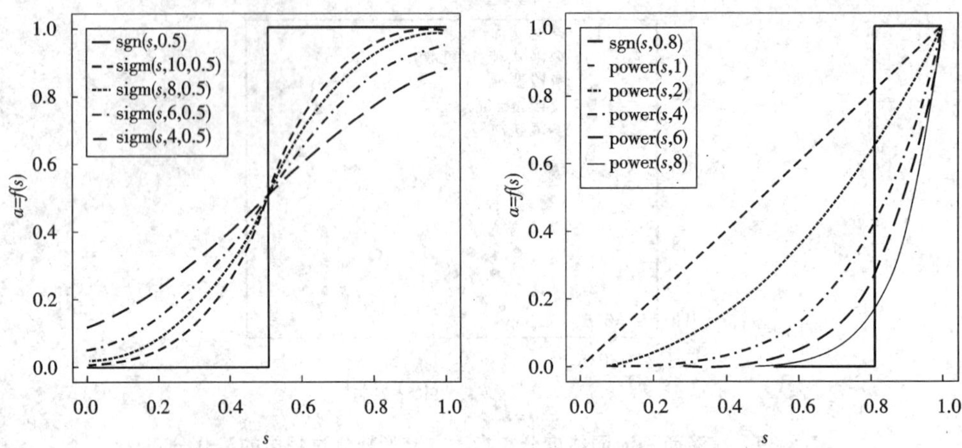

图 8-40 不同参数下的 sigmoid 函数和幂指数函数

β 根据无标度拟合指数 $R^2 = \mathrm{cor}[\lg p(k), \lg k]^2$ 来选取。这里 R^2 是幂指数 β 的单元函数，由于众多的生物学实际网络都具有无标度特性，故这里要求选用的 β 值应使生成的网络至少满足近似无标度的拓扑特性。R^2 与 β 的关系一般是一条 S 形饱和曲线，如图 8-41 所示。另一方面，为了使生成的网络有较高的连接程度，即节点的平均度值（连接性）较大，又要求 β 值较小。综合以上两点考虑，选用满足 $R^2 > 0.8$ 的第一个 β 值作为幂指数。

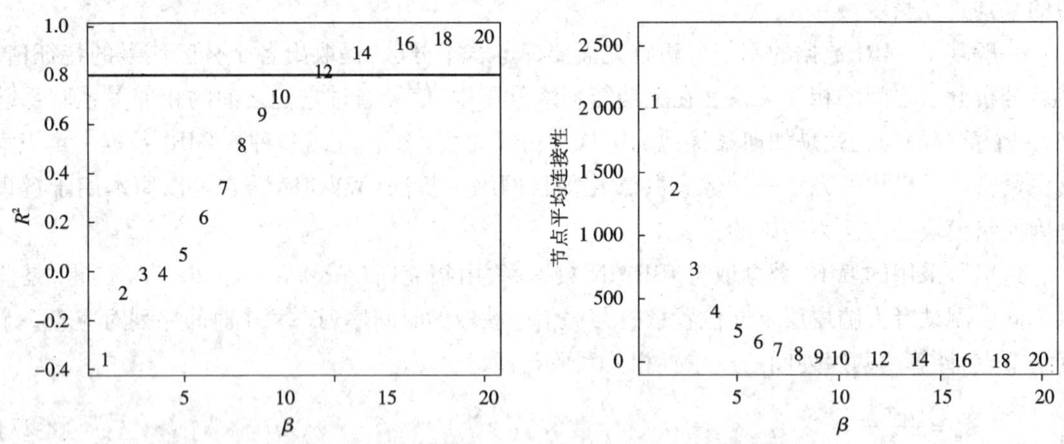

图 8-41 幂指数 β 的选取准则（无标度拟合指数和节点平均连接性）

得到邻接矩阵 $\boldsymbol{A}$ 以后，可以构建出对应的网络，然而这个矩阵中每个元素只是大脑不同位置信号序列的简单相关性结果，考虑到大脑皮层部分间的紧密联系和相互影响，需要对上面的结果作进一步的处理和扩展。根据前面的操作，可以得到一个加权的网络，对某一个节点来说，它的不同相邻节点通过不同权值的连边会对它产生不同的影响，为了将这种影响融入节点的属性中，采用了拓扑重叠（topological overlap）的概念。在这种概念下评价两个节点的关系时，除了考虑它们直接的相关性关系，还应考虑它们各自相邻节点间联系的紧密程度。例如，两个节点同时存在某个相邻节点，且与该相邻节点均联系紧密，那么由于该相邻节点的作用，这两个节点连边的权值应该更大一些。考虑节点距离为 1,2,3…的邻节点,可以得到节点间的一阶,二阶,三阶……拓扑重叠测度。一阶拓扑重叠矩阵计算方法如下:

$$w_{ij}=\frac{l_{ij}+a_{ij}}{\min\{k_i,k_j\}+1-a_{ij}} \tag{8-30}$$

其中 $k_i=\sum_u a_{iu}$ 是节点度;$l_{ij}=\sum_u a_{iu}a_{uj}(u\neq i,j)$ 是两节点的拓扑重叠,若以无权网络为例,l_{ij} 就是与节点 i 和节点 j 同时相连的节点的个数。由于

$$l_{ij}\leqslant\min\left(\sum_{u\neq j}a_{iu},\sum_{u\neq i}a_{uj}\right) \tag{8-31}$$

即

$$l_{ij}\leqslant\min(k_i,k_j)-a_{ij} \tag{8-32}$$

同时注意到邻接矩阵内元素 $a_{ij}\in[0,1]$,所以得到的 $w_{ij}\in[0,1]$,其组成的矩阵 $\boldsymbol{W}$ 将作为新的邻接矩阵。以 $1-w_{ij}$ 作为节点间距离,可以对所有节点进行层次聚类,得到表示结果的树状图(图 8-42),对树图进行动力分支切割[66],将节点分到不同的模块,从而将与所有节点对应的大脑皮层分成不同的区域,如图 8-42 所示。通过加权网络方法得到的大脑分区与应用其他方法如独立分量分析得到的结果比较一致,不同之处在于加权网络方法得到的分区更加细致,即便是一些很细小的模块也可辨识出来。

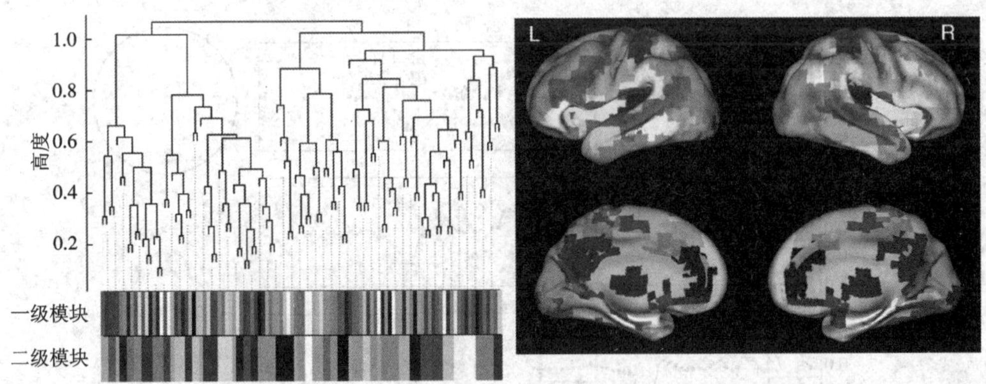

图 8-42　层次聚类树图动力分支切割结果和对应大脑皮层分区结果[64]

8.7.4　多元时间序列模态迁移复杂网络[67]

对于一个多元时间序列来说,例如,四个长度为 8 000 的时间序列,用一个包含子时间序列的移动窗口来分割这四个时间序列,并且每个移动窗口的滑动步长是 1 ,每个窗口的长度为 10。这样四个长度为 8 000 的时间序列就可以得到 7 991 个窗口。对于每个窗口,首先利用下面的公式计算每一对子时间序列的相关系数:

$$r_{x,y}=\frac{\sum_{i=1}^{n}(x_i-\bar{x})(y_i-\bar{y})}{\sqrt{\sum_{i=1}^{n}(x_i-\bar{x})^2}\sqrt{\sum_{i=1}^{n}(y_i-\bar{y})^2}} \tag{8-33}$$

这样,可以分别得到相关系数 r_{12},r_{13},r_{14},r_{23},r_{24},r_{34},把每一个相关系数都作为模态的一个组成

元素来表示，如下所示：

$$r_{12}\to A, r_{13}\to B, r_{14}\to C, r_{23}\to D, r_{24}\to E, r_{34}\to F$$

然后将其按照升序排序，这样每个窗口都能得到 *ABCDEF* 的一种排列情况，即一种模态。模态种类最多为 *ABCDEF* 中的所有元素的排列情况，即6！ =720 种。随后将每个模态定义为网络的一个节点，模态之间的转化作为边建立复杂网络。例如节点 i（模态 *DFACBE*）与节点 j（模态 *DFCABE*）相连，如果某一时刻模态 *DFACBE* 转化到 *DFCABE*，那么此时边的方向就是节点 i 指向节点 j。边的权重就是节点 i 到节点 j 的转化次数。其中节点的自连接现象排除。模态之间重复性的连接将使边的权重增加。

图 8-43 展示了多元时间序列模态迁移复杂网络建网过程原理图。为了更加形象地说明模态迁移复杂网络建网方法，只选取了长度为 100 的时间序列，按照上述的建网方法，用长度为 10、步长为 1 的移动窗口从左到右将这个长度为 100 的时间序列分割成了 91 个窗口。按照上述建网方法得到的模态种类数为 10，分别是模态 *FBCEAD*，*FEBCAD*，*FEBACD*，*FECABD*，*FEBADC*，*FBEADC*，*FEBDAC*，*FEABDC*，*FBAEDC* 和 *BFAEDC*，所以网络节点数目是 10，网络拓扑结构如图 8-44 所示。而其中算出的第一个模态是 *FBCEAD*，紧接着下一个模态是 *FEBCAD*，这说明从节点 *FBCEAD* 转化到节点 *FEBCAD*，也就是从节点 *FBCEAD* 到节点 *FEBCAD* 有一条权重是 1 的连边，并且方向是从节点 *FBCEAD* 到节点 *FEBCAD*。而从模态 *FBEADC* 到 *FEBADC* 的转化次数为 2，那么从节点 *FBEADC* 到 *FEBADC* 的权重是 2。

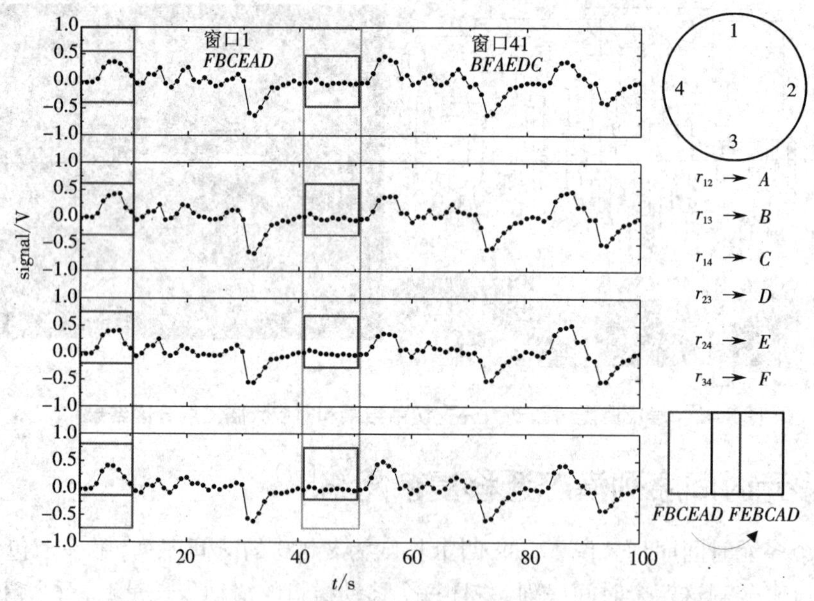

图 8-43　多元时间序列模态迁移复杂网络建网过程原理图

在构建上述有向加权复杂网络的基础上，可采用下述网络指标对其进行分析。

(1) 加权聚集系数 $C^w(i)$[68]：

$$C^w(i)=\frac{\sum\limits_{j,k} w_{ij}w_{jk}w_{ki}}{\sum\limits_{j,k} w_{ij}w_{ki}} \tag{8-34}$$

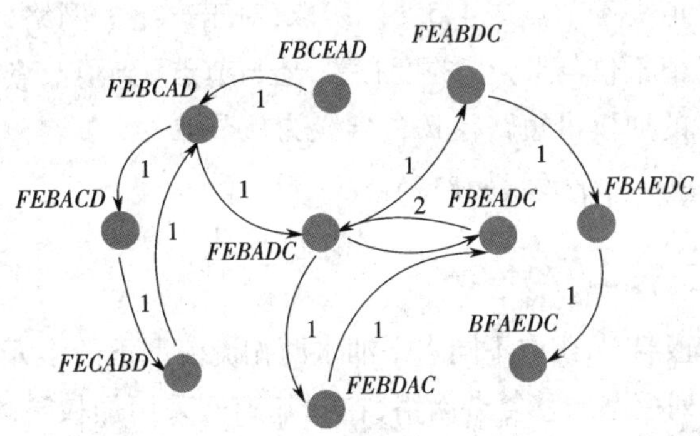

图 8-44　通过 UCINET 和 NETDRAW 软件绘制的复杂网络拓扑结构

其中 w_{ij} 是节点 i 到节点 j 的有向连边的权值。由该式可知,节点的加权聚集系数越大,表明与该模态直接相关的其他模态间的转换越紧密,该模态在复杂网络中占据核心地位。而整个网络的加权聚集系数则为这个网络中所有节点的加权聚集系数的平均值:

$$<C^w> = \frac{1}{N}\sum_{i=1}^{N} C^w(i) \tag{8-35}$$

(2)局部介数中心性(Local Betweenness Centrality,*LBC*)[69]:代表一个节点包含第一邻点和第二邻点的信息量,节点 i 邻点的 *LBC* 计算基于 i 形成的局部网络以及 i 的第一和第二邻点。i 是整个网络的根节点。一个局部网络的第一邻点的 *LBC* 通过经过这个节点的最短路径来定义。$L(i)$ 是网络中第一邻点 i 的 *LBC*,则 $L(i)$ 的计算方法如下:

$$L(i) = \sum_{m \neq i \neq n} \frac{\sigma_{mn}(i)}{\sigma_{mn}} \tag{8-36}$$

其中 σ_{mn} 是节点 m 到节点 n 的最短路径的数目,$\sigma_{mn}(i)$ 是这些最短路径中经过节点 i 的最短路径数目,节点 m 和 n 属于以节点 i 为中心的局部网。这里最短路径的意义是两节点之间权重值最小。一个节点的 *LBC* 越大说明这个节点在这个局部网络中越重要。定义整个网络的 *LBC* 为所有节点的 *LBC* 的均值:

$$<LBC> = \frac{1}{N}\sum_{i=1}^{N} L(i) \tag{8-37}$$

通过图 8-45 来说明 *LBC* 的意义。图 8-45(a)和(b)都是节点 1 的局部网络,所以节点 1 是根节点而节点 2,3,4,5,6 都是第一邻点。从图 8-45(a)可以看出,节点 2 是所有 5 个第一邻点中度值最大的邻点,而计算结果也显示节点 2 的 *LBC* 值最大,说明度值对节点的 *LBC* 有影响。比较图 8-45(a)和(b)可以看出,对于具有相同节点度配置的两个网络,节点 3 到节点 1 权重值的降低

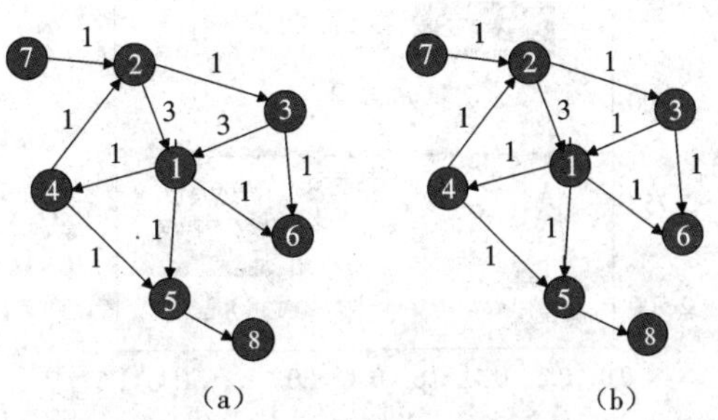

图 8-45　基于节点 1 的局部网络

(a)$L(2)=10.0, L(3)=3.0, L(4)=3.0, L(5)=5.0, L(6)=0.0$

(b)$L(2)=10.0, L(3)=12.0, L(4)=3.0, L(5)=5.0, L(6)=0.0$

将会导致节点 3 的 *LBC* 值高于节点 2,4,5,6。所以,对于产生的网络,节点 j 作为根节点 i 的一个第一邻点,j 的 *LBC* 值不仅与节点 j 的度有关,还与节点 j 到根节点 i 的权重值有关。

(3)节点 i 到节点 j 的加权最短路径 d_{ij} 的定义为从节点 i 到节点 j 的所有路径中边的权重和最小的那条路径的权重[70],平均最短路径 $<L>$ 为

$$<L>=\frac{1}{N(N-1)}\sum_{i,j\in N,i\neq j}d_{ij} \tag{8-38}$$

采用四扇区电导传感器[71]获取不同水平油水两相流流型下的多元测量数据,构建对应于不同流型的多元时间序列模态迁移复杂网络,在此基础上采用加权平均 *LBC* 即 $<LBC>$ 和加权平均最短路径 $<L>$ 对网络进行分析,结果如图 8-46 所示。固定水相流速为 0.110 5 m/s,然后增加油相流速,在水平油水两相流流型由 ST 流型转化为 ST&MI 流型的过程中,$<LBC>$ 和 $<L>$ 指标都会相应地增加,随着油相流速的增加,由于油水界面的相间波动,更多的液滴分布于分界面处,液滴的浮力会抵抗液滴由于重力而产生的下行趋势,同时流体力学也会扰乱液滴的运动使其分布于管截面,随着液滴的持续增加,水平油水两相流会由分层流逐渐转变为分散流。此外,固定水相流速为 0.736 8 m/s 时,随着油相流速的增加,在水平油水流型逐渐由单分散流型转变为双分散流型的过程中,$<LBC>$ 和 $<L>$ 指标也都会相应地增加。从图 8-46 发现,分层流的 $<LBC>$ 主要分布在 0 ~ 2 100 之间,而分散流的 $<LBC>$ 分布在 2 400 ~ 3 200

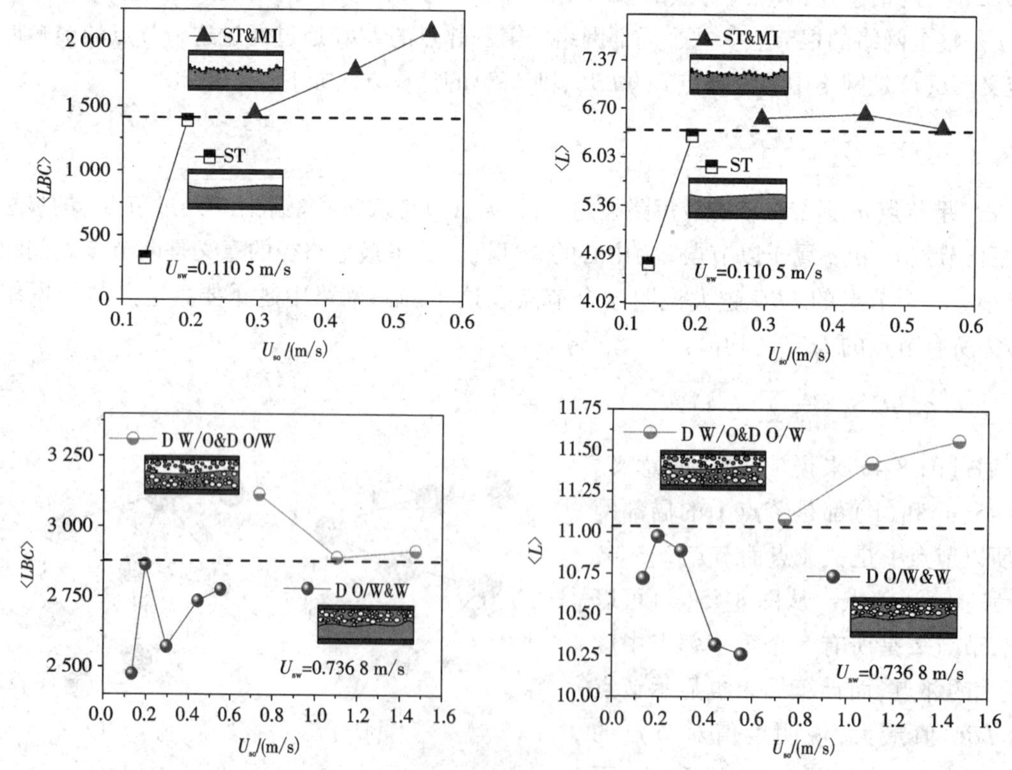

图 8-46 水平油水两相流 $<LBC>$ 和 $<L>$ 分布图

ST&MI—具有混合界面的层状层;ST—层状流;

D W/O&D O/W—层状双连续分散流;D O/W&W—上层水包油下层水

之间;分层流的 $<L>$ 主要分布在 4.5 ~ 7 之间,而分散流的 $<L>$ 主要分布在 10 ~ 12 之间。这说明 $<LBC>$ 和 $<L>$ 指标都能够定量地区分分层流和分散流流型。

8.8　思考题

1. 复杂网络主要研究什么内容? 复杂网络动力学研究主要包含哪几个方面?
2. 复杂网络点介数的定义及其在网络刻画中的作用是什么?
3. 描述复杂网络的基本统计量有哪些? 具体写出聚集系数计算公式。
4. 总结无标度网络的生成机制(即 BA 网络模型)。
5. 给出 GN 网络社团探寻算法原理。
6. 计算如图 8-21 所示网络的模块度。
7. 总结时间序列复杂网络构建方法。
8. 总结复杂网络理论在复杂系统研究中的应用。

第 8 章参考文献

[1] ALBERT R, BARABÁSI A L. Statistical mechanics of complex networks[J]. Reviews of Modern Physics, 2002, 74(1): 47-97.

[2] NEWMAN M E J. The structure and function of complex networks[J]. SIAM Review, 2003, 45(2): 167-256.

[3] BOCCALETTI S, LATORA V, MORENO Y, et al. Complex networks: Structure and dynamics[J]. Physics Reports, 2006, 424(4/5): 175-308.

[4] ERDÖS P, RÉNYI A. On random graphs[J]. Publicationes Mathematicae, 1959, 6: 290-291.

[5] ERDÖS P, RÉNYI A. On the evolution of random graphs[J]. Pub. Math. Inst. Hung. Acad. Sci., 1960, 5: 17-61.

[6] ERDÖS P, RÉNYI A. On the strength of connectedness of a random graph[J]. Acta Math. Acad. Sci. Hungaricae, 1964, 12(1): 261-267.

[7] LAGO-FERNANDEZ L F, HUERTA R, CORBACHO F, et al. Fast response and temporal coherent oscillations in small-world networks[J]. Physical Review Letters, 2000, 84(12): 2758-2761.

[8] MOORE C, NEWMAN M E J. Exact solution of site and bond percolation on small-world networks[J]. Physical Review E, 2000, 62(5): 7059-7064.

[9] LLOYD A L, MAY R M. How viruses spread among computers and people[J]. Science, 2001, 292(5520): 1316-1317.

[10] DOROGOVTSEV S N, GOLTSEV A V, MENDES J F F. Ising model on networks with an arbitrary distribution of connections[J]. Physical Review E, 2002, 66(1): 016104.

[11] HERRERO C P. Ising model in small-world networks[J]. Physical Review E, 2002, 65 (6): 066110.

[12] MEDEVEDYEVA F, HOLME P, MINNHAGEN P, et al. Dynamic critical behavior of the XY model in small-world networks[J]. Physical Review E, 2003, 67(3): 036118.

[13] GOLSEV A V, FOROGOVTSEV S N, MENDES J F F. Critical phenomena in networks [J]. Physical Review E, 2003, 67(2): 026123.

[14] WATTS D J, STROGATZ S H. Collective dynamics of 'small-world' networks[J]. Nature, 1998, 393(6684): 440-442.

[15] PRICE D J. Networks of scientific papers[J]. Science, 1965, 149(3683):510-515.

[16] BARABÁSI A L, ALBERT R. Emergence of scaling in random networks[J]. Science, 1999, 286 (5439):509-512.

[17] DOROGOVTSEV S N, MENDES J F F. Evolution of networks with aging of sites[J]. Physical Review E, 2000, 62 (2):1842-1845.

[18] KRAPIVSKY P L, RENDER S, LEYVRAZ F. Connectivity of growing random networks [J]. Physical Review Letters, 2000, 85 (21):4629-4632.

[19] ALBERT R, BARABÁSI A L. Topology of evolving networks: Local events and universality [J]. Physical Review Letters, 2000, 85 (24):5234-5237.

[20] BIANCONI G, BARABÁSI A L. Competition and multiscaling in evolving networks[J]. Europhys. Lett., 2001,54 (4):436-442.

[21] LI X, CHEN G R. A local-world evolving network model[J]. Physica A, 2003,328 (1/2): 274-286.

[22] KLEMM K, EGUILUZ V M. Highly clustered scale-free networks[J]. Physical Review E, 2002, 65(3): 036123.

[23] KLEMM K, EGUILUZ V M. Growing scale-free networks with small-world behavior[J]. Physical Review E, 2002, 65(5): 057102.

[24] HOHNE P, KIM B J. Growing scale-free networks with tunable clustering[J]. Physical Review E, 2002, 65(2): 026107.

[25] SZABO G, ALAVA M, KERTESZ J. Structured transitions in scale-free networks[J]. Physical Review E, 2003, 67(5): 056102.

[26] ONODY R N, CASTRO P A D. Nonlinear Barabási-Albert network[J]. Physica A, 2004, 336(314):491-502.

[27] GOH K, OH E, JEONG H, et al. Classification of scale-free networks[J]. Proc. Natl. Acad. Sci. USA, 2002, 99(20): 12583-12588.

[28] JUGN S, KIM S, KAHNG B. Geometric fractal growth model for scale-free networks[J]. Physical Review E, 2002,65(5): 056101.

[29] ZHU C P, XIONG S J, TIAN Y J, et al. Scaling of directed dynamical small-world networks with random responses[J]. Physical Review Letters, 2004, 92(21): 218702.

[30] ZHOU T, YAN G, WANG B H. Maximal planar networks with large clustering coefficient and power-law degree distribution[J]. Physical Review E, 2005, 71(4): 046141.

[31] ZHANG Z Z, RONG L L, COMELLAS F. Evolving small-world networks with geographical attachment preference[J]. J. Phys. A: Math. Gen, 2005, 39(13):3253-3261.

[32] ZHANG Z Z, COMELLAS F, FERTIN G, et al. High dimensional Apollonian networks [J]. J. Phys. A: Math. Gen., 2005, 39 (8): 1811-1818.

[33] FERRER R, SOLE R V. Optimization in complex networks[J]. Lecture Notes in Physics, 2003, 625: 114-126.

[34] SOLE R V, VALVERDE S. Information theory of complex networks: On evolution and architectural constraints[J]. Lecture Notes in Physics, 2004, 650: 189-207.

[35] VALVERDE S, FERRER R. Scale-free networks from optimal design[J]. Europhys. Lett., 2002, 60(4): 512-517.

[36] VENKATASUBRAMANIAN V, KATARE S, PATKAR P R, et al. Spontaneous emergence of complex optimal networks through evolutionary adaptation[J]. Computers and Chemical Engineering, 2004, 28(9): 1789-1798.

[37] CARLSON J M, DOYLE J. Highly optimized tolerance: A mechanism for power laws in designed systems[J]. Physical Review E, 1999, 60(2): 1412-1427.

[38] CARLSON J M, DOYLE J. Highly optimized tolerance: Robustness and design in complex systems[J]. Physical Review Letters, 2000, 84(11): 2529-2532.

[39] SARAMAKI J, KASKI K. Scale-free networks generated by random walkers[J]. Physica A, 2004, 341(28): 80-86.

[40] BARABÁSI A L. Scale-free networks: A decade and beyond[J]. Science, 2009, 325 (5939): 412-413.

[41] SONG C, HAVLIN S, MAKSE H A. Self-similarity of complex networks[J]. Nature, 2005, 433(7024): 392-395.

[42] PALLA G, DERENYI I, FARKAS I, et al. Uncovering the overlapping community structure of complex networks in nature and society[J]. Nature, 2005, 435(7043): 814.

[43] NEWMAN M E J. Scientific collaboration networks: Ⅰ Network construction and fundamental results[J]. Physical Review E, 2001, 64(2): 016131.

[44] NEWMAN M E J. Scientific collaboration networks: Ⅱ Shortest paths, weighted networks, and centrality[J]. Physical Review E, 2001,64(2): 016132.

[45] GIRVAN M, NEWMAN M E J. Community structure in social and biological networks[J]. Proc. Natl. Acad. Sci. USA, 2002, 99(12): 7821-7826.

[46] NEWMAN M E J. Fast algorithm for detecting community structure in networks[J]. Physical Review E, 2004, 69(6):066133.

[47] NEWMAN M E J, GIRVAN M. Finding and evaluating community structure in networks [J]. Physical Review E, 2004, 69(2):026113.

[48] ZHANG J, SMALL M. Complex network from pseudoperiodic time series: Topology versus dynamics[J]. Physical Review Letters, 2006, 96(23): 238701.

[49] ZHANG J, SUN J F, LUO S D, et al. Characterizing pseudoperiodic time series through complex network approach[J]. Physica D,2008, 237(22):2856-2865.

[50] LACASA L, LUQUE B, BALLESTEROS F, et al. From time series to complex networks: The visibility graph[J]. Proc. Natl. Acad. Sci. USA, 2008, 105(13): 4972-4975.

[51] LUQUE B, LACASA L, BALLESTEROS F, et al. Horizontal visibility graphs: Exact results for random time series[J]. Physical Review E, 2009, 80(4): 046103.

[52] GAO Z K, JIN N D. Complex network from time series based on phase space reconstruction [J]. Chaos, 2009, 19(3):375-393.

[53] XU X, ZHANG J, SMALL M. Superfamily phenomena and motifs of networks induced from time series[J]. Proc. Natl. Acad. Sci. USA, 2008, 105 (50):19601-19605.

[54] GAO Z K, JIN N D. Flow-pattern identification and nonlinear dynamics of gas-liquid two-phase flow in complex networks[J]. Physical Review E, 2009, 79(6): 066303.

[55] DONNER R V, ZOU Y, DONGES J F, et al. Recurrence networks—a novel paradigm for nonlinear time series analysis[J]. New Journal of Physics, 2010, 12(3): 033025.

[56] DONGES J F, HEITZIG J, DONNER R V, et al. Analytical framework for recurrence-network analysis of time series[J]. Physical Review E, 2012, 85: 046105.

[57] KENNEL M B, BROWN R, ABARBANEL H D I. Determining embedding dimension for phase-space reconstruction using a geometrical construction[J]. Physical Review A, 1992, 45(6): 3403-3411.

[58] KIM H S, EYKHOLT R, SALAS J D. Nonlinear dynamics, delay times, and embedding windows[J]. Physica D, 1999, 127(1/2):48-60.

[59] YANG Y, YANG H. Complex network-based time series analysis[J]. Physica A, 2008, 387(5/6): 1381-1386.

[60] RHO K, JEONG H, KAHNG B. Identification of lethal cluster of genes in the yeast transcription network[J]. Physica A, 2006, 364(364): 557-564.

[61] SHIRAZI A H, JAFARI G R, DAVOUDI J, et al. Mapping stochastic processes onto complex networks[J]. J. Stat. Mech. , 2009, 2009(7):1001-1016.

[62] CAMPANHARO A S, SIRER M I, MALMGREN R D, et al. Duality between time series and networks[J]. PLOS ONE, 2011, 6(8): 891-895.

[63] GAO Z K, HU L D, JIN N D. Markov transition probability-based network from time series for characterizing experimental two-phase flow [J]. Chinese Physics B, 2013, 22(5): 050507.

[64] MUMFORD J A, HORVATH S, OLDHAM M C, et al. Detecting network modules in fMRI time series: A weighted network analysis approach[J]. NeuroImage, 2010, 52(4): 1465-1476.

[65] ZHANG B, HORVATH S. A general framework for weighted gene co-expression network analysis[J]. Statistical Applications in Genetics and Molecular Biology, 2016, 4(1): 1-45.

[66] LANGFELDER P, ZHANG B, HORVATH S. Defining clusters from a hierarchical cluster tree: The Dynamic Tree Cut package for R[J]. Bioinformatics, 2008, 24(5): 719-720.

[67] GAO Z K, FANG P C, DING M S, et al. Multivariate weighted complex network analysis for characterizing nonlinear dynamic behavior in two-phase flow[J]. Experimental Thermal and Fluid Science, 2015, 60: 157-164.

[68] SHIRAZI A H, JAFARI G R, DAVOUDI J, et al. Mapping stochastic processes onto complex networks[J]. Journal of Statistical Mechanics: Theory and Experiment, 2009, 2009(7): P07046.

[69] THADAKAMALLA H P, ALBERT R, KUMARA S R T. Search in weighted complex networks[J]. Physical Review E, 2006, 72: 066128.

[70] ANTONIOUS I E, TSOMPA E T. Statistical analysis of weighted networks[J]. Discrete Dynamics in Nature and Society, 2008, 2008: 375452.

[71] GAO Z K, YANG Y X, ZHAI L S, et al. A four-sector conductance method for measuring and characterizing low-velocity oil-water two-phase flows[J]. IEEE Transactions on Instrumentation and Measurement, 2016, 65(7): 1690-1697.

第9章 不稳定周期轨道(UPO)探寻与应用

混沌吸引子中的不稳定周期轨道(UPO)是混沌动力学研究的基础。混沌吸引子轨道主要在不稳定周期轨间运动跳变,具体来说,吸引子轨道将沿着它的稳定流形不断接近一个不稳定周期轨,这样的接近过程可以持续多个循环,且在此期间轨道始终在不稳定周期轨附近持续运动,最终轨道将会沿着其稳定流形跳离之前吸引它的不稳定周期轨,直到它再被另外一个不稳定周期轨吸引重复前述运动。一个 n 阶不稳定周期轨(UPO-n)由位于相空间中不同区域的 n 条循环轨道组成。由于不稳定周期轨的吸引作用,每条属于 UPO-n 的循环轨道的周围都有多条其他轨道。不稳定周期轨道是构成吸引子结构的“骨架”。对于低维非线性耗散动力学系统而言,UPO 具有拓扑不变性,各阶轨道的特征值具有测度不变性。UPO 互相嵌套,低阶轨道构成了吸引子的主要轮廓,高阶轨道形成了吸引子的细节部分。不稳定周期轨道最先由庞加莱[1]提出并应用于数学领域。此后,有学者尝试从实验序列中提取 UPO,并计算系统的关联维数、拓扑熵、自然测度等特征量[2-6]。

近年来,从实验数据中提取 UPO,进而研究复杂系统内部结构与机理。该方法在生物信息处理[7-9]、心电信号处理[10-11]、化学振荡反应[12-14]、海洋湍流研究[15-16]以及通信信号传输[17-18]等领域已经得到了较广泛的应用。此外,在系统的稳定性控制研究中对混沌不稳定周期轨道的运动特性研究也引起了相关学者的极大关注[19-20],并取得了较大的研究成果。

混沌不稳定周期轨道不随吸引子的具体形态而改变,对其提取与分析有助于理解和掌握非线性系统内在混沌动力学特性。根据不同的动力学系统特点,UPO 探寻方法主要包括邻近点回归(Close Return,CR)[12,21]、拓扑迭代(Topological Recurrence,TR)[7,22]和动力学变换(Dynamical Transformation,DT)[23-24]和有向加权复杂网络(Directed Weighted Complex Network,DWCN)[25]四种主要方法及其改进算法。

9.1 邻近点回归(CR)方法及其应用

9.1.1 CR 方法原理

CR 方法对 UPO 的提取思想基于相空间中回归点的重复出现。其提取步骤如下。首先对原始时间序列进行相空间重构。对任一时间序列信号 $z(it)$,$i=1,2,\cdots,N$(其中 t 为采样间隔,N 为采样点总数),选取恰当的嵌入维数 m 和延迟时间 τ,重构相空间,则重构相空间中的相量点 $\boldsymbol{X}_i$ 可表示为

$$\boldsymbol{X}_i=\{z(it),z(it+\tau),\cdots,z[it+(m-1)\tau]\} \tag{9-1}$$

其中 $M = N - (m-1)\tau/t$,为相空间中矢量点的总数。然后,选取阈值 $\varepsilon > 0$,考察 $\boldsymbol{X}_i$ 的映射 $\boldsymbol{X}_{i+1}, \boldsymbol{X}_{i+2}, \cdots$,直到找到满足 $|\boldsymbol{X}_k - \boldsymbol{X}_i| < \varepsilon$ 的最小的 k,令 $p = k - i$,则称 $\boldsymbol{X}_i$ 是一个 (p,ε) 回归点,如果存在多个这样的 (p,ε) 回归点,则认为在周期 p 处存在不稳定周期轨道。

9.1.2　CR 方法应用举例

1. BZ 反应中的 UPO

莱思罗普(Lathrop)等[12]将 CR 方法应用于 Belousov-Zhabotinskii 化学反应(简称"BZ 反应")的实验数据,得到了其 UPO 回归谱,并计算出低阶 UPO 特征值和拓扑熵。Lathrop 等在对 BZ 反应提取 UPO 的过程中,先将实验序列进行了标准化处理,选取嵌入维数 $m = 3$ 和延迟时间 $\tau = 124$ 进行了相空间重构,得到了吸引子二维投影,如图 9-1(a)所示。将阈值固定为 $\varepsilon = 0.005$,利用 CR 方法得到了 UPO 回归谱,如图 9-2 所示。图 9-1(b) ~ (d)所示分别为提取出的UPO-1,UPO-2 和 UPO-3 的二维投影。

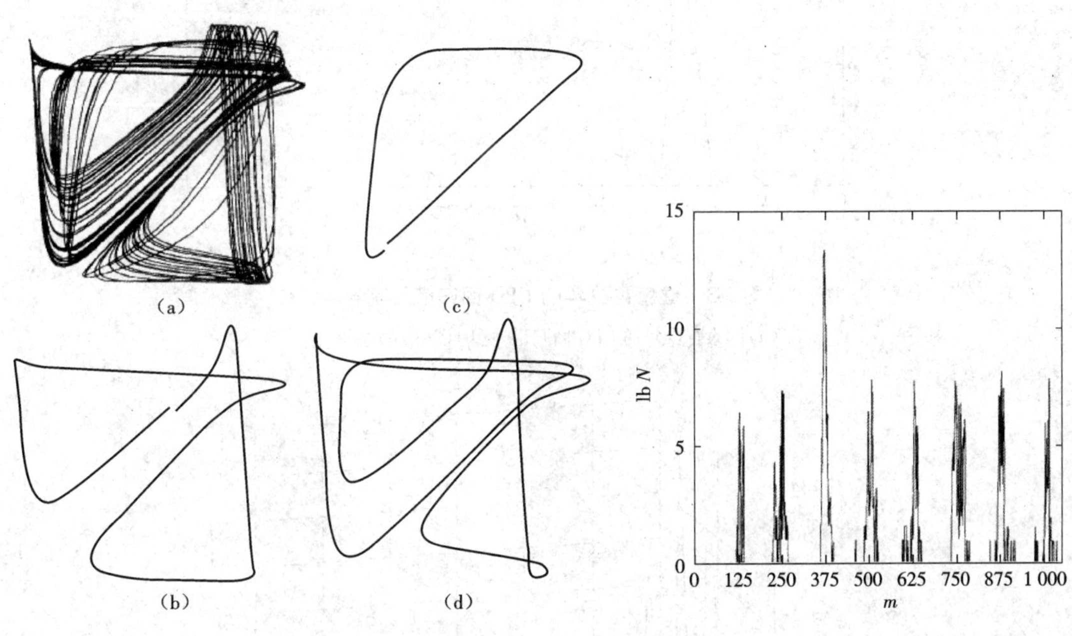

图 9-1　BZ 反应的吸引子及 UPO 二维投影

(a)BZ 反应的吸引子二维投影　(b)UPO-1 的二维投影
(c)UPO-2 的二维投影　(d)UPO-3 的二维投影

图 9-2　BZ 反应的 UPO 回归谱[12]

2. 心电数据中的 UPO

纳拉亚南(Narayanan)等[10]在对人类心电数据的分析中,应用 CR 方法提取了正常人和不同心脏病患者的心电测量数据 UPO,计算了其 UPO 特征值以及李雅普诺夫指数,并且应用替代数据法对提取出的 UPO 进行了验证。在心电数据的 UPO 提取中,为了减少噪声的影响,先对测量数据进行了去噪和重采样处理,再将数据进行标准化处理。为了得到更加清晰的 UPO 回归谱,Narayanan 等将其与高斯函数进行卷积处理,得到的健康青少年的 UPO 回归谱及其卷积,如图 9-3 所示。此外,Narayanan 等还研究了不同心脏病患者的心电数据 UPO,并将其与健康人的心电数据进行了对比。图 9-4 所示为健康人、室速心律失常(VTA-cu002)患者以及心室纤维性颤动(VF-cu01)患者的 UPO 回归谱,可以看出其回归谱周期存在明显差异。图 9-5 所示为健康人与心室早发性收缩(PVC)患者的低阶 UPO 对比,由图可见其 UPO 周期与形态均存在明显差异,可作为辨别健康者和患者的有效方法。

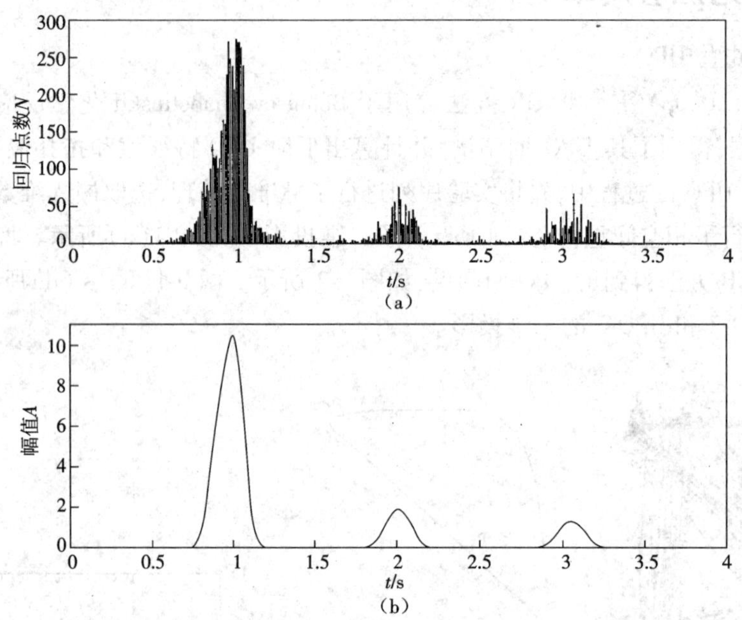

图 9-3 健康青少年的 UPO 回归谱及其卷积

(a)健康青少年的 UPO 回归谱 (b)图(a)的卷积[10]

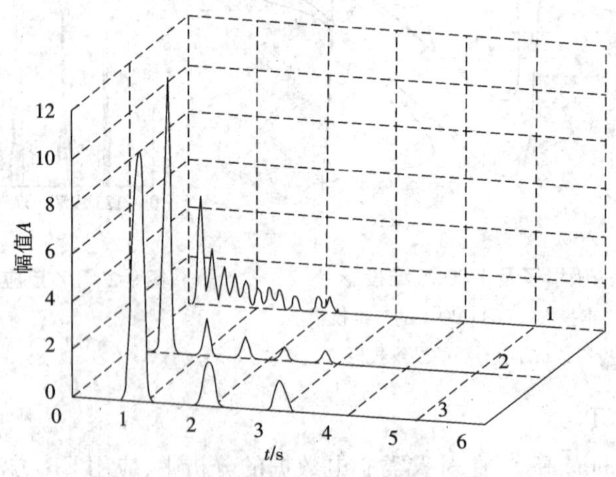

图 9-4 各种不同人群的 UPO 回归谱对比[10]

1—健康青少年;2—室速心律失常患者;

3—心室纤维性颤动患者

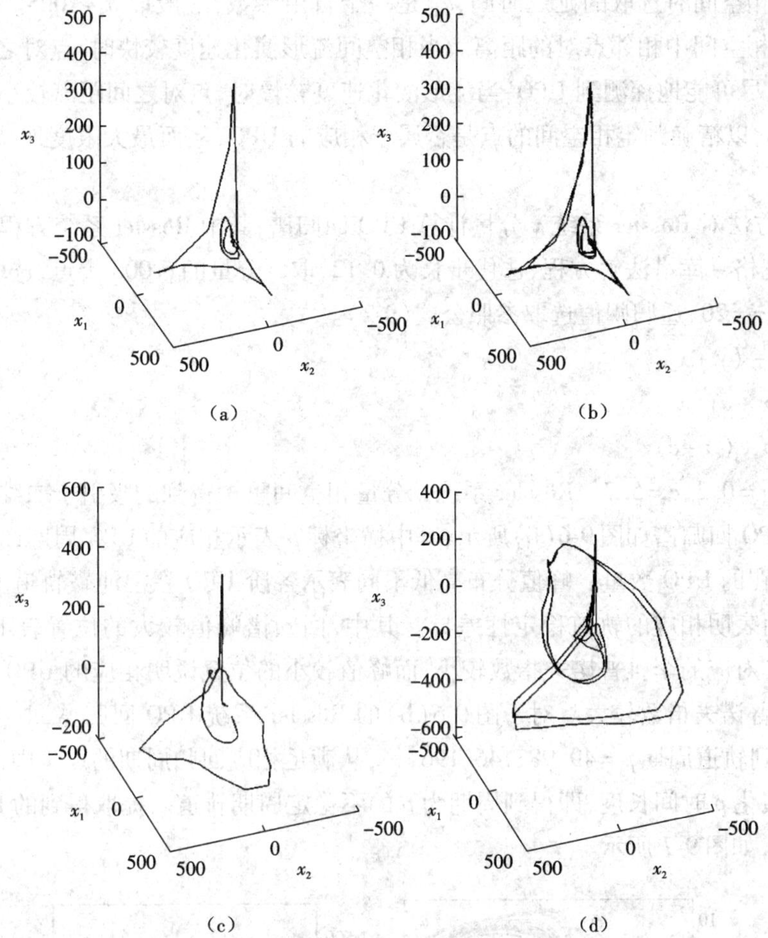

图 9-5　健康人与 PVC 患者的低阶 UPO 对比

(a)健康人的 UPO-1　(b)健康人的 UPO-2　(c)PVC 患者的 UPO-1　(d)PVC 患者的 UPO-2[10]

9.2　CR 算法与自适应阈值相结合的 UPO 探寻

9.2.1　算法原理

在 UPO 探测中,递归阈值的选取非常关键。阈值取得过小,会使某些轨道无法被探测到;阈值选取太大,会使某些非轨道上的数据被错误地当成是 UPO。在以往应用 CR 方法提取 UPO 的过程中,对递归阈值的选取多采用经验方法[10,12]。考虑到阈值的选取对 CR 方法影响较大,赵俊英等[26]将自适应阈值方法[4]与之相结合,将错误的回归点数降至最低,又尽可能地保证轨道判断的精度,从而提出了 CR 算法与自适应阈值相结合的 UPO 探寻方法。自适应阈值取值可表示为

$$\varepsilon_i^2 = a_1 \frac{1}{\tau} \sum_{k=i-\tau/2}^{k=i+\tau/2} \| \boldsymbol{X}_k - \boldsymbol{X}_{k-1} \|^2 \tag{9-2}$$

其中 τ 是重构相空间时选取的延迟时间，a_1 是一个自由参数，一般取 $a_1 \approx 0.5$。据此原则，阈值总是略小于相空间中相邻点对的距离。当相空间流形演化速度较快时，点对之间距离较大，ε 取值较大，以尽可能地探测到 UPO；当流形演化速度较慢时，点对之间距离较小，轨道分布稠密，ε 取值较小，以精确判定相空间的点是否属于相应的 UPO，从而最大限度地减小 UPO 探测中的误差。

应用 CR 方法对 Rössler 系统 x 分量计算 UPO 回归谱，其中 Rössler 系统方程如式(9-3)所示，采用四阶龙格－库塔法解方程，迭代步长为 0.12，取 x 分量的 5 000 个点，选取嵌入维数 $m=3$，延迟时间 $\tau=20$，递归阈值选取参照公式(9-2)。

$$\begin{cases}\dot{x} = -(y+x)\\ \dot{y} = x + ay\\ \dot{z} = b + (x-c)z\end{cases} \tag{9-3}$$

其中，$a=0.2$，$b=0.2$，$c=5.7$。Rössler 系统 x 分量相空间重构得到的吸引子二维投影如图 9-6(a)所示，其 UPO 回归谱如图 9-6(b)所示，其中横坐标 p 表示相应的 UPO 周期，纵坐标 N 表示在该周期上存在的 UPO 数量。峰值分布高低不同表示各阶 UPO 在混沌鞍轨道上徘徊演化的时间不同，从而表明相应的轨道稳定性差异。其中，回归谱峰值较大的位置表示相应的 UPO 稳定性较好，其对应的李雅普诺夫指数较小；而峰值较小的位置说明相应的 UPO 稳定性较差，其对应的李雅普诺夫指数较大。对于图 9-6(b)的 Rössler 系统 UPO 回归谱，取各峰值处对应的 p 值即可得到轨道周期 $p=49,98,146,196,\cdots$，从满足相应回归周期的点集中选取合适的起始点，使轨道演化 p 时间长度，即得到周期为 p 的不稳定周期轨道。提取得到的 Rössler 系统 1 阶和 3 阶 UPO，如图 9-7 所示。

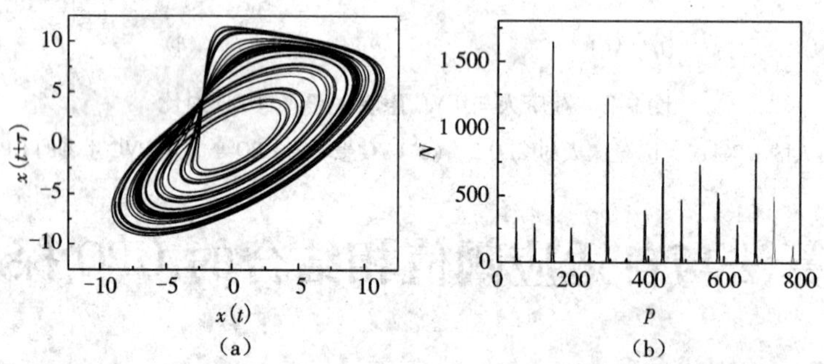

图 9-6　Rössler 系统 x 分量相空间重构及其 UPO 回归谱[26]

(a) Rössler 系统 x 分量相空间重构　(b) Rössler 系统 x 分量的 UPO 回归谱

9.2.2　算法评价

1. 嵌入参数影响

在 Rössler 系统 UPO 提取中，选取了嵌入维数 $m=3$，延迟时间 $\tau=20$。图 9-8(a)为改变嵌入维数为 $m=5$ 时得到的回归谱，图 9-8(b)为改变延迟时间 $\tau=30$ 时得到的回归谱。与图 9-6(b)比较，图 9-8(a)(b)中峰值出现的位置依然是 $p=49,98,146,196,\cdots$，只是峰值的高低有

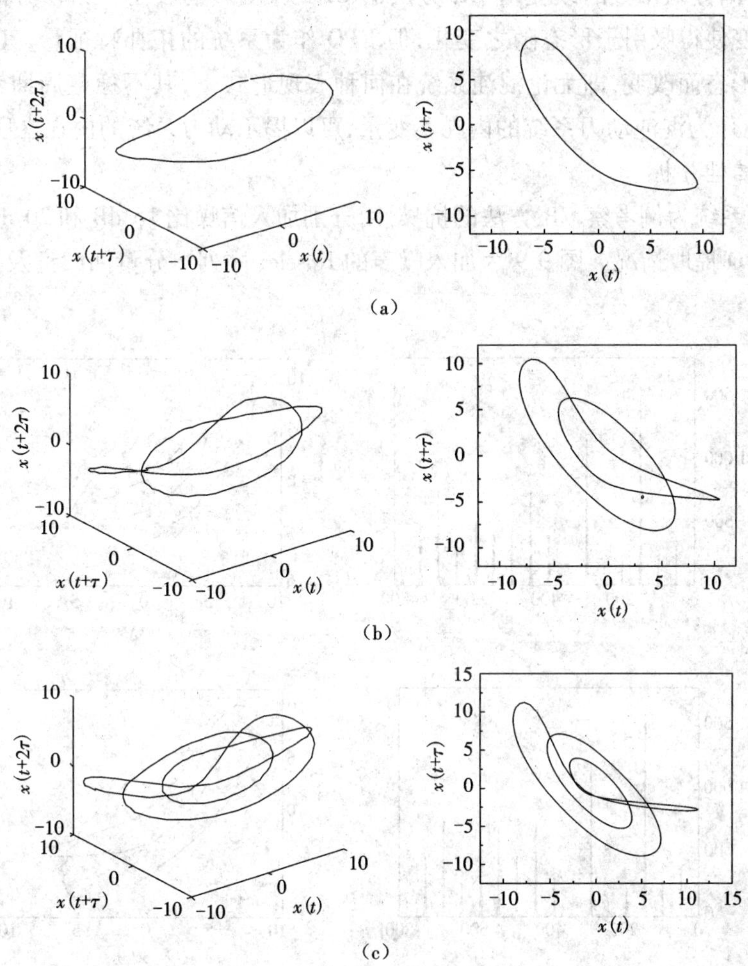

图 9-7　Rössler 系统的 UPO[26]

(a) UPO-1 及其二维投影　(b) UPO-2 及其二维投影　(c) UPO-3 及其二维投影

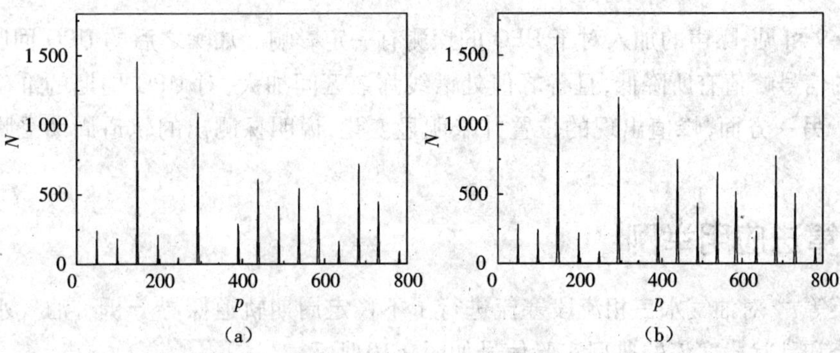

图 9-8　嵌入参数对 UPO 回归谱的影响[26]

(a) $m=5, \tau=20$　(b) $m=3, \tau=30$

变化,说明相空间嵌入参数的改变对 CR 方法的 UPO 探测影响较小。另一方面,虽然相空间嵌入参数的改变使得吸引子形态随之变化,但 UPO 作为系统的拓扑特征量,其周期大小不随吸引子的具体形态而改变,即无论混沌系统在何种表现形式下,其不稳定周期轨道始终存在。由此可见,UPO 作为混沌动力系统的内在不变量,可以揭示动力系统的内在本质结构。

2. 抗噪鲁棒性分析

以 Rössler 系统为例考察 CR 方法的抗噪性,分别加入信噪比 15 dB 和 20 dB 的噪声,考察其回归谱和 UPO 提取情况。图 9-9 为加入噪声的 Rössler 序列 x 分量回归谱及其二阶 UPO 投影。

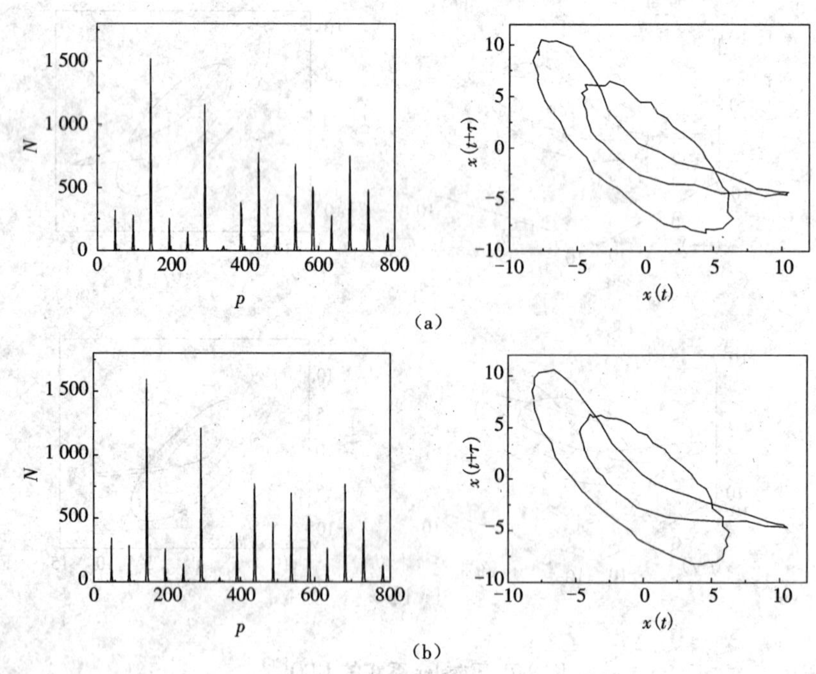

图 9-9 Rössler 加噪数据回归谱及其 UPO-2 投影[26]

(a) SNR = 15 dB (b) SNR = 20 dB

由图 9-9 可见,噪声的加入对于 UPO 的探测有一定影响。加噪之后的 UPO 回归谱各峰值较未加噪的信号峰值有所降低,且各峰值处谱线弥散区间加大,对 UPO 周期的准确判断造成一定干扰。另一方面,峰值出现的位置并未明显变化,说明探测出的轨道周期受噪声影响较小。

9.2.3 算法应用举例

赵俊英等[26]对油气水三相流段塞流进行了不稳定周期轨道探寻分析。油气水三相流水包油段塞流和乳状段塞流的典型实验信号如图 9-10 所示。

首先,对三相流段塞流电导波动信号进行相空间重构,选取嵌入维数 $m=3$,延迟时间 $\tau=$ 50 ms(采样频率为 400 Hz),得到的水包油段塞流和乳状段塞流的重构相空间吸引子二维投影如图 9-11 所示。

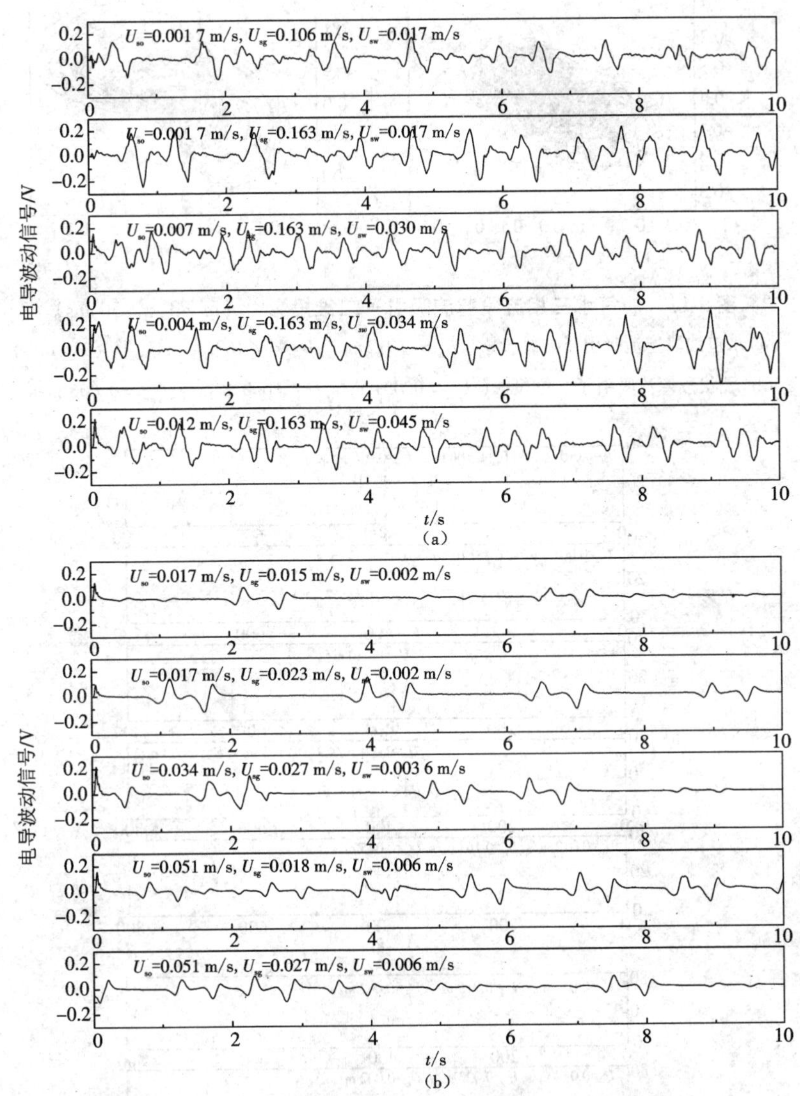

图 9-10　典型的水包油段塞流和乳状段塞流电导波动信号[26]

(a)水包油段塞流　(b)乳状段塞流

对油气水三相流水包油段塞流和乳状段塞流电导波动信号进行 UPO 提取。每个流动工况取 15 000 个采样点(37.5 s),由于实验数据不可避免地含有噪声及干扰信号,故实验测量信号的 UPO 回归谱线与典型混沌信号对应的 UPO 回归谱线有所不同,尤其是在高阶 UPO 对应的峰值分布上。考虑到低阶 UPO 中包含了混沌动力学系统的主要信息[29],给出了谱线中明显低阶 UPO 的对应峰值,其相应的水包油段塞流和乳状段塞流 UPO 回归谱如图 9-12 所示。由图可见,水包油段塞流的低阶 UPO 在 $p<400$ 时就有峰值谱线出现,而乳状段塞流的低阶 UPO 峰值谱大多出现在 $p>500$ 时,表明乳状段塞流低阶 UPO 对应的周期较长。根据图 9-12 所示的 UPO 回归谱,可提取水包油段塞流和乳状段塞流的低阶 UPO 如图 9-13 及图 9-14 所示。

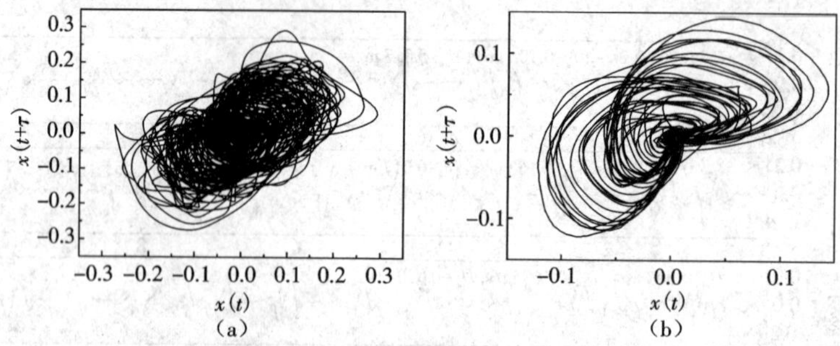

图 9-11 油气水三相流段塞流吸引子二维投影[26] ($m=3,\tau=50$ ms)

(a)水包油段塞流吸引子二维投影($U_{so}=0.012$ m/s, $U_{sg}=0.163$ m/s, $U_{sw}=0.045$ m/s)

(b)乳状段塞流吸引子二维投影($U_{so}=0.051$ m/s, $U_{sg}=0.018$ m/s, $U_{sw}=0.006$ m/s)

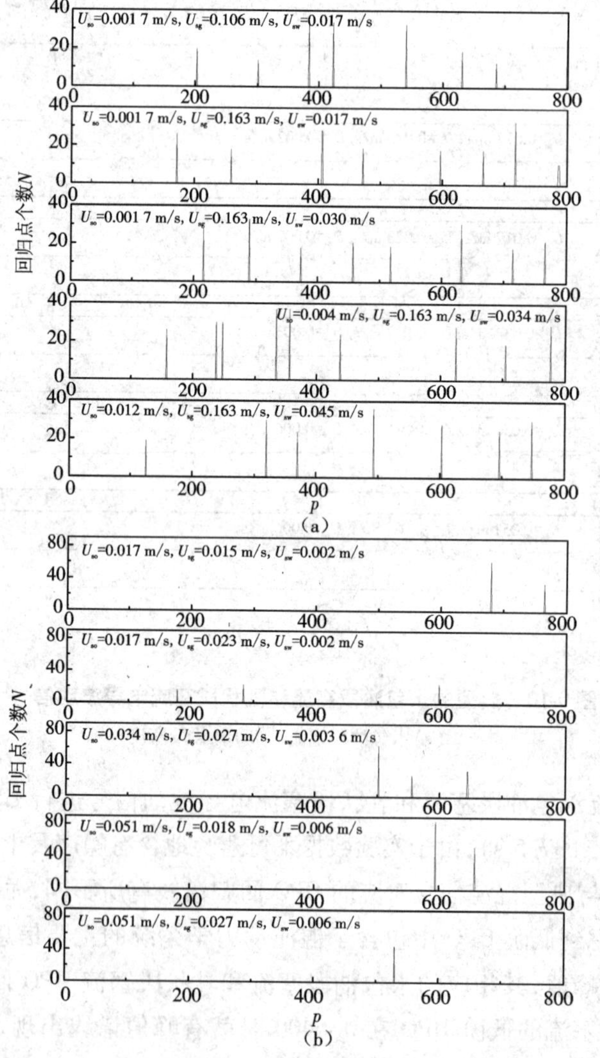

图 9-12 不同流动工况下水包油段塞流和乳状段塞流的 UPO 回归谱[26]

(a)水包油段塞流 (b)乳状段塞流

对于水包油段塞流低阶 UPO (图 9-13),其主要发生在水为连续相、含油率较低、气相含率逐渐增大的过程中;随着气量增大,分散气泡聚并成大的气塞(gas slug),而连续相液塞(liquid slug)中含有分散气泡及油泡,这种气塞与含泡(气泡、油泡)液塞之间的间歇性拟周期运动导致了水包油段塞流低阶 UPO 轨道的大循环(气塞运动)及小循环(液塞运动)嵌套结构出现,这些低阶 UPO 构成了水包油段塞流的"骨架"。值得指出的是,由于含泡液塞中存在两个分散相复杂的相互作用,其 UPO 中的大循环及小循环嵌套结构特征随流动工况变化呈现复杂多变的轨道形态,这与天津大学多相流研究课题组先前探寻气液两相流段塞流 UPO 结果较接近[27]。

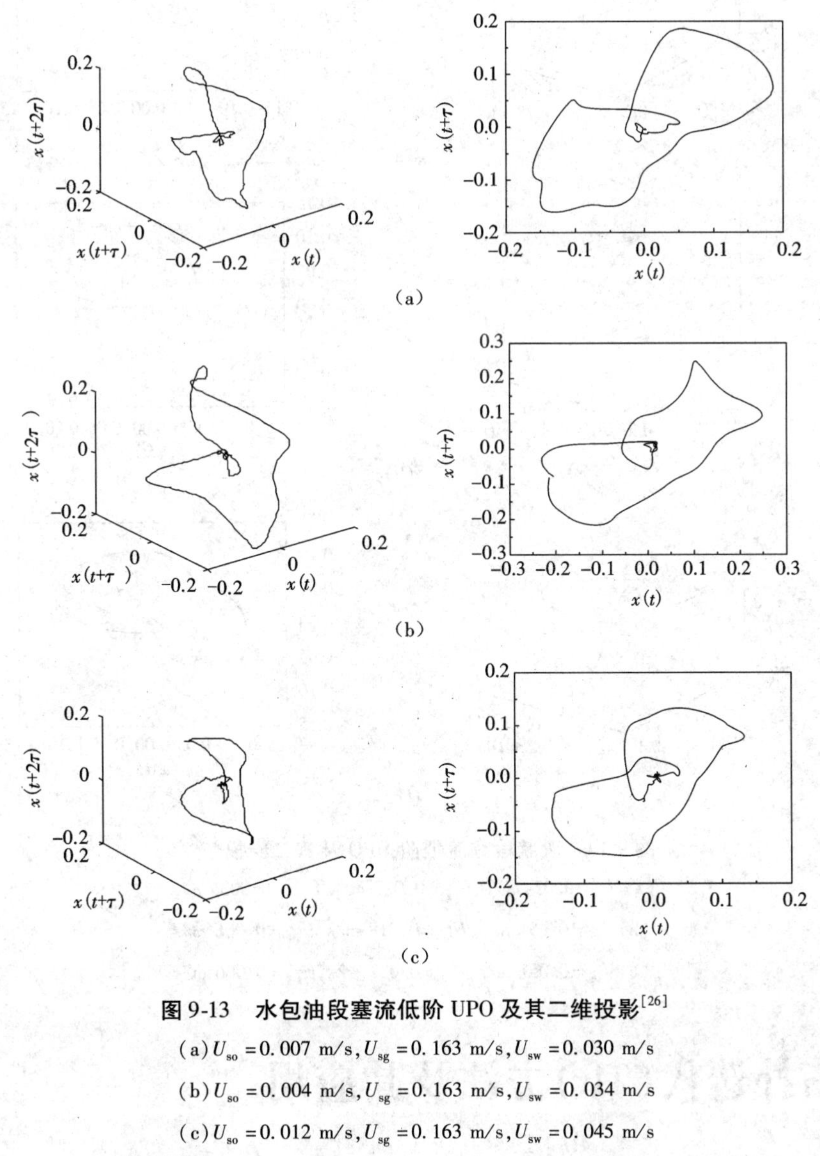

图 9-13 水包油段塞流低阶 UPO 及其二维投影[26]

(a) $U_{so}=0.007$ m/s, $U_{sg}=0.163$ m/s, $U_{sw}=0.030$ m/s

(b) $U_{so}=0.004$ m/s, $U_{sg}=0.163$ m/s, $U_{sw}=0.034$ m/s

(c) $U_{so}=0.012$ m/s, $U_{sg}=0.163$ m/s, $U_{sw}=0.045$ m/s

对于油气水三相流乳状段塞流低阶 UPO(图 9-14),其主要发生在含油率较高且气相含率较大的流动工况下。随着油水乳化,油气水三相主要以气塞及乳化状液塞(无明显油水分散界面)的间歇性拟周期运动为主,使得其低阶 UPO 呈现为两个大循环的嵌套结构,且轨线平滑、毛刺少;特别是,其 UPO 中的两个大循环的嵌套结构特征基本不随流动工况变化,表明气塞与乳化状液塞运动相对简单,动力学复杂性降低,这与王振亚等[28]基于近似熵或复杂性测度表征的三相流乳化状段塞流的动力学特性相一致。

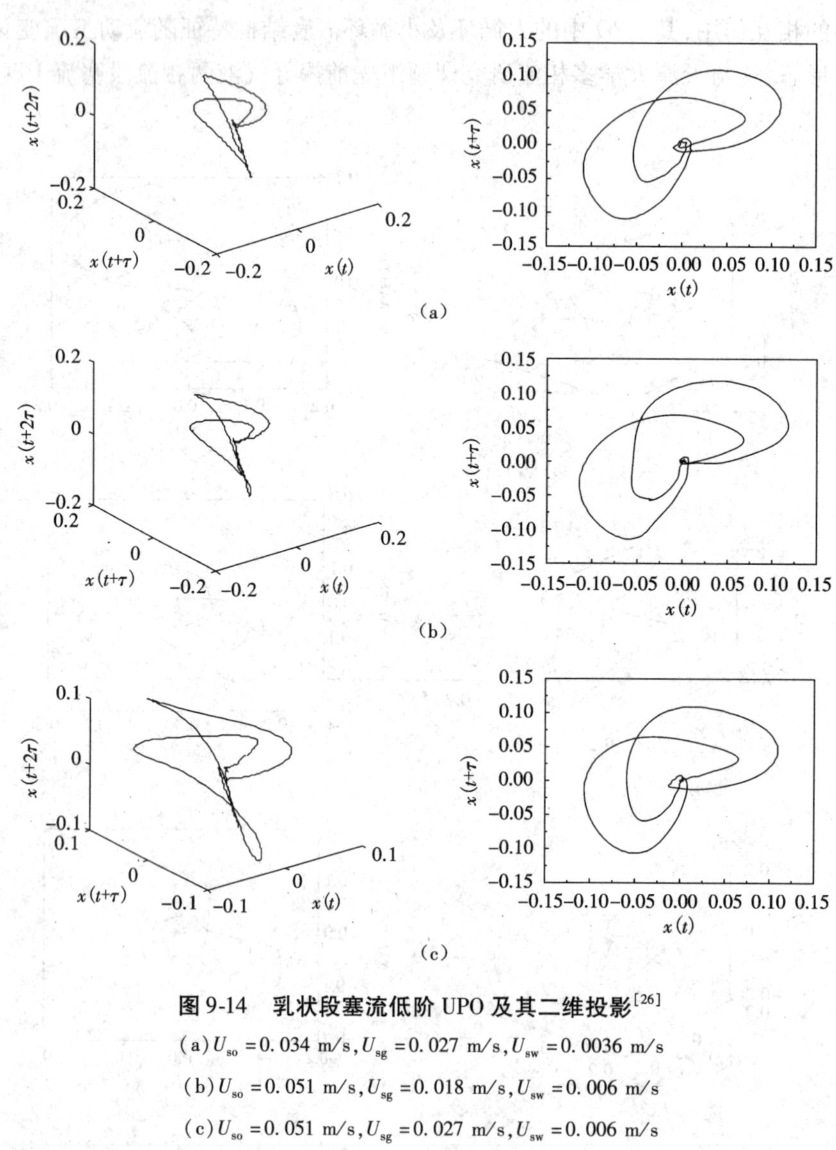

图 9-14 乳状段塞流低阶 UPO 及其二维投影[26]

(a) $U_{so}=0.034$ m/s, $U_{sg}=0.027$ m/s, $U_{sw}=0.0036$ m/s

(b) $U_{so}=0.051$ m/s, $U_{sg}=0.018$ m/s, $U_{sw}=0.006$ m/s

(c) $U_{so}=0.051$ m/s, $U_{sg}=0.027$ m/s, $U_{sw}=0.006$ m/s

9.3 拓扑迭代(TR)方法及其应用

拓扑迭代法[22,29]是一种挖掘 UPO 的简单统计学方法,并且可用于分析含噪时间序列。这种方法已经用在含噪受迫范德玻尔(Van der Pol)振荡子与小龙虾尾部光感热感神经元数据分析中。拓扑迭代法的原理是通过寻找迭代相遇模式而发现 UPO 的位置,再通过比较 UPO 的迭代相遇点与随机产生的替代数据的相遇次数,进而确定 UPO 的统计可能性。

该算法可以应用于离散时间序列,如神经放电时间间隔序列、嵌入庞加莱截面的连续流或者像 Hénon 映射、Logistic 映射的离散映射。这里将介绍拓扑迭代法挖掘不动点(一周期 UPO)的具体方法,当然该算法也可以应用于更高周期 UPO 的情况。首先,将数据处理成返回映射(T_n-T_{n+1})的形式,返回映射是时间序列数据相空间嵌入的二维映射。

图 9-15 为大鼠面部冷感受器数据的二维返回映射,其中 45°的直线(周期线)上的点是递归时相距较近的点。在不稳定不动点领域内,系统可近似看作二维映射。所以,挖掘不稳定不动点模式的相遇事件可定义为:3 个连续点到直线的距离先减少再增加时,这 3 个点便算作一次相遇事件。其中 3 个连续点相互共享,图 9-16 便是挖掘 UPO 过程中相遇事件的示意图。图中一共包含 5 个数据点,数据点的出现顺序已经按照数字编号。如果用 d_i 表示点 i 到周期线的距离,根据定义,距离 d_i 应该满足条件:

$$d_1 > d_2 > d_3 \tag{9-4}$$

$$d_3 < d_4 < d_5 \tag{9-5}$$

综上所述,周期线附近如果存在 5 个连续点满足条件式(9-4)和式(9-5)便应该算作一次相遇事件。

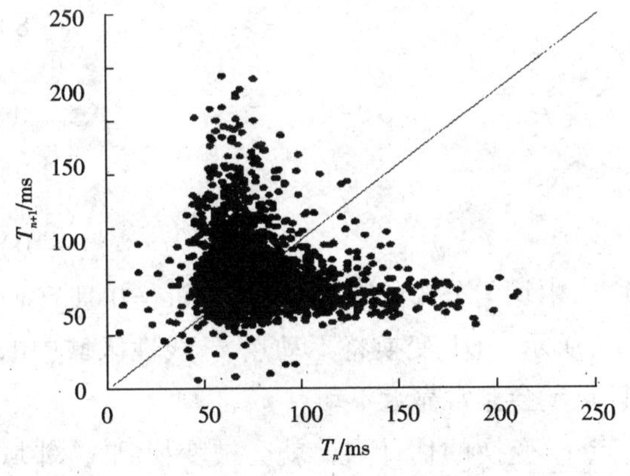

图 9-15　大鼠面部冷感受器峰峰时间间隔数据的二维返回映射[29]

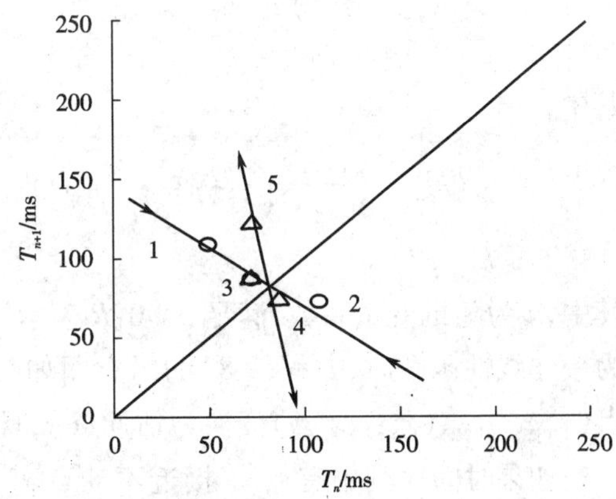

图 9-16　UPO 相遇事件的示意图[29]

分别统计原数据和其替代数据相遇事件的个数 N 和 N_S,定义统计显著性指标

$$K = \frac{N - \bar{N}_S}{\sigma_S} \tag{9-6}$$

其中,N 为原始数据相遇事件的个数,$\bar{N}_S$ 为替代数据相遇事件个数 N_S 的平均值,σ_S 为相遇事件个数 N_S 的标准差。如果应用高斯统计,$\bar{N}_S$ 的有效值应该大于 20,$K>2$ 表示 95% 的数据可信,$K>3$ 表示 99% 的数据可信。如果应用打乱顺序的替代数据,还应该排除与数据处理无关的零假设。可以通过多种功率谱算法产生替代数据,其中较常用的是振幅调节傅里叶变换方法(AAFT 算法)。替代数据可以有效地排除强类型的零假设,这种零假设数据一般是通过非线性变换的线性随机过程数据。通过分析多种类型的非白噪声数据,对比打乱顺序和 AAFT

的替代数据，结果表明数据集中假相遇事件一般不依赖于数据的功率谱。因此，打乱顺序的替代数据可以用于不稳定周期轨道的分析，但是排除强类型零假设需要对数据有效的功率谱才可以。当搜寻到相遇事件和排除强类型零假设后，可以确认 UPO 在数据中的存在。理论上，不同的非线性关系会影响假相遇事件的出现，所以 UPO 的存在情况应该被看成一个统计性的结果。

9.4 动力学变换(DT)方法及其应用

9.4.1 原始 DT 算法原理

动力学变换(DT)法的基本思想[4]是，利用一种动力学变换对时间序列进行变换，再对变换后的结果进行统计处理，得到 DT 变换统计直方图(Histogram of DT, HDT)。HDT 中会存在奇异性尖峰，尖峰位置就对应了不稳定周期轨道的位置。

假设有一个一维映射：

$$x_{n+1}=f(x_n) \tag{9-7}$$

为估计不动点 $x^*=f(x^*)$ 的位置，考虑如下估计点 $\hat{x}$ 变换：

$$\hat{x}=\frac{x_{n+1}-s(k)x_n}{1-s_n(k)} \tag{9-8}$$

其中，

$$s_n(k)=\frac{x_{n+2}-x_{n+1}}{x_{n+1}-x_n}+k(x_{n+1}-x_n), \tag{9-9}$$

$$k=uR \tag{9-10}$$

其中，u 为随机变量系数，满足 $u\geqslant 0$；R 表示$[-1,1]$中均匀分布的随机变量。当 $u=0$ 且 $f(x)$ 为一非线性函数时，方程(9-8)的示意图如图 9-17 所示。DT 变换将不动点 x^* 线性区域中的点(x_n,x_{n+1})，(x_{n+1},x_{n+2})变换为估计点 $\hat{x}$，且估计点 $\hat{x}$ 会非常靠近不动点 x^*。

如果时间序列中有点 x_n 接近不动点 x^* 时，点 x_n 变换的估计点 $\hat{x}$ 就会被变换到 x^* 邻域内。当大量点 x_n 接近 x^* 时，x^* 邻域内会存在大量的估计点 $\hat{x}$。表现为估计点 $\hat{x}$ 的统计直方密度函数 $\hat{\rho}(\hat{x})$ 在不动点 x^* 附近存在负平方根的奇异性：

$$\hat{\rho}(\hat{x})\sim|\hat{x}-x^*|^{-\frac{1}{2}} \tag{9-11}$$

即可以在 DT 变换统计直方图中发现奇异性尖峰，这个奇异性尖峰正好在不动点 x^* 处，而这就是探测不稳定不动点的关键。

图 9-18 表示 1 000 个 Logistic 映射时间序列数据的往返映射图和 DT 变换统计直方图。其中映射函数为 $f(x)=rx(1-x)$，$r=3.9$，DT 算法中的随机参数 $u=15$。HDT 的尖峰正好处于往返映射和斜率为 1 直线的交点处，表明 DT 算法确实探测到了离散映射的不稳定不动点 $x^*=\frac{r-1}{r}\approx 0.743\,6$。

若可以探测离散混沌系统中的一周期不稳定周期轨道，就能探测系统的任意周期不稳定

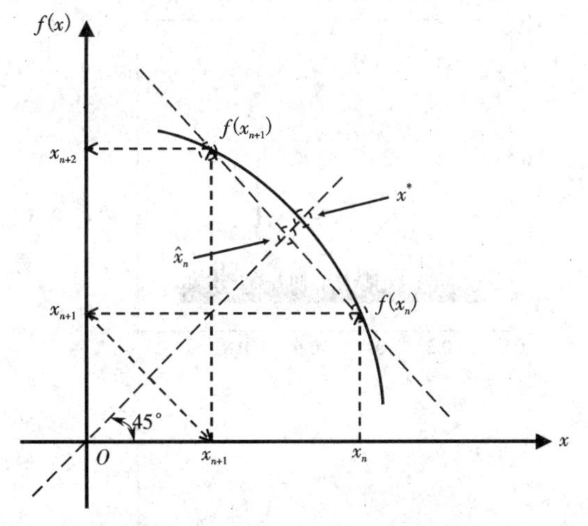

图 9-17　$u=0$ 时方程(9-8)的示意图[30]

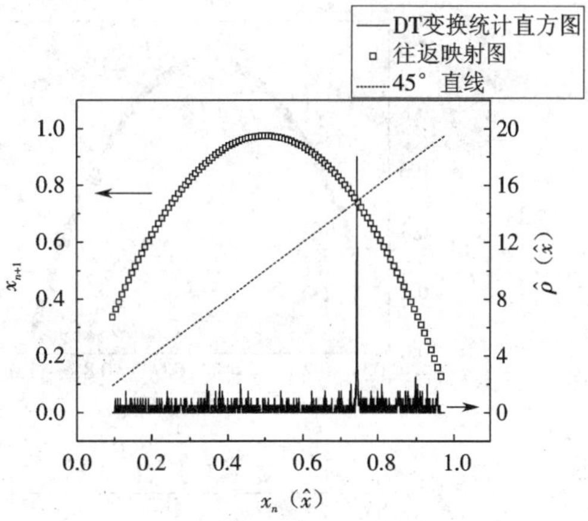

图 9-18　时间序列往返映射图和 DT 变换统计直方图[30]

周期轨道。举例来说,如果想探测二周期的不稳定周期轨道,就把原来时间序列数据进行 2 单位时间的延迟以后,再探测处理后的时间序列不稳定不动点,找到的点其实就是原来时间序列的二周期不稳定周期轨道。变换的方法如下:

$$L_1=\{x_1,x_2,x_3,x_4,\cdots\}\xrightarrow{\text{变换到}}L_2=\{x_1,x_3,x_5,\cdots\}\text{或}\{x_2,x_4,x_6,\cdots\} \tag{9-12}$$

DT 算法也具有一定的抗噪性。以探测系统的不稳定不动点为例,在时间序列中加入一定强度的噪声,再进行不稳定周期轨道探测。加入噪声的方法如下:

$$\tilde{x}_i=x_i+a\cdot N(0,1)\cdot \text{std}\,(x) \tag{9-13}$$

其中,$\tilde{x}_i$ 是加噪时间序列,x_i 是原始时间序列,a 是噪声强度,$N(0,1)$ 是标准正态分布随机变量,std (x) 是时间序列 $\{x_n\}$ 的标准差。图 9-19 中分别设定噪声强度为 $a=1\%$ 和 $a=3\%$,可以看出探测的尖峰依然存在,但是峰值缩小了一些,说明 DT 算法对噪声有一定的鲁棒性,但是噪声过强时也会使探测结果失效。

9.4.2　基于庞加莱截面的动力学变换改进算法

DT 算法首先对原始离散时间序列进行动力学变换,然后观察变换后数据统计直方图中的奇异性尖峰,通过识别尖峰的位置可以探测到 UPO 动力学的位置。但是 DT 探测算法仍具有一定的局限性,其只能探测离散动力系统中的 UPO。马文聪等[30]提出了一种基于庞加莱截面的动力学变换改进算法,该算法能探测连续系统中的 UPO,并且具有检验假 UPO 的能力,使探测结果更加准确。根据化学动力学,Rössler 提出了 Rössler 方程,见式(9-3)。其中,当 $a=0.2,b=0.2,c=5.7$ 时,系统处于混沌状态。

图 9-20 表示三维 Rössler 系统混沌吸引子。由于 Rössler 系统的解是一个连续的流,不能直接应用原始 DT 算法探测不稳定周期轨道。所以,需应用庞加莱截面方法使连续流变成离散映射。图 9-21 示意了摆放庞加莱截面和将连续流转换为离散映射的方法。摆放庞加莱截面的方法不唯一。较好的放置方式应如图 9-21(a)所示,在轨线互不相交叉的地方摆放庞加

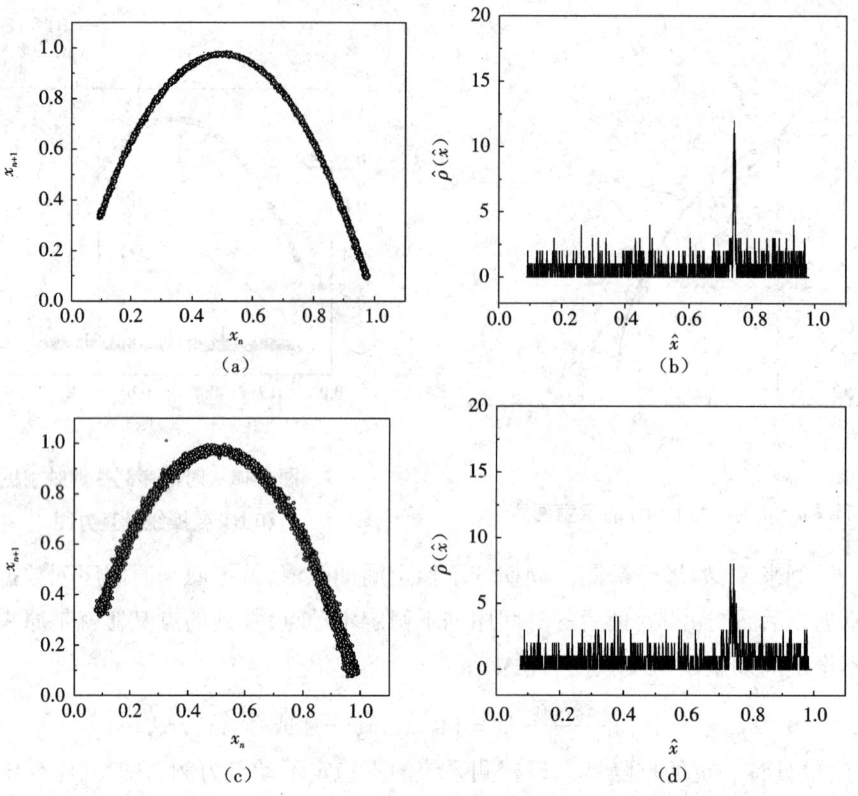

图 9-19 不同噪声强度时往返映射图和 DT 变换统计直方图[30]

(a) $a=1\%$ 时往返映射图 (b) $a=1\%$ 时 DT 变换统计直方图

(c) $a=3\%$ 时往返映射图 (d) $a=3\%$ 时 DT 变换统计直方图

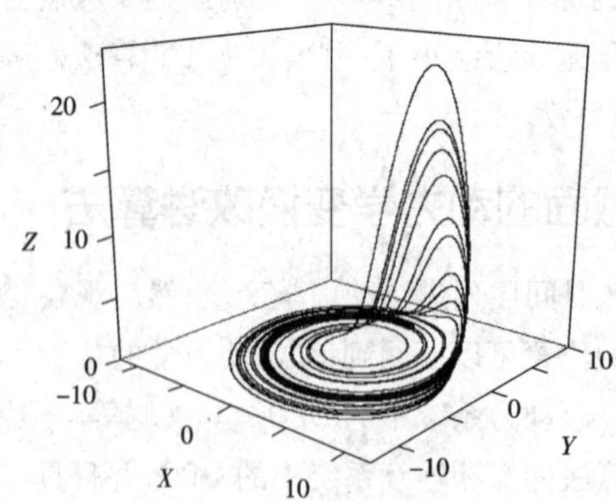

图 9-20 三维 Rössler 系统混沌奇怪吸引子[30]

莱截面，摆放的方向尽量不要与轨线相切，本例中选取在 $x=0$ 处摆放庞加莱截面。在图 9-21(b)中，对方程值由负变正的每一个时刻计时，将两个时刻之间的时间间隔记录下来，作为要探测的时间序列 $\{T_n\}$。因为高维奇怪吸引子中互不交叉的轨线在低维投影图中可能会产生虚假的交点，如果在这些虚假交点附近摆放庞加莱截面，有可能会影响庞加莱截点的有效性，而截面与轨线相切有可能使轨线与截面不相交,不利于探测。

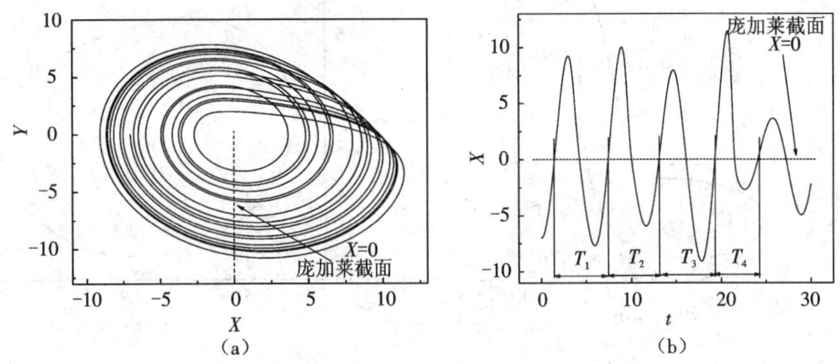

图 9-21　摆放庞加莱截面和将连续流转换为离散映射方法示意图

(a)在 X-Y 相空间中设置庞加莱截面　(b)取时间间隔 T_i 为离散时间序列[30]

图 9-22(a)为时间间隔 $\{T_n\}$ 序列图。如图 9-22(b)所示,探测出来的不稳定不动点在 $T^* \approx 5.8755$ 处。这个数值就是方程(9-3)在 $a=0.2, b=0.2, c=5.7$ 条件下,连续流的一周期不稳定周期轨道的时间周期 T^*。再以这个时间周期 T^* 为演化时间长度,通过方程(9-3)可以很容易地寻找到递归靠近的点。再以递归靠近点为起始点,让方程(9-3)演化 T^* 时间长度,所得到的轨线就是一周期不稳定周期轨道。如图9-23(a)~(f)所示,探测出的轨线的就是一周期不稳定周期轨道,同理也可以从系统中探测到二周期和三周期的不稳定周期轨道。

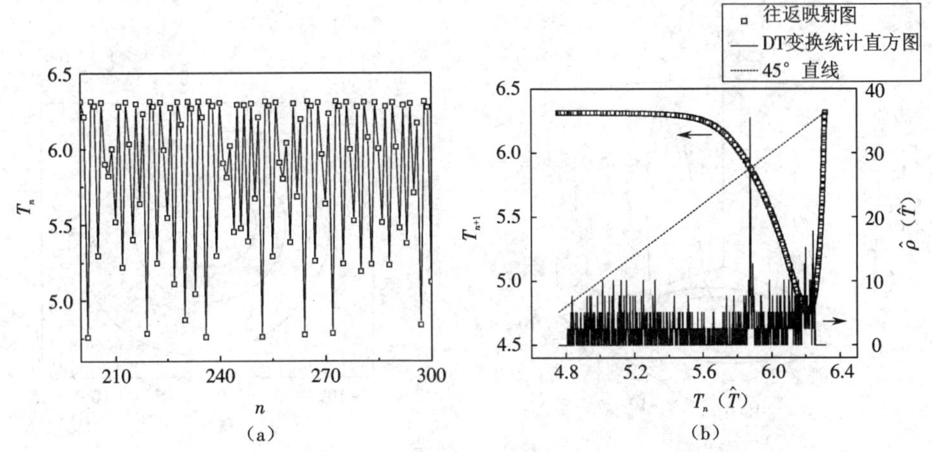

图 9-22　时间序列及其往返映射图和 DT 变换统计直方图[30]

(a)时间序列　(b)时间序列往返映射图和 DT 变换统计直方图

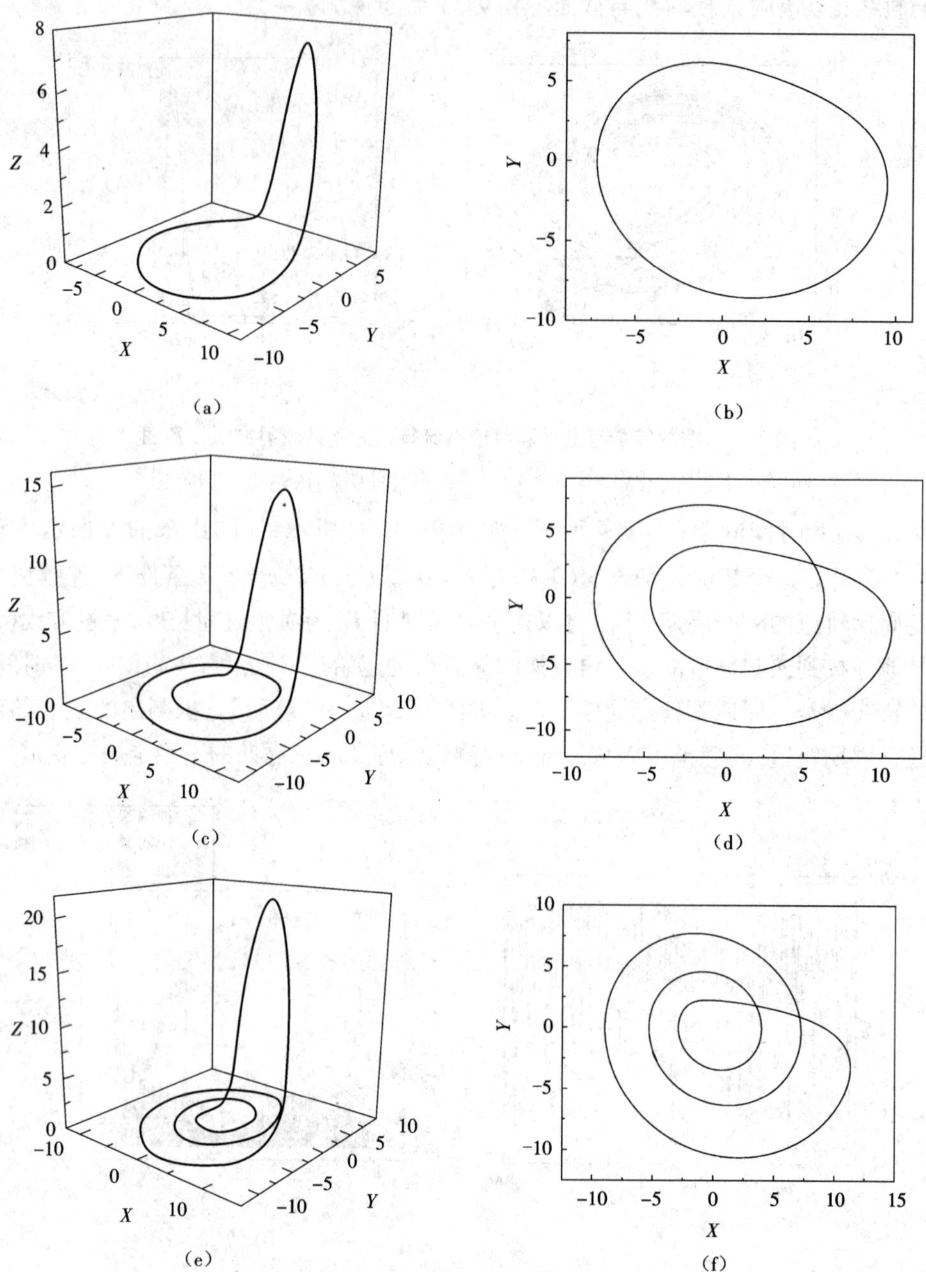

图 9-23 Rössler 系统的多周期不稳定周期轨道[30]

(a)三维坐标一周期不稳定周期轨道 (b)X-Y 轴坐标一周期不稳定周期轨道 (c)三维坐标二周期不稳定周期轨道 (d)X-Y 轴坐标二周期不稳定周期轨道 (e)三维坐标三周期不稳定周期轨道 (f)X-Y 轴坐标三周期不稳定周期轨道

洛伦兹方程如下：

$$\begin{cases} \dot{x} = -\sigma(y+x) \\ \dot{y} = -xz + rx - y \\ \dot{z} = xy - bz \end{cases} \tag{9-14}$$

其中,当参数为 $\sigma=10, r=25, b=\frac{8}{3}$ 时,系统处于混沌状态。图 9-24 为此参数下三维洛伦兹吸引子。

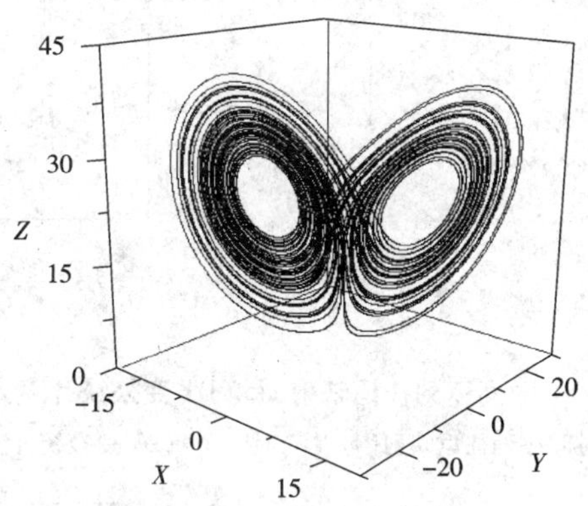

图 9-24　洛伦兹三维系统混沌奇怪吸引子[30]

如图 9-25 所示,按照对待连续流的方法,摆放庞加莱截面,取时间间隔 $\{T_n\}$ 序列。因为摆放庞加莱截面的位置并不唯一,所以还是在轨线不相交的地方摆放庞加莱截面。本例选在 $x=8$ 的位置摆放庞加莱截面。图 9-26(a)为时间序列 $\{T_n\}$ 的往返映射图。图 9-26(b)中对截取到的时间序列 $\{T_n\}$ 应用 DT 算法以探测不稳定周期轨道。

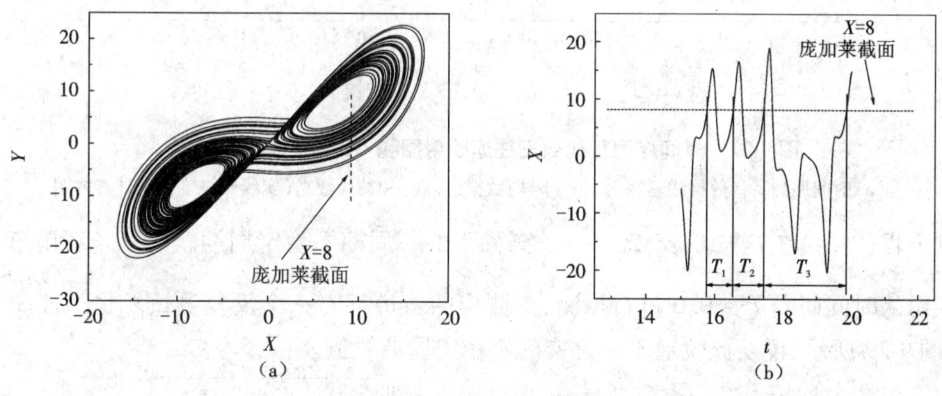

图 9-25　摆放庞加莱截面和将连续流变换为离散映射方法示意图[30]

(a)摆放庞加莱截面　(b)时间间隔 $\{T_n\}$ 作为新的时间序列

图 9-26(b)中出现了两个尖峰,但其中一个是假的,所以需用替代数据法加以检验。替代数据可通过随机打乱时间序列 $\{T_n\}$ 数据之间的顺序取得。这样做使时间序列非线性的短期关联消失,而数据随机统计性规律不变,可以检验由混沌理论所做出的假设是否正确。这里用序列 $\{sT_n\}$ 表示对 $\{T_n\}$ 进行替代数据操作以后的时间序列。

如图 9-27(b)所示,第一个尖峰减小一些,而第二个尖峰明显减弱,说明第二个尖峰的有效性更强。经过证实,确实只有第二个峰是真正的一周期不稳定周期轨道。探测到的一周期不稳定周期轨道的周期时间是 $T^*\approx1.673$。如图 9-28 所示,利用探测到的周期时间 T^* 很容

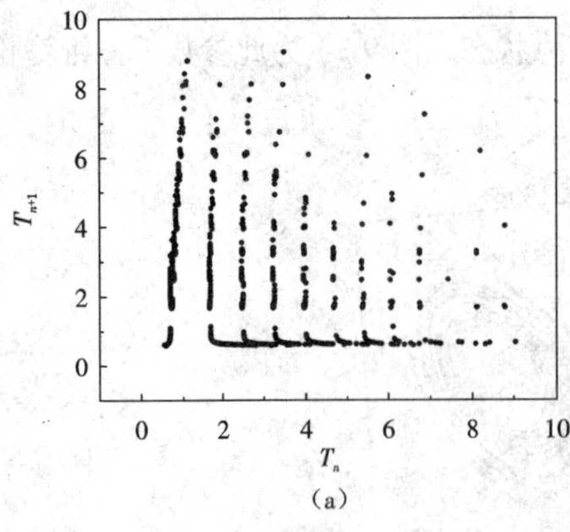

(a)

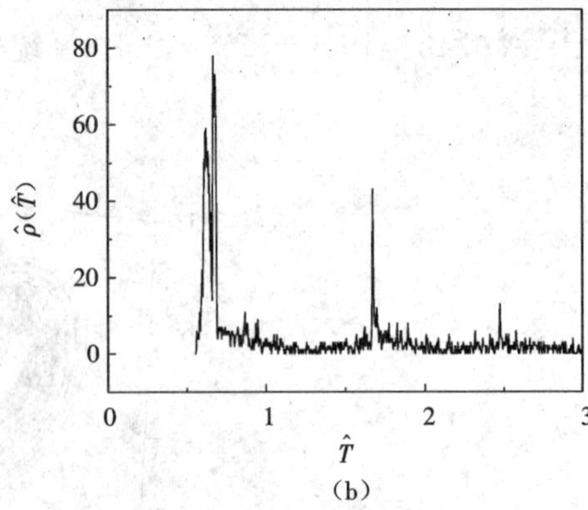

(b)

图 9-26 时间序列往返映射图和 DT 变换统计直方图[30]

(a)时间序列往返映射图 (b)时间序列 DT 变换统计直方图

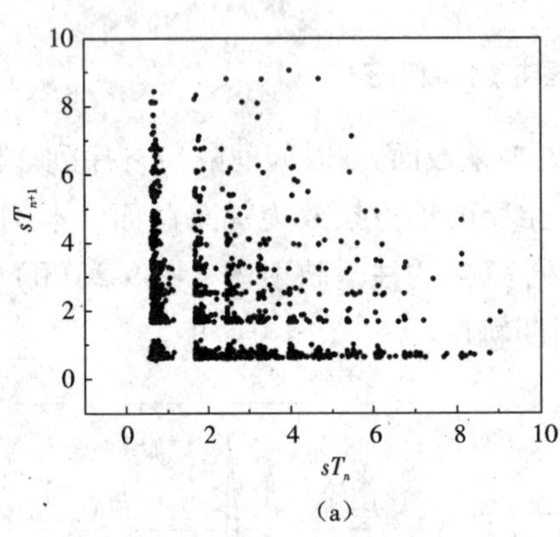

(a)

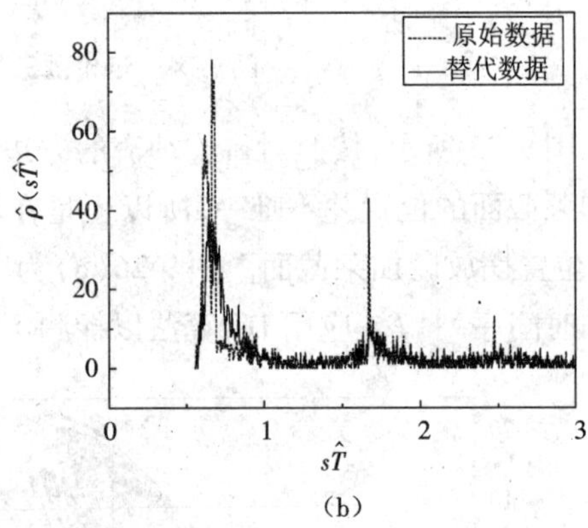

(b)

图 9-27 时间序列替代数据往返映射图和 DT 变换统计直方图[30]

(a)时间序列替代数据往返映射图 (b)原数据(虚线)和替代数据(实线)DT 变换统计直方图

易找到方程(9-14)在 $\sigma=10, r=25, b=\dfrac{8}{3}$条件下的一周期不稳定周期轨道。若利用第一个尖峰所表示的时间间隔 $T'\approx 0.6$ 进行探测，探测出的轨道都有一个反复测试总也不能闭合的缺口，如图 9-29 所示，说明此轨道不是真实的不稳定周期轨道。

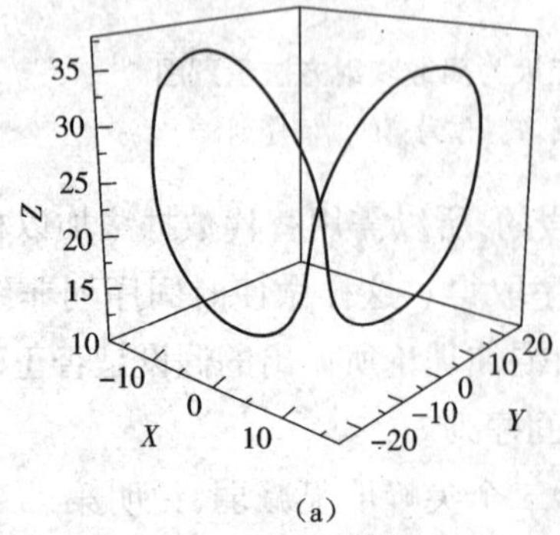

(a)

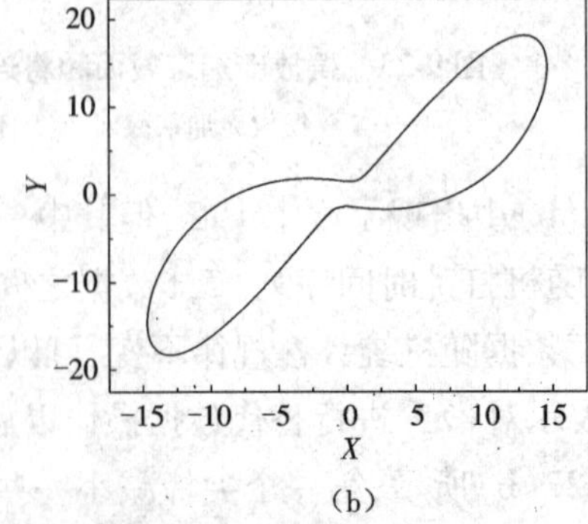

(b)

图 9-28 洛伦兹系统一周期不稳定周期轨道[30]

(a)三维坐标一周期不稳定周期轨道 (b)X-Y 轴坐标一周期不稳定周期轨道

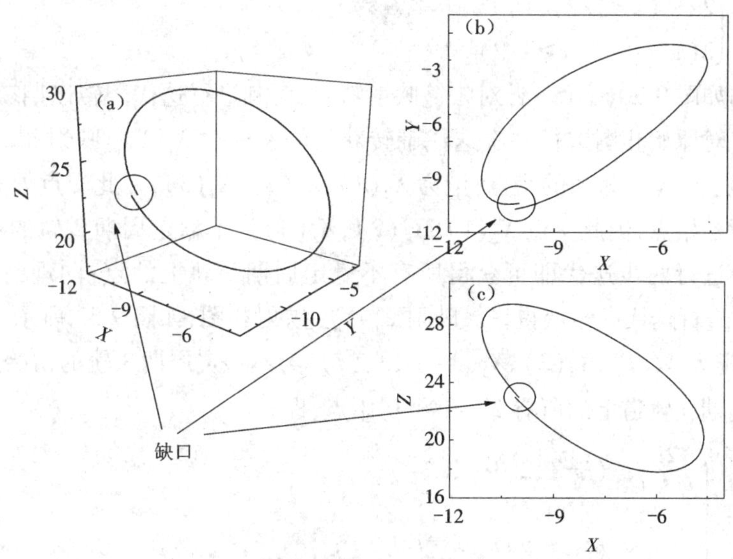

图 9-29　洛伦兹吸引子中的假不稳定周期轨道[30]

(a)三维空间中假不稳定周期轨道　(b)X-Y 平面中假不稳定周期轨道　(c)X-Z 平面中假不稳定周期轨道

因此,对混沌时间序列进行动力学变换(DT 算法)后会在不稳定周期轨道的位置产生奇异性尖峰,如果采用合适的参量会使尖峰更加清晰准确。对于离散系统,可以直接应用 DT 算法探测系统中的不稳定周期轨道;对于连续系统,先应用庞加莱截面法使连续的流变成离散的映射,将连续的流数据变成离散的时间间隔的时间序列,再对离散时间序列应用 DT 算法以探测时间间隔的不稳定周期轨道,求出一个时间周期,根据这个时间周期可以容易地求出数据中的不稳定周期轨道。

9.5　有向加权复杂网络(DWCN)方法与应用

9.5.1　算法原理

高忠科等[25]提出了一种有向加权复杂网络用于分析混沌时间序列,该方法可以有效探寻混沌 UPO,其基本思想为:对时间序列进行相空间重构后,以相空间中的向量点作为网络基本节点,当两节点之间的距离小于递归阈值时,两节点之间存在连边,其中边权为两节点的递归时间,边的方向为时间上后出现的节点指向前出现的节点。其中,递归阈值的选取至关重要,很大时无法保证两节点有效递归,从而无法抽取不稳定周期轨道;很小时网络将变得十分稀疏,存在大量孤立节点,大量动力学信息随之丢失。高忠科等[25]采用网络连通集团度选取合适的递归阈值,从而构建有向加权递归网络。首先,以帐篷映射(Tent Map)和 $2x$ Mod1 映射两个混沌映射为例,对如何选取合适的递归阈值进行理论说明。

帐篷映射作为一个经典混沌系统,其方程为

$$f(x)=\begin{cases}2x & (x<1/2)\\ 2(1-x) & (x\geqslant 1/2)\end{cases} \tag{9-15}$$

相应的相图如图 9-30 所示。针对帐篷映射特点,对其进行迭代翻转以期获取不同阶的不稳定周期轨点。对原始相图进行一次迭代翻转获得帐篷映射 X_n-X_{n+2} 映射相图,如图 9-31 所示,在图中取直线 $y=x$ 与相图的交点,记为 $X_2(1)$,$X_2(2)$,$X_2(3)$,在此交点处 $X_n=X_{n+2}$,即轨点经两步循环至初始点,因此交点 $X_2(1)$,$X_2(2)$,$X_2(3)$ 为不稳定周期 2 轨的初始点,对初始点通过式(9-15)进行两步迭代即可获得所有不稳定周期 2 轨上的点;同理,对帐篷映射 X_n-X_{n+2} 映射相图再进行迭代翻转获得帐篷映射 X_n-X_{n+3} 映射相图,如图 9-32 所示,图中直线 $y=x$ 与相图的交点,记为 $X_3(1)$,$X_3(2)$,$X_3(3)\cdots$,$X_3(7)$,为不稳定周期 3 轨的初始点;以相同方式可获取不稳定周期 p 轨道上的所有 2^p-1 个初始点,即

$$X_p(j)=\begin{cases}\dfrac{2j}{2^p+1} & (j=1,2,3\cdots,2^{p-1})\\ \dfrac{2j}{2^p-1} & (j=1,2,3,\cdots,2^{p-1}-1)\end{cases} \tag{9-16}$$

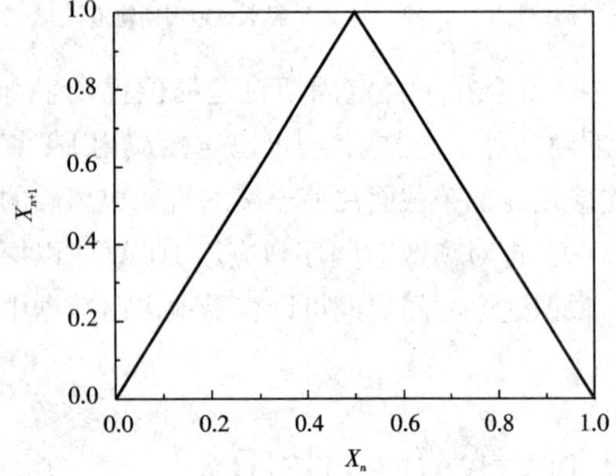

图 9-30 帐篷映射 X_n-X_{n+1} 映射相图[25]

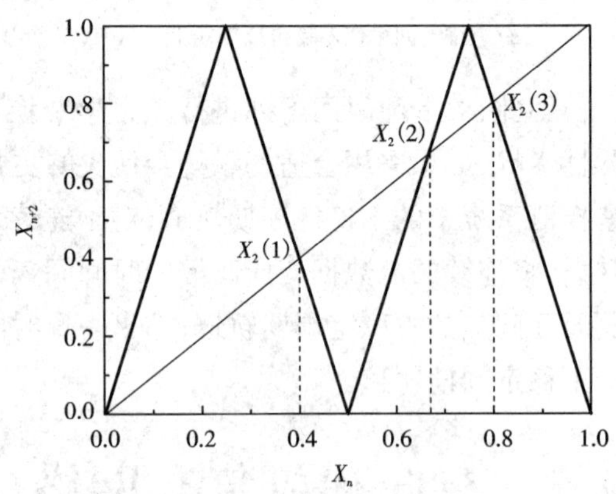

图 9-31 帐篷映射 X_n-X_{n+2} 映射相图[25]

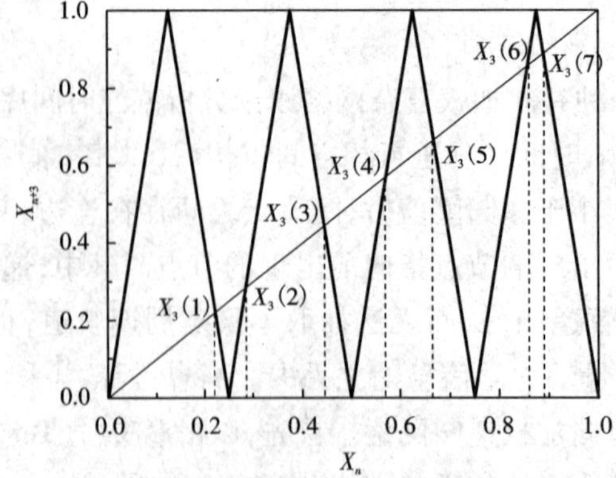

图 9-32 帐篷映射 X_n-X_{n+3} 映射相图[25]

对每个初始点进行 p 步迭代可获得不稳定周期 p 轨道上的所有点。由于混沌动力学主要

集中在周期为 10 以内的不稳定周期轨上,所以在此通过上述方法找出周期从 1 到 11 的不稳定周期轨上的所有点。在此基础上,可以计算周期为 p_l 的不稳定周期轨 q_l(注:周期为 p_l 的不稳定周期轨共有 $2^{p_l}-1$ 条)上的点 i 到其他轨道点距离的最小值

$$L_{p_l}^{q_l}(i)=\min\left(\left\{\left[X_{p_l}^{q_l}(i)-X_{p_k}^{q_k}(j)\right]^2+\left[f(X_{p_l}^{q_l}(i))-f(X_{p_k}^{q_k}(j))\right]^2\right\}^{1/2}\middle|\begin{array}{l}p_k=1,2,\cdots,11\\q_k=1,2,\cdots,2^{p_k}-1\\(p_k,q_k)\neq(p_k,q_l)\end{array}\right)\tag{9-17}$$

遍历所有的点并求取每个点到其他轨道点的最小距离值,取所有最小距离值中的最大值

$$r_C=\max\left(L_{p_l}^{q_l}(i)\middle|\begin{array}{l}p_l=1,2,\cdots,11\\q_l=1,2,\cdots,2^{p_l}-1\\i=1,2,\cdots,p_l\end{array}\right)=0.001\ 55\tag{9-18}$$

作为递归阈值既可以使网络中的属于不同轨道的节点彼此存在连接、不相互孤立,即网络具有良好的连通性,其动力学信息不丢失,同时也保证了网络中节点的有效递归,即可以从网络中抽取具体的不稳定周期轨道。以上从方程上理论推导出合适的递归阈值 $r_C=0.001\ 55$,现针对来自帐篷映射的长度为 8 000 的时间序列,采用最大连通集团度的方法对其进行分析,并将得到的递归阈值结果与理论推导值进行比较。在以 $m=2,\tau=1$ 对映射序列进行相空间重构的基础上,以二维向量点为节点,研究递归阈值与网络最大连通集团大小的分布,结果如图 9-33(a)所示,其中

$$r_C=C\cdot rms\tag{9-19}$$

C 为递归阈值系数,rms 表示时间序列均方根差,帐篷映射的 rms 为0.5。阈值的选取应在保证网络结构不离散的基础上尽可能地小,以保证节点间的有效递归。*NMSS*(Normalized Maximum Size of Subgraph)随着阈值系数 C 的增大而不断增大,*NMSS* 增长速率达到最大值时对应的阈值即为保证网络基本连通的最小值。从图 9-33(b)可见,当 $C=0.003\ 5$ 即 $r_C=0.001\ 75$ 时网络 *NMSS* 增长速率达到最大值,即此值为递归阈值距离。通过与理论计算值 $r_C=0.001\ 55$ 相比,发现从时间序列获取的 $r_C=0.001\ 75$与之具有很好的一致性。此外,以相同的方法对 $2x$ Mod1 映射

$$f(x)=\begin{cases}2x & (0<x<0.5)\\2x-1 & (0.5\leqslant x<1)\end{cases}\tag{9-20}$$

混沌映射进行分析,从方程上理论推导出其合适的递归阈值 $r_C=0.002\ 1$,基于时间序列采用网络最大连通集团度方法分析结果如图9-34 所示,即 $r_C=0.002\ 05$,其与理论推导值具有很好的一致性。综上所述,采用网络最大连通集团度方法从时间序列中确定递归阈值进而构建递归复杂网络是合理的。此外,大部分复杂系统,如 Rössler 和洛伦兹等连续混沌系统,其轨道动力学远比帐篷映射和 $2x$ Mod1 映射复杂,其不稳定周期轨道点无法通过理论计算获取,所以此类复杂系统的网络递归阈值只能从其相应时间序列中通过最大连通集团度方法加以确定。

分别取来自洛伦兹系统方程[如式(9-14)所示,其中取参数 $\sigma=16,r=45.92,b=4$]和 Rössler 系统方程[如式(9-3)所示,其中 $a=0.2,b=0.2,c=5.7$]的混沌信号、Rössler 混沌加噪

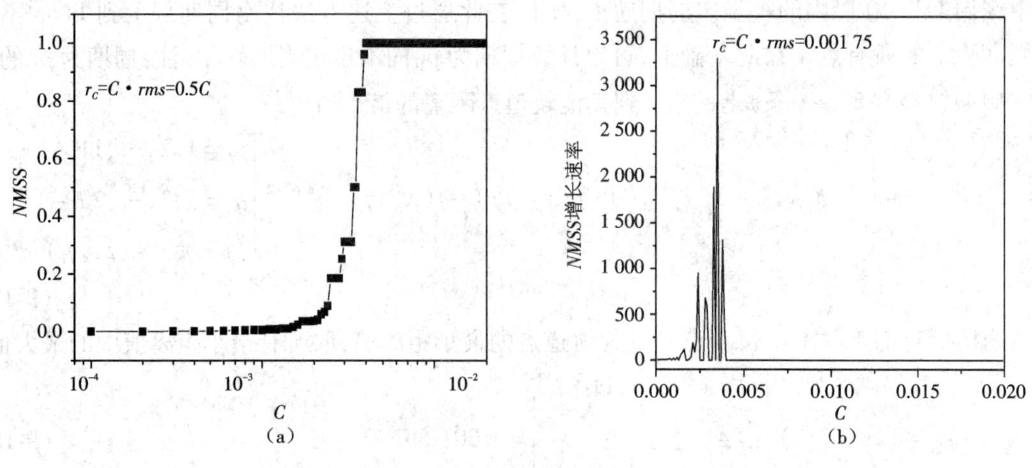

图 9-33　帐篷映射

(a)递归阈值系数 C 与网络 *NMSS* 的分布图　(b)*NMSS* 增长速率分布图[25]

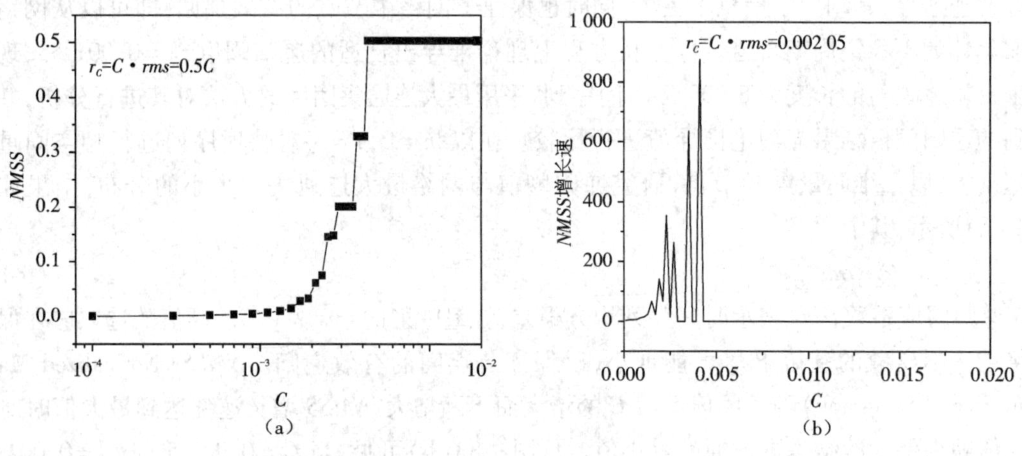

图 9-34　$2x$ Mod1 映射

(a)递归阈值系数 C 与网络 *NMSS* 的分布图　(b)*NMSS* 增长速率分布图[25]

声信号、周期正弦信号和高斯白噪声信号进行网络递归阈值系数研究，其结果如图 9-35 所示。

研究表明：①最大连通集团度方法可用于确定各种动力学系统的递归阈值进而构建相应的有向加权递归复杂网络；②递归阈值系数 C 的大小可表征系统中存在周期轨道的可能性。如在周期正弦信号中只存在稳定周期 1 轨，所有向量点均在其轨道上按确定规律运动，相应的 C 值最小；在洛伦兹和 Rössler 混沌信号中，存在周期各不相同的不稳定周期轨，所有向量点在各个不稳定周期轨道间循环跳变，轨道的李雅普诺夫指数越小，向量点在其周围循环的时间越长，向量点在各轨道上的运动虽然不是规律的但却有内在的确定性，相应的 C 值与周期信号在同一数量级上，又大于周期信号；当向混沌信号中加入噪声时，受噪声影响其轨道动力学发生了一定变化（C 值有所增大表征随机性的增加），但相应的 C 值仍与混沌信号 C 值在同一数量级上，表征不稳定周期轨道的存在性；在噪声信号中，各向量点随机运动，不稳定周期轨道不再存在，相应的 C 值需要很大才能使得网络大部分节点相互连通，此时 C 值比混沌信号高一

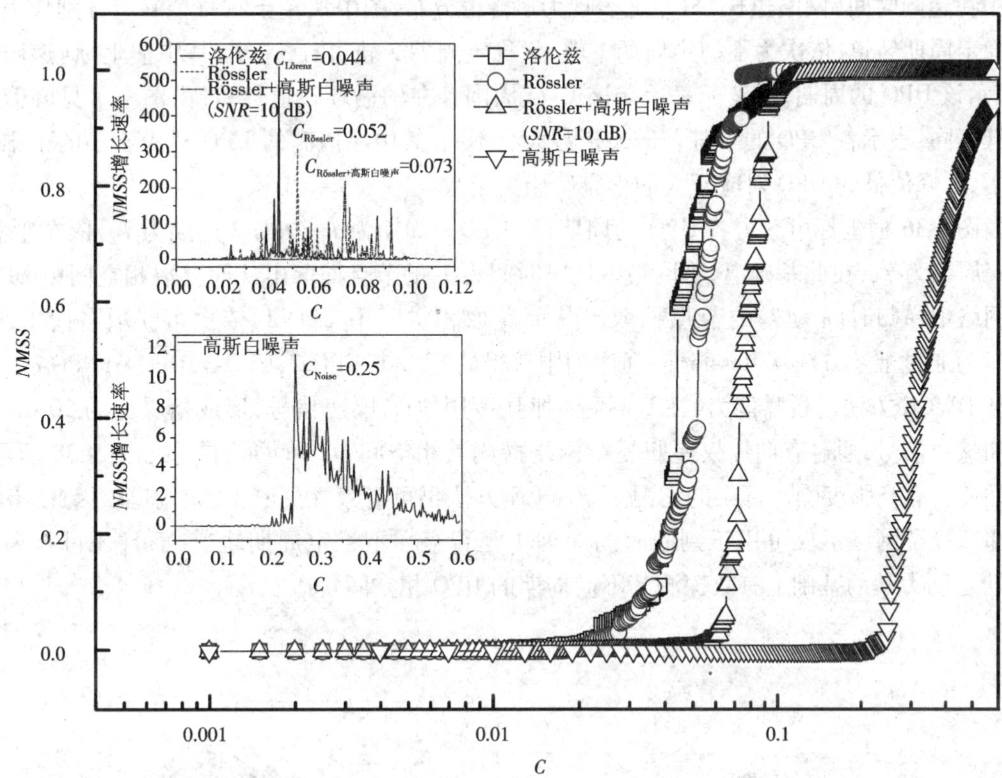

图 9-35　不同动力学系统的递归阈值系数与网络最大连通集团大小的分布图[25]

个数量级。因此,对于复杂系统测量信号来说,C 值越小说明信号中存在不稳定周期轨道的可能性越大;相反,C 值越大说明信号中随机性强,存在不稳定周期轨道的可能性越小。

如上对递归阈值进行了详细探讨,在此基础上,以 Rössler 混沌系统为例说明如何通过有向加权递归复杂网络探测其不稳定周期轨道。对 Rössler 时间序列进行相空间重构,以三维向量点为节点,取递归阈值 $r_C = 0.052 \cdot rms = 0.2680$ 构建 8 000 节点的有向加权复杂网络,其中边权为两节点的递归时间,边的方向为时间上后出现的节点指向前出现的节点。

统计网络边权分布如图 9-36 所示,发现网络递归时间具有峰值分布,网络中两节点的递归意味着一条循环轨道的出现,其递归时间即为轨道周期,当周期相同的轨道多次反复出现时表征相空间中存在不稳定周期轨道(UPO),轨道循环的次数与不稳定周期轨道的李雅普诺夫指数相关,UPO 李雅普诺夫指数越小,其周围循环轨道的数量越多;李雅普诺夫指数越大,其周围循环轨道的数量越少。由于 Rössler 系统中存在周期各不相同的多条 UPO,其各 UPO 的李雅普诺夫指数各不相同,所以,图

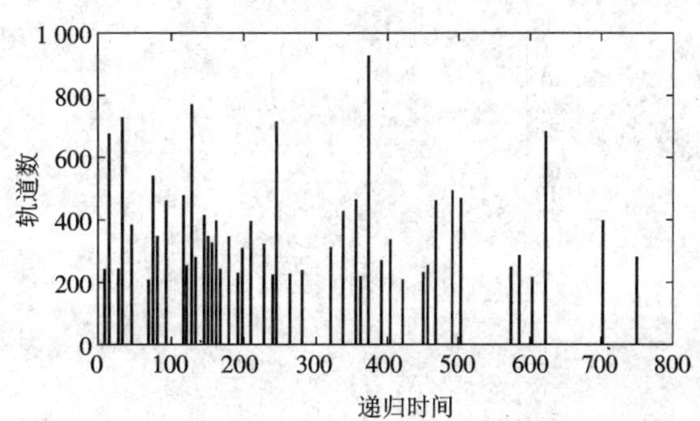

图 9-36　网络边权(递归时间)统计分布图[25]

9-36 中在递归时间(网络边权)分布上表现为多峰值分布,图中从左至右每个峰值分别代表一条不稳定周期轨道,依次为不稳定周期 1 轨,不稳定周期 2 轨,依次递增,其中横坐标(递归时间)表示该 UPO 的周期,纵坐标表示在该 UPO 周围存在的循环轨道数量,由图中可见峰值分布高低不同,表示各 UPO 的李雅普诺夫指数大小不同,其中峰值高的 UPO 对应于小的李雅普诺夫指数,峰值低的 UPO 对应于大的李雅普诺夫指数。

由图 9-36 横坐标可获得各 UPO 的周期,记 UPO-1 周期为 T_1,UPO-2 周期为 T_2,依次递增,UPO-n 周期为 T_n,在此基础上,将网络中递归时间为 T_1 的节点抽取出从而获取相空间中 UPO-1,将网络中递归时间为 T_2 的节点抽取出从而获取相空间中 UPO-2,依次可获取各阶 UPO。图 9-37 为通过上述方法从 Rössler 时间序列中获得的 UPO-1,UPO-2,UPO-3,UPO-6,UPO-8。为了验证 DWCN 方法的抗噪能力,在 Rössler 时间序列中加入噪声信号,形成信噪比为 20 dB 的混沌加噪声信号,通过有向加权递归复杂网络探测其相空间 UPO 轨道,结果如图 9-38 所示,表明即使在有高强度噪声污染的情况下,DWCN 方法仍可有效探测其 UPO 轨道。因此,有向加权递归复杂网络不仅可用于判断时间序列中是否存在不稳定周期轨道,而且还可在揭示 UPO 轨道动力学的基础上有效探测其不同周期的 UPO 相空间轨道。

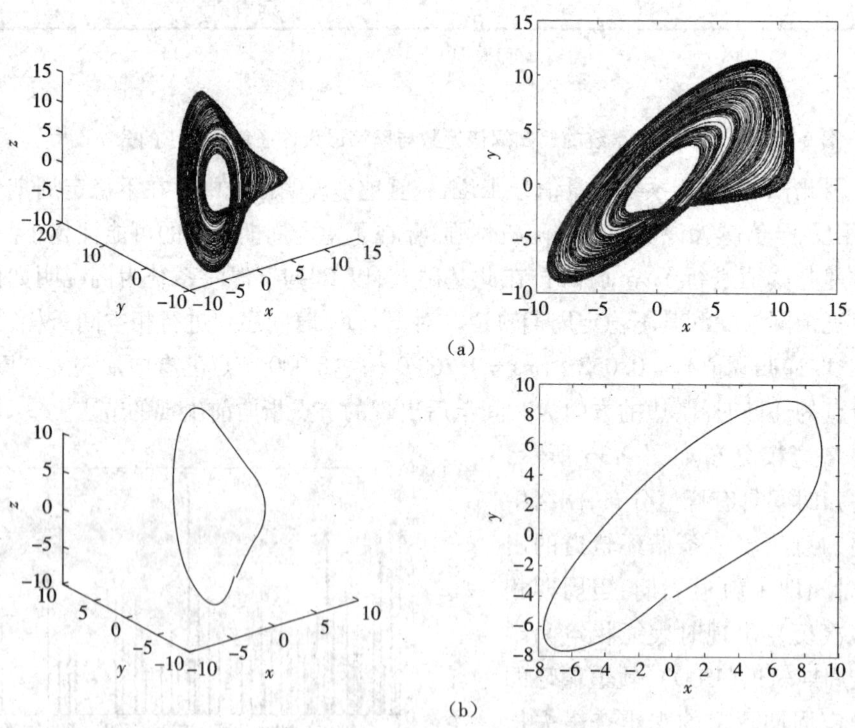

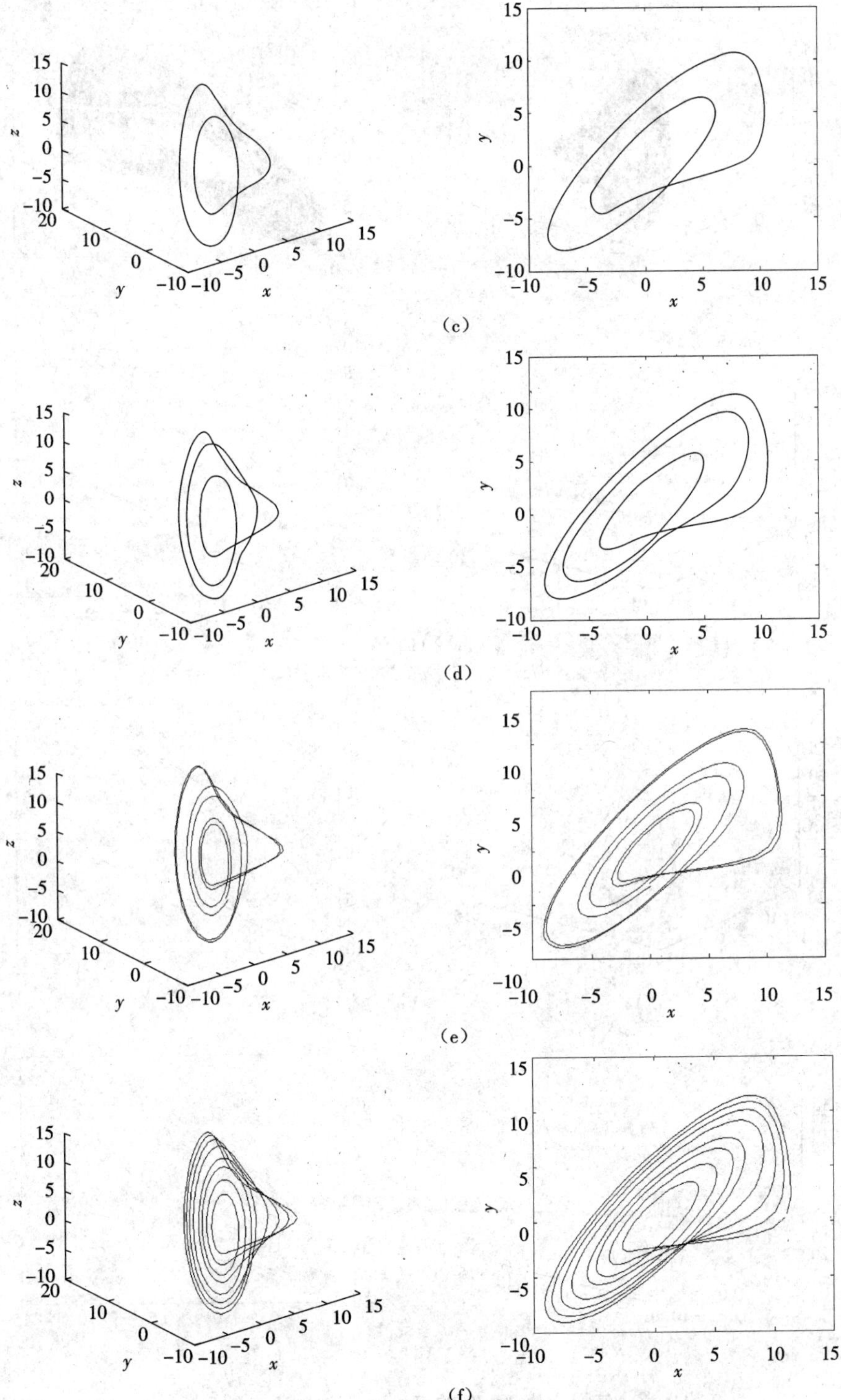

图 9-37　Rössler 混沌信号[25]

(其中左列图为三维原始形态,右列图为其二维投影)

(a)相空间吸引子　(b)UPO-1　(c)UPO-2　(d)UPO-3　(e)UPO-6　(f)UPO-8

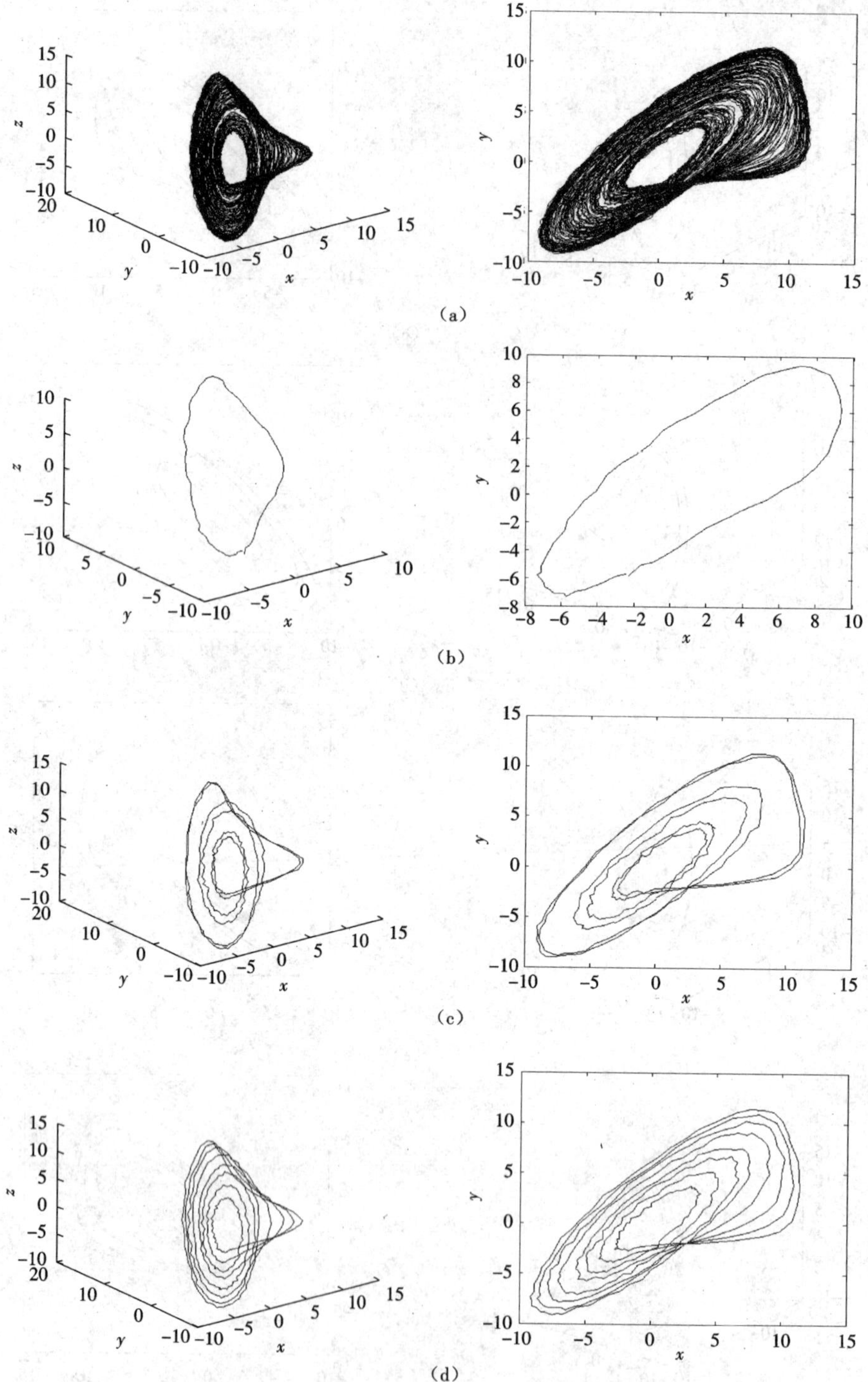

图 9-38 信噪比为 20 dB 的 Rössler 混沌加噪声信号[25]

(其中左列图为三维原始形态,右列图为其二维投影)

(a)相空间吸引子 (b)UPO-1 (c)UPO-6 (d)UPO-8

9.5.2　DWCN 算法应用举例

从一般意义上来说,具有确定性演化规律和不规则行为的两相流动力学系统服从混沌运动规律。在由动力学系统状态的运动参量坐标组成的状态空间(一般为高维欧几里得空间)中,周期轨道对应于平衡状态,如果这种平衡状态是稳定的,则系统会长期处于该周期轨道上,各个运动参量呈现周期的变化,轨道在坐标上的投影也表现为周期振动;如果这种平衡状态是不稳定的,那么系统的时间演化就不会稳定在周期轨道中的任何一个上,系统的状态参量坐标会在一系列紧靠这些轨道的地方不间断地徘徊,当系统状态在其中一个 UPO 附近游历时,运动近似为一个类似周期运动;若系统向另一个 UPO 发生跃迁,则系统状态就会以另一种运动模式在另一个 UPO 轨道发生似周期运动的新游历。从长时间来看,两相流系统行为也能够用无穷多的 UPO 来描述。

基于气液两相流电导波动测量信号,构建两相流有向加权递归复杂网络,通过研究对应于三种典型流型的网络递归阈值系数,发现泡状流网络递归阈值系数最大,为 0. 335 ±0. 012,其与随机噪声信号的递归阈值系数在同一量级上,如图 9-35 和 9-39 所示,反映了泡状流中气泡运动的随机性,因此泡状流测量信号中无 UPO;段塞流网络递归阈值系数最小,为 0. 062 ±0. 003,其与混沌加噪声信号的递归阈值系数在同一量级上,如图 9-35 和 9-39 所示,表明其信号中存在 UPO;混状流网络递归阈值系数为 0. 251 ±0. 008,介于两者之间,且其值更接近泡状流。通过研究段塞流网络权值分布,进而探测其 UPO,发现段塞流中不稳定周期轨道比 Rössler 混沌系统的更为复杂,仅主框架轨道(低阶轨道)可被探测,如图 9-40 所示,高阶轨道只能通过网络递归阈值系数进行刻画,而无法具体探测。从图 9-40 中可以看出段塞流 UPO 主要由内部小循环和外部大循环两部分组成,轨道由内部小循环到外部大循环的运动表征了两相流段塞流中含泡液塞与大气塞间歇性的类周期振荡运动过程。此外,当固定水相流速并逐渐增加气相流速时,对应于不同气相流速的段塞流 UPO 之间也存在着轨道差异,如图 9-40(a)~(c)所示,表征了在气相流速逐渐增大过程中段塞流动力学特性的微观差异。从 UPO 中也可以看出,与 Rössler 等混沌系统相比,两相流轨道动力学更为复杂,难以用动力学方程刻画其内在复杂非线性动力学。Daw 等[31] 于 *Physical Review Letters* 上发表文章,认为段塞流中的间歇性振荡会使得其内在动力学从拟周期向混沌转变并最终可能会呈现出一定的混沌特性。DWCN 方法在证实了 Daw 的观点基础上,进一步定量刻画了段塞流的混沌特性,即不稳定周期轨道,从而为气液两相流段塞流细节演化特性提供了相空间轨道动力学新视角。

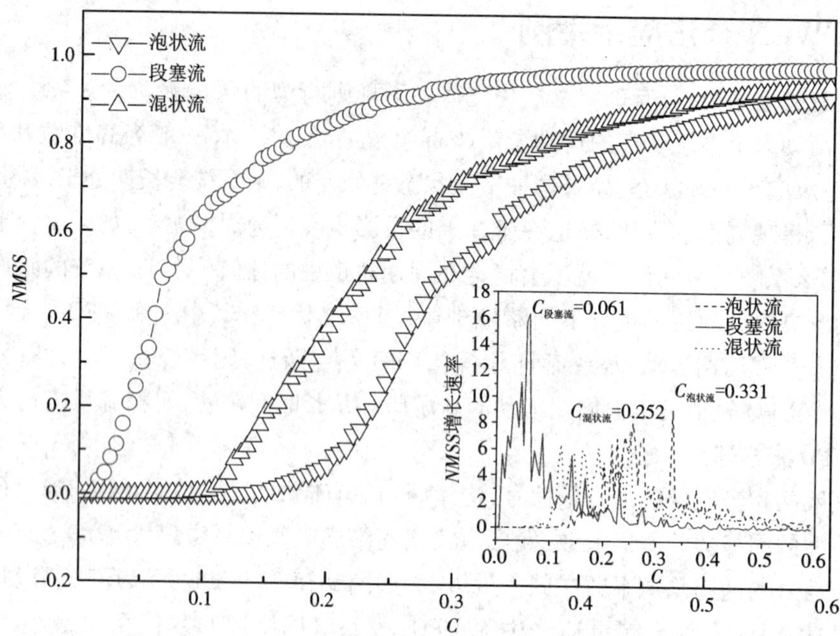

图 9-39　三种典型气液两相流流型的递归阈值系数与网络最大连通集团大小的分布图[27]

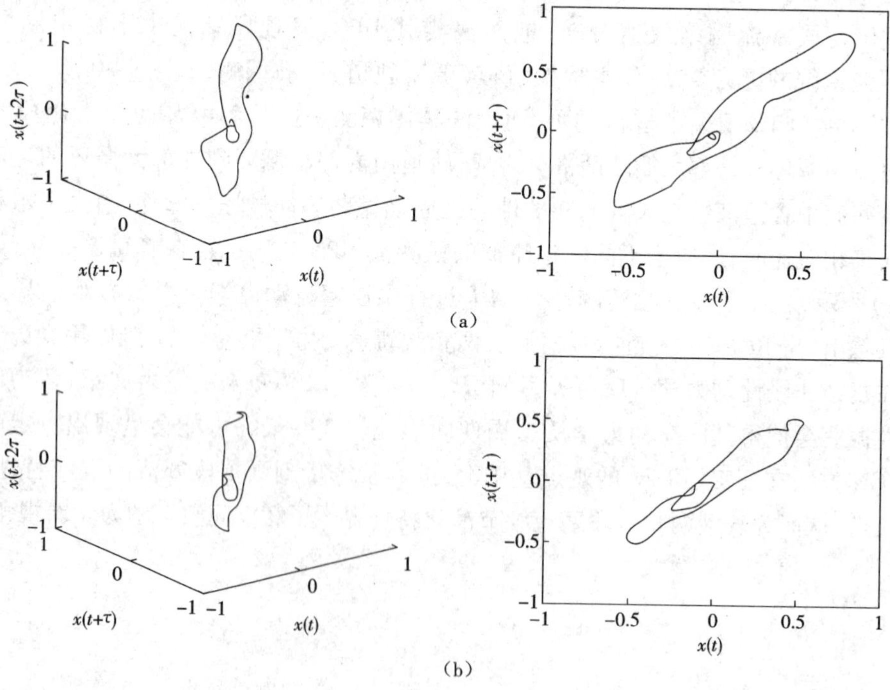

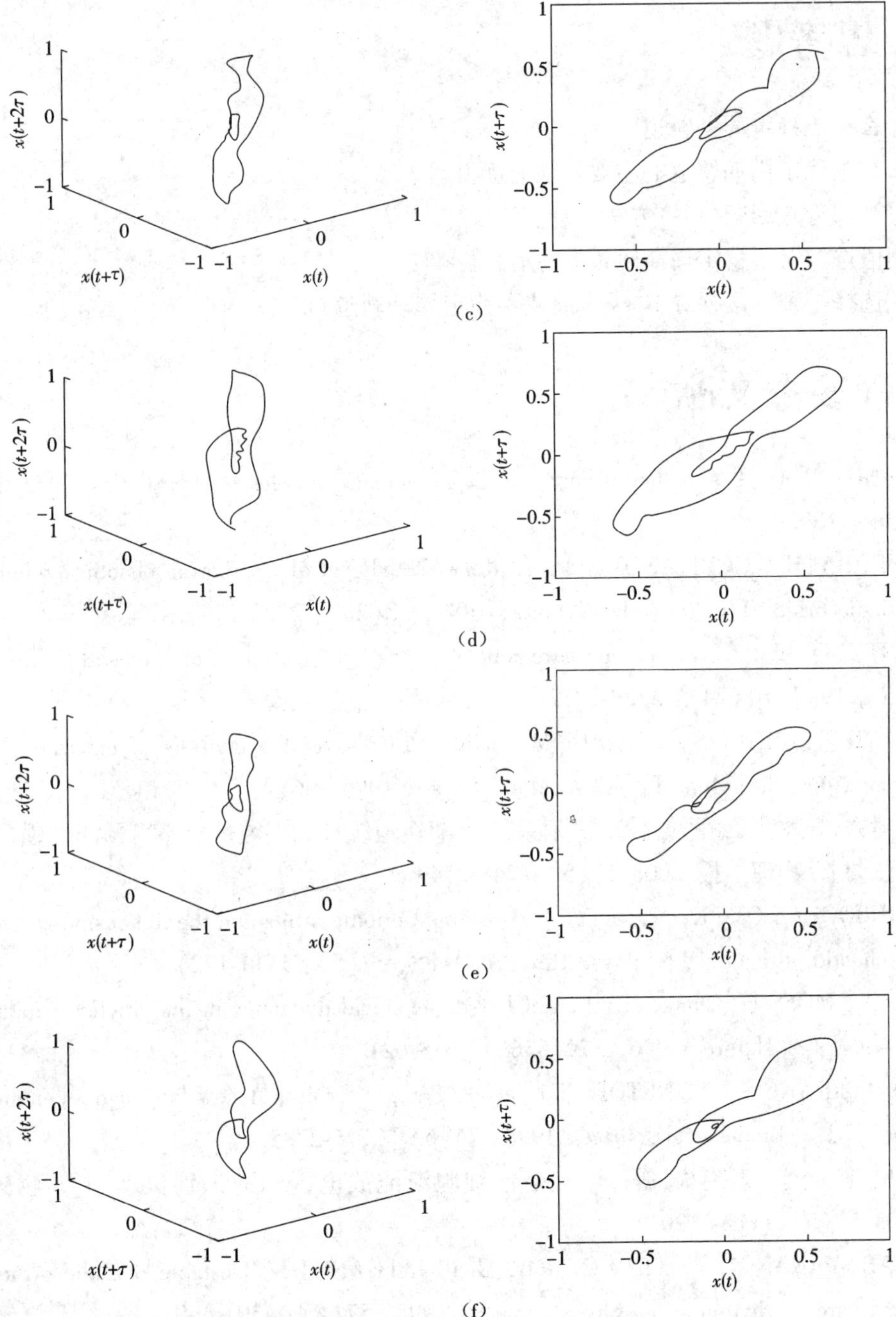

图 9-40　不同流动工况下的段塞流电导波动测量信号低阶 UPO[27]

(其中左列图为三维原始形态,右列图为其二维投影)

(a) U_{sw} = 0.022 6 m/s, U_{sg} = 0.067 9 m/s　(b) U_{sw} = 0.022 6 m/s, U_{sg} = 0.090 5 m/s

(c) U_{sw} = 0.022 6 m/s, U_{sg} = 0.101 9 m/s　(d) U_{sw} = 0.045 3 m/s, U_{sg} = 0.095 1 m/s

(e) U_{sw} = 0.135 8 m/s, U_{sg} = 0.072 4 m/s　(f) U_{sw} = 0.181 1 m/s, U_{sg} = 0.185 6 m/s

9.6 思考题

1. 什么是不稳定周期轨道?
2. 探寻不稳定周期轨道的主要算法有哪几种?
3. 总结邻近点回归(CR)方法原理。
4. 阈值选取对不稳定周期轨道探寻有何影响?
5. 试选择一种算法探寻 Rössler 混沌不稳定周期轨道。

第9章参考文献

[1] POINCARÉ H. Les methodes nouvelles de la mecanique celeste[M]. Paris: Gauthier-Villars et fils, 1892: 2.

[2] AUERBACH D, CVITANOVIĆ P, ECKMANN J P, et al. Exploring chaotic motion through periodic orbits[J]. Phys. Rev. Lett., 1987, 58(23): 2387-2389.

[3] CVITANOVIĆ P. Invariant measurement of strange sets in terms of cycles[J]. Phys. Rev. Lett., 1988, 61(24): 2729-2732.

[4] BADII R, BRUN E, FINARDI M, et al. Progress in the analysis of experimental chaos through periodic orbits[J]. Rev. Mod. Phys., 1994, 66(4): 1389-1415.

[5] 晋建秀,丘水生,谢丽英,等. 一种基于周期轨道统计的混沌信号不可预测性强弱的检测方法[J]. 物理学报,2008,57(5):2743-2749.

[6] GREBOGI C, OTT E, YORKE J A. Unstable periodic orbits and the dimensions of multifractal chaotic attractors[J]. Phys. Rev. A, 1988, 37(5): 1711-1724.

[7] PEI X, MOSS F. Characterization of low-dimensional dynamics in the crayfish caudal photoreceptor[J]. Nature, 1996, 379(6566): 618-621.

[8] SO P, FRANCIS J T, NETOFF T I, et al. Periodic orbits: A new language for neuronal dynamics[J]. Biophysical Journal, 1998, 74(6): 2776-2785.

[9] 谢勇,徐健学,康艳梅,等. 可兴奋性细胞混沌放电区间的识别机理[J]. 物理学报,2003,52(5):1112-1120.

[10] NARAYANAN K, GOVINDAN R B, GOPINATHAN M S. Unstable periodic orbits in human cardiac rhythms[J]. Phys. Rev. E, 1998, 57(4): 4594-4603.

[11] ZHANG J, LUO X D, NAKAMURA T, et al. Detecting temporal and spatial correlations in pseudoperiodic time series[J]. Phys. Rev. E, 2007, 75(1): 016218.

[12] LATHROP D P, KOSTELICH E J. Characterization of an experimental strange attractor by periodic orbits[J]. Phys. Rev. A, 1989, 40(7): 4028-4031.

[13] MINDLIN G B, SOLARI H G, NATIELLO M A, et al. Topological analysis of chaotic time series data from the Belousov-Zhabotinskii Reaction[J]. J. Nonlinear Sci., 1991, 1(2):

147-173.

[14] BI Q S. The mechanism of bursting phenomena in Belousov-Zhabotinsky (BZ) chemical reaction with multiple time scales[J]. Science China: Technological Sciences, 2010, 53 (3): 748-760.

[15] KAZANTSEV E. Unstable periodic orbits and attractor of the barotropic ocean model[J]. Nonlinear Processes in Geophysics, 1998, 5(4): 193-208.

[16] KAZANTSEV E. Sensitivity of the attractor of the barotropic ocean model to external influences: Approach by unstable periodic orbits[J]. Nonlinear Processes in Geophysics, 2001, 8(4/5): 281-300.

[17] HEAGY J F, CARROLL T L, PECORA L M. Desynchronization by periodic orbits[J]. Phys. Rev. E, 1995, 52(2): 1253-1256.

[18] LONG M, QIU S S. Application of periodic orbit theory in chaos-based security analysis [J]. Chinese Physics, 2007, 16(8): 2254-2258.

[19] SOCOLAR J E S, SUKOW D W, GAUTHIER D J. Stabilizing unstable periodic orbits in fast dynamical systems[J]. Phys. Rev. E, 1994, 50(4): 3245-3248.

[20] WU S H, HAO J H, XU H B. Controlling chaos to unstable periodic orbits and equilibrium state solutions for the coupled dynamos system[J]. Chin. Phys. B, 2010, 19(2): 020509.

[21] MINDLIN G, GILMORE R. Topological analysis and synthesis of chaotic time series original [J]. Physica D, 1992, 58(1-4): 229-242.

[22] PIERSON D, MOSS F. Detecting periodic unstable points in noisy chaotic and limit cycle attractors with application to biology[J]. Phys. Rev. Lett., 1995, 75 (11): 2124-2127.

[23] SO P, OTT E, SCHIFF S, et al. Detecting unstable periodic orbits in chaotic experimental data[J]. Phys. Rev. Lett., 1996, 76 (25): 4705-4708.

[24] SO P, OTT E, SAUER T, et al. Extracting unstable periodic orbits from chaotic time series data[J]. Phys. Rev. E, 1997, 55(5): 5398-5417.

[25] GAO Z K, JIN N D. A directed weighted complex network for characterizing chaotic dynamics from time series[J]. Nonlinear Analysis: Real World Applications, 2012, 13(2): 947-952.

[26] 赵俊英,金宁德,高忠科. 油气水三相流段塞流不稳定周期轨道探寻[J]. 物理学报, 2013, 62(8): 084701.

[27] GAO Z K, JIN N D. Characterization of chaotic dynamic behavior in the gas-liquid slug flow using directed weighted complex network analysis[J]. Physica A, 2012, 391(10): 3005-3016.

[28] WANG Z Y, JIN N D, ZONG Y B, et al. Nonlinear dynamical analysis of large diameter vertical upward oil-gas-water three-phase flow pattern characteristics [J]. Chem. Eng. Sci., 2010, 65(18): 5226-5236.

[29] DOLAN K T. Extracting dynamical structure from unstable periodic orbits[J]. Phys. Rev.

E, 2001, 64(2): 026213.

[30] 马文聪, 金宁德, 高忠科. 动力学变换法探测连续系统不稳定周期轨道[J]. 物理学报, 2012, 61(17): 170510.

[31] DAW C S, FINNEY C E A, VASUDEVAN M, et al. Self-organization and chaos in a fluidized bed[J]. Phys. Rev. Lett., 1995, 75(12): 2308-2311.